Deutsche Gesellschaft für Ernährung

Österreichische Gesellschaft für Ernährung

**sge** Schweizerische Gesellschaft für Ernährung
**ssn** Société Suisse de Nutrition
**ssn** Società Svizzera di Nutrizione

# D-A-CH

# Referenzwerte für die Nährstoffzufuhr

# Impressum

**Herausgeber:**
Deutsche Gesellschaft für Ernährung (DGE), www.dge.de
Österreichische Gesellschaft für Ernährung (ÖGE), www.oege.at
Schweizerische Gesellschaft für Ernährung (SGE), www.sge-ssn.ch

**Wissenschaftliche Beratung:**
Wissenschaftliches Präsidium der DGE

**Redaktion:**
Referat Wissenschaft der DGE

**Gestaltung:**
GDE I Kommunikation gestalten

**Satz und Druck:**
GDE I Kommunikation gestalten
kippconcept gmbh
3PUNKTDESIGN. Büro für Kommunikation und Gestaltung
Druckerei Berghoff
Druckerei Franz Paffenholz GmbH
DCM Druck Center Meckenheim GmbH

**Auflage:**
2. Auflage, 5. aktualisierte Ausgabe 2019



**Wichtiger Hinweis:**
Die Erkenntnisse der Wissenschaft, speziell auch der Ernährungswissenschaft und der Medizin, unterliegen einem laufenden Wandel durch Forschung und klinische Erfahrung. Autoren, Redaktion und Herausgeber haben die Inhalte des vorliegenden Werkes mit größter Sorgfalt erarbeitet und geprüft und die Ratschläge sorgfältig erwogen, dennoch kann keine Garantie übernommen werden. Eine Haftung für Personen-, Sach- und Vermögensschäden ist ausgeschlossen.



Grundwerk ISBN: 978-3-88749-261-8, DGE-Artikelnummer: 120012

1. Ergänzungslieferung 2016 ISBN: 978-3-88749-262-5, DGE-Artikelnummer: 120013
2. Ergänzungslieferung 2017 ISBN: 978-3-88749-263-2, DGE-Artikelnummer: 120014
3. Ergänzungslieferung 2018 ISBN: 978-3-88749-264-9, DGE-Artikelnummer: 120015
4. Ergänzungslieferung 2019 ISBN: 978-3-88749-265-6, DGE-Artikelnummer: 120016

Gefördert durch:

Bundesministerium
für Ernährung
und Landwirtschaft

aufgrund eines Beschlusses
des Deutschen Bundestages

**Zitierweise Gesamtwerk:**
Deutsche Gesellschaft für Ernährung, Österreichische Gesellschaft für Ernährung, Schweizerische Gesellschaft für Ernährung (Hrsg.): Referenzwerte für die Nährstoffzufuhr.
Bonn, 2. Auflage, 5. aktualisierte Ausgabe (2019)

**Zitierweise einzelne Kapitel:**
Deutsche Gesellschaft für Ernährung, Österreichische Gesellschaft für Ernährung, Schweizerische Gesellschaft für Ernährung (Hrsg.): *Kapitel.* In: Referenzwerte für die Nährstoffzufuhr.
Bonn, 2. Auflage, Ausgabe *(Jahr)*[1]

Beispiel Kapitel Energie
Deutsche Gesellschaft für Ernährung, Österreichische Gesellschaft für Ernährung, Schweizerische Gesellschaft für Ernährung (Hrsg.): Energie. In: Referenzwerte für die Nährstoffzufuhr.
Bonn, 2. Auflage, 1. Ausgabe (2015)

Beispiel Kapitel Kalium
Deutsche Gesellschaft für Ernährung, Österreichische Gesellschaft für Ernährung, Schweizerische Gesellschaft für Ernährung (Hrsg.): Kalium. In: Referenzwerte für die Nährstoffzufuhr.
Bonn, 2. Auflage, 2. aktualisierte Ausgabe (2016)

## Anmerkung zur Gleichstellung in der Sprachverwendung:

Soweit personenbezogene Bezeichnungen im Maskulinum stehen, wird diese Form verallgemeinernd verwendet und bezieht sich auf beide Geschlechter. Die Deutsche Gesellschaft für Ernährung e. V. (DGE) geht selbstverständlich von einer Gleichstellung von Mann und Frau aus und hat ausschließlich zur besseren Lesbarkeit die männliche Form verwendet. Wir bitten hierfür um Ihr Verständnis.

## Errata:

Sollten der Redaktion trotz sorgfältiger Bearbeitung und intensiver Prüfung Fehler in den Referenzwerten für die Nährstoffzufuhr bekannt werden, werden die Korrekturen auf der Internetseite der DGE unter https://www.dge.de/wissenschaft/referenzwerte/ veröffentlicht.

[1] siehe Tabelle „Inhalt der Referenzwerte für die Nährstoffzufuhr, 2. Auflage" (Abschnitt Erläuterungen zur 2. Auflage der „Referenzwerte für die Nährstoffzufuhr")

# Erläuterungen zur 2. Auflage der „Referenzwerte für die Nährstoffzufuhr"

Die Referenzwerte für die Nährstoffzufuhr werden von den Gesellschaften für Ernährung in Deutschland (DGE), Österreich (ÖGE) und der Schweiz (SGE) gemeinsam herausgegeben. Die Kurzbezeichnung „D-A-CH-Referenzwerte" lehnt sich an die international üblichen Länderkennzeichen für Deutschland (D), Österreich (A) und die Schweiz (CH) an.

Mit der 2. Auflage liegen die Referenzwerte für die Nährstoffzufuhr erstmals als Loseblattsammlung in Form eines Ringordners vor. So können einzelne Kapitel ausgetauscht werden, bei denen sich aufgrund neuer wissenschaftlicher Erkenntnisse Änderungen ergeben.

Die aktualisierten Kapitel werden als Ergänzungslieferungen erhältlich sein. Zu beziehen sind die kostenpflichtigen Ergänzungslieferungen über:

- den DGE-MedienService, www.dge-medienservice.de und
- den Buchhandel.

Die **2. Auflage, 1. Ausgabe 2015** enthält neben redaktionellen Korrekturen die überarbeiteten Referenzwerte für die Zufuhr von Energie, Thiamin, Riboflavin, Niacin, Vitamin C und Selen. Die Kapitel zu Energie und diesen fünf Nährstoffen liegen nun – wie bereits seit 2012 bzw. 2013 die Kapitel zu Vitamin D, Calcium und Folat – in komplett neu strukturierter und inhaltlich überarbeiteter Form vor. Die Basis für die Ableitung der Referenzwerte wurde überprüft und gegebenenfalls geändert. Die aus der 1. Auflage der Referenzwerte bekannte Gliederung in „Teil I: Nutritive Aspekte von Nährstoffen" und „Teil II: Präventive Aspekte von Nährstoffen und Nahrungsinhaltsstoffen" entfällt in der 2. Auflage; die präventiven Aspekte wurden bei der Überarbeitung in die nährstoffbezogenen Kapitel integriert.

Die Referenzwerte für die Zufuhr von Natrium, Chlorid und Kalium wurden in 2016 komplett überarbeitet und liegen in der **2. Auflage, 2. aktualisierte Ausgabe 2016** vor.

Die Referenzwerte für die Zufuhr von Protein und unentbehrlichen Aminosäuren wurden komplett überarbeitet und liegen in der **2. Auflage, 3. aktualisierte Ausgabe 2017** vor.

Die **2. Auflage, 4. aktualisierte Ausgabe 2018** enthält eine Überarbeitung des Referenzwerts für die Zufuhr von Vitamin $B_{12}$ sowie eine Aktualisierung des Referenzwerts für die Folatzufuhr.

Die Referenzwerte für die Zufuhr von Vitamin $B_6$ und Zink wurden komplett überarbeitet und liegen in der **2. Auflage, 5. aktualisierte Ausgabe 2019** vor.

## Übersicht: Inhalt der Referenzwerte für die Nährstoffzufuhr, 2. Auflage

| Kapitel | Liegt in folgender Ausgabe vor | Zuletzt überarbeitet[a] |
|---|---|---|
| **Einführung** | 1. Ausgabe 2015 | 2015 |
| **Energie** | 1. Ausgabe 2015 | 2015 |
| **Energieliefernde Nährstoffe** | | |
| ▪ Protein und unentbehrliche Aminosäuren | 3. aktualisierte Ausgabe 2017 | 2017 |
| ▪ Fett | 1. Ausgabe 2015 | |
| ▪ Essenzielle Fettsäuren | 1. Ausgabe 2015 | |
| ▪ Kohlenhydrate, Ballaststoffe (Nahrungsfasern) | 1. Ausgabe 2015 | |
| ▪ Alkohol | 1. Ausgabe 2015 | |
| **Fettlösliche Vitamine** | | |
| ▪ Vitamin A (Retinol), β-Carotin | 1. Ausgabe 2015 | |
| ▪ Vitamin D (Calciferole) | 1. Ausgabe 2015 | 2012 |
| ▪ Vitamin E (Tocopherole) | 1. Ausgabe 2015 | |
| ▪ Vitamin K | 1. Ausgabe 2015 | |
| **Wasserlösliche Vitamine** | | |
| ▪ Thiamin (Vitamin $B_1$) | 1. Ausgabe 2015 | 2015 |
| ▪ Riboflavin (Vitamin $B_2$) | 1. Ausgabe 2015 | 2015 |
| ▪ Niacin | 1. Ausgabe 2015 | 2015 |
| ▪ Vitamin $B_6$ | 5. aktualisierte Ausgabe 2019 | 2019 |
| ▪ Folat | 4. aktualisierte Ausgabe 2018 | 2018 |
| ▪ Pantothensäure | 1. Ausgabe 2015 | |
| ▪ Biotin | 1. Ausgabe 2015 | |
| ▪ Vitamin $B_{12}$ (Cobalamine) | 4. aktualisierte Ausgabe 2018 | 2018 |
| ▪ Vitamin C | 1. Ausgabe 2015 | 2015 |
| **Wasser** | 1. Ausgabe 2015 | |
| **Mengenelemente** | | |
| ▪ Natrium | 2. aktualisierte Ausgabe 2016 | 2016 |
| ▪ Chlorid | 2. aktualisierte Ausgabe 2016 | 2016 |
| ▪ Kalium | 2. aktualisierte Ausgabe 2016 | 2016 |
| ▪ Calcium | 1. Ausgabe 2015 | 2013 |
| ▪ Phosphor | 1. Ausgabe 2015 | |
| ▪ Magnesium | 1. Ausgabe 2015 | |
| **Spurenelemente** | | |
| ▪ Eisen | 1. Ausgabe 2015 | |
| ▪ Jod | 1. Ausgabe 2015 | |
| ▪ Fluorid | 1. Ausgabe 2015 | |
| ▪ Zink | 5. aktualisierte Ausgabe 2019 | 2019 |
| ▪ Selen | 1. Ausgabe 2015 | 2015 |
| ▪ Kupfer, Mangan, Chrom, Molybdän | 1. Ausgabe 2015 | |
| ▪ Weitere Spurenelemente | 1. Ausgabe 2015 | |
| ▪ Ultraspurenelemente | 1. Ausgabe 2015 | |
| **Tabellen und Verzeichnisse** | | |
| ▪ Tabelle I: Übersicht – empfohlene Zufuhr, Schätzwerte, Richtwerte | 4. aktualisierte Ausgabe 2018 | 2018 |
| ▪ Tabelle II: Empfohlene Zufuhr pro Tag | 5. aktualisierte Ausgabe 2019 | 2019 |
| ▪ Tabelle III: Schätzwerte für eine angemessene Zufuhr pro Tag | 4. aktualisierte Ausgabe 2018 | 2018 |
| ▪ Tabelle IV: Berechnung der Wachstumsfaktoren für Jungen (Tabelle IVa) und Mädchen (Tabelle IVb) im Alter von 1 bis unter 19 Jahren | 4. aktualisierte Ausgabe 2018 | 2018 |
| ▪ Verzeichnis der Mitarbeiterinnen und Mitarbeiter | 5. aktualisierte Ausgabe 2019 | 2019 |
| ▪ Abkürzungsverzeichnis | 5. aktualisierte Ausgabe 2019 | 2019 |

[a] Alle Referenzwerte ohne Angabe wurden zuletzt bei der Erstellung der 1. Auflage der D-A-CH-Referenzwerte für die Nährstoffzufuhr im Jahr 2000 komplett inhaltlich überarbeitet.

# Inhaltsverzeichnis

## Spurenelemente

- Eisen
- Jod
- Fluorid
- Zink
- Selen
- Kupfer, Mangan, Chrom, Molybdän
- Weitere Spurenelemente
- Ultraspurenelemente

## Tabellen und Verzeichnisse

- Tabelle I: Übersicht – empfohlene Zufuhr, Schätzwerte, Richtwerte
- Tabelle II: Empfohlene Zufuhr pro Tag
- Tabelle III: Schätzwerte für eine angemessene Zufuhr pro Tag
- Tabelle IV: Berechnung der Wachstumsfaktoren für Jungen (Tabelle IVa) und Mädchen (Tabelle IVb) im Alter von 0,5 bis unter 19 Jahren
- Verzeichnis der Mitarbeiterinnen und Mitarbeiter
- Abkürzungsverzeichnis

# Einführung

Die Referenzwerte für die Nährstoffzufuhr benennen Mengen für die Zufuhr von Energie und Nährstoffen. Eingeschlossen sind Wasser, Ballaststoffe und Alkohol. Je nach wissenschaftlicher Datenlage und physiologischer Rolle wird eine empfohlene Zufuhr, ein Schätzwert oder ein Richtwert ausgesprochen.

Die Referenzwerte bilden die Basis für die Ableitung von lebensmittelbezogenen Empfehlungen für eine vollwertige Ernährung, wie sie beispielsweise von der Deutschen Gesellschaft für Ernährung e. V. (DGE) mit dem DGE-Ernährungskreis und der darauf basierenden Dreidimensionalen DGE-Lebensmittelpyramide [1] sowie den 10 Regeln der DGE [2] etabliert sind. Die Referenzwerte dienen ferner der Planung einer vollwertigen Ernährung sowie der Beurteilung der Nährstoffzufuhr in der Ernährungsberatung und in der Gemeinschaftsverpflegung.

## Ziel und Geltungsbereich der Referenzwerte

Die Umsetzung der Referenzwerte für die Nährstoffzufuhr soll einen Beitrag zur Erhaltung und Förderung der Gesundheit und der Lebensqualität leisten. Im Sinne der Weltgesundheitsorganisation [3] soll sie bei nahezu allen gesunden Personen der Bevölkerung die lebenswichtigen metabolischen, physischen und psychischen Funktionen sicherstellen und vor ernährungsbedingten Gesundheitsschäden schützen. Dazu gehört, nährstoffspezifische Mangelkrankheiten (z. B. Rachitis, Skorbut, Pellagra) und Mangelsymptome (z. B. Hautentzündungen, ophthalmologische oder zerebrale Störungen) zu verhüten sowie eine Über- bzw. Unterversorgung zu vermeiden. Darüber hinaus gibt es zahlreiche Hinweise, dass bestimmte Nährstoffe weitere präventive Wirkungen haben, die über die Verhütung von klassischen Mangelkrankheiten und -symptomen hinausgehen. Diese werden in den Kapiteln zu den Nährstoffen dargelegt bzw. bei aussagekräftiger Datenlage auch für die Ableitung der entsprechenden Referenzwerte berücksichtigt. Des Weiteren sollen mit der Umsetzung der Referenzwerte Körperreserven angelegt werden, die kurzfristig eintretende Bedarfssteigerungen überbrücken können.

Die vorliegenden Referenzwerte beziehen sich nicht auf die Versorgung von Kranken und Rekonvaleszenten. Sie sind auch, mit Ausnahme von Jod, nicht ausreichend, um bei Personen mit einem Nährstoffmangel entleerte Speicher wieder aufzufüllen. Sie gelten auch nicht für durch Genussmittel (z. B. chronisch erhöhter Alkoholkonsum) oder eine regelmäßige Medikamenteneinnahme belastete Personen. Diese Personenkreise bedürfen der individuellen ernährungsmedizinischen Beratung und Betreuung.

Die Referenzwerte für die Zufuhr von Energie und Nährstoffen im Säuglingsalter werden für reifgeborene, gestillte Säuglinge in den ersten 4 Lebensmonaten abgeleitet. Die Zusammensetzung der Frauenmilch ist an die kindlichen Bedürfnisse angepasst. Sie liefert dem Säugling die für Wachstum und gesunde Entwicklung wichtigen Nährstoffe [4, 5]. In Abhängigkeit von der individuell unterschiedlichen Entwicklung der Säuglinge wird empfohlen, 4 bis 6 Monate, d. h. bis zu Beginn des 5. bzw. 7. Lebensmonats, ausschließlich zu stillen. Beikost sollte nicht vor dem Beginn des 5. und nicht später als zu Beginn des 7. Lebensmonats eingeführt werden. Sofern der Säugling gut gedeiht, kann 6 Monate lang ausschließlich, d. h. ohne Zugabe von Beikost, gestillt werden [6].

Da nicht sichergestellt werden kann, dass alle Säuglinge bei ausschließlichem Stillen über das Alter von 4 Monaten hinaus ausreichend mit Nährstoffen versorgt werden [7, 8], wird zur Ableitung der Referenzwerte zwischen den Altersgruppen 0 bis unter 4 Monaten und 4 bis unter 12 Monaten unterschieden. Die Ableitung von Referenzwerten ist unabhängig von Stillempfehlungen zu sehen.

Die Gruppe der älteren Menschen im Alter ab 65 Jahren ist eine sehr heterogene Gruppe. Dieser Lebensabschnitt umfasst einen sehr großen Altersbereich, in dem umfassende physiologische Veränderungen stattfinden. Es gibt rüstige, gesunde, aber auch multimorbide und gebrechliche Senioren. Krankheitsprävalenz und Behinderungen nehmen im Alter zu, Funktionsreserven nehmen ab und oft ist die Einnahme von Medikamenten erforderlich. Sowohl Krankheiten als auch Medikamente können eine verminderte Nährstoffabsorption bzw. eine erhöhte Nährstoffumsetzung und/oder -ausscheidung verursachen. Dadurch verringert sich die Verfügbarkeit von Nährstoffen oder der Bedarf ist erhöht. Referenzwerte für die Gesamtgruppe älterer Menschen treffen daher zunehmend weniger auf den Einzelfall zu.

## Ableitung der Referenzwerte für die Nährstoffzufuhr

Das Vorgehen zur Ermittlung der Referenzwerte für die Nährstoffzufuhr entspricht dem international üblichen Vorgehen (z. B. [9–12]). Ausgangspunkt für die Ableitung von Referenzwerten für die Nährstoffzufuhr ist die Feststellung des Bedarfs. Der Bedarf ist die Menge eines Nährstoffs bzw. die Menge an Energie, die gebraucht wird, um den Stoffwechsel und die Funktionen des Organismus aufrechtzuerhalten und die bereits die Bioverfügbarkeit berücksichtigt. Abbildung 1 stellt das Vorgehen zur Ableitung von Referenzwerten schematisch dar. Details zum spezifischen Vorgehen bei der Ableitung der einzelnen Referenzwerte werden in den jeweiligen Kapiteln beschrieben.

### Bedarf

Energie- und Nährstoffbedarf sind von Mensch zu Mensch und von Tag zu Tag verschieden und hängen von vielen endogenen (z. B. Alter, Geschlecht, Ernährungsstatus, Gesundheitszustand) und exogenen Einflüssen (z. B. Klima, körperliche Aktivität in Beruf und Freizeit) ab. Die interindividuelle Variabilität des Bedarfs ist teilweise auch durch Genpolymorphismen und deren Einflüsse auf die Funktion der Nährstoffe im Körper zurückzuführen. Es müssen weitere wissenschaftliche Erkenntnisse hierzu gewonnen werden, um gegebenenfalls zukünftig Referenzwerte in Abhängigkeit von Genpolymorphismen ableiten zu können [13].

Experimentell lässt sich der jeweilige Bedarf nur bei definierten und kleinen Bevölkerungsgruppen bestimmen. Die ermittelten Werte unterliegen einer statistischen Verteilung. Sofern es sich um eine Normalverteilung (Gaußsche Kurve, Abb. 2) handelt, deckt eine dem „durchschnittlichen Wert" der Gruppe entsprechende Zufuhr den Bedarf von 50 % aller untersuchten Personen **(=durchschnittlicher Bedarf)**, während der Bedarf der anderen 50 % der Gruppe damit nicht erreicht wird.

**Abbildung 1: Vorgehen bei der Ableitung von Referenzwerten**

| Feststellung des Energie- und Nährstoffbedarfs | Ableitung | Referenzwert | Erläuterungen |
|---|---|---|---|
| experimentell ermittelter, gesicherter durchschnittlicher Bedarf | Bedarf + 2 Standardabweichungen bzw. Variationskoeffizient von 10–15 % | **empfohlene Zufuhr** | durchschnittliche tägliche Nährstoffzufuhr, die ausreicht, um den Bedarf nahezu aller gesunden Individuen einer definierten Personengruppe zu decken |
| durchschnittlicher Bedarf nicht mit ausreichender Genauigkeit bekannt | experimentell gestützter und/oder aus dem Verzehr adäquat ernährter Gesunder abgeleiteter Wert | **Schätzwerte** | Hinweise auf eine angemessene und gesundheitlich unbedenkliche Zufuhr |
| — | aus ernährungswissenschaftlicher Sicht wünschenswerte Bereiche oder Werte | **Richtwerte** | Bereiche oder Werte als Orientierungshilfen |

## Empfohlene Zufuhr

Angaben zum durchschnittlichen Bedarf sind die Basis für die Festlegung einer empfohlenen Zufuhr. Unter der Annahme einer Normalverteilung müssten bei einem essenziellen Nährstoff die Werte des durchschnittlichen Bedarfs, die bereits die Bioverfügbarkeit berücksichtigen, um die zweifache Standardabweichung erhöht werden (Abb. 2). Auf diese Weise gelangt man zu der Menge, deren Zufuhr bei 97,5 % aller Personen einer Population den Bedarf deckt. Diese Menge wird als **empfohlene Zufuhr** bezeichnet. Die empfohlene Zufuhr ist somit die Nährstoffzufuhr, die ausreicht, um den Bedarf nahezu aller gesunden Individuen einer definierten Personengruppe zu decken.

Ein derartiges Vorgehen ist jedoch aus verschiedenen Gründen nicht generell möglich. Mit Ausnahme von Protein ist der Nährstoffbedarf statistisch nicht normal verteilt. Daten zur Häufigkeitsverteilung des Bedarfs liegen nur für einzelne Nährstoffe und nur von sehr kleinen Bevölkerungsgruppen vor. Infolgedessen wird an Stelle der zweifachen Standardabweichung für die Ableitung der empfohlenen Zufuhr in einer Bevölkerungsgruppe gewöhnlich ein Zuschlag von 20 % bis 30 % zum durchschnittlichen Bedarf addiert. Dieser Zuschlag beruht auf einem angenommenen Variationskoeffizienten (Streuung) von 10 % bis 15 % und ist größenordnungsmäßig mit einer hypothetischen zweifachen Standardabweichung vergleichbar.

Die empfohlene Zufuhr soll physiologischen individuellen Schwankungen gerecht werden und eine möglichst langfristige Reserve an Nährstoffen im Körper schaffen. In den Fällen, in denen aufgrund fehlender experimenteller Daten nicht für alle Altersstufen solche empfohlenen Zufuhrmengen beziffert werden konnten, werden die Werte für die entsprechenden Altersgruppen interpoliert oder extrapoliert.

## Schätzwerte

Bei einigen Nährstoffen kann der Bedarf des Menschen nicht mit der wünschenswerten Genauigkeit bestimmt

**Abbildung 2: Ableitung der empfohlenen Zufuhr bei Normalverteilung des Nährstoffbedarfs in einer definierten Bevölkerungsgruppe**

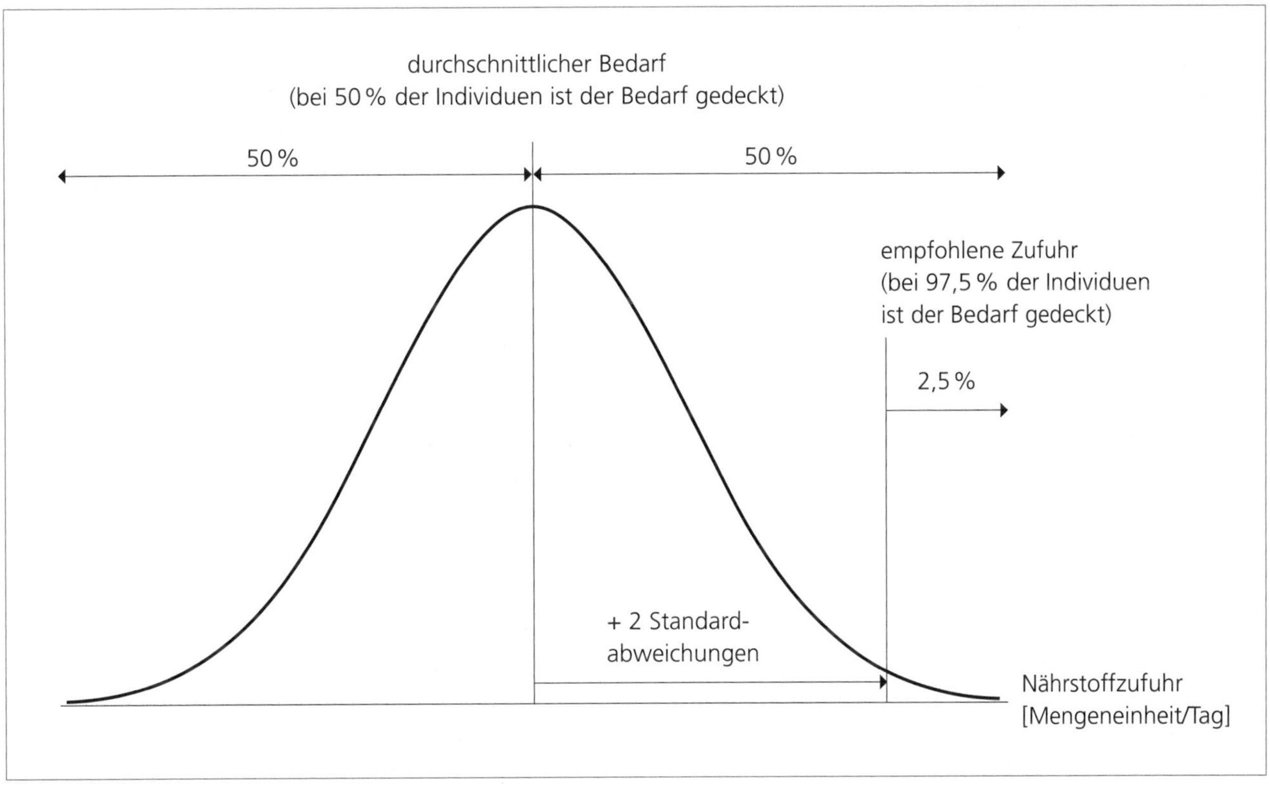

werden bzw. es liegen keine Angaben zum durchschnittlichen Bedarf vor. In diesen Fällen werden Schätzwerte abgeleitet. **Schätzwerte** basieren in der Regel auf einer beobachteten, aus dem Verzehr Gesunder abgeleiteten oder experimentell ermittelten Nährstoffzufuhr einer definierten Bevölkerungsgruppe. Dabei liegen noch Unsicherheiten z. B. aufgrund von Schwankungen der Messwerte oder zu wenigen (geeigneten) Ergebnissen von Untersuchungen am Menschen vor. Die Schätzwerte geben jedoch gute Hinweise auf eine angemessene und gesundheitlich unbedenkliche Zufuhr.

### Richtwerte

**Richtwerte** im Sinne von Orientierungshilfen werden für Nährstoffe ausgesprochen, die für den Organismus nicht essenziell sind und für die daher kein Bedarf besteht. Darüber hinaus werden Richtwerte angegeben, wenn zwar ein Bedarf besteht, wie für Energie, dieser aber in Abhängigkeit von zahlreichen Einflussfaktoren (z. B. Lebensstil, Beruf) sehr stark variiert. Bei der Ableitung der Richtwerte werden präventive Effekte dieser Nährstoffe berücksichtigt.

## Handhabung der Referenzwerte

Die den Referenzwerten zugrunde liegenden Daten sind unterschiedlichen Ursprungs und daher haben empfohlene Zufuhr, Schätzwert und Richtwert eine unterschiedliche Aussagekraft. Dies ist für eine korrekte Handhabung der Referenzwerte zu berücksichtigen. Die empfohlene Zufuhr deckt gemäß ihrer Definition den Bedarf fast aller Personen einer definierten Gruppe der gesunden Bevölkerung. Auf die Einzelperson angewandt ist die empfohlene Zufuhr aber nur eine Zielgröße, um die ausreichende Zufuhr des jeweiligen Nährstoffs angenähert sicherzustellen. Bei einer Nährstoffzufuhr in Höhe der empfohlenen Zufuhr ist die betreffende Person mit hoher Wahrscheinlichkeit adäquat versorgt. Eine Unterschreitung der empfohlenen Zufuhr erlaubt jedoch nicht zwangsläufig den Rückschluss auf einen tatsächlich vorliegenden Mangel, sondern erhöht nur die Wahrscheinlichkeit einer Unterversorgung. Dies gilt ebenso für das Unterschreiten der Schätzwerte.

Die exakte Beurteilung des Versorgungszustands einer Einzelperson ist allein auf der Basis des Vergleichs mit der empfohlenen Zufuhr nicht möglich. Hierzu wäre es notwendig, den individuellen Bedarf dieser Person zu kennen. Es lässt sich jedoch abschätzen, ob die Nährstoffzufuhr über einen angemessenen Zeitraum hinweg (z. B. im Wochendurchschnitt) der empfohlenen Zufuhr gerecht wird und somit die Einzelperson mit großer Wahrscheinlichkeit adäquat versorgt ist. Zur Beurteilung des Versorgungszustands von Einzelpersonen müssen zusätzlich geeignete anthropometrische, biochemische und/oder klinische Kenngrößen herangezogen werden.

Speisenpläne auf der Basis der Referenzwerte können bei Einzelpersonen nur zu einer angenäherten Bedarfsdeckung führen. Mit dem Anspruch der absoluten Richtigkeit ist die Planung einer bedarfsdeckenden Ernährung von Einzelpersonen mit den Referenzwerten nicht möglich, da der individuelle Bedarf nicht bekannt ist. Für die individuelle Ernährungsberatung können die Referenzwerte jedoch als Orientierung verwendet werden.

Auf der Ebene von Personengruppen können die Referenzwerte zur Beurteilung der Nährstoffversorgung, z. B. zur Erkennung einer Über- oder Unterversorgung von Risikogruppen, und in der Gemeinschaftsverpflegung zur Planung einer vollwertigen Ernährung herangezogen werden. Bei der Beurteilung der Nährstoffversorgung ist zu beachten, dass der Vergleich von durchschnittlichen Zufuhrmengen (50. Perzentil[1], Median) mit den empfohlenen Zufuhrmengen (98. Perzentil) nur eingeschränkt Aussagekraft hat, da im Prinzip immer nur die gleichen Perzentile miteinander verglichen werden können. Der durchgeführte Vergleich bewertet also die Ernährungssituation zu schlecht und überschätzt den Anteil von Personen mit unzureichender Versorgung. Bei dieser Vorgehensweise bleiben die Streuung von Zufuhr und Bedarf innerhalb der Personengruppe unberücksichtigt. Für die Beurteilung der Nährstoffversorgung und die Speisenplanung in der Gemeinschaftsverpflegung können die Referenzwerte jedoch als Orientierung verwendet werden.

Die Referenzwerte müssen nicht an jedem einzelnen Tag und erst recht nicht anteilig durch eine einzelne Mahlzeit erfüllt werden. Es reicht aus, wenn die Vorgaben im Durchschnitt einer Woche erreicht werden. Wegen der Abnahme der Absorptionsrate bestimmter Nährstoffe bei zunehmender Dosierung sollte die Zufuhr möglichst gleichmäßig und nicht in wenigen, hohen Dosen, wie z. B. mit angereicherten Lebensmitteln oder in einer einzigen Mahlzeit, erfolgen.

Ein „überscharfes" Rechnen mit den Referenzwerten sollte vermieden werden. Dies gilt insbesondere für die Unterschiede bei aufeinanderfolgenden Altersgruppen oder zwischen männlichen und weiblichen Personen. Die Einflüsse von Lebensmittelkombinationen, Mahlzeiten, Genussmitteln und Arzneimitteln auf die Absorption und den

[1] Perzentile zerlegen die Verteilung innerhalb einer Population in 1-%-Segmente; 75. Perzentil bedeutet, dass 75 % aller Fälle der Verteilung unter diesem Wert liegen und 25 % darüber.

Stoffwechsel bestimmter Nährstoffe können größer sein als die Unterschiede zwischen den Zufuhrmengen für die zuvor genannten Gruppen.

Die jeweiligen Referenzwerte beziehen sich in der Regel auf die tägliche Zufuhr pro Person. Nur in Einzelfällen erfolgt die Angabe bezogen auf die tägliche Zufuhr pro kg Körpergewicht. Die Referenzwerte beziehen sich auf die Mengen von Nährstoffen, die zum Zeitpunkt des Verzehrs im Lebensmittel noch vorhanden sind.

## Angereicherte Lebensmittel und Nährstoffpräparate

Die Zufuhr von Nährstoffen einschließlich Ballaststoffen in Höhe der Referenzwerte kann prinzipiell durch eine vollwertige Ernährung mit einem hohen Anteil an pflanzlichen Lebensmitteln erfolgen.

Es werden zahlreiche nährstoffangereicherte Lebensmittel angeboten, die im Rahmen der üblichen Ernährung verzehrt werden können. Aus ernährungsphysiologischer Sicht ist lediglich die Anreicherung von Speisesalz mit Jod und Fluor notwendig. Welchen Beitrag angereicherte Lebensmittel zur Nährstoffversorgung leisten, kann zurzeit nicht genau angegeben werden, da diese Lebensmittel lange Zeit in den gängigen Nährwerttabellen bzw. -datenbanken nicht erfasst worden sind. Im aktuellen Bundeslebensmittelschlüssel (BLS, Version 3.02) sind inzwischen auch angereicherte Lebensmittel enthalten [14, 15].

Grundsätzlich kann ein unausgewogenes Ernährungsverhalten durch den Konsum von angereicherten Lebensmitteln und/oder Nährstoffpräparaten nicht ausgeglichen werden. In bestimmten Situationen kann eine ausreichende Versorgung mit essenziellen Nährstoffen jedoch gefährdet sein, sodass eine gezielte Auswahl angereicherter Lebensmittel oder die Nutzung von Nährstoffpräparaten notwendig ist. Dazu gehören Unverträglichkeiten (z. B. Lactoseintoleranz) oder Abneigungen gegen bestimmte Lebensmittel, einseitige Ernährungsformen (z. B. vegane Ernährung), unzureichende Nahrungszufuhr (z. B. bei älteren Personen), langfristige und unausgewogene Reduktionsdiäten, ein chronischer hoher Alkohol- und Tabakkonsum sowie bestimmte Krankheiten und ein erhöhter Bedarf in besonderen Lebenssituationen (z. B. Schwangerschaft, Stillzeit).

Nährstoffe in hohen Dosierungen zur Behandlung von ärztlich festgestellten Mangelzuständen (z. B. Eisenmangel) und bei anderen pathologischen Zuständen (z. B. Absorptionsstörungen) sollten nur aufgrund einer ärztlichen Verordnung und unter ärztlicher Kontrolle eingenommen werden.

## Unerwünschte Wirkungen von Nährstoffen

Bei Zufuhr von weit über den Referenzwerten liegenden Mengen eines Nährstoffs muss mit unerwünschten toxikologischen Wirkungen gerechnet werden. Die Gefahr einer zu hohen Nährstoffzufuhr ist bei einer Ernährung mit herkömmlichen Lebensmitteln sehr gering, bei der Selbstmedikation mit nicht rezeptpflichtigen Vitamin- und Mineralstoffpräparaten oder auch bei einem ungezielten, hohen Verzehr angereicherter Lebensmittel ist sie dagegen relevant.

Zur Vermeidung eines Gesundheitsrisikos ist es dementsprechend erforderlich, die Wirkungen von Nährstoffen bei einer Hochdosierung zu beachten. Soweit entsprechende Daten vorliegen, wird deshalb von internationalen Fachgesellschaften für einzelne Nährstoffe eine tolerierbare Gesamtzufuhrmenge (*Tolerable Upper Intake Level* [UL]) abgeleitet und diese beim jeweiligen Nährstoff angegeben. Die tolerierbare Gesamtzufuhrmenge ist die höchste chronische Zufuhrmenge eines Nährstoffs (in der Regel als Summe aus der täglichen Zufuhr mit der Nahrung inklusive den angereicherten Lebensmitteln und aus Nährstoffpräparaten), die als unwahrscheinlich beurteilt wird, ein Risiko für schädigende Wirkungen auf die Gesundheit darzustellen (Abb. 3). Wird diese tolerierbare Gesamtzufuhrmenge regelmäßig überschritten, steigt das Risiko für das Auftreten von schädlichen Nebenwirkungen.

Im Allgemeinen werden Nährstoffzufuhrmengen erst gesundheitsgefährdend, wenn sie ein Vielfaches der Referenzwerte betragen. Bei einer vollwertigen Ernährung nach den 10 Regeln der DGE [2] tritt dieser Fall nicht ein.

**Abbildung 3: Individuelle Nährstoffzufuhr und Risiko für Nebenwirkungen. Im Bereich der sicheren Zufuhr ist die Wahrscheinlichkeit sowohl für Mangelerscheinungen als auch für Nebenwirkungen durch exzessive Zufuhr sehr gering (modifiziert nach [16]).**

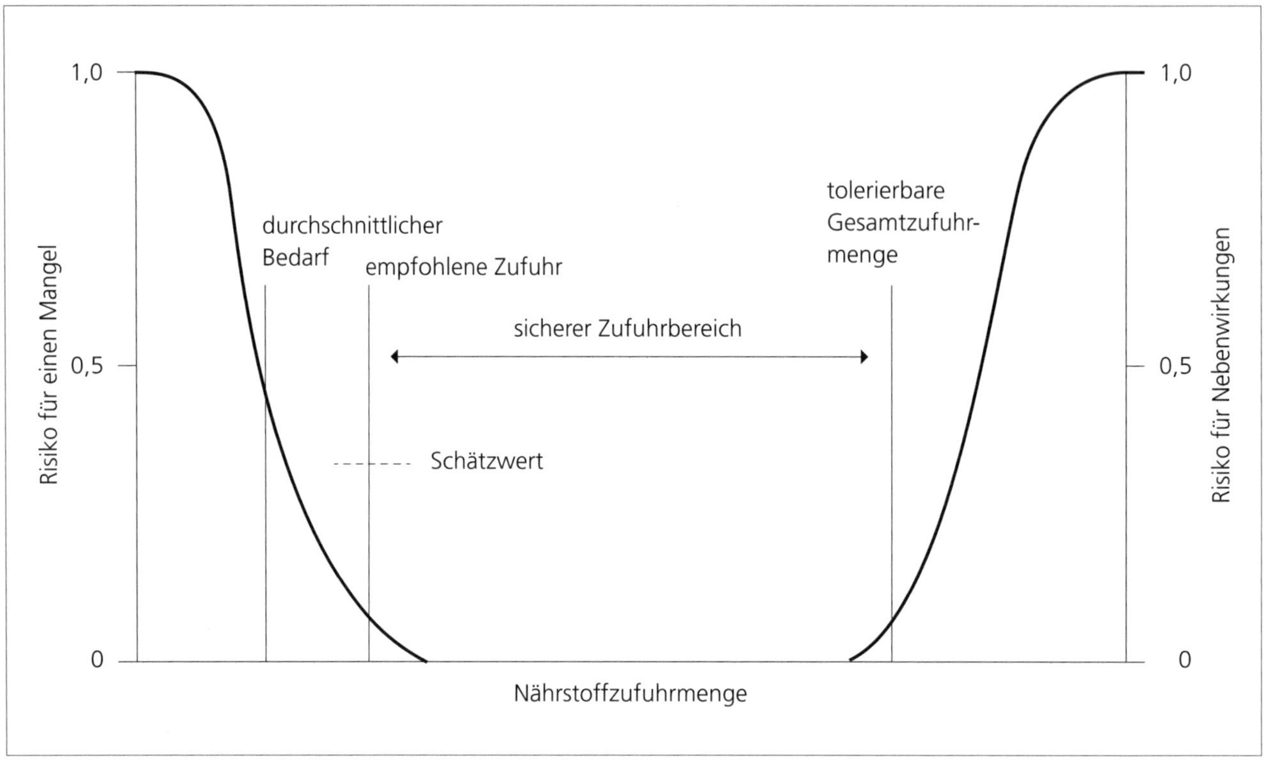


## Literatur

[1] Oberritter H, Schäbethal K, von Rüsten A et al.: The DGE nutrition circle – presentation and basis of the food-related recommendations from the German Nutrition Society (DGE). Ernaehrungs Umschau Int 60 (2013) 24–29

[2] Deutsche Gesellschaft für Ernährung (Hrsg.): Vollwertig essen und trinken nach den 10 Regeln der DGE. Bonn, 9. Auflage (2013)

[3] WHO (World Health Organization) (Hrsg.): Energy and protein requirements. WHO Technical Report Series 724 (1985)

[4] Butte NF, Lopez-Alarcon MG, Garza C: Nutrient adequacy of exclusive breastfeeding for the term infant during the first six months of life. (2002) www.who.int/nutrition/publications/infantfeeding/nut_adequacy_of_exc_bfeeding_eng.pdf (eingesehen am 10.07.2014)

[5] Bührer C, Genzel-Boroviczény O, Jochum F et al.: Ernährung gesunder Säuglinge. Monatsschr Kinderheilkd 162 (2014) 527–538

[6] Kramer MS, Kakuma R: Optimal duration of exclusive breast-feeding. Cochrane Database Syst Rev 8 (2012) CD003517

[7] Fewtrell M, Wilson DC, Booth I et al.: Six months of exclusive breast feeding: how good is the evidence? BMJ 342 (2011) doi: 10.1007/s12098-012-0700-5

[8] EFSA (European Food Safety Authority): Scientific opinion on the appropriate age for introduction of complementary feeding of infants. EFSA Journal 7 (2009) 1423

[9] Nordic Council of Ministers: Nordic nutrition recommendations 2012. Kopenhagen, 5. Auflage (2014)

[10] EFSA (European Food Safety Authority): Scientific opinion on principles for deriving and applying dietary reference values. EFSA Journal 8 (2010) 1458

[11] IOM (Institute of Medicine) (Hrsg.): Dietary reference intakes for energy, carbohydrate, fiber, fat, fatty acids, cholesterol, protein and amino acids. National Academies Press, Washington, DC (2005)

[12] WHO (World Health Organization): Protein and amino acid requirements in human nutrition. WHO Technical Report Series 935 (2007)

[13] Dhonukshe-Rutten RAM, Bouwman J, Brown KA et al.: EURRECA-evidence-based methodology for deriving micronutrient recommendations. Crit Rev Food Sci Nutr 53 (2013) 999–1040

[14] Hartmann B, Vasquez-Calcedo A, Bell S et al.: The German nutrient database basis for analysis of the nutritional status of the German population. J Food Compost Anal 21 (2008) S115–S118

[15] MRI (Max Rubner-Institut, Bundesforschungsinstitut für Ernährung und Lebensmittel) (Hrsg.): Bundeslebensmittelschlüssel. www.blsdb.de (eingesehen am 10.07.2014)

[16] Bureau of Nutritional Sciences, Committee for Revision of the Canadian Dietary Standard (Hrsg.): Recommended nutrient intakes for Canadians. Health and Welfare Canada, Ottawa (1983)

# Energie

## 1. Einleitung

Alle biologischen Prozesse im Körper benötigen Energie. Dazu gehören biochemische Prozesse, die die Körperstrukturen und Körperfunktionen aufrechterhalten, sowie die körperliche Aktivität. Energie wird über die Ernährung durch Kohlenhydrate, Fett, Protein und Alkohol geliefert. Die Angaben zu den Referenzwerten für die Energiezufuhr erfolgen in Megajoule (MJ) und in Kilokalorien (kcal) (1 MJ = 239 kcal; 1 kcal = 4,184 Kilojoule (kJ) = 0,004184 MJ).

## 2. Energiebedarf

Der Energiebedarf entspricht der Menge an Nahrungsenergie, die für eine ausgeglichene Energiebilanz benötigt wird. Die ausgeglichene Energiebilanz beschreibt einen physiologischen Zustand, bei dem die tägliche Energiezufuhr dem Energieverbrauch entspricht und mit dem ein Körpergewicht[1], eine Körperzusammensetzung sowie eine körperliche Aktivität gewährleistet werden, die die Gesundheit fördern. Das beinhaltet auch die Energie, die für Wachstum und Entwicklung von Kindern, die Gewebebildung und die Energieeinlagerung im wachsenden Gewebe (Ansatz von Körpermasse) während der Schwangerschaft und die Milchproduktion während der Stillzeit benötigt wird [1].

### 2.1 Komponenten und Einflussgrößen des Energiebedarfs

Der Energiebedarf pro Tag entspricht dem Energieverbrauch (*total energy expenditure* [TEE]) über 24 Stunden. Dieser ist die Summe aus Grundumsatz (*basal energy expenditure* [BEE] oder *basal metabolic rate* [BMR]), Energieverbrauch bei körperlicher Aktivität und dem thermischen Effekt der Nahrung [2]. Während Schwangerschaft und Stillzeit sowie Wachstum bei Säuglingen, Kindern und Jugendlichen ist der dafür zusätzlich aufzuwendende Energieverbrauch hinzuzuzählen. Zu den weiteren Einflussgrößen gehören Körpergewicht, Körperzusammensetzung, Geschlecht, Alter, Gesundheitszustand, ethnische Herkunft sowie die Umgebungstemperatur.

#### 2.1.1 Grundumsatz und Ruheenergieverbrauch

Der Grundumsatz ist die Energiemenge, die zur Aufrechterhaltung der physiologischen Körperfunktionen in körperlicher und mentaler Ruhe benötigt wird, gemessen morgens nach ca. 8 Stunden Schlaf in einer thermoneutralen Umgebung ca. 12 Stunden nach der letzten Nahrungszufuhr (d. h. unter standardisierten Bedingungen). Der Grundumsatz stellt in der Regel den größten Teil des Energieverbrauchs dar.

Der Ruheenergieverbrauch (*resting energy expenditure* [REE]) wird unter weniger strengen Bedingungen gemessen – z. B. nicht unmittelbar nach dem Aufwachen, sondern erst nach Aufsuchen der Einrichtung, in der die Messung erfolgt; auch kann die Periode der Nahrungskarenz weniger als 12 Stunden betragen. Der Ruheenergieverbrauch liegt ca. 10 % höher als der Grundumsatz. Aus Gründen der Praktikabilität wird in den meisten Studien der Ruheenergieverbrauch anstelle des Grundumsatzes gemessen. Zur Ableitung der Referenzwerte für die Energiezufuhr wird dementsprechend der Ruheenergieverbrauch stellvertretend für den Grundumsatz herangezogen.

#### 2.1.2 Körperliche Aktivität

Körperliche Aktivität ist definiert als jegliche körperliche Bewegung durch Kontraktion des Skelettmuskels, die Energie verbraucht [3]. Sie stellt bei den meisten Menschen sowohl intra- als auch interindividuell die zweitgrößte und variabelste Einflussgröße auf den Energieverbrauch dar [1]. Bei Personen mit ähnlichem Körpergewicht kann sich der Energieverbrauch aufgrund von unterschiedlicher Berufstätigkeit, Freizeitaktivität und unbewussten Bewegungen (z. B. zappeln) um bis zu 1 900 kcal/Tag unterscheiden [4].

Die gesundheitlichen Vorteile von körperlicher Aktivität und Fitness sind gut belegt [5–7]. Viele dieser Vorteile hängen direkt von den Auswirkungen auf das Körpergewicht und die Körperzusammensetzung ab. Regelmäßige körperliche Aktivität erhält bzw. erhöht die fettfreie Körpermasse (v. a. Muskelmasse) [8–10].

#### 2.1.3 Thermischer Effekt der Nahrung

Der thermische Effekt der Nahrung ist definiert als die Energie, die nach der Nahrungszufuhr für Verdauung, Absorption, Transport, Umwandlung und Speicherung von Nährstoffen benötigt wird [1, 11, 12]. In der Regel hat der thermische Effekt der Nahrung einen Anteil von ca. 10 % am Gesamtenergieverbrauch [2, 13]. Der thermische Effekt von Proteinen ist im Vergleich zu Fetten höher [13], was den höheren energetischen Aufwand für den Stoffwechsel der Aminosäuren, die über Nahrungsprotein aufgenommen wurden, widerspiegelt [14].

[1] Der wissenschaftlich korrekte Ausdruck für das Körpergewicht ist die Körpermasse. Da jedoch im allgemeinen Sprachgebrauch die Masse eines Objekts auch als sein Gewicht bezeichnet wird, werden diese beiden Begriffe hier synonym verwendet.

Für die Ableitung der Referenzwerte für die Energiezufuhr wird der Ruheenergieverbrauch herangezogen, der zumindest einen Teil des thermischen Effekts der Nahrung bereits einschließt (siehe 2.1.1).

### 2.1.4 Wachstum

Der Energieverbrauch für das Wachstum resultiert aus dem Verbrauch für die Protein- und Fettsynthese sowie deren Einlagerung im neu gebildeten Gewebe [15]. Mit Ausnahme des ersten Lebensjahres ist der Anteil des Energieverbrauchs für Wachstum am Gesamtenergieverbrauch jedoch gering. Der Energieverbrauch für Wachstum sinkt von 40 % des Gesamtenergieverbrauchs im Alter von 1 Monat bis auf ca. 3 % im Alter von 12 Monaten [16].

### 2.1.5 Schwangerschaft und Stillzeit

In der Schwangerschaft erhöht sich der Ruheenergieverbrauch aufgrund des Energieverbrauchs für den Ansatz von Körpermasse, des Energieverbrauchs der zusätzlichen Körpermasse, insbesondere von Gebärmutter und Fetus, sowie der gesteigerten mütterlichen Lungen- und Herztätigkeit [17]. Der Energieverbrauch in der Stillzeit ist in Abhängigkeit von der Intensität und Dauer des Stillens erhöht.

### 2.1.6 Weitere Einflussgrößen auf den Energiebedarf

Zu den weiteren Einflussgrößen auf den Energiebedarf gehören das **Körpergewicht** und die **Körperzusammensetzung**. Die fettfreie Körpermasse korreliert eng mit der Höhe des Grundumsatzes bzw. des Ruheenergieverbrauchs. Der Ruheenergieverbrauch wird maßgeblich durch den hohen Energieverbrauch der stoffwechselaktiven Organe Gehirn, Leber, Niere und Herz bestimmt. Obwohl der massenspezifische Ruheenergieverbrauch der Muskulatur vergleichsweise niedriger ist, trägt sie aufgrund ihrer Größe ebenfalls wesentlich zum Ruheenergieverbrauch bei. Demgegenüber hat die Fettmasse nur einen sehr geringen Anteil am Ruheenergieverbrauch [8, 18, 19]. Aufgrund der **geschlechtsspezifischen Unterschiede** im Körpergewicht und der Körperzusammensetzung ist der Ruheenergieverbrauch bei Männern im Allgemeinen absolut höher als bei Frauen [20, 21].

Es ist nicht belegt, dass sich im **Alter** die Stoffwechselrate und somit der Energieverbrauch der Organe verringert [22–24]. Der Energieverbrauch ist dennoch im Alter aufgrund der altersbedingten Abnahme der fettfreien Körpermasse, insbesondere der Skelettmuskelmasse, sowie der im Allgemeinen geringeren körperlichen Aktivität niedriger [25, 26]. Insgesamt ist die Gruppe alter Menschen im Hinblick auf körperliche Aktivität, Ernährungszustand, Körperzusammensetzung, Grad der Gebrechlichkeit und Gesundheitszustand und damit auch hinsichtlich des Energieverbrauchs bzw. -bedarfs sehr heterogen (siehe auch „Einführung der Referenzwerte").

Unterschiede im Ruheenergieverbrauch bei Gruppen unterschiedlicher **ethnischer Herkunft** wurden beobachtet [27]. Dabei handelt es sich vermutlich um die Folge von Unterschieden im Körpergewicht und der Körperzusammensetzung [28–30].

Die Außentemperatur ist ein wichtiger **Umweltfaktor**, der den Energieverbrauch beeinflusst. Bei der Thermoregulation verbraucht der Körper Energie [31]. Da hierzulande jedoch in der Regel die Kleidung den Außentemperaturen angepasst wird und der Aufenthalt meist in temperierten Räumen erfolgt, wird der Energieverbrauch durch die Thermoregulation nicht nennenswert beeinflusst.

## 2.2 Methoden zur Bestimmung des Energieverbrauchs

Der Energieverbrauch kann mittels direkter und indirekter Kalorimetrie, anhand der Herzfrequenz sowie mit doppelt stabil markiertem Wasser (*doubly labelled water* [DLW]) bestimmt werden [32].

### 2.2.1 Direkte Kalorimetrie

Die direkte Kalorimetrie beruht auf der Tatsache, dass alle metabolischen Prozesse letztendlich mit einer Wärmebildung einhergehen. Die gebildete Wärme wird an die Umgebung abgegeben und kann in einem Raumkalorimeter gemessen werden [2, 33].

Die direkte Kalorimetrie wurde früher verwendet, um die Prinzipien und Ergebnisse der indirekten Kalorimetrie zu validieren. Sie wird heutzutage jedoch aufgrund ihrer Kosten und Komplexität kaum noch herangezogen [34–36].

### 2.2.2 Indirekte Kalorimetrie

Die indirekte Kalorimetrie ist die am häufigsten angewandte Methode. Sauerstoffaufnahme und Kohlendioxidproduktion werden gemessen und mittels einer standardisierten Formel [37] wird der Energieverbrauch über den respiratorischen Quotienten bestimmt [38]. Mithilfe der indirekten Kalorimetrie können Grundumsatz und Ruheenergieverbrauch bestimmt werden.

### 2.2.3 DLW-Methode

Die DLW-Methode bestimmt den Energieverbrauch unter Alltagsbedingungen (*total energy expenditure* [TEE]). Darin besteht der größte Vorteil der DLW-Methode gegenüber der Kalorimetrie. Gemessen wird über Intervalle von z. B. 7, 14 oder 21 Tagen, als Ergebnisse werden die Mittelwerte dargestellt. Bei dieser Methode werden alle Aktivitäten wie auch z. B. spontane und unbewusste Bewegungen (z. B. zappeln) berücksichtigt [39].

Bei der DLW-Methode wird doppelt stabil markiertes Wasser ($^2H_2{}^{18}O$) oral zugeführt. Nach der Vermischung mit dem Gesamtkörperwasser wird $^2H$ allein mit dem Urin ausgeschieden, während das $^{18}O$ sowohl mit dem Urin als auch in Kohlendioxid eingebaut über die Lunge ausgeschieden wird [40, 41]. Die Differenz zwischen den im Urin ausgeschiedenen Mengen entspricht der Menge $^{18}O$, die mit der Atmung abgegeben wurde und diese wiederum ist proportional zur Gesamtkohlendioxidproduktion und demzufolge proportional zum Energieverbrauch [2, 42].

### 2.2.4 Herzfrequenz

Die Messung der Herzfrequenz kann zur Bestimmung des Energieverbrauchs ebenfalls herangezogen werden. Allerdings muss eine individuelle Kalibrierung des Zusammenhangs zwischen Herzfrequenz und Sauerstoffverbrauch durchgeführt werden, da der Zusammenhang individuell sehr unterschiedlich ist [43–45].

## 2.3 Möglichkeiten zur Bestimmung des Energieverbrauchs für die Ableitung von Referenzwerten

Der Energieverbrauch kann anhand der DLW-Methode oder über die faktorielle Methode bestimmt werden.

### 2.3.1 Auf der DLW-Methode basierende prädiktive Gleichungen

Mit der DLW-Methode kann der Energieverbrauch unter Alltagsbedingungen bestimmt werden (siehe auch 2.2.3). Anhand des mit dieser Methode bestimmten Energieverbrauchs (Gesamtenergieverbrauch, der im Wachstum den Energieverbrauch für die Gewebesynthese, nicht aber die Energieeinlagerung in wachsende Gewebe einschließt; siehe auch 6.1) werden Regressionsgleichungen in Abhängigkeit von anthropometrischen Variablen (wie Körpergewicht und Körpergröße) aufgestellt [46]. Der Anteil des Energieverbrauchs durch körperliche Aktivität kann bei dieser Methode nicht separat dargestellt werden. Da die Referenzwerte für die Energiezufuhr für Kinder, Jugendliche und Erwachsene jedoch in Abhängigkeit von der körperlichen Aktivität dargestellt werden sollen, werden die anhand der DLW-Methode aufgestellten prädiktiven Gleichungen zur Berechnung des Energieverbrauchs bei diesen Altersgruppen nicht herangezogen. Bei Säuglingen werden die Referenzwerte für die Energiezufuhr auf Basis der anhand der DLW-Methode aufgestellten prädiktiven Gleichungen berechnet.

### 2.3.2 Faktorielle Methode

Bei diesem Ansatz wird der Ruheenergieverbrauch mit dem Maß für die körperliche Aktivität (*physical activity level* [PAL]) (siehe auch 2.3.2.2) multipliziert, um den Energieverbrauch zu berechnen.

#### 2.3.2.1 Bestimmung des Ruheenergieverbrauchs

Der Ruheenergieverbrauch kann mithilfe von verschiedenen Gleichungen berechnet werden, die auf einfach zu bestimmenden Parametern wie z. B. Körpergewicht, Körpergröße, Geschlecht, Alter und ethnischer Herkunft basieren. Der Großteil der sogenannten prädiktiven Gleichungen verwendet das Körpergewicht als die wichtigste Einflussgröße auf den Ruheenergieverbrauch. Die Gleichungen werden anhand von Regressionsanalysen einer Gruppe von Personen bestimmt, deren Ruheenergieverbrauch mittels direkter oder indirekter Kalorimetrie ermittelt wurde.

Für **Erwachsene** gibt es 5 allgemein anerkannte Gleichungen zur Berechnung des Ruheenergieverbrauchs [47–51]. Dabei ist zu beachten, dass keine der Gleichungen uneingeschränkt zufriedenstellende Ergebnisse liefert, wenn sie bei einer anderen als der mittels Kalorimetrie untersuchten Bevölkerungsgruppe angewendet wird.

Die Ableitung der Referenzwerte für die Energiezufuhr erfolgt auf Basis von Daten zum Ruheenergieverbrauch, die aus der publizierten Datenbank zum Ruheenergieverbrauch in Deutschland stammen [51]. Diese enthält Daten zur Körperzusammensetzung und zum Ruheenergieverbrauch auf Basis einer großen Stichprobe (n = 2 528) von gesunden Personen im Alter von 5 bis 91 Jahren. Erfasst wurden die Daten zwischen 1985 und 2002 in Deutschland in diversen Zentren mit einer standardisierten und vergleichbaren Methodik.

Für **Kinder und Jugendliche** gibt es ebenfalls verschiedene Gleichungen, mit denen der Ruheenergieverbrauch, abhängig von Alter, Körpergewicht, Körpergröße und Geschlecht, berechnet werden kann, wobei die Gleichungen von Schofield [48] und Henry [49] auf großen Datensätzen beruhen, die die Altersspanne von 0 bis 18 Jahren abdecken.

Da die Gleichungen von Henry [49] auf der größten verfügbaren Datenbasis beruhen, werden sie für die Ableitung der Referenzwerte für die Energiezufuhr bzw. für die Berechnung des Ruheenergieverbrauchs für Kinder und Jugendliche herangezogen.

#### 2.3.2.2 Ermittlung des PAL

Das Maß für die körperliche Aktivität (*physical activity level* [PAL]) ist definiert als das Verhältnis von Gesamtenergieverbrauch zu Ruheenergieverbrauch innerhalb von 24 Stunden, d. h., der PAL-Wert bezeichnet den für körperliche Aktivitäten relativ zum Ruheenergieverbrauch aufzuwendenden täglichen Energiemehrverbrauch [52]. Demzufolge können PAL-Werte für unterschiedliche Berufs- und Freizeitaktivitäten abgeleitet werden [53] (siehe Tab. 1).

Nach FAO (*Food and Agriculture Organization*) [1] und WCRF (*World Cancer Research Fund*) [54] ist bei Erwachsenen ein PAL-Wert von mindestens 1,7 mit einem geringeren Risiko für Übergewicht, koronare Herzkrankheit (KHK), Diabetes mellitus Typ 2, verschiedene Krebskrankheiten, Osteoporose und Sarkopenie assoziiert. Bei Kindern ist eine regelmäßige körperliche Aktivität zusammen mit einer vollwertigen Ernährung mit Gesundheit, adäquatem Wachstum, Wohlbefinden und verbesserter schulischer Leistung verbunden [55, 56]. Körperlich aktive Kinder entwickeln sich eher zu körperlich aktiven Erwachsenen als inaktive Kinder [55].

*PAL-Wert bei Erwachsenen*

Unterschiede im PAL-Wert zwischen Männern und Frauen scheint es nicht zu geben [57]. Die untere Grenze für den PAL-Wert im Alltag liegt zwischen 1,35 und 1,4 und bezieht sich auf Personen mit einer minimalen Aktivität [36, 58–61]. Zu den minimalen Aktivitäten im Alltag gehören für gewöhnlich Aktivitäten wie Essen, Körperhygiene, Anziehen sowie kurze Fußwege (z. B. in der Wohnung oder im Haus) [36]. In 2 US-amerikanischen Studien lag der mediane PAL-Wert bei ca. 1,6 [61–64]. Die obere Grenze für den PAL-Wert, der in der allgemeinen Bevölkerung dauerhaft erreicht werden kann, liegt bei etwa 2,5 [36, 53, 61, 65], wird jedoch nur von Personen erreicht, die über mehrere Stunden starke körperliche Aktivitäten in Beruf oder Freizeit ausführen [1, 53, 66].

Für gewöhnlich verringert sich der PAL-Wert im Alter [53, 67]. Der PAL-Wert ist jedoch sehr variabel und abhängig von individuellen Faktoren, die die körperliche Aktivität im Alter fördern oder hemmen. Bei Gebrechlichkeit, Immobilität und Bettlägerigkeit ist von einem mittleren PAL-Wert von 1,2 bis 1,3 auszugehen [57, 68].

*PAL-Wert bei Kindern und Jugendlichen*

Beispiele für Personengruppen mit einem wenig aktiven Lebensstil sind Kinder und Jugendliche, die mehrere Stunden am Tag in der Schule verbringen, keine regelmäßigen sportlichen Aktivitäten ausführen, motorisierte Transportmittel nutzen und ihre Freizeit überwiegend mit sitzenden Tätigkeiten, wie z. B. fernsehen, verbringen. Beispiele für Personengruppen mit einem sehr aktiven Lebensstil sind dabei Kinder und Jugendliche, die täglich weite Wege zu Fuß gehen oder das Fahrrad als Transportmittel nutzen, energieaufwendige Aktivitäten ausführen und/oder sich für mehrere Stunden am Tag, mehrmals in der Woche, intensiv sportlich betätigen [1].

## 3. Energiezufuhr in der Bevölkerung[2]

Bei Verzehrerhebungen beruhen die Angaben zum Lebensmittelverzehr in vielen Fällen auf Selbstangaben der Teilnehmenden. Diese sind kritisch zu bewerten, da der Lebensmittelverzehr damit potenziell unterschätzt wird (*underreporting*). Insbesondere die daraus resultierenden Angaben zur Energiezufuhr sind im Gegensatz zu anderen Ernährungsfaktoren unzuverlässig. Vor allem übergewichtige Personen neigen zu einer Unterschätzung des Verzehrs von Lebensmitteln mit einem hohen Energiegehalt und damit ihrer Energiezufuhr [69–71].

### 3.1 Säuglinge und Kleinkinder

Nach Daten der Verzehrsstudie zur Ermittlung der Lebensmittelaufnahme von Säuglingen und Kleinkindern in Deutschland (VELS, 2001–2002), die auf der Basis von Verzehrprotokollen erhoben wurden, betrug die Energiezufuhr bei Jungen im Alter von 6 Monaten bis unter 1 Jahr im Median 850 kcal (10. Perzentil [P10] bis 90. Perzentil [P90] 655–1 002 kcal) bzw. 3,6 MJ (P10–P90 2,7–4,2 MJ)

[2] Hierbei ist zu beachten, dass zur Bestimmung der Energiezufuhr in den zugrunde liegenden Erhebungen unterschiedliche Lebensmitteltabellen herangezogen wurden.

## Tabelle 1: PAL-Werte bei unterschiedlichen Berufs- und Freizeittätigkeiten von Erwachsenen (basierend auf [53])

| Arbeitsschwere und Freizeitverhalten | PAL[a] | Beispiele |
|---|---|---|
| ausschließlich sitzende oder liegende Lebensweise | 1,2–1,3 | gebrechliche, immobile, bettlägerige Menschen |
| ausschließlich sitzende Tätigkeit mit wenig oder keiner anstrengenden Freizeitaktivität | 1,4–1,5 | Büroangestellte, Feinmechaniker |
| sitzende Tätigkeit, zeitweilig auch zusätzlicher Energieaufwand für gehende und stehende Tätigkeiten, wenig oder keine anstrengende Freizeitaktivität | 1,6–1,7 | Laboranten, Studenten, Fließbandarbeiter |
| überwiegend gehende und stehende Arbeit | 1,8–1,9 | Verkäufer, Kellner, Mechaniker, Handwerker |
| körperlich anstrengende berufliche Arbeit oder sehr aktive Freizeittätigkeit | 2,0–2,4 | Bauarbeiter, Landwirte, Waldarbeiter, Bergarbeiter, Leistungssportler |

[a] Für sportliche Betätigungen oder für anstrengende Freizeitaktivitäten (30–60 Minuten, 4- bis 5-mal je Woche) können zusätzlich pro Tag 0,3 PAL-Einheiten hinzu gerechnet werden.

und bei gleichaltrigen Mädchen 745 kcal (P10–P90 601–928 kcal) bzw. 3,1 MJ (P10–P90 2,5–3,9 MJ) pro Tag [72, 73].

Die mediane Zufuhr von Energie lag bei 1- bis unter 4-jährigen Jungen bei 1 140 kcal (P10–P90 875–1 534 kcal) bzw. 4,8 MJ (P10–P90 3,7–6,4 MJ) und bei gleichaltrigen Mädchen bei 1 058 kcal (P10–P90 830–1 409 kcal) bzw. 4,4 MJ (P10–P90 3,5–5,9 MJ) pro Tag [72, 73].

Jungen im Alter von 4 bis unter 5 Jahren nahmen im Median 1 414 kcal (P10–P90 1 133–1 713 kcal) bzw. 5,9 MJ (P10–P90 4,7–7,2 MJ) und gleichaltrige Mädchen 1 307 kcal (P10–P90 935–1 642 kcal) bzw. 5,5 MJ (P10–P90 3,9–6,9 MJ) Energie pro Tag auf [72, 73].

### 3.2 Kinder

Laut der im Jahr 2006 in Deutschland durchgeführten EsKiMo-Studie (Ernährungsmodul des Kinder- und Jugendgesundheitssurveys, KiGGS-Studie) betrug die mediane Energiezufuhr auf der Basis von Verzehrprotokollen bei 6- bis 11-jährigen Jungen 1 809 kcal (P5–P95 1 277–2 566 kcal) bzw. 7,6 MJ (P5–P95 5,4–10,9 MJ) und bei gleichaltrigen Mädchen 1 670 kcal (P5–P95 1 137–2 315 kcal) bzw. 7,0 MJ (P5–P95 4,8–9,7 MJ) pro Tag [74].

In Österreich lag der Mittelwert der Zufuhr von Energie bei Jungen im Alter von 7 bis unter 10 Jahren bei 1 920 kcal (8,0 MJ), im Alter von 10 bis unter 13 Jahren bei 1 940 kcal (8,1 MJ) und im Alter von 13 bis unter 15 Jahren bei 2 058 kcal (8,6 MJ) pro Tag. Bei Mädchen lag der Mittelwert der Zufuhr in den gleichen Altersgruppen bei 1 910 kcal (8,0 MJ), 1 731 kcal (7,2 MJ) und 1 783 kcal (7,5 MJ) pro Tag [75].

### 3.3 Erwachsene

Nach Auswertung der Daten der Nationalen Verzehrsstudie II (NVS II, 2005–2006)[3] lag die mediane Zufuhr von Energie in Deutschland bei Männern und Frauen im Alter von 15 bis 80 Jahren bei 2 252 kcal (9,4 MJ) pro Tag (P5–P95 1 387–3 424 kcal; 5,81–14,33 MJ) bzw. 1 683 kcal (7,1 MJ) pro Tag (P5–P95 1 026–2 491 kcal; 4,29–10,43 MJ). Die Energiezufuhr der Männer in Deutschland lag also im Durchschnitt höher als die der Frauen. Die höchste Energiezufuhr unter den Männern wies die Altersgruppe

[3] Auswertung der Verzehrdaten der beiden 24-Stunden-Recalls auf Basis der aktualisierten Version des Bundeslebensmittelschlüssels (BLS-Version 3.02). Daher unterscheiden sich diese von früher publizierten NVS II-Daten zur Energiezufuhr, die mit dem Ernährungserhebungsinstrument DISHES (*Diet Interview Software for Health Examination Studies*) erfasst und mit einer früheren BLS-Version (BLS II.4) berechnet wurden.

von 35 bis unter 51 Jahren auf und unter den Frauen die Altersgruppe von 25 bis unter 51 Jahren [76, 77].

In Österreich lag der Mittelwert der Zufuhr von Energie bei Männern im Alter von 18 bis unter 25 Jahren bei 2403 kcal (10,1 MJ), im Alter von 25 bis unter 51 Jahren bei 2172 kcal (9,1 MJ), im Alter von 51 bis unter 65 Jahren bei 2245 kcal (9,4 MJ) und im Alter von 65 bis 80 Jahren bei 1920 kcal (8,0 MJ) pro Tag. Bei Frauen in den gleichen Altersgruppen lag sie bei 1917 kcal (8,0 MJ), 1854 kcal (7,8 MJ), 1826 kcal (7,7 MJ) und 1675 kcal (7,0 MJ) pro Tag [75].

Für die Schweizer Bevölkerung ergaben die mittels Verbrauchsdaten berechneten Werte eine tägliche Energiezufuhr von 2661 kcal [78].

## 4. Energiezufuhr über Lebensmittel

Der Energiegehalt eines Lebensmittels kann in Form von abgegebener Wärme beim Verbrennen im Labor gemessen werden. Die für den Körper verfügbare Energie wird vom Energiegehalt des Lebensmittels bestimmt. Allerdings ist nicht der gesamte Energiegehalt eines Lebensmittels für den Körper verfügbar. Die verstoffwechselbare Energie ist die zugeführte Energiemenge abzüglich der Verluste über Fäzes, Urin, Gase durch Fermentation im Dickdarm sowie über die Körperoberfläche [79, 80].

Über die Ernährung wird Energie in Form von Kohlenhydraten, Fett, Protein und Alkohol geliefert. Für diese energieliefernden Nährstoffe werden analog der EG-Richtlinie (90/496/EWG) über die Nährwertkennzeichnung folgende Energiegehalte angegeben: 1 g Protein: 17 kJ (4 kcal); 1 g Fett: 37 kJ (9 kcal); 1 g Kohlenhydrate: 17 kJ (4 kcal); 1 g Alkohol: 29 kJ (7 kcal). Ein Teil der Ballaststoffe wird im Dickdarm von Darmbakterien zu kurzkettigen Fettsäuren abgebaut. Im Fall ihrer Absorption stellen diese kurzkettigen Fettsäuren eine zusätzliche Energiequelle dar. In herkömmlichen Lebensmitteln sind 70 % der Ballaststoffe fermentierbar, was zu einem durchschnittlichen Energiegehalt von 8 kJ (2 kcal) pro 1 g Ballaststoffen führt [79, 81, 82].

Die Energiedichte (Energiegehalt [in kcal oder kJ] pro Gewichtseinheit [z. B. 100 g]) von Lebensmitteln hängt maßgeblich von deren Wassergehalt ab [83]. Lebensmittel, die reich an Wasser und/oder Ballaststoffen sind, wie z. B. Gemüse und Obst, weisen in der Regel eine geringe Energiedichte auf. Im Gegensatz dazu haben Lebensmittel, die reich an Fett sind, in der Regel eine höhere Energiedichte, da Fett der Nährstoff mit dem höchsten Energiegehalt ist. Aber auch kohlenhydratreiche Lebensmittel können insbesondere bei gleichzeitig geringem Wassergehalt eine hohe Energiedichte haben, wie z. B. Weißbrot [84].

Den größten Beitrag zur Energiezufuhr in Deutschland leisten sowohl bei Männern als auch bei Frauen die Lebensmittelgruppen Brot sowie Milch und Milcherzeugnisse. Danach folgen bei den Männern Fleischerzeugnisse und Wurstwaren sowie Backwaren und alkoholfreie Getränke, während bei den Frauen Backwaren, alkoholfreie Getränke und Süßwaren die weiteren wesentlichen Energielieferanten sind [85].

## 5. Kriterien zur Ableitung der Referenzwerte

### 5.1 Energiebilanz

Ziel der Referenzwerte für die Energiezufuhr ist das Erreichen einer ausgeglichenen Energiebilanz bzw. einer Energiebilanz, mit der langfristig ein die Gesundheit förderndes Körpergewicht erreicht wird. Eine langfristig ausgeglichene Energiebilanz ist anhand eines konstanten Körpergewichts erkennbar.

### 5.2 Körpergewicht, Körpergröße, *Body Mass Index* (BMI) und Körperzusammensetzung

Der BMI (BMI = Körpergewicht [kg]/Quadrat der Körperlänge [$m^2$]) ist ein Maß zur Klassifizierung des Körpergewichts in Unter-, Normal- und Übergewicht. Als Normalgewicht wird ein BMI zwischen 18,5 kg/$m^2$ und 24,9 kg/$m^2$ definiert [86]. Zur Bestimmung des Referenzwerts für die Energiezufuhr wird für erwachsene Männer und Frauen ein mittlerer BMI von 22 kg/$m^2$ bei der für Deutschland aktuellen mittleren Körpergröße (siehe Tab. 2) zugrunde gelegt.

Tabelle 2 zeigt die Referenzmaße von Körpergröße und Körpergewicht für alle Altersgruppen. Die Referenzmaße für die Körpergröße entsprechen dem Median der Größenmessungen aus der repräsentativen Studie zur Gesundheit Erwachsener in Deutschland (DEGS1) [87]. Das Referenzkörpergewicht wurde aus den Größenmessungen basierend auf einem BMI von 22 kg/$m^2$ berechnet.

Für Kinder und Jugendliche können die Angaben zum Körpergewicht und zur Körpergröße anhand von Wachstumsstandards bestimmt werden [88–91]. Die Referenzmaße für Säuglinge entsprechen dem 50. Perzentil der WHO-Wachstumsstandards [88]. Angegeben sind jeweils Werte für die Mitte des jeweiligen Altersbereichs, d. h. für 2 Monate und 8 Monate.

## Tabelle 2: Referenzmaße von Körpergröße und Körpergewicht für Säuglinge, Kinder, Jugendliche und Erwachsene

| Alter | Körpergröße [cm] | | Körpergewicht [kg] | |
|---|---|---|---|---|
| | m | w | m | w |
| **Säuglinge**[a] | | | | |
| 0 bis unter 4 Monate | 58,4 | 57,1 | 5,6 | 5,1 |
| 4 bis unter 12 Monate | 70,6 | 68,7 | 8,6 | 7,9 |
| **Kinder und Jugendliche**[b] | | | | |
| 1 bis unter 4 Jahre | 92,9 | 91,3 | 13,9 | 13,2 |
| 4 bis unter 7 Jahre | 114,5 | 114,3 | 20,2 | 20,1 |
| 7 bis unter 10 Jahre | 133,6 | 132,4 | 29,3 | 28,7 |
| 10 bis unter 13 Jahre | 149,4 | 151,0 | 41,0 | 42,1 |
| 13 bis unter 15 Jahre | 166,9 | 162,7 | 55,5 | 54,0 |
| 15 bis unter 19 Jahre | 178,2 | 165,5 | 69,2 | 59,5 |
| **Erwachsene**[c] | | | | |
| 19 bis unter 25 Jahre | 179,4 | 165,8 | 70,8 | 60,5 |
| 25 bis unter 51 Jahre | 179,2 | 165,1 | 70,7 | 60,0 |
| 51 bis unter 65 Jahre | 176,7 | 162,6 | 68,7 | 58,2 |
| 65 Jahre und älter | 174,2 | 161,1 | 66,8 | 57,1 |

[a] Die Referenzmaße entsprechen dem 50. Perzentil der WHO-Wachstumsstandards [88] für 2 Monate bzw. 8 Monate.

[b] Die Referenzmaße entsprechen jeweils dem 50. Perzentil der anthropometrischen Maßzahlen aus der Studie zur Gesundheit von Kindern und Jugendlichen in Deutschland (KiGGS; 2003–2006) [91]. Angegeben sind jeweils die Werte für die Mitte des jeweiligen Altersbereichs, d. h. für 2,5 Jahre, 5,5 Jahre, 8,5 Jahre, 11,5 Jahre, 14,0 Jahre und 17 Jahre.

[c] Die Referenzmaße für die Körpergröße entsprechen dem Median der Größenmessungen aus der Studie zur Gesundheit Erwachsener in Deutschland (DEGS1) [87]. Das Körpergewicht wurde aus den Größenmessungen basierend auf einem angenommenen *Body Mass Index* (BMI = Körpergewicht [kg]/ Quadrat der Körperlänge [$m^2$]) von 22 kg/$m^2$ berechnet. Den angegebenen Altersgruppen liegen folgende Altersgruppen aus DEGS1 zugrunde: für 19 bis unter 25 Jahre die Altersgruppe 18 bis 29 Jahre aus DEGS1; für 25 bis unter 51 Jahre die Altersgruppe 30 bis 39 Jahre aus DEGS1; für 51 bis unter 65 Jahre die Altersgruppe 50 bis 59 Jahre aus DEGS1; für 65 Jahre und älter die Altersgruppe 60 bis 69 Jahre aus DEGS1.

### 5.3 Körpergewichtszunahme während der Schwangerschaft

Die Körpergewichtszunahme während der Schwangerschaft stellt die Hauptdeterminante für den zusätzlichen Energieverbrauch während der Schwangerschaft dar. Laut WHO [1, 92] ist eine Körpergewichtszunahme von 10 kg bis 14 kg (im Mittel 12 kg) mit optimaler Gesundheit von Mutter und Fetus assoziiert. Das *Institute of Medicine* (IOM) gibt für normalgewichtige Frauen (bei einem BMI vor der Schwangerschaft von 18,5–24,9 kg/$m^2$) eine Körpergewichtszunahme von 11,5 kg bis 16 kg für eine optimale Gesundheit von Mutter und Fetus an [93]. Eine zu geringe sowie eine zu hohe Körpergewichtszunahme sind mit ungünstigen Auswirkungen auf die Schwangerschaft verbunden [93, 94].

In Übereinstimmung mit der WHO [92] und der EFSA [36] wird für die Ableitung der Referenzwerte für die Energiezufuhr für Schwangere (bei einem BMI vor der Schwangerschaft von 18,5–24,9 kg/$m^2$) eine Körpergewichtszunahme von ca. 12 kg herangezogen.

### 5.4 PAL-Wert

Die PAL-Werte innerhalb einer Population können stark variieren und von den wünschenswerten PAL-Werten abweichen. So würden Referenzwerte, die auf wünschenswerten PAL-Werten basieren, eine unangemessen hohe Energiezufuhr nahelegen. Von daher wird auch kein aus Studien ermittelter mittlerer PAL-Wert der Gesamtbevölkerung angegeben, sondern der Energieverbrauch für spezifische PAL-Werte dargestellt [36, 95]. Tabelle 1 gibt einige Beispiele für PAL-Werte bei unterschiedlichen Berufs- und Freizeittätigkeiten.

Angesichts der weitverbreiteten geringen körperlichen Aktivität und des häufigen Übergewichts wird für die Ableitung von Referenzwerten, die einen Bezug zur Energie haben, für Erwachsene der Richtwert für die Energiezufuhr zugrunde gelegt, der sich aus der Multiplikation des Ruheenergieverbrauchs und dem PAL-Wert von 1,4 ergibt.

Auch bei Kindern und Jugendlichen können die PAL-Werte innerhalb einer Population stark variieren, sodass wie bei Erwachsenen kein mittlerer PAL-Wert zur Bestimmung des Energieverbrauchs angegeben wird. Für die Altersgruppe 1 bis unter 4 Jahre werden PAL-Werte von 1,4 und 1,6 herangezogen; für die Altersgruppe 4 bis unter 10 Jahre PAL-Werte von 1,4, von 1,6 und von 1,8 und für die Altersgruppe 10 bis unter 19 Jahre PAL-Werte von 1,4, von 1,6, von 1,8 und von 2,0.

## 6. Ableitung der Referenzwerte für die Energiezufuhr

Große Unterschiede in der körperlichen Aktivität sowie bei den anthropometrischen Parametern führen zu einem sehr großen Variationskoeffizienten des Energiebedarfs in der Bevölkerung. Die Referenzwerte für die Energiezufuhr werden daher als Richtwerte im Sinne von Orientierungshilfen angegeben. Sie sind nicht ohne weiteres auf einzelne Personen anwendbar. Ob die Energiezufuhr dem Energieverbrauch einer einzelnen Person entspricht oder nicht, kann durch regelmäßige Gewichtskontrollen grob beurteilt werden.

Der zusätzliche Energieverbrauch für Wachstum, Schwangerschaft und Stillzeit wird anhand von Daten von gut gedeihenden Säuglingen und Kindern sowie Frauen mit einem normalen Verlauf von Schwangerschaft und Stillzeit berechnet.

### 6.1 Säuglinge

Die Bestimmung des Energieverbrauchs für Säuglinge basiert auf mit der DLW-Methode ermittelten Daten an reif geborenen und gut gedeihenden Säuglingen [16] (siehe Abb. 1).

**Abbildung 1: Gleichung zur Berechnung des Energieverbrauchs bei Säuglingen nach [16]**

Energieverbrauch
[kcal/Tag] = 92,8 x Körpergewicht [kg] – 152
[MJ/Tag] = 0,388 x Körpergewicht [kg] – 0,635

Das zur Berechnung des Energieverbrauchs notwendige mediane Körpergewicht von Säuglingen wird anhand der WHO-Wachstumsstandards bestimmt [88] (siehe Tab. 2).

Die Bestimmung des Energieverbrauchs mit der DLW-Methode beinhaltet den Energieverbrauch für die Gewebesynthese, nicht aber die Energieeinlagerung im wachsenden Gewebe. Daher muss diese bei der Ableitung der Referenzwerte für Säuglinge hinzu gerechnet werden. Die Energieeinlagerung im wachsenden Gewebe kann anhand von Schätzungen aus einem Multikomponenten-Modell sowie eines Energiegehalts von 5,65 kcal bzw. 23,6 kJ pro 1 g eingelagertem Protein und von 9,25 kcal bzw. 38,7 kJ pro 1 g eingelagertem Fett berechnet werden [1, 96] (siehe Tab. A1).

Entsprechend dieses Vorgehens ergeben sich die in Tabelle 3 dargestellten Richtwerte für die Energiezufuhr für Säuglinge von 0 bis unter 4 Monaten und von 4 bis unter 12 Monaten. Der Tabelle A2 im Anhang ist die ausführliche Berechnung der Richtwerte in kcal/Tag bzw. MJ/Tag für Säuglinge im ersten Lebensjahr zu entnehmen. Die Berechnung der Energiezufuhr anhand der Energiezufuhr über Frauenmilch kommt zu vergleichbaren Ergebnissen (siehe Tab. A3).

### 6.2 Kinder und Jugendliche

Wie bereits im Kapitel „Bestimmung des Ruheenergieverbrauchs" (2.3.2.1) beschrieben, werden zur Bestimmung des Ruheenergieverbrauchs für Kinder und Jugendliche die Gleichungen von Henry [49] herangezogen (siehe Tab. A4). Die entsprechenden Referenzmaße von Körpergröße und Körpergewicht sind der Tabelle 2 zu entnehmen.

**Tabelle 3: Richtwerte für die Energiezufuhr für Säuglinge[a] [1,16]**

| Alter [Monate] | MJ/Tag | | kcal/Tag | | MJ/kg Körpergewicht | | kcal/kg Körpergewicht | |
|---|---|---|---|---|---|---|---|---|
| | m | w | m | w | m | w | m | w |
| 0 bis unter 4 | 2,3 | 2,0 | 550 | 500 | 0,4 | 0,4 | 100 | 100 |
| 4 bis unter 12 | 2,8 | 2,6 | 700 | 600 | 0,3 | 0,3 | 80 | 80 |

[a] gerundete Werte der Tabelle A2

Der Energieverbrauch für Wachstum bei Kindern und Jugendlichen setzt sich, wie auch bei den Säuglingen, aus dem Energieverbrauch für die Gewebesynthese und der Energieeinlagerung im wachsenden Gewebe zusammen. Der Energieverbrauch für die Gewebesynthese ist Bestandteil der Berechnung des Energieverbrauchs anhand der Gleichungen von Henry [49]. Die Energieeinlagerung im wachsenden Gewebe muss zur Bestimmung des Gesamtenergieverbrauchs bei Kindern und Jugendlichen noch hinzu addiert werden. Der Energieverbrauch für Wachstum beträgt in dieser Altersgruppe ca. 1 % des Gesamtenergieverbrauchs [1]. In Anlehnung an die Vorgehensweise der FAO/WHO/UNU [1] erfolgt die Berücksichtigung der Energieeinlagerung im wachsenden Gewebe unter Zugrundelegung eines Koeffizienten von 1,01 bei der Berechnung des Gesamtenergieverbrauchs (REE x PAL x 1,01).

Tabelle 4 zeigt die gerundeten Richtwerte für die Energiezufuhr in kcal/Tag und MJ/Tag für Kinder und Jugendliche berechnet mit der Gleichung von Henry [49] zur Bestimmung des Ruheenergieverbrauchs, dem Koeffizienten für Wachstum [1] und den im Kapitel 2.3.2.2 angegebenen PAL-Werten.

### 6.3 Erwachsene bis unter 65 Jahren

Die Grundlage für die Ableitung der Richtwerte für die Energiezufuhr für Erwachsene bis unter 65 Jahren ist eine ausgeglichene Energiebilanz bei einer Referenzperson mit bestimmter Körpergröße und einem Körpergewicht, das einem BMI von 22 kg/m$^2$ entspricht. Die Richtwerte werden mittels einer Regressionsgleichung, die auf Basis von Daten zum Ruheenergieverbrauch aus der Datenbank zum Ruheenergieverbrauch in Deutschland [51] erstellt wurde, berechnet (siehe 2.3.2.1). Der Ruheenergieverbrauch für Frauen und Männer kann damit anhand der in DEGS1 ermittelten Körpergrößen (siehe Tab. 2) und des entsprechenden Körpergewichts, das einem BMI von 22 kg/m$^2$ entspricht, bestimmt werden. Nach Müller et al. [51] wird der Ruheenergieverbrauch mit der in Abbildung 2 dargestellten Gleichung berechnet. Durch Multiplikation mit dem PAL-Wert können die Richtwerte für die Energiezufuhr abgeleitet werden.

Tabelle 5 gibt sowohl den Ruheenergieverbrauch als auch die gerundeten Richtwerte für die Energiezufuhr für Erwachsene für PAL-Werte von 1,4 bis 2,0 an.

### 6.4 Erwachsene ab 65 Jahren

Männer und Frauen im Alter von über 65 Jahren stellen hinsichtlich des Energieverbrauchs eine besonders heterogene Gruppe dar. Das bezieht sich sowohl auf den Ruheenergieverbrauch als auch auf den Energieverbrauch für körperliche Aktivität. Der Ruheenergieverbrauch variiert aufgrund unterschiedlicher Körperzusammensetzung, die wiederum alters- und aktivitätsabhängig ist. Hinsichtlich körperlicher Aktivität finden sich hier einerseits Personen mit einer körperlichen Aktivität, die mit der jüngerer Personen vergleichbar ist, andererseits gehören zu dieser Gruppe in ihrer Beweglichkeit und Aktivität deutlich eingeschränkte Personen [57]. Im Einzelfall kann der Energieverbrauch daher stark vom Richtwert abweichen.

Der Tabelle 5 sind Ruheenergieverbrauch sowie die gerundeten Richtwerte für die Energiezufuhr für Erwachsene ab 65 Jahren für PAL-Werte von 1,4 bis 2,0 zu entnehmen. Der Ruheenergieverbrauch wurde wie für jüngere Erwachsene mit der Regressionsgleichung aus Abbildung 2 berechnet und ein Körpergewicht herangezogen, das aus einer mittleren Körpergröße und einem BMI von 22 kg/m$^2$ resultiert.

## Tabelle 4: Ruheenergieverbrauch und Richtwerte für die Energiezufuhr für Kinder und Jugendliche (gerundet)

| Alter [Jahre] | Ruheenergieverbrauch[a] | | Richtwerte für die Energiezufuhr[b] | | | | | | | |
|---|---|---|---|---|---|---|---|---|---|---|
| | | | PAL 1,4 | | PAL 1,6 | | PAL 1,8 | | PAL 2,0 | |
| | MJ/ Tag | kcal/ Tag | MJ/ Tag | kcal/ Tag | MJ/ Tag | kcal/ Tag | MJ/ Tag | kcal/ Tag | MJ/ Tag | kcal/ Tag |
| **Jungen** | | | | | | | | | | |
| 1 bis unter 4 | 3,4 | 820 | 4,8 | 1 200 | 5,5 | 1 300 | – | – | – | – |
| 4 bis unter 7[c] | 4,1 | 970 | 5,7 | 1 400 | 6,6 | 1 600 | 7,4 | 1 800 | – | – |
| 7 bis unter 10[c] | 4,9 | 1 170 | 6,9 | 1 700 | 7,9 | 1 900 | 8,9 | 2 100 | – | – |
| 10 bis unter 13 | 5,6 | 1 340 | 7,9 | 1 900 | 9,0 | 2 200 | 10,1 | 2 400 | 11,3 | 2 700 |
| 13 bis unter 15 | 6,7 | 1 610 | 9,5 | 2 300 | 10,8 | 2 600 | 12,2 | 2 900 | 13,5 | 3 200 |
| 15 bis unter 19 | 7,7 | 1 850 | 10,9 | 2 600 | 12,5 | 3 000 | 14,1 | 3 400 | 15,6 | 3 700 |
| **Mädchen** | | | | | | | | | | |
| 1 bis unter 4 | 3,2 | 760 | 4,5 | 1 100 | 5,1 | 1 200 | – | – | – | – |
| 4 bis unter 7 | 3,8 | 910 | 5,4 | 1 300 | 6,1 | 1 500 | 6,9 | 1 700 | – | – |
| 7 bis unter 10 | 4,5 | 1 080 | 6,4 | 1 500 | 7,3 | 1 800 | 8,2 | 2 000 | – | – |
| 10 bis unter 13 | 5,2 | 1 230 | 7,3 | 1 700 | 8,3 | 2 000 | 9,4 | 2 200 | 10,4 | 2 500 |
| 13 bis unter 15 | 5,7 | 1 380 | 8,1 | 1 900 | 9,3 | 2 200 | 10,4 | 2 500 | 11,6 | 2 800 |
| 15 bis unter 19 | 6,0 | 1 430 | 8,5 | 2 000 | 9,7 | 2 300 | 10,9 | 2 600 | 12,1 | 2 900 |

[a] Nach [49], für 1 bis unter 4 Jahre wurde die Gleichung von 0 bis 3 Jahre herangezogen, für 4 bis unter 10 Jahre die Gleichung von 3 bis 10 Jahre und von 10 bis unter 19 Jahre die Gleichung von 10 bis 18 Jahre (siehe Tab. A4). Die für die Berechnung zugrunde gelegten medianen Körpergrößen und Körpergewichte sind der Tabelle 2 zu entnehmen.

[b] Koeffizient von 1,01 für Wachstum berücksichtigt

[c] Bei der Gleichung für 3- bis 10-jährige Jungen für kcal/Tag scheint ein Fehler vorzuliegen [36]. Daher wird hier die Gleichung für MJ/Tag herangezogen und abschließend in kcal/Tag umgerechnet; Umrechnung von MJ/Tag in kcal/Tag durch Multiplikation mit 239.

## Abbildung 2: Regressionsgleichung zur Berechnung des Ruheenergieverbrauchs bei Erwachsenen nach Müller et al. [51]

REE [MJ/Tag][a] = 0,047 x Gewicht [kg] + 1,009 x Geschlecht (Frauen 0, Männer 1) – 0,01452 x Alter [Jahre] + 3,21

[a] Umrechnung von MJ/Tag in kcal/Tag durch Multiplikation mit 239

## Tabelle 5: Ruheenergieverbrauch und Richtwerte für die Energiezufuhr für Erwachsene (gerundet)

| Alter [Jahre][a] | Ruheenergieverbrauch[b] | | Richtwerte für die Energiezufuhr | | | | | | | |
|---|---|---|---|---|---|---|---|---|---|---|
| | | | PAL 1,4 | | PAL 1,6 | | PAL 1,8 | | PAL 2,0 | |
| | MJ/ Tag | kcal/ Tag | MJ/ Tag | kcal/ Tag | MJ/ Tag | kcal/ Tag | MJ/ Tag | kcal/ Tag | MJ/ Tag | kcal/ Tag |
| **Männer** | | | | | | | | | | |
| 19 bis unter 25 | 7,2 | 1730 | 10,1 | 2400 | 11,6 | 2800 | 13,0 | 3100 | 14,5 | 3500 |
| 25 bis unter 51 | 7,0 | 1670 | 9,8 | 2300 | 11,2 | 2700 | 12,6 | 3000 | 14,0 | 3300 |
| 51 bis unter 65 | 6,6 | 1580 | 9,3 | 2200 | 10,6 | 2500 | 11,9 | 2800 | 13,2 | 3200 |
| 65 und älter | 6,4 | 1530 | 9,0 | 2100 | 10,3 | 2500 | 11,5 | 2800 | 12,8 | 3100 |
| **Frauen** | | | | | | | | | | |
| 19 bis unter 25 | 5,7 | 1370 | 8,0 | 1900 | 9,2 | 2200 | 10,3 | 2500 | 11,5 | 2700 |
| 25 bis unter 51 | 5,5 | 1310 | 7,7 | 1800 | 8,8 | 2100 | 9,9 | 2400 | 11,0 | 2600 |
| 51 bis unter 65 | 5,1 | 1220 | 7,1 | 1700 | 8,2 | 2000 | 9,2 | 2200 | 10,2 | 2400 |
| 65 und älter | 5,0 | 1180 | 6,9 | 1700 | 7,9 | 1900 | 8,9 | 2100 | 9,9 | 2400 |

[a] mittleres Alter für die Altersgruppe 19 bis unter 25 Jahre = 22 Jahre; für 25 bis unter 51 Jahre = 38 Jahre; für 51 bis unter 65 Jahre = 58 Jahre; für 65 und älter = 65 Jahre

[b] berechnet mit der Regressionsgleichung aus Abbildung 2 nach Müller et al. [51] für eine Referenzperson mit mittlerer Körpergröße und einem Körpergewicht, das einem BMI von 22 kg/m² entspricht

### 6.5 Schwangere

Wie bereits im Kapitel 2.1 dargestellt wurde, ist der Ruheenergieverbrauch während der Schwangerschaft aufgrund des Energieverbrauchs für die Gewebebildung und die Energieeinlagerung für Gebärmutter und Fetus sowie aufgrund der gesteigerten Lungen- und Herztätigkeit erhöht [17]. Eine Zunahme des Körpergewichts für normalgewichtige Frauen um 12 kg bis zur Geburt des Kindes ist mit einer optimalen Gesundheit von Mutter und Fetus verbunden [92] (siehe auch 5.3). Nach FAO [1] entspricht dies einer Zunahme der Proteinmasse von 597 g und der Fettmasse von 3,7 kg für die gesamte Schwangerschaft (siehe Tab. A5).

Die Energieeinlagerung im wachsenden Gewebe ist nicht gleichmäßig über die gesamte Schwangerschaft verteilt. Die Einlagerung von Protein findet im 2. (20 %) und im 3. (80 %) Trimester statt. Unter der Annahme, dass der Anteil der Fetteinlagerung dem gleichen Muster folgt wie die Körpergewichtszunahme, werden 11 %, 47 % bzw. 42 % Fett im 1., 2. bzw. 3. Trimester eingelagert [16, 97] (siehe Tab. A5).

Die FAO [1] leitet anhand von DLW-Datensätzen bei einer Körpergewichtszunahme in der Schwangerschaft von 12 kg eine Erhöhung des Energieverbrauchs von insgesamt 38 560 kcal ab. Dieser ist mit 20 kcal/Tag, 85 kcal/Tag und 310 kcal/Tag über das 1., 2. und 3. Trimester verteilt. Durch Addition des Energieverbrauchs für die Energieeinlagerung im wachsenden Gewebe in der Schwangerschaft kann der zusätzliche Energieverbrauch in der Schwangerschaft ermittelt werden. Der zusätzliche Energieverbrauch für die Schwangerschaft beträgt 76 530 kcal und wird auf das 1., 2. und 3. Trimester aufgeteilt (siehe Tab. A5). Die so für das 1. Trimester errechnete zusätzliche Energiezufuhr von 70 kcal/Tag ist zu vernachlässigen. Als Richtwerte für die zusätzliche Energiezufuhr für Schwangere werden + 250 kcal/Tag für das 2. Trimester und + 500 kcal/Tag für das 3. Trimester angegeben (siehe Tab. 6).

**Tabelle 6: Richtwert für die zusätzliche Energiezufuhr für Schwangere[a] (zusätzlich zum Richtwert für die Energiezufuhr für nicht schwangere Frauen)**

| | Richtwerte für die zusätzliche Energiezufuhr[a] | |
|---|---|---|
| | MJ/Tag | kcal/Tag |
| 1. Trimester | 0 | 0 |
| 2. Trimester | + 1,1 | + 250 |
| 3. Trimester | + 2,1 | + 500 |

[a] **Angaben zur zusätzlichen Energiezufuhr gelten nur bei Normalgewicht vor der Schwangerschaft, bei einer wünschenswerten Gewichtsentwicklung während der Schwangerschaft (Körpergewichtszunahme von 12 kg bis Ende der Schwangerschaft) und bei unverminderter körperlicher Aktivität.**

Die Richtwerte für die zusätzliche Energiezufuhr gelten nur bei Normalgewicht vor der Schwangerschaft, einer wünschenswerten Gewichtsentwicklung während der Schwangerschaft (Körpergewichtszunahme von 12 kg bis Ende der Schwangerschaft, siehe 5.3) sowie einer unverminderten körperlichen Aktivität. Bei übergewichtigen Frauen (siehe 5.2) sowie bei reduzierter körperlicher Aktivität während der Schwangerschaft ist der Mehrbedarf an Energie geringer, sodass die zusätzliche Energiezufuhr in der Schwangerschaft angepasst werden muss, um einer unerwünschten Gewichtszunahme vorzubeugen. Der Tabelle A5 im Anhang ist die ausführliche Berechnung des zusätzlichen Energieverbrauchs während der Schwangerschaft zu entnehmen.

### 6.6 Stillende

In Übereinstimmung mit anderen Fachgesellschaften [1, 36, 98] werden die Richtwerte für die Energiezufuhr für Stillende nach der faktoriellen Methode bestimmt. Danach kann der Energieverbrauch in der Stillzeit anhand der produzierten Milchmenge, des Energiegehalts der Frauenmilch sowie der energetischen Effizienz für die Milchproduktion berechnet werden.

Ein voll gestillter Säugling erhält über die Frauenmilch bei einer Trinkmenge von 750 ml [99] in den ersten 4 bis 6 Monaten ca. 500 kcal/Tag [100, 101]. Bei Berücksichtigung der energetischen Effizienz für die Milchproduktion von ca. 80 % (nach [102] aus [1, 103]) beträgt der Energieverbrauch 656 kcal/Tag.

Während der Stillzeit können in den ersten 6 Monaten nach der Geburt 170 kcal/Tag aus den in der Schwangerschaft angelegten Fettspeichern freigesetzt werden (das entspricht einem Verlust von 0,8 kg Körpergewicht/Monat) (nach [102] aus [1, 103]) und einen Beitrag zur Deckung des erhöhten Energieverbrauchs während der Stillzeit leisten. Für ausschließliches Stillen während der ersten 4 bis 6 Monate gilt daher ein Richtwert für die zusätzliche Energiezufuhr von 500 kcal/Tag (siehe Tab. A6).

Mit der Einführung der Beikost (ab Beginn des 5. Lebensmonats, spätestens jedoch zu Beginn des 7. Lebensmonats) kann partiell weiter gestillt werden. Die durchschnittlich produzierte Milchmenge sinkt dann auf ca. 600 ml/Tag [99]. Bei Berücksichtigung der energetischen Effizienz für die Milchproduktion von 80 % beträgt der Energieverbrauch 525 kcal/Tag (siehe Tab. A7). Das entspricht in etwa dem zusätzlichen Energieverbrauch für ausschließliches Stillen für 4 bis 6 Monate (siehe Tab. A6). Da der Energieverbrauch jedoch abhängig von der Intensität und Dauer des Stillens ist, wird für partielles Stillen nach 4 bis 6 Monaten in Übereinstimmung mit anderen Fachgesellschaften [1, 36, 98] kein Richtwert für die zusätzliche Energiezufuhr angegeben.

## 7. Sicherstellung einer angemessenen Energieversorgung

Eine angemessene Energieversorgung wird mit einer Energiezufuhr sichergestellt, die über einen langen Zeitraum mit einem die Gesundheit fördernden Körpergewicht einhergeht (siehe auch 5.1). Wird ein Gewichtsverlust angestrebt, muss die Energiezufuhr geringer sein als der gegenwärtige Energieverbrauch. Soll das Körpergewicht erhöht werden, muss die Energiezufuhr höher sein als der gegenwärtige Energieverbrauch. Der gegenwärtige Energieverbrauch lässt sich mit der Gleichung in Abbildung 2 unter Verwendung des aktuellen Körpergewichts und des aktuellen PAL-Werts berechnen. Die Kontrolle des Körpergewichts durch das Wiegen ist die praktikabelste Methode zur Beurteilung der Angemessenheit der Energiezufuhr.

Die Energiedichte der Nahrung ist ein wichtiger Einflussfaktor auf die Gewichtszunahme sowie auf eine erfolgreiche Gewichtsabnahme und -erhaltung und damit vor dem Hintergrund der hohen Prävalenz von Übergewicht in der Bevölkerung von großer Bedeutung. Die aktuelle wissenschaftliche Datenlage spricht für eine positive Assoziation zwischen der Energiedichte der verzehrten Nahrung und dem Körpergewicht. Bei gleichzeitigem Blick auf die Nährstoffdichte ist die Energiedichte ein nützliches Konzept für die Bewertung von Lebensmitteln außer Getränken [84]. Die Strategie zur Reduktion der Energiedichte der Ernährung ist ein erhöhter Konsum wasser- und ballaststoffreicher Lebensmittel wie Gemüse und Obst und ein niedriger Konsum von fettreichen Lebensmitteln und Lebensmitteln mit zugesetztem Zucker [84].

Energieliefernde Getränke wie z. B. zuckergesüßte Getränke haben im Vergleich zu vielen festen Lebensmitteln eine relativ niedrige Energiedichte. Dennoch ist die Energie- und Zuckerzufuhr über zuckergesüßte Getränke, Säfte, Nektare wie auch alkoholische Getränke nicht zu vernachlässigen. Energieliefernde Getränke zeichnen sich vermutlich durch eine geringere Sättigungswirkung als vergleichbare feste Lebensmittel aus, was eine erhöhte Energiezufuhr begünstigt [104–106]. Für Getränke gilt grundsätzlich, dass sie nur einen geringen Anteil der Gesamtenergiezufuhr ausmachen sollten, d. h., energiefreie Getränke wie Wasser und ungesüßter Tee sollten bevorzugt werden [84].

Während in den mittleren Altersgruppen und bei jungen, gesunden Senioren vor allem durch Übergewicht bedingte und mitbedingte Krankheiten auftreten, gewinnt bei Senioren mit zunehmendem Alter die Problematik der Unterernährung an Bedeutung. Mit der Unterernährung im Alter sind zahlreiche, teilweise schwere negative Folgen für den Gesundheits- und Allgemeinzustand, das Wohlbefinden und die Lebensqualität verbunden. Daher sollte auf eine ausreichende Energiezufuhr zur Erhaltung des Körpergewichts bzw. zur Vermeidung von Gewichtsverlusten im hohen Alter geachtet werden [107, 108].

Bei der Realisierung einer ausgeglichenen Energiebilanz, die über einen langen Zeitraum mit einem die Gesundheit fördernden Körpergewicht einhergeht, ist neben einer bedarfsgerechten Energiezufuhr durch vollwertige Ernährung ein angemessener Energieverbrauch durch körperliche Bewegung und Sport von Bedeutung. Es wird empfohlen, mindestens 30 Minuten bis 60 Minuten pro Tag moderat körperlich aktiv zu sein [54, 86, 109].

## Literatur


[1] FAO (Food and Agriculture Organization), WHO (World Health Organization), UNU (United Nations University): Human energy requirements. Report of a joint FAO/WHO/UNU expert consultation. Food and Nutrition Technical Report Series (2004)

[2] Levine JA: Measurement of energy expenditure. Public Health Nutr 8 (2005) 1123–1132

[3] Caspersen CJ, Powell KE, Christenson GM: Physical activity, exercise, and physical fitness: definitions and distinctions for health-related research. Public Health Rep 100 (1985) 126–131

[4] Levine JA, Kotz CM: NEAT – non-exercise activity thermogenesis – egocentric & geocentric environmental factors vs. biological regulation. Acta Physiol Scand 184 (2005) 309–318

[5] Blair SN, Cheng Y, Holder JS: Is physical activity or physical fitness more important in defining health benefits? Med Sci Sports Exerc 33, Suppl 6 (2001) S379–S399

[6] Warburton DE, Nicol CW, Bredin SS: Health benefits of physical activity: the evidence. CMAJ 174 (2006) 801–809

[7] Vuori IM, Lavie CJ, Blair SN: Physical activity promotion in the health care system. Mayo Clin Proc 88 (2013) 1446–1461

[8] Halliday D, Hesp R, Stalley SF et al.: Resting metabolic rate, weight, surface area and body composition in obese women. Int J Obes 3 (1979) 1–6

[9] Forbes GB: Body fat content influences the body composition response to nutrition and exercise. Ann N Y Acad Sci 904 (2000) 359–365

[10] Teixeira PJ, Going SB, Houtkooper LB et al.: Resistance training in postmenopausal women with and without hormone therapy. Med Sci Sports Exerc 35 (2003) 555–562

[11] Kleiber M: The fire of life. Krieger, Huntington, NY (1975)

[12] Tataranni PA, Larson DE, Snitker S et al.: Thermic effect of food in humans: methods and results from use of a respiratory chamber. Am J Clin Nutr 61 (1995) 1013–1019

[13] Westerterp KR: Diet induced thermogenesis. Nutr Metab (Lond) 1 (2004) 5

[14] Nair KS, Halliday D, Garrow JS: Thermic response to isoenergetic protein, carbohydrate or fat meals in lean and obese subjects. Clin Sci 65 (1983) 307–312

[15] Torun B: Energy requirements of children and adolescents. Public Health Nutr 8 (2005) 968–993

[16] Butte NF: Energy requirements of infants. Public Health Nutr 8 (2005) 953–967

[17] Forsum E, Löf M: Energy metabolism during human pregnancy. Annu Rev Nutr 27 (2007) 277–292

[18] Prentice AM, Goldberg GR, Murgatroyd PR et al.: Physical activity and obesity: problems in correcting expenditure for body size. Int J Obes Relat Metab Disord 20 (1996) 688–691

[19] Schulz LO, Schoeller DA: A compilation of total daily energy expenditures and body weights in healthy adults. Am J Clin Nutr 60 (1994) 676–681

[20] Klausen B, Toubro S, Astrup A: Age and sex effects on energy expenditure. Am J Clin Nutr 65 (1997) 895–907

[21] Buchholz AC, Rafii M, Pencharz PB: Is resting metabolic rate different between men and women? Br J Nutr 86 (2001) 641–646

[22] Gallagher D, Ruts E, Visser M et al.: Weight stability masks sarcopenia in elderly men and women. Am J Physiol Endocrinol Metab 279 (2000) E366–E375

[23] Krems C, Lührmann PM, Strassburg A et al.: Lower resting metabolic rate in the elderly may not be entirely due to changes in body composition. Eur J Clin Nutr 59 (2005) 255–262

[24] Gallagher D, Visser M, Wang Z et al.: Metabolically active component of fat-free body mass: influences of age, adiposity, and gender. Metabolism 45 (1996) 992–997

[25] Speakman JR, Westerterp KR: Associations between energy demands, physical activity, and body composition in adult humans between 18 and 96 y of age. Am J Clin Nutr 92 (2010) 826–834
[26] Vaughan L, Zurlo F, Ravussin E: Aging and energy expenditure. Am J Clin Nutr 53 (1991) 821–825
[27] Vander Weg MW, Watson JM, Klesges RC et al.: Development and cross-validation of a prediction equation for estimating resting energy expenditure in healthy African-American and European-American women. Eur J Clin Nutr 58 (2004) 474–480
[28] Gallagher D, Albu J, He Q et al.: Small organs with a high metabolic rate explain lower resting energy expenditure in African American than in white adults. Am J Clin Nutr 83 (2006) 1062–1067
[29] Hunter GR, Weinsier RL, Darnell BE et al.: Racial differences in energy expenditure and aerobic fitness in premenopausal women. Am J Clin Nutr 71 (2000) 500–506
[30] Wang Z, Ying Z, Bosy-Westphal A et al.: Specific metabolic rates of major organs and tissues across adulthood: evaluation by mechanistic model of resting energy expenditure. Am J Clin Nutr 92 (2010) 1369–1377
[31] Valencia ME, McNeill G, Brockway JM et al.: The effect of environmental temperature and humidity on 24 h energy expenditure in men. Br J Nutr 68 (1992) 319–327
[32] Shephard RJ, Aoyagi Y: Measurement of human energy expenditure, with particular reference to field studies: an historical perspective. Eur J Appl Physiol 112 (2012) 2785–2815
[33] Veitl V, Irsigler K: The clinical use of direct calorimetry for measuring energy expenditure. Infusionsther Klin Ernahr 10 (1983) 255–258
[34] Walsberg GE, Hoffman TC: Direct calorimetry reveals large errors in respirometric estimates of energy expenditure. J Exp Biol 208 (2005) 1035–1043
[35] Seale JL, Rumpler WV, Moe PW: Description of a direct-indirect room-sized calorimeter. Am J Physiol 260 (1991) E306–E320
[36] EFSA (European Food Safety Authority): Scientific opinion on dietary reference values for energy. EFSA Journal 11 (2013) 3005
[37] Weir JB: New methods for calculating metabolic rate with special reference to protein metabolism. J Physiol (Lond) 109 (1949) 1–9
[38] Mansell PI, Macdonald IA: Reappraisal of the Weir equation for calculation of metabolic rate. Am J Physiol 258 (1990) R1347–R1354
[39] Ainslie P, Reilly T, Westerterp K: Estimating human energy expenditure: a review of techniques with particular reference to doubly labelled water. Sports Med 33 (2003) 683–698
[40] Schoeller DA, Leitch CA, Brown C: Doubly labeled water method: in vivo oxygen and hydrogen isotope fractionation. Am J Physiol 251 (1986) R1137–R1143
[41] Schoeller DA: Measurement of energy expenditure in free-living humans by using doubly labeled water. J Nutr 118 (1988) 1278–1289
[42] Shriver T, Racine NM, Schoeller DA et al.: Energy expenditure: doubly labeled water. In: Caballero B (Hrsg.): Encyclopedia of human nutrition. Elsevier, Amsterdam, 3. Auflage (2013) 164–169
[43] Ceesay SM, Prentice AM, Day KC et al.: The use of heart rate monitoring in the estimation of energy expenditure: a validation study using indirect whole-body calorimetry. Br J Nutr 61 (1989) 175–186
[44] Müller MJ: Ernährungsmedizinische Praxis. Diagnostik, Prävention, Behandlung. Springer, Heidelberg, 2., vollständig neu bearbeitete Auflage (2007)
[45] Bitar A, Vermorel M, Fellmann N et al.: Heart rate recording method validated by whole body indirect calorimetry in 10-yr-old children. J Appl Physiol 81 (1996) 1169–1173
[46] IOM (Institute of Medicine) (Hrsg.): Dietary reference intakes for energy, carbohydrate, fiber, fat, fatty acids, cholesterol, protein and amino acids. National Academies Press, Washington, DC (2005)
[47] Harris JA, Benedict FG: A biometric study of basal metabolism in man. Lippincott Company, Philadelphia (1919)
[48] Schofield WN: Predicting basal metabolic rate, new standards and review of previous work. Hum Nutr Clin Nutr 39, Suppl 1 (1985) 5–41
[49] Henry CJK: Basal metabolic rate studies in humans: measurement and development of new equations. Public Health Nutr 8 (2005) 1133–1152
[50] Mifflin MD, St Jeor ST, Hill LA et al.: A new predictive equation for resting energy expenditure in healthy individuals. Am J Clin Nutr 51 (1990) 241–247
[51] Müller MJ, Bosy-Westphal A, Klaus S et al.: World Health Organization equations have shortcomings for predicting resting energy expenditure in persons from a modern, affluent population: generation of a new reference standard from a retrospective analysis of a German database of resting energy expenditure. Am J Clin Nutr 80 (2004) 1379–1390
[52] Schutz Y, Weinsier RL, Hunter GR: Assessment of free-living physical activity in humans: an overview of currently available and proposed new measures. Obes Res 9 (2001) 368–379
[53] Black AE, Coward WA, Cole TJ et al.: Human energy expenditure in affluent societies: an analysis of 574 doubly-labelled water measurements. Eur J Clin Nutr 50 (1996) 72–92
[54] WCRF (World Cancer Research Fund), AICR (American Institute for Cancer Research) (Hrsg.): Food, nutrition, physical activity, and the prevention of cancer: a global perspective, Washington, DC (2007)
[55] Boreham C, Riddoch C: The physical activity, fitness and health of children. J Sports Sci 19 (2001) 915–929
[56] Torun B, Viteri FE: Influence of exercise on linear growth. Eur J Clin Nutr 48, Suppl 1 (1994) S186–S189
[57] Roberts SB, Dallal GE: Energy requirements and aging. Public Health Nutr 8 (2005) 1028–1036
[58] Alfonzo-Gonzalez G, Doucet E, Almeras N et al.: Estimation of daily energy needs with the FAO/WHO/UNU 1985 procedures in adults: comparison to whole-body indirect calorimetry measurements. Eur J Clin Nutr 58 (2004) 1125–1131
[59] Goran MI, Calles-Escandon J, Poehlman ET et al.: Effects of increased energy intake and/or physical activity on energy expenditure in young healthy men. J Appl Physiol 77 (1994) 366–372
[60] Warwick PM: Factorial estimation of daily energy expenditure using a simplified method was improved by adjustment for excess post-exercise oxygen consumption and thermic effect of food. Eur J Clin Nutr 60 (2006) 1337–1340
[61] SACN (Scientific Advisory Committee on Nutrition) (Hrsg.): Dietary reference values for energy. TSO, London (2011)
[62] Subar AF, Kipnis V, Troiano RP et al.: Using intake biomarkers to evaluate the extent of dietary misreporting in a large sample of adults: the OPEN study. Am J Epidemiol 158 (2003) 1–13
[63] Tooze JA, Schoeller DA, Subar AF et al.: Total daily energy expenditure among middle-aged men and women: the OPEN Study. Am J Clin Nutr 86 (2007) 382–387
[64] Moshfegh AJ, Rhodes DG, Baer DJ et al.: The US Department of Agriculture automated multiple-pass method reduces bias in the collection of energy intakes. Am J Clin Nutr 88 (2008) 324–332
[65] Westerterp KR, Plasqui G: Physical activity and human energy expenditure. Curr Opin Clin Nutr Metab Care 7 (2004) 607–613
[66] Withers RT, Smith DA, Tucker RC et al.: Energy metabolism in sedentary and active 49- to 70-yr-old women. J Appl Physiol 84 (1998) 1333–1340
[67] Roberts SB: Energy requirements of older individuals. Eur J Clin Nutr 50, Suppl 1 (1996) S112–S117

[68] Gaillard C, Alix E, Sallé A et al.: Energy requirements in frail elderly people: a review of the literature. Clin Nutr 26 (2007) 16–24

[69] Braam LA, Ocké MC, Bueno-de-Mesquita HB et al.: Determinants of obesity-related underreporting of energy intake. Am J Epidemiol 147 (1998) 1081–1086

[70] Heitmann BL, Lissner L: Dietary underreporting by obese individuals – is it specific or non-specific? BMJ 311 (1995) 986–989

[71] Lichtman SW, Pisarska K, Berman ER et al.: Discrepancy between self-reported and actual caloric intake and exercise in obese subjects. N Engl J Med 327 (1992) 1893–1898

[72] Heseker H, Mensink GB: Lebensmittelverzehr und Nährstoffzufuhr im Kindes- und Jugendalter. Ergebnisse aus den beiden bundesweit durchgeführten Ernährungsstudien VELS und EsKiMo. In: Deutsche Gesellschaft für Ernährung (Hrsg.): Ernährungsbericht 2008. Bonn (2008) 49–93

[73] Heseker H: Tägliche Energie- und Nährstoffzufuhr bei Säuglingen in VELS. Persönliche Mitteilung vom 28.01.2013, Paderborn (2013)

[74] Mensink GB, Richter A, Stahl A: Bestandsaufnahme: Nährstoffversorgung und Lebensmittelverzehr von Kindern und Jugendlichen in Deutschland. In: Kersting M (Hrsg.): Kinderernährung aktuell. Schwerpunkte für Gesundheitsförderung und Prävention. Umschau Verlag, Sulzbach/Ts (2009) 40–46

[75] Elmadfa I (Hrsg.): Österreichischer Ernährungsbericht 2012. Wien (2012)

[76] Krems C, Walter C, Heuer T et al.: Lebensmittelverzehr und Nährstoffzufuhr – Ergebnisse der Nationalen Verzehrsstudie II. In: Deutsche Gesellschaft für Ernährung (Hrsg.): 12. Ernährungsbericht 2012. Bonn (2012) 40–85

[77] MRI (Max Rubner-Institut, Bundesforschungsinstitut für Ernährung und Lebensmittel): Energie- und Nährstoffzufuhr bei Jugendlichen und Erwachsenen in der NVS II. Persönliche Mitteilung vom 22.08.2014, Karlsruhe (2014)

[78] Keller U, Beer M: Sechster schweizerischer Ernährungsbericht. Bundesamt für Gesundheit, Bern (2012)

[79] Elia M, Cummings JH: Physiological aspects of energy metabolism and gastrointestinal effects of carbohydrates. Eur J Clin Nutr 61, Suppl 1 (2007) S40–S74

[80] Merrill AL, Watt BK: Energy value of foods – basis and derivation. Agriculture Handbook 74 (1973)

[81] Richtlinie 2008/100/EG der Kommission vom 28. Oktober 2008 zur Änderung der Richtlinie 90/496/EWG des Rates über die Nährwertkennzeichnung von Lebensmitteln hinsichtlich der empfohlenen Tagesdosen, der Umrechungsfaktoren für den Energiewert und der Definitionen. Amtsblatt der Europäischen Union (2008) 9–12

[82] FAO (Food and Agriculture Organization) (Hrsg.): Food energy – methods of analysis and conversion factors. FAO Food and Nutrition Paper 77 (2003)

[83] Rolls BJ, Drewnowski A, Ledikwe JH: Changing the energy density of the diet as a strategy for weight management. J Am Diet Assoc 105, Suppl 1 (2005) S98–S103

[84] Bechthold A: Energiedichte der Nahrung und Körpergewicht. Ernährungs Umschau 61 (2014) 2–11

[85] Deutsche Gesellschaft für Ernährung (Hrsg.): 12. Ernährungsbericht 2012. Bonn (2012)

[86] WHO (World Health Organization) (Hrsg.): Obesity: Preventing and managing the global epidemic. Report of a WHO consultation. WHO Technical Report Series 894 (2000)

[87] Mensink GBM, Schienkiewitz A, Haftenberger M et al.: Übergewicht und Adipositas in Deutschland. Bundesgesundheitsbl Gesundheitsforsch Gesundheitsschutz 56 (2013) 786–794

[88] WHO (World Health Organization) (Hrsg.): WHO child growth standards – length/height-for-age, weight-for-age, weight-for-length, weight-for-height and body mass index-for age. Genf (2006)

[89] Schaffrath Rosario A, Kurth B, Stolzenberg H et al.: Body mass index percentiles for children and adolescents in Germany based on a nationally representative sample (KiGGS 2003–2006). Eur J Clin Nutr 64 (2010) 341–349

[90] Schaffrath Rosario A, Schienkiewitz A, Neuhauser H: German height references for children aged 0 to under 18 years compared to WHO and CDC growth charts. Ann Hum Biol 38 (2011) 121–130

[91] RKI (Robert Koch-Institut) (Hrsg.): Referenzperzentile für anthropometrische Maßzahlen und Blutdruck aus der Studie zur Gesundheit von Kindern und Jugendlichen in Deutschland (KiGGS) 2003–2006. Berlin (2011)

[92] WHO (World Health Organization) (Hrsg.): Maternal anthropometry and pregnancy outcomes. Bulletin of the World Health Organization 73, Suppl 1 (1995)

[93] IOM (Institute of Medicine) (Hrsg.): Weight gain during pregnancy: reexamining the guidelines. National Academies Press, Washington, DC (2009)

[94] Deutsche Gesellschaft für Ernährung (Hrsg.): Ernährungsbericht 2008. Bonn (2008)

[95] Deutsche Gesellschaft für Ernährung, Österreichische Gesellschaft für Ernährung, Schweizerische Gesellschaft für Ernährungsforschung, Schweizerische Vereinigung für Ernährung (Hrsg.): Referenzwerte für die Nährstoffzufuhr. Neuer Umschau Buchverlag, Neustadt a.d. Weinstraße, 1. Auflage, 5., korrigierter Nachdruck (2013)

[96] Butte NF, Hopkinson JM, Wong WW et al.: Body composition during the first 2 years of life: an updated reference. Pediatr Res 47 (2000) 578–585

[97] IOM (Institute of Medicine): Nutrition during pregnancy. National Academies Press, Washington, DC (1990)

[98] Nordic Council of Ministers: Nordic nutrition recommendations 2004. Kopenhagen, 4. Auflage (2004)

[99] Neville MC, Keller R, Seacat J et al.: Studies in human lactation: milk volumes in lactating women during the onset of lactation and full lactation. Am J Clin Nutr 48 (1988) 1375–1386

[100] Souci SW, Fachmann W, Kraut H (Hrsg.): Die Zusammensetzung der Lebensmittel. Nährwert-Tabellen. medpharm, Stuttgart, 7., revidierte und ergänzte Auflage (2008)

[101] Stam J, Sauer PJ, Boehm G: Can we define an infant's need from the composition of human milk? Am J Clin Nutr 98 (2013) 521S–528S

[102] Butte NF, King JC: Energy requirements during pregnancy and lactation. Energy background paper prepared for the joint FAO/WHO/UNU consultation on energy in human nutrition. (2002)

[103] Butte NF, King JC: Energy requirements during pregnancy and lactation. Public Health Nutr 8 (2005) 1010–1027

[104] DiMeglio DP, Mattes RD: Liquid versus solid carbohydrate: effects on food intake and body weight. Int J Obes Relat Metab Disord 24 (2000) 794–800

[105] Mourao DM, Bressan J, Campbell WW et al.: Effects of food form on appetite and energy intake in lean and obese young adults. Int J Obes Relat Metab Disord 31 (2007) 1688–1695

[106] Mattes RD, Campbell WW: Effects of food form and timing of ingestion on appetite and energy intake in lean young adults and in young adults with obesity. J Am Diet Assoc 109 (2009) 430–437

[107] Heseker H: Häufigkeit, Ursachen und Folgen der Mangelernährung im Alter. Ernährungs Umschau 50 (2003) 444–446

[108] Volkert D: Ernährung im Alter. In: Biesalski KH, Bischoff SC, Puchstein C (Hrsg.): Ernährungsmedizin. Nach dem Curriculum Ernährungsmedizin der Bundesärztekammer. Thieme, Stuttgart, 4., vollständig überarbeitete und erweiterte Auflage (2010) 358–373

[109] Deutsche Gesellschaft für Ernährung (Hrsg.): Vollwertig essen und trinken nach den 10 Regeln der DGE. Bonn, 9. Auflage (2013)

# Anhang

## Tabelle A1: Energieeinlagerung im wachsenden Gewebe bei Säuglingen [1, 96]

| Alter [Monate] | 0–3 | 3–6 | 6–9 | 9–12 |
|---|---|---|---|---|
| **Jungen** | | | | |
| eingelagertes Protein [g/Tag][a] | 2,6 | 2,3 | 2,3 | 1,6 |
| eingelagertes Fett [g/Tag][a] | 19,6 | 3,9 | 0,5 | 1,7 |
| Körpergewichtszunahme [g/Tag][a] | 32,7 | 17,7 | 11,8 | 9,1 |
| Energieeinlagerung im wachsenden Gewebe [kcal/g][b] | 6,0 | 2,8 | 1,5 | 2,7 |
| Energieeinlagerung im wachsenden Gewebe [kJ/g][b] | 25,1 | 11,6 | 6,2 | 11,4 |
| **Mädchen** | | | | |
| eingelagertes Protein [g/Tag][a] | 2,2 | 1,9 | 2,0 | 1,8 |
| eingelagertes Fett [g/Tag][a] | 19,7 | 5,8 | 0,8 | 1,1 |
| Körpergewichtszunahme [g/Tag][a] | 31,1 | 17,3 | 10,6 | 8,7 |
| Energieeinlagerung im wachsenden Gewebe [kcal/g][b] | 6,3 | 3,7 | 1,8 | 2,3 |
| Energieeinlagerung im wachsenden Gewebe [kJ/g][b] | 26,2 | 15,6 | 7,4 | 9,8 |

[a] aus [96]

[b] Berechnung der Energieeinlagerung im wachsenden Gewebe [1] unter Berücksichtigung von 1 g eingelagertem Protein = 5,65 kcal bzw. 23,6 kJ und 1 g eingelagertem Fett = 9,25 kcal bzw. 38,7 kJ:

$$\frac{\text{(eingelagertes Protein [g/Tag]} \times \text{5,65 kcal bzw. 23,6 kJ)} + \text{(eingelagertes Fett [g/Tag]} \times \text{9,25 kcal bzw. 38,7 kJ)}}{\text{Körpergewichtszunahme [g/Tag]}}$$

## Tabelle A2: Berechnung der Richtwerte für die Energiezufuhr bei Säuglingen

| Alter [Monate] | 1 | 2 | 3 | 4 | 5 | 6 | 7 | 8 | 9 | 10 | 11 | 12 |
|---|---|---|---|---|---|---|---|---|---|---|---|---|
| **Jungen** | | | | | | | | | | | | |
| Körpergewicht [kg][a] | 4,5 | 5,6 | 6,4 | 7 | 7,5 | 7,9 | 8,3 | 8,6 | 8,9 | 9,2 | 9,4 | 9,6 |
| Körpergewichtszunahme [g/Tag][b] | 34,1 | 39,9 | 27,2 | 20,6 | 17,4 | 14,1 | 11,9 | 10,5 | 9,5 | 8,6 | 8,1 | 8,0 |
| Energieeinlagerung für Wachstum | | | | | | | | | | | | |
| in kcal/g[c] | 6,0 | 6,0 | 6,0 | 2,8 | 2,8 | 2,8 | 1,5 | 1,5 | 1,5 | 2,7 | 2,7 | 2,7 |
| in kcal/Tag[d] | 204 | 239 | 163 | 57 | 48 | 39 | 18 | 16 | 14 | 23 | 22 | 22 |
| Energieverbrauch ohne Berücksichtigung der Energieeinlagerung für Wachstum [kcal/Tag][e] | 266 | 368 | 442 | 498 | 544 | 581 | 618 | 646 | 674 | 702 | 720 | 739 |
| Energieverbrauch mit Berücksichtigung der Energieeinlagerung für Wachstum | | | | | | | | | | | | |
| in kcal/Tag[f] | 470 | 607 | 605 | 555 | 592 | 620 | 636 | 662 | 688 | 725 | 742 | 761 |
| in kcal/kg Körpergewicht pro Tag | 104 | 108 | 94 | 79 | 79 | 78 | 77 | 77 | 77 | 79 | 79 | 79 |
| Mittelwert[g] in | | | | | | | | | | | | |
| kcal/kg Körpergewicht pro Tag (gerundet) | 97 (100) | | | | 78 (80) | | | | | | | |
| MJ/kg Körpergewicht pro Tag (gerundet) | 0,41 (0,4) | | | | 0,33 (0,3) | | | | | | | |
| mit Referenzgewicht multipliziert[h] | | | | | | | | | | | | |
| kcal/Tag | 541 | | | | 672 | | | | | | | |
| MJ/Tag | 2,26 | | | | 2,81 | | | | | | | |
| **Energieverbrauch gerundet** | | | | | | | | | | | | |
| **kcal/Tag** | **550** | | | | **700** | | | | | | | |
| **MJ/Tag** | **2,3** | | | | **2,8** | | | | | | | |
| **Mädchen** | | | | | | | | | | | | |
| Körpergewicht [kg][a] | 4,2 | 5,1 | 5,8 | 6,4 | 6,9 | 7,3 | 7,6 | 7,9 | 8,2 | 8,5 | 8,7 | 8,9 |
| Körpergewichtszunahme [g/Tag][b] | 29,3 | 33,7 | 23,9 | 19,5 | 16,3 | 13,4 | 11,5 | 10,4 | 9,1 | 8,2 | 7,8 | 7,7 |
| Energieeinlagerung für Wachstum | | | | | | | | | | | | |
| in kcal/g[c] | 6,3 | 6,3 | 6,3 | 3,7 | 3,7 | 3,7 | 1,8 | 1,8 | 1,8 | 2,3 | 2,3 | 2,3 |
| in kcal/Tag[d] | 183 | 211 | 150 | 73 | 61 | 50 | 20 | 18 | 16 | 19 | 18 | 18 |
| Energieverbrauch ohne Berücksichtigung der Energieeinlagerung für Wachstum [kcal/Tag][e] | 238 | 321 | 386 | 442 | 488 | 525 | 553 | 581 | 609 | 637 | 655 | 674 |
| Energieverbrauch mit Berücksichtigung der Energieeinlagerung für Wachstum | | | | | | | | | | | | |
| in kcal/Tag[f] | 421 | 532 | 536 | 514 | 549 | 575 | 574 | 599 | 625 | 656 | 674 | 692 |
| in kcal/kg Körpergewicht pro Tag | 100 | 104 | 92 | 80 | 80 | 79 | 75 | 76 | 76 | 77 | 77 | 78 |
| Mittelwert[g] in | | | | | | | | | | | | |
| kcal/kg Körpergewicht pro Tag (gerundet) | 94 (100) | | | | 77 (80) | | | | | | | |
| MJ/kg Körpergewicht pro Tag (gerundet) | 0,39 (0,4) | | | | 0,32 (0,3) | | | | | | | |
| mit Referenzgewicht multipliziert[h] | | | | | | | | | | | | |
| kcal/Tag | 481 | | | | 611 | | | | | | | |
| MJ/Tag | 2,01 | | | | 2,55 | | | | | | | |
| **Energieverbrauch gerundet** | | | | | | | | | | | | |
| **kcal/Tag** | **500** | | | | **600** | | | | | | | |
| **MJ/Tag** | **2,0** | | | | **2,6** | | | | | | | |

[a] 50. Perzentil der WHO-Wachstumsstandards [88] [b] Aus www.who.int/childgrowth/standards/velocity/lms_weight_girls_1mon_p.pdf bzw. www.who.int/childgrowth/standards/velocity/lms_weight_boys_1mon_p.pdf (eingesehen am 17.11.2014) unter der Annahme, dass 1 Monat aus 30 Tagen besteht. [c] siehe Tabelle A1 [d] Zunahme des Körpergewichts [g/Tag] multipliziert mit der Energieeinlagerung für Wachstum [kcal/g] [e] berechnet anhand des mit der DLW-Methode bestimmten Energieverbrauchs pro Tag [16], Gleichung siehe Abbildung 1 [f] berechnet anhand des „Energieverbrauchs ohne Berücksichtigung der Energieeinlagerung für Wachstum" pro Tag + der Energieeinlagerung für Wachstum pro Tag [g] Mittelwert aus den Monaten 1–4 bzw. 5–12 [h] Referenzgewicht siehe Tabelle 2

### Tabelle A3: Berechnung der Energiezufuhr gestillter Säuglinge von 0 bis unter 4 Monaten

| Alter [Monate] | Energiegehalt von Frauenmilch | | Trinkmenge | Energiezufuhr bei einer Trinkmenge von 750 ml/Tag | |
|---|---|---|---|---|---|
| | [kJ/100 ml][a] | [kcal/100 ml][a] | [ml/Tag][b] | [MJ/Tag] | [kcal/Tag] |
| 0 bis unter 4 | 298 | 70 | 750 | **2,2** | **525** |

[a] Mittelwert aus Souci et al. [100] mit 69 kcal/100ml bzw. 288 kJ/100 ml und Stam et al. [101] mit 62–80 kcal/100 ml bzw. 260–335 kJ/100 ml
[b] [99]

### Tabelle A4: Gleichungen zur Berechnung des Ruheenergieverbrauchs bei Kindern und Jugendlichen nach Henry [49]

| | | |
|---|---|---|
| **Jungen** | | |
| 0 bis 3 Jahre | **[kcal/Tag]** | (28,2 x Körpergewicht [kg]) + (859 x Körpergröße [m]) – 371 |
| | **[MJ/Tag]** | (0,118 x Körpergewicht [kg]) + (3,59 x Körpergröße [m]) – 1,55 |
| 3 bis 10 Jahre | **[kcal/Tag]**[a] | (15,1 x Körpergewicht [kg]) + (74,2 x Körpergröße [m]) + 306 |
| | **[MJ/Tag]** | (0,0632 x Körpergewicht [kg]) + (1,31 x Körpergröße [m]) + 1,28 |
| 10 bis 18 Jahre | **[kcal/Tag]** | (15,6 x Körpergewicht [kg]) + (266 x Körpergröße [m]) + 299 |
| | **[MJ/Tag]** | (0,0651 x Körpergewicht [kg]) + (1,11 x Körpergröße [m]) + 1,25 |
| **Mädchen** | | |
| 0 bis 3 Jahre | **[kcal/Tag]** | (30,4 x Körpergewicht [kg]) + (703 x Körpergröße [m]) – 287 |
| | **[MJ/Tag]** | (0,127 x Körpergewicht [kg]) + (2,94 x Körpergröße [m]) – 1,20 |
| 3 bis 10 Jahre | **[kcal/Tag]**[a] | (15,9 x Körpergewicht [kg]) + (210 x Körpergröße [m]) + 349 |
| | **[MJ/Tag]** | (0,0666 x Körpergewicht [kg]) + (0,878 x Körpergröße [m]) + 1,46 |
| 10 bis 18 Jahre | **[kcal/Tag]** | (9,4 x Körpergewicht [kg]) + (249 x Körpergröße [m]) + 462 |
| | **[MJ/Tag]** | (0,0393 x Körpergewicht [kg]) + (1,04 x Körpergröße [m]) + 1,93 |

[a] Bei der Gleichung für 3- bis 10-jährige Jungen für kcal/Tag scheint ein Fehler vorzuliegen [36]. Daher wird hier die Gleichung für MJ/Tag herangezogen und abschließend in kcal/Tag umgerechnet; Umrechnung von MJ/Tag in kcal/Tag durch Multiplikation mit 239.

**Tabelle A5: Berechnung des zusätzlichen Energieverbrauchs bei Schwangeren mit einer durchschnittlichen Körpergewichtszunahme von 12 kg (basierend auf [1])**

| Körpergewichtszunahme und Energieeinlagerung im wachsenden Gewebe während der Schwangerschaft: | | | | | |
|---|---|---|---|---|---|
| | | **1. Trimester[a]** | **2. Trimester[a]** | **3. Trimester[a]** | **gesamt[a]** |
| **Körpergewichtszunahme** | **[%]** | 11 | 47 | 42 | 100 % |
| | **[g/Tag]** | 16,7 | 60,6 | 54,2 | 12000 g |
| **Proteineinlagerung** | **[%]** | 0 | 20 | 80 | 100 % |
| | **[g/Tag]** | 0 | 1,3 | 5,1 | 597 g |
| **Fetteinlagerung** | **[%]** | 11 | 47 | 42 | 100 % |
| | **[g/Tag]** | 5,2 | 18,9 | 16,9 | 3741 g |
| Zusätzlicher Energieverbrauch während der Schwangerschaft (bestimmt anhand der Erhöhung des Energieverbrauchs sowie der Energieeinlagerung im wachsenden Gewebe): | | | | | |
| | | **1. Trimester** | **2. Trimester** | **3. Trimester** | **gesamt (gerundet)** |
| **Proteineinlagerung[b]** | **[kcal/Tag]** | 0 | 7,3 | 29,0 | 3370 kcal |
| | **[kJ/Tag]** | 0 | 30,3 | 121,2 | 14,1 MJ |
| **Fetteinlagerung[b]** | **[kcal/Tag]** | 48,2 | 174,9 | 156,3 | 34600 kcal |
| | **[kJ/Tag]** | 201,6 | 731,7 | 653,8 | 144,8 MJ |
| **Energieverbrauch ohne Berücksichtigung der Energieeinlagerung im wachsenden Gewebe[c]** | **[kcal/Tag]** | 20,0 | 85,0 | 310,0 | 38560 kcal |
| | **[kJ/Tag]** | 85,0 | 350,0 | 1300,0 | 161,4 MJ |
| **Energieverbrauch mit Berücksichtigung der Energieeinlagerung im wachsenden Gewebe[d]** | **[kcal/Tag]** | 68,2 | 267,1 | 495,3 | 76530 kcal |
| | **[kJ/Tag]** | 286,6 | 1112,0 | 2075,0 | 320,3 MJ |
| **zusätzlicher Energieverbrauch** (Richtwert für die zusätzliche Energiezufuhr) | **[kcal/Tag] gerundet** | **70** | **250** | **500** | |
| | **[kJ/Tag] gerundet** | **290** | **1100** | **2100** | |
| | **[MJ/Tag] gerundet** | **0,3** | **1,1** | **2,1** | |

[a] Nach Butte & King [102] aus FAO [1, 103]: Für Körpergewichtszunahme und Energieeinlagerung werden im wachsenden Gewebe für das 1. Trimester 79 Tage und für das 2. sowie 3. Trimester 93 Tage veranschlagt.
[b] Protein- und Fetteinlagerung geschätzt anhand von Längsschnittstudien zur Körperzusammensetzung während der Schwangerschaft und einem Energiegehalt von 5,65 kcal/g (23,6 kJ) eingelagertem Protein und 9,25 kcal/g (38,7 kJ) eingelagertem Fett [96].
[c] berechnet anhand des mit der DLW-Methode bestimmten Energieverbrauchs pro Tag [1]
[d] Summe aus „Energieverbrauch ohne Berücksichtigung der Energieeinlagerung im wachsenden Gewebe" und Energieeinlagerung für wachsendes Gewebe (Fett und Protein)

## Tabelle A6: Berechnung des Richtwerts für die zusätzliche Energiezufuhr für Stillende für ausschließliches Stillen für 4 bis 6 Monate

| | | Energieverbrauch für die Milchproduktion[a] ohne Berücksichtigung der energetischen Effizienz | Energieverbrauch bei einer energetischen Effizienz von 80 %[b] für die Milchproduktion | Energiemobilisation aus Gewebespeichern[b] | zusätzlicher Energieverbrauch bei ausschließlichem Stillen in den ersten 4 bis 6 Monaten | **Richtwert für die zusätzliche Energiezufuhr** bei ausschließlichem Stillen in den ersten 4 bis 6 Monaten (gerundet) |
|---|---|---|---|---|---|---|
| Stillende | MJ/Tag | 2,24 | 2,79 | 0,72 | 2,07 | **2,1** |
| | kcal/Tag | 525 | 656 | 170 | 486 | **500** |

[a] bei einer durchschnittlich produzierten Milchmenge von 750 ml/Tag [99] und einem Energiegehalt von Frauenmilch von 70 kcal/100 ml bzw. 298 kJ/100 ml (Mittelwert aus Souci et al. [100] mit 69 kcal/100 ml bzw. 288 kJ/100 ml und Stam et al. [101] mit 62–80 kcal/100 ml bzw. 260–335 kcal/100 ml)
[b] in Butte & King [102] aus FAO [1, 103]

## Tabelle A7: Berechnung des Richtwerts für die zusätzliche Energiezufuhr für Stillende für partielles Stillen nach 4 bis 6 Monaten

| | | Energieverbrauch für die Milchproduktion[a] ohne Berücksichtigung der energetischen Effizienz | Energieverbrauch bei einer energetischen Effizienz von 80 %[b] für die Milchproduktion |
|---|---|---|---|
| Stillende | MJ/Tag | 1,79 | **2,24** |
| | kcal/Tag | 420 | **525** |

[a] bei einer durchschnittlich produzierten Milchmenge von 600 ml/Tag [99] und einem Energiegehalt von Frauenmilch von 70 kcal/100 ml bzw. 298 kJ/100 ml (Mittelwert aus Souci et al. [100] mit 69 kcal/100 ml bzw. 288 kJ/100 ml und Stam et al. [101] mit 62–80 kcal/100 ml bzw. 260–335 kcal/100 ml)
[b] in Butte & King [102] aus FAO [1, 103]

# Protein und unentbehrliche Aminosäuren

## 1. Empfohlene Zufuhr

| Alter | Protein | | | |
|---|---|---|---|---|
| | g/kg Körpergewicht[a]/Tag | | g/Tag[b] | |
| | m | w | m | w |
| **Säuglinge** | | | | |
| 0 bis unter 1 Monat[c] | 2,5 | | 8 | |
| 1 bis unter 2 Monate[c] | 1,8 | | 8 | |
| 2 bis unter 4 Monate[c] | 1,4 | | 8 | |
| 4 bis unter 12 Monate | 1,3 | | 11 | |
| **Kinder und Jugendliche** | | | | |
| 1 bis unter 4 Jahre | 1,0 | | 14 | |
| 4 bis unter 7 Jahre | 0,9 | | 18 | |
| 7 bis unter 10 Jahre | 0,9 | | 26 | |
| 10 bis unter 13 Jahre | 0,9 | 0,9 | 37 | 38 |
| 13 bis unter 15 Jahre | 0,9 | 0,9 | 50 | 49 |
| 15 bis unter 19 Jahre | 0,9 | 0,8 | 62 | 48 |
| **Erwachsene** | | | | |
| 19 bis unter 25 Jahre | 0,8 | 0,8 | 57 | 48 |
| 25 bis unter 51 Jahre | 0,8 | 0,8 | 57 | 48 |
| 51 bis unter 65 Jahre | 0,8 | 0,8 | 55 | 47 |
| 65 Jahre und älter[d] | 1,0 | 1,0 | 67 | 57 |
| **Schwangere** | | | | |
| 2. Trimester | | 0,9 | | +7 |
| 3. Trimester | | 1,0 | | +21 |
| **Stillende** | | 1,2 | | +23 |

[a] Die Angaben beziehen sich auf Normalgewicht; bei Übergewicht (BMI > 25 kg/m² bei Erwachsenen) sollte das Normalgewicht für die Berechnung zugrunde gelegt werden.
[b] Diese Angaben basieren auf dem Referenzgewicht (siehe Kapitel „Energie").
[c] Hierbei handelt es sich um Schätzwerte; die Ableitung orientiert sich an der Zusammensetzung der Frauenmilch.
[d] Hierbei handelt es sich um Schätzwerte; der Proteinbedarf für ältere Erwachsene lässt sich nicht mit wünschenswerter Genauigkeit bestimmen, daher kann keine empfohlene Zufuhr abgeleitet werden.

## 2. Einleitung

### Proteine

Proteine sind Polymere aus Amino(carbon)säuren. Durch kovalente Verknüpfung (Peptidbindung) über die für Aminosäuren charakteristischen Carboxyl- (-COOH) und Aminogruppen (-$NH_2$) entstehen lineare Moleküle mit einer variablen Kettenlänge. Verbindungen mit mehr als 100 Aminosäureresten werden als Proteine und Ketten mit weniger Aminosäureresten als Peptide bezeichnet. Proteine enthalten in Abhängigkeit von der Anzahl der Aminogruppen in den Aminosäuren einen charakteristischen Stickstoffanteil [1–3]. Bei Lebensmitteln liegt dieser Anteil zwischen 15 % und 24 % [4]. Zur Berechnung wird ein einheitlicher Stickstoffanteil von 16 %[1] verwendet. Neben den weiteren in der Grundstruktur vorhandenen Elementen Kohlenstoff, Wasserstoff und Sauerstoff können Proteine außerdem Schwefel bzw. Selen enthalten. Sind Proteine ausschließlich aus Aminosäuren aufgebaut, werden sie als „einfache" Proteine klassifiziert. Enthält die Struktur noch eine sogenannte prosthetische Gruppe (z. B. Lipide bei Lipoproteinen, Kohlenhydrate bei Glykoproteinen), gehören sie zu den „zusammengesetzten (konjugierten)" Proteinen. Die Abfolge der Aminosäuren in der Kette (Primärstruktur) ist für jedes einzelne Protein charakteristisch. Durch Ausbildung von Wasserstoffbrücken wird die grundsätzliche räumliche Struktur (z. B. Helix oder Faltblatt) bestimmt (Sekundärstruktur); hydrophile bzw. hydrophobe Wechselwirkungen zwischen den Seitenketten der Aminosäuren bzw. kovalente Bindungen zwischen Aminosäuren über die Seitenketten (z. B. Disulfid-Bindung) definieren die übergeordnete räumliche Anordnung der Kette (Tertiärstruktur). Als Quartärstruktur wird die Zusammenlagerung von mehreren Polypeptidketten zu einem aktiven Komplex bezeichnet [1–3].

Proteine werden im Stoffwechsel von Menschen, Tieren, Pflanzen, Pilzen, Bakterien und Hefen synthetisiert und sind dominanter Bestandteil von Zellstrukturen; etwa die Hälfte des Trockengewichts menschlicher Zellen sind den Proteinen zuzuordnen [1, 5]. Der menschliche Organismus besteht in Abhängigkeit von Alter und Geschlecht durchschnittlich zu ca. 7 kg bis 13 kg aus Proteinen; bei Frauen ist die Proteinmasse absolut und bezogen auf das Körpergewicht im Vergleich zu Männern geringer, ebenso ist bei Älteren die absolute und relative Proteinmasse geringer als bei Jüngeren [6, 7].

### Aminosäuren als Proteinbausteine

Je nach Position der Aminogruppe in der Kohlenstoffkette werden $\alpha$-, $\beta$- und $\gamma$-Aminosäuren unterschieden. Die im menschlichen Organismus vorkommenden Proteine enthalten $\alpha$-Aminosäuren (Bindung der Aminogruppe an der Carboxylgruppe des nächststehenden C-Atoms) [2, 3]. Charakteristisch für die unterschiedlichen Aminosäuren ist die chemische Struktur der jeweiligen Seitenkette; diese bestimmt die Unterteilung in saure, basische, aromatische bzw. neutrale Aminosäuren. Mit Ausnahme von Glycin besitzen Aminosäuren ein Stereozentrum: Je nach räumlicher Anordnung der Seitenkette wird daher zwischen den L- und D-Enantiomeren unterschieden. Im menschlichen Körper sind ausschließlich L-Aminosäuren biologisch aktiv und werden in Proteine eingebaut [1, 8].

Für die Proteinsynthese im menschlichen Organismus werden 20 Aminosäuren benötigt. Elf dieser proteinogenen Aminosäuren (Alanin, Arginin, Asparagin, Asparaginsäure, Cystein, Glutamin, Glutaminsäure, Glycin, Prolin, Serin und Tyrosin) können endogen synthetisiert werden (entbehrliche [früher: nicht-essenzielle] Aminosäuren). Neun Aminosäuren (Histidin, Isoleucin, Leucin, Lysin, Methionin, Phenylalanin, Threonin, Tryptophan und Valin) können dagegen im menschlichen Organismus nicht synthetisiert werden. Diese Aminosäuren werden daher als unentbehrlich (früher: essenziell) bezeichnet und erfordern eine regelmäßige Zufuhr mit der Nahrung. Mit Ausnahme von Lysin und Threonin kann der Bedarf an unentbehrlichen Aminosäuren auch durch die Zufuhr der korrespondierenden Ketosäuren gedeckt werden, da der letzte Schritt der Biosynthese (Transaminierung) im Körper möglich ist [9]. Die Unentbehrlichkeit für Histidin wurde bisher nur für Säuglinge nachgewiesen [10]; für gesunde Erwachsene ist dies bislang nicht abschließend geklärt [1, 11].

Bei entbehrlichen Aminosäuren wird angenommen, dass der Organismus in allen Lebenssituationen ausreichende Mengen aus vorhandenen Vorstufen selbst bilden kann; eine Zufuhr mit der Nahrung ist daher nicht zwingend notwendig [2]. Generell werden entbehrliche Aminosäuren jedoch als Quelle für Stickstoff (N) und für Intermediärprodukte des Stoffwechsels benötigt. Ist die verfügbare Menge an entbehrlichen Aminosäuren in der Nahrung zu gering, muss der Organismus unentbehrliche Aminosäuren abbauen oder die benötigten entbehrlichen

[1] Daraus ergibt sich ein Umrechnungsfaktor von 6,25 von g Stickstoff in g Protein.

Aminosäuren durch Hydrolyse von körpereigenen Funktionsproteinen bereitstellen.

Diese „strenge" Einteilung in unentbehrliche und entbehrliche Aminosäuren wird jedoch nicht allen Lebenssituationen gerecht [2, 8, 9, 12]. Unter bestimmten (patho-)physiologischen Bedingungen können einige, als entbehrlich eingestufte Aminosäuren, nicht oder nicht in ausreichenden Mengen bereitgestellt werden. Dies erklärt sich durch eine eingeschränkte Enzymkapazität (z. B. bei Leberkrankheiten), noch nicht vollständig ausgeprägte Synthesewege (z. B. bei Früh-/Neugeborenen), einen (genetisch bedingten) Enzymdefekt (z. B. bei Phenylketonurie) oder durch einen stark erhöhten endogenen Bedarf bei krankheitsbedingten Stoffwechselveränderungen (z. B. im Postaggressionsstoffwechsel). Unter diesen Bedingungen kann die exogene Zufuhr bestimmter, normalerweise entbehrlicher, Aminosäuren notwendig sein; diese Aminosäuren werden als „bedingt unentbehrlich" bezeichnet. Hierzu gehören Cystein, Glutamin, Tyrosin und möglicherweise Arginin. Wird in den genannten Situationen die Protein- bzw. Aminosäurenzufuhr nicht entsprechend angepasst, können (teilweise schwerwiegende) Mangelerscheinungen auftreten [2, 8, 9, 12].

## 3. Physiologie

### Verdauung und Absorption

Bereits durch den Speichel werden Nahrungsproteine teilweise denaturiert, d. h. die räumliche Anordnung der Aminosäurenketten wird aufgehoben. Die Proteine werden dadurch für den nachfolgenden enzymatischen Aufschluss leichter zugänglich. Im sauren Milieu des Magens setzt sich dieser Prozess fort und die eigentliche Verdauung beginnt: Die inaktive Enzymvorstufe Pepsinogen wird aus den Hauptzellen der Magenschleimhaut sezerniert und durch die Magensäure in aktives Pepsin umgewandelt. Diese Endopeptidase spaltet Proteine in längerkettige Peptide [13].

Im Magen gebildete Peptide und noch intakte Proteine werden in den Dünndarm transportiert. Das in den Darm sezernierte Pankreassekret enthält verschiedene aktive Enzyme, wie Endo-, Amino- und Carboxypeptidasen sowie inaktive Proenzyme (z. B. Trypsinogen und Chymotrypsinogen), welche durch die im Dünndarm vorhandene Enterokinase aktiviert werden [13, 14]. Die proteolytische Spaltung der Peptidbindungen erfolgt in der Regel spezifisch je nach Struktur der an der Bindung beteiligten Aminosäuren durch Endopeptidasen oder schrittweise vom Amino- und Carboxylende der Peptidkette aus durch Exopeptidasen. Im Lumen werden dann freie Aminosäuren gebildet und mittels verschiedener strukturspezifischer Carrier in die Mucosazellen aufgenommen. Im Verdauungsprozess entstandene Di- und Tripeptide werden durch an der Bürstensaummembran gebundene Di- und Tripeptidasen während des Transports in die Mucosazelle zu freien Aminosäuren hydrolysiert. In die Mucosazelle aufgenommene Aminosäuren werden dort zu unterschiedlichen Anteilen verstoffwechselt (z. B. Gewinnung von Energie aus Glutamin und Glutaminsäure) bzw. zum Aufbau von Proteinen verwendet. Ein signifikanter Anteil der aufgenommenen Aminosäuren wird unverändert an der basolateralen Seite der Enterozyten in die Pfortader abgegeben und zur Leber transportiert [13–16]. Neben unverdauten Proteinen aus der Nahrung gelangen Proteine aus körpereigenen Sekreten sowie aus Zellabschilferungen in den Gastrointestinaltrakt. Dazu kommen mikrobielle Proteine aus der Darmflora [17, 18]. Welchen Beitrag diese Proteine zur Deckung des Protein- bzw. Aminosäurenbedarfs leisten können, ist noch unklar.

Zur Bewertung der Verdaulichkeit von Nahrungsprotein wird in Humanstudien die Anflutung der freigesetzten und anschließend absorbierten Aminosäuren im Blut gemessen (*"plasma appearance"*). Da die in die Pfortader abgegebenen Aminosäuren direkt zur Leber transportiert und dort weiter, z. B. mittels Transaminierung, umgebaut bzw. für Syntheseprozesse eingesetzt werden, weist diese Methode allerdings erhebliche Ungenauigkeiten auf [19]. Sowohl die Kinetik als auch das Ausmaß der Proteinverdauung und die anschließende Aminosäurenabsorption hängen von der Mahlzeitenzusammensetzung, der verzehrten Proteinmenge, der räumlichen Struktur der Aminosäurenketten im Protein und deren Zusammensetzung (Aminosäurensequenz) ab [20]. Prolinreiche Proteine gelten z. B. als proteolyse-resistenter als andere Proteine. Leucinreiche Proteine, wie z. B. Molkenproteine, werden schneller verdaut als leucinarme Proteine und führen zu einem schnelleren Anstieg der Aminosäurenkonzentration im Blut. Möglicherweise ist dies im Vergleich zu „langsamen Proteinen" wie z. B. Casein, mit einem größeren anabolen Effekt verbunden [21, 22].

### Protein- und Aminosäurenstoffwechsel

Das Körperprotein unterliegt einem ständigen Auf- und Abbau. Der tägliche Protein- bzw. Aminosäurenumsatz beträgt ca. 300 g [23, 24] und ist damit etwa drei- bis viermal so hoch wie die durchschnittliche Zufuhr (siehe „7. Proteinzufuhr in der Bevölkerung"). Besonders hoch ist der Umsatz in Geweben mit einer hohen Zellerneuerungsrate (z. B. das Darmepithel). Die (biologischen)

Halbwertszeiten (HWZ) für einzelne Proteine sind, je nach Funktion, sehr unterschiedlich (für Beispiele siehe „5. Mangelsymptomatik"). Proteine, die kurzfristig den Stoffwechsel beeinflussen (z. B. Enzyme, Signalproteine, Peptidhormone), werden schnell auf- und abgebaut (z. B. Immunglobulin E: HWZ 2,5 Tage, retinolbindendes Protein: HWZ 12 Stunden, Ornithindecarboxylase: HWZ 12 Minuten); Strukturproteine, wie z. B. Kollagen, weisen hingegen eine vergleichsweise lange Halbwertszeit von mehreren Monaten oder sogar Jahren und eine geringe Umsatzrate auf [1, 25, 26].

Der intrazelluläre Aminosäurenpool wird sowohl durch exogene Quellen (Nahrung) als auch durch Hydrolyse von körpereigenen Proteinen gespeist [1, 25]. Für eine optimale Proteinsynthese müssen alle dafür benötigten Aminosäuren in ausreichenden Mengen im Pool vorhanden sein. Neben den 20 proteinogenen Aminosäuren finden sich in Proteinen auch Aminosäuren, für die im Stoffwechsel keine transfer-RNA (notwendig zur Anlieferung der Aminosäure an die Ribosomen) verfügbar ist. Diese Aminosäuren entstehen erst nach dem Einbau einer proteinogenen Vorläufer-Aminosäure (posttranslational) durch chemische Modifikation der Seitenkette (z. B. Hydroxyprolin aus Prolin). Zusätzlich gibt es Aminosäuren, die durch Recodierung eingebaut werden (z. B. Selenocystein) [1 – 3].

Einen „Speicher" für Aminosäuren besitzt die Zelle nicht: Ein quantitativer Abbau von Funktionsproteinen (z. B. Serumproteine, Muskelproteine) zur Bereitstellung von Aminosäuren ist mit funktionellen Einschränkungen verbunden. Aminosäuren, die nicht zur Synthese von Proteinen und biologisch aktiven Peptiden eingesetzt werden, werden oxidativ abgebaut. Im ersten Schritt erfolgt eine Desaminierung (Abspaltung der Aminogruppe); die freigesetzten Ammonium-Ionen können als Stickstofflieferant zur endogenen Synthese von Aminosäuren (Transaminierung) und metabolisch aktiven Zwischenprodukten dienen [11, 23].

Der weitere Abbau des Kohlenstoffskeletts ist zwischen „glucogenen" und „ketogenen" Aminosäuren unterschiedlich. Beim Abbau glucogener Aminosäuren entstehen Kohlenstoffgerüste (z. B. Pyruvat, Oxalacetat), die zur Neusynthese von Glucose (Gluconeogenese) herangezogen werden können [20, 27]. Beim Abbau von ketogenen Aminosäuren entsteht acyliertes Coenzym A (z. B. Acetyl-CoA, Acetoacetyl-CoA) als Ausgangssubstanz zur Synthese von Fettsäuren und zur Bereitstellung von Ketonkörpern. Wird das Kohlenstoffgerüst vollständig zu Kohlendioxid und Wasser oxidativ abgebaut, werden 4 kcal (17 kJ) pro g Protein in Form von Adenosintriphosphat (ATP) freigesetzt [28]. Generell ist es für den Organismus unökonomisch, physiologisch wertvolle Aminosäuren zur Energiegewinnung heranzuziehen. Bei einer ausreichenden Versorgung mit Energie aus Kohlenhydraten und Fetten liegt der Beitrag von Proteinen bzw. Aminosäuren an der Energiebereitstellung z. B. bei körperlicher Aktivität bei 5 % bis 15 % [29].

**Ausscheidung**

Im „Überschuss" vorhandene Ammonium-Ionen werden in geringem Maße unverändert über die Nieren ausgeschieden. Die überwiegende Menge an Ammonium-Ionen fließt in den Aufbau des wasserlöslichen nicht toxischen Harnstoffs, welcher ebenfalls über die Nieren ausgeschieden wird. Geringe Mengen Harnstoff finden sich auch im Schweiß [11, 16, 30]. Bei Azidose (Abfall des pH-Werts im Blut) oder bei Leberfunktionsstörungen steigt die Stickstoffausscheidung in Form von Ammonium-Ionen an [1]. Bei gesunden Erwachsenen mit bedarfsdeckender Proteinzufuhr entspricht die Gesamt-Stickstoffausscheidung (Harnstoff-N und Ammoniak-N) der aus der Proteinzufuhr errechneten Stickstoffaufnahme (ausgeglichene Stickstoffbilanz). Bei einer proteinfreien Ernährung werden die Hydrolyse von Struktur- und Funktionsproteinen und der nachfolgende Abbau von Aminosäuren auf ein Mindestmaß herabgesetzt; die dabei auftretenden Stickstoffverluste werden als obligatorische (nicht vermeidbare) Verluste bezeichnet.

Nicht absorbierte Aminosäuren sowie ins untere Darmlumen abgegebene Stickstoffverbindungen werden mikrobiell modifiziert bzw. abgebaut und mit den Fäzes ausgeschieden. Zudem gibt es weitere Stickstoffverluste z. B. über die nasale Sekretion, die Nägel, die Haut sowie über die Menstruationsblutung und die Samenflüssigkeit (*"miscellaneous losses"*) [11, 16, 30].

## 4. Funktionen

Nahrungsproteine versorgen den Körper primär mit unentbehrlichen Aminosäuren und Stickstoff zur endogenen Synthese von Proteinen und anderen stickstoffhaltigen Verbindungen. Enzyme machen bis zu 90 % des zellulären Proteinbestandes aus; nur eine ausreichende endogene Bereitstellung dieser Biokatalysatoren ermöglicht einen optimalen Ablauf des Stoffwechselgeschehens. Strukturproteine, wie z. B. Actin, Myosin und Keratin, sind am Aufbau und der Funktionalität von Organen und Geweben beteiligt. Transportproteine bewerkstelligen die Aufnahme von Nährstoffen aus dem Lumen, den

Austausch von Metaboliten zwischen den Zellen sowie deren Verteilung im Organismus. Rezeptorproteine und Kanäle ermöglichen den Austausch von Informationen und Ionen über die Zellmembran. Immunaktive Proteine, wie z. B. Immunglobuline, sind an der Abwehr von Erregern beteiligt und Peptidhormone, wie z. B. Insulin, steuern Stoffwechselvorgänge. Zusätzlich zur Funktion als Proteinbaustein sind Aminosäuren Vorstufen zahlreicher Metaboliten (siehe Tab. 1). Stickstoff aus dem Abbau von Aminosäuren wird zum Aufbau von komplexen Molekülen (DNA, RNA) und anderen stickstoffhaltigen Komponenten benötigt [1, 16, 20, 25, 31, 32].

Mit der Nahrung werden auch einige nicht am Proteinaufbau beteiligte Aminosäuren (nichtproteinogene Aminosäuren) zugeführt. Hierzu gehören z. B. Citrullin, Ornithin, Taurin und β-Alanin. Diese entstehen auch beim Um- und Abbau von Aminosäuren im Stoffwechsel und haben spezifische Funktionen. Citrullin und Ornithin sind Zwischenprodukte bei der Arginin-Synthese [1]. Die Aminosulfonsäure Taurin ist an der Regulation des Zellvolumens, der Kontrolle der intrazellulären Calciumkonzentration und im zentralen Nervensystem an verschiedenen Stoffwechselwegen beteiligt; außerdem ist sie Bestandteil der Gallensäuren (z. B. Taurocholat) [33]. β-Alanin ist ein Baustein der Pantothensäure [34].

### Tabelle 1: Aminosäuren als Vorstufen von Metaboliten

| Aminosäure | Metabolit |
|---|---|
| Glutamin | Glutathion |
| Glycin | Konjugierte Gallensäuren<br>Glutathion<br>Konjugate organischer Säuren |
| Cystein | Taurin<br>Glutathion<br>Gallensäuren<br>Homocystein |
| Tyrosin | Nor-/Adrenalin<br>Schilddrüsenhormone (T3, T4)<br>Melanin |
| Tryptophan | Serotonin<br>Nikotinsäure (Niacin) |
| Arginin | Kreatin<br>Stickstoffmonoxid |
| Serin | Ethanolamin<br>Cholin, Acetylcholin |
| Taurin | Gallensäuren |
| ß-Alanin | Pantothensäure |
| Histidin | Histamin |

## 5. Mangelsymptomatik

Als Marker für eine kurzfristig auftretende bzw. schon länger anhaltende Proteinmangelernährung können die Konzentrationen von Serumproteinen wie Albumin (HWZ 18 Tage), Transferrin (HWZ 8–9 Tage), Präalbumin (HWZ 2 Tage) bzw. retinolbindendes Protein (RBP; HWZ 12 Stunden) herangezogen werden. Bei der Interpretation der Daten ist jedoch zu berücksichtigen, dass die Konzentrationen dieser Proteine im Serum auch durch andere Faktoren, wie z. B. Leber- und Nierenfunktion oder Entzündungen, beeinflusst werden. Zur differenzialdiagnostischen Unterscheidung zwischen einem Proteinmangel und Entzündungen, kann das C-reaktive Protein (CRP; HWZ 4–6 Stunden), ein Akute-Phase-Protein, bestimmt werden. Zusätzlich können anthropometrische Messwerte, wie z. B. Armmuskelumfang, Armmuskelfläche oder Wadenumfang als Indikatoren für den Körperproteinbestand bestimmt werden [35–37].

Bei einer ungenügenden Protein- bzw. Stickstoff- oder Aminosäurenzufuhr wird die Stickstoffausscheidung durch eine Minimierung protein- bzw. peptidabbauender Stoffwechselprozesse reduziert. Zur Aufrechterhaltung einer lebensnotwendigen Neusynthese von Proteinen werden körpereigene (Muskel-)Proteine abgebaut. Die dabei freigesetzten Aminosäuren werden zur Proteinsynthese herangezogen. Bei länger anhaltendem Proteinmangel kann der Organismus die Synthese von mobilen Funktionsproteinen, z. B. Serumproteinen, und Zellen von Organen mit einer hohen Erneuerungsrate, z. B. Zellen der Darmschleimhaut, nicht gewährleisten. In der Folge kommt es zu Störungen im Stoffwechsel sowie von Organfunktionen. Zunächst sind Organe mit einer hohen Zellteilungsrate wie das Immunsystem und die Darmschleimhaut betroffen. Eine verminderte Synthese von Funktionsproteinen wie z. B. Immunproteinen führt zu Einschränkungen der Immunfunktionen des Körpers und erhöhter Infektanfälligkeit sowie Wundheilungsstörungen [31, 38–40]. Bei chronischen Proteindefiziten können auch Strukturproteine, z. B. die Motoproteine der Skelettmuskulatur, nicht mehr erneuert werden.

Dadurch wird der als Sarkopenie bezeichnete altersbedingte Verlust an Muskelmasse und, damit verbunden, die Abnahme an Muskelkraft verstärkt. Dies erhöht die Sturzgefahr, das Frakturrisiko, die Morbidität und führt zu längeren Krankenhausaufenthalten sowie einer erhöhten Mortalitätsrate [41]. Bei einem Verlust von mehr als 30 % des Körperproteins können die Beeinträchtigungen der Organfunktionen zum Tod führen [1].

Zu den bekanntesten schweren Ausprägungen einer Protein-Energie-Mangelernährung (PEM) gehören Kwashiorkor und Marasmus. Kwashiorkor wird durch eine nicht ausreichende Proteinzufuhr ausgelöst [42]. Die Krankheit geht mit einer Hypoalbuminämie, Ödemen, einer Leberverfettung sowie Haut- und Haarveränderungen einher [43]. Marasmus ist durch einen Mangel an Protein und Energie gekennzeichnet. Der Proteinabbau dient daher nicht nur zur Versorgung mit Aminosäuren für die notwenige körpereigene Proteinsynthese sondern auch zur akuten Versorgung des Körpers mit Glucose (Gluconeogenese) [42]. Die Folgen sind Wachstumsverzögerungen im Kindesalter, reduzierte Muskelmasse und Fettreserven [43] sowie Störungen bei der Regulation der Körpertemperatur, der Herzfrequenz und der Verdauung [44]. Auch Mischformen von Kwashiokor und Marasmus sind möglich (*marasmic kwashiorkor*). Diese schweren Formen der PEM traten in den 1950er und 1960er Jahren vor allem bei Kindern in Entwicklungsländern auf. Mittlerweile ist die Prävalenz stark zurückgegangen [42]. Kwashiorkor kommt vereinzelt auch im Erwachsenenalter vor, z. B. bei Patienten mit AIDS [45] sowie nach Magenbypass-Operation [46].

## 6. Überversorgung

Bei einer Protein- bzw. Aminosäurenzufuhr über dem individuellen Bedarf für die körpereigene Proteinsynthese und die Bildung von stoffwechselaktiven Metaboliten werden Aminosäuren oxidativ abgebaut (siehe „3. Physiologie"). Der beim Abbau entstehende Harnstoff muss über die Nieren ausgeschieden werden. Bei einer Proteinzufuhr, die deutlich über dem Bedarf liegt, sollte daher auf eine reichliche Flüssigkeitszufuhr geachtet werden [16, 47].

Der Zusammenhang zwischen Proteinzufuhr und Nierenfunktion sowie dem Risiko von Nierensteinen bei gesunden Erwachsenen wurde in einer systematischen Übersichtsarbeit, die sieben Studien einschloss (Interventionsstudien, prospektive Kohortenstudien, Fall-Kontroll-Studien), untersucht. Die Autoren kamen zu dem Ergebnis, dass die Datenlage bezüglich eines Zusammenhangs zwischen der Proteinzufuhr und der Nierenfunktion sowie dem Risiko für Nierensteine bei gesunden Erwachsenen unzureichend ist [48]. Eine weitere systematische Übersichtsarbeit zum Zusammenhang zwischen der Proteinzufuhr und der Gesundheit älterer Menschen (insgesamt 23 Studien, darunter Interventionsstudien, Kohortenstudien und Fall-Kontroll-Studien) kam zu dem Ergebnis, dass eine Proteinzufuhr im Bereich von 1,2 – 1,5 g/kg Körpergewicht pro Tag sicher ist, wobei sich nur eine der untersuchten Studien auf den Zusammenhang zwischen der Proteinzufuhr und Nierenkrankheiten bezieht [49]. In beiden Arbeiten konnte ein schädlicher Effekt auf die Nierenfunktion bei einer Ernährungsweise mit einer Proteinzufuhr von ≥ 2 g/kg Körpergewicht pro Tag über einen langen Zeitraum nicht ausgeschlossen werden [48, 49]. Bei Personen mit eingeschränkter Nierenfunktion[2] kann eine deutlich über dem Bedarf liegende Proteinzufuhr, verbunden mit einer erhöhten Bildung von Harnstoff, ein Fortschreiten der Niereninsuffizienz auslösen [50, 51].

Bei Säuglingen im Alter von 6 Monaten führte eine Proteinzufuhr von 2,05 g Protein/100 ml in Säuglingsanfangsnahrung und 3,2 g Protein/100 ml in Folgenahrung über einen Zeitraum von vier Monaten im Vergleich zu einer deutlich niedrigeren Zufuhr (1,25 g Protein/100 ml in Säuglingsanfangsnahrung und 1,6 g Protein/100 ml in Folgenahrung) zu einer Vergrößerung der Nieren [52]. Dabei könnte es sich allerdings auch um einen adaptiven, reversiblen Prozess handeln [53]. Der Zusammenhang zwischen der Proteinzufuhr in der frühen Kindheit und der Nierenfunktion im Alter von 6 Jahren wird zudem offenbar durch Faktoren der Ernährung und des Lebensstils beeinflusst [54].

Zudem wird ein positiver Zusammenhang zwischen der Proteinzufuhr in der Schwangerschaft gesunder Frauen [55, 56] sowie von Säuglingen [53, 57 – 61] und der Entwicklung von Übergewicht im Kindesalter diskutiert. Ergebnisse der *DOrtmund Nutritional and Anthropometric Longitudinally Designed* (DONALD)-Studie zeigten, dass eine erhöhte Zufuhr von Gesamtprotein sowie tierischen Proteinen bei 5- bis 6-Jährigen im Vergleich zu einer niedrigeren Proteinzufuhr (in Tertilen) mit einem früheren Pubertätswachstumsschub, einer früheren maximalen Wachstumsgeschwindigkeit sowie einer früheren Menarche oder einem früheren Stimmbruch assoziiert ist [62].

[2] glomeruläre Filtrationsrate > 55 ml/min/1,73 $m^2$ und < 80 ml/min/1,73 $m^2$ [50]

In Folge einer deutlich über dem Bedarf liegenden Zufuhr einzelner Aminosäuren besteht die Gefahr einer Aminosäurenimbalance. Für einen Überschuss an Leucin (ab einer Menge, die dem Zweifachen des Bedarfs entspricht) sind im Tiermodell bereits unerwünschte Effekte beschrieben worden [63, 64]. Eine hohe Zufuhr von Leucin erhöht die Aktivität des Enzyms Verzweigtketten-Ketosäure-Dehydrogenase, welches neben Leucin auch die verzweigtkettigen Aminosäuren Valin und Isoleucin abbauen kann. Damit kann eine Überversorgung mit Leucin eine Unterversorgung an Valin und Isoleucin auslösen. Da Leucin und Tryptophan denselben Transporter an der Blut-Hirn-Schranke nutzen, kann ein Leucinüberschuss daher den Übertritt von Tryptophan, welches die Vorstufe von Serotonin ist, behindern [64]. Im Tiermodell konnten exzessive Leucingaben neurologische Störungen auslösen [65].

### Tolerierbare Gesamtzufuhrmenge

Weder die Europäische Behörde für Lebensmittelsicherheit (EFSA) [16], die *World Health Organization* (WHO) [11] noch das *Institute of Medicine* (IOM) [15] haben tolerierbare Gesamtzufuhrmengen (*Tolerable Upper Intake Level*) für Protein abgeleitet. Die verfügbaren Daten sowie die Kenntnisse über die Zusammenhänge zwischen Proteinzufuhr und Gesundheit sind hierzu nicht ausreichend. Beobachtungen zeigen, dass eine Proteinzufuhr in drei- bis vierfacher Höhe des Referenzwerts über einen längeren Zeitraum ohne unerwünschte Symptome möglich ist. Aus diesen Beobachtungen kann jedoch laut WHO nicht geschlossen werden, dass negative Wirkungen bei einer so hohen Proteinzufuhr generell nicht auftreten [11]. Eine Proteinzufuhr in doppelter Höhe des Referenzwerts wird für Erwachsene von der EFSA allerdings als sicher angesehen [16].

## 7. Proteinzufuhr in der Bevölkerung

### Säuglinge und Kleinkinder

Nach Daten der Verzehrsstudie zur Ermittlung der Lebensmittelzufuhr von Säuglingen und Kleinkindern in Deutschland (VELS, 2001 – 2002, Verzehrprotokolle)[3], betrug die Zufuhr bei Jungen im Alter von 6 Monaten bis unter 1 Jahr im Median 22 g (10. Perzentil [P10] bis 90. Perzentil [P90]: 12 – 34 g) und bei gleichaltrigen Mädchen 18 g (P10 – P90: 11 – 27 g) Protein pro Tag. Die mediane Zufuhr von Protein lag bei 1- bis unter 4-jährigen Jungen bei 37 g (P10 – P90: 26 – 51 g) und bei gleichaltrigen Mädchen bei 34 g (P10 – P90: 24 – 46 g) pro Tag. Jungen im Alter von 4 bis unter 5 Jahren führten im Median 44 g (P10 – P90: 33 – 59 g) und gleichaltrige Mädchen 42 g (P10 – P90: 30 – 52 g) Protein pro Tag zu. Der Anteil des Proteins an der Gesamtenergiezufuhr betrug bei Jungen im Alter von 6 Monaten bis unter 1 Jahr im Median 11 % (P10 – P90: 7 – 15 %) bei einer medianen Gesamtenergiezufuhr von 850 kcal (P10 – P90: 655 – 1 002 kcal) und bei gleichaltrigen Mädchen 10 % (P10 – P90: 7 – 13 %) bei einer medianen Gesamtenergiezufuhr von 745 kcal (P10 – P90: 601 – 928 kcal) pro Tag. Bei 1- bis unter 4-jährigen Jungen betrug die Proteinzufuhr an der Gesamtenergiezufuhr im Median 14 % (P10 – P90: 11 – 17 %) bei einer medianen Gesamtenergiezufuhr von 1 140 kcal (P10 – P90: 875 – 1 534 kcal), ebenso bei gleichaltrigen Mädchen 14 % (P10 – P90: 11 – 16 %) bei einer medianen Gesamtenergiezufuhr von 1 058 kcal (P10 – P90: 830 – 1 409 kcal) pro Tag. Im Alter von 4 bis unter 5 Jahren betrug die Proteinzufuhr an der Gesamtenergiezufuhr bei Jungen und Mädchen im Median 13 % (P10 – P90: 11 – 16 %) bei einer medianen Gesamtenergiezufuhr bei Jungen von 1 414 kcal (P10 – P90: 1 133 – 1 713 kcal) und bei Mädchen von 1 307 kcal (P10 – P90: 935 – 1 642 kcal) pro Tag [66, 67].

### Kinder

Laut der im Jahr 2006 in Deutschland durchgeführtem EsKiMo-Studie (Ernährungsmodul des Kinder- und Jugendgesundheitssurveys, KiGGS-Studie)[4] betrug die mediane Proteinzufuhr auf der Basis von Verzehrprotokollen bei 6- bis 11-jährigen Jungen 60 g (P5 – P95: 42 – 88 g) und bei gleichaltrigen Mädchen 56 g (P5 – P95: 34 – 83 g) Protein pro Tag. Der Anteil des Proteins an der täglichen Gesamtenergiezufuhr lag bei 6- bis 11-jährigen Jungen und Mädchen bei 13 % (P5 – P95: 10 – 18 %) bei einer medianen Gesamtenergiezufuhr bei Jungen von 1 809 kcal (P5 – P95: 1 277 – 2 566 kcal) und bei Mädchen von 1 670 kcal (P5 – P95: 1 137 – 2 315 kcal) [68].

In Österreich lag der im Zeitraum 2010 bis 2012 mittels 3-Tage-Schätzprotokoll[5] bestimmte Anteil des Proteins an der Gesamtenergiezufuhr (Mittelwert) bei Jungen im Alter von 7 bis unter 10 Jahren bei 13 % (95 %

[3] Auswertung der Daten mittels Bundeslebensmittelschlüssel (BLS) Version II.3
[4] Auswertung der Daten mittels BLS II.3
[5] Auswertung der Daten mittels BLS 3.01, ergänzt durch die Nährstoffgehalte landestypischer Rezepte und spezieller österreichischer Produkte

Konfidenzintervall [95 % CI]: 13 %; 14 %) bei einer Gesamtenergiezufuhr (Mittelwert) von 1 920 kcal (95 % CI: 1 819 kcal; 2 021 kcal), im Alter von 10 bis unter 13 Jahren bei 14 % (95 % CI: 13 %; 15 %) bei einer Gesamtenergiezufuhr von 1 940 kcal (95 % CI: 1 848 kcal; 2 032 kcal) und im Alter von 13 bis unter 15 Jahren bei 14 % (95 % CI: 13 %; 16 %) bei einer Gesamtenergiezufuhr von 2 058 kcal (95 % CI: 1 809 kcal; 2 306 kcal) pro Tag. Bei Mädchen lag der mittlere Anteil des Proteins an der Gesamtenergiezufuhr in den gleichen Altersgruppen bei 13 % (95 % CI: 12 %; 13 %), 14 % (95 % CI: 13 %; 14 %) und 15 % (95 % CI: 13 %; 16 %) bei einer jeweiligen Gesamtenergiezufuhr (Mittelwert) von 1 910 kcal (95 % CI: 1 790 kcal; 2 030 kcal), 1 731 kcal (95 % CI: 1 653 kcal; 1 810 kcal) sowie 1 783 kcal (95 % CI: 1 594 kcal; 1 972 kcal) pro Tag. Die Proteinzufuhr bezogen auf das Körpergewicht betrug bei Mädchen (Mittelwert) 1,6 g/kg Körpergewicht pro Tag (95 % CI: 1,5 g/kg; 1,7 g/kg) und bei Jungen 1,8 g/kg Körpergewicht pro Tag (95 % CI: 1,7 g/kg; 1,9 g/kg) [69].

Bei einer Erhebung in der Schweiz an 43 Jungen und 31 Mädchen lag die mediane Zufuhr bei Jungen im Alter von 6 bis 14 Jahren bei 62 g (Interquartilabstand: 9,5 g) und bei Mädchen im gleichen Alter bei 53 g (Interquartilabstand: 5,8 g) Protein pro Tag. Der Anteil des Proteins an der Gesamtenergiezufuhr lag bei den Jungen und Mädchen bei 12 % (Interquartilabstand: 1,5 %) [70].

Bei Jugendlichen im Alter von 11 bis 16 Jahren aus der Schweiz lag der Mittelwert der Zufuhr bei den Jungen bei 76 ± 18 g und bei den Mädchen in derselben Altersgruppe bei 65 ± 15 g Protein pro Tag [71].

### Erwachsene

In der Nationalen Verzehrsstudie II (NVS II, 2005–2006)[6] lag die mediane Zufuhr von Protein in Deutschland bei Männern im Alter von 15 bis unter 19 Jahren bei 75 g/Tag (95 % CI: 73 g/Tag; 77 g/Tag), im Alter von 19 bis unter 25 Jahren bei 83 g/Tag (95 % CI: 80 g/Tag; 85 g/Tag), im Alter von 25 bis unter 35 Jahren bei 82 g/Tag (95 % CI: 80 g/Tag; 84 g/Tag), im Alter von 35 bis unter 51 Jahren bei 84 g/Tag (95 % CI: 83 g/Tag; 85 g/Tag), im Alter von 51 bis unter 65 Jahren bei 81 g/Tag (95 % CI: 79 g/Tag; 82 g/Tag) und im Alter von 65 bis 80 Jahren bei 76 g/Tag (95 % CI: 75 g/Tag; 78 g/Tag). Bei Frauen lag die mediane Zufuhr von Protein in den gleichen Altersgruppen bei 53 g (95 % CI: 51 g/Tag; 55 g/Tag), 56 g (95 % CI: 55 g/Tag; 57 g/Tag), 60 g (95 % CI: 59 g/Tag; 61 g/Tag), 62 g (95 % CI: 61 g/Tag; 63 g/Tag), 61 g (95 % CI: 59 g/Tag; 62 g/Tag) und 58 g pro Tag (95 % CI: 58 g/Tag; 60 g/Tag). Der Anteil des Proteins an der Gesamtenergiezufuhr betrug bei den Erwachsenen bei beiden Geschlechtern über alle Altersgruppen hinweg im Median etwa 14 % (95 % CI: Männer 14,4 %; 14,5 % bzw. Frauen 14,1 %; 14,3 %). Sowohl bei Männern als auch bei Frauen wies die Altersgruppe der 51- bis unter 65-Jährigen mit knapp 15 % (95 % CI: 14,6 %; 14,9 % bzw. 14,5 %; 14,9 %) einen höheren Proteinanteil an der Gesamtenergiezufuhr im Vergleich zur jüngeren Altersgruppe auf. Die mediane Gesamtenergiezufuhr bei Männern im Alter von 15 bis unter 80 Jahren betrug 2 252 kcal (95 % CI: 2 234 kcal; 2 269 kcal) und bei Frauen im selben Alter 1 683 kcal (95 % CI: 1 672 kcal; 1 695 kcal) pro Tag [72].

In Österreich lag der im Zeitraum 2010 bis 2012 mittels Ernährungsprotokoll (zwei 24-Stunden-Recalls)[7] bestimmte Anteil des Proteins an der Gesamtenergiezufuhr (Mittelwert) bei Männern im Alter von 18 bis unter 25 Jahren bei 15 % (95 % CI: 14 %; 17 %), im Alter von 25 bis unter 65 Jahren bei 15 % (95 % CI: 14 %; 16 %) und im Alter von 65 bis 80 Jahren bei 14 % (95 % CI: 14 %; 15 %). Bei Frauen lag er im Alter von 18 bis unter 25 Jahren bei 15 % (95 % CI: 13 %; 16 %), im Alter von 25 bis unter 51 Jahren bei 15 % (95 % CI: 14 %; 15 %), im Alter von 51 bis unter 65 Jahren bei 14 % (95 % CI: 13 %; 15 %) und im Alter von 65 bis 80 Jahren bei 15 % (95 % CI: 14 %; 16 %). Die mittlere Gesamtenergiezufuhr bei Männern betrug im Alter von 18 bis unter 25 Jahren 2 403 kcal (95 % CI: 2 112 kcal; 2 693 kcal), im Alter von 25 bis unter 51 Jahren 2 172 kcal (95 % CI: 2 066 kcal; 2 277 kcal), im Alter von 51 bis unter 65 Jahren 2 245 kcal (95 % CI: 2 078 kcal; 2 412 kcal) und im Alter von 65 bis 80 Jahren 1 920 kcal (95 % CI: 1 816 kcal; 2 025 kcal) pro Tag. Bei Frauen in den gleichen Altersgruppen betrug sie 1 917 kcal (95 % CI: 1 746 kcal; 2 088 kcal), 1 854 kcal (95 % CI: 1 761 kcal; 1 948 kcal), 1 826 kcal (95 % CI: 1 704 kcal; 1 948 kcal) und 1 675 kcal (95 % CI: 1 596 kcal; 1 753 kcal) pro Tag. Die Proteinzufuhr pro kg Körpergewicht betrug bei Frauen und Männern im Alter

[6] Auswertung der Verzehrdaten der beiden 24-Stunden-Recalls auf Basis der aktualisierten Version des Bundeslebensmittelschlüssels (BLS-Version 3.02). Daher unterscheiden sich diese von früher publizierten NVS II-Daten zur Proteinzufuhr, die mit dem Ernährungserhebungsinstrument DISHES (*Diet Interview Software for Health Examination Studies*) erfasst und mit einer älteren BLS-Version (BLS II.4) berechnet wurden.

[7] Auswertung der Daten mittels BLS 3.01, ergänzt durch landestypische Rezepte und spezielle österreichische Produkte

von 18 bis unter 65 Jahren 1,1 g/Tag, im Alter von 65 bis 80 Jahren 0,9 g/Tag [69].

Bei einer Erhebung in der Schweiz wurde die Proteinzufuhr von 29 Frauen und Männern mit einem mittleren Alter von 40 Jahren sowie die von 43 Männern mit einem mittleren Alter von 51 Jahren untersucht. In der ersten Gruppe lag die mittlere Zufuhr von Protein bei 72 ± 25 g/Tag bzw. 1,1 g/kg Körpergewicht pro Tag. Die zweite Gruppe hatte eine mittlere Proteinzufuhr von 82 ± 22 g/Tag bzw. 1,0 g/kg Körpergewicht pro Tag [73].

In einer Untersuchung in der Schweiz mit 401 Frauen im Alter von 75 bis 87 Jahren lag der Mittelwert der Proteinzufuhr bei 65 ± 20 g bzw. 1,03 g Protein/kg Körpergewicht pro Tag [74].

## 8. Protein in Lebensmitteln

Nach der Verordnung über nährwert- und gesundheitsbezogene Angaben zu Lebensmitteln kann ein Lebensmittel als „Proteinquelle" bezeichnet werden, wenn mindestens 12 % der Energie des Lebensmittels aus Proteinen stammt. Die Angabe „hoher Proteingehalt" ist erlaubt, wenn mindestens 20 % der Energie des Lebensmittels aus Proteinen stammt [75].

Zu den Lebensmitteln tierischen Ursprungs mit einem hohen Proteingehalt zählen Fleisch (mageres Kalbfleisch, gegart: 29 g/100 g, mageres Schweine- sowie Rindfleisch, gegart: 28 g/100 g), Innereien (Rinderleber, gegart: 21 g/100 g) und Fisch (Forelle und Zander, gegart: 23 g/100 g). Auch Käse (Hartkäse, mind. 45 % Fett i. Tr., z. B. Greyerzer und Emmentaler: 28 g/100 g; Hartkäse, mind. 20 % Fett i. Tr.: 34 g/100 g; Weichkäse, mind. 20 % Fett i. Tr., z. B. Brie: 24 g/100 g), Quark (< 10 % Fett i. Tr.: 14 g/100 g), Milch (Kuhmilch, 1,5 % Fett: 3 g/100 g) und Ei (12 g/100 g) zählen zu Lebensmitteln mit einem hohen Proteingehalt [72, 76].

Zu den Lebensmitteln pflanzlichen Ursprungs mit einem hohen Proteingehalt zählen Lebensmittel aus der Familie der Hülsenfrüchte, wie z. B. Soja (Sojaeiweiß, texturiert: 50 g/100 g; Tofu, gegart: 16 g/100 g), Linsen (gegart: 9 g/100 g) und grüne Erbsen (gegart: 7 g/100 g) sowie Pilze, wie z. B. Champignons (gegart: 4 g/100 g). Zu den Proteinquellen zählt Brot (z. B. Vollkornbrot und Graubrot) mit ca. 7 g Protein/100 g [76].

Hauptlieferanten für Protein in der deutschen Bevölkerung sind sowohl bei Männern als auch bei Frauen Fleisch- und Fleischerzeugnisse, Wurstwaren, Milch und Käse sowie Brot [72].

## 9. Kriterien zur Ermittlung des Proteinbedarfs

Der Bedarf an Nahrungsprotein bei Erwachsenen wird durch **Stickstoffbilanzuntersuchungen**, d. h. durch Berechnung der Differenz zwischen Stickstoffzufuhr und Stickstoffausscheidung unter bedarfsdeckender Energiezufuhr aus Kohlenhydraten und Fetten, ermittelt. Vorausgesetzt wird hierfür eine lineare Beziehung zwischen Stickstoffzufuhr und Stickstoffbilanz (lineares Modell). Die minimale Stickstoffzufuhr, die ausreicht, die obligatorischen Stickstoffverluste auszugleichen (siehe „3. Physiologie"), wird als bedarfsdeckend gewertet. Um daraus den Proteinbedarf zu berechnen, muss die minimal erforderliche Stickstoffmenge mit dem Faktor 6,25 multipliziert werden [30]. In der Wachstumsphase sowie in Schwangerschaft und Stillzeit wird der Bedarf anhand der **faktoriellen Methode** ermittelt (siehe „10.3 Ableitung der Referenzwerte für die Proteinzufuhr").

Alternativ zur Stickstoffbilanz [77, 78] wird die Methode der **Indikator-Aminosäure-Oxidation (IAAO)** zur Schätzung des Proteinbedarfs vorgeschlagen [31, 79]. Die Beurteilung der Proteinversorgung erfolgt dabei anhand der Oxidation einer Indikator-Aminosäure. Eine ausreichende Proteinversorgung liegt demnach vor, wenn bei steigender Proteinzufuhr die Oxidation der Indikator-Aminosäure nicht weiter sinkt, d. h. wenn ein stabiles Minimum erreicht ist (für weitere Informationen siehe [79–81]). In den letzten Jahren wurde diese Methode in einigen Studien zur Bestimmung des Proteinbedarfs von Kindern [82], jungen Erwachsenen [80, 81, 83], Älteren [84, 85] und Schwangeren [86] eingesetzt. Die mit dieser Methode ermittelten Angaben zum Proteinbedarf sind tendenziell höher als die mit der Stickstoffbilanzmethode bestimmten Werte. Eine endgültige vergleichende Bewertung von mit IAAO und Bilanzmethode ermittelten Angaben des Proteinbedarfs liegt bisher nicht vor; erste Diskussionen bezüglich des wahren Wertes sind kontrovers [87–89].

Im Vergleich zur IAAO ist die Methode der Stickstoffbilanz anfälliger für Fehler in der Durchführung: 1) eine nicht ausgeglichene Energiebilanz führt zu einer Fehleinschätzung des Proteinbedarfs (verstärkte Oxidation von Aminosäuren zur Energiegewinnung), 2) die Berechnung der Stickstoffzufuhr kann aufgrund fehlender oder falscher Lebensmittelanalyse-Daten ungenau sein, 3) eine unvollständige Urinsammlung führt zur Unterschätzung der Stickstoffausscheidung, 4) andere Verluste (Schweiß, Fäzes etc.) sind schwer zu schätzen, 5) die Anpassungszeit an die zu untersuchende Stickstoffzufuhr wird oftmals unterschätzt, wodurch die Stickstoffbilanzmessung

**Tabelle 2: Schätzwerte für die Zufuhr von unentbehrlichen Aminosäuren für Säuglinge von 0 bis unter 4 Monaten [mg/kg Körpergewicht/Tag]**

| Aminosäure | 0 bis unter 1 Monat[a] | 1 bis unter 2 Monate[b] | 2 bis unter 4 Monate[c] |
|---|---|---|---|
| Histidin | 71 | 46 | 33 |
| Isoleucin | 147 | 103 | 69 |
| Leucin | 272 | 190 | 132 |
| Lysin | 184 | 131 | 87 |
| Methionin + Cystein | 97 | 66 | 51 |
| Phenylalanin + Tyrosin | 238 | 158 | 112 |
| Threonin | 134 | 88 | 59 |
| Tryptophan | 57 | 39 | 25 |
| Valin | 146 | 107 | 73 |

[a] Basis: Daten 6.–20. Tag [90]
[b] Basis: Daten 21.–58. Tag [90]
[c] Basis: Daten 59.–135. Tag [90]

zu früh durchgeführt wird und damit keine validen Daten liefert [30, 77]. Außerdem wird die Verwendung des zugrunde liegenden linearen Modells (s. o.) zur Berechnung des Proteinbedarfs teilweise in Frage gestellt [77, 78, 80].

Da die Datengrundlage für die Ableitung von Referenzwerten für die Proteinzufuhr mittels IAAO-Methode derzeit nicht ausreichend erscheint, wird der durchschnittliche Bedarf für die Ableitung der D-A-CH-Referenzwerte für die Proteinzufuhr für Erwachsene trotz der oben beschriebenen Einschränkungen anhand von Stickstoffbilanzstudien ermittelt.

## 10. Ableitung der Referenzwerte für die Zufuhr von unentbehrlichen Aminosäuren und Protein

Ein Bedarf besteht streng genommen nicht für Protein, sondern für Stickstoff und die neun unentbehrlichen Aminosäuren. Da Protein in der menschlichen Ernährung die quantitativ wichtigste Quelle für Stickstoff ist, wird ein Referenzwert für die Proteinzufuhr abgeleitet. Auch Aminosäuren werden in der Regel in Form von Proteinen oder Polypeptiden zugeführt; daher kann auf die Ableitung einer empfohlenen Zufuhr für einzelne unentbehrliche Aminosäuren verzichtet werden. Zudem ist die Genauigkeit der in Tabelle 3 aufgelisteten Bedarfszahlen für unentbehrliche Aminosäuren der WHO nach eigener Bewertung nicht zufriedenstellend, sodass prinzipiell weitergehende Untersuchungen notwendig sind [11]. Für die Altersgruppe „Säuglinge bis unter 4 Monaten" werden die Daten einer systematischen Übersichtsarbeit [90] verwendet.

### 10.1 Ableitung der Schätzwerte für die Zufuhr von unentbehrlichen Aminosäuren für Säuglinge von 0 bis unter 4 Monaten

Die Ableitung der Schätzwerte für eine angemessene Zufuhr der unentbehrlichen Aminosäuren für Säuglinge im Alter von 0 bis unter 4 Monaten orientiert sich am Aminosäurengehalt in Frauenmilch. Der Gesamtgehalt an Aminosäuren in Frauenmilch setzt sich aus proteingebundenen und freien Aminosäuren zusammen. Letztere haben einen Anteil von etwa 5 % bis 10 % an der Gesamtmenge [90].

Die nachfolgenden Angaben zum Aminosäurengehalt in Frauenmilch stammen aus einer systematischen Übersichtsarbeit von 26 Studien aus 18 Ländern an gesunden Müttern reifgeborener[8] Kinder [90]. Unter Berücksichtigung der Trinkmengen und der Referenzgewichte und

[8] Die Auswertung schließt Untersuchungen an reifgeborenen Kindern und Untersuchungen ohne Angabe des Geburtszeitpunktes ein. Ausgeschlossen wurden Untersuchungen an frühgeborenen Kindern. In der Publikation wird keine Angabe gemacht, bis zu welchem Zeitpunkt in der Schwangerschaft die Säuglinge als „frühgeboren" definiert wurden.

**Tabelle 3: Durchschnittlicher Bedarf an unentbehrlichen Aminosäuren für Säuglinge ab 6 Monaten, Kinder, Jugendliche und Erwachsene [mg/kg Körpergewicht/Tag] [11, 93]**

| Aminosäure | 0,5 Jahre | 1–2 Jahre | 3–10 Jahre | 11–14 Jahre | 15–18 Jahre | Erwachsene |
|---|---|---|---|---|---|---|
| Histidin | 22 | 15 | 12 | 12 | 11 | 10 |
| Isoleucin | 36 | 27 | 22 | 22 | 21 | 20 |
| Leucin | 73 | 54 | 44 | 44 | 42 | 39 |
| Lysin | 63 | 44 | 35 | 35 | 33 | 30 |
| Methionin + Cystein | 31 | 22 | 17 | 17 | 16 | 15 |
| Phenylalanin + Tyrosin | 59 | 40 | 30 | 30 | 28 | 25 |
| Threonin | 35 | 24 | 18 | 18 | 17 | 15 |
| Tryptophan | 9,5 | 6,4 | 4,8 | 4,8 | 4,4 | 4,0 |
| Valin | 48 | 36 | 29 | 29 | 28 | 26 |

unter der Annahme, dass die Ernährung mit Frauenmilch den Bedarf an Aminosäuren generell abdeckt, ergeben sich die in Tabelle 2 aufgeführten Schätzwerte für die unentbehrlichen Aminosäuren (Berechnungen siehe Tab. A1). Entsprechend der Abnahme des Proteingehalts in der Frauenmilch vom ersten Monat nach der Geburt bis zum vierten Monat nach der Geburt (siehe unten) verändern sich auch die errechneten Schätzwerte für eine angemessene Zufuhr.

### 10.2 Durchschnittlicher Bedarf an unentbehrlichen Aminosäuren für Säuglinge ab 6 Monaten, Kinder, Jugendliche und Erwachsene (nach WHO)

Der durchschnittliche Bedarf an unentbehrlichen Aminosäuren für **Säuglinge ab 6 Monaten, Kinder und Jugendliche** wird von der WHO mittels faktorieller Methode bestimmt und setzt sich aus der Summe des Aminosäurenbedarfs für den Ersatz der obligatorischen Stickstoffverluste (**Erhaltungsbedarf**) sowie des Bedarfs für die Neubildung von Gewebe (**Wachstumsbedarf**) zusammen. Als Erhaltungsbedarf wird derselbe Aminosäurenbedarf angenommen, der für Erwachsene ermittelt wurde. Dieser ergibt sich aus dem Aminosäurenmuster des Erhaltungsbedarfs [mg/g Protein] und dem Erhaltungsbedarf für Protein für Erwachsene [g Protein/kg Körpergewicht/Tag]. Der Aminosäurenbedarf für das Wachstum wird aus der Aminosäurenzusammensetzung des Gesamtkörperproteins und einem für jede Altersgruppe spezifischen Wachstumsfaktor[9] bestimmt (Wachstumsfaktor x Aminosäurenmuster des Körpergewebes [mg/kg Körpergewicht/Tag]) (siehe Tab. 3) [11, 93].

Die angegebenen Werte des durchschnittlichen Bedarfs an unentbehrlichen Aminosäuren für **Erwachsene** (Erhaltungsbedarf) basieren auf Daten, die unter Verwendung stabiler Isotope sowie durch Messungen der obligatorischen Stickstoffverluste, erhoben wurden [11]. Bislang gibt es keine überzeugenden Belege dafür, dass „gesundes Altern" einen Einfluss auf den Bedarf an unentbehrlichen Aminosäuren hat. Daher gilt der durchschnittliche Aminosäurenbedarf für alle Erwachsenen ab 18 Jahren (siehe Tab. 3) [11, 94]. Für Schwangere und Stillende gibt es von der WHO keine Angaben zum Bedarf an einzelnen unentbehrlichen Aminosäuren [11].

### 10.3 Ableitung der Referenzwerte für die Proteinzufuhr

#### Säuglinge von 0 bis unter 4 Monaten

Die Ableitung der Referenzwerte für die Proteinzufuhr bei Säuglingen im Alter von 0 bis unter 4 Monaten orientiert

[9] Der Wachstumsfaktor setzt sich aus der Proteineinlagerung im jeweiligen Alter [91, 92] und der Effizienz der Proteinumsetzung zusammen. Die Effizienz der Proteinumsetzung gibt an, welcher Anteil des zugeführten Nahrungsproteins vom Körper absorbiert werden kann und für die Proteinsynthese zur Verfügung steht (Nettoproteinverwertung) [16, 77]. Für Kinder und Jugendliche wird eine Effizienz der Proteinumsetzung von 58 % für den Wachstumsbedarf angenommen. Für Kinder, Jugendliche und Erwachsene wird ein Wert von 47 % für die Nettoproteinverwertung zur Deckung des Erhaltungsbedarfs angenommen [11].

sich am Stickstoffgehalt der Frauenmilch, die als optimal für die Ernährung von Säuglingen angesehen wird [95, 96].

Der Stickstoffgehalt in Frauenmilch (Gesamt-N) setzt sich aus Proteinstickstoff und Nicht-Proteinstickstoff (NPN, 15–27 % des Gesamt-N)[10] zusammen [97, 99–103]. Das Kolostrum, die Frauenmilch, die direkt nach der Geburt gebildet wird, weist einen höheren Gesamt-N-Gehalt (2,0 g N/100 ml) als die reife Frauenmilch (1,2 g N/100 ml) auf [104]. Der Stickstoffanteil aus Proteinen nimmt im ersten Monat nach der Geburt ab, in der reifen Frauenmilch bleibt der Proteingehalt und damit der Stickstoffanteil aus Proteinen weitgehend konstant. Der Anteil von NPN bleibt über die gesamte Stilldauer konstant [15, 99, 100, 103, 105, 106]. Als Berechnungsgrundlage für die Ableitung der Schätzwerte für die Proteinzufuhr für Säuglinge im Alter von 0 bis unter 4 Monaten wird ein NPN-Gehalt von 25 % angenommen. Freie Aminosäuren, Peptide sowie weitere Bestandteile des NPN können im kindlichen Proteinstoffwechsel verwertet werden. Insgesamt machen diese Inhaltsstoffe etwa 46 % bis 61 % des NPN aus [107]. Für die Ableitung der Schätzwerte wird angenommen, dass der Protein-Stickstoff sowie die Hälfte des NPN (12,5 % des Gesamt-N) für den Säugling verfügbar sind.

Nach den Daten einer Meta-Analyse liegt der durchschnittliche Proteingehalt der Frauenmilch von Müttern reifgeborener Säuglinge bei 1,17 g/100 ml im ersten Monat nach der Geburt und bei 1,0 g/100 ml im zweiten und dritten Monat nach der Geburt [104]. Nach Korrektur für den NPN unter Berücksichtigung dessen eingeschränkter Bioverfügbarkeit (s. o. 12,5 % des Gesamt-N; N x 6,25) beträgt der durchschnittliche Proteingehalt der Frauenmilch 1,36 g/100 ml im ersten Monat nach der Geburt und 1,17 g/100 ml im zweiten und dritten Monat nach der Geburt. Unter Berücksichtigung der täglichen durchschnittlichen Trinkmenge [108] ergibt sich für alle drei Altersgruppen eine Proteinzufuhr von 8 g/Tag (siehe Tab. A3). Unter Berücksichtigung der Referenzmaße für das Körpergewicht ergeben sich Schätzwerte für die Proteinzufuhr von 2,5 g/kg Körpergewicht pro Tag für Säuglinge im Alter von **0 bis unter 1 Monat**, 1,8 g/kg Körpergewicht pro Tag für Säuglinge im Alter von **1 bis unter 2 Monaten** und 1,4 g/kg Körpergewicht pro Tag für Säuglinge im Alter von **2 bis unter 4 Monaten** (siehe Tab. A4).

### Säuglinge von 4 bis unter 12 Monaten, Kinder und Jugendliche

Die empfohlene Proteinzufuhr für Säuglinge ab einem Alter von 4 Monaten sowie für Kinder und Jugendliche wird mittels faktorieller Methode anhand von Daten aus Stickstoffbilanzuntersuchungen analog zum Vorgehen der WHO [11] abgeleitet.

Der durchschnittliche Proteinbedarf setzt sich, analog zum durchschnittlichen Aminosäurenbedarf für diese Altersgruppen, aus dem Erhaltungsbedarf sowie dem Wachstumsbedarf zusammen. Die WHO bestimmt den Erhaltungsbedarf für Kinder im Alter zwischen 9 Monaten und 14 Jahren auf Basis von sieben Studien mit 110 mg N/kg Körpergewicht pro Tag. Da dieser Wert nahezu identisch ist mit dem Erhaltungsbedarf für Erwachsene (105 mg N/kg Körpergewicht pro Tag; siehe Ableitung Erwachsene bis unter 65 Jahren), wird von der WHO für Kinder der gleiche Erhaltungsbedarf angenommen wie für Erwachsene (0,66 g Protein/kg Körpergewicht pro Tag; Variationskoeffizient 12 %) [11]. Der Wachstumsbedarf wird aus zwei Studien zur Proteineinlagerung während des Wachstums, einer Längsschnittstudie an Kindern bis 2 Jahre [91] und einer Querschnittsstudie an Kindern im Alter von 4 bis 18 Jahren [92], abgeleitet und um eine Effizienz der Proteinumsetzung von 58 % korrigiert [11].

Für Kinder im Alter von 4 bis unter 12 Monaten ergibt sich ein durchschnittlicher Bedarf (Gesamtbedarf) von 1,12 g Protein/kg Körpergewicht pro Tag (siehe Tab. A5). Der auf das Körpergewicht bezogene durchschnittliche Bedarf an Protein sinkt aufgrund des geringer werdenden Wachstumsbedarfs mit zunehmendem Alter. Für Kinder im Alter von 1 bis unter 4 Jahren beträgt der durchschnittliche Bedarf an Protein 0,82 g/kg Körpergewicht pro Tag, für Kinder im Alter von 4 bis unter 7 Jahren 0,70 g/kg Körpergewicht pro Tag, für Kinder im Alter von 7 bis unter 10 Jahren 0,75 g/kg Körpergewicht pro Tag sowie für Kinder im Alter von 10 bis unter 13 Jahren 0,74 g/kg Körpergewicht pro Tag. Der durchschnittliche Bedarf an Protein für Jungen im Alter von 13 bis unter 15 Jahren beträgt 0,73 g/kg Körpergewicht pro Tag sowie für Mädchen im gleichen Alter 0,71 g/kg Körpergewicht pro Tag. Der durchschnittliche Bedarf an Protein für männliche Jugendliche im Alter von 15 bis unter 18 Jahren beträgt 0,70 g/kg Körpergewicht pro Tag sowie

[10] Zur Fraktion des NPN gehören Peptide, Harnstoff, Harnsäure, Ammoniak, freie Aminosäuren, Kreatin, Kreatinin, Nukleinsäuren, Nukleotide, Carnitin, Aminozucker, Peptidhormone und andere Komponenten wie Wachstumsfaktoren [97, 98].

für weibliche Jugendliche im gleichen Alter 0,68 g/kg Körpergewicht pro Tag (siehe Tab. A7).

Die empfohlene Zufuhr wird aus dem durchschnittlichen Bedarf zuzüglich der 2-fachen Standardabweichung berechnet. Diese ergibt sich aus der Standardabweichung für den Erhaltungsbedarf (Variationskoeffizient 12 %, siehe Ableitung Erwachsene bis unter 65 Jahren) und der Standardabweichung für den Wachstumsbedarf (unterscheidet sich je nach Altersgruppe) (siehe Abb. A1).

Für Kinder im Alter von **4 bis unter 12 Monaten** ergibt sich eine empfohlene Zufuhr von 1,3 g Protein/kg Körpergewicht pro Tag (siehe Tab. A5). Die empfohlene Zufuhr für Kinder im Alter von **1 bis unter 4 Jahren** beträgt 1,0 g/kg Körpergewicht pro Tag. Die empfohlene Zufuhr für Kinder im Alter von **4 bis unter 7 Jahren, 7 bis unter 10 Jahren, 10 bis unter 13 Jahren** sowie **13 bis unter 15 Jahren** beträgt 0,9 g/kg Körpergewicht pro Tag. Die empfohlene Zufuhr für männliche Jugendliche im Alter von **15 bis unter 18 Jahren** beträgt 0,9 g/kg Körpergewicht pro Tag sowie für weibliche Jugendliche im gleichen Alter 0,8 g/kg Körpergewicht pro Tag (siehe Tab. A7).

Die empfohlene Proteinzufuhr bezogen auf das Referenzgewicht (siehe Kapitel „Energie") steigt von 11 g/Tag für Säuglinge im Alter von 4 bis unter 12 Monaten auf 62 g/Tag für männliche Jugendliche im Alter von 15 bis unter 18 Jahren (siehe Tab. A6 und A8).

### Erwachsene bis unter 65 Jahren

Die Ableitung des Referenzwerts für die Proteinzufuhr bei Erwachsenen basiert auf Ergebnissen von Stickstoffbilanzstudien (siehe „9. Kriterien zur Ermittlung des Proteinbedarfs"). Einige Stickstoffbilanzuntersuchungen weisen auf geschlechtsspezifische Unterschiede im Proteinmetabolismus hin, wobei Frauen einen niedrigeren durchschnittlichen Proteinbedarf im Vergleich zu Männern zeigen [30, 109]. Dies ist wahrscheinlich auf Unterschiede in der Körperzusammensetzung, vor allem der fettfreien Masse, sowie hinsichtlich der körperlichen Aktivität zurückzuführen. Auch hormonelle Veränderungen während der Pubertät und der Menopause können unterschiedliche Proteinumsetzungsraten begründen [30, 110, 111]. Da die Datenlage hinsichtlich geschlechtsspezifischer Unterschiede im Proteinbedarf jedoch nicht eindeutig ist [30, 110], wird bei der empfohlenen Proteinzufuhr nicht zwischen Frauen und Männern unterschieden.

In zwei Meta-Analysen [30, 109] von Stickstoffbilanzstudien wurde ein durchschnittlicher Stickstoffbedarf für Erwachsene von 105 mg N/kg Körpergewicht pro Tag ermittelt. Dies entspricht einem durchschnittlichen Proteinbedarf von 0,66 g Protein/kg Körpergewicht pro Tag. Unter Berücksichtigung eines Variationskoeffizienten von 12 % (Zuschlag von 24 %) [30] ergibt sich eine empfohlene Proteinzufuhr für Männer und Frauen von **19 bis unter 65 Jahren** von 0,8 g Protein/kg Körpergewicht pro Tag. In Bezug auf das jeweilige Referenzgewicht (siehe Kapitel „Energie") entspricht dies einer empfohlenen täglichen Proteinzufuhr von 55 g bis 57 g Protein für Männer und 47 g bis 48 g Protein für Frauen (siehe Tab. A9–A10).

### Erwachsene ab 65 Jahren

Die Gruppe der älteren Menschen ist eine sehr heterogene Gruppe. Während des Alterns finden umfassende physiologische Veränderungen statt. Diese Veränderungen sind Prozesse, die kontinuierlich verlaufen und im zeitlichen Ablauf und im Ausmaß individuell sind. Die Definition einer Altersstufe „ab 65 Jahren" für die Festlegung von Referenzwerten ist daher generell als Orientierung anzusehen. Bei den nachfolgend beschriebenen Studien sind jeweils die Altersgruppen, bei denen die Daten gewonnen wurden, angegeben. Die meisten Daten liegen für die Altersgruppe ≥ 65 Jahre vor.

In zwei Meta-Analysen von Stickstoffbilanzstudien [30, 109] wurde der Stickstoffbedarf jüngerer (≤ 55 Jahre bzw. < 60 Jahre) und älterer Menschen (> 55 Jahre bzw. ≥ 60 Jahre) verglichen. Die Unterschiede im Stickstoffbedarf[11] waren statistisch nicht signifikant, allerdings war die Anzahl älterer Probanden relativ gering. Aus den Ergebnissen dieser Studien wurde für stoffwechselgesunde Ältere wie für Erwachsene jüngeren und mittleren Alters ein durchschnittlicher Bedarf von 0,66 g Protein/kg Körpergewicht pro Tag ermittelt. Zwei, zusätzlich zu den in den Meta-Analysen berücksichtigten, Stickstoffbilanzstudien weisen darauf hin, dass der Bedarf im Alter (55–70 Jahre [112], 77–99 Jahre [113]) etwas höher sein könnte.

Eine zunehmende Zahl metabolischer und epidemiologischer Studien liefert Hinweise auf einen höheren

[11] $\text{Stickstoffbedarf}_{\text{Jüngere}}$ = 104 mg/kg Körpergewicht/Tag (n = 221), $\text{Stickstoffbedarf}_{\text{Ältere}}$ = 131 mg/kg Körpergewicht/Tag (n = 14) [30]; $\text{Stickstoffbedarf}_{\text{Jüngere}}$ = 105 mg/kg Körpergewicht/Tag (n = 294), $\text{Stickstoffbedarf}_{\text{Ältere}}$ = 111 mg/kg Körpergewicht/Tag (n = 54) [109]

Proteinbedarf im Alter. Die metabolischen Untersuchungen weisen auf eine reduzierte Muskelproteinsynthese im Alter hin (≥ 60 Jahre vs. 18–31 Jahre [114], 72 ± 2 Jahre vs. 25 ± 1 Jahre [115], 60–74 Jahre vs. 19–38 Jahre [116]). Experimentelle Stoffwechseluntersuchungen zeigten, dass ältere Probanden (~ 71 Jahre vs. ~ 22 Jahre [117], 68 ± 2 Jahre vs. 31 ± 2 Jahre [118]) für eine maximale Muskelproteinsynthese größere Aminosäurenmengen benötigen. In einer systematischen Übersichtsarbeit wurden die Ergebnisse von klinischen Studien zum Einfluss einer einmaligen Protein- oder Aminosäurengabe auf die Muskelproteinsynthese bei jüngeren und älteren Menschen zusammenfassend dargestellt (mittleres Alter ≥ 55 Jahre vs. 18–35 Jahre). Dabei zeigten 8 von 21 Untersuchungen signifikante Unterschiede zwischen jüngeren und älteren Erwachsenen hinsichtlich der Effekte der Protein- bzw. Aminosäurengabe auf die Muskelproteinsynthese. Die übrigen 13 Untersuchungen lieferten keine Hinweise für einen Unterschied zwischen jüngeren und älteren Probanden [119]. In einer in der Übersichtsarbeit aufgeführten Interventionsstudie benötigten ältere Probanden (~ 71 Jahre) 0,4 g Protein/kg Körpergewicht, um die Muskelproteinsynthese maximal zu stimulieren, während bei jüngeren Probanden (~ 22 Jahre) 0,24 g Protein/kg Körpergewicht ausreichten [117]. In Studien, in denen die Probanden pro Mahlzeit mindestens 0,4 g Protein/kg Körpergewicht (dies entspricht ca. 30 g Protein), oder eine entsprechende Menge an Aminosäuren, zuführten, zeigten 4 von 5 Untersuchungen keine altersspezifischen Unterschiede in der Muskelproteinsynthese [119]. Diese Ergebnisse weisen darauf hin, dass ältere Menschen eine höhere Protein- bzw. Aminosäurenmenge in einer Mahlzeit zur Aufrechterhaltung der körpereigenen Proteinsynthese benötigen. Sie weisen aber auch darauf hin, dass bei einer Proteinzufuhr, die mindestens dieser Menge entspricht, kein Unterschied in der Muskelproteinsynthese zwischen jüngeren und älteren Menschen besteht [119]. Als Erklärung dafür wird die anabole Resistenz angeführt [120–123]. Diese beinhaltet, dass bei älteren Menschen aus Nahrungsproteinen, unter anderem aufgrund einer niedrigeren postprandialen Aminosäurenverfügbarkeit sowie einer verminderten Muskeldurchblutung, schlechter körpereigene Proteine gebildet werden können [21, 124–126].

In mehreren prospektiven Kohortenstudien [127–129] und einer Querschnittsstudie [130] wurde ein Zusammenhang zwischen der Höhe der Proteinzufuhr und der körperlichen Funktionalität bzw. dem Funktionserhalt gezeigt. Probanden mit einer höheren Proteinzufuhr wurden mit Probanden verglichen, die durchschnittlich weniger Protein zuführten (≤ 0,8 vs. 0,81–1,19 vs. ≥ 1,2 g/kg Körpergewicht/Tag, Alter der Probanden: 65–72 Jahre [127]; ca. 0,8 g/kg Körpergewicht/Tag vs. ca. 1,2 g/kg Körpergewicht/Tag, Alter der Probanden: ≥ 60 Jahre [128]; 1,0 vs. 1,2 g/kg Körpergewicht/Tag, Alter der Probanden: 50–79 Jahre [129]; 0,8–1,19 vs. ≥ 1,2 g/kg Körpergewicht/Tag, Alter der Probanden: 50–75 Jahre [130]). Probanden mit einer höheren Proteinzufuhr zeigten hinsichtlich ihrer Kraft und Mobilität bessere Funktionsparameter auf [127–130]. Über einen Beobachtungszeitraum von mehreren Jahren hatten sie außerdem einen geringeren Verlust einzelner Funktionsparameter (z. B. Handkraft) [127–129], wobei dies nach einer Adjustierung für die Fettmasse teilweise nicht mehr statistisch signifikant war [127].

Eine höhere Proteinzufuhr war im Vergleich zu einer niedrigeren Proteinzufuhr bei älteren Menschen (1,2 vs. ≤ 0,8 g/kg Körpergewicht/Tag, Alter der Probanden: 65–72 Jahre [131]; 1,6 vs. 0,8 g/kg Körpergewicht/Tag, Alter der Probanden: 75 ±3 Jahre [132]; 1,3 vs. 0,9 g/kg Körpergewicht/Tag, Alter der Probanden: 67–84 Jahre [133]; 1,2 vs. 0,8 g/kg Körpergewicht/Tag, Alter der Probanden: 70–79 Jahre [134]) zudem mit einer größeren fettfreien Masse bzw. Muskelmasse sowie teilweise mit einem geringeren Verlust [134] oder einem Anstieg [131, 132] der fettfreien Masse, Körperzellmasse bzw. Muskelmasse im Verlauf mehrerer Jahre verbunden. Daten der *NuAge study* zeigten bei den Männern einen signifikanten Unterschied in der fettfreien Körpermasse zwischen den Quartilen der Proteinzufuhr bei Studienbeginn (Quartil 1: 0,86 g/kg Körpergewicht/Tag, Quartil 4: 1,29 g/kg Körpergewicht/Tag, Alter der Probanden: 67–84 Jahre). Auf die Abnahme der fettarmen Körpermasse über zwei Jahre hatte die Höhe der Proteinzufuhr allerdings keinen Einfluss [133]. Auch eine Querschnittsstudie zeigte keinen Unterschied in der Muskelmasse bei Probanden mit einer höheren Proteinzufuhr im Vergleich zu Probanden mit einer niedrigeren Proteinzufuhr (≥ 1,2 vs. 0,8–1,19 g/kg Körpergewicht/Tag, Alter der Probanden: 50–75 Jahre) [130].

Zwei prospektive Kohortenstudien zeigten im Verlauf von etwa 3 Jahren eine niedrigere Inzidenz von Gebrechlichkeit bzw. ein niedrigeres Risiko für Gebrechlichkeit bei einer höheren im Vergleich zu einer niedrigeren Proteinzufuhr (Quartil 1: Männer 31,6–82,9 g/Tag, Frauen 26,9–68,0 g/Tag, Quartil 4: Männer 115,8–218,4 g/Tag, Frauen 95,7–181,3 g/Tag, Alter der Probanden: 60 Jahre [135]; 1,2 vs. 1,0 g/kg Körpergewicht/Tag, Alter der Probanden: 65–79 Jahre [136]).

Mehrere europäische Expertengruppen bzw. Fachgesellschaften sprechen sich für einen höheren Proteinbedarf im Alter aus. Zur Aufrechterhaltung der Funktionalität ist laut den Aussagen der *PROT-AGE Study Group* [21], der Europäischen Gesellschaft für klinische Ernährung und Stoffwechsel (ESPEN) [124] sowie der Europäischen Gesellschaft für klinische und wirtschaftliche Aspekte der Osteoporose und Osteoarthritis (ESCEO) [137] eine Proteinzufuhr von 1,0 bis 1,2 g/kg Körpergewicht pro Tag für Menschen ab 65 Jahren [21, 124] bzw. im Alter zwischen 50 und 70 Jahren [137] optimal. Die EFSA [16], das IOM [15] sowie die WHO [11] geben für ältere Erwachsene (≥ 60 Jahre [16], ≥ 51 Jahre [15]) hingegen keine anderen Empfehlungen für die Proteinzufuhr als für jüngere Erwachsene an.

Da die körperliche Funktionalität bzw. der Funktionserhalt für ältere Menschen von zentraler Bedeutung ist, werden für Erwachsene **ab 65 Jahren** zur Ableitung des Referenzwerts für die Proteinzufuhr zusätzlich zu den Ergebnissen von Stickstoffbilanzanalysen Ergebnisse zur Muskelproteinsynthese und zur Funktionalität berücksichtigt. Die bisher vorliegenden Studienergebnisse lassen die Ableitung des Proteinbedarfs für Erwachsene ab 65 Jahren nicht mit der wünschenswerten Genauigkeit zu. Daher wird für diese Altersgruppe ein Schätzwert für eine angemessene Zufuhr angegeben. Unter Berücksichtigung der oben aufgeführten Ergebnisse beträgt dieser für Frauen und Männer ab 65 Jahren 1,0 g/kg Körpergewicht pro Tag. Daraus ergibt sich unter Berücksichtigung des Referenzgewichts (siehe Kapitel „Energie") ein Schätzwert für eine angemessene Proteinzufuhr von 57 g/Tag für Frauen und 67 g/Tag für Männer (siehe Tab. A11).

### Schwangere

Derzeit liegen keine ausreichenden Daten zur Ableitung des durchschnittlichen Proteinbedarfs während der Schwangerschaft vor. Daher wird der durchschnittliche Proteinbedarf während der Schwangerschaft mit der faktoriellen Methode bestimmt. Zusätzlich zum durchschnittlichen Proteinbedarf für nicht schwangere Frauen wird während der Schwangerschaft Protein zur Einlagerung bzw. Gewebeneubildung im Fetus berücksichtigt. Durch das während der Schwangerschaft erhöhte Körpergewicht errechnet sich noch eine Zulage für den Stoffwechsel der Mutter. Laut WHO [138, 139] ist eine Körpergewichtszunahme von 10 kg bis 14 kg (im Mittel 12 kg) mit einer optimalen Gesundheit von Mutter und Fetus assoziiert. Bei einer Körpergewichtszunahme von 12 kg bis zur Geburt des Kindes wird 597 g Protein eingelagert [138, 140]. Körpergewichtszunahme und Proteineinlagerung während der Schwangerschaft finden dabei nicht linear statt (siehe Kapitel „Energie", Tab. A5). Die Proteineinlagerung ist auf etwa 1,3 g Protein/Tag (20 %) im zweiten Trimester und 5,1 g Protein/Tag (80 %) im dritten Trimester verteilt. Die Körpergewichtszunahme erfolgt zu etwa 11 % im ersten, 47 % im zweiten und 42 % im dritten Trimester [140]. Zur Ermittlung des Proteinbedarfs für die Proteineinlagerung muss dieser um die Effizienz der Proteinumsetzung korrigiert werden. Für Schwangere wird dieselbe Effizienz der Proteinumsetzung wie für nicht schwangere Frauen (47 %) angenommen [16]. Hinzu kommt der Proteinbedarf für die Körpergewichtszunahme während der Schwangerschaft, bezogen auf die mittlere Körpergewichtszunahme je Trimester.[12] Der so für das erste Trimester berechnete durchschnittliche zusätzliche Proteinbedarf von 0,4 g Protein/Tag kann, bei Berücksichtigung einer Zufuhrempfehlung für Frauen im Alter von 19 bis unter 25 Jahren von 48 g/Tag, vernachlässigt werden. Für das zweite und dritte Trimester der Schwangerschaft resultiert daraus ein durchschnittlicher zusätzlicher Proteinbedarf von 5,5 g Protein/Tag bzw. 17,1 g Protein/Tag. Unter Berücksichtigung eines Variationskoeffizienten von 12 % (Zuschlag von 24 %) ergibt sich eine empfohlene zusätzliche Proteinzufuhr von 7 g Protein/Tag im zweiten Trimester und 21 g Protein/Tag im dritten Trimester (siehe Tab. A12).

Für die Bestimmung der empfohlenen täglichen Proteinzufuhr je kg Körpergewicht wird der Proteinbedarf für die Proteineinlagerung durch das Gesamtkörpergewicht geteilt. Das Gesamtkörpergewicht berechnet sich aus der mittleren Körpergewichtszunahme je Trimester und dem Referenzgewicht für Frauen im Alter von 19 bis unter 25 Jahren. Dieser durchschnittliche zusätzliche Proteinbedarf in der Schwangerschaft zuzüglich zum Proteinbedarf für nicht schwangere Frauen ergibt den durchschnittlichen Proteinbedarf für schwangere Frauen. Unter Berücksichtigung eines Variationskoeffizienten von 12 % (Zuschlag von 24 %) liegt damit die empfohlene Proteinzufuhr bei

[12] Basierend auf einer Gesamtkörpergewichtszunahme bis zum Ende der Schwangerschaft von 12 kg und einem Anteil daran von 11 % im ersten Trimester, beträgt die Gewichtszunahme im ersten Trimester 1,3 kg (siehe Kapitel „Energie", Tab. A5). Da dieser Wert aber erst am Ende des Trimesters erreicht wird, die zusätzliche empfohlene Proteinzufuhr während der Schwangerschaft aber für das gesamte Trimester gilt, wird zur Berechnung nur die Hälfte der Körpergewichtszunahme des ersten Trimesters angesetzt, also 1,3 kg/2 = 0,7 kg. Der Anteil an der Gesamtkörpergewichtszunahme im zweiten Trimester beträgt 47 %, also 5,6 kg. Die mittlere Körpergewichtszunahme je Trimester berechnet sich entsprechend aus der gesamten Körpergewichtszunahme im ersten Trimester (1,3 kg) und der halben Körpergewichtszunahme des zweiten Trimesters (2,8 kg). Dies ergibt insgesamt 4,1 kg. Im dritten Trimester ergibt sich die mittlere Körpergewichtszunahme je Trimester entsprechend mit 9,5 kg.

0,9 g Protein/kg Körpergewicht pro Tag im zweiten Trimester und bei 1,0 g Protein/kg Körpergewicht pro Tag im dritten Trimester (siehe Tab. A13).

**Stillende**

Der durchschnittliche Proteinbedarf stillender Frauen wird mittels faktorieller Methode bestimmt. Zusätzlich zum tatsächlichen Proteingehalt der Frauenmilch muss auch der Gehalt an NPN berücksichtigt werden. Als Grundlage für die Ableitung des durchschnittlichen Proteinbedarfs für Stillende wird analog zur Ableitung des Proteinbedarfs für Säuglinge im Alter von 0 bis unter 4 Monaten ein NPN-Gehalt der Frauenmilch von 25 % angenommen. Weiter wird angenommen, dass die Hälfte des Stickstoffs aus NPN neu gebildet wird und daher zum Proteinbedarf hinzugerechnet werden muss.

Der durchschnittliche Proteingehalt reifer Frauenmilch beträgt ca. 1,0 g/100 ml [104]. Nach der Korrektur für NPN beträgt der Proteingehalt von Frauenmilch in den ersten drei Monaten nach der Geburt durchschnittlich 1,17 g/100 ml. Über die Frauenmilch werden bei einer Trinkmenge von 750 ml/Tag [108] ca. 8,8 g Protein/Tag abgegeben. Ob sich die Effizienz der Proteinumsetzung von Stillenden von der nicht stillender Frauen unterscheidet, ist bisher nicht bekannt [11, 15]. Daher wird für Stillende dieselbe Effizienz der Proteinumsetzung angenommen, wie für nicht stillende Frauen (47 %). Daraus ergibt sich ein durchschnittlicher zusätzlicher Proteinbedarf für Stillende von 18,6 g/Tag. Unter Berücksichtigung eines Variationskoeffizienten von 12 % (Zuschlag von 24 %) resultiert daraus eine empfohlene zusätzliche Proteinzufuhr für Stillende von 23 g/Tag. Dies entspricht unter Zugrundelegung des Referenzgewichts von Frauen im Alter von 19 bis unter 25 Jahren einer empfohlenen Proteinzufuhr von 1,2 g/kg Körpergewicht pro Tag (siehe Tab. A14–A15).

### 10.4 Anteil an unentbehrlichen Aminosäuren am Protein

Für ein adäquates Wachstum und die Aufrechterhaltung des Gleichgewichts zwischen Proteinaufbau und -abbau im Organismus werden nicht nur die unentbehrlichen Aminosäuren, sondern alle proteinogenen Aminosäuren benötigt [11, 13]. Werden die Schätzwerte für eine angemessene Zufuhr von unentbehrlichen Aminosäuren und von Protein für Säuglinge herangezogen, ergibt sich für Säuglinge für die unentbehrlichen Aminosäuren ein Anteil am Gesamtprotein von ca. 50 % (siehe Tab. 2 und Tab. A4). Bei Kindern im Alter von einem halben Jahr macht der Bedarf an unentbehrlichen Aminosäuren etwa 34 % am Gesamtproteinbedarf aus; dieser Anteil sinkt bis zum Erwachsenenalter unter Berücksichtigung der Werte aus den Tabellen 3 sowie A5, A7 und A9 auf ca. 30 %.

## 11. Sicherstellung einer angemessenen Versorgung mit Protein

Die mittlere Proteinzufuhr der Bevölkerung liegt derzeit über der empfohlenen Proteinzufuhr (siehe „7. Proteinzufuhr in der Bevölkerung"). Allerdings weisen insgesamt 11 % der Männer und 15 % der Frauen in Deutschland eine Proteinzufuhr auf, die unterhalb der empfohlenen Zufuhr von 0,8 g/kg Körpergewicht pro Tag bezogen auf das Referenzgewicht liegt. Der Anteil der Personen, die weniger Protein aufnehmen als empfohlen, ist in der Altersgruppe der 19- bis 24-jährigen Frauen am höchsten; gefolgt von den 65- bis 80-jährigen Frauen und Männern [141].

Zur Sicherstellung einer angemessenen Versorgung mit Protein bzw. unentbehrlichen Aminosäuren ist neben der Proteinmenge auch die **Proteinqualität**, also die Aminosäurenzusammensetzung der jeweiligen Proteine und die Bioverfügbarkeit der freigesetzten Aminosäuren, von Bedeutung. Die über den Tag zugeführten Proteine sollten den Bedarf aller unentbehrlichen Aminosäuren (siehe „10.1 Ableitung der Schätzwerte für die Zufuhr von unentbehrlichen Aminosäuren für Säuglinge von 0 bis unter 4 Monaten" und „10.2 Durchschnittlicher Bedarf an unentbehrlichen Aminosäuren für Säuglinge ab 6 Monaten, Kinder, Jugendliche und Erwachsene") decken. Nicht alle Lebensmittel enthalten ausreichende Mengen aller unentbehrlichen Aminosäuren. Eine im Verhältnis zum Bedarf in zu geringer Menge vorhandene Aminosäure begrenzt den Proteinaufbau und wird als „limitierende Aminosäure" bezeichnet. In Hülsenfrüchten, wie Soja, sind schwefelhaltige Aminosäuren (Methionin und Cystein) limitierend, in Getreide, wie Weizen und Reis, ist es vor allem das Lysin [5, 13]. Durch die gezielte Kombination von Lebensmitteln können mögliche Einschränkungen in der Proteinqualität einzelner Lebensmittel ausgeglichen werden (Ergänzungswirkung) [5, 13].

Die aus Nahrungsproteinen freigesetzten Aminosäuren können nicht vollständig absorbiert werden. Als Maß für die Verwertbarkeit von Proteinen wird die **Bioverfügbarkeit** auf der Basis der *plasma appearance* von Aminosäuren nach Proteinverzehr bestimmt (siehe „3. Physiologie"). Die Bioverfügbarkeit ist abhängig von der Matrix des Lebensmittels sowie von der Struktur der Proteine. Weiterhin können sogenannte „antinutritive

Faktoren" bzw. andere Lebensmittelbestandteile die Aktivität von Verdauungsenzymen und möglicherweise die Absorption von freigesetzten Aminosäuren einschränken und so die Bioverfügbarkeit senken. Dazu gehören Tannine in Getreide und Hülsenfrüchten sowie unverdauliche Faserstoffe in pflanzlichen Lebensmitteln [142]. Auch durch die Lebensmittelverarbeitung und -zubereitung kann sich die Struktur der Proteine und somit die Bioverfügbarkeit der Aminosäuren verändern. Durch Keimung, Hitzeeinwirkung und Alkalisierung kann es sowohl zu Veränderungen der Proteinstruktur als auch zur chemischen Modifikation von einzelnen Aminosäuren kommen. Beispiele hierfür sind die Bildung von Maillardprodukten (z. B. Lysinoalanin und N-Epsilon-(Carboxymethyl)-Lysin), oxidierten Formen schwefelhaltiger Aminosäuren und die Bildung von Aminosäuren-Enantiomeren und -derivaten [1, 13, 142–146].

Zur Sicherstellung einer bedarfsdeckenden Proteinzufuhr bei erwachsenen **Breitensportlern** (4–5 Mal pro Woche 30 Minuten körperliche Aktivität bei mittlerer Intensität) ist bei isoenergetischer Kost eine Proteinzufuhr in Höhe der empfohlenen Zufuhr von 0,8 g/kg Körpergewicht pro Tag ausreichend [147, 148]. Die EFSA kommt in einer Stellungnahme zu dem Ergebnis, dass die Proteinzufuhr in einer ausgewogenen, dem Energiebedarf entsprechenden, Mischkost auch für sportlich aktive Menschen bedarfsdeckend ist [149].

Der Proteingehalt industriell hergestellter **Säuglingsmilchnahrung** ist höher als der von Frauenmilch [150]. Er darf in der Europäischen Union bei einem Energiegehalt von mindestens 60 kcal/100 ml und maximal 70 kcal/100 ml sowohl bei Säuglingsanfangsnahrung auf Basis von Kuhmilchprotein als auch bei Folgenahrung zwischen 1,8 g/100 kcal und 2,5 g/100 kcal liegen. Das entspricht einer Spanne von 1,2 g Protein/100 ml bis 1,6 g Protein/100 ml bei einem mittleren Energiegehalt von 65 kcal/100 ml. Die unentbehrlichen und bedingt unentbehrlichen Aminosäuren müssen in Säuglingsmilchnahrung in mindestens der gleichen verwertbaren Menge enthalten sein, wie in dem als Referenzprotein festgelegten Frauenmilchprotein [151, 152].

## 12. Präventive Aspekte

Die Zufuhr von Gesamtprotein bzw. die Zufuhr von pflanzlichen oder tierischen Proteinen wird mit der Entstehung bzw. der Prävention verschiedener Krankheiten in Zusammenhang gebracht. Die DGE erarbeitet derzeit eine evidenzbasierte Leitlinie zum Thema „Proteinzufuhr und Prävention ausgewählter ernährungsmitbedingter Krankheiten". Dabei wird unter anderem der Einfluss der Proteinzufuhr auf den Blutdruck, das Körpergewicht sowie Nierenkrankheiten, Knochen- und Muskelgesundheit, Krebskrankheiten und Diabetes mellitus Typ 2 untersucht.

Im Folgenden wird anhand vorliegender Meta-Analysen bzw. systematischer Reviews ein kurzer Überblick über die Studienlage zu Protein in Zusammenhang mit einigen gesundheitsrelevanten Aspekten gegeben, ohne dass eine Evidenzbewertung erfolgt. Ein Vergleich der Studien wird dadurch erschwert, dass die Definition eines „hohen Proteingehalts" in den verschiedenen Erhebungen nicht einheitlich ist.

Eine höhere Proteinzufuhr wird im Vergleich zu einer niedrigeren Proteinzufuhr mit einer **stärkeren Sättigung** [153, 154] und dadurch mit einer größeren **Gewichtsreduktion** in Verbindung gebracht. Dieser Zusammenhang wurde in drei Meta-Analysen sowie zwei systematischen Reviews von randomisierten kontrollierten Interventionsstudien untersucht. In den zugrunde liegenden Studien wurde der höhere Proteinanteil in der Ernährung durch einen niedrigeren Kohlenhydrat- bzw. Fettanteil erreicht. Die Ergebnisse zeigen, dass in Kurzzeitinterventionen (3 bis 6 Monate) eine höhere im Vergleich zu einer niedrigeren Proteinzufuhr zu einer größeren Gewichtsreduktion zu führen scheint; mit zunehmender Studiendauer wird der Effekt kleiner oder verschwindet ganz [153, 155–158].

Eine Meta-Analyse und drei systematische Reviews von prospektiven Kohortenstudien, randomisierten kontrollierten Interventionsstudien und Meta-Analysen zeigen einen schwach positiven Effekt der Proteinzufuhr auf die **Knochenmineraldichte** sowie den **Knochenmineralgehalt**. Ein Zusammenhang zwischen der Proteinzufuhr und dem Frakturrisiko ist laut diesen Arbeiten nicht belegt [48, 49, 58, 159].

Ein systematischer Review von zwei Interventionsstudien zum **Insulinstoffwechsel** kam zu dem Ergebnis, dass die vorhandene Literatur nicht ausreicht, um einen Zusammenhang zwischen den Milchprotein-Fraktionen und dem Glucose-Insulin-Stoffwechsel im Säuglings- und Kindesalter zu erkennen [58]. Die Ergebnisse eines weiteren systematischen Reviews von 15 Interventionsstudien, Kohortenstudien, Querschnittsstudien und Fall-Kontroll-Studien zum Zusammenhang zwischen der Proteinzufuhr und der **Insulinsensitivität** bei Kindern und Jugendlichen bis 18 Jahre waren inkonsistent [160].

Die Ergebnisse eines systematischen Reviews von vier

prospektiven Kohortenstudien an gesunden Erwachsenen deuten auf einen positiven Zusammenhang zwischen der Proteinzufuhr und dem Risiko für **Diabetes mellitus Typ 2** hin [48]. Auch neuere Ergebnisse der *European Prospective Investigation into Cancer and Nutrition* (EPIC-) Studie zeigen eine höhere Inzidenz von Diabetes mellitus Typ 2 von 6 % je 10 g höherer Gesamtproteinzufuhr und von 5 % je 10 g höherer Zufuhr von tierischen Proteinen [161]. Ergebnissen einer Meta-Analyse von prospektiven Studien [162] sowie Ergebnissen der *Nurses Health Study I* und *II* und der *Health Professionals Follow-Up Study* [163] zufolge scheint der Effekt der Proteinzufuhr auf Diabetes mellitus Typ 2 davon abhängig zu sein, ob die Proteine aus pflanzlichen oder aus tierischen Proteinen stammen. Die Daten weisen auf ein gesteigertes Risiko für Diabetes mellitus Typ 2 bei einer hohen Zufuhr von Gesamt- und tierischem Protein, nicht aber bei einer erhöhten Zufuhr von pflanzlichem Protein hin [162, 163].

In zwei Meta-Analysen von randomisierten, kontrollierten Interventionsstudien, prospektiven Kohortenstudien und Querschnittsstudien mit Probanden mit optimalem oder suboptimalem[13] Blutdruck bzw. mit **Bluthochdruck** wurde der Zusammenhang zwischen der Proteinzufuhr und dem Blutdruck untersucht. Die Ergebnisse zeigen, unabhängig vom initialen Blutdruck, dass eine Erhöhung der Proteinzufuhr bei gleichzeitiger Senkung der Kohlenhydratzufuhr, günstige Effekte auf den Blutdruck haben könnte [164, 165]. In vier systematischen Reviews von Kohorten- und Interventionsstudien sowie Meta-Analysen von randomisierten, kontrollierten Interventionsstudien, prospektiven Kohortenstudien und Querschnittsstudien [48, 58, 160, 166] waren die Ergebnisse inkonsistent. Teilweise gab es Hinweise auf einen inversen Zusammenhang zwischen dem Blutdruck und der Proteinzufuhr, insbesondere bei der Zufuhr von pflanzlichen Proteinen [48, 58, 160, 166].

Bisherige Meta-Analysen, gepoolte Analysen sowie systematische Übersichtsarbeiten von prospektiven Kohorten- und Fall-Kontroll-Studien konnten keinen Zusammenhang zwischen der Proteinzufuhr und dem **Krebs**risiko (v. a. Brustkrebs, Dickdarmkrebs, Nierenzellkarzinom) aufzeigen [48, 167, 168].

Bei der Bewertung der präventiven Aspekte von pflanzlichen und tierischen Proteinen kann nicht ausgeschlossen werden, dass die erzielten Effekte nicht auf die Proteine per se, sondern auf die begleitenden Nahrungsinhaltsstoffe zurückzuführen sind. Lebensmittel, die reich an pflanzlichen Proteinen sind, enthalten häufig auch Ballaststoffe und weisen ein günstiges Fettsäurenprofil auf.

## Literatur


[1] Matthews DE: Proteins and amino acids. In: Ross AC, Caballero B, Cousins RJ et al. (Hrsg.): Modern nutrition in health and disease. Lippincott Williams & Wilkins, Philadelphia, 11. Auflage (2014) 3–35
[2] Wu G: Amino acids: metabolism, functions, and nutrition. Amino acids 37 (2009) 1–17
[3] Bischoff R, Schlüter H: Amino acids: chemistry, functionality and selected non-enzymatic post-translational modifications. J Proteomics 75 (2012) 2275–2296
[4] Souci SW, Fachmann W, Kraut H (Hrsg.): Food composition and nutrition tables. Wissenschaftliche Verlagsgesellschaft, Stuttgart, 8., revidierte und ergänzte Auflage (2016)
[5] Tome D: Criteria and markers for protein quality assessment – a review. Br J Nutr 108, Suppl 2 (2012) S222–S229
[6] Wang Z, Shen W, Kotler DP et al.: Total body protein: a new cellular level mass and distribution prediction model. Am J Clin Nutr 78 (2003) 979–984
[7] Cohn SH, Vartsky D, Yasumura S et al.: Compartmental body composition based on total-body nitrogen, potassium, and calcium. Am J Physiol 239 (1980) E524–E530
[8] Laidlaw SA, Kopple JD: Newer concepts of the indispensable amino acids. Am J Clin Nutr 46 (1987) 593–605
[9] Reeds PJ: Dispensable and indispensable amino acids for humans. J Nutr 130 (2000) 1835–1840
[10] Snyderman SE, Boyer A, Roitman E et al.: The histidine requirement of the infant. Pediatrics 31 (1963) 786–801
[11] WHO (World Health Organization): Protein and amino acid requirements in human nutrition. Genf (2007)
[12] Fürst P, Stehle P: What are the essential elements needed for the determination of amino acid requirements in humans? J Nutr 134 (2004) 1558–1565
[13] Boye J, Wijesinha-Bettoni R, Burlingame B: Protein quality evaluation twenty years after the introduction of the protein digestibility corrected amino acid score method. Br J Nutr 108, Suppl 2 (2012) S183–S211
[14] Erickson RH, Kim YS: Digestion and absorption of dietary protein. Annu Rev Med 41 (1990) 133–139
[15] IOM (Institute of Medicine) (Hrsg.): Dietary reference intakes for energy, carbohydrate, fiber, fat, fatty acids, cholesterol, protein and amino acids. National Academies Press, Washington, DC (2005)
[16] EFSA (European Food Safety Authority): Scientific opinion on dietary reference values for protein. EFSA Journal 10 (2012) 2557
[17] Fuller M: Determination of protein and amino acid digestibility in foods including implications of gut microbial amino acid synthesis. Br J Nutr 108, Suppl 2 (2012) S238–S246
[18] Miner-Williams W, Deglaire A, Benamouzig R et al.: Endogenous proteins in terminal ileal digesta of adult subjects fed a casein-based diet. Am J Clin Nutr 96 (2012) 508–515


[13] definiert als systolischer Blutdruck > 115 mm Hg [164] bzw. als systolischer Blutdruck 120–139 mm Hg [165]

[19] Farup J, Rahbek SK, Storm AC et al.: Effect of degree of hydrolysis of whey protein on in vivo plasma amino acid appearance in humans. Springerplus 5 (2016) 382

[20] Bilsborough S, Mann N: A review of issues of dietary protein intake in humans. Int J Sport Nutr Exerc Metab 16 (2006) 129–152

[21] Bauer J, Biolo G, Cederholm T et al.: Evidence-based recommendations for optimal dietary protein intake in older people: a position paper from the PROT-AGE Study Group. J Am Med Dir Assoc 14 (2013) 542–559

[22] Komar B, Schwingshackl L, Hoffmann G: Effects of leucine-rich protein supplements on anthropometric parameter and muscle strength in the elderly: a systematic review and meta-analysis. J Nutr Health Aging 19 (2015) 437–446

[23] Tomé D, Bos C: Dietary protein and nitrogen utilization. J Nutr 130 (2000) 1868–1873

[24] Waterlow JC: Whole-body protein turnover in humans – past, present, and future. Annu Rev Nutr 15 (1995) 57–92

[25] Liu Z, Barrett EJ: Human protein metabolism: its measurement and regulation. Am J Physiol Endocrinol Metab 283 (2002) E1105–E1112

[26] Lexikon der Ernährung. N bis Z. Spektrum Akademischer Verlag, Heidelberg (2002)

[27] Schutz Y: Protein turnover, ureagenesis and gluconeogenesis. Int J Vitam Nutr Res 81 (2011) 101–107

[28] Richtlinie 2008/100/EG der Kommission vom 28. Oktober 2008 zur Änderung der Richtlinie 90/496/EWG des Rates über die Nährwertkennzeichnung von Lebensmitteln hinsichtlich der empfohlenen Tagesdosen, der Umrechungsfaktoren für den Energiewert und der Definitionen. Amtsblatt der Europäischen Union (2008) 9–12

[29] Hunter GR: Physical activity, fitness, and health. In: Ross AC, Caballero B, Cousins RJ et al. (Hrsg.): Modern nutrition in health and disease. Lippincott Williams & Wilkins, Philadelphia, 11. Auflage (2014) 1540–1548

[30] Rand WM, Pellett PL, Young VR: Meta-analysis of nitrogen balance studies for estimating protein requirements in healthy adults. Am J Clin Nutr 77 (2003) 109–127

[31] Pencharz PB: Protein and amino acids. In: Erdman JW, MacDonald IA, Zeisel SH (Hrsg.): Present knowledge in nutrition. Wiley-Blackwell, Oxford, 10. Auflage (2012) 69–82

[32] Daly JM, Reynolds J, Sigal RK et al.: Effect of dietary protein and amino acids on immune function. Crit Care Med 18, Suppl 2 (1990) S86–S93

[33] Ripps H, Shen W: Review: Taurine: a "very essential" amino acid. Mol Vis 18 (2012) 2673–2686

[34] Trumbo PR: Pantothenic acid. In: Ross AC, Caballero B, Cousins RJ et al. (Hrsg.): Modern nutrition in health and disease. Lippincott Williams & Wilkins, Philadelphia, 11. Auflage (2014) 351–357

[35] Jensen GL, Bistrian B, Roubenoff R et al.: Malnutrition syndromes: a conundrum vs continuum. JPEN J Parenter Enteral Nutr 33 (2009) 710–716

[36] Young VR, Marchini JS, Cortiella J: Assessment of protein nutritional status. J Nutr 120 (1990) 1496–1502

[37] Omran ML, Morley JE: Assessment of protein energy malnutrition in older persons, Part II: laboratory evaluation. Nutrition 16 (2000) 131–140

[38] Bresnahan KA, Tanumihardjo SA: Undernutrition, the acute phase response to infection, and its effects on micronutrient status indicators. Adv Nutr 5 (2014) 702–711

[39] Castaneda C, Charnley JM, Evans WJ et al.: Elderly women accommodate to a low-protein diet with losses of body cell mass, muscle function, and immune response. Am J Clin Nutr 62 (1995) 30–39

[40] Ramirez-Zea M, Caballero B: Protein-energy malnutrition. In: Ross AC, Caballero B, Cousins RJ et al. (Hrsg.): Modern nutrition in health and disease. Lippincott Williams & Wilkins, Philadelphia, 11. Auflage (2014) 894–905

[41] Bauer JM, Sieber CC: Sarcopenia and frailty: a clinician's controversial point of view. Exp Gerontol 43 (2008) 674–678

[42] Scrimshaw NS, Viteri FE: INCAP studies of kwashiorkor and marasmus. Food Nutr Bull 31 (2010) 34–41

[43] Hoffer LJ: Metabolic consequences of starvation. In: Ross AC, Caballero B, Cousins RJ et al. (Hrsg.): Modern nutrition in health and disease. Lippincott Williams & Wilkins, Philadelphia, 11. Auflage (2014) 660–677

[44] Castiglia PT: Protein-energy malnutrition (kwashiorkor and marasmus). J Pediatr Health Care 10 (1996) 28–30

[45] Alam M, Grossman ME, Longley BJ et al.: Kwashiorkor in patients with AIDS. Cutis 67 (2001) 321

[46] Ghorbel HH, Broussard J-F, Lacour J-P et al.: Iatrogenic kwashiorkor developing after bypass surgery. Clin Exp Dermatol 39 (2014) 113–114

[47] Lemon PW: Is increased dietary protein necessary or beneficial for individuals with a physically active lifestyle? Nutr Rev 54 (1996) S169–S175

[48] Pedersen AN, Kondrup J, Børsheim E: Health effects of protein intake in healthy adults: a systematic literature review. Food Nutr Res 57 (2013)

[49] Pedersen AN, Cederholm T: Health effects of protein intake in healthy elderly populations: a systematic literature review. Food Nutr Res 58 (2014)

[50] Knight EL, Stampfer MJ, Hankinson SE et al.: The impact of protein intake on renal function decline in women with normal renal function or mild renal insufficiency. Ann Intern Med 138 (2003) 460–467

[51] Fouque D, Laville M: Low protein diets for chronic kidney disease in non diabetic adults. Cochrane Database Syst Rev (2009) CD001892

[52] Escribano J, Luque V, Ferre N et al.: Increased protein intake augments kidney volume and function in healthy infants. Kidney Int 79 (2011) 783–790

[53] Michaelsen KF, Greer FR: Protein needs early in life and long-term health. Am J Clin Nutr 99 (2014) 718–722

[54] Voortman T, Bakker H, Sedaghat S et al.: Protein intake in infancy and kidney size and function at the age of 6 years: The Generation R Study. Pediatr Nephrol 30 (2015) 1825–1833

[55] Maslova E, Rytter D, Bech BH et al.: Maternal protein intake during pregnancy and offspring overweight 20 y later. Am J Clin Nutr 100 (2014) 1139–1148

[56] Cucó G, Arija V, Iranzo R et al.: Association of maternal protein intake before conception and throughout pregnancy with birth weight. Acta Obstet Gynecol Scand 85 (2006) 413–421

[57] Escribano J, Luque V, Ferre N et al.: Effect of protein intake and weight gain velocity on body fat mass at 6 months of age: The EU Childhood Obesity Programme. Int J Obes (Lond) 36 (2012) 548–553

[58] Hörnell A, Lagström H, Lande B et al.: Protein intake from 0 to 18 years of age and its relation to health: a systematic literature review for the 5th Nordic Nutrition Recommendations. Food Nutr Res 57 (2013)

[59] Koletzko B, von Kries R, Monasterolo RC et al.: Infant feeding and later obesity risk. Adv Exp Med Biol 646 (2009) 15–29

[60] Weber M, Grote V, Closa-Monasterolo R et al.: Lower protein content in infant formula reduces BMI and obesity risk at school age: follow-up of a randomized trial. Am J Clin Nutr 99 (2014) 1041–1051

[61] Pimpin L, Jebb S, Johnson L et al.: Dietary protein intake is associated with body mass index and weight up to 5 y of age in a prospective cohort of twins. Am J Clin Nutr 103 (2016) 389–397

[62] Günther, ALB, Karaolis-Danckert N, Kroke A et al.: Dietary protein intake throughout childhood is associated with the timing of puberty. J Nutr 140 (2010) 565–571

[63] Wiltafsky MK, Pfaffl MW, Roth FX: The effects of branched-chain amino acid interactions on growth performance, blood metabolites, enzyme kinetics and transcriptomics in weaned pigs. Br J Nutr 103 (2010) 964–976

[64] Wessels AG, Kluge H, Hirche F et al.: High leucine diets stimulate cerebral branched-chain amino acid degradation and modify serotonin and ketone body concentrations in a pig model. PLoS One 11 (2016) e0150376

[65] Scaini G, Comim CM, Oliveira GMT et al.: Chronic administration of branched-chain amino acids impairs spatial memory and increases brain-derived neurotrophic factor in a rat model. J Inherit Metab Dis 36 (2013) 721–730

[66] Heseker H: Tägliche Energie- und Nährstoffzufuhr bei Säuglingen in VELS. Persönliche Mitteilung vom 28.01.2013, Paderborn (2013)

[67] Heseker H, Mensink GB: Lebensmittelverzehr und Nährstoffzufuhr im Kindes- und Jugendalter. Ergebnisse aus den beiden bundesweit durchgeführten Ernährungsstudien VELS und EsKiMo. In: Deutsche Gesellschaft für Ernährung (Hrsg.): Ernährungsbericht 2008. Bonn (2008) 49–93

[68] Mensink GB, Richter A, Stahl A: Bestandsaufnahme: Nährstoffversorgung und Lebensmittelverzehr von Kindern und Jugendlichen in Deutschland. In: Kersting M (Hrsg.): Kinderernährung aktuell. Schwerpunkte für Gesundheitsförderung und Prävention. Umschau Verlag, Sulzbach/Ts (2009) 40–46

[69] Elmadfa I (Hrsg.): Österreichischer Ernährungsbericht 2012. Wien (2012)

[70] Aeberli I, Kaspar M, Zimmermann MB: Dietary intake and physical activity of normal weight and overweight 6 to 14 year old Swiss children. Swiss Med Wkly 137 (2007) 424–430

[71] Decarli B, Cavadini C, Michaud P-A: Habitudes alimentaires et ingestats de nutriments d'un groupe d'adolescents vaudois de 9 à 19 ans. In: Bundesamt für Gesundheit (Hrsg.): Fünfter Schweizerischer Ernährungsbericht 2005. Bern (2005) 133–150

[72] Krems C, Walter C, Heuer T et al.: Lebensmittelverzehr und Nährstoffzufuhr - Ergebnisse der Nationalen Verzehrsstudie II. In: Deutsche Gesellschaft für Ernährung (Hrsg.): 12. Ernährungsbericht 2012. Bonn (2012) 40–85

[73] Morin P, Herrmann F, Ammann P et al.: A rapid self-administered food frequency questionnaire for the evaluation of dietary protein intake. Clin Nutr 24 (2005) 768–774

[74] Dumartheray EW, Krieg M-A, Cornuz J et al.: Energy and nutrient intake of Swiss women aged 75–87 years. J Hum Nutr Diet 19 (2006) 431–435

[75] Verordnung (EG) Nr. 1924/2006: Verordnung (EG) Nr. 1924/2006 des Europäischen Parlaments und des Rates vom 20. Dezember 2006 über nährwert- und gesundheitsbezogene Angaben über Lebensmittel. Amtsblatt der Europäischen Union (2006) 9–25

[76] Deutsche Gesellschaft für Ernährung: DGExpert, Version 1.8.7.1 (BLS 3.02), Bonn (2014)

[77] Millward DJ: Identifying recommended dietary allowances for protein and amino acids: a critique of the 2007 WHO/FAO/UNU report. Br J Nutr 108, Suppl 2 (2012) S3-S21

[78] Millward DJ: An adaptive metabolic demand model for protein and amino acid requirements. Br J Nutr 90 (2003) 249–260

[79] Elango R, Ball RO, Pencharz PB: Recent advances in determining protein and amino acid requirements in humans. Br J Nutr 108, Suppl 2 (2012) S22–S30

[80] Humayun MA, Elango R, Ball RO et al.: Reevaluation of the protein requirement in young men with the indicator amino acid oxidation technique. Am J Clin Nutr 86 (2007) 995–1002

[81] Li M, Wang ZL, Gou LY et al.: Evaluation of the protein requirement in Chinese young adults using the indicator amino acid oxidation technique. Biomed Environ Sci 26 (2013) 655–662

[82] Elango R, Humayun MA, Ball RO et al.: Protein requirement of healthy school-age children determined by the indicator amino acid oxidation method. Am J Clin Nutr 94 (2011) 1545–1552

[83] Tian Y, Liu J, Zhang Y et al.: Examination of Chinese habitual dietary protein requirements of Chinese young female adults by indicator amino acid method. Asia Pac J Clin Nutr 20 (2011) 390–396

[84] Tang M, McCabe GP, Elango R et al.: Assessment of protein requirement in octogenarian women with use of the indicator amino acid oxidation technique. Am J Clin Nutr 99 (2014) 891–898

[85] Rafii M, Chapman K, Owens J et al.: Dietary protein requirement of female adults 65 years determined by the indicator amino acid oxidation technique is higher than current recommendations. J Nutr 145 (2015) 18–24

[86] Stephens TV, Payne M, Ball RO et al.: Protein requirements of healthy pregnant women during early and late gestation are higher than current recommendations. J Nutr 145 (2015) 73–78

[87] Hoffer LJ: Protein requirement of school-age children. Am J Clin Nutr 95 (2012) 777

[88] Marini JC: Protein requirements: are we ready for new recommendations? J Nutr 145 (2015) 5–6

[89] Millward DJ, Jackson AA: Protein requirements and the indicator amino acid oxidation method. Am J Clin Nutr 95 (2012) 1498-1501

[90] Zhang Z, Adelman AS, Rai D et al.: Amino acid profiles in term and preterm human milk through lactation: a systematic review. Nutrients 5 (2013) 4800–4821

[91] Butte NF, Hopkinson JM, Wong WW et al.: Body composition during the first 2 years of life: an updated reference. Pediatr Res 47 (2000) 578–585

[92] Ellis KJ, Shypailo RJ, Abrams SA et al.: The reference child and adolescent models of body composition. A contemporary comparison. Ann N Y Acad Sci 904 (2000) 374–382

[93] FAO (Food and Agriculture Organization) (Hrsg.): Dietary protein quality evaluation in human nutrition. Rom (2013)

[94] Pillai RR, Kurpad AV: Amino acid requirements in children and the elderly population. Br J Nutr 108, Suppl 2 (2012) S44–S49

[95] Butte NF, Lopez-Alarcon MG, Garza C: Nutrient adequacy of exclusive breastfeeding for the term infant during the first six months of life. (2002) www.who.int/nutrition/publications/infantfeeding/nut_adequacy_of_exc_bfeeding_eng.pdf (eingesehen am 25.06.2013)

[96] Bührer C, Genzel-Boroviczény O, Jochum F et al.: Ernährung gesunder Säuglinge. Monatsschr Kinderheilkd 162 (2014) 527–538

[97] Carratù B, Boniglia C, Scalisea F et al.: Nitrogenous components of human milk: non-protein nitrogen, true protein and free amino acids. Food Chem 81 (2003) 357–362

[98] Ferreira IMP: Quantification of non-protein nitrogen components of infant formulae and follow-up milks: comparison with cows' and human milk. Br J Nutr 90 (2003) 127–133

[99] Butte NF, Garza C, Johnson CA et al.: Longitudinal changes in milk composition of mothers delivering preterm and term infants. Early Hum Dev 9 (1984) 153–162

[100] Butte NF, Garza C, Smith EO et al.: Human milk intake and growth in exclusively breast-fed infants. J Pediatr 104 (1984) 187–195

[101] Donovan SM, Lönnerdal B: Isolation of the nonprotein nitrogen fraction from human milk by gel-filtration chromatography and its separation by fast protein liquid chromatography. Am J Clin Nutr 50 (1989) 53–57

[102] Donovan SM, Lönnerdal B: Non-protein nitrogen and true protein in infant formulas. Acta Paediatr Scand 78 (1989) 497–504

[103] Ross SA, Clark RM: Nitrogen distribution in human milk from 2 to 16 weeks postpartum. J Dairy Sci 68 (1985) 3199–3201

[104] Gidrewicz DA, Fenton TR: A systematic review and meta-analysis of the nutrient content of preterm and term breast milk. BMC Pediatr 14 (2014) 216

[105] Harzer G, Franzke V, Bindels JG: Human milk nonprotein nitrogen components: changing patterns of free amino acids and urea in the course of early lactation. Am J Clin Nutr 40 (1984) 303–309

[106] Wu ZC, Chijang CC, Lau BH et al.: Crude protein content and amino acid composition in Taiwanese human milk. J Nutr Sci Vitaminol 46 (2000) 246–251

[107] Dewey KG, Beaton G, Fjeld C et al.: Protein requirements of infants and children. Eur J Clin Nutr 50, Suppl 1 (1996) S119–S147

[108] Neville MC, Keller R, Seacat J et al.: Studies in human lactation: milk volumes in lactating women during the onset of lactation and full lactation. Am J Clin Nutr 48 (1988) 1375–1386

[109] Li M, Sun F, Piao JH et al.: Protein requirements in healthy adults: a meta-analysis of nitrogen balance studies. Biomed Environ Sci 27 (2014) 606–613

[110] Campbell WW, Johnson CA, McCabe GP et al.: Dietary protein requirements of younger and older adults. Am J Clin Nutr 88 (2008) 1322–1329

[111] Markofski MM, Volpi E: Protein metabolism in women and men: similarities and disparities. Curr Opin Clin Nutr Metab Care 14 (2011) 93–97

[112] Campbell WW, Trappe TA, Wolfe RR et al.: The recommended dietary allowance for protein may not be adequate for older people to maintain skeletal muscle. J Gerontol A Biol Sci Med Sci 56 (2001) 80

[113] Gersovitz M, Motil K, Munro HN et al.: Human protein requirements: assessment of the adequacy of the current Recommended Dietary Allowance for dietary protein in elderly men and women. Am J Clin Nutr 35 (1982) 6–14

[114] Henderson GC, Dhatariya K, Ford GC et al.: Higher muscle protein synthesis in women than men across the lifespan, and failure of androgen administration to amend age-related decrements. FASEB J 23 (2009) 631–641

[115] Guillet C, Prod'homme M, Balage M et al.: Impaired anabolic response of muscle protein synthesis is associated with S6K1 dysregulation in elderly humans. FASEB J 18 (2004) 1586–1587

[116] Short KR, Vittone JL, Bigelow ML et al.: Age and aerobic exercise training effects on whole body and muscle protein metabolism. Am J Physiol Endocrinol Metab 286 (2004) E92–E101

[117] Moore DR, Churchward-Venne TA, Witard O et al.: Protein ingestion to stimulate myofibrillar protein synthesis requires greater relative protein intakes in healthy older versus younger men. J Gerontol A Biol Sci Med Sci 70 (2015) 57–62

[118] Katsanos CS, Kobayashi H, Sheffield-Moore M et al.: Aging is associated with diminished accretion of muscle proteins after the ingestion of a small bolus of essential amino acids. Am J Clin Nutr 82 (2005) 1065–1073

[119] Shad BJ, Thompson JL, Breen L: Does the muscle protein synthetic response to exercise and amino acid-based nutrition diminish with advancing age? A systematic review. Am J Physiol Endocrinol Metab 311 (2016) E803–E817

[120] Witard OC, Wardle SL, Macnaughton LS et al.: Protein considerations for optimising skeletal muscle mass in healthy young and older adults. Nutrients 8 (2016) 181

[121] Landi F, Calvani R, Tosato M et al.: Protein intake and muscle health in old age: from biological plausibility to clinical evidence. Nutrients 8 (2016) 295

[122] Moore DR: Keeping older muscle "young" through dietary protein and physical activity. Adv Nutr 5 (2014) 599S–607S

[123] Burd NA, Gorissen SH, van Loon LJC: Anabolic resistance of muscle protein synthesis with aging. Exerc Sport Sci Rev 41 (2013) 169–173

[124] Deutz NE, Bauer JM, Barazzoni R et al.: Protein intake and exercise for optimal muscle function with aging: recommendations from the ESPEN Expert Group. Clin Nutr 33 (2014) 929–936

[125] Layman DK, Anthony TG, Rasmussen BB et al.: Defining meal requirements for protein to optimize metabolic roles of amino acids. Am J Clin Nutr 101, Suppl (2015) 1330S–1338S

[126] Paddon-Jones D, Short KR, Campbell WW et al.: Role of dietary protein in the sarcopenia of aging. Am J Clin Nutr 87 (2008) 1562–1566

[127] Isanejad M, Mursu J, Sirola J et al.: Dietary protein intake is associated with better physical function and muscle strength among elderly women. Br J Nutr 115 (2016) 1281–1291

[128] McLean RR, Mangano KM, Hannan MT et al.: Dietary protein intake is protective against loss of grip strength among older adults in the Framingham Offspring Cohort. J Gerontol A Biol Sci Med Sci 71 (2016) 356–361

[129] Beasley JM, Wertheim BC, LaCroix AZ et al.: Biomarker-calibrated protein intake and physical function in the Women's Health Initiative. J Am Geriatr Soc 61 (2013) 1863–1871

[130] Lemieux FC, Filion M-E, Barbat-Artigas S et al.: Relationship between different protein intake recommendations with muscle mass and muscle strength. Climacteric 17 (2014) 294–300

[131] Isanejad M, Mursu J, Sirola J et al.: Association of protein intake with the change of lean mass among elderly women: The Osteoporosis Risk Factor and Prevention – Fracture Prevention Study (OSTPRE-FPS). J Nutr Sci 4 (2015) e41

[132] Meng X, Zhu K, Devine A et al.: A 5-year cohort study of the effects of high protein intake on lean mass and BMC in elderly postmenopausal women. J Bone Miner Res 24 (2009) 1827–1834

[133] Farsijani S, Morais JA, Payette H et al.: Relation between mealtime distribution of protein intake and lean mass loss in free-living older adults of the NuAge study. Am J Clin Nutr 104 (2016) 694–703

[134] Houston DK, Nicklas BJ, Ding J et al.: Dietary protein intake is associated with lean mass change in older, community-dwelling adults: the Health, Aging, and Body Composition (Health ABC) Study. Am J Clin Nutr 87 (2008) 150–155

[135] Sandoval-Insausti H, Perez-Tasigchana RF, Lopez-Garcia E et al.: Macronutrients intake and incident frailty in older adults: a prospective cohort study. J Gerontol A Biol Sci Med Sci 71 (2016) 1329–1334

[136] Beasley JM, LaCroix AZ, Neuhouser ML et al.: Protein intake and incident frailty in the Women's Health Initiative Observational Study. J Am Geriatr Soc 58 (2010) 1063–1071

[137] Rizzoli R, Stevenson JC, Bauer JM et al.: The role of dietary protein and vitamin D in maintaining musculoskeletal health in postmenopausal women: a consensus statement from the European Society for Clinical and Economic Aspects of Osteoporosis and Osteoarthritis (ESCEO). Maturitas 79 (2014) 122–132
[138] FAO (Food and Agriculture Organization), WHO (World Health Organization), UNU (Unites Nations University) (Hrsg.): Human energy requirements. Report of a joint FAO/WHO/UNU expert consultation. Rom (2004)
[139] WHO (World Health Organization): Maternal anthropometry and pregnancy outcomes. Bull World Health Organ 73, Suppl (1995)
[140] Butte NF, King JC: Energy requirements during pregnancy and lactation. Public Health Nutr 8 (2005) 1010–1027
[141] MRI (Max Rubner-Institut, Bundesforschungsinstitut für Ernährung und Lebensmittel) (Hrsg.): Nationale Verzehrsstudie II. Ergebnisbericht, Teil 2. Die bundesweite Befragung zur Ernährung von Jugendlichen und Erwachsenen. Karlsruhe (2008) www.was-esse-ich.de/uploads/media/NVSII_Abschlussbericht_Teil_2.pdf (eingesehen am 01.08.2017)
[142] Sarwar Gilani G, Wu Xiao C, Cockell KA: Impact of antinutritional factors in food proteins on the digestibility of protein and the bioavailability of amino acids and on protein quality. Br J Nutr 108, Suppl 2 (2012) S315–S332
[143] Friedman M: Chemistry, nutrition, and microbiology of D-amino acids. J Agric Food Chem 47 (1999) 3457–3479
[144] Friedman M, Levin CE: Nutritional and medicinal aspects of D-amino acids. Amino acids 42 (2012) 1553–1582
[145] Somoza V, Wenzel E, Weiss C et al.: Dose-dependent utilisation of casein-linked lysinoalanine, N(epsilon)-fructoselysine and N(epsilon)-carboxymethyllysine in rats. Mol Nutr Food Res 50 (2006) 833–841
[146] Erbersdobler HF, Somoza V: Forty years of furosine – forty years of using Maillard reaction products as indicators of the nutritional quality of foods. Mol Nutr Food Res 51 (2007) 423–430
[147] Deutsche Gesellschaft für Ernährung: Stellungnahme des DGE-Arbeitskreises „Sport und Ernährung": Proteine und Kohlenhydrate im Breitensport. DGEinfo (5/2001) 67–69
[148] Lamont LS: A critical review of recommendations to increase dietary protein requirements in the habitually active. Nutr Res Rev 25 (2012) 142–149
[149] EFSA (European Food Safety Authority): Scientific and technical assistance on food intended for sportspeople. EFSA Supporting publication EN-871 (2015)
[150] Lönnerdal B: Infant formula and infant nutrition: bioactive proteins of human milk and implications for composition of infant formulas. Am J Clin Nutr 99 (2014) 712–717
[151] Verordnung (EU) Nr. 609/2013 des Europäischen Parlaments und des Rates vom 12. Juni 2013 über Lebensmittel für Säuglinge und Kleinkinder, Lebensmittel für besondere medizinische Zwecke und Tagesrationen für gewichtskontrollierende Ernährung und zur Aufhebung der Richtlinie 92/52/EWG des Rates, der Richtlinien 96/8/EG, 1999/21/EG, 2006/125/EG und 2006/141/EG der Kommission, der Richtlinie 2009/39/EG des Europäischen Parlaments und des Rates sowie der Verordnungen (EG) Nr. 41/2009 und (EG) Nr. 953/2009 des Rates und der Kommission. Amtsblatt der Europäischen Union (2013) 35–56
[152] Delegierte Verordnung (EU) 2016/127 der Kommission vom 25. September 2015 zur Ergänzung der Verordnung (EU) Nr. 609/2013 des Europäischen Parlaments und des Rates im Hinblick auf die besonderen Zusammensetzungs- und Informationsanforderungen für Säuglingsanfangsnahrung und Folgenahrung und hinsichtlich der Informationen, die bezüglich der Ernährung von Säuglingen und Kleinkindern bereitzustellen sind. Amtsblatt der Europäischen Union (2016) 1–29
[153] Halton TL, Hu FB: The effects of high protein diets on thermogenesis, satiety and weight loss: a critical review. J Am Coll Nutr 23 (2004) 373–385
[154] Yang D, Liu Z, Yang H et al.: Acute effects of high-protein versus normal-protein isocaloric meals on satiety and ghrelin. Eur J Nutr 53 (2014) 493–500
[155] Lepe M, Bacardí Gascón M, Jiménez Cruz A: Long-term efficacy of high-protein diets: a systematic review. Nutr Hosp 26 (2011) 1256–1259
[156] Santesso N, Akl EA, Bianchi M et al.: Effects of higher- versus lower-protein diets on health outcomes: a systematic review and meta-analysis. Eur J Clin Nutr 66 (2012) 780–788
[157] Clifton PM, Condo D, Keogh JB: Long term weight maintenance after advice to consume low carbohydrate, higher protein diets – a systematic review and meta analysis. Nutr Metab Cardiovasc Dis 24 (2014) 224–235
[158] Krieger JW, Sitren HS, Daniels MJ et al.: Effects of variation in protein and carbohydrate intake on body mass and composition during energy restriction: a meta-regression. Am J Clin Nutr 83 (2006) 260–274
[159] Darling AL, Millward DJ, Torgerson DJ et al.: Dietary protein and bone health: a systematic review and meta-analysis. Am J Clin Nutr 90 (2009) 1674–1692
[160] Voortman T, Vitezova A, Bramer WM et al.: Effects of protein intake on blood pressure, insulin sensitivity and blood lipids in children: a systematic review. Br J Nutr 113 (2015) 383–402
[161] van Nielen M, Feskens EJM, Mensink M et al.: Dietary protein intake and incidence of type 2 diabetes in Europe: the EPIC-InterAct case-cohort study. Diabetes Care 37 (2014) 1854–1862
[162] Shang X, Scott D, Hodge AM et al.: Dietary protein intake and risk of type 2 diabetes: results from the Melbourne Collaborative Cohort Study and a meta-analysis of prospective studies. Am J Clin Nutr 104 (2016) 1352–1365
[163] Malik VS, Li Y, Tobias DK et al.: Dietary protein intake and risk of type 2 diabetes in US men and women. Am J Epidemiol 183 (2016) 715–728
[164] Tielemans SMAJ, Altorf-van der Kuil W, Engberink MF et al.: Intake of total protein, plant protein and animal protein in relation to blood pressure: a meta-analysis of observational and intervention studies. J Hum Hypertens 27 (2013) 564–571
[165] Rebholz CM, Friedman EE, Powers LJ et al.: Dietary protein intake and blood pressure: a meta-analysis of randomized controlled trials. Am J Epidemiol 176, Suppl 7 (2012) S27–S43
[166] Altorf-van der Kuil W, Engberink MF, Brink EJ et al.: Dietary protein and blood pressure: a systematic review. PLoS One 5 (2010) e12102
[167] Alexander DD, Cushing CA, Lowe KA et al.: Meta-analysis of animal fat or animal protein intake and colorectal cancer. Am J Clin Nutr 89 (2009) 1402–1409
[168] Lee JE, Spiegelman D, Hunter DJ et al.: Fat, protein, and meat consumption and renal cell cancer risk: a pooled analysis of 13 prospective studies. J Natl Cancer Inst 100 (2008) 1695–1706
[169] WHO (World Health Organization) (Hrsg.): WHO child growth standards – length/height-for-age, weight-for-age, weight-for-length, weight-for-height and body mass index-for-age. Genf (2006)

## Anhang

**Tabelle A1: Berechnung der Schätzwerte für die Zufuhr von unentbehrlichen Aminosäuren für Säuglinge von 0 bis unter 4 Monaten [mg/kg Körpergewicht/Tag]**

| Aminosäure | | Alter [Monate] | Aminosäurengehalt Frauenmilch [mg/100 ml][a] | Trinkmenge [ml/Tag][b] | Aminosäurenzufuhr bezogen auf die Trinkmenge [mg/Tag] | Referenzgewicht [kg][c] | Aminosäurenzufuhr bezogen auf Referenzgewicht [mg/kg Körpergewicht/Tag] | **Schätzwert** für die Aminosäurenzufuhr **[mg/kg Körpergewicht/Tag]** |
|---|---|---|---|---|---|---|---|---|
| Histidin | m | 0 bis unter 1 | 38,7 | 600 | 232 | 3,3 | 70 | **71** |
| | w | | | | | 3,2 | 73 | |
| | m | 1 bis unter 2 | 29,1 | 694 | 202 | 4,5 | 45 | **46** |
| | w | | | | | 4,2 | 48 | |
| | m | 2 bis unter 4 | 26,5 | 723 | 192 | 6,0 | 32 | **33** |
| | w | | | | | 5,5 | 35 | |
| Isoleucin | m | 0 bis unter 1 | 79,5 | 600 | 477 | 3,3 | 145 | **147** |
| | w | | | | | 3,2 | 150 | |
| | m | 1 bis unter 2 | 64,7 | 694 | 449 | 4,5 | 100 | **103** |
| | w | | | | | 4,2 | 107 | |
| | m | 2 bis unter 4 | 54,8 | 723 | 396 | 6,0 | 66 | **69** |
| | w | | | | | 5,5 | 72 | |
| Leucin | m | 0 bis unter 1 | 147,2 | 600 | 883 | 3,3 | 268 | **272** |
| | w | | | | | 3,2 | 276 | |
| | m | 1 bis unter 2 | 118,8 | 694 | 824 | 4,5 | 183 | **190** |
| | w | | | | | 4,2 | 196 | |
| | m | 2 bis unter 4 | 104,6 | 723 | 756 | 6,0 | 126 | **132** |
| | w | | | | | 5,5 | 138 | |
| Lysin | m | 0 bis unter 1 | 99,6 | 600 | 598 | 3,3 | 181 | **184** |
| | w | | | | | 3,2 | 187 | |
| | m | 1 bis unter 2 | 82,2 | 694 | 570 | 4,5 | 127 | **131** |
| | w | | | | | 4,2 | 136 | |
| | m | 2 bis unter 4 | 68,9 | 723 | 498 | 6,0 | 83 | **87** |
| | w | | | | | 5,5 | 91 | |

[a] [90]
[b] [108]
[c] siehe Kapitel „Energie“

## Fortsetzung Tabelle A1

| Aminosäure | | Alter [Monate] | Aminosäurengehalt Frauenmilch [mg/100 ml][a] | Trinkmenge [ml/Tag][b] | Aminosäurenzufuhr bezogen auf die Trinkmenge [mg/Tag] | Referenzgewicht [kg][c] | Aminosäurenzufuhr bezogen auf Referenzgewicht [mg/kg Körpergewicht/Tag] | **Schätzwert** für die Aminosäurenzufuhr **[mg/kg Körpergewicht/Tag]** |
|---|---|---|---|---|---|---|---|---|
| Methionin + Cystein | m | 0 bis unter 1 | 52,3 | 600 | 314 | 3,3 | 95 | **97** |
| | w | | | | | 3,2 | 98 | |
| | m | 1 bis unter 2 | 41,3 | 694 | 287 | 4,5 | 64 | **66** |
| | w | | | | | 4,2 | 68 | |
| | m | 2 bis unter 4 | 40,5 | 723 | 293 | 6,0 | 49 | **51** |
| | w | | | | | 5,5 | 53 | |
| Phenylalanin + Tyrosin | m | 0 bis unter 1 | 128,7 | 600 | 772 | 3,3 | 234 | **238** |
| | w | | | | | 3,2 | 241 | |
| | m | 1 bis unter 2 | 98,8 | 694 | 686 | 4,5 | 152 | **158** |
| | w | | | | | 4,2 | 163 | |
| | m | 2 bis unter 4 | 89,2 | 723 | 645 | 6,0 | 108 | **112** |
| | w | | | | | 5,5 | 117 | |
| Threonin | m | 0 bis unter 1 | 72,3 | 600 | 434 | 3,3 | 132 | **134** |
| | w | | | | | 3,2 | 136 | |
| | m | 1 bis unter 2 | 54,9 | 694 | 381 | 4,5 | 85 | **88** |
| | w | | | | | 4,2 | 91 | |
| | m | 2 bis unter 4 | 47,2 | 723 | 341 | 6,0 | 57 | **59** |
| | w | | | | | 5,5 | 62 | |
| Tryptophan | m | 0 bis unter 1 | 30,7 | 600 | 184 | 3,3 | 56 | **57** |
| | w | | | | | 3,2 | 58 | |
| | m | 1 bis unter 2 | 24,3 | 694 | 169 | 4,5 | 38 | **39** |
| | w | | | | | 4,2 | 40 | |
| | m | 2 bis unter 4 | 20,1 | 723 | 145 | 6,0 | 24 | **25** |
| | w | | | | | 5,5 | 26 | |
| Valin | m | 0 bis unter 1 | 79,1 | 600 | 475 | 3,3 | 144 | **146** |
| | w | | | | | 3,2 | 148 | |
| | m | 1 bis unter 2 | 67,0 | 694 | 465 | 4,5 | 103 | **107** |
| | w | | | | | 4,2 | 111 | |
| | m | 2 bis unter 4 | 58,0 | 723 | 419 | 6,0 | 70 | **73** |
| | w | | | | | 5,5 | 76 | |

[a] [90]
[b] [108]
[c] siehe Kapitel „Energie“

**Tabelle A2: Berechnung des durchschnittlichen Bedarfs an unentbehrlichen Aminosäuren für Säuglinge ab 6 Monaten, Kinder und Jugendliche [mg/kg Körpergewicht/Tag]**

| Aminosäure | Alter [Jahre] | durchschnittlicher Erhaltungsbedarf | | | durchschnittlicher Wachstumsbedarf | | | **durchschnittlicher Bedarf** an Aminosäuren **[mg/kg Körpergewicht/Tag]** |
|---|---|---|---|---|---|---|---|---|
| | | durchschnittlicher Erhaltungsbedarf [g Protein/kg Körpergewicht/Tag][a] | Aminosäurenmuster *Erhaltungsbedarf*[a] [mg/g Protein] | Aminosäurenmuster *Erhaltungsbedarf*[b] [mg/kg Körpergewicht/Tag] | Wachstumsfaktor[a,c] | Aminosäurenmuster *Körpergewebe* [mg/kg Körpergewicht/Tag][a] | Aminosäurenmuster *Wachstumsbedarf* [mg/kg Körpergewicht/Tag][d] | |
| Histidin | 0,5 | 0,66 | 15 | 9,9 | 0,46 | 27 | 12,4 | 22 |
| | 1–2 | 0,66 | 15 | 9,9 | 0,20 | 27 | 5,4 | 15 |
| | 3–10 | 0,66 | 15 | 9,9 | 0,07 | 27 | 1,9 | 12 |
| | 11–14 | 0,66 | 15 | 9,9 | 0,07 | 27 | 1,9 | 12 |
| | 15–18 | 0,66 | 15 | 9,9 | 0,04 | 27 | 1,1 | 11 |
| | >18 | 0,66 | 15 | 9,9 | 0,00 | 27 | 0,0 | 10 |
| Isoleucin | 0,5 | 0,66 | 30 | 19,8 | 0,46 | 35 | 16,1 | 36 |
| | 1–2 | 0,66 | 30 | 19,8 | 0,20 | 35 | 7,0 | 27 |
| | 3–10 | 0,66 | 30 | 19,8 | 0,07 | 35 | 2,5 | 22 |
| | 11–14 | 0,66 | 30 | 19,8 | 0,07 | 35 | 2,5 | 22 |
| | 15–18 | 0,66 | 30 | 19,8 | 0,04 | 35 | 1,4 | 21 |
| | >18 | 0,66 | 30 | 19,8 | 0,00 | 35 | 0,0 | 20 |
| Leucin | 0,5 | 0,66 | 59 | 38,9 | 0,46 | 75 | 34,5 | 73 |
| | 1–2 | 0,66 | 59 | 38,9 | 0,20 | 75 | 15,0 | 54 |
| | 3–10 | 0,66 | 59 | 38,9 | 0,07 | 75 | 5,3 | 44 |
| | 11–14 | 0,66 | 59 | 38,9 | 0,07 | 75 | 5,3 | 44 |
| | 15–18 | 0,66 | 59 | 38,9 | 0,04 | 75 | 3,0 | 42 |
| | >18 | 0,66 | 59 | 38,9 | 0,00 | 75 | 0,0 | 39 |

[a] [11]
[b] Erhaltungsbedarf [g Protein/kg Körpergewicht/Tag] x Aminosäurenmuster Erhaltungsbedarf [mg/g Protein]
[c] Die Wachstumsfaktoren einzeln für jedes Alter sind in den Tabellen IVa+b im Abschnitt Tabellen und Verzeichnisse aufgeführt. Da sich die Einteilungen der Altersgruppen für Kinder und Jugendliche der WHO und der DGE voneinander unterscheiden, ergeben sich unterschiedliche Wachstumsfaktoren für die jeweiligen Altersgruppen.
[d] Wachstumsfaktor x Aminosäurenmuster Körpergewebe [mg/kg Körpergewicht/Tag]

## Fortsetzung Tabelle A2

| Aminosäure | Alter [Jahre] | durchschnittlicher Erhaltungsbedarf | | | durchschnittlicher Wachstumsbedarf | | | **durchschnittlicher Bedarf** an Aminosäuren **[mg/kg Körpergewicht/Tag]** |
|---|---|---|---|---|---|---|---|---|
| | | durchschnittlicher Erhaltungsbedarf [g Protein/kg Körpergewicht/Tag][a] | Aminosäurenmuster *Erhaltungsbedarf*[a] [mg/g Protein] | Aminosäurenmuster *Erhaltungsbedarf*[b] [mg/kg Körpergewicht/Tag] | Wachstumsfaktor[a,c] | Aminosäurenmuster *Körpergewebe* [mg/kg Körpergewicht/Tag][a] | Aminosäurenmuster *Wachstumsbedarf* [mg/kg Körpergewicht/Tag][d] | |
| Lysin | 0,5 | 0,66 | 45 | 29,7 | 0,46 | 73 | 33,6 | 63 |
| | 1–2 | 0,66 | 45 | 29,7 | 0,20 | 73 | 14,6 | 44 |
| | 3–10 | 0,66 | 45 | 29,7 | 0,07 | 73 | 5,1 | 35 |
| | 11–14 | 0,66 | 45 | 29,7 | 0,07 | 73 | 5,1 | 35 |
| | 15–18 | 0,66 | 45 | 29,7 | 0,04 | 73 | 2,9 | 33 |
| | >18 | 0,66 | 45 | 29,7 | 0,00 | 73 | 0,0 | 30 |
| Methionin + Cystein | 0,5 | 0,66 | 22 | 14,5 | 0,46 | 35 | 16,1 | 31 |
| | 1–2 | 0,66 | 22 | 14,5 | 0,20 | 35 | 7,0 | 22 |
| | 3–10 | 0,66 | 22 | 14,5 | 0,07 | 35 | 2,5 | 17 |
| | 11–14 | 0,66 | 22 | 14,5 | 0,07 | 35 | 2,5 | 17 |
| | 15–18 | 0,66 | 22 | 14,5 | 0,04 | 35 | 1,4 | 16 |
| | >18 | 0,66 | 22 | 14,5 | 0,00 | 35 | 0,0 | 15 |
| Phenylalanin + Tyrosin | 0,5 | 0,66 | 38 | 25,1 | 0,46 | 73 | 33,6 | 59 |
| | 1–2 | 0,66 | 38 | 25,1 | 0,20 | 73 | 14,6 | 40 |
| | 3–10 | 0,66 | 38 | 25,1 | 0,07 | 73 | 5,1 | 30 |
| | 11–14 | 0,66 | 38 | 25,1 | 0,07 | 73 | 5,1 | 30 |
| | 15–18 | 0,66 | 38 | 25,1 | 0,04 | 73 | 2,9 | 28 |
| | >18 | 0,66 | 38 | 25,1 | 0,00 | 73 | 0,0 | 25 |

[a] [11]
[b] Erhaltungsbedarf [g Protein/kg Körpergewicht/Tag] x Aminosäurenmuster Erhaltungsbedarf [mg/g Protein]
[c] Die Wachstumsfaktoren einzeln für jedes Alter sind in den Tabellen IVa+b im Abschnitt Tabellen und Verzeichnisse aufgeführt. Da sich die Einteilungen der Altersgruppen für Kinder und Jugendliche der WHO und der DGE voneinander unterscheiden, ergeben sich unterschiedliche Wachstumsfaktoren für die jeweiligen Altersgruppen.
[d] Wachstumsfaktor x Aminosäurenmuster Körpergewebe [mg/kg Körpergewicht/Tag]

## Fortsetzung Tabelle A2

| Aminosäure | Alter [Jahre] | durchschnittlicher Erhaltungsbedarf | | | durchschnittlicher Wachstumsbedarf | | | **durchschnittlicher Bedarf** an Aminosäuren **[mg/kg Körpergewicht/Tag]** |
|---|---|---|---|---|---|---|---|---|
| | | durchschnittlicher Erhaltungsbedarf [g Protein/kg Körpergewicht/Tag][a] | Aminosäurenmuster *Erhaltungsbedarf*[a] [mg/g Protein] | Aminosäurenmuster *Erhaltungsbedarf*[b] [mg/kg Körpergewicht/Tag] | Wachstumsfaktor[a,c] | Aminosäurenmuster *Körpergewebe* [mg/kg Körpergewicht/Tag][a] | Aminosäurenmuster *Wachstumsbedarf* [mg/kg Körpergewicht/Tag][d] | |
| Threonin | 0,5 | 0,66 | 23 | 15,2 | 0,46 | 42 | 19,3 | 35 |
| | 1–2 | 0,66 | 23 | 15,2 | 0,20 | 42 | 8,4 | 24 |
| | 3–10 | 0,66 | 23 | 15,2 | 0,07 | 42 | 2,9 | 18 |
| | 11–14 | 0,66 | 23 | 15,2 | 0,07 | 42 | 2,9 | 18 |
| | 15–18 | 0,66 | 23 | 15,2 | 0,04 | 42 | 1,7 | 17 |
| | >18 | 0,66 | 23 | 15,2 | 0,00 | 42 | 0,0 | 15 |
| Tryptophan | 0,5 | 0,66 | 6 | 4,0 | 0,46 | 12 | 5,5 | 9,5 |
| | 1–2 | 0,66 | 6 | 4,0 | 0,20 | 12 | 2,4 | 6,4 |
| | 3–10 | 0,66 | 6 | 4,0 | 0,07 | 12 | 0,8 | 4,8 |
| | 11–14 | 0,66 | 6 | 4,0 | 0,07 | 12 | 0,8 | 4,8 |
| | 15–18 | 0,66 | 6 | 4,0 | 0,04 | 12 | 0,5 | 4,4 |
| | >18 | 0,66 | 6 | 4,0 | 0,00 | 12 | 0,0 | 4,0 |
| Valin | 0,5 | 0,66 | 39 | 25,7 | 0,46 | 49 | 22,5 | 48 |
| | 1–2 | 0,66 | 39 | 25,7 | 0,20 | 49 | 9,8 | 36 |
| | 3–10 | 0,66 | 39 | 25,7 | 0,07 | 49 | 3,4 | 29 |
| | 11–14 | 0,66 | 39 | 25,7 | 0,07 | 49 | 3,4 | 29 |
| | 15–18 | 0,66 | 39 | 25,7 | 0,04 | 49 | 2,0 | 28 |
| | >18 | 0,66 | 39 | 25,7 | 0,00 | 49 | 0,0 | 26 |

[a] [11]
[b] Erhaltungsbedarf [g Protein/kg Körpergewicht/Tag] x Aminosäurenmuster Erhaltungsbedarf [mg/g Protein]
[c] Die Wachstumsfaktoren einzeln für jedes Alter sind in den Tabellen IVa+b im Abschnitt Tabellen und Verzeichnisse aufgeführt. Da sich die Einteilungen der Altersgruppen für Kinder und Jugendliche der WHO und der DGE voneinander unterscheiden, ergeben sich unterschiedliche Wachstumsfaktoren für die jeweiligen Altersgruppen.
[d] Wachstumsfaktor x Aminosäurenmuster Körpergewebe [mg/kg Körpergewicht/Tag]

## Tabelle A3: Berechnung der Schätzwerte für die Proteinzufuhr für gestillte Säuglinge von 0 bis unter 4 Monaten [g/Tag]

| Alter [Monate] | Proteingehalt von Frauenmilch[a] [g/100 ml] | Proteingehalt von Frauenmilch ergänzt um den Gehalt an biologisch verfügbarem NPN[c] [g Protein/100 ml] | Trinkmenge[d] [ml/Tag] | Proteinzufuhr bezogen auf die Trinkmenge [g/Tag] | **Schätzwert** für die Proteinzufuhr (gerundet) **[g/Tag]** |
|---|---|---|---|---|---|
| 0 bis unter 1 | 1,17[b] | 1,36 | 600 | 8,2 | **8** |
| 1 bis unter 2 | 1,00 | 1,17 | 694 | 8,1 | **8** |
| 2 bis unter 4 | 1,00 | 1,17 | 723 | 8,4 | **8** |

[a] [104]
[b] Bei der Berechnung des durchschnittlichen Proteingehalts von Frauenmilch im ersten Monat wurde der Proteingehalt in der Kolostral- und Übergangsmilch nicht berücksichtigt.
[c] 12,5 % des Gesamt-Stickstoffgehalts von Frauenmilch
[d] [108]

## Tabelle A4: Berechnung der Schätzwerte für die Proteinzufuhr für gestillte Säuglinge von 0 bis unter 4 Monaten [g/kg Körpergewicht/Tag]

| Alter [Monate] | | Schätzwert für die Proteinzufuhr[a] (gerundet) [g/Tag] | Referenzgewicht[b] [kg] | Proteinzufuhr bezogen auf das Referenzgewicht [g/Tag] | **Schätzwert** für die Proteinzufuhr (gerundet) **[g/kg Körpergewicht/Tag]** |
|---|---|---|---|---|---|
| 0 bis unter 1 | m | 8 | 3,3 | 2,4 | **2,5** |
| | w | 8 | 3,2 | 2,5 | |
| 1 bis unter 2 | m | 8 | 4,5 | 1,8 | **1,8** |
| | w | 8 | 4,2 | 1,9 | |
| 2 bis unter 4 | m | 8 | 6,0 | 1,3 | **1,4** |
| | w | 8 | 5,5 | 1,5 | |

[a] siehe Tabelle A3
[b] Die Referenzmaße für das Körpergewicht für 0 bis unter 2 Monate alte Säuglinge entsprechen dem 50. Perzentil der WHO-Wachstumsstandards [169] für 0 und 1 Monat. Die Referenzmaße für das Körpergewicht für 2 bis unter 4 Monate alte Säuglinge entsprechen dem Durchschnitt der Werte des 50. Perzentils der WHO-Wachstumsstandards [169] für 2 und 3 Monate.

### Tabelle A5: Berechnung der empfohlenen Zufuhr von Protein für Säuglinge von 4 bis unter 12 Monaten [g/kg Körpergewicht/Tag]

| Alter [Monate] | durchschnittlicher Erhaltungsbedarf[a] [g/kg Körpergewicht/Tag] | durchschnittlicher Wachstumsbedarf[a] [g/kg Körpergewicht/Tag] | durchschnittlicher Bedarf an Protein[b] [g/kg Körpergewicht/Tag] | + 2-fache Standardabweichung[c] | **empfohlene Zufuhr** von Protein (gerundet) **[g/kg Körpergewicht/Tag]** |
|---|---|---|---|---|---|
| 4 bis unter 12 | 0,66 | 0,46 | 1,12 | 1,32 | **1,3** |

[a] [11]
[b] durchschnittlicher Bedarf = Erhaltungsbedarf + Wachstumsbedarf
[c] Berechnung siehe Abbildung A1

### Abbildung A1: Beispielrechnung der empfohlenen Zufuhr von Protein für Säuglinge von 4 bis unter 12 Monaten

**Empfohlene Zufuhr = durchschnittlicher Bedarf + 2 x $SD_{gesamt}$**

durchschnittlicher Bedarf = 1,12 g/kg Körpergewicht/Tag

Erhaltungsbedarf = 0,66 g/kg Körpergewicht/Tag

$SD_{Erhaltung}$: Variationskoeffizient = 12 %

$SD_{Wachstum}$ = 0,035 g/kg Körpergewicht/Tag, Werte entnommen aus Tabelle 29 in [11]

Effizienz der Proteinumsetzung = 58 %

$$SD_{gesamt} = \sqrt{(\text{Erhaltungsbedarf x } SD_{Erhaltung})^2 + (SD_{Wachstum} \text{ x } \frac{100}{\text{Effizienz der Proteinumsetzung}})^2}$$

$$SD_{gesamt} = \sqrt{(0{,}66 \text{ g/kg Körpergewicht/Tag x } 0{,}12)^2 + (0{,}035 \text{ g/kg Körpergewicht/Tag x } \frac{100}{58})^2}$$

$$SD_{gesamt} = \sqrt{0{,}00627 \text{ (g/kg Körpergewicht/Tag)}^2 + 0{,}00364 \text{ (g/kg Körpergewicht/Tag)}^2}$$

$$SD_{gesamt} = 0{,}0996 \text{ g/kg Körpergewicht/Tag}$$

Empfohlene Zufuhr = 1,12 g/kg Körpergewicht/Tag + 2 x 0,0996 g/kg Körpergewicht/Tag

**Empfohlene Zufuhr = 1,3 g/kg Körpergewicht/Tag**

### Tabelle A6: Berechnung der empfohlenen Zufuhr von Protein für Säuglinge von 4 bis unter 12 Monaten [g/Tag]

| Alter [Monate] | | empfohlene Zufuhr von Protein[a] [g/kg Körpergewicht/Tag] | Referenzgewicht[b] [kg] | empfohlene Zufuhr von Protein bezogen auf das Referenzgewicht [g/Tag] | **empfohlene Zufuhr** von Protein (gerundet) **[g/Tag]** |
|---|---|---|---|---|---|
| 4 bis unter 12 | m | 1,3 | 8,6 | 11,2 | **11** |
| | w | 1,3 | 7,9 | 10,3 | |

[a] siehe Tabelle A5
[b] siehe Kapitel „Energie“

**Tabelle A7: Berechnung der empfohlenen Zufuhr von Protein für Kinder und Jugendliche [g/kg Körpergewicht/Tag]**

| Alter [Jahre] | | durchschnittlicher Erhaltungs-bedarf[a] [g/kg Körper-gewicht/Tag] | durchschnittlicher Wachstums-bedarf[a] [g/kg Körper-gewicht/Tag] | durchschnittlicher Bedarf an Protein[b] [g/kg Körper-gewicht/Tag] | + 2-fache Standard-abweichung[c] | **empfohlene Zufuhr** von Protein (gerundet) **[g/kg Körper-gewicht/Tag]** |
|---|---|---|---|---|---|---|
| 1 bis unter 4 | | 0,66 | 0,16 | 0,82 | 1,00 | **1,0** |
| 4 bis unter 7 | | 0,66 | 0,04 | 0,70 | 0,87 | **0,9** |
| 7 bis unter 10 | | 0,66 | 0,09 | 0,75 | 0,92 | **0,9** |
| 10 bis unter 13 | m | 0,66 | 0,08 | 0,74 | 0,91 | **0,9** |
| | w | 0,66 | 0,08 | 0,74 | 0,91 | **0,9** |
| 13 bis unter 15 | m | 0,66 | 0,07 | 0,73 | 0,90 | **0,9** |
| | w | 0,66 | 0,05 | 0,71 | 0,88 | **0,9** |
| 15 bis unter 18 | m | 0,66 | 0,04 | 0,70 | 0,87 | **0,9** |
| | w | 0,66 | 0,02 | 0,68 | 0,84 | **0,8** |

[a] [11]
[b] durchschnittlicher Bedarf = durchschnittlicher Erhaltungsbedarf + durchschnittlicher Wachstumsbedarf
[c] Berechnung siehe Abbildung A1

**Tabelle A8: Berechnung der empfohlenen Zufuhr von Protein für Kinder und Jugendliche [g/Tag]**

| Alter [Jahre] | | empfohlene Zufuhr von Protein[a] [g/kg Körper-gewicht/Tag] | Referenzgewicht[b] [kg] | empfohlene Zufuhr von Protein bezogen auf das Referenzgewicht [g/Tag] | **empfohlene Zufuhr** von Protein (gerundet) **[g/Tag]** |
|---|---|---|---|---|---|
| 1 bis unter 4 | m | 1,0 | 13,9 | 13,9 | **14** |
| | w | 1,0 | 13,2 | 13,2 | |
| 4 bis unter 7 | m | 0,9 | 20,2 | 18,2 | **18** |
| | w | 0,9 | 20,1 | 18,1 | |
| 7 bis unter 10 | m | 0,9 | 29,3 | 26,4 | **26** |
| | w | 0,9 | 28,7 | 25,8 | |
| 10 bis unter 13 | m | 0,9 | 41,0 | 36,9 | **37** |
| | w | 0,9 | 42,1 | 37,9 | **38** |
| 13 bis unter 15 | m | 0,9 | 55,5 | 50,0 | **50** |
| | w | 0,9 | 54,0 | 48,6 | **49** |
| 15 bis unter 18 | m | 0,9 | 69,2 | 62,3 | **62** |
| | w | 0,8 | 59,5 | 47,6 | **48** |

[a] siehe Tabelle A7
[b] siehe Kapitel „Energie“

## Tabelle A9: Berechnung der empfohlenen Zufuhr von Protein für Erwachsene [g/kg Körpergewicht/Tag]

| Alter [Jahre] | | durchschnittlicher Bedarf an Protein für Erwachsene[a] [g/kg Körpergewicht/Tag] | + Zuschlag 24 % (2 x Variationskoeffizient 12 %)[b] [g/kg Körpergewicht/Tag] | **empfohlene Zufuhr** von Protein (gerundet) **[g/kg Körpergewicht/Tag]** |
|---|---|---|---|---|
| 19 bis unter 25 | m | 0,66 | 0,82 | **0,8** |
| | w | 0,66 | 0,82 | **0,8** |
| 25 bis unter 51 | m | 0,66 | 0,82 | **0,8** |
| | w | 0,66 | 0,82 | **0,8** |
| 51 bis unter 65 | m | 0,66 | 0,82 | **0,8** |
| | w | 0,66 | 0,82 | **0,8** |

[a] [30, 109]
[b] [30]

## Tabelle A10: Berechnung der empfohlenen Zufuhr von Protein für Erwachsene [g/Tag]

| Alter [Jahre] | | empfohlene Zufuhr von Protein [g/kg Körper-gewicht/Tag][a] | Referenzgewicht[b] [kg] | empfohlene Zufuhr von Protein bezogen auf das Referenzgewicht [g/Tag] | **empfohlene Zufuhr** von Protein (gerundet) **[g/Tag]** |
|---|---|---|---|---|---|
| 19 bis unter 25 | m | 0,8 | 70,8 | 56,6 | **57** |
| | w | 0,8 | 60,5 | 48,4 | **48** |
| 25 bis unter 51 | m | 0,8 | 70,7 | 56,6 | **57** |
| | w | 0,8 | 60,0 | 48,0 | **48** |
| 51 bis unter 65 | m | 0,8 | 68,7 | 55,0 | **55** |
| | w | 0,8 | 58,2 | 46,6 | **47** |

[a] siehe Tabelle A9
[b] siehe Kapitel „Energie"

## Tabelle A11: Berechnung der Schätzwerte für die Proteinzufuhr für Erwachsene ab 65 Jahren [g/Tag]

| Alter [Jahre] | | Schätzwert für die Proteinzufuhr [g/kg Körper-gewicht/Tag][a] | Referenzgewicht[b] [kg] | empfohlene Zufuhr von Protein bezogen auf das Referenzgewicht [g/Tag] | **Schätzwert** für die Proteinzufuhr (gerundet) **[g/Tag]** |
|---|---|---|---|---|---|
| 65 und älter | m | 1,0 | 66,8 | 66,8 | **67** |
| | w | 1,0 | 57,1 | 57,1 | **57** |

[a] siehe Tabelle A9
[b] siehe Kapitel „Energie"

## Tabelle A12: Berechnung der empfohlenen Zufuhr von Protein für Schwangere [g/Tag]

| Trimester | Protein-einlagerung[a] [g/Tag] | Bedarf an Protein für die Protein-einlagerung[b] [g/Tag] | mittlere Körper-gewichts-zunahme je Trimester[c] [kg] | durch-schnittlicher Bedarf an Protein für Körper-gewichts-zunahme[d] [g/Tag] | durch-schnittlicher zusätzlicher Bedarf an Protein[e] [g/Tag] | + Zuschlag 24 % (2 x Variations-koeffizient 12 %)[f] [g/Tag] | **empfohlene zusätzliche Zufuhr** von Protein (gerundet) **[g/Tag]** |
|---|---|---|---|---|---|---|---|
| 1. | 0,0 | 0,0 | 0,7 | 0,4 | 0,4 | 0,5 | **0** |
| 2. | 1,3 | 2,8 | 4,1 | 2,7 | 5,5 | 6,8 | **7** |
| 3. | 5,1 | 10,9 | 9,5 | 6,3 | 17,1 | 21,2 | **21** |

[a] [140] bei insgesamt 597 g
[b] Proteineinlagerung korrigiert um die Effizienz der Proteinumsetzung (47 %)
[c] berechnet aus Körpergewichtszunahme je Trimester, siehe Kapitel „Energie"
[d] Körpergewichtszunahme x 0,66 g Protein/kg Körpergewicht/Tag
[e] Proteinbedarf für Proteineinlagerung korrigiert um die Effizienz der Proteinumsetzung + Proteinbedarf für Körpergewichtszunahme
[f] [30]

## Tabelle A13: Berechnung der empfohlenen Zufuhr von Protein für Schwangere [g/kg Körpergewicht/Tag]

| Trimester | Bedarf an Protein für die Protein-einlagerung[a] [g/Tag] | mittlere Körper-gewichts-zunahme je Trimester[a] [kg] | Gesamt-gewicht[b] [kg] | durch-schnittlicher zusätzlicher Bedarf an Protein[c] [g/kg Körper-gewicht/Tag] | durch-schnittlicher Bedarf an Protein[d] [g/kg Körper-gewicht/Tag] | + Zuschlag 24 % (2 x Variations-koeffizient 12 %)[e] [g/kg Körper-gewicht/Tag] | **empfohlene Zufuhr** von Protein **[g/kg Körper-gewicht/ Tag]** |
|---|---|---|---|---|---|---|---|
| 2. | 2,8 | 4,1 | 64,6 | 0,04 | 0,70 | 0,87 | **0,9** |
| 3. | 10,9 | 9,5 | 70,0 | 0,16 | 0,82 | 1,01 | **1,0** |

[a] siehe Tabelle A12
[b] mittlere Körpergewichtszunahme je Trimester + Referenzgewicht für Frauen im Alter von 19 bis unter 25 Jahren (60,5 kg)
[c] Proteinbedarf für Proteineinlagerung [g/Tag] / Gesamtgewicht [kg]
[d] durchschnittlicher zusätzlicher Proteinbedarf [g/kg Körpergewicht/Tag] + durchschnittlicher Proteinbedarf für Frauen im Alter von 19 bis unter 25 Jahren [0,66 g/kg Körpergewicht/Tag], siehe Tabelle A9
[e] [30]

## Tabelle A14: Berechnung der empfohlenen zusätzlichen Zufuhr von Protein für Stillende [g/Tag]

| | Proteingehalt reifer Frauenmilch[a,b] [g/100 ml] | Proteingehalt um NPN korrigiert[c] [g/100 ml] | sezernierte Milchmenge[d] [ml/Tag] | Proteinabgabe mit der Frauenmilch [g/Tag] | durchschnittlicher zusätzlicher Bedarf an Protein[e] [g/Tag] | + Zuschlag 24 % (2 x Variationskoeffizient 12 %)[f] [g/Tag] | **empfohlene zusätzliche Zufuhr** von Protein (gerundet) **[g/Tag]** |
|---|---|---|---|---|---|---|---|
| Stillende | 1,00 | 1,17 | 750 | 8,8 | 18,6 | 23,1 | **23** |

a [104]
b Bei der Berechnung des durchschnittlichen Proteingehalts von Frauenmilch wurde der Proteingehalt in der Kolostral- und Übergangsmilch nicht berücksichtigt.
c unter Berücksichtigung der Hälfte des Stickstoffs aus NPN, bei einem Anteil von 25 % NPN am Gesamtstickstoff in Frauenmilch
d [108]
e Proteinabgabe mit der Frauenmilch korrigiert um die Effizienz der Proteinumsetzung (47 %)
f [30]

## Tabelle A15: Berechnung der empfohlenen Zufuhr von Protein für Stillende [g/kg Körpergewicht/Tag]

| | empfohlene zusätzliche Zufuhr von Protein[a] [g/Tag] | Referenzgewicht[b] [kg] | **empfohlene zusätzliche Zufuhr von Protein** (gerundet) **[g/kg Körpergewicht/Tag]** | **empfohlene Zufuhr** von Protein (gerundet) **[g/kg Körpergewicht/Tag]** |
|---|---|---|---|---|
| Stillende | 23 | 60,5 | **0,4** | **1,2** |

a siehe Tabelle A14
b siehe Kapitel „Energie“, Referenzgewicht für Frauen im Alter von 19 bis unter 25 Jahren

# Fett

## A. Richtwerte für die Zufuhr

| Alter | Fett |
|---|---|
| | % der Energie |
| **Säuglinge** | |
| 0 bis unter 4 Monate | 45–50 |
| 4 bis unter 12 Monate | 35–45 |
| **Kinder** | |
| 1 bis unter 4 Jahre | 30–40 |
| 4 bis unter 7 Jahre | 30–35 |
| 7 bis unter 10 Jahre | 30–35 |
| 10 bis unter 13 Jahre | 30–35 |
| 13 bis unter 15 Jahre | 30–35 |
| **Jugendliche und Erwachsene** | |
| 15 bis unter 19 Jahre | 30[a] |
| 19 bis unter 25 Jahre | 30[a] |
| 25 bis unter 51 Jahre | 30[a, b] |
| 51 bis unter 65 Jahre | 30 |
| 65 Jahre und älter | 30 |
| **Schwangere** ab 4. Monat | 30–35 |
| **Stillende** | 30–35 |

[a] Personen mit erhöhtem Energiebedarf (PAL > 1,7) können höhere Prozentsätze benötigen.
[b] entspricht bei Männern mit einem Energierichtwert von 9,8 MJ (2 300 kcal; PAL 1,4) 80 g Gesamtfett

## B. Erläuterungen

Nahrungsfette sind wichtige Energielieferanten, besonders bei hohem Energiebedarf (PAL > 1,7). Ihr Brennwert übersteigt den von Kohlenhydraten und Proteinen um mehr als das Doppelte.

Die in der Natur vorkommenden Nahrungsfette bestehen fast ausschließlich aus gemischten Triglyceriden und werden vom Gesunden im Durchschnitt zu 98 % absorbiert. Bei Patienten mit Krankheiten des Magen-Darm-Trakts können die Verdauung und die Absorption jedoch von der Kettenlänge der Fettsäuren, der Zahl ihrer Doppelbindungen und dem Schmelzpunkt des Nahrungsfetts beeinflusst werden.

Nahrungsfett enthält als wichtigste Komponente Fettsäuren; diese können gesättigt, einfach ungesättigt oder mehrfach ungesättigt sein. Die Unterschiede in der chemischen Struktur bedingen Unterschiede im physikalischen (z. B. Schmelzpunkt) und biochemischen Verhalten (z. B. Einfluss auf die Cholesterolkonzentration im Plasma) (s. u.). Die gesättigten Fettsäuren werden zwar großteils mit der Nahrung zugeführt, können aber auch im Körper durch Lipazidogenese aus Glucose gebildet werden. Die einfach und mehrfach ungesättigten Fettsäuren werden ebenfalls mit der Nahrung zugeführt oder aus gesättigten Fettsäuren synthetisiert. Eine Ausnahme bilden mehrfach ungesättigte Fettsäuren mit cis-Konfiguration und bestimmten Positionen der Doppelbindungen. Diese sind essenziell, da sie der menschliche Organismus nicht aufbauen kann. Die in diesem Kapitel genannten Mengen von mehrfach ungesättigten Fettsäuren gehen über die Referenzwerte für essenzielle Fettsäuren (s. Referenzwerte für essenzielle Fettsäuren) hinaus, da in diesem Kapitel zusätzlich präventive Aspekte berücksichtigt werden.

Eine cis-Konfiguration ist die Voraussetzung für die Bildung von Eicosanoiden und die biologische Wirksamkeit der essenziellen Fettsäuren. Aus ungesättigten Fettsäuren mit cis-Konfiguration können bei der partiellen Härtung von Ölen zur Herstellung von Speisefetten durch Umlagerung im Molekül Fettsäuren mit einer trans-Konfiguration entstehen. trans-Fettsäuren werden auch in den Vormägen (insbesondere Pansen) von Wiederkäuern (z. B. Kuh, Schaf, Ziege) durch Bakterien gebildet und in geringen Mengen in deren Milch und Körperfett gefunden. Sie erhöhen den Bedarf an essenziellen Fettsäuren, da sie mit ihnen um dieselben Enzymsysteme konkurrieren.

Gleichzeitig ist Fett in der Nahrung Träger fettlöslicher Vitamine sowie von Geschmacks- und Aromastoffen. Letztere machen Fett und damit hergestellte Speisen zu beliebten Lebensmitteln.

Die allgemeine Ernährungsempfehlung, den Fettverzehr zu verringern, berücksichtigt epidemiologische und klinische Befunde über eine enge Beziehung zwischen einer hohen Zufuhr von Fett, insbesondere von gesättigtem Fett, Dyslipoproteinämie und Arteriosklerose [1, 2, 18, 19, 21, 22, 36] sowie Übergewicht [25, 42]. Die zu fettreiche Ernährung in Deutschland, Österreich und der Schweiz und, dadurch bedingt, die zu energiereiche Ernährung sind wesentliche Ursachen des verbreiteten Übergewichts und erhöhten Blutfettgehalts – beides Risikofaktoren einer frühzeitigen koronaren Herzkrankheit [1, 23, 33, 34].

Die Ergebnisse von epidemiologischen Untersuchungen und Interventionsstudien am Menschen sprechen dafür, dass eine Fettzufuhr in Höhe von < 30 % der Nahrungsenergie mit einer ausgewogenen Zusammensetzung der Fettsäuren im Rahmen einer vollwertigen Ernährung und in Verbindung mit ausreichend körperlicher Aktivität wahrscheinlich vor Übergewicht und weiteren ernährungsmitbedingten Krankheiten schützt [42].

Außerdem erfordert die Notwendigkeit einer ausgeglichenen Energiebilanz und einer ausreichenden Versorgung mit essenziellen Nährstoffen und anderen gesundheitsfördernden Inhaltsstoffen aus Lebensmitteln pflanzlicher Herkunft (Ballaststoffe, sekundäre Pflanzenstoffe) eine Begrenzung der Fettzufuhr. Bei geringer Gesamtenergiezufuhr erleichtert eine Reduzierung der Fettzufuhr, die erforderliche Nährstoffdichte der Nahrung zu erhöhen oder zumindest zu erhalten.

Personen mit leichter und mittelschwerer Arbeit sollten nicht mehr als 30 % der Energie in Form von Fett verzehren. Ein Unterschreiten dieses Richtwertes bis zu 25 % der Energie ist nicht bedenklich, sondern eher günstig, weil dabei in aller Regel auch mehr pflanzliche Lebensmittel verzehrt werden. Bei Personen mit erhöhter körperlicher Aktivität (PAL > 1,7) kann der Fettanteil zur Verringerung des Nahrungsvolumens um 5 % der Gesamtenergie über dem Richtwert liegen.

Bei einer Fettzufuhr des Erwachsenen bis zu 30 % der Gesamtenergie sollte der Anteil gesättigter Fettsäuren maximal ein Drittel der als Fett zugeführten Energie betragen, entsprechend 10 % der Gesamtenergie. Mehrfach ungesättigte Fettsäuren sollten etwa 7 % der Nahrungsenergie liefern, bzw. bis zu 10 %, wenn die Zufuhr von gesättigten Fettsäuren 10 % der Gesamtenergie überschreitet, um einem Anstieg der Cholesterolkonzentration im Plasma entgegenzuwirken [19]. Dabei sollte die Zufuhr von α-Linolensäure erhöht werden, um das Verhältnis von Linolsäure (n-6) zu α-Linolensäure (n-3) auf etwa 5:1 abzusenken (s. Referenzwerte für die Zufuhr essenzieller Fettsäuren). Einfach ungesättigte Fettsäuren, z. B. Ölsäure, decken den Rest der Fettzufuhr ab, d. h. sie können auch in einer Menge von mehr als 10 % der Gesamtenergie zugeführt werden. Werden mehr als 30 % der Gesamtenergiezufuhr als Fett zugeführt, sollte das mehr aufgenommene Fett vor allem einfach und mehrfach ungesättigte Fettsäuren enthalten, um die Cholesterolkonzentration (s. u.) im Plasma nicht anzuheben. Vereinfacht ausgedrückt sollten bei einer Gesamtfettzufuhr von 30 % der Nahrungsenergie die gesättigten Fettsäuren (< 10 % der Energie) und die ungesättigten Fettsäuren (insgesamt 20 % der Energie und überwiegend pflanzlicher Herkunft) in einem Verhältnis von 1:2 stehen.

Kinder und Jugendliche haben für das Wachstum einen zusätzlichen Energiebedarf, besonders in den ersten Lebensjahren und während des Pubertäts-Wachstumsschubs. Die notwendige hohe Energiezufuhr wird durch einen erhöhten Fettanteil in der Nahrung erleichtert.

Säuglinge in den ersten Lebensmonaten benötigen eine nur durch Fett erreichbare hohe Energiedichte in der Nahrung, da sie lediglich begrenzte Nahrungsmengen aufnehmen können. Bereits im Kindesalter bestehen jedoch enge Zusammenhänge zwischen der Ernährung, den Blutlipiden und der Entstehung von Gefäßwandveränderungen. Deshalb ist vom 2. Lebensjahr an eine allmähliche Reduktion der allgemein zu hohen Fettzufuhr anzustreben. Realisierbar erscheint bei Kindern zumindest eine Verringerung der Fettzufuhr auf 30 % bis 35 % der Energiezufuhr. Auch dabei sollten gesättigte Fettsäuren nicht mehr als ein Drittel des Fetts bzw. 10 % der Nahrungsenergie betragen [10].

Während der Schwangerschaft und Stillzeit kann die Fettzufuhr auf 35 % der Energiezufuhr angehoben werden. Im Alter sollte Fett nicht mehr als 30 % der Energie liefern, da es mit einer fettmoderaten Ernährung und einer geringeren Energiedichte leichter ist, das Energieangebot dem verringerten Energiebedarf anzupassen. Bei körperlich noch sehr aktiven älteren Menschen kann der Fettanteil in der Nahrung auch bis zu 35 % der Energie betragen.

### Nahrungscholesterol

Da Lebensmittel tierischer Herkunft außer gesättigten Fettsäuren oft reichlich Cholesterol enthalten, führt ein verringerter Verzehr von gesättigten Fettsäuren gleichzeitig zu einer erwünschten Senkung der Cholesterolzufuhr. Nahrungscholesterol erhöht die Konzentration von Plasmacholesterol zwar im Durchschnitt nur gering, aber von Person zu Person in unterschiedlichem Ausmaß [11]. Auch die LDL-Cholesterolkonzentration im Blut wird vom Nahrungscholesterol im Vergleich zu den gesättigten Fettsäuren lediglich gering angehoben [19], jedoch kann es die unerwünschte Reaktion des Plasmacholesterols auf gesättigte Fettsäuren verstärken [11]. Daher sollte die Cholesterolzufuhr mit der Nahrung bei etwa 300 mg/Tag liegen [16]. Für Kinder erfolgt die Angabe in Bezug zur Energiezufuhr; als Richtwert werden 80 mg/1 000 kcal genannt.

### Fettsäuren, Plasmacholesterol und Arteriosklerose

Außerhalb der Norm liegende Cholesterolkonzentrationen in den LDL und HDL des Plasmas sind wichtige Risikofaktoren für Herz-Kreislauf-Krankheiten [1, 33]. Sie können durch die Fettmenge und das richtige Verhältnis zwischen gesättigten und ungesättigten Fettsäuren in der Nahrung sowie durch körperliche Aktivität auf Dauer beeinflusst werden [16, 26, 40], bei den einzelnen Menschen allerdings unterschiedlich stark [11]. Die gesättigten Fettsäuren Laurinsäure (C 12:0), Myristinsäure (C 14:0) und Palmitinsäure (C 16:0) erhöhen die Cholesterolkonzentration im Plasma und besonders die Konzentration des ungünstig wirkenden LDL-Cholesterols. Stearinsäure (C 18:0) verändert das LDL-Cholesterol nicht. Einfach ungesättigte Fettsäuren, z. B. Ölsäure (C 18:1 n-9), senken dann die LDL-Cholesterolkonzentration, wenn sie gesättigte Fettsäuren in der Nahrung ersetzen und dadurch die Blutcholesterol erhöhende Wirkung der gesättigten Fettsäuren entfällt. Demgegenüber erniedrigen mehrfach ungesättigte Fettsäuren, z. B. Linolsäure, aktiv die Konzentration von LDL-Cholesterol. Allerdings wird auch das in Hinsicht auf das Arterioskleroserisiko günstige HDL-Cholesterol durch Linolsäure etwas gesenkt, während Ölsäure dies weniger bewirkt [19].

trans-Fettsäuren verursachen im Vergleich zu ungesättigten Fettsäuren einen Anstieg des LDL-Cholesterols und der Triglyceride sowie gleichzeitig einen Abfall des HDL-Cholesterols. Außerdem erhöhen sie das Lipoprotein (a). Durch trans-Fettsäuren wird das Risiko für eine Dyslipoproteinämie mit erhöhtem LDL- und erniedrigtem HDL-Cholesterol und für koronare Herzkrankheit mit überzeugender Evidenz erhöht. Deshalb sollten trans-Fettsäuren in der Nahrung des Menschen in möglichst geringen Mengen enthalten sein und weniger als 1 % der Nahrungsenergie liefern [11, 12, 19, 37, 42]. Eventuelle Unterschiede in den biologischen Wirkungen von trans-Fettsäuren aus bearbeiteten Pflanzenfetten und aus Fetten von Wiederkäuern müssen noch durch weitere Untersuchungen geklärt werden [44].

Für die in Tierversuchen nachgewiesenen Wirkungen von konjugierten Linolsäuren (CLA) liegen beim Menschen bisher nur unzureichende Befunde vor [12, 42].

Der Triglyceridgehalt im Plasma, ebenfalls ein Risikofaktor der Arteriosklerose, wird bei gleichbleibender Gesamtfettzufuhr durch einen hohen Anteil gesättigter Fettsäuren im Vergleich zu mehrfach ungesättigten Fettsäuren angehoben. Eine zu hohe Energiezufuhr führt generell zu einem Anstieg von Cholesterol- und Triglyceridkonzentrationen im Blut.

Die Entwicklung der Arteriosklerose ist ein multifaktorielles Geschehen. Neben der individuellen Veranlagung kann das Plasmacholesterol im Rahmen einer Dyslipoproteinämie eine kausale Rolle spielen. Das gilt auch für andere Risikofaktoren wie Hypertonie, Diabetes mellitus, Rauchen etc. bis hin zu Bewegungsmangel und zwar meist nicht nur additiv, sondern potenzierend. Die durch epidemiologische Untersuchungen belegten Zusammenhänge zwischen den benannten Risikofaktoren und der Arterioskleroseentwicklung sind inzwischen durch experimentelle und klinische Studien bewiesen [15, 42] sowie um Erkenntnisse zur Wirkung von oxidierten LDL erweitert worden [36]. Eine Dyslipoproteinämie ist also nur gelegentlich die wichtigste, viel häufiger hingegen eine von mehreren Ursachen für eine vorzeitige Arteriosklerose [35]. Die Komplexität der Pathogenese beeinflusst auch die Ergebnisse von Interventionsstudien, deren Ziel es ist, durch eine Umstellung der Ernährung Herzinfarkte zu verhüten. Dennoch wurde in mehreren derartigen Studien mit einer das Plasmacholesterol senkenden Ernährung dieses Ziel erreicht [22, 26]. In experimentellen, kontrollierten Interventionsstudien mit zum Teil drastischer Verminderung der Fettzufuhr (< 25 % der Energie) und einschneidender Umstellung der Lebensweise ist sogar die Möglichkeit der Rückbildung einer Koronarsklerose gezeigt worden [27, 31].

Die Fettsäuren der Nahrung beeinflussen nicht nur durch Änderung der Konzentration und Zusammensetzung von Lipoproteinen im Blut das Arterioskleroserisiko. Durch Veränderung der Fettsäurenzusammensetzung in den Blutzellmembranen beeinflussen sie auch die Fließeigenschaften des Bluts. Über die Bildung von Eicosanoiden aus n-6 und n-3 Fettsäuren werden darüber hinaus wichtige Funktionen wie Aggregation der Thrombozyten, Adhäsion von Monozyten an der Gefäßwand, Weite der Gefäße, Blutdruck und weitere Kreislaufparameter gesteuert. Dazu kommen ferner Entzündungsvorgänge und Immunreaktionen [7, 24, 39]. Den langkettigen n-3 Fettsäuren wird auch eine antiarrhythmische Wirkung zugesprochen [3, 5, 32].

In mehreren Interventionsstudien konnte eine protektive Wirkung von langkettigen n-3 Fettsäuren, insbesondere von Eicosapentaensäure (20:5 n-3), in Bezug auf tödliche Herzinfarkte gezeigt werden [4, 8, 14]. Da der Verzehr von Seefisch nicht ausreichend erhöht werden kann, sollte alternativ die Zufuhr von $\alpha$-Linolensäure (18:3 n-3) ansteigen. Aus $\alpha$-Linolensäure entsteht im Körper des Menschen Eicosapentaensäure [13, 38], wenn diese Synthese nicht durch eine sehr hohe Linolsäurezufuhr gehemmt wird (s. Referenzwerte für die Zufuhr essenzieller Fettsäuren). Aus Eicosapentaensäure werden günstig wirkende Eicosanoide gebildet [39]. In einem Teil der Beobachtungsstudien wurde eine signifikante inverse Beziehung zwischen der Zufuhr von $\alpha$-Linolensäure und der Häufigkeit des plötzlichen Herztods gefunden [2, 9, 17, 28]. Darüber hinaus wurde bei Patienten nach einem Herzinfarkt in einer Interventionsstudie mit $\alpha$-Linolensäure eine signifikante Senkung der Reinfarktrate erreicht [8]. In dieser Interventionsstudie lag das Verhältnis von Linolsäure (n-6) zu $\alpha$-Linolensäure (n-3) bei etwa 4:1 [29]. Im Sinne einer präventiv wirksamen Zusammensetzung der mehrfach ungesättigten Fettsäuren in der Nahrung des Gesunden sprechen sich DGE, ÖGE und SGE für eine Absenkung des Verhältnisses von Linolsäure (n-6) zu $\alpha$-Linolensäure (n-3) auf mindestens 5:1 aus. Für die primäre Prävention der koronaren Herzkrankheit wird in der Literatur eine Zufuhr von 250 mg langkettigen n-3 Fettsäuren/Tag als angemessen geschätzt, für die sekundäre Prävention liegt die Angabe bei 1 g/Tag [43].

Im Rahmen der mediterranen Ernährung wird auch der Ölsäure eine protektive Wirkung gegen Herzinfarkt und Krebs zugeschrieben. Eine präventive Wirkung von einfach ungesättigten Fettsäuren wird jedoch nach Ergebnissen von Kohortenstudien nicht bestätigt. Eine Ausnahme bildet das Brustkrebsrisiko, hier besteht eine mögliche Evidenz für einen risikosenkenden Effekt durch erhöhte Zufuhr einfach ungesättigter Fettsäuren [42]. Über die möglichen Mechanismen ist außer der Wirkung auf das LDL- und HDL-Cholesterol im Blut wenig bekannt, und gezielte langfristige, placebokontrollierte Interventionsstudien mit Ölsäure zur Prävention des Herzinfarkts fehlen.

Eindeutig ungünstig ist beim Erwachsenen eine längerfristige Gesamtfettzufuhr von über 40 % der Nahrungsenergie, bei gesättigten und mehrfach ungesättigten Fettsäuren von jeweils über 10 %. Steigt der Anteil der Nahrungsenergie in Form von Fett auf über 35 %, fördert dies die Entstehung von Adipositas [40, 42]. Große Mengen gesättigter Fettsäuren erhöhen die Konzentration des nachteiligen LDL-Cholesterols im Blut [42].

Größere Mengen mehrfach ungesättigter Fettsäuren gehen mit einem höheren Risiko für die Bildung von Lipidperoxiden einher. In Tierversuchen begünstigte eine hohe Zufuhr von mehrfach ungesättigten Fettsäuren das Wachstum von Tumoren, die durch chemische Karzinogene induziert waren. Beim Menschen gibt es jedoch keinen Beweis für eine derartige nachteilige Wirkung [41]. Langkettige n-3 Fettsäuren senken mit möglicher Evidenz das Risiko für Dickdarm- und Mastdarmkrebs [47].

Eine sehr hohe Zufuhr von langkettigen n-3 Fettsäuren erhöht allerdings die Neigung zu Blutungen und beeinflusst eventuell die Funktionen der Leukozyten und des Immunsystems nachteilig [6, 20, 30]. Eine Zufuhr von

Docosahexaensäure und Eicosapentaensäure bis zu 3 g/Tag wird als unbedenklich angesehen [45]. Für die mehrfach ungesättigten Fettsäuren insgesamt gelten 10 % der Nahrungsenergie als obere Grenze [46]. Außerdem sollte die Nahrung zum Schutz vor der Oxidation ungesättigter Fettsäuren wenigstens 0,4 mg Tocopherol-Äquivalente pro g Dienfettsäure-Äquivalent enthalten (s. Referenzwerte für die Vitamin-E-Zufuhr).

## Literatur


[1] Abbott RD, Wilson PW, Kannel WB et al.: High density lipoprotein cholesterol, total cholesterol screening, and myocardial infarction. The Framingham Study. Arteriosclerosis 8 (1988) 207–211

[2] Ascherio A, Rimm EB, Giovannucci EL et al.: Dietary fat and risk of coronary heart disease in men: cohort follow up study in the United States. BMJ 313 (1996) 84–90

[3] Billmann GE, Hallaq H, Leaf A: Prevention of ischemia-induced ventricular fibrillation by n-3 fatty acids. Proc Natl Acad Sci USA 91 (1994) 4427–4430

[4] Burr ML, Fehily AM, Gilbert JF et al.: Effects of changes in fat, fish and fiber intakes on death and myocardial reinfarction: diet and reinfarction trial. Lancet 2 (1989) 757–761

[5] Christensen JH, Gustenhoff P, Korup E et al.: Effect of fish oil on heart rate variability in survivors of myocardial infarction: a double blind randomised controlled trial. BMJ 312 (1996) 677–678

[6] Clarke JT, Cullen-Dean G, Regelink E et al.: Increased incidence of epistaxis in adolescents with familial hypercholesterolemia treated with fish oil. J Pediatr 116 (1990) 139–141

[7] Connor SL, Connor WE: Are fish oils beneficial in the prevention and treatment of coronary artery disease? Am J Clin Nutr 66, Suppl 4 (1997) S1020–S1031

[8] De Lorgeril M, Sälen P, Martin JL et al.: Mediterranean diet, traditional risk factors, and the rate of cardiovascular complications after myocardial infarction. Final report of the Lyon Diet Heart Study. Circulation 99 (1999) 779–785

[9] Dolecek TA: Epidemiologic evidence of relationships between dietary polyunsaturated fatty acids and mortality in the Multiple Risk Factor Intervention Trial. Proc Soc Exp Biol Med 200 (1992) 177–182

[10] Aggett P, Haschke F, Heine W et al.: Committee report: childhood diet and prevention of coronary heart disease. J Pediatr Gastroenterol Nutr 19 (1994) 261–269

[11] Fielding CJ, Havel RJ, Todd KM et al.: Effects of dietary cholesterol and fat saturation on plasma lipoproteins in an ethnically diverse population of healthy young men. J Clin Invest 95 (1995) 611–618

[12] Fritsche J, Steinhart H: Analysis, occurrence, and physiological properties of trans fatty acids (TFA) with particular emphasis on conjugated linoleic acid isomers (CLA) – a review. Fett/Lipid 100 (1998) 190–210

[13] Gerster H: Can adults adequately convert α-linolenic acid (18:3 n-3) to eicosapentaenoic acid (20:5 n-3) and docosahexaenoic acid (22:6 n-3)? Int J Vitam Nutr Res 68 (1998) 159–173

[14] GISSI-Prevenzione Investigators: Dietary supplementation with n-3 polyunsaturated fatty acids and vitamin E after myocardial infarction: results of the GISSI-Prevenzione trial. Lancet 354 (1999) 447–455

[15] Gotto AM, LaRosa JC, Hunninghake D et al.: The Cholesterol facts: A summary of the evidence relating dietary fats, serum cholesterol, and coronary heart disease. A joint statement by the American Heart Association and the National Heart, Lung, and Blood Institute. The Task Force on Cholesterol Issues, American Heart Association. Circulation 81 (1990) 1721–1733

[16] Hayes KC, Khosla R: Dietary fatty acid thresholds and cholesterolemia. FASEB J 6 (1992) 2600–2607

[17] Hu FB, Stampfer MJ, Manson JE et al.: Dietary intake of α-linolenic acid and risk of fatal ischemic heart disease among women. Am J Clin Nutr 69 (1999) 890–897

[18] Hu FB, Stampfer MJ, Manson JE et al.: Dietary saturated fats and their food sources in relation to the risk of coronary heart disease in women. Am J Clin Nutr 70 (1999) 1001–1008

[19] Katan MB, Zock PL, Mensink RP: Effects of fats and fatty acids on blood lipids in humans: an overview. Am J Clin Nutr 60, Suppl 6 (1994) S1017–S1022

[20] Kelley DS, Branch LB, Love JE et al.: Dietary α-linolenic acid and immunocompetence in humans. Am J Clin Nutr 53 (1991) 40–46

[21] Kushi LH, Lew RA, Stare FJ et al.: Diet and 20-year mortality from coronary heart disease. The Ireland-Boston Diet-Heart Study. N Engl J Med 312 (1985) 811–818

[22] Kwiterovich PO: The effect of dietary fat, antioxidants, and prooxidants on blood lipids, lipoproteins, and atherosclerosis. J Am Diet Assoc 97, Suppl 7 (1997) S31–S41

[23] Law MR, Wald NJ, Thompson SG: By how much and how quickly does reduction in serum cholesterol concentration lower risk of ischaemic heart disease? BMJ 308 (1994) 367–373

[24] Nestel PJ, Pomeroy SE, Sasahara T et al.: Arterial compliance in obese subjects is improved with dietary plant n-3 fatty acid from flaxseed oil despite increased LDL oxidizability. Arterioscler Thromb Vasc Biol 17 (1997) 1163–1170

[25] Noack R: Nahrungsfett und Adipositas. Teil 1: Fett- und Kohlenhydrataufnahme und Nährstoffbilanzen. Ernährungs-Umschau 45 (1998) 8–13

[26] Oliver MF: It is more important to increase the intake of unsaturated fats than to decrease the intake of saturated fats: evidence from clinical trials relating to ischemic heart disease. Am J Clin Nutr 66, Suppl 4 (1997) S980–S987

[27] Ornish D, Scherwitz LW, Billings JH et al.: Intensive lifestyle changes for reversal of coronary heart disease. JAMA 280 (1998) 2001–2007

[28] Pietinen P, Ascherio A, Korhonen P et al.: Intake of fatty acids and risk of coronary heart disease in a cohort of Finnish men: The Alpha-Tocopherol, Beta-Carotene Cancer Prevention Study. Am J Epidemiol 145 (1997) 876–887

[29] Renaud S, de Lorgeril M, Delaye J et al.: Cretan mediterranean diet for prevention of coronary heart disease. Am J Clin Nutr 61, Suppl 6 (1995) S1360–S1367

[30] Saynor R, Verel D, Gillott T: The long-term effect of dietary supplementation with fish lipid concentrate on serum lipids, bleeding time, platelets and angina. Atherosclerosis 50 (1984) 3–10

[31] Schuler G, Hambrecht R, Schlierf G et al.: Regular physical exercise and low-fat diet. Effects on progression of coronary artery disease. Circulation 86 (1992) 1–11

[32] Siscovick DS, Raghunathan TE, King I et al.: Dietary intake and cell membrane levels of long-chain n-3 polyunsaturated fatty acids and the risk of primary cardiac arrest. JAMA 274 (1995) 1363–1367

[33] Stamler J, Stamler R, Neaton JD et al.: Low risk-factor profile and long-term cardiovascular and noncardiovascular mortality and life expectancy. Findings for 5 large cohorts of young adult and middle-aged men and women. JAMA 282 (1999) 2012–2018
[34] Stamler J, Wentworth D, Neaton JD: Is relationship between serum cholesterol and risk of premature death from coronary heart disease continous and graded? Findings in 356,222 primary screenees of the Multiple Risk Factor Intervention Trial (MRFIT). JAMA 256 (1986) 2823–2828
[35] Steinberg D: The cholesterol controversy is over. Why did it take so long? Circulation 80 (1989) 1070–1078
[36] Steinberg D, Parthasarathy S, Carew TE et al.: Beyond cholesterol. Modifications of low-density lipoprotein that increase its atherogenicity. N Engl J Med 320 (1989) 915–924
[37] Steinhart H, Fritsche J: Contents of trans fatty acids (TFA) in German foods and estimation of daily intake. Fett/Lipid 99 (1997) 314–318
[38] Valsta LM, Salminen I, Aro A et al.: α-Linolenic acid in rapeseed oil partly compensates for the effect of fish restriction on plasma long chain n-3 fatty acids. Eur J Clin Nutr 50 (1996) 229–235
[39] Wolfram G: Was sind und wie wirken Ω-3-Fettsäuren? Ernährungs-Umschau 44 (1997) 36–41
[40] Yu-Poth S, Zhao G, Etherton T et al.: Effects of the National Cholesterol Education Program's Step I and Step II dietary intervention programs on cardiovascular disease risk factors: a meta-analysis. Am J Clin Nutr 69 (1999) 632–646
[41] Zock PL, Katan MB: Linoleic acid intake and cancer risk: a review and meta-analysis. Am J Clin Nutr 68 (1998) 142–153
[42] Deutsche Gesellschaft für Ernährung (Hrsg.): Fettkonsum und Prävention ausgewählter ernährungsmitbedingter Krankheiten – Evidenzbasierte Leitlinie. Bonn (2006) www.dge.de/wissenschaft/leitlinien (eingesehen am 28.11.2014)
[43] Mozaffarian D, Rimm EB: Fish intake, contaminants, and human health: evaluating the risks and the benefits. JAMA 296 (2006) 1885–1899
[44] Jakobsen MU, Bysted A, Andersen NL et al.: Intake of ruminant trans fatty acids and risk of coronary heart disease – an overview. Atheroscler Suppl 7 (2006) S9–S11
[45] US Food and Drug Administration: Substances affirmed as generally recognized as safe: Menhaden Oil. Federal Register 69 (2004) 2313–2317
[46] Eritsland J: Safety considerations of polyunsaturated fatty acids. Am J Clin Nutr 71, Suppl 1 (2000) S197–S201
[47] Deutsche Gesellschaft für Ernährung (Hrsg.): Ernährungsbericht 2008. Bonn (2008)

# Essenzielle Fettsäuren

## A. Empfohlene Zufuhr

| Alter | Essenzielle Fettsäuren<br>% der Energie | |
|---|---|---|
| | Linolsäure (n-6) | $\alpha$-Linolensäure (n-3)[a] |
| **Säuglinge** | | |
| 0 bis unter 4 Monate | 4,0 | 0,5 |
| 4 bis unter 12 Monate | 3,5 | 0,5 |
| **Kinder** | | |
| 1 bis unter 4 Jahre | 3,0 | 0,5 |
| 4 bis unter 7 Jahre | 2,5 | 0,5 |
| 7 bis unter 10 Jahre | 2,5 | 0,5 |
| 10 bis unter 13 Jahre | 2,5 | 0,5 |
| 13 bis unter 15 Jahre | 2,5 | 0,5 |
| **Jugendliche und Erwachsene** | | |
| 15 bis unter 19 Jahre | 2,5 | 0,5 |
| 19 bis unter 25 Jahre | 2,5 | 0,5 |
| 25 bis unter 51 Jahre | 2,5 | 0,5 |
| 51 bis unter 65 Jahre | 2,5 | 0,5 |
| 65 Jahre und älter | 2,5 | 0,5 |
| **Schwangere**[b] | 2,5 | 0,5 |
| **Stillende**[b] | 2,5 | 0,5 |

[a] Hierbei handelt es sich um Schätzwerte.
[b] Schwangere und Stillende sollten im Durchschnitt mindestens 200 mg Docosahexaensäure/Tag (1–2 Portionen Fisch/Woche) zuführen [11, 18].

## B. Erläuterungen

Die mehrfach ungesättigten Fettsäuren Linolsäure (18:2 n-6) und $\alpha$-Linolensäure (18:3 n-3) mit cis-Konfiguration und einer bestimmten Position der Doppelbindungen sind essenzielle Nährstoffe, da sie der menschliche Organismus nicht selbst aufbauen kann.

Die in diesem Kapitel genannten Zufuhrmengen haben nur zum Ziel, den Bedarf an Linolsäure und $\alpha$-Linolensäure in ihrer Funktion als essenzielle Fettsäuren abzudecken. Diese Mengen liegen deutlich unter den im Kapitel Fett genannten (für PUFA etwa 7 % der Energie), die auch die präventiven Aspekte einer vermehrten Zufuhr von mehrfach ungesättigten Fettsäuren zu Lasten der gesättigten Fettsäuren berücksichtigen.

Neben n-6 Fettsäuren (Linolsäure = C 18:2 und den aus ihr gebildeten längerkettigen Fettsäuren, z. B. Arachidonsäure = C 20:4) benötigt der Organismus auch n-3 Fettsäuren (α-Linolensäure = C 18:3 und ihre längerkettigen Derivate, speziell Eicosapentaensäure = C 20:5 und Docosahexaensäure = C 22:6). Beide Fettsäurengruppen dienen der Bildung von funktionell wichtigen Strukturlipiden in den Geweben und von regulatorisch wirksamen Eicosanoiden (Prostaglandine, Prostacyclin, Thromboxane, Leukotriene). Die cis-Konfiguration und die Position der Doppelbindungen sind die Voraussetzungen für die biologische Wirksamkeit der essenziellen Fettsäuren und die Bildung von Eicosanoiden. Demgegenüber können n-9 Fettsäuren (z. B. Ölsäure = C 18:1) und deren längerkettige Derivate vom Menschen synthetisiert werden.

Arachidonsäure, Eicosapentaensäure und Docosahexaensäure sind wichtige Bestandteile aller Zellmembranen. Die aus Arachidonsäure (n-6) und Eicosapentaensäure (n-3) gebildeten Eicosanoide beeinflussen die Funktionen von glatten Muskeln, Endothelien, Monozyten, Thrombozyten sowie Entzündungs- und Immunreaktionen. Dabei wirken sie zum Teil antagonistisch. Die Docosahexaensäure (n-3) ist in besonders hohen Konzentrationen im Nervengewebe und in den Photorezeptoren der Netzhaut des Auges vertreten.

Linolsäure und α-Linolensäure konkurrieren bei der Biosynthese der physiologisch wichtigen langkettigen und hochungesättigten Fettsäuren um das gleiche Enzymsystem. Die Affinität dazu nimmt in der Reihenfolge n-3, n-6, n-9 Fettsäuren ab. Die Rate der Umsetzung zu den längerkettigen Derivaten hängt wegen dieser Konkurrenzsituation unter anderem von der Fettsäurenzusammensetzung der Nahrung ab. In Experimenten mit stabil markierten Fettsäuren wurden nur etwa 10 % der mit der Nahrung zugeführten essenziellen Fettsäuren (Linolsäure, α-Linolensäure) in die entsprechenden langkettigen Derivate umgesetzt [5, 7]. trans-Fettsäuren konkurrieren um die gleichen Enzymsysteme und erhöhen den Bedarf an essenziellen Fettsäuren.

Die angegebenen Referenzwerte für die Zufuhr von Linolsäure (n-6) und α-Linolensäure (n-3) stehen im Verhältnis von 5:1. Ein unausgewogenes Verhältnis zwischen diesen Fettsäuren kann wegen deren Konkurrenz um das gemeinsame Enzymsystem die Fettsäurenzusammensetzung wachsender Gewebe und das Gleichgewicht antagonistisch wirkender Eicosanoide beeinträchtigen [7, 14].

Bei einem Mangel an n-6 Fettsäuren (z. B. Linolsäure) steigt der Gehalt der sog. Mead-Fettsäure (C 20:3 n-9) im Serum und in Geweben an, bei einem Mangel an n-3 Fettsäuren der der Docosapentaensäure (C 22:5 n-3).

Ein Mangel an n-6 Fettsäuren kann zu Hautekzemen, Fettleber, Anämie, Infektanfälligkeit, Wundheilungsstörungen und Wachstumsverzögerungen führen [4]. Bei einem Mangel an n-3 Fettsäuren (z. B. α-Linolensäure) können Sehstörungen, Muskelschwäche, Zittern und Störungen der Oberflächen- und Tiefensensibilität auftreten [2]. Ein Mangel an essenziellen Fettsäuren ist allerdings sehr selten, da das Fettgewebe des normalgewichtigen und vollwertig ernährten Erwachsenen über 500 g Linolsäure und 25 g α-Linolensäure enthält. Mit einem Mangel ist allenfalls bei chronischer Fettmalabsorption oder bei fettfreier künstlicher Ernährung zu rechnen [2, 3, 4].

Ein Mangel an den langkettigen n-6 bzw. n-3 Fettsäuren, speziell Arachidonsäure (n-6), Eicosapentaensäure (n-3) bzw. Docosahexaensäure (n-3), kann während der perinatalen Periode (s. u.) vorkommen. Beim gesunden Erwachsenen ist er jedoch noch nie beobachtet worden, da die genannten Fettsäuren mit der Nahrung zugeführt oder, trotz der nicht sehr hohen Syntheserate, längerfristig in ausreichenden Mengen gebildet werden.

Bei gesunden jungen Erwachsenen wurde zur Vermeidung eines Mangels ein mittlerer Bedarf an Linolsäure von 6,5 g/Tag bzw. knapp 2 % der Nahrungsenergie ermittelt [13]. Unter Berücksichtigung eines Variationskoeffizienten des Bedarfs von 15 % ergibt sich daraus für den Erwachsenen eine empfohlene Zufuhr von rund 2,5 % der Gesamtenergie. Der Schätzwert für α-Linolensäure liegt bei 0,5 % der gesamten Energiezufuhr [2].

Linolsäure und α-Linolensäure haben, gemessen an der Eicosanoidsynthese, eine geringere biologische Wirksamkeit als ihre längerkettigen Derivate Arachidonsäure und Eicosapentaensäure. Für eine einheitliche Bewertung der Bedarfsdeckung wäre also die Verwendung des Begriffs n-6 bzw. n-3 Fettsäuren-Äquivalente notwendig. Mit den vorliegenden Befunden ist eine endgültige Definition solcher Äquivalente jedoch noch nicht möglich. Nach vorläufigen Ergebnissen ist in Experimenten von 1 oder 2 Wochen Dauer Eicosapentaensäure je nach Ausgangssituation biologisch zwischen 2- und > 10-mal wirksamer als α-Linolensäure [1, 2, 3, 7, 12].

Das Fett reifer Frauenmilch enthält im Mittel 10 % bis 15 % Linolsäure und > 1 % α-Linolensäure einschließlich deren längerkettigen Derivate. Für einen ausreichenden Gehalt der Frauenmilch an längerkettigen n-3 Fettsäuren ist eine adäquate Zufuhr von Docosahexaensäure notwendig. Daher sollten Schwangere und Stillende mindestens 200 mg/Tag dieser Fettsäure zuführen [11, 18]. Frauen im gebärfähigen Alter wird empfohlen zu diesem

Zweck 1 bis 2 Seefischmahlzeiten pro Woche, insbesondere fetten Fisch, zu verzehren [11]. Im Tagesdurchschnitt nimmt ein voll gestillter Säugling bei einer Tagestrinkmenge von 750 ml Frauenmilch mit einem mittleren Fettgehalt von 40 g/l etwa 3,0 g bis 4,5 g Linolsäure auf [9]. Für industriell hergestellte Säuglingsanfangsnahrungen wird international ein Linolsäuregehalt von 300 mg/100 kcal bis 1 200 mg/100 kcal (≈ 2,7–10,8 % des Energiegehalts) empfohlen [6]. Der minimale Gehalt an α-Linolensäure sollte 50 mg/100 kcal (≈ 0,45 % des Energiegehalts) betragen. Das Verhältnis zwischen Linolsäure und α-Linolensäure in Säuglingsanfangsnahrungen sollte, wie in Frauenmilch, im Bereich von 5:1 bis 15:1 liegen [6]. Die langkettigen hochungesättigten Fettsäuren Docosahexaensäure und Arachidonsäure werden wegen des wachstumsbedingt besonders hohen Bedarfs und der beobachteten Auswirkungen ihrer Zufuhr auf die visuelle, motorische und kognitive Entwicklung im Säuglingsalter als konditionell essenzielle Nährstoffe angesehen, die auch mit Säuglingsanfangsnahrungen zugeführt werden sollten [10]. Der Gehalt an Docosahexaensäure sollte mindestens 0,2 % des Gehalts an Gesamtfettsäuren betragen, aber 0,5 % nicht überschreiten [11]. Der Gehalt an Arachidonsäure sollte den von Docosahexaensäure nicht unterschreiten, während der Gehalt an Eicosapentaensäure den von Docosahexaensäure nicht überschreiten sollte [6].

In Deutschland [15], Österreich und der Schweiz ist im Durchschnitt eine ausreichende Versorgung der Bevölkerung mit Linolsäure und α-Linolensäure gewährleistet. Einen hohen Gehalt an Linolsäure haben Sonnenblumen-, Maiskeim-, Raps- und Sojaöl. Gute Lieferanten für α-Linolensäure sind Lein-, Raps-, Walnuss- und Sojaöl. Da das Verhältnis von Linolsäure zu α-Linolensäure weniger als 5:1 betragen sollte, sind Öle mit einem hohen Gehalt an α-Linolensäure resp. Öle mit einem entsprechenden Fettsäurenverhältnis zu bevorzugen. Öle mit einem hohen Gehalt an ungesättigten Fettsäuren sollten pro g Dienfettsäure-Äquivalent mindestens 0,4 mg Tocopherol-Äquivalente als Oxidationsschutz enthalten (s. Referenzwerte für die Vitamin-E-Zufuhr). Eicosapentaensäure und Docosahexaensäure sind hauptsächlich in fetten Seefischen wie Hering, Makrele und Lachs enthalten. Sie leisten einen wichtigen Beitrag zur Deckung des Bedarfs an essenziellen n-3 Fettsäuren.

In experimentellen Untersuchungen zum Einfluss von Erhitzungstemperatur und -dauer auf den Gehalt an ungesättigten Fettsäuren führte das Braten mit Temperaturen von 180 °C über einen Zeitraum von 10 Minuten zu einem Abbau der Linolsäure um 5 % bis 10 %, Frittieren bei 175 °C über einen Zeitraum von 70 Stunden zum Abbau von bis zu 35 % der ursprünglich im Pflanzenöl vorhandenen Linolsäure. Da α-Linolensäure anfälliger gegenüber Oxidation ist, sind die Verluste während der Zubereitung höher. So sind z. B. beim Frittieren mit Rapsöl nach 70 Stunden noch 60 % der ursprünglich vorhandenen α-Linolensäure nachweisbar [19]. Daraus kann geschlossen werden, dass bei schonenden Zubereitungsverfahren und einmaliger Verwendung von Bratfetten nur geringe Verluste an essenziellen Fettsäuren auftreten.

Eine vollwertige Ernährung sowie Kostformen zur Therapie von Dyslipoproteinämien und zur Senkung des Arterioskleroserisikos versorgen sowohl Kinder vom 3. Lebensjahr an als auch Jugendliche und Erwachsene mit deutlich höheren Mengen an Linolsäure und α-Linolensäure, als sie in der Tabelle zur Deckung des Bedarfs an essenziellen Fettsäuren angegeben werden. Zur primären Prävention der durch koronare Herzkrankheit bedingten Todesfälle wird in der Literatur nach Auswertung zahlreicher Studien die Zufuhr von insgesamt 250 mg Eicosapentaensäure und Docosahexaensäure/Tag empfohlen [8].

Als obere Grenze der Zufuhr an mehrfach ungesättigten Fettsäuren werden 10 % der Nahrungsenergie [17] angegeben.

Eine Zufuhr von Docosahexaensäure und Eicosapentaensäure bis zu 3 g/Tag wird als unbedenklich angesehen [20].

## Literatur

[1] Adam O, Wolfram G, Zöllner N: Vergleich der Wirkung von Linolsäure und Eicosapentaensäure auf die Prostaglandinbiosynthese und Thrombozytenfunktion beim Menschen. Klin Wochenschr 64 (1986) 274–280

[2] Bjerve KS, Fischer S, Wammer F et al.: α-Linolenic acid and long chain ω-3 fatty acid supplementation in three patients with ω-3 fatty acid deficiency: effect on lymphocyte function, plasma and red cell lipids, and prostanoid formation. Am J Clin Nutr 49 (1989) 290–300

[3] Bjerve KS, Mostad IL, Thoresen L: Alpha-linolenic acid deficiency in patients on long-term gastric-tube feeding: estimation of linolenic acid and long-chain unsaturated n-3 fatty acid requirement in man. Am J Clin Nutr 45 (1987) 66–77

[4] Collins FD, Sinclair AJ, Royle JP et al.: Plasma lipids in human linoleic acid deficiency. Nutr Metab 13 (1971) 150–167

[5] Demmelmair H, Iser B, Rauh-Pfeiffer A et al.: Comparison of bolus versus fractionated oral applications of [$^{13}$C]-linoleic acid in humans. Eur J Clin Invest 29 (1999) 603–609

[6] Koletzko B, Baker S, Cleghorn G et al.: Global standard for the composition of infant formula: Recommendations of an ESPGHAN coordinated international expert group. J Pediatr Gastroenterol Nutr 41 (2005) 584–599

[7] Gerster H: Can adults adequately convert alpha-linolenic acid (18:3 n-3) to eicosapentaenoic acid (20:5 n-3) and docosahexaenoic acid (22:6 n-3)? Int J Vitam Nutr Res 68 (1998) 159–173

[8] Mozaffarian D, Rimm EB: Fish intake, contaminants, and human health: evaluating the risks and the benefits. JAMA 296 (2006) 1885–1899

[9] Koletzko B, Thiel I, Abiodun PO: The fatty acid composition of human milk in Europe and Africa. J Pediatr 120 (1992) S62–70

[10] Koletzko B, Agostoni C, Carlson SE et al.: Long chain poly-unsaturated fatty acids (LC-PUFA) and perinatal development. Acta Paediatr 90 (2001) 460–464

[11] Koletzko B, Lien E, Agostoni C et al.: The roles of long-chain polyunsaturated fatty acids in pregnancy, lactation and infancy: review of current knowledge and consensus recommendations. J Perinat Med 36 (2008) 5–14

[12] Valsta LM, Salminen I, Aro A et al.: Alpha-linolenic acid in rape-seed oil partly compensates for the effect of fish restriction on plasma long chain n-3 fatty acids. Eur J Clin Nutr 50 (1996) 229–235

[13] Wolfram G, Zöllner N: Linolsäurebedarf des Menschen. In: Zöllner N (Hrsg.): Wissenschaftliche Veröffentlichungen der Deutschen Gesellschaft für Ernährung. Steinkopff-Verlag, Darmstadt 22 (1971) 51–60

[14] Wolfram G: Was sind und wie wirken ω-3-Fettsäuren? Ernährungs-Umschau 44 (1997) 36–41

[15] Deutsche Gesellschaft für Ernährung (Hrsg.): 12. Ernährungs-bericht 2012. Bonn (2012)

[16] Deutsche Gesellschaft für Ernährung: Fettkonsum und Präven-tion ausgewählter ernährungsmitbedingter Krankheiten – Evi-denzbasierte Leitlinie. Bonn (2006) www.dge.de/wissenschaft/leitlinien (eingesehen am 01.12.2014)

[17] Eritsland J: Safety considerations of polyunsaturated fatty acids. Am J Clin Nutr 71 (2000) 197–201

[18] Koletzko B, Cetin I, Brenna T (PERILIP): Dietary fat intakes for pregnant and lactating women. Br J Nutr 98 (2007) 873–877

[19] Matthäus B, Brühl L: Aktuelles Interview: Verwendung von Pflanzenölen. Ernährungs-Umschau 52 (2005) B 9–B 12

[20] US Food and Drug Administration: Substances affirmed as generally recognized as safe: Menhaden Oil. Federal Register 69 (2004) 2313–2317

# Kohlenhydrate, Ballaststoffe (Nahrungsfasern)

Richtwerte für die Kohlenhydratzufuhr müssen den individuellen Energiebedarf, den Bedarf an Protein und die Richtwerte für die Fettzufuhr berücksichtigen. Für die Deckung des Energiebedarfs spielen Fette und Kohlenhydrate die wichtigste Rolle. Eine vollwertige Mischkost sollte begrenzte Fettmengen und mehr als 50 % der Energiezufuhr in Form von Kohlenhydraten enthalten [4, 5, 14].

Ein Richtwert von > 50 % der Nahrungsenergie ist durch epidemiologische Befunde begründet, nach denen im anderen Fall ein erhöhter Konsum von (gesättigten) Nahrungsfetten in einem direkten Zusammenhang mit dem Risiko für Adipositas, weiteren kardiovaskulären Risikofaktoren und anderen Krankheiten steht [1, 2, 10, 15, 19]. Zu bevorzugen sind ballaststoffreiche Lebensmittel, da diese auch essenzielle Nährstoffe und sekundäre Pflanzenstoffe enthalten [16]. Den Lebensmitteln zugesetzte isolierte Kohlenhydrate, insbesondere Mono- und Disaccharide, raffinierte oder modifizierte Stärken (z. B. Maltodextrine) sowie Sirups, enthalten in aller Regel keine essenziellen Nährstoffe, sodass sie bei bedarfsgerechter Energiezufuhr die Nährstoffdichte und die Versorgung mit essenziellen Nährstoffen herabsetzen [12, 13]. Eine sehr hohe Zufuhr dieser Kohlenhydrate, welche die Nährstoffdichte gefährdet, sollte deshalb vermieden werden [5].

Blutzuckermodulierende Eigenschaften von Kohlenhydraten werden üblicherweise mit der Bestimmung des glykämischen Indexes (GI) erfasst, welcher Aussagen über die Blutzuckerwirksamkeit eines Lebensmittels im Vergleich zu einem Standard – in aller Regel Weißbrot oder Glucoselösung – erlaubt. Als glykämische Last (GL) wird das Produkt aus glykämischem Index und der Kohlenhydratmenge in g/Portion eines Lebensmittels, dividiert durch 100, bezeichnet. Die glykämische Reaktion wird von verschiedenen nahrungsspezifischen und physiologischen Faktoren sowie der Zusammensetzung der Mahlzeit beeinflusst [18]. Der Zusammenhang zwischen GI bzw. GL und der Entwicklung chronischer Krankheiten wurde in der evidenzbasierten Leitlinie zur Kohlenhydratzufuhr untersucht [21]. Die Analyse ergab keine überzeugende oder wahrscheinliche Evidenz für eine Risikosenkung bei einer Ernährung mit einem hohen GI bzw. mit einer hohen GL sowie mit einem niedrigen GI bzw. einer niedrigen GL für Adipositas, Diabetes mellitus Typ 2, koronare Herzkrankheit und maligne Tumoren im Kolorektum, Magen, Speiseröhre, Brust, Gebärmutterschleimhaut und Bauchspeicheldrüse.

Da derzeit nur eine mögliche Evidenz für eine Risikoerhöhung für die genannten Krankheiten bei einer Ernährung mit einem hohen GI bzw. einer hohen GL vorliegt, sind weitere Studien notwendig, um zu entscheiden, ob das Konzept eines niedrigen GI bzw. einer niedrigen GL in vorhandene Ernährungsempfehlungen für die breite Bevölkerung integriert werden muss.

In Deutschland und Österreich wird der o. g. Richtwert für die Kohlenhydratzufuhr laut den jeweiligen Ernährungsberichten nicht erreicht [6, 20], in der Schweiz liegt die Zufuhr knapp darüber; dabei entstammen 17 % der Kohlenhydrate aus Zucker [3]. Die abfallenden Tendenzen früherer Jahre und Jahrzehnte in der Zufuhr komplexer Kohlenhydrate aus Getreideerzeugnissen wurden allerdings von einem gleichbleibenden bzw. wieder mäßig steigenden Konsum abgelöst. Auch der Verzehr von Gemüse nimmt tendenziell zu. Die Versorgung mit Frischobst unterliegt zwar großen Schwankungen, aber in den letzten Jahren ist in Deutschland ein nur noch recht begrenzter Anstieg oder gar ein leichter Rückgang zu erkennen [20]. In der Schweiz ist ein Rückgang zu beobachten [3].

Nach der Nationalen Verzehrsstudie II liegt die geschlechts- und altersabhängige Zufuhr von Disacchariden zwischen 11 % und 16 % der Nahrungsenergie und die von Monosacchariden zwischen 7 % und 10 % [20]. Der Anteil zugesetzter Saccharose (isolierter Rohr-/Rübenzucker) betrug in einer älteren Auswertung in Deutschland 6,3 % bis 13,2 % der Energie [12]. Um den Anforderungen an eine präventive Ernährung (s. Einführung und Referenzwerte für die Fettzufuhr) gerecht zu werden und die Basis für die Versorgung mit Vitaminen, Mineralstoffen, sekundären Pflanzenstoffen und Ballaststoffen weiter zu verbessern, sollten Lebensmittel, welche die Nährstoffdichte herabsetzen, noch mehr gegen Obst (-saft), Gemüse (-saft), Salat und andere Kohlenhydratträger wie Vollkornprodukte sowie fettarme Milchprodukte ausgetauscht werden. Der Schwerpunkt der Versorgung mit Kohlenhydraten wird auf ballaststoffreiche Lebensmittel gelegt. Für Lebensmittel, die mit diversen Zuckerarten gesüßt werden, wird ein moderater Umgang empfohlen [5]. Dies gilt besonders bei energiearmer Ernährung (z. B. Reduktionsdiät oder in der Kost alter Menschen) und bei Personengruppen wie Kindern [13] und jungen Erwachsenen [12]. In dem im Jahr 2003 erschienenen Bericht „*Diet, Nutrition, and the Prevention of Chronic Diseases*" gibt die WHO [16] als Ziel an, die Zufuhr von zugesetzten Zuckerarten auf < 10 % der Energiezufuhr zu begrenzen.

Aus Lebensmitteln, die von Natur aus einen hohen Anteil an Ballaststoffen haben, werden die Inhaltsstoffe langsamer absorbiert. Die Zusammensetzung der Nahrung (vor allem, ob Kohlenhydrate allein oder im Verbund mit Fett und Protein vorliegen) beeinflusst die Geschwindigkeit der Absorption und damit die Verwertung der Kohlenhydrate im Organismus.

Kohlenhydrate werden unter dem Einfluss von Insulin, auch bei hoher Zufuhr, bevorzugt oxidiert oder in Form von Glycogen gespeichert. Diese bevorzugte Oxidation von Kohlenhydraten führt dazu, dass bei überenergetischer Ernährung vorwiegend Fettsäuren aus der Nahrung im Fettgewebe abgelagert werden. Erst bei sehr hoher Kohlenhydratzufuhr (mehr als 400–500 g/Tag bei jungen Erwachsenen) kommt es beim Menschen zu einer gesteigerten *de-novo*-Synthese von gesättigten Fettsäuren aus Glucose (in geringem Umfang auch aus Fructose), die im Fettgewebe deponiert werden [15].

Erwachsene setzen pro Tag mindestens 180 g Glucose um. Davon verbrennt das Gehirn normalerweise etwa 140 g zu Kohlendioxid und Wasser. Die verbleibenden 40 g Glucose werden vor allem von den Erythrozyten glycolytisch zu Lactat und Pyruvat abgebaut, woraus in der Leber wieder Glucose synthetisiert wird (Cori-Zyklus). Über die körpereigene Gluconeogenese aus Aminosäuren, Lactat oder Glycerin können pro Tag ca. 130 g Glucose bereitgestellt werden [14]. Damit kann kurzfristig der Glucosebedarf weitgehend gedeckt werden. Bei längerem Fasten wird nach Anpassung des Stoffwechsels der Energiebedarf des Gehirns zu einem erheblichen Teil durch die Verbrennung von Ketonkörpern gedeckt. Zur Vermeidung der Gluconeogenese aus Protein und zur Hemmung der Lipolyse sollten beim Erwachsenen wie beim Säugling wenigstens 25 % des Energiebedarfs als Kohlenhydrate angeboten werden [5, 11].

Bei der Ernährung von Säuglingen im 1. Lebenshalbjahr mit Frauenmilch werden etwa 45 % des Energiebedarfs durch Kohlenhydrate gedeckt (48 % durch Fett und 7 % durch Protein). Der überwiegende Teil der Kohlenhydrate liegt in der Frauenmilch in Form von Lactose vor. Der Rest verteilt sich auf sehr komplexe Oligosaccharide, die eine unterschiedliche Anzahl von Monosaccharid-Bausteinen besitzen [9]. Die physiologische Bedeutung dieser Oligosaccharide ist nicht genau bekannt. Es deutet vieles darauf hin, dass sie Einfluss auf die Entwicklung einer spezifischen Darmflora und auf die intestinale Resistenz gegenüber pathogenen Bakterien und Viren haben.

In der Ernährung des Säuglings im 2. Lebenshalbjahr machen Kohlenhydrate etwa 47 % der Energiezufuhr aus (Fett 40 %, Protein 13 %) [7]. Mit einer vollwertigen Mischkost erhalten Kinder etwa 52 % der Energiezufuhr aus Kohlenhydraten (aus Fett 35 %, aus Protein 13 %).

Unter dem Sammelbegriff **Ballaststoffe (Nahrungsfasern)** werden Bestandteile pflanzlicher Nahrung zusammengefasst, die von den körpereigenen Enzymen des menschlichen Magen-Darm-Trakts nicht abgebaut werden. Es handelt sich, abgesehen von Lignin, um unverdauliche Kohlenhydrate wie Zellulose, Hemizellulose, Pektin etc. Auch die durch Amylasen nicht spaltbare Stärke (resistente Stärke) muss einbezogen werden. Weiterhin gehören nicht-verdauliche Oligosaccharide wie Oligofructosen oder die Oligosaccharide der Raffinosefamilie dazu (Raffinose, Stachyose, Verbascose in Hülsenfrüchten).

Ballaststoffe erfüllen eine Reihe wichtiger, zum Teil sehr unterschiedlicher Funktionen im Verdauungstrakt und haben Auswirkungen auf den Stoffwechsel [8, 17]. Ballaststoffe werden im Dickdarm zum Teil von Bakterien zu kurzkettigen Fettsäuren abgebaut. Diese senken den pH-Wert des Darminhalts und dienen der Darmschleimhaut als Nährstoffe. Im Fall ihrer Absorption stellen diese kurzkettigen Fettsäuren eine zusätzliche Energiequelle mit einer verfügbaren Energie von ca. 8,4 kJ (2 kcal) pro g Ballaststoff dar.

Ballaststoffe sollen der Entstehung einer Reihe von Krankheiten und Funktionsstörungen entgegenwirken. Die evidenzbasierte Leitlinie zur Kohlenhydratzufuhr [21] zeigt präventive Effekte einer hohen Ballaststoffzufuhr in Bezug auf das Risiko für Adipositas, Hypertonie, koronare Herzkrankheit, Dyslipoproteinämie und maligne Tumoren im Kolorektum auf. Bei Diabetes mellitus Typ 2, Hypertonie und koronarer Herzkrankheit hat insbesondere eine hohe Zufuhr von Vollkornprodukten präventive Auswirkungen. Aufgrund des Nutzens einer hohen Ballaststoffzufuhr bzw. einer hohen Zufuhr von Vollkornprodukten für die Prävention verschiedener chronischer Krankheiten, sollten alle Anstrengungen unternommen werden, um die Ballaststoffzufuhr und speziell auch die Zufuhr von Vollkornprodukten in der Bevölkerung zu steigern.

Bei der Wahl ballaststoffreicher Lebensmittel muss berücksichtigt werden, dass die Effekte der einzelnen Ballaststoffkomponenten unterschiedlich sind. Ballaststoffe sollten deshalb sowohl aus Vollkorngetreide (überwiegend unlösliche, bakteriell wenig abbaubare Polysaccharide) als auch aus Gemüse, Obst und Kartoffeln (überwiegend lösliche, bakteriell abbaubare Polysaccharide) zugeführt werden. Damit wird eine günstige Verteilung zwischen unlöslichen und löslichen Ballaststoffen gewährleistet.

Als Richtwert für die Zufuhr von Ballaststoffen gilt bei Erwachsenen eine Menge von mindestens 30 g/Tag, das sind rund 3,9 g/MJ bzw. 16,7 g/1 000 kcal bei der Frau und 3,1 g/MJ bzw. 13 g/1 000 kcal beim Mann (25 bis unter 51 Jahre, PAL 1,4; Tab. 5 der Referenzwerte für die Energiezufuhr). Liegt die Energiezufuhr unter den alters- und geschlechtsspezifischen Richtwerten, muss die Ballaststoffdichte größer sein. Für Säuglinge und Kinder können zurzeit keine Richtwerte für die Ballaststoffzufuhr angegeben werden. Frauenmilch enthält zwar Oligosaccharide, aber keine Ballaststoffe. Mit der Einführung der Beikost steigt die Ballaststoffzufuhr von zunächst rund 1 g/MJ bzw. 4 g/1 000 kcal (5./6. Monat) auf 2,4 g/MJ bzw. 10 g/1 000 kcal (12. Monat) [7]. Damit erscheint eine Ballaststoffdichte der Nahrung von etwa 2,4 g/MJ (10 g/1 000 kcal) auch für Kinder realisierbar.

Die Möglichkeit einer verminderten Absorption von mehrwertigen Kationen (Calcium, Magnesium, Eisen, Zink) hat nur bei erhöhter Zufuhr isolierter Ballaststoffe (z. B. Kleie aus therapeutischen Gründen) eine praktische Bedeutung. Eine geringfügig verminderte Absorptionsrate bei Verzehr von ballaststoffreichen Lebensmitteln wird durch deren höheren Gehalt an mehrwertigen Kationen mehr als ausgeglichen.

## Literatur


[1] Ascherio A, Rimm EB, Giovannucci EL et al.: Dietary fat and risk of coronary heart disease in men: cohort follow up study in the United States. BMJ 313 (1996) 84–90

[2] Deutsche Gesellschaft für Ernährung (Hrsg.): Fettkonsum und Prävention ausgewählter ernährungsmitbedingter Krankheiten – Evidenzbasierte Leitlinie. Bonn (2006) www.dge.de/wissenschaft/leitlinien (eingesehen am 02.12.2014)

[3] Bundesamt für Gesundheit (Hrsg.): Fünfter Schweizerischer Ernährungsbericht. Bern (2005)

[4] Deutsche Gesellschaft für Ernährung (Hrsg.): Ernährungsbericht 1996. Druckerei Henrich, Frankfurt am Main (1996)

[5] FAO (Food and Agriculture Organization of the United Nations): Carbohydrates in human nutrition. Report of a joint FAO/WHO consultation. FAO Food and Nutriton Paper 66, Rome (1998)

[6] Elmadfa I et al.: Österreichischer Ernährungsbericht 2012. Wien,1. Auflage (2012)

[7] Kersting M, Ness B, Schöch G: Das Baukastensystem der Beikost zur Realisierung der Empfehlungen für die Nährstoffzufuhr im 5. – 12. Lebensmonat. Akt Ernähr Med 19 (1994) 160–169

[8] Kritchevsky D: Dietary fiber. Annu Rev Nutr 8 (1988) 301–328

[9] Kunz C, Rudloff S: Biological functions of oligosaccharides in human milk. Acta Paediatr 82 (1993) 903–912

[10] Kushi LH, Lew RA, Stare FJ et al.: Diet and 20-year mortality from coronary heart disease. The Ireland-Boston Diet-Heart Study. N Engl J Med 312 (1985) 811–818

[11] Lifschitz CH: Carbohydrate needs in preterm and term newborn infants. In: Tsang RC, Nichols BL (Hrsg.): Nutrition during infancy. Hanley & Belfus, Philadelphia (1988) 122–132

[12] Linseisen J, Gedrich K, Karg G et al.: Sucrose intake in Germany. Z Ernährungswiss 37 (1998) 303–314

[13] Lyhne N, Ovesen L: Added sugars and nutrient density in the diet of Danish children. Scand J Nutr 43 (1999) 4–7

[14] MacDonald IL: Carbohydrates. In: Shils ME, Olson JA, Shike M (Hrsg.): Modern nutrition in health and disease. Lea & Febiger, Philadelphia, 8. Auflage (1994) 36–46

[15] Noack R: Nahrungsfett und Adipositas. Teil 1: Fett- und Kohlenhydrataufnahme und Nährstoffbilanzen. Ernährungs-Umschau 45 (1998) 8–13

[16] WHO (World Health Organization): Diet, nutrition and the prevention of chronic diseases. WHO Technical Report Series 916, Genf (2003)

[17] Schneemann BO, Tietyen J: Dietary Fiber. In: Shils ME, Olson JA, Shike M (Hrsg.): Modern nutrition in health and disease. Lea & Febiger, Philadelphia, 8. Auflage (1994) 89–100

[18] Deutsche Gesellschaft für Ernährung: Glykämischer Index und glykämische Last – ein für die Ernährungspraxis des Gesunden relevantes Konzept? Teil 1: Einflussfaktoren auf den glykämischen Index sowie Relevanz für die Prävention ernährungsmitbedingter Erkrankungen. Ernährungs-Umschau 51 (2004) 84–89

[19] WHO (World Health Organization): Diet, nutrition, and the prevention of chronic diseases. Report of a WHO study group. WHO Technical Report Series 797, Genf (1990)

[20] Deutsche Gesellschaft für Ernährung (Hrsg.): 12. Ernährungsbericht 2012. Bonn (2012)

[21] Deutsche Gesellschaft für Ernährung (Hrsg.): Kohlenhydratzufuhr und Prävention ausgewählter ernährungsmitbedingter Krankheiten – Evidenzbasierte Leitlinie. Bonn (2011) www.dge.de/wissenschaft/leitlinien (eingesehen am 02.12.2014)

# Alkohol

Alkohol hat verschiedenartige Wirkungen. Ernährungsphysiologisch wichtig sind die hohe Energiedichte von Alkohol, seine ungünstige Wirkung auf die Absorption von zahlreichen essenziellen Nährstoffen im Darm und die mögliche Verdrängung lebensnotwendiger Stoffe aus der Nahrung bei Alkoholabusus. Die mediane Energiezufuhr in Form von Alkohol beträgt bei männlichen Jugendlichen und Erwachsenen im Alter von 15 bis 80 Jahren 3,1 % [4]. Alkohol wird im Körper zu etwa 95 % für die Energiegewinnung ausgenutzt (29 kJ/g bzw. 7 kcal/g). Etwa 5 % werden mit Harn, Schweiß und Atemluft (hier als Acetaldehyd) ausgeschieden. Der durchschnittliche Alkohol- und Energiegehalt der gebräuchlichsten alkoholischen Getränke ist in Tabelle 1 aufgelistet.

## Tabelle 1: Energie- und Alkoholgehalt alkoholischer Getränke [8]

| Alkoholische Getränke | Energiegehalt MJ/l | Energiegehalt kcal/l | Alkoholanteil g/l | Alkoholanteil am Brennwert (%) |
|---|---|---|---|---|
| Vollbier, hell | 1,6 | 390 | 35 | 63 |
| Rotwein, leicht | 2,7 | 650 | 80 | 86 |
| Rotwein, schwer | 3,2 | 775 | 95 | 86 |
| Weißwein | 2,9 | 700 | 85 | 85 |
| Sekt | 3,5 | 835 | 90 | 75 |
| Weinbrand | 9,9 | 2 400 | 330 | 96 |

Alkohol senkt beim nüchternen Menschen die Blutzuckerkonzentration, führt zu einem Anstieg der Triglyceride und des Blutdrucks und einer Verschiebung von Blut aus dem Körperzentrum in die Körperperipherie mit den Folgen einer Rötung und Erwärmung der Haut. Vermehrte Wärmebildung und Wärmeabgabe steigern den Grundumsatz. Die starke diuretische Wirkung von Alkohol kann zu einer Störung des Mineralstoffhaushalts führen. Übelkeit und Schwindel nach starkem Alkoholgenuss kommen durch eine Reizung der Magenschleimhaut bzw. durch einen direkten Einfluss auf das Gleichgewichtsorgan im Innenohr zustande.

Selbst geringe Alkoholmengen mindern bereits die Muskelleistung. Auf das Zentralnervensystem wirkt Alkohol als Folge einer Hemmung von aktivierenden und hemmenden Neuronen sowohl dämpfend als auch erregend. Diese akuten zentralnervösen Alkoholwirkungen führen mit steigender Blutalkoholkonzentration über Gangstörungen und eine verlängerte Reaktionszeit zu einer Überschreitung der Grenze für koordinierte Reaktionen. Eine Blutkonzentration von über 1,4 ‰ wird als akute Vergiftung gewertet; diese stört das Bewusstsein so stark, dass die Zurechnungsfähigkeit aufgehoben ist.

Außer diesen akuten Wirkungen von Alkohol sind bei chronischem Alkoholkonsum vor allem Langzeitwirkungen zu beachten. An erster Stelle stehen Krebskrankheiten sowie das Suchtpotenzial, das schließlich zu schwersten Folgeerscheinungen wie Organ- und Nervenschäden sowie Verwirrtheit und psychischen Störungen führen kann.

Alkohol wird geringfügig in der Magenschleimhaut, aber vor allem in der Leber, und zwar bevorzugt vor anderen Nährstoffen, abgebaut. Chronischer Alkoholkonsum führt zu Fettleber und später zur Leberzirrhose. Hinzu kommen Schäden an weiteren Organen wie Bauchspeicheldrüse und Herzmuskel [6]. Alkoholkonsum in größeren Mengen und über längere Zeit erhöht weiterhin das Risiko für die Entstehung von Mundhöhlen-, Rachen-, Speiseröhren-, Brust- und Dickdarmkrebs bei Menschen mittleren und höheren Alters [2, 4, 5, 9, 14]. Bei jungen Menschen wird vor allem das Risiko eines gewaltsamen Tods, insbesondere durch Verkehrsunfälle, erhöht [1].

Nach einigen epidemiologischen Studien [2, 6, 12, 13] wurde in Bezug auf das Koronarrisiko des älteren Mannes moderater Alkoholkonsum als gesundheitlich zuträglich angesehen. Die postulierte kardioprotektive Wirkung von Alkohol ist durch einen Anstieg des HDL-Cholesterols im Blut, eine verminderte Blutplättchenaggregation, eine Senkung des Fibrinogens und eine gesteigerte Fibrinolyse erklärbar [3, 7, 10, 11, 12]. Der Konsum von Alkohol zum Schutz vor Herzinfarkt ist nicht anzuraten, da die o. g. negativen Wirkungen des chronischen Alkoholkonsums im Vergleich zu den positiven Effekten überwiegen [6]. Zur Prävention koronarer Herzkrankheiten gibt es andere primärpräventive Maßnahmen.

Ein Schwellenwert für die Zufuhr, ab dem schädliche Wirkungen von Alkohol mögliche positive Effekte übertreffen, kann nicht angegeben werden, da immer auch mit individuell unterschiedlichen Risiken zu rechnen ist. Bei vorsichtiger Abwägung der in der Literatur beschriebenen Wirkungen verschiedener Alkoholmengen werden zurzeit als maximal tolerierbare Alkoholzufuhr 10 g/Tag für gesunde Frauen und 20 g/Tag für gesunde Männer angesehen. Die Angabe g/Tag darf nicht als Aufforderung verstanden werden, jeden Tag Alkohol zu trinken. Während der Schwangerschaft und Stillzeit sollten Frauen Alkohol am besten meiden, um ihr Kind keinen Risiken, z. B. einer alkoholbedingten Fetopathie, auszusetzen [15]. Kinder, Jugendliche, Suchtgefährdete und Personen, die Arzneimittel einnehmen müssen, sollten keinen Alkohol trinken. In Bezug auf das Suchtpotenzial und unter Berücksichtigung der überzeugenden Evidenz für einen Zusammenhang zwischen Alkoholkonsum und bestimmten Tumorkrankheiten [16] kann keine regelmäßige Alkoholmenge als gesundheitlich unbedenklich bezeichnet werden.

20 g Alkohol entsprechen ca. 0,5 l Bier oder 0,25 l Wein oder 0,06 l Weinbrand.

## Literatur


[1] Andreasson S, Allebeck P, Romelsjö A: Alcohol and mortality among young men: longitudinal study of Swedish conscripts. BMJ 296 (1988) 1021–1025

[2] Boffetta P, Garfinkel L: Alcohol drinking and mortality among men enrolled in an American Cancer Society prospective study. Epidemiology 1 (1990) 342–348

[3] Criqui MH, Ringel BL: Does diet or alcohol explain the French paradox? Lancet 344 (1994) 1719–1723

[4] Deutsche Gesellschaft für Ernährung (Hrsg.): 12. Ernährungsbericht 2012. Bonn (2012)

[5] Longnecker MP: Alcoholic beverage consumption in relation to risk of breast cancer: meta-analysis and review. Cancer Causes Control 5 (1994) 73–82

[6] Osswald BR, Seitz HK: Alkoholabusus und seine Wirkungen. In: Erbersdobler H, Wolfram G (Hrsg.): Echte und vermeintliche Risiken der Ernährung. Wissenschaftliche Verlagsgesellschaft Stuttgart (1993) 159–170

[7] Rimm EB, Klatsky A, Grobbee D et al.: Review of moderate alcohol consumption and reduced risk of coronary heart disease: is the effect due to beer, wine, or spirits? BMJ 312 (1996) 731–736

[8] Souci SW, Fachmann W, Kraut H: Die Zusammensetzung der Lebensmittel. Nährwert-Tabellen. Medpharm Scientific Publishers, Stuttgart, 6. Auflage (2000)

[9] Thun MJ, Peto R, Lopez AD et al.: Alcohol consumption and mortality among middle-aged and elderly U.S. adults. N Engl J Med 337 (1997) 1705–1714

[10] Wolfram G: Alkohol und Arteriosklerose. In: Kluthe R, Kasper H (Hrsg.): Alkoholische Getränke und Ernährungsmedizin. Thieme, Stuttgart (1998) 47–52

[11] Rimm EB, Williams P, Fosher K et al.: Moderate alcohol intake and lower risk of coronary heart disease: meta-analysis of effects on lipids and haemostatic factors. BMJ 319 (1999) 1523–1528

[12] Mukamal KJ, Chung H, Jenny NS et al.: Alcohol consumption and risk of coronary heart disease in older adults: The Cardiovascular Health Study. J Am Geriatr Soc 54 (2006) 30–37

[13] O'Keefe JH, Bybee KA, Lavie CJ: Alcohol and cardiovascular health. J Am Coll Cardiol 50 (2007) 1009–1014

[14] WCRF (World Cancer Research Fund)/AICR (American Institute for Cancer Research): Food, nutrition, physical activity and the prevention of cancer: a global perspective. Washington, DC (2007)

[15] Brönstrup A, Bode C, Heseker H et al.: Auswirkungen eines moderaten Alkoholkonsums in der Schwangerschaft. Ernährungs Umschau 56 (2009) 10–15

[16] Deutsche Gesellschaft für Ernährung (Hrsg.): Ernährungsbericht 2008. Bonn (2008)

# Vitamin A (Retinol), β-Carotin

## A. Empfohlene Zufuhr

| Alter | Retinol | |
|---|---|---|
| | mg-Äquivalent[a]/Tag | |
| | m | w |
| **Säuglinge** | | |
| 0 bis unter 4 Monate[b] | 0,5 | |
| 4 bis unter 12 Monate | 0,6 | |
| **Kinder** | | |
| 1 bis unter 4 Jahre | 0,6 | |
| 4 bis unter 7 Jahre | 0,7 | |
| 7 bis unter 10 Jahre | 0,8 | |
| 10 bis unter 13 Jahre | 0,9 | |
| 13 bis unter 15 Jahre | 1,1 | 1,0 |
| **Jugendliche und Erwachsene** | | |
| 15 bis unter 19 Jahre | 1,1 | 0,9 |
| 19 bis unter 25 Jahre | 1,0 | 0,8 |
| 25 bis unter 51 Jahre | 1,0 | 0,8 |
| 51 bis unter 65 Jahre | 1,0 | 0,8 |
| 65 Jahre und älter | 1,0 | 0,8 |
| **Schwangere** ab 4. Monat | | 1,1 |
| **Stillende**[c] | | 1,5 |

[a] 1 mg Retinol-Äquivalent = 1 mg Retinol = 6 mg all-trans-β-Carotin = 12 mg andere Provitamin-A-Carotinoide = 1,15 mg all-trans-Retinylacetat = 1,83 mg all-trans-Retinylpalmitat; 1 IE (Internationale Einheiten werden nur noch im pharmazeutischen Bereich angegeben) = 0,3 µg Retinol
[b] Hierbei handelt es sich um einen Schätzwert.
[c] ca. 70 µg Retinol-Äquivalente-Zulage pro 100 g sezernierte Milch

## B. Erläuterungen

Vitamin A ist für das Wachstum, das Immunsystem und die Entwicklung von Zellen und Geweben unterschiedlichster Art von essenzieller Bedeutung. In Form seines aktiven Metaboliten Retinsäure reguliert es das Wachstum und den Aufbau von Haut und Schleimhäuten und damit letztlich auch deren Funktion. Daneben ist der Aldehyd des Vitamins, das Retinal, für den Sehvorgang von Bedeutung. Der Vitamin-A-Alkohol, das Retinol, welcher die streng homöostatisch geregelte Transportform im Blut darstellt, ist wahrscheinlich an der Spermatogenese beteiligt [1].

Der Beginn eines Vitamin-A-Mangels entzieht sich der klinisch-chemischen Diagnostik, da die Vitamin-A-Konzentration im Blut auch dann noch homöostatisch im Normalbereich reguliert wird, wenn die Leber nahezu vollständig geleert ist [7]. Erstes klinisches Anzeichen eines Vitamin-A-Mangels ist die Nachtblindheit. Diese kann zusammen mit oder auch erst nach Entwicklung einer Plattenepithelmetaplasie in den Respirationsschleimhäuten auftreten. Die klassischen Zeichen eines ausgeprägten Vitamin-A-Mangels sind zunächst gelblich verhornte Bitot-Flecken (an der Augenbindehaut) im Rahmen einer Xerophthalmie (Austrocknung der Tränendrüsen und Augenbindehaut). Es folgen Keratomalazie (Geschwürbildung der Hornhaut) mit völliger Zerstörung des vorderen Augenabschnitts und Erblindung. Bei gleichzeitig auftretender Abwehrschwäche (Störung des Immunsystems infolge eines Vitamin-A-Mangels) können normalerweise weniger schwerwiegend verlaufende Infektionen zum Tod führen. Derartige Vitamin-A-Mangelzustände sind in westlichen Industrieländern extrem selten. In Entwicklungsländern dagegen sind sie weitverbreitet und eine Hauptursache für Erblindung und hohe Kindersterblichkeit.

Zur Beurteilung des Vitamin-A-Status ist die Bestimmung von Retinol im Serum als alleiniger Parameter nicht geeignet [7]. Mit dem *„relative dose response test"* (RDR-Test) wird geprüft, ob nach Gabe von 7,5 mg Retinol-Äquivalenten (RÄ) (25 000 IE Vitamin A) die Vitaminkonzentration im Serum um mehr als 15 % ansteigt. In diesem Fall liegt ein marginaler Vitamin-A-Mangel vor. Bei geringerem oder keinem Anstieg geht man von einer ausreichenden Versorgung aus.

Gruppen mit kritischer Versorgung sind Neugeborene, Kinder mit häufigen Infekten sowie an Masern Erkrankte und alte Menschen. Beim Neugeborenen hängt die Versorgung wesentlich von der Zufuhr während der Schwangerschaft ab. Mit Fieber einhergehende Infektionskrankheiten führen zu einer starken Erhöhung des Vitamin-A-Bedarfs [12, 13] bei gleichzeitig vermehrter Ausscheidung [14, 17]. Dies ist vor allem bei Kleinkindern zu berücksichtigen, die noch über geringe Reserven verfügen.

Die Zunahme der Kenntnisse über die Wirkungsweisen von Vitamin A hat dazu geführt, dass sich das Verständnis um die große Bedeutung einer adäquaten Zufuhr erheblich erweitert hat. Die Absorptionsrate von Retinol liegt in Abhängigkeit von Menge und Art des Nahrungsfettes bei maximal 75 %. Eben wegen der großen Bedeutung des Vitamins und der wenigen Quellen für vorgebildetes (präformiertes) Vitamin A (Retinol) in der Nahrung, hat der menschliche Organismus in der Leber Speicher in Form von Retinol-Fettsäureestern angelegt; diese genügen bei ausreichender Füllung je nach Alter zur Bedarfsdeckung für einen Zeitraum zwischen 1 bis 3 Wochen (beim Neugeborenen), 3 Monaten (bei Kindern) bzw. bis zu 1 Jahr (bei Erwachsenen) [9, 10]. Aus dem Speicher wird das Vitamin nach Hydrolyse zu Retinol an ein in der Leber gebildetes Retinol-bindendes Protein und an Transthyretin (Thyroxin-bindendes Präalbumin) im molaren Verhältnis 1 : 1 : 1 gekoppelt an das Blut abgegeben.

Neben der Leber legen aber auch andere vom Vitamin A abhängige Gewebe wie Lunge, Respirationsschleimhaut, Auge, diverse Sinnesepithelien, Gastrointestinalschleimhaut u. a. Speicher an [2]. Diese stellen offensichtlich zelluläre Reserven dar, wenn die Abgabe von Retinol aus dem Blut an die Zelle den Bedarf nicht deckt. Je nach zellulärem Umsatz des Vitamins können die Speicher in mehr oder weniger kurzer Zeit geleert sein. Bis heute ist nicht gesichert, inwieweit solche extrahepatischen Speicher durch Freisetzung aus der Leber aufgefüllt werden oder ob dies lediglich über die Chylomikronen (postprandial) bzw. LDL verläuft. Sind die Speicher der Zielgewebe geleert, kommt es zur Entwicklung von Differenzierungsstörungen, die im Falle der Schleimhäute des Respirationstraktes zu Plattenepithelmetaplasie und damit zur Funktionsunfähigkeit des Gewebes führen [18]. Dies erklärt, weshalb bereits im beginnenden Vitamin-A-Mangel, noch lange bevor es zu den klassischen Mangelerscheinungen am Auge kommt, eine stark erhöhte Infektempfindlichkeit der Atemwege auftreten kann [15].

Der Vitamin-A-Bedarf wird durch vorgebildetes Vitamin A aus Lebensmitteln tierischer Herkunft (z. B. Leber) und durch Provitamine (β-Carotin, einige andere Carotinoide und β-apo-Carotinale) gedeckt, die von Pflanzen gebildet werden. Um zu einer einheitlichen Bewertung der Zufuhr und damit der Bedarfsdeckung zu kommen, werden die Provitamine als Retinol-Äquivalente (RÄ) berechnet. Die Zusammenfassung über einen einheitlichen Umrechnungsfaktor ist eine Vereinfachung für den Gebrauch in der Praxis, weil aus Kombinationen von Lebensmitteln oder Zubereitungsformen gleichermaßen höhere wie geringere Ausnutzungsgrade der Provitamine resultieren können. Neuere Untersuchungen weisen daraufhin, dass in Zukunft der Umrechnungsfaktor von β-Carotin in Vitamin A ggf. zu ändern ist. In den *„Dietary Reference Intakes"* der USA und Kanadas wird statt Retinol-Äquivalenten nun der Begriff Retinolaktivitäts-Äquivalente eingeführt und ein Umrechnungsfaktor von 12 : 1 angegeben, d. h. 12 mg β-Carotin wären notwendig, um 1 mg Vitamin A zu bilden [27, 28].

Die empfohlene Zufuhr für Erwachsene geht von einem experimentell ermittelten durchschnittlichen Tagesbedarf von 0,6 mg Vitamin A (Retinol) aus. Zur Abdeckung der physiologischen Schwankungsbreite wurde ein Variationskoeffizient von mindestens 30 % für sinnvoll gehalten. Der Durchschnittsbedarf wurde deshalb mit dem Faktor 1,6 multipliziert, um zu der empfohlenen Zufuhr zu gelangen. Die für Frauen empfohlene Zufuhr wurde um 20 % geringer angesetzt, weil ihre Plasmakonzentration im Durchschnitt niedriger liegt (VERA-Studie: Frauen 1,78 µmol/l, Männer 2,04 µmol/l) [8].

In der Schwangerschaft ist der Vitamin-A-Bedarf erhöht. Die Zufuhr sollte im Durchschnitt ein Drittel höher sein als bei nicht schwangeren Frauen. Wegen der großen Bedeutung des Vitamins für die Lungenentwicklung und -reifung [1] sollte besonders im 2. und 3. Schwangerschaftsdrittel auf eine ausreichende Zufuhr geachtet werden. Die beste Vitamin-A-Quelle ist Leber (ca. 125 g/Woche). Da Leber jedoch in Abhängigkeit von der Tierfütterung sehr hohe Retinolmengen enthalten kann, sollten Frauen im 1. Trimester auf den Verzehr von Leber verzichten (s. u.).

Mit der Milch gesunder Mütter werden vom Säugling rund 0,5 mg Retinol-Äquivalente am Tag aufgenommen [16]. Mit der Dauer des Stillens nimmt der Vitamin-A-Gehalt der Frauenmilch ab und der Bedarf des gestillten Kindes für das Wachstum zu. Vor allem bei Frauen, die länger als 4 Monate stillen, wird zur Deckung des Bedarfs des Säuglings und zur Vermeidung von Defiziten bei der stillenden Frau eine Zulage (0,7 mg/Tag) empfohlen.

Die im Seniorenalter häufig beobachteten erniedrigten Vitamin-A-Plasmakonzentrationen sind meist die Folge einer einseitigen Ernährung.

Besonders ergiebige Vitamin-A-Quellen sind Leber und Gemüse mit hohem β-Carotingehalt (z. B. Karotten, Spinat oder Grünkohl). Sonstige tierische Lebensmittel (Fette, Eier, Fleisch) enthalten vergleichsweise geringe Vitamin-A-Mengen. Werden tierische Produkte, insbesondere Leber, nicht verzehrt, so muss auf die β-Carotin-Zufuhr durch Gemüse besonders geachtet werden.

Die Einwirkung von Hitze und Licht in Gegenwart von Sauerstoff verursacht Verluste von Vitamin A. Der Mittelwert für die Zubereitungsverluste sämtlicher verbrauchter Lebensmittel bei landesüblicher Ernährung und schonender Zubereitung beträgt ca. 20 % [4]. Die Vitamin-A-Aktivität der Provitamine wird auch in Abwesenheit von Sauerstoff durch Licht oder Hitze infolge der Bildung von cis-Isomeren vermindert.

Bei den üblichen Ernährungsgewohnheiten ist die Vitamin-A-Bedarfsdeckung in aller Regel gut gesichert.

In sehr hohen Dosen lösen vorgebildetes Vitamin A und auch manche Retinoide (Vitamin-A-Derivate wie Retinsäure, die als Medikamente eingesetzt werden) Nebenwirkungen aus. Akut kommt es zu Kopfschmerzen oder auch zu einer Steigerung des Liquordrucks; chronisch treten Hautveränderungen, Gelbsucht und Lebervergrößerung bis zur Zirrhose sowie schmerzhafte Skelettveränderungen (Exostosen) auf [3].

Als tolerierbare Gesamtzufuhrmenge für den Erwachsenen gilt bis zu 3 mg (entsprechend 10 000 IE) Vitamin A (als Retinol oder Retinylester) pro Tag [21]. Da eine Reihe von Studien dafür sprechen, dass zwischen einer hohen Vitamin-A-Zufuhr und dem Risiko für eine verminderte Knochendichte sowie dem Risiko einer erhöhten Frakturrate ein Zusammenhang besteht [20, 22, 24, 25], wird seitens der EFSA [21] postmenopausalen Frauen, bei denen das Risiko für Frakturen und Osteoporose erhöht ist, empfohlen, aus Nahrung und Präparaten nicht mehr als 1,5 mg/Tag zuzuführen. Aus Sicht des Bundesinstituts für Risikobewertung sollten auch erwachsene Männer nicht mehr als 1,5 mg an präformiertem Vitamin A pro Tag zuführen [26].

Nicht gesichert ist, ob es nicht auch bei hoher Zufuhr von präformiertem Vitamin A, wie es in Lebensmitteln (z. B. Leber) in teilweise hoher Konzentration vorliegt, durch Bildung der allein teratogen wirksamen Retinsäure, die in Lebensmitteln und Nahrungsergänzungsmitteln als solche nicht vorkommt, zu Schäden in der Entwicklung des Ungeborenen kommen kann [3]. Daher sollten Frauen, bei denen eine Schwangerschaft vorliegen könnte bzw. geplant wird, auf den Vitamin-A-Gehalt der Nahrung achten. Eine Portion (ca. 125 g) Leber enthält in aller Regel das 5- bis 10-Fache, in Extremfällen (abhängig von der Fütterung) mehr als das 20-Fache dieser Menge Retinol. Durch den Verzehr anderer Lebensmittel und durch vorschriftsmäßig dosierte Multivitaminpräparate sind Überschreitungen der genannten sicheren Vitamin-A-Mengen nicht zu befürchten. Durch Provitamine können keine Schäden ausgelöst werden, da die Absorption von Provitaminen und deren Umwandlung in Vitamin A durch die Darmschleimhaut kontrolliert erfolgt und daher nur begrenzt möglich ist. Auf die Bedeutung einer ausreichenden Vitamin-A-Zufuhr im 2. und 3. Trimester der Schwangerschaft wurde bereits hingewiesen.

## β-Carotin

β-Carotin gehört in die Gruppe der Carotinoide und erfüllt zwei wesentliche Funktionen: Aus β-Carotin (Provitamin A) kann präformiertes Vitamin A entstehen und es wirkt wie nahezu alle anderen Carotinoide als Antioxidans.

β-Carotin kann unverändert mit der Nahrung aufgenommen sowie in verschiedenen Geweben (Dünndarm, Leber, Lunge) zu Vitamin A verstoffwechselt werden. Für die Beantwortung der Frage, wie viel β-Carotin der Mensch benötigt bzw. ob dieses Provitamin A für den Menschen essenziell ist, sind zwei Aspekte zu berücksichtigen:

- die Effizienz und Kontrolle der Spaltung zu Vitamin A und
- die Möglichkeit der Unterscheidung einer reinen β-Carotin-Wirkung von der Wirkung anderer Carotinoide.

β-Carotin wird in der Darmschleimhaut zu etwa 17 % zu Vitamin A gespalten; bei einem Gemisch von Carotinoiden geht man von ca. 7 % aus. Mit sinkender Vitamin-A-Zufuhr scheint die Spaltung von β-Carotin zu Vitamin A zuzunehmen, bei guter Versorgung mit Vitamin A nimmt die Spaltungsrate ab.

Die Bioverfügbarkeit von β-Carotin unterliegt sehr großen Schwankungen. Dies ist möglicherweise auf individuelle Unterschiede in der Fettabsorption zurückzuführen und weniger auf die Notwendigkeit der Anwesenheit von Fett zur Absorption von β-Carotin. Eine gewisse Menge Fett begünstigt die Aufnahme fettlöslicher Vitamine, jedoch kann β-Carotin auch in Abwesenheit von Fett absorbiert werden, wenn auch in geringen Mengen. Die Nutzung von β-Carotin aus Gemüse hängt in hohem Maße von der Art der Zubereitung ab – bei Karotten vor allem vom mechanischen Aufschluss der Pflanzenzellen (Entsaften, Blanchieren). Aus roh verzehrten Karotten wird β-Carotin praktisch nicht absorbiert. Ein hoher Pektingehalt der Nahrung kann die β-Carotin-Absorption einschränken.

β-Carotin kommt neben anderen Pflanzenfarbstoffen in nahezu allen pflanzlichen Lebensmitteln vor. Folglich ist es schwierig, den nicht Provitamin-A-wirksamen Anteil des β-Carotins in seiner biologischen Wirkung und damit Essenzialität für den Menschen abzugrenzen. Durch die Ergebnisse verschiedener epidemiologischer Studien wird erkennbar, dass Carotinoide, unabhängig von ihrer Eigenschaft als A-Provitamine, das Risiko vermindern, an Lungen-, Speiseröhren- und Magenkrebs zu erkranken [5, 6].

Theoretisch wäre eine derartige Wirkung sehr gut zu erklären, denn Carotinoide (der Tomatenfarbstoff Lykopin ist noch wirksamer als β-Carotin) sind sehr wirksam beim Abbau von Sauerstoffradikalen und ähnlichen aggressiven Oxidationsmitteln. Von diesen ist bekannt, dass sie u. a. auch die Bildung bösartiger Neubildungen begünstigen. Sie gelangen auf verschiedenen Wegen, u. a. durch Umweltverunreinigungen, in den Organismus. Sie werden aber auch (z. B. zur Abtötung von Mikroorganismen) vom Organismus selbst gebildet.

Da Carotinoide sich im Blutplasma und im Fettgewebe anreichern, wird der Schutz umso intensiver, je mehr von ihnen aufgenommen wird. Streng genommen ist β-Carotin Marker oder Leitsubstanz für die Menge an verzehrtem Gemüse und bestimmten Obstsorten. Als gute Lieferanten sind intensiv gefärbte Grüngemüse (z. B. Spinat, Grünkohl, grüne Bohnen, Broccoli, Feldsalat) anzusehen. Möhren enthalten zwar große Carotinmengen, diese sind aber, wie vorstehend beschrieben, nur bei entsprechender Zubereitung verfügbar.

Über die notwendige Höhe der Zufuhr von β-Carotin bestehen bisher nur unsichere Vorstellungen. Angaben müssen sich an Studien orientieren, die entweder die errechnete β-Carotin-Zufuhr oder die aus der Ernährungsweise resultierenden β-Carotin-Blutkonzentrationen als Indikatoren für die risikosenkenden Wirkungen für ernährungsmitbedingte Krankheiten des β-Carotins und der Carotinoide herangezogen haben. Aus solchen Studien lässt sich ein Schätzwertbereich von 2 mg/Tag bis 4 mg/Tag ableiten.

In großen epidemiologischen Studien, die über mehrere Jahre durchgeführt worden sind, hat sich eine tägliche Zufuhr bis zu 10 mg β-Carotin über die Nahrung als unbedenklich erwiesen. Aufgrund der Ergebnisse zweier Interventionsstudien mit β-Carotin [11, 19] muss die Unbedenklichkeit höherer β-Carotinmengen (20 mg bzw. 30 mg) bei starken Rauchern jedoch in Frage gestellt werden. Gegenüber β-Carotin-Präparaten ist also bei Rauchern Vorsicht geboten [29]. Sie lassen nicht nur einen Schutzeffekt gegen Lungenkrebs vermissen, sondern sind bei Rauchern sogar nachteilig in Hinsicht auf die Lungenkrebsinzidenz und die Gesamtmortalität [30]. Weitere Forschung ist notwendig, um die Sicherheit höherer Dosierungen in Kombinations- und Einzelpräparaten über längere Zeit in unterschiedlichen Altersklassen zu evaluieren.

Die EFSA [31] bewertet eine tägliche Zufuhr von β-Carotin von bis zu 15 mg für Erwachsene als unbedenklich.

## Literatur


[1] Biesalski HK: Vitamin A und Retinoide. In: Biesalski HK, Schrezenmeir J, Weber K et al. (Hrsg.): Vitamine. Physiologie, Pathophysiologie, Therapie. Thieme, Stuttgart (1997) 3–33

[2] Biesalski HK, Weiser H: Microdetermination of retinyl esters in guinea pig tissues under different vitamin A-status conditions. J Micronutr Analysis 7 (1990) 97–116

[3] Biesalski HK: Comparative assessment of the toxicology of vitamin A and retinoic acid. Toxicology 57 (1989) 117–161

[4] Bognàr A: Vitaminverluste bei der Lagerung und Zubereitung von Lebensmitteln. Ernährung/Nutrition 19 (1995) 411–416, 478–483, 551–554

[5] Flagg EW, Coates RJ, Greenberg RS: Epidemiologic studies of antioxidants and cancer in humans. J Am Coll Nutr 14 (1995) 419–427

[6] Garewal H: Antioxidants in oral cancer prevention. Am J Clin Nutr 62, Suppl 6 (1995) S1410–S1416

[7] Gerlach T, Biesalski HK, Bässler KH: Serum-Vitamin-A-Bestimmungen und ihre Aussagekraft zum Vitamin-A-Status. Z Ernährungswiss 27 (1988) 57–70

[8] Heseker H, Schneider R, Moch KJ et al.: Vitaminversorgung Erwachsener in der Bundesrepublik Deutschland. In: Kübler W, Anders HJ, Heeschen W et al. (Hrsg.): VERA-Schriftenreihe. Band 4. Wissenschaftlicher Fachverlag Dr. Fleck, Niederkleen (1992)

[9] Olson JA: Evaluation of vitamin A status in children. World Rev Nutr Diet 31 (1978) 130–134

[10] Olson JA: Serum levels of vitamin A and carotenoids as reflectors of nutritional status. J Natl Cancer Inst 73 (1984) 1439–1444

[11] Omenn GS, Goodman GE, Thornquist MD et al.: Effects of a combination of beta carotene and vitamin A on lung cancer and cardiovascular disease. N Engl J Med 334 (1996) 1150–1155

[12] Rahman MM, Mahalanabis D, Alvarez JO et al.: Acute respiratory infections prevent improvement of vitamin A status in young infants supplemented with vitamin A. J Nutr 126 (1996) 628–633

[13] Rosales FJ, Ritter SJ, Zolfaghari R et al.: Effects of acute inflammation on plasma retinol, retinol-binding protein, and its mRNA in the liver and kidneys of vitamin A-sufficient rats. J Lipid Res 37 (1996) 962–971

[14] Semba RD: Vitamin A, immunity, and infection. Clin Infect Dis 19 (1994) 489–499

[15] Sommer A, Katz J, Tarwotjo I: Increased risk of respiratory disease and diarrhea in children with preexisting mild vitamin A deficiency. Am J Clin Nutr 40 (1984) 1090–1095

[16] Souci SW, Fachmann W, Kraut H (Hrsg.): Die Zusammensetzung der Lebensmittel. Nährwert-Tabellen. medpharm, Stuttgart, 7., revidierte und ergänzte Auflage (2008)

[17] Stephensen CB, Alvarez JO, Kohatsu J et al.: Vitamin A is excreted in the urine during acute infection. Am J Clin Nutr 60 (1994) 388–392

[18] Stofft E, Biesalski HK, Zschaebitz A et al.: Morphological changes in the tracheal epithelium of guinea pigs in conditions of „marginal" vitamin A deficiency. A light, scanning- and transmission-electron microscopic study under special breeding conditions appropriate to early vitamin A deficiency. Int J Vitam Nutr Res 62 (1992) 134–142

[19] The Alpha-Tocopherol, Beta Carotene Cancer Prevention Study Group: The effect of vitamin E and beta carotene on the incidence of lung cancer and other cancers in male smokers. N Engl J Med 330 (1994) 1029–1035

[20] Feskanich D, Singh V, Willett WA et al.: Vitamin A intake and hip fractures among postmenopausal women. JAMA 287 (2002) 47–54

[21] EFSA (European Food Safety Authority): Tolerable upper intake levels for vitamins and minerals. (2006) www.efsa.europa.eu/en/ndatopics/docs/ndatolerableuil.pdf (eingesehen am 26.11.2012)

[22] Melhus H, Michaëlsson K, Kindmark A et al.: Excessive dietary intake of vitamin A is associated with reduced bone mineral density and increased risk for hip fracture. Ann Intern Med 129 (1998) 770–778

[23] Penniston KL, Wen N, Binklev N et al.: Serum retinyl esters are not elevated in postmenopausal women with and without osteoporosis whose preformed vitamin A intakes are high. Am J Clin Nutr 84 (2006) 1350–1356

[24] Michaelsson MD, Lithell H, Bengt-Vessby MD et al.: Serum retinol levels and the risk of fracture. N Engl J Med 348 (2003) 287–294

[25] Opotowsky A, Bilezikian JP: Serum vitamin A concentration and the risk of hip fracture among women 50 to 74 years old in the United States: A prospective analysis of the NHANES I follow-up study. J Med 117 (2004) 169–174

[26] Domke A, Großklaus R, Niemann B et al. (Hrsg.): Verwendung von Vitaminen in Lebensmitteln. Toxikologische und ernährungsphysiologische Aspekte. Teil I. BfR-Wissenschaft, Berlin (2004)

[27] IOM (Institute of Medicine): Dietary reference intakes for vitamin A, vitamin K, arsenic, boron, chromium, copper, iodine, iron, manganese, molybdenum, nickel, silicon, vanadium and zinc. National Academy Press, Washington, DC (2001)

[28] Strobel M, Tinz J, Biesalski HK: The importance of β-Carotene as a source of Vitamin A with special regard to pregnant and breastfeeding women. Eur J Nutr 46, Suppl 1 (2007) I1–I20

[29] Omenn GS: An assessment of the scientific basis for attempting to define the dietary reference intake for beta carotene. J Am Diet Assoc 98 (1998) 1406–1409

[30] Albanes D: β-carotene and lung cancer: a case study. Am J Clin Nutr 69, Suppl (1999) S1345–S1350

[31] EFSA (European Food Safety Authority): Statement on the safety of β-carotene use in heavy smokers. EFSA Journal 10 (2012) 2953

# Vitamin D (Calciferole)

## 1. Schätzwerte für eine angemessene Vitamin-D-Zufuhr bei fehlender endogener Synthese

Vitamin D nimmt unter den Vitaminen eine Sonderstellung ein, da es sowohl über die Ernährung zugeführt als auch vom Menschen selbst durch UVB-Lichtexposition (Sonnenbestrahlung) gebildet wird. Die Zufuhr über die Ernährung mit den üblichen Lebensmitteln reicht nicht aus, um den Schätzwert für eine angemessene Zufuhr bei fehlender endogener Synthese zu erreichen, der die gewünschte Versorgung (25-Hydroxyvitamin-D-Serumkonzentration in Höhe von mindestens 50 nmol/l[1]) sicherstellt. Die Differenz muss über die endogene Synthese und/oder über die Einnahme eines Vitamin-D-Präparats gedeckt werden. Bei häufiger Sonnenbestrahlung kann die gewünschte Versorgung ohne die Einnahme eines Vitamin-D-Präparats erreicht werden.

| Alter | Vitamin D bei fehlender endogener Synthese |
|---|---|
| | µg[a]/Tag |
| **Säuglinge** (0 bis unter 12 Monate) | 10[b] |
| **Kinder** (1 bis unter 15 Jahre) | 20[c] |
| **Jugendliche und Erwachsene** (15 bis unter 65 Jahre) | 20[c] |
| **Erwachsene** (ab 65 Jahre) | 20[c] |
| **Schwangere** | 20[c] |
| **Stillende** | 20[c] |

[a] 1 µg = 40 Internationale Einheiten (IE); 1 IE = 0,025 µg
[b] Der Schätzwert wird durch Gabe einer Vitamin-D-Tablette zur Rachitisprophylaxe ab der 1. Lebenswoche bis zum Ende des 1. Lebensjahres bei gestillten und nicht gestillten Säuglingen erreicht. Die Gabe erfolgt unabhängig von der endogenen Vitamin-D-Synthese und der Vitamin-D-Zufuhr durch Frauenmilch bzw. Säuglingsmilchnahrungen. Die Prophylaxe sollte im 2. Lebensjahr in den Wintermonaten weiter durchgeführt werden [1].
[c] Die Vitamin-D-Zufuhr über die Ernährung mit den üblichen Lebensmitteln (1–2 µg/Tag bei Kindern, 2–4 µg/Tag bei Jugendlichen und Erwachsenen) reicht nicht aus, um die gewünschte Versorgung (25(OH)D-Serumkonzentration von mindestens 50 nmol/l) bei fehlender endogener Synthese sicherzustellen. Hierfür werden 20 µg/Tag benötigt. D. h., die Versorgung muss zusätzlich zur Zufuhr über die Ernährung über die endogene Synthese und/oder über die Einnahme eines Vitamin-D-Präparats sichergestellt werden. Bei häufiger Sonnenbestrahlung kann die gewünschte Vitamin-D-Versorgung ohne die Einnahme eines Vitamin-D-Präparats erreicht werden.

## 2. Einleitung

In der Ernährung des Menschen ist das Vitamin D bedingt unentbehrlich, da der Mensch Vitamin $D_3$ in der Haut mithilfe von UVB-Licht selbst synthetisieren kann [2]. D. h., der menschliche Organismus ist zur Deckung des Vitamin-D-Bedarfs nicht zwingend auf die Zufuhr mit der Nahrung angewiesen, wie es bei den unentbehrlichen Vitaminen der Fall ist. Das fettlösliche Vitamin D kommt in zwei Formen vor, die zusammen auch als Calciferole bezeichnet werden. Es wird zwischen dem pflanzlichen Vitamin $D_2$ (Ergocalciferol) und dem tierischen Vitamin $D_3$ (Cholecalciferol) unterschieden.

## 3. Physiologie

### Absorption von zugeführtem Vitamin D

Das mit der Nahrung zugeführte Vitamin D wird mit Nahrungsfett absorbiert und in den Chylomikronen aus dem Darm über das Lymphsystem transportiert. Die Absorptionsrate liegt bei etwa 80 % [3].

### Vitamin-D-Synthese in der Haut

In der menschlichen Haut entsteht unter dem Einfluss von Sonnenlicht (UVB-Strahlung der Wellenlänge 290–315 nm) aus 7-Dehydrocholesterol Vitamin $D_3$ [4, 9]. Insgesamt sind mindestens neun enzymatische Reaktionen an der UVB induzierten kutanen Synthese von Vitamin D beteiligt [5].

[1] Zumeist werden die 25(OH)D-Serumkonzentrationen in nmol/l angegeben. Um diese in ng/ml umzurechnen, müssen die nmol/l-Werte durch den Umrechnungsfaktor 2,5 dividiert werden.

Neben anderen Faktoren wie der Dauer der UVB-Exposition und der Fläche des exponierten Hautareals hängt die Bildung von Vitamin D in der Haut wesentlich von Wellenlänge und Dosis der UVB-Strahlung ab [6]. Die Hautfarbe[2] sowie die Epidermis mit ihren Lipidschichten und der Konzentration an 7-Dehydrocholesterol sind hauptverantwortlich für die Effizienz und die interindividuellen Unterschiede bei der Vitamin-$D_3$-Synthese in der Haut [8, 9].

### Stoffwechsel

Das in der Haut gebildete oder mit der Nahrung zugeführte Vitamin D gelangt über die Blutbahn zur Leber, wo durch Hydroxylierung am C25-Atom das Prohormon 25(OH)D (Calcidiol, 25-Hydroxyvitamin D) gebildet wird. In der Niere wird schließlich durch eine zweite Hydroxylierung die aktive Form 1,25-Dihydroxyvitamin D (1,25-Dihydroxyvitamin $D_3$ [Calcitriol] und 1,25-Dihydroxyvitamin $D_2$) gebildet [9].

Die Konzentration des 1,25-Dihydroxyvitamin D im Blut wird über einen Rückkopplungsmechanismus durch 1,25-Dihydroxyvitamin D selbst sowie über Parathormon, Calcium, *Fibroblast Growth Factor-23* und andere Faktoren reguliert [9, 10]. Neben der Niere sind zahlreiche extrarenale Zellen (Keratinozyten, Monozyten, Makrophagen, Osteoblasten, Prostata- und Dickdarmzellen) durch die Expression des entsprechenden Gens in der Lage, 25(OH)D in die aktive Form 1,25-Dihydroxyvitamin D umzuwandeln [11, 12].

Der Abbau des biologisch aktiven 1,25-Dihydroxyvitamin D erfolgt in der Niere über eine weitere Hydroxylierung, wodurch ein biologisch schwach wirksamer Metabolit entsteht. Das bedeutendste mit dem Urin ausgeschiedene Endprodukt ist Calcitrinsäure [9]. Die geschilderten Stoffwechselschritte gelten für Vitamin $D_2$ und Vitamin $D_3$ gleichermaßen.

## 4. Funktionen

Vitamin D ist für die Regulation der Calciumhomöostase und des Phosphatstoffwechsels erforderlich. Das biologisch aktive 1,25-Dihydroxyvitamin D führt über die Bindung an membranständige Rezeptoren z. B. zur Öffnung von Calciumkanälen, welche die rasche Calciumaufnahme aus dem Darm gewährleisten [13]. Darüber hinaus übt 1,25-Dihydroxyvitamin D seine Funktionen an verschiedenen Zielorganen auch über die Bindung an spezifische Zellkernrezeptoren aus und beeinflusst so die Transkription einer Vielzahl (> 6 000) hormonsensitiver Gene [14]. Dadurch wird unter anderem das calciumbindende Protein reguliert, welches die Calciumabsorption im Darm steigert [15]. 1,25 Dihydroxyvitamin D ist der wirksamste Aktivator der intestinalen Absorption von Calcium.

Des Weiteren steigert 1,25-Dihydroxyvitamin D die Phosphatabsorption aus dem Darm, erhöht die tubuläre Reabsorption von Calcium in der Niere und ermöglicht die Mineralisierung des Knochens. Für eine optimale Vitamin-D-Wirkung in Bezug auf die Knochengesundheit ist eine adäquate Calciumzufuhr notwendig [16].

1,25-Dihydroxyvitamin D verringert die Synthese und Freisetzung des in den Nebenschilddrüsen gebildeten Parathormons, welches ebenfalls an der Calciumhomöostase beteiligt ist. Parathormon wird auch als Reaktion auf eine Verringerung der Calciumkonzentration im Plasma sezerniert und erhöht letztendlich über eine gesteigerte Reabsorption von Calcium in den Nieren die Calciumkonzentration im Plasma [17].

Weiterhin beeinflusst 1,25-Dihydroxyvitamin D die Differenzierung von Epithelzellen der Haut, moduliert die Aktivität von Zellen des Immunsystems [18, 19] und spielt möglicherweise eine wichtige Rolle in der Muskelentwicklung [20]. Hinsichtlich der Wirkungen von Vitamin D auf den Muskel wird angenommen, dass Vitamin D rezeptorunabhängig den Calciumeinstrom in die Muskelfaser begünstigt sowie durch eine direkte Bindung an den spezifischen intrazellulären Rezeptor in der Muskulatur die Proteinsynthese fördert [21–23]. Die Expression des Rezeptorgens nimmt mit zunehmendem Alter ab, was möglicherweise einen Teil des altersabhängigen Muskelmasseverlusts erklärt [24].

## 5. Kriterien zur Beurteilung der Versorgung

### Parameter zur Beurteilung der Versorgung

Anerkannter Parameter zur Beurteilung der Vitamin-D-Versorgung ist die 25(OH)D-Serumkonzentration[3] [25, 26]. Die 25(OH)D-Serumkonzentration reflektiert die Gesamtversorgung aus der oralen Zufuhr und der endogenen Synthese. Eine 25(OH)D-Serumkonzentration von mindestens 50 nmol/l wird international als wünschenswert hinsichtlich der Knochengesundheit angesehen [25, 27].

[2] Personen mit dunkler Hautfarbe synthetisieren bei gleicher Sonnenbestrahlung weniger Vitamin D als Menschen mit heller Haut [7].
[3] Für die Messung des im Blut zirkulierenden 25(OH)D stehen verschiedene analytische Verfahren zur Verfügung. Aufgrund einer unzureichenden Standardisierung dieser Verfahren kann eine erhebliche Variabilität der Ergebnisse zwischen verschiedenen Laboren die Folge sein [16].

**Beitrag der endogenen Synthese zur Vitamin-D-Versorgung**

Die Vitamin-D-Synthese in der Haut wird von geografischen, klimatischen und kulturellen Faktoren bestimmt. Hierzu zählen z. B. Breitengrad, Jahreszeit, Tageszeit, Sonnenscheindauer und Kleidung sowie die Aufenthaltsdauer im Freien. Zu weiteren Einflussfaktoren gehören die Anwendung von Sonnenschutzmitteln, die Pigmentierung der Haut sowie die Hautdicke, die mit zunehmendem Lebensalter abnimmt [28–30].

In den Sommermonaten ist es möglich, durch die endogene Synthese die gewünschte 25(OH)D-Serumkonzentration von mindestens 50 nmol/l zu erreichen [9]. In Deutschland wird jedoch ca. 6 Monate im Jahr ein UV-Index[4] von 3 unterschritten und damit ist eine ausreichende Vitamin-D-Synthese nicht gewährleistet [31]. Die Exposition des Körpers in Badekleidung mit einer minimalen Erythemdosis (MED) Sonnenstrahlung – jener UV-Dosis, die eine gerade sichtbare Hautrötung hervorruft – entspricht nach Schätzungen in etwa der oralen Einnahme von 250 µg bis 635 µg Vitamin D [9]. Daher wird von einigen Autoren bei einem geografischen Breitengrad von 50 N° bis 75 N° für Erwachsene empfohlen, pro Tag ein Viertel der Körperoberfläche (Gesicht, Hände und Teile von Armen und Beinen) zwischen 12 Uhr und 15 Uhr für folgende Zeiten der Sonne auszusetzen: Juni bis August bei Hauttyp[5] I 5 bis 10 Minuten; bei Hauttyp II 10 bis 15 Minuten; März bis Mai bei Hauttyp I 10 bis 20 Minuten, bei Hauttyp II 15 bis 25 Minuten; September bis Oktober bei Hauttyp I 10 bis 20 Minuten, bei Hauttyp II 15 bis 25 Minuten. Am Vormittag von 10 Uhr bis 12 Uhr und am Nachmittag von 15 Uhr bis 18 Uhr kann die Expositionszeit verdoppelt werden [33]. Nach einer US-amerikanischen Studie muss sich ein Mensch mit dem Hauttyp III von April bis Oktober in Boston[6] zur Mittagszeit bei zu einem Viertel exponierter Körperoberfläche 3 bis 8 Minuten lang in der Sonne aufhalten, um 10 µg Vitamin D zu synthetisieren [34].

Das durch die Sonnenbestrahlung synthetisierte Vitamin $D_3$ kann im Fettgewebe und der Skelettmuskulatur des Körpers gespeichert werden und einen Beitrag zur Aufrechterhaltung der gewünschten 25(OH)D-Serumkonzentration in den Wintermonaten leisten [9]. Bei erwachsenen Teilnehmern einer britischen Studie nahmen die 25(OH)D-Serumkonzentrationen von ca. 70 nmol/l am Ende des Sommers (September) auf unter 40 nmol/l am Ende des Winters (Februar) ab [35].

Der Beitrag der endogenen Synthese zur Vitamin-D-Versorgung durch UVB-Lichtexposition bei Aufenthalt im Freien, insbesondere auch bei körperlicher Aktivität im Freien und mit ausreichenden Partien unbedeckter Haut, muss in Zukunft noch genauer untersucht werden. Einerseits ist die UVB-Exposition zur Vitamin-D-Synthese notwendig, andererseits erhöht UV-Exposition das Hautkrebsrisiko. Seit einigen Jahren wird zu einer stärkeren Verwendung von Sonnenschutzmitteln geraten [31]. Hierbei ist jedoch zu beachten, dass die Verwendung von Tagescremes mit Lichtschutzfaktor und der Einsatz von Sonnenschutzmitteln die Vitamin-D-Synthese in der Haut deutlich verringert [3]. Die richtige Balance im Umgang mit UV-Exposition ist erforderlich, die einerseits das Hautkrebsrisiko minimiert und andererseits den Nutzen der UVB-Strahlung zur Induktion der endogenen Vitamin-D-Synthese sicherstellt [36].

## 6. Mangelsymptomatik

Ein Mangel an Vitamin D verursacht Störungen der Calciumhomöostase und des Phosphatstoffwechsels. Im Säuglings- und Kleinkindalter führt die D-Hypovitaminose zum Krankheitsbild der Rachitis, das aufgrund einer Mineralisierungsstörung des Knochens mit Deformierungen des Skeletts und Auftreibungen im Bereich der Wachstumsfugen einhergeht (rachitischer Rosenkranz, O-Beine, weiche Schädelknochen, Quadratschädel, verzögerter Fontanellenschluss). Weitere Krankheitssymptome sind herabgesetzte Muskelkraft, verminderter Muskeltonus und erhöhte Infektanfälligkeit [9].

Im Erwachsenenalter führt ein ausgeprägter Vitamin-D-Mangel zur Osteomalazie. Diese ist durch eine Demineralisierung und spezifische Umbauvorgänge des voll entwickelten Knochens gekennzeichnet. Typisch sind bandförmige Umbauzonen (Looser), in deren Bereich Spontanfrakturen auftreten können. Im Vordergrund stehen generalisierte Schmerzen des gesamten Skeletts und die Entwicklung einer Myopathie [15]. Eine unzureichende Vitamin-D-Versorgung trägt zur Entstehung der Osteoporose im Alter bei. Anders als bei der Osteomalazie kommt es hierbei zu einer Verminderung der anorganischen und

[4] Der UV-Index ist ein international festgelegtes Maß für die höchste sonnenbrandwirksame Bestrahlungsstärke, die von der Sonne während des Tages auf einer horizontalen Fläche hervorgerufen wird. Je höher der UV-Index ist, desto schneller kann bei ungeschützter Haut ein Sonnenbrand auftreten. Ein UV-Index von 3 bis 5 gilt als mittlere Bestrahlungsstärke. Am Äquator beträgt der UV-Index bei unbedecktem Himmel auf Meereshöhe etwa 12, in Deutschland im Sommer bis zu 8 (Quelle und weitere Informationen: www.bfs.de/de/uv/uv2/uv_messnetz/uvi [eingesehen am 09.01.2012]).

[5] Hauttypen-Einteilung nach Fitzpatrick [32]

[6] Boston liegt auf dem 42. Breitengrad, auf ähnlicher Höhe wie Barcelona.

organischen Knochensubstanz mit gleichzeitiger Vergröberung ihrer Struktur [37].

Ein ausgeprägter Vitamin-D-Mangel mit einem erhöhten Risiko für Rachitis bzw. Osteomalazie liegt bei 25(OH)D-Konzentrationen unter 30 nmol/l im Serum vor [38–42]. Erhöhte Parathormonkonzentrationen im Serum (sekundärer Hyperparathyreodismus[7]) findet man bei 25(OH)D-Serumkonzentrationen zwischen 10 nmol/l und 25 nmol/l [43]. Bis zu einer 25(OH)D-Serumkonzentration von 50 nmol/l kann die Parathormonkonzentration durch eine Verbesserung der Vitamin-D-Versorgung gesenkt werden (abhängig von der Calciumzufuhr) [44].

## 7. Überversorgung

Eine Hypervitaminose ist durch 25(OH)D-Serumkonzentrationen von 400 nmol/l bis 1250 nmol/l charakterisiert [9, 45]. In Supplementationsstudien mit gesunden Erwachsenen traten keine toxischen Effekte (z. B. Hypercalcämie) durch Vitamin-D-Gaben auf, solange eine 25(OH)D-Serumkonzentration von 400 nmol/l nicht überschritten wurde [46, 47].

Vitamin-D-Intoxikationen sind beim Stoffwechselgesunden[8] nur durch eine überhöhte orale Zufuhr und nicht durch eine exzessive UVB-Lichtexposition der Haut möglich. Bei Vitamin-D-Intoxikationen kommt es zu einer Erhöhung der intestinalen Calciumabsorptionsrate sowie zu einer vermehrten Freisetzung von Calcium aus dem Knochen. Intoxikationen konnten bei täglichen Zufuhrmengen von bis zu 100 µg nicht nachgewiesen werden [47]. Bei einer Zufuhr von über 100 µg/Tag, die bei mitteleuropäischen Ernährungsgewohnheiten nur durch übermäßige Einnahme von Vitamin-D-Präparaten möglich ist, kann es trotz einer vermehrten Calciumausscheidung mit dem Urin zu einer Erhöhung der Calciumkonzentration im Plasma kommen [47]. Durch Einlagerungen von Calcium in die Intima (innerste Schicht) und Media (mittlere Schicht) der Blutgefäße, die Nieren, das Herz und die Lunge entsteht das sogenannte Hypercalcämie-Syndrom. Dieses geht im Anfangsstadium mit erhöhter Urinausscheidung, Durst, Übelkeit, Erbrechen sowie reduziertem Muskeltonus einher. Im fortgeschrittenen Stadium kann es zu Nierensteinen und Niereninsuffizienz bis hin zum Tod kommen [17].

### Tolerierbare Gesamtzufuhrmenge

Im Säuglingsalter dürfen Tagesmengen von mehr als 25 µg Vitamin D nicht ohne gezielte Indikation und regelmäßige Kontrolle der Calciumkonzentration im Plasma und der Calciumausscheidung über den Urin gegeben werden [42, 49]. Die EFSA [49] und das US-amerikanische *Institute of Medicine* [42] haben die tolerierbare Gesamtzufuhrmenge für die tägliche Vitamin-D-Zufuhr für Jugendliche und Erwachsene auf 100 µg festgelegt.

## 8. Versorgungszustand der Bevölkerung

Da die Vitamin-D-Zufuhr über die Ernährung mit den üblichen Lebensmitteln nur einen geringen Anteil an der Vitamin-D-Versorgung hat, ist deren Erfassung nicht geeignet, um den Versorgungszustand zu beurteilen. Dagegen reflektiert die 25(OH)D-Serumkonzentration die Gesamtversorgung aus der oralen Zufuhr und der endogenen Synthese. Bei regelmäßigem Aufenthalt im Freien stammen unter hierzulande üblichen Lebensbedingungen schätzungsweise 80 % bis 90 % des Vitamin D im Körper aus der endogenen Synthese in der Haut, etwa 10 % bis 20 % des Vitamin D werden mit der Nahrung zugeführt [9].

### Vitamin-D-Zufuhr

*Säuglinge und Kleinkinder*

Nach Daten der Verzehrsstudie zur Ermittlung der Lebensmittelaufnahme von Säuglingen und Kleinkindern in Deutschland, die auf der Basis von Verzehrprotokollen erhoben wurden (VELS, 2001–2002), betrug die Zufuhr bei Jungen im Alter von 6 Monaten bis unter 1 Jahr im Median 0,37 µg (10. Perzentil [P10] bis 90. Perzentil [P90] 0,11–0,75 µg) und bei gleichaltrigen Mädchen 0,28 µg (P10–P90 0,06–0,81 µg) Vitamin D/Tag. Die mediane Zufuhr von Vitamin D lag bei 1- bis unter 4-jährigen Jungen bei 1,2 µg (P10–P90 0,59–2,1 µg) und bei gleichaltrigen Mädchen bei 1,13 µg (P10–P90 0,56–1,93 µg) pro Tag. Jungen im Alter von 4 bis unter 5 Jahren führten im Median 1,32 µg (P10–P90 0,73–2,03 µg) und gleichaltrige Mädchen 1,33 µg (P10–P90 0,89–2,48 µg) Vitamin D pro Tag zu [50, 51].

[7] Nebenschilddrüsenüberfunktion

[8] Bei der idiopathischen infantilen Hypercalcämie kann eine hohe Vitamin-D-Zufuhr zu einem Anstieg der Calciumkonzentration im Blut führen. Die Ursache ist ein Gendefekt. Davon betroffen ist ein Enzym, das aktives Vitamin D im menschlichen Körper abbaut [48].

*Kinder*

Laut der im Jahr 2006 durchgeführten EsKiMo-Studie (Ernährungsmodul der KiGGS-Studie) nehmen 6- bis 11-jährige Jungen 1,4 µg (P5–P95 0,3–5,4 µg) und gleichaltrige Mädchen 1,3 µg (P5–P95 0,3–4,2 µg) Vitamin D pro Tag auf. Jungen im Alter von 12 bis 17 Jahren haben eine mediane Vitamin-D-Zufuhr von 2,2 µg (P5–P95 0,9–6,7 µg) und Mädchen dieser Altersgruppe eine Zufuhr von 1,7 µg (P5–P95 0,6–4,8 µg) Vitamin D pro Tag [52].

*Erwachsene*

Nach Auswertung der Daten der Nationalen Verzehrsstudie II (NVS II, 2005–2006)[9] lag die mediane Vitamin-D-Zufuhr in Deutschland bei Männern und Frauen im Alter von 15 bis 80 Jahren bei 2,3 µg/Tag (P5–P95 1,2–5,3 µg) bzw. 1,8 µg/Tag (P5–P95 1,0–4,1 µg). Eine besonders niedrige Vitamin-D-Zufuhr weisen bei Männern mit 1,8 µg/Tag und bei Frauen mit 1,3 µg/Tag die 15- bis unter 19-Jährigen auf. Bei Männern und Frauen ist ein Anstieg der Vitamin-D-Zufuhr über die Altersgruppen hinweg zu verzeichnen [53, 54].

**25(OH)D-Serumkonzentration**

In für Deutschland repräsentativen Studien des Robert Koch-Instituts wurden bei Erwachsenen im Alter von 18 bis 79 Jahren (Bundes-Gesundheitssurvey 1998) und bei Kindern und Jugendlichen im Alter von 1 bis 17 Jahren (Teilnehmende des Kinder- und Jugendgesundheitssurveys, KiGGS, 2003–2006) die 25(OH)D-Serumkonzentrationen bestimmt. Die mediane Serumkonzentration von 25(OH)D betrug bei den Kindern und Jugendlichen 41,9 nmol/l (P5–P95 13,9–96,3 nmol/l) und bei den Erwachsenen (18 bis unter 65 Jahren) 46,2 nmol/l (P5–P95 15,5–123,0 nmol/l). In der Altersgruppe der 65- bis 79-Jährigen betrug die mediane 25(OH)D-Serumkonzentration 39,1 nmol/l (P5–P95 15,3–104,0 nmol/l) [55].

Nach den Daten des Robert Koch-Instituts weisen 15,5 % der Kinder und Jugendlichen und 14,3 % der 18- bis 79-Jährigen 25(OH)D-Serumkonzentrationen von unter 25 nmol/l auf. Etwa 62 % der Jungen und 64 % der Mädchen im Alter von 1 bis 17 Jahren sowie 57 % bzw. 58 % der 18- bis 79-jährigen Männer bzw. Frauen weisen 25(OH)D-Serumkonzentrationen von unter 50 nmol/l auf [27].

Als allgemeine Faustregel gilt, dass die 25(OH)D-Serumkonzentration bei Erwachsenen pro 1 µg täglich zugeführtem Vitamin D um etwa 1 nmol/l erhöht werden kann [56]. Die Erhöhung der 25(OH)D-Serumkonzentration ist allerdings abhängig vom Ausgangswert: Bei einer geringen 25(OH)D-Serumkonzentration erfolgt ein stärkerer Anstieg durch die Vitamin-D-Zufuhr als bei einer bereits hohen Serumkonzentration [25]. Daten von ca. 2 500 postmenopausalen Frauen zeigten, dass ausgehend von initialen 25(OH)D-Serumkonzentrationen von unter 25 nmol/l, 25 nmol/l bis 50 nmol/l bzw. über 50 nmol/l nach einer Supplementation mit 10 µg bis 15 µg pro Tag die Serumkonzentrationen im Mittel um 58,4 nmol/l, 39,4 nmol/l bzw. 13,5 nmol/l anstiegen [57].

## 9. Vitamin D in Lebensmitteln

Wenige Lebensmittel enthalten Vitamin D in bedeutenden Mengen, dazu gehören insbesondere Fettfische (z. B. Hering und Makrele) und in deutlich geringerem Maße Leber, Margarine (mit Vitamin D angereichert), Eigelb und einige Speisepilze [58]. Vitamin D wird durch Lagerung und Zubereitung von Lebensmitteln in seiner Aktivität nicht wesentlich beeinflusst. Es ist während der üblichen Garzeiten bis 180 °C hitzestabil und in Lebensmitteln nur gegenüber Sauerstoff und Licht empfindlich. Der durchschnittliche Zubereitungsverlust wird mit 10 % beziffert [59].

## 10. Ableitung der Referenzwerte für die Vitamin-D-Zufuhr

**Säuglinge**

Von großer Bedeutung ist eine regelmäßige exogene Vitamin-D-Zufuhr im Säuglingsalter. Die Vitamin-D-Gehalte von Frauenmilch sind meist sehr gering [58, 60]. Säuglinge sollen grundsätzlich nicht direkter Sonnenbestrahlung ausgesetzt werden, da sich ihr hauteigener Schutzmechanismus erst noch entwickeln muss [61], sodass eine kontinuierliche Gabe eines Vitamin-D-Präparats angeraten wird.

Es wurde gezeigt, dass eine tägliche Vitamin-D-Zufuhr von 2,5 µg bis 5 µg Säuglinge vor Rachitis schützt [62]. Neue Untersuchungen zeigen jedoch, dass hierbei nicht sichergestellt ist, dass die 25(OH)D-Serumkonzentration bei allen Säuglingen über 30 nmol/l liegt [63], was jener Konzentration entspricht, die heute für eine zuverlässige

[9] Auswertung der Verzehrdaten der beiden 24-Stunden-Recalls auf Basis der aktualisierten Version des Bundeslebensmittelschlüssels (BLS-Version 3.02). Daher unterscheiden sich diese von früher publizierten NVS II-Daten zur Vitamin-D-Zufuhr, die mit dem Ernährungserhebungsinstrument DISHES (*Diet Interview Software for Health Examination Studies*) erfasst und mit einer früheren BLS-Version (BLS II.4) berechnet wurden.

Rachitisprophylaxe als notwendig erachtet wird [64, 65]. Von verschiedenen Fachgesellschaften wird analog dem Erwachsenenalter auch für Säuglinge eine 25(OH)D-Serumkonzentration von mindestens 50 nmol/l als wünschenswert angesehen [1, 42, 63]. Diese wird durch eine Vitamin-D-Zufuhr von 5 µg/Tag nicht erreicht [66-68]. Dagegen führte eine Vitamin-D-Zufuhr von 10 µg/Tag zu 25(OH)D-Serumkonzentrationen von über 50 nmol/l [69, 70]. Aufgrund dieser Studien wird der Schätzwert für eine angemessene Vitamin-D-Zufuhr für Säuglinge im Alter von **0 bis unter 12 Monaten** auf 10 µg/Tag festgesetzt.

### Kinder

Beim Kleinkind entsteht nach einer ausreichenden Vitamin-D-Versorgung im Säuglingsalter nur in sehr seltenen Fällen eine Rachitis. Wie bei Säuglingen wird auch bei Kindern eine 25(OH)D-Serumkonzentration von mindestens 50 nmol/l als notwendig erachtet [1, 42, 63, 71]. Eine Vitamin-D-Zufuhr von 5 µg bis 10 µg pro Tag erzielte bei Kindern 25(OH)D-Serumkonzentrationen von über 50 nmol/l [72]. Jedoch ist eine höhere Vitamin-D-Zufuhr von etwa 20 µg/Tag notwendig, um bei fehlender UVB-Lichtexposition weitestgehend bei allen Kindern eine 25(OH)D-Serumkonzentration von über 50 nmol/l zu gewährleisten [73]. Daher beträgt der Schätzwert für eine angemessene Vitamin-D-Zufuhr bei fehlender endogener Synthese bei Kindern im Alter von **1 bis unter 15 Jahren** 20 µg/Tag.

### Jugendliche und Erwachsene bis unter 65 Jahren

Die maximale Knochenmasse wird erst im dritten Lebensjahrzehnt erreicht. Danach steht die Erhaltung der Knochenmasse im Vordergrund. Die notwendige Vitamin-D-Menge für das Erreichen der maximalen Knochenmasse und die Erhaltung dieser Knochenmasse ist nicht genau bekannt. Eine 25(OH)D-Serumkonzentration von mindestens 50 nmol/l wird international als wünschenswert hinsichtlich der Knochengesundheit angesehen [25, 27]. Die vom US-amerikanischen *Institute of Medicine* [42] publizierten Referenzwerte für Vitamin D basieren auf Berechnungen zur Verteilung der „Vitamin-D-Bedarfskurve" in der Bevölkerung. Demnach geht beim Erwachsenen eine 25(OH)D-Serumkonzentration von 40 nmol/l mit einer durchschnittlichen Bedarfsdeckung für Vitamin D einher (beurteilt anhand der Calciumabsorption und des Knochenmineralstoffgehalts), bei zusätzlicher Berücksichtigung der Variation in der Bevölkerung erhält man mit 50 nmol/l den Wert, bei dem bei 97,5 % der Bevölkerung der Bedarf in Bezug auf die Knochengesundheit gedeckt ist.

Nach den Ergebnissen von Cashman et al. [74] wird in der irischen Bevölkerung[10] in den Wintermonaten mit einer Vitamin-D-Zufuhr (als Supplement) von 10 µg/Tag bei ca. 50 % der Bevölkerung eine 25(OH)D-Serumkonzentration von über 50 nmol/l erreicht, bei einer Zufuhr von etwa 20 µg/Tag bei 90 % bis 95 % der Bevölkerung. Daher beträgt der Schätzwert für eine angemessene Vitamin-D-Zufuhr bei fehlender endogener Synthese bei **Jugendlichen und Erwachsenen** ebenfalls 20 µg/Tag.

### Erwachsene ab 65 Jahren

In der Altersgruppe ab 65 Jahren liegt ein Hauptaugenmerk darauf, den altersbegleitenden Verlust an Knochenmasse zu minimieren, um das Risiko für Knochenbrüche als klinische Folge der Osteoporose zu verringern. Die Tatsache, dass Vitamin D die Funktionalität der Skelettmuskulatur beeinflusst [75–77] und dadurch mit dem Risiko für Stürze und dadurch bedingte Frakturen in Verbindung gebracht wird, ist hier ebenfalls zu berücksichtigen.

In mehreren Studien wurden protektive Effekte hinsichtlich Funktionseinbußen des Bewegungssystems, Stürzen, Frakturen und vorzeitigem Tod in dieser Altersgruppe mit einer Vitamin-D-Supplementation von 10 µg bis 20 µg pro Tag erzielt [27, 78–82]. Bei einer Zufuhr von 20 µg/Tag wird bei ca. 90 % bis 95 % dieser Bevölkerungsgruppe eine 25(OH)D-Serumkonzentration von über 50 nmol/l erreicht, bei etwa 50 % wird ein Wert von 75 nmol/l erreicht [83].

In einer Stellungnahme der Deutschen Gesellschaft für Ernährung e. V. [27] wurde unter Berücksichtigung der wissenschaftlichen Aussagekraft der durchgeführten Studien eine Evidenzbewertung für den Zusammenhang zwischen der Vitamin-D-Versorgung und dem Risiko für ausgewählte Krankheiten erarbeitet. Die Risikosenkung für Stürze und Frakturen durch eine Vitamin-D-Supplementation bzw. durch einen guten Vitamin-D-Status bei Älteren wurde mit dem stärksten Härtegrad, einer überzeugenden Evidenz, bewertet. Mit wahrscheinlicher Evidenz verringert eine gute Vitamin-D-Versorgung bei Älteren das Risiko für Funktionseinbußen des Bewegungsapparates (Kraft, Mobilität, Gleichgewicht) und senkt das Risiko für vorzeitigen Tod. Auf der Grundlage dieser Stellungnahme sowie einer wissenschaftlichen Ausarbeitung der EFSA [84] beträgt der Schätzwert für eine angemessene Vitamin-D-Zufuhr bei fehlender endogener Synthese bei älteren Menschen **ab 65 Jahren** 20 µg/Tag.

[10] Durchgeführt wurde die Studie auf dem 51. und 55. Breitengrad und damit auf ähnlicher Höhe wie Deutschland.

Vergleichbare Referenzwerte für Ältere werden auch von anderen Fachgesellschaften ausgesprochen. Die *International Osteoporosis Foundation* [85] empfiehlt für ältere Erwachsene eine Vitamin-D-Zufuhr in Höhe von 20 µg bis 25 µg pro Tag, das *Institute of Medicine* [42] empfiehlt 20 µg/Tag.

**Schwangere**

Eine adäquate Vitamin-D-Versorgung in der Schwangerschaft ist besonders wichtig, da die Konzentration an 25(OH)D im Serum der Mutter die fetale 25(OH)D-Konzentration beeinflusst [63, 67]. Wie auch bei Jugendlichen und Erwachsenen beträgt der Schätzwert für eine angemessene Vitamin-D-Zufuhr bei Schwangeren 20 µg/Tag.

**Stillende**

Der Vitamin-D-Gehalt der Frauenmilch korreliert mit der Vitamin-D-Versorgung der Mutter [67, 68, 86]. Um den Vitamin-D-Gehalt der Frauenmilch durch die Vitamin-D-Zufuhr der Mutter zu beeinflussen, wären sehr hohe Zufuhrmengen von bis zu 160 µg/Tag erforderlich [69, 87]. Die Folgen einer sehr hohen Vitamin-D-Zufuhr sind jedoch nicht geklärt [88] und daher wird die Gabe von hohen Vitamin-D-Zufuhrmengen nicht empfohlen. Der Schätzwert für eine angemessene Vitamin-D-Zufuhr bei fehlender endogener Synthese beträgt bei Stillenden wie auch bei den Jugendlichen und Erwachsenen 20 µg/Tag.

## 11. Sicherstellung einer angemessenen Vitamin-D-Versorgung

Die Vitamin-D-Versorgung wird durch die 25(OH)D-Serumkonzentration charakterisiert, welche die Vitamin-D-Zufuhr und die endogene Synthese reflektiert. Eine angemessene Vitamin-D-Versorgung wird mit dem Schätzwert für die Vitamin-D-Zufuhr bei fehlender endogener Synthese für die jeweilige Altersgruppe erreicht.

Die Zufuhr über die Ernährung mit den üblichen Lebensmitteln beträgt bei Kindern 1 µg bis 2 µg pro Tag, bei Jugendlichen und Erwachsenen 2 µg bis 4 µg pro Tag. Diese Menge reicht nicht aus, um die gewünschte Versorgung (25(OH)D-Serumkonzentration von mindestens 50 nmol/l) bei fehlender endogener Synthese sicherzustellen. Hierfür werden 20 µg/Tag benötigt. D. h., die Versorgung muss zusätzlich zur Zufuhr über die Ernährung über die endogene Synthese und/oder über die Einnahme eines Vitamin-D-Präparats gedeckt werden. Bei häufiger Sonnenbestrahlung entsprechender unbekleideter Körperpartien (Gesicht, Hände und Teile von Armen und Beinen) kann die gewünschte 25(OH)D-Serumkonzentration ohne Einnahme eines Vitamin-D-Präparats erreicht werden. Personen, die sich bei Sonnenschein kaum oder gar nicht bzw. nur mit bedeckten Körperpartien im Freien aufhalten, oder Personen mit dunkler Hautfarbe benötigen zur Sicherstellung der gewünschten 25(OH)D-Serumkonzentration in unseren Breiten die Einnahme eines Vitamin-D-Präparats.

In der Altersgruppe ab 65 Jahren ergibt sich eine stärkere Notwendigkeit des Einsatzes eines Vitamin-D-Präparats, da mit dem Alter die Vitamin-D-Syntheseleistung der Haut deutlich abnimmt und auf weniger als die Hälfte reduziert sein kann [89]. Neben der mit dem Altern abnehmenden Hautdicke [29] wird ein reduzierter 7-Dehydrocholesterol-Gehalt als möglicher Grund für die in der Altershaut verminderte Vitamin-D-Synthese angesehen [89]. Der Beitrag der Eigensynthese nimmt zusätzlich ab, wenn der Aufenthalt im Freien verringert und somit die UVB-Exposition eingeschränkt ist, wie dies insbesondere bei mobilitätseingeschränkten, chronisch kranken und pflegebedürftigen älteren Menschen (Pflegeheimbewohner, geriatrische Patienten) oft der Fall ist.

Der Schätzwert für die Vitamin-D-Zufuhr bei Säuglingen wird durch Gabe einer Vitamin-D-Tablette zur Rachitisprophylaxe ab der 1. Lebenswoche bis zum Ende des 1. Lebensjahrs bei gestillten und nicht gestillten Säuglingen erreicht. Die Gabe erfolgt unabhängig von der endogenen Vitamin-D-Synthese und der Vitamin-D-Zufuhr durch Frauenmilch bzw. Säuglingsmilchnahrungen. Die Prophylaxe sollte im 2. Lebensjahr in den Wintermonaten weiter durchgeführt werden [1]. Bei Ernährung mit industriell hergestellter Säuglingsmilchnahrung[11] und zusätzlicher Gabe eines Vitamin-D-Präparats kann die tägliche Zufuhr über dem Schätzwert für die Vitamin-D-Zufuhr liegen, erreicht jedoch in aller Regel nicht die tolerierbare Gesamtzufuhrmenge von 25 µg/Tag.

## 12. Präventive Aspekte

In der DGE-Stellungnahme „Vitamin D und Prävention ausgewählter chronischer Krankheiten" wurde neben dem bereits erwähnten Zusammenhang der Vitamin-D-Versorgung mit Stürzen, Frakturen und der Gesamtmortalität bei Älteren (s. Ableitung der Referenzwerte für die Vitamin-D-Zufuhr für Erwachsene ab 65 Jahren) auch das Risiko für Krebskrankheiten, Diabetes mellitus Typ 2, Bluthochdruck und kardiovaskuläre Krankheiten untersucht [27].

[11] In den ersten Lebensmonaten trinkt ein Säugling bis zu 1 l Milch pro Tag [59, 88, 90]. Der Vitamin-D-Gehalt in 1 l industriell hergestellter Säuglingsmilchnahrung beträgt in aller Regel 10 µg bis 12,5 µg [91].

In die Ableitung der vorliegenden Referenzwerte für die Nährstoffzufuhr fließen Ergebnisse aus Evidenzbewertungen[12] nur ein, wenn die Evidenz für eine Beziehung zum Erkrankungsrisiko mit den Härtegraden „überzeugend" oder „wahrscheinlich" bewertet wurde.

Mit wahrscheinlicher Evidenz besteht kein Zusammenhang zwischen der Vitamin-D-Versorgung und dem Risiko für maligne Tumoren der Prostata, des Pankreas, Endometriums, Ösophagus und Magens, der Niere, Ovarien sowie für Non-Hodgkin-Lymphome. Mit möglicher Evidenz besteht ein erhöhtes Risiko für Pankreaskrebs bei sehr hoher 25(OH)D-Serumkonzentration. Für die weiteren untersuchten Krankheiten (Dickdarmkrebs, Brustkrebs, Krebskrankheiten insgesamt, kardiovaskuläre Krankheiten, Diabetes mellitus Typ 2 und Hypertonie) wurde die Evidenz für eine inverse Assoziation oder einen fehlenden Zusammenhang mit der Vitamin-D-Versorgung als möglich oder unzureichend bewertet. In Bezug auf diese Krankheiten steht eine Bestätigung präventiver Effekte somit derzeit aus. Das US-amerikanische *Institute of Medicine* kommt hinsichtlich des Zusammenhangs zwischen der Vitamin-D-Zufuhr und dem Risiko für die genannten chronischen Krankheiten zu ähnlichen Evidenzbewertungen [92].

## Literatur


[1] Wabitsch M, Koletzko B, Moß A: Vitamin-D-Versorgung im Säuglings-, Kindes- und Jugendalter. Kurzfassung der Stellungnahme der Ernährungskommission der Deutschen Gesellschaft für Kinder- und Jugendmedizin (DGKJ) in Zusammenarbeit mit der Arbeitsgemeinschaft Pädiatrische Endokrinologie (APE). Monatsschr Kinderheilkd 159 (2011) 766–774

[2] Zittermann A, Gummert JF: Nonclassical vitamin D actions. Nutrients 2 (2010) 408–425

[3] Holick MF: Vitamin D. In: Shils ME, Shike M (Hrsg.): Modern nutrition in health and disease. Lippincott Williams & Wilkins, Philadelphia, 10. Auflage (2006) 376–395

[4] Reichrath J: Skin cancer prevention and UV-protection: how to avoid vitamin D-deficiency? Br J Dermatol 161, Suppl 3 (2009) S54–S60

[5] Lehmann B, Genehr T, Knuschke P et al.: UVB-induced conversion of 7-dehydrocholesterol to 1α,25-dihydroxyvitamin D3 in an in vitro human skin equivalent model. J Invest Dermatol 117 (2001) 1179–1185

[6] Holick MF, MacLaughlin JA, Clark MB et al.: Photosynthesis of previtamin $D_3$ in human skin and the physiologic consequences. Science 210 (1980) 203–205

[7] Zhang R, Naughton DP: Vitamin D in health and disease: current perspectives. Nutr J 9 (2010) 65

[8] Bikle DD, Nemanic MK, Gee E et al.: 1,25-Dihydroxyvitamin $D_3$ production by human keratinocytes. Kinetics and regulation. J Clin Invest 78 (1986) 557–566

[9] Holick MF: Vitamin D deficiency. N Engl J Med 357 (2007) 266–281

[10] Holick MF: Evolution and function of vitamin D. Recent Results Cancer Res 164 (2003) 3–28

[11] Bikle DD, Halloran BP, Riviere JE: Production of 1,25 dihydroxyvitamin $D_3$ by perfused pig skin. J Invest Dermatol 102 (1994) 796–798

[12] Lehmann B, Tiebel O, Meurer M: Expression of vitamin $D_3$ 25-hydroxylase (CYP27) mRNA after induction by vitamin $D_3$ or UVB radiation in keratinocytes of human skin equivalents – a preliminary study. Arch Dermatol Res 291 (1999) 507–510

[13] Nemere I, Norman AW: 1,25-Dihydroxyvitamin $D_3$-mediated vesicular transport of calcium in intestine: time-course studies. Endocrinology 122 (1988) 2962–2969

[14] Nagpal S, Na S, Rathnachalam R: Noncalcemic actions of vitamin D receptor ligands. Endocr Rev 26 (2005) 662–687

[15] Elmadfa I, Leitzmann C: Ernährung des Menschen. Ulmer, Stuttgart, 4., korrigierte und aktualisierte Auflage (2004)

[16] Zittermann A: Vitamin D in der Präventivmedizin. UNI-MED, Bremen (2010)

[17] Bender DA: The Vitamins. In: Gibney MJ, Lanham-New SA, Cassidy A et al. (Hrsg.): Introduction to human nutrition. Wiley-Blackwell, Chichester, 2. Auflage (2009) 132–187

[18] Schauber J, Dorschner RA, Coda AB et al.: Injury enhances TLR2 function and antimi-crobial peptide expression through a vitamin D-dependent mechanism. J Clin Invest 117 (2007) 803–811

[19] Ginde AA, Mansbach JM, Camargo CAJ: Association between serum 25-hydroxyvitamin D level and upper respiratory tract infection in the third national health and nutrition examination survey. Arch Intern Med 169 (2009) 384–390

[20] Endo I, Inoue D, Mitsui T et al.: Deletion of vitamin D receptor gene in mice results in abnormal skeletal muscle development with deregulated expression of myoregulatory transcription factors. Endocrinology 144 (2003) 5138–5144

[21] Norman AW: Receptors for 1α,25(OH)2$D_3$: past, present, and future. J Bone Miner Res 13 (1998) 1360–1369

[22] Bischoff HA, Borchers M, Gudat F et al.: In situ detection of 1,25-dihydroxyvitamin $D_3$ receptor in human skeletal muscle tissue. Histochem J 33 (2001) 19–24

[23] Ceglia L, da Silva Morais M, Park LK et al.: Multi-step immunofluorescent analysis of vitamin D receptor loci and myosin heavy chain isoforms in human skeletal muscle. J Mol Histol 41 (2010) 137–142

[24] Bischoff-Ferrari HA, Borchers M, Gudat F et al.: Vitamin D receptor expression in human muscle tissue decreases with age. J Bone Miner Res 19 (2004) 265–269

[25] Dawson-Hughes B, Heaney RP, Holick MF et al.: Estimates of optimal vitamin D status. Osteoporos Int 16 (2005) 713–716

[26] Holick MF: Vitamin D status: measurement, interpretation, and clinical application. Ann Epidemiol 19 (2009) 73–78

[27] Linseisen J, Bechthold A, Bischoff-Ferrari HA et al.: DGE-Stellungnahme: Vitamin D und Prävention ausgewählter chronischer Krankheiten. (2011) http://www.dge.de/pdf/ws/DGE-Stellungnahme-VitD-111220.pdf (eingesehen am 26.06.2013)

[28] Loomis WF: Skin-pigment regulation of vitamin-D biosynthesis in man. Science 157 (1967) 501–506

[29] Need AG, Morris HA, Horowitz M et al.: Effects of skin thickness, age, body fat, and sunlight on serum 25-hydroxyvitamin D. Am J Clin Nutr 58 (1993) 882–885

[30] Holick MF: Vitamin D: the underappreciated D-lightful hormone that is important for skeletal and cellular health. Curr Opin Endocrinol Diabetes Obes 9 (2002) 87–98

[31] Zittermann A: The estimated benefits of vitamin D for Germany. Mol Nutr Food Res 54 (2010) 1164–1171

[32] Fitzpatrick TB: The validity and practicality of sun-reactive skin types I through VI. Arch Dermatol 124 (1988) 869–871


[12] Die methodische Vorgehensweise für die Evidenzbewertung ist in den Leitlinien der Deutschen Gesellschaft für Ernährung e. V. im Detail beschrieben (www.dge.de/wissenschaft/leitlinien [eingesehen am 01.12.2014]).

[33] Holick MF, Jenkins M: The UV advantage. Ibooks, New York, 2. Auflage (2009)
[34] Terushkin V, Bender A, Psaty EL et al.: Estimated equivalency of vitamin D production from natural sun exposure versus oral vitamin D supplementation across seasons at two US latitudes. J Am Acad Dermatol 62 (2010) 929.e1-929.e9
[35] Hyppönen E, Power C: Hypovitaminosis D in British adults at age 45 y: nationwide cohort study of dietary and lifestyle predictors. Am J Clin Nutr 85 (2007) 860–868
[36] Reichrath J, Nürnberg B: Cutaneous vitamin D synthesis versus skin cancer development: The Janus faces of solar UV-radiation. Dermatoendocrinol 1 (2009) 253–261
[37] Morris HA, Anderson PH: Autocrine and paracrine actions of vitamin D. Clin Biochem Rev 31 (2010) 129–138
[38] Arnaud SB, Stickler GB, Haworth JC: Serum 25-hydroxyvitamin D in infantile rickets. Pediatrics 57 (1976) 221–225
[39] Markestad T, Kolmannskog S, Arntzen E et al.: Serum concentrations of vitamin D metabolites in exclusively breast-fed infants at 70 degrees north. Acta Paediatr Scand 73 (1984) 29–32
[40] Basha B, Rao DS, Han ZH et al.: Osteomalacia due to vitamin D depletion: a neglected consequence of intestinal malabsorption. Am J Med 108 (2000) 296–300
[41] Pettifor JM: Vitamin D deficiency and nutritional rickets in children. In: Feldman D, Glorieux FH, Pike JW (Hrsg.): Vitamin D. Elsevier Academic Press, Amsterdam, 2. Auflage (2005) 645–662
[42] IOM (Institute of Medicine) (Hrsg.): Dietary Reference Intakes for calcium and vitamin D. National Academies Press, Washington, DC (2011)
[43] Thomas MK, Lloyd-Jones DM, Thadhani RI et al.: Hypovitaminosis D in medical inpatients. N Engl J Med 338 (1998) 777–783
[44] Vieth R, Ladak Y, Walfish PG: Age-related changes in the 25-hydroxyvitamin D versus parathyroid hormone relationship suggest a different reason why older adults require more vitamin D. J Clin Endocrinol Metab 88 (2003) 185–191
[45] Food Standards Agency: Safe upper levels for vitamins and minerals. (2003) www.food.gov.uk/multimedia/pdfs/vitmin2003.pdf (eingesehen am 09.01.2012)
[46] Vieth R: Critique of the considerations for establishing the tolerable upper intake level for vitamin D: critical need for revision upwards. J Nutr 136 (2006) 1117–1122
[47] Hathcock JN, Shao A, Vieth R et al.: Risk assessment for vitamin D. Am J Clin Nutr 85 (2007) 6–18
[48] Schlingmann KP, Kaufmann M, Weber S et al.: Mutations in CYP24A1 and idiopathic infantile hypercalcemia. N Engl J Med (2011)
[49] EFSA (European Food Safety Authority): Scientific opinion on the tolerable upper intake level of vitamin D. EFSA Journal 10 (2012) 2813
[50] Heseker H, Mensink GB: Lebensmittelverzehr und Nährstoffzufuhr im Kindes- und Jugendalter. Ergebnisse aus den beiden bundesweit durchgeführten Ernährungsstudien VELS und EsKiMo. In: Deutsche Gesellschaft für Ernährung (Hrsg.): Ernährungsbericht 2008. Bonn (2008) 49–93
[51] Heseker H: Tägliche Energie- und Nährstoffzufuhr bei Säuglingen in VELS. Persönliche Mitteilung vom 28.01.2013, Paderborn (2013)
[52] Mensink GB, Richter A, Stahl A: Bestandsaufnahme: Nährstoffversorgung und Lebensmittelverzehr von Kindern und Jugendlichen in Deutschland. In: Kersting M (Hrsg.): Kinderernährung aktuell. Schwerpunkte für Gesundheitsförderung und Prävention. Umschau Verlag, Sulzbach/Ts (2009) 40–46
[53] Krems C, Walter C, Heuer T et al.: Lebensmittelverzehr und Nährstoffzufuhr – Ergebnisse der Nationalen Verzehrsstudie II. In: Deutsche Gesellschaft für Ernährung (Hrsg.): 12. Ernährungsbericht 2012. Bonn (2012) 40–85
[54] MRI (Max Rubner-Institut, Bundesforschungsinstitut für Ernährung und Lebensmittel): Energie- und Nährstoffzufuhr bei Jugendlichen und Erwachsenen in der NVS II. Persönliche Mitteilung vom 22.08.2014, Karlsruhe (2014)
[55] Mensink GBM: Vitamin D. Persönliche Mitteilung vom 19.10.2011, Robert Koch-Institut, Berlin (2011)
[56] Vieth R: Vitamin D and cancer mini-symposium: the risk of additional vitamin D. Ann Epidemiol 19 (2009) 441–445
[57] Lips P, Duong T, Oleksik A et al.: A global study of vitamin D status and parathyroid function in postmenopausal women with osteoporosis: baseline data from the multiple outcomes of raloxifene evaluation clinical trial. J Clin Endocrinol Metab 86 (2001) 1212–1221
[58] Souci SW, Fachmann W, Kraut H (Hrsg.): Die Zusammensetzung der Lebensmittel. Nährwert-Tabellen. medpharm, Stuttgart, 7., revidierte und ergänzte Auflage (2008)
[59] Deutsche Gesellschaft für Ernährung, Österreichische Gesellschaft für Ernährung, Schweizerische Gesellschaft für Ernährungsforschung, Schweizer Vereinigung für Ernährung (Hrsg.): Referenzwerte für die Nährstoffzufuhr. Neuer Umschau Buchverlag, Neustadt a. d. Weinstraße, 1. Auflage, 3., vollständig durchgesehener und korrigierter Nachdruck (2008)
[60] Hollis BW, Roos BA, Draper HH et al.: Vitamin D and its metabolites in human and bovine milk. J Nutr 111 (1981) 1240–1248
[61] Deutsche Krebshilfe e.V., Arbeitsgemeinschaft Dermatologische Prävention e.V.: Sommer – Sonne – Schattenspiele. Gut behütet vor UV-Strahlung. Bonn (2010)
[62] Specker BL, Ho ML, Oestreich A et al.: Prospective study of vitamin D supplementation and rickets in China. J Pediatr 120 (1992) 733–739
[63] Wagner CL, Greer FR: Prevention of rickets and vitamin D deficiency in infants, children, and adolescents. Pediatrics 122 (2008) 1142–1152
[64] Abrams SA: Vitamin D requirements in adolescents: what is the target? Am J Clin Nutr 93 (2011) 483–484
[65] Holick MF: Resurrection of vitamin D deficiency and rickets. J Clin Invest 116 (2006) 2062–2072
[66] Greer FR, Marshall S: Bone mineral content, serum vitamin D metabolite concentrations, and ultraviolet B light exposure in infants fed human milk with and without vitamin $D_2$ supplements. J Pediatr 114 (1989) 204–212
[67] Hollis BW, Wagner CL: Assessment of dietary vitamin D requirements during pregnancy and lactation. Am J Clin Nutr 79 (2004) 717–726
[68] Hollis BW, Wagner CL: Vitamin D requirements during lactation: high-dose maternal supplementation as therapy to prevent hypovitaminosis D for both the mother and the nursing infant. Am J Clin Nutr 80 (2004) S1752–S1758
[69] Wagner CL, Hulsey TC, Fanning D et al.: High-dose vitamin $D_3$ supplementation in a cohort of breastfeeding mothers and their infants: a 6-month follow-up pilot study. Breastfeed Med 1 (2006) 59–70
[70] Wagner CL, Howard C, Hulsey TC et al.: Circulating 25-hydroxyvitamin D levels in fully breastfed infants on oral vitamin D supplementation. Int J Endocrinol 2010 (2010) 235035
[71] Abrams SA, Hicks PD, Hawthorne KM: Higher serum 25-hydroxyvitamin D levels in school-age children are inconsistently associated with increased calcium absorption. J Clin Endocrinol Metab 94 (2009) 2421–2427
[72] Viljakainen HT, Natri AM, Karkkainen M et al.: A positive dose-response effect of vitamin D supplementation on site-specific bone mineral augmentation in adolescent girls: a double-blinded randomized placebo-controlled 1-year intervention. J Bone Miner Res 21 (2006) 836–844

[73] Cashman KD, FitzGerald AP, Viljakainen HT et al.: Estimation of the dietary requirement for vitamin D in healthy adolescent white girls. Am J Clin Nutr 93 (2011) 549–555
[74] Cashman KD, Hill TR, Lucey AJ et al.: Estimation of the dietary requirement for vitamin D in healthy adults. Am J Clin Nutr 88 (2008) 1535–1542
[75] Pfeifer M, Begerow B, Minne HW et al.: Effects of a short-term vitamin D and calcium supplementation on body sway and secondary hyperparathyroidism in elderly women. J Bone Miner Res 15 (2000) 1113–1118
[76] Pfeifer M, Begerow B, Minne HW et al.: Effects of a long-term vitamin D and calcium supplementation on falls and parameters of muscle function in community-dwelling older individuals. Osteoporos Int 20 (2009) 315–322
[77] Bischoff HA, Stahelin HB, Dick W et al.: Effects of vitamin D and calcium supplementation on falls: a randomized controlled trial. J Bone Miner Res 18 (2003) 343–351
[78] Autier P, Gandini S: Vitamin D supplementation and total mortality: a meta-analysis of randomized controlled trials. Arch Intern Med 167 (2007) 1730–1737
[79] Bischoff-Ferrari HA, Dawson-Hughes B, Staehelin HB et al.: Fall prevention with supplemental and active forms of vitamin D: a meta-analysis of randomised controlled trials. BMJ 339 (2009) doi: 10.1136/bmj.b3692
[80] Bischoff-Ferrari HA, Willett WC, Wong JB et al.: Prevention of nonvertebral fractures with oral vitamin D and dose dependency: a meta-analysis of randomized controlled trials. Arch Intern Med 169 (2009) 551–561
[81] LaCroix AZ, Kotchen J, Anderson G et al.: Calcium plus vitamin D supplementation and mortality in postmenopausal women: the Women's Health Initiative calcium-vitamin D randomized controlled trial. J Gerontol A Biol Sci Med Sci 64 (2009) 559–567
[82] Bjelakovic G, Gluud LL, Nikolova D et al.: Vitamin D supplementation for prevention of mortality in adults. Cochrane Database Syst Rev (2011) CD007470
[83] Cashman KD, Wallace JM, Horigan G et al.: Estimation of the dietary requirement for vitamin D in free-living adults ≥64 y of age. Am J Clin Nutr 89 (2009) 1366–1374
[84] EFSA (European Food Safety Authority): Scientific opinion on the substantiation of a health claim related to vitamin D and risk of falling pursuant to Article 14 of Regulation (EC) No 1924/20061. EFSA Journal 9 (2011) 2382
[85] Dawson-Hughes B, Mithal A, Bonjour JP et al.: IOF position statement: vitamin D recommendations for older adults. Osteoporos Int 21 (2010) 1151–1154
[86] Specker BL, Tsang RC, Hollis BW: Effect of race and diet on human-milk vitamin D and 25-hydroxyvitamin D. Am J Dis Child 139 (1985) 1134–1137
[87] Hollis BW, Johnson D, Hulsey TC et al.: Vitamin D supplementation during pregnancy: double blind, randomized clinical trial of safety and effectiveness. J Bone Miner Res 26 (2011) 2341–2357
[88] Wagner CL, Taylor SN, Hollis BW: Does vitamin D make the world go ‚round'? Breastfeed Med 3 (2008) 239–250
[89] MacLaughlin J, Holick MF: Aging decreases the capacity of human skin to produce vitamin $D_3$. J Clin Invest 76 (1985) 1536–1538
[90] Kersting M, Hilbig A, Schoen S: Nutrition Discussion Forum. BJN 95 (2006) 1229–1231
[91] Hilbig A: Vitamin D in Säuglingsmilchnahrung. Persönliche Mitteilung vom 04.08.2011, Forschungsinstitut für Kinderernährung, Dortmund (2011)
[92] Ross AC, Manson JE, Abrams SA et al.: The 2011 report on dietary reference intakes for calcium and vitamin D from the Institute of Medicine: what clinicians need to know. J Clin Endocrinol Metab 96 (2011) 53–58

# Vitamin E (Tocopherole)

## A. Schätzwerte für eine angemessene Zufuhr

| Alter | Tocopherol mg-Äquivalent[a, b]/Tag | |
|---|---|---|
| | m | w |
| **Säuglinge** | | |
| 0 bis unter 4 Monate | 3 | 3 |
| 4 bis unter 12 Monate | 4 | 4 |
| **Kinder** | | |
| 1 bis unter 4 Jahre | 6 | 5 |
| 4 bis unter 7 Jahre | 8 | 8 |
| 7 bis unter 10 Jahre | 10 | 9 |
| 10 bis unter 13 Jahre | 13 | 11 |
| 13 bis unter 15 Jahre | 14 | 12 |
| **Jugendliche und Erwachsene** | | |
| 15 bis unter 19 Jahre | 15 | 12 |
| 19 bis unter 25 Jahre | 15 | 12 |
| 25 bis unter 51 Jahre | 14 | 12 |
| 51 bis unter 65 Jahre | 13 | 12 |
| 65 Jahre und älter | 12 | 11 |
| **Schwangere** | | 13 |
| **Stillende**[c] | | 17 |

[a] 1 mg RRR-α-Tocopherol-Äquivalent = 1 mg RRR-α-Tocopherol = 1,49 IE; 1 IE = 0,67 mg RRR-α-Tocopherol = 1 mg all-rac-α-Tocopherylacetat

[b] 1 mg RRR-α-Tocopherol (D-α-Tocopherol)-Äquivalent = 1,1 mg RRR-α-Tocopherylacetat (D-α-Tocopherylacetat) = 2 mg RRR-β-Tocopherol (D-β-Tocopherol) = 4 mg RRR-γ-Tocopherol (D-γ-Tocopherol) = 100 mg RRR-δ-Tocopherol (D-δ-Tocopherol) = 3,3 mg RRR-α-Tocotrienol (D-α-Tocotrienol) = 1,49 mg all-rac-α-Tocopherylacetat (D,L-α-Tocopherylacetat)

[c] ca. 260 µg RRR-α-Tocopherol-Äquivalente-Zulage pro 100 g sezernierte Milch

## B. Erläuterungen

Unter Vitamin E wird eine Gruppe chemischer Verbindungen zusammengefasst, die alle im Molekül ein Ringsystem (Chromanring) mit einer freien bzw. einer veresterten OH-Gruppe sowie eine gesättigte oder ungesättigte isoprenoide Seitenkette (16 C-Atome) aufweisen.

Nach der Anzahl und Verteilung von Methyl(CH3)-Gruppen am Chromanring unterscheidet man zwischen α-, β-, γ- und δ-Tocopherol. Nach der geltenden Nomenklatur werden natürliche Tocopherole als RRR-Verbindungen, z. B. RRR-α-Tocopherol (früher D-α-Tocopherol), bezeichnet. Die korrespondierenden Moleküle mit ungesättigter Seitenkette werden Tocotrienole genannt.

Natürlich vorkommende Tocopherole werden nur von Pflanzen synthetisiert. Sie wirken dort, wie auch im tierischen Organismus, als Schutzsystem vor der Anlagerung von reaktivem Sauerstoff (Radikal, Singulettsauerstoff) und verhindern somit vor allem die Peroxidation mehrfach ungesättigter Fettsäuren in den Membranlipiden. Tocopherol wirkt *in vivo* als eines der wichtigsten Schutzsysteme gegen eine Lipidperoxidation. So hemmt es die Entstehung von oxidierten LDL im Plasma, die ein wichtiger Risikofaktor für die Arteriosklerose sind. In dieser Funktion wird es von nichtenzymatischen (z. B. Vitamin C, β-Carotin) und enzymatischen (z. B. selenhaltige Glutathionperoxidasen) Systemen unterstützt. In diesem Zusammenhang beeinflusst Vitamin E die Eicosanoidsynthese und das Immunsystem, das Cholesterol-Phospholipid-Verhältnis in den Membranen (Membranfluidität) und spielt eine indirekte Rolle bei der Zellatmung [2].

Die in mehreren epidemiologischen Untersuchungen gesicherten Beziehungen zwischen niedrigen Konzentrationen von antioxidativ wirksamen Vitaminen im Plasma und einem erhöhten Risiko einer Koronarkrankheit waren Anlass zu weiteren Untersuchungen [14, 15]. Zusätzliche Auswertungen einer der Interventionsstudien gegen Krebs in Hinsicht auf die primäre Prävention der Koronarkrankheit brachten keinen signifikanten Erfolg [16, 17]. Zwei große prospektive Beobachtungsstudien mit einer Nahrungsergänzung von täglich > 100 IE Vitamin E (> 67 mg α-Tocopherol-Äquivalente) für wenigstens 2 Jahre gingen zwar mit einer Senkung der Herzinfarkt-Rate von > 30 % einher [18, 19], jedoch ist hier auch der mögliche Einfluss einer vorher schlechteren Versorgung zu diskutieren. Kürzere Anwendungszeiten und Dosen < 100 IE/Tag waren nicht erfolgreich [20].

Schlüssig hat sich ein gesicherter primärpräventiver Effekt gegen Krebs oder Herzinfarkt in Interventionsstudien mit einzeln oder in Kombination verabreichten antioxidativ wirksamen isolierten Nährstoffen bei ausreichend ernährten Populationen bisher nicht beweisen lassen [21, 22, 23]. Daraus ist gefolgert worden, dass die in epidemiologischen Studien beobachtete Wirkung von Antioxidantien entweder nur im natürlichen Gefüge oder im Verbund mit anderen wirksamen Nahrungsinhaltsstoffen vorhanden ist. Eine solche Interpretation wird durch eine prospektive Beobachtungsstudie an 34 000 Frauen nach der Menopause gestützt, bei denen die 7-jährige Einnahme von Supplementen mit bis zu > 250 IE Vitamin E (> 168 mg α-Tocopherol-Äquivalente) pro Tag keinen signifikanten Einfluss auf die Häufigkeit von Koronartodesfällen hatte, wohingegen dies bei einer deutlich geringeren Vitamin-E-Zufuhr mit der Nahrung (ohne Supplement) dosisabhängig der Fall war [24].

Beim Vitamin-E-Mangel des Menschen kommt es als Folge der Anhäufung von Radikalen und der Lipidperoxidation zu verschiedenen Ausfallerscheinungen, welche die Membranfunktionen, den Muskelstoffwechsel und das Nervensystem betreffen [12].

Mit diesen Reaktionen muss man rechnen, wenn Vitamin E nicht absorbiert oder verwertet werden kann. Ein Mangel an Vitamin E ist allerdings nur im Extremfall aus biochemischen Parametern ableitbar. Bei der A-β-Lipoproteinämie kommt es nach Jahren zu einer Neuropathie unter Beteiligung des zentralen und peripheren Nervensystems, der Netzhaut des Auges und der Skelettmuskulatur. Eine Unterversorgung mit Vitamin E kann auch nach Darmresektionen, bei schweren Leberkrankheiten (z. B. biliäre Zirrhose) und (seltener) bei Mukoviszidose eintreten. Bei Frühgeborenen kam es vor der Einführung Tocopherol-haltiger Nahrungen gelegentlich zur hämolytischen Anämie.

Das Vermögen einzelner Tocopherole vor solchen Veränderungen bei verschiedenen Tierarten zu schützen, wird als Maß zur Beurteilung der Wirksamkeit herangezogen.

Die Wirksamkeit von α-, β-, γ- und δ-Tocopherol beträgt bei der Ratte 100 : 50 : 25 : 1 [2, 10]. Die Veresterung des α-Tocopherolmoleküls führt zu einer Verminderung der Vitaminwirkung um 9 %. Von allen Tocotrienolen ist α-Tocotrienol das wirksamste; seine Aktivität beträgt ca. ein Drittel von der des α-Tocopherols.

Das synthetisch hergestellte α-Tocopherol stellt eine Mischung aus 8 Isomeren dar und wird als all-rac-α-Tocopherol (früher D,L-α-Tocopherol) bezeichnet. Handelsüblich sind stabile veresterte Formen, vor allem das all-rac-α-Tocopherylacetat. Dessen biologische Aktivität beträgt ca. zwei Drittel von der des RRR-α-Tocopherols.

Verdauung und Absorption von Tocopherolen sind an die Fettverdauung gekoppelt und folglich von der gleichzeitigen Anwesenheit von Gallensalzen und Pankreassaft abhängig. Tocopherylester werden im Darmlumen vor der Absorption gespalten und gelangen ohne Reveresterung in die Lymphe. Der Absorptionsmechanismus der Tocopherole beruht wahrscheinlich auf einer nicht sättigbaren Diffusion. Hauptabsorptionsort ist der obere Dünndarm. Die Bioverfügbarkeit der Tocopherole hängt entscheidend von der Art des gleichzeitig zugeführten Nahrungsfettes ab: Mittelkettige gesättigte Fettsäuren begünstigen, langkettige mehrfach ungesättigte n-3 und n-6 Fettsäuren hingegen hemmen die Absorption. Die Hemmung ist u. a. auf die Änderung der Micellenstruktur/-größe und Affinität zur Epithelzelle sowie auf die Beeinträchtigung der Synthese der triglyceridreichen Lipoproteine (VLDL, LDL) durch mehrfach ungesättigte Fettsäuren zurückzuführen [3, 9].

Die Tocopherolabsorption ist dosisabhängig. Sie liegt bei einer durchschnittlichen Fettzufuhr z. B. bei Gaben von 12 mg bei 54 %, sinkt bei Zufuhr von 24 mg auf 30 % und beträgt bei pharmakologischen Dosierungen von 200 mg nur etwa 10 %. Bei intakter Gallenfunktion können Emulgatoren wie Lecithin und Polysorbate die Absorption geringer Mengen Tocopherol fördern. Für die Praxis gilt eine durchschnittliche Absorptionsrate von 30 %.

Tocopherol wird zu 90 % in der Lymphe transportiert, der Rest über die Pfortader. Es wird zu 65 % in den LDL, 8 % in den VLDL und zu etwa 24 % in den HDL aufgenommen. Zwischen Tocopherolkonzentration und Gesamtlipidgehalt im Plasma besteht daher eine hohe Korrelation. Wegen seiner universellen Schutzwirkung auf Membranen kommt Vitamin E in allen Geweben vor.

Die höchsten Gehalte finden sich in Fettgewebe, Leber und Nebennieren. Auch Herz, Skelettmuskel und Hoden enthalten größere Mengen. In Plasma, Leber, Niere und Milz unterliegt Tocopherol einem schnellen Umsatz (Halbwertszeit 5–7 Tage), während dieser im Fettgewebe – trotz der dort vorkommenden großen Vitamin-E-Menge – langsam ist. Im Harn werden die Vitamin-E-Metaboliten α-Tocopheronsäure, α-Tocopheronolacton und 2, 5, 7, 8-Tetramethyl-2-(2'-carboxyethyl)-6-hydroxy-chroman (α-CEHC) gefunden, wobei die α-CEHC-Ausscheidung vom Tocopherolgehalt des Blutplasmas abhängt [5].

Wegen der sehr engen Beziehung zwischen Vitamin E und ungesättigten Fettsäuren kann die Formulierung der Schätzwerte nur unter Berücksichtigung der Zufuhr von ungesättigten Fettsäuren erfolgen [4, 6, 7, 13]. Basis für die Berechnung ist die für den Schutz von 1 g Linolsäure (Dienfettsäure) als adäquat betrachtete Vitamin-E-Menge von 0,4 mg Tocopherol-Äquivalenten (TÄ) [13] (s. Referenzwerte für die Zufuhr von essenziellen Fettsäuren). Zum Schutz der Doppelbindungen in den Monoen-, Dien-, Trien-, Tetraen-, Pentaen- und Hexaenfettsäuren sind Vitamin-E-Mengen notwendig, die im Verhältnis 0,3 : 2 : 3 : 4 : 5 : 6 [7] stehen. Damit ergeben sich 0,06; 0,4; 0,6; 0,8; 1,0; 1,2 mg TÄ/g Monoenfettsäuren, Dienfettsäuren usw.

Unabhängig von der Zufuhr von ungesättigten Fettsäuren wird davon ausgegangen, dass bei einer Zufuhr unterhalb einer Menge von 4 mg α-Tocopherol-Äquivalenten/Tag mit einer deutlichen Erhöhung der Lipidperoxidation gerechnet werden muss. Beim Erwachsenen werden deshalb als Grundbedarf 4 mg α-Tocopherol-Äquivalente/Tag zum Schutz der bei Stoffwechselvorgängen im Körper gebildeten Doppelbindungen vor Peroxidation für notwendig gehalten [7]. Für Kinder und Jugendliche wird dieser Grundbedarf gemäß der Entwicklung des Körpergewichts interpoliert.

Legt man allein die empfohlenen Zufuhrmengen bzw. Schätzwerte für die Zufuhr von essenziellen Fettsäuren zuzüglich des Grundbedarfs von 4 mg TÄ/Tag zugrunde, errechnet sich für Erwachsene eine angemessene tägliche Zufuhr von 6 mg bis 8 mg TÄ.

Nimmt man demgegenüber als Berechnungsbasis die Richtwerte für die Fettmenge und die prozentuale Aufteilung der Fettsäuren (s. Referenzwerte für die Zufuhr von Fett), d. h. unter Einbeziehung von Monoen-, Dien- und Trienfettsäuren, zuzüglich einem Grundbedarf von 4 mg TÄ/Tag, ergeben sich die in der Tabelle genannten Schätzwerte[1]. Die Einbeziehung von Tetraen-, Pentaen-, Hexaensäuren etc. würde den Schätzwert um etwa 0,5 mg TÄ erhöhen.

Eine ausreichende Vitamin-E-Zufuhr ist ohne Supplemente möglich, da Lebensmittel mit einem hohen Gehalt an mehrfach ungesättigten Fettsäuren in aller Regel auch viel Vitamin E enthalten. Bei der Wahl pflanzlicher Öle und Margarinen ist deshalb auf den Vitamin-E-Gehalt zu achten.

Ist die Versorgung bedarfsdeckend, spiegelt sich dies in den Tocopherolkonzentrationen des Plasmas und der Blutzellen wider. Als Normalwerte für Erwachsene gelten 0,5 mg/100 ml bis 2 mg/100 ml (12–46 µmol/l) Plasma bzw. 0,8 mg/g Gesamtlipide. In der VERA-Studie hat sich im statistischen Mittel eine Plasmakonzentration von 30,6 ± 0,21 µmol α-Tocopherol-Äquivalente/l ergeben. Als präventiv wünschenswerte Plasmakonzentration werden ≥ 30 µmol/l angesehen.

Untersuchungen an älteren Menschen (> 80 Jahre) haben keinen höheren Tocopherolbedarf im Vergleich zu jungen Erwachsenen ergeben. Bei Verdauungs- und Absorptionsstörungen ist die Tocopherolbioverfügbarkeit herabgesetzt und der Bedarf erhöht.

[1] Beispiel: 15 bis unter 19 Jahre, weiblich, Basis 2000 kcal (s. Kapitel „Energie"), 13% einfach ungesättigte Fettsäuren, 7% mehrfach ungesättigte Fettsäuren im Verhältnis (n-6 : n-3) 5:1 (s. Referenzwerte für die Zufuhr von Fett und essenziellen Fettsäuren), (≅ 28,9 g Ölsäure, ≅ 12,9 g Linolsäure: ≅ 2,6 g α-Linolensäure). Durch Multiplikation mit den pro 1 g Monoenfettsäuren, Dienfettsäuren usw. notwendigen TÄ (0,06; 0,4; 0,6 mg TÄ) erhält man 8 mg TÄ. Unter Berücksichtigung von 4 mg TÄ Grundbedarf ergeben sich 12 mg TÄ/Tag als Schätzwert für eine angemessene Zufuhr.

Für Schwangere und Stillende werden, orientiert an dem Mehrbedarf an Energie und den darin enthaltenen ungesättigten Fettsäuren, entsprechend höhere Schätzwerte angegeben.

Infolge des eingeschränkten Tocopheroltransports von der Plazenta zum Fetus verfügen Neugeborene über sehr geringe Tocopherolspeicher. Frauenmilch und industriell hergestellte Säuglingsmilchnahrungen enthalten ausreichend Vitamin E [11]. Im Haushalt selbst hergestellte Säuglingsnahrung aus Kuhmilch kann jedoch wegen einer insgesamt unsicheren Deckung des Tocopherolbedarfs nicht empfohlen werden. Die Schätzwerte für eine angemessene Zufuhr bei Kindern von 1 bis 14 Jahren sind zwischen denen der Säuglinge und Erwachsenen interpoliert. Etwa ab der Pubertät werden die Erwachsenenwerte erforderlich.

Gute Lieferanten für α-Tocopherol sind Weizenkeimöl, Sonnenblumenöl, Maiskeimöl, Rapsöl, für β-Tocopherol Weizenkeimöl, für γ-Tocopherol Maiskeimöl und Sojaöl und für δ-Tocopherol Sojaöl. Dabei ist zu berücksichtigen, dass ein Teil des Vitamin-E-Gehalts zum Schutz der ungesättigten Fettsäuren der Öle benötigt wird und hierfür die β- und γ-Tocopherole wesentlich wirksamer sind als im Organismus. Weizenkeime und Haselnüsse enthalten ebenfalls nennenswerte Mengen. In Lebensmitteln tierischer Herkunft ist der Tocopherolgehalt relativ gering und hängt von der Ernährung der Tiere ab.

Bei der Lebensmittelverarbeitung und -zubereitung erleiden die Tocopherole nur geringe Verluste. Sie sind bei Abwesenheit von Sauerstoff und Peroxiden weitgehend beständig gegen Erhitzen bis 200°C. Gegen pH-Veränderungen unterhalb des Neutralpunkts sind sie stabil.
In Anwesenheit von Schwermetallen und ranzigen Fetten werden sie durch den Luftsauerstoff schnell oxidiert. Gegen Tageslicht und UV-Licht sind sie empfindlich. Der Mittelwert für die Zubereitungsverluste in sämtlichen verbrauchten Lebensmitteln bei landesüblicher Ernährung und schonender Zubereitung beträgt ca. 10 %, wobei die höchsten Verluste durch Braten, Rösten und Schmoren entstehen [1]. Beim Wiedererhitzen von Bratfetten wird jedoch fast alles noch vorhandene Tocopherol zerstört. In tiefgefrorenen Lebensmitteln fällt der Tocopherolgehalt allmählich ab, wenn in ihnen hochungesättigte Fettsäuren vorhanden sind.

Die EFSA gibt 300 mg/Tag als tolerierbare Gesamtzufuhrmenge an [8].

## Literatur


[1] Bognàr A: Vitaminverluste bei der Lagerung und Zubereitung von Lebensmitteln. Ernährung/Nutrition 19 (1995) 411–416, 478–483, 551–554

[2] Elmadfa I, Bosse W: Vitamin E: Eigenschaften, Wirkungsweise und therapeutische Bedeutung. Wissenschaftliche Verlagsgesellschaft, Stuttgart (1985)

[3] Elmadfa I, Schwalbe P: Einige Aspekte der Bioverfügbarkeit von α-Tocopherol. Fat Sci Techn 91 (1989) 402–407

[4] Gaßmann B, Kübler W: Ungesättigte Fettsäuren und Vitamin E-Bedarf. Ernährungs-Umschau 43 (1996) 172–177

[5] Gaßmann B, Schulz M, Leist M et al.: Vitamin E-Stoffwechsel und -Bedarf. Ernährungs-Umschau 42 (1995) 80–87

[6] Horwitt MK: Vitamin E and lipid metabolism in man. Am J Clin Nutr 8 (1960) 451–461

[7] Horwitt MK: Status of human requirements for Vitamin E. Am J Clin Nutr 27 (1974) 1182–1193

[8] EFSA (European Food Safety Authority): Tolerable upper intake levels for vitamins and minerals (2006) www.efsa.europa.eu/en/ndatopics/docs/ndatolerableuil.pdf (eingesehen am 26.11.2012)

[9] Traber GM, Cohn W, Muller DPR: Absorption, transport and delivery to tissues. In: Packer L, Fuchs J: Vitamin E in health and disease. Marcel Dekker, New York (1993) 35–51

[10] Schäfer H, Elmadfa I: Relative bioactivity of alpha- and gamma-tocopherol calculated from respiration parameters in rat liver mitochondria. Ann Nutr Metab 28 (1984) 297–304

[11] Souci SW, Fachmann W, Kraut H: Die Zusammensetzung der Lebensmittel. Nährwert-Tabellen. Medpharm Scientific Publishers, Stuttgart, 7. Auflage (2008)

[12] Witting LA, Horwitt MK: Effect of degree of fatty acid unsaturation in tocopherol deficiency-induced creatinuria. J Nutr 82 (1964) 19–33

[13] Witting LA, Lee L: Dietary levels of vitamin E and polyunsaturated fatty acids and plasma Vitamin E. Am J Clin Nutr 28 (1975) 571–576

[14] Gey KF, Moser UK, Jordan R et al.: Increased risk of cardiovascular disease at suboptimal plasma concentrations of essential antioxidants: an epidemiological update with special attention to carotene and vitamin C. Am J Clin Nutr 57, Suppl 5 (1993) S787–S797

[15] Kushi LH: Vitamin E and heart disease: a case study. Am J Clin Nutr 69, Suppl (1999) S1322–S1329

[16] Rapola JM, Virtamo J, Haukka JK et al.: Effect of vitamin E and beta carotene on the incidence of angina pectoris. A randomized, double-blind, controlled trial. JAMA 275 (1996) 693–698

[17] The Alpha-Tocopherol, Beta Carotene Cancer Prevention Study Group: The effect of vitamin E and beta carotene on the incidence of lung cancer and other cancers in male smokers. N Engl J Med 330 (1994), 1029–1035

[18] Rimm EB, Stampfer MJ, Ascherio A et al.: Vitamin E consumption and the risk of coronary heart disease in men. N Engl J Med 328 (1993) 1450–1456

[19] Stampfer MJ, Hennekens CH, Manson JE et al.: Vitamin E consumption and the risk of coronary disease in women. N Engl J Med 328 (1993) 1444–1449

[20] Stampfer MJ, Rimm EB: Epidemiologic evidence for vitamin E in prevention of cardiovascular disease. Am J Clin Nutr 62, Suppl 6 (1995) S1365–S1369

[21] Bleys J, Miller ER 3rd, Pastor-Barriuso R et al.: Vitamin mineral supplementation and the progression of atherosclerosis: a meta-analysis of randomized controlled trials. Am J Clin Nutr 84 (2006) 880–887

[22] Heart Protection Study Collaborative Group: MRC/BHF Heart Protection Study of antioxidant vitamin supplementation in 20,536 high-risk individuals: a randomised placebo-controlled trial. Lancet 360 (2002) 23–33

[23] Huang HY, Caballero B, Chang S et al.: The efficacy and safety of multivitamin and mineral supplement use to prevent cancer and chronic disease in adults: a systematic review for a National Institutes of Health state-of-the-science conference. Ann Intern Med 145 (2006) 372–385

[24] Kushi LH, Folsom AR, Prineas RJ et al.: Dietary antioxidant vitamins and death from coronary heart disease in postmenopausal women. N Engl J Med 334 (1996) 1156–1162

# Vitamin K

## A. Schätzwerte für eine angemessene Zufuhr

| Alter | Vitamin K | |
|---|---|---|
| | µg/Tag | |
| | m | w |
| **Säuglinge** | | |
| 0 bis unter 4 Monate | 4 | |
| 4 bis unter 12 Monate | 10 | |
| **Kinder** | | |
| 1 bis unter 4 Jahre | 15 | |
| 4 bis unter 7 Jahre | 20 | |
| 7 bis unter 10 Jahre | 30 | |
| 10 bis unter 13 Jahre | 40 | |
| 13 bis unter 15 Jahre | 50 | |
| **Jugendliche und Erwachsene** | | |
| 15 bis unter 19 Jahre | 70 | 60 |
| 19 bis unter 25 Jahre | 70 | 60 |
| 25 bis unter 51 Jahre | 70 | 60 |
| 51 bis unter 65 Jahre | 80 | 65 |
| 65 Jahre und älter | 80 | 65 |
| **Schwangere** | | 60 |
| **Stillende** | | 60 |

## B. Erläuterungen

Unter Vitamin K versteht man eine Reihe von Verbindungen, die sich alle vom natürlicherweise nicht vorkommenden 2-Methyl-1,4-Naphthochinon (Menadion, Vitamin $K_3$) ableiten lassen. Pflanzliches Vitamin K (Phyllochinon, Vitamin $K_1$) besitzt am C-3-Atom eine Phytylgruppe als Substituenten, bakterielles Vitamin K (Menachinon, Vitamin $K_2$) eine Polyisoprenylgruppe. Diese kann aus 4 bis 13 Isoprenresten (je 5 C-Atome) bestehen. Dementsprechend unterscheidet man zwischen Menachinon-4 oder Vitamin $K_2$ (20-C) und höheren Menachinonen oder Vitamin-$K_2$-Verbindungen. Die am häufigsten vorkommenden Formen sind Vitamin $K_2$ (30-C) und Vitamin $K_2$ (35-C) mit 6 bzw. 7 Isoprenresten [3, 11]. Tierische Gewebe enthalten Phyllochinon und Menachinon in wechselndem Verhältnis. Der in der Natur nicht vorkommende Grundkörper Menadion (Vitamin $K_3$) enthält keine Seitenkette. Seine biologische Wirksamkeit erklärt sich durch die enzymatische Alkylierung von wasserlöslichen Derivaten zu Vitamin $K_2$ (20-C). Die Bezeichnung Vitamin $K_3$ für Menadion und auch dessen Einsatz sollten aber wegen erheblicher Nebenwirkungen, welche die Verbindung von den eigentlichen Vitamin-K-Verbindungen unterscheidet, vermieden werden.

Die biologische Aktivität von Vitamin K ist auf die Fähigkeit zurückzuführen, zwischen oxidierten und reduzierten Formen zu wechseln. Verbindungen mit Vitamin-K-Wirkung sind für die Bildung von auf die Blutgerinnung einwirkenden Proteinen notwendig (Faktor II, VII, IX und X sowie Proteine C, S und Z) [4, 12]. Die K-Vitamine sind darüber hinaus für die Biosynthese weiterer Proteine verantwortlich, die im Plasma, in der Niere und im Knochen (Osteocalcin, ein γ-Carboxyglutamathaltiges Knochenprotein) gefunden werden. Osteocalcin ist wahrscheinlich an der Kontrolle der Gewebsmineralisierung und des Skelettstoffwechsels beteiligt, seine Synthese in den Osteoblasten wird zum Teil durch Vitamin D reguliert. Epidemiologischen Untersuchungen zufolge ist bei Frauen bei niedriger Vitamin-K-Zufuhr das Risiko für eine niedrige Knochendichte bzw. Knochenfrakturen erhöht [5, 18]. Dies kann mit dem Einfluss von Vitamin K auf die Osteocalcinbildung erklärt werden [19]. So konnte an über 70 000 Frauen im Alter von 38 bis 63 Jahren in der prospektiven *Nurses' Health Study* bei einer ausreichenden Zufuhr von Vitamin K ein signifikant niedrigeres Risiko für Oberschenkelhalsfrakturen festgestellt werden [5]. Diese Beziehung war mit dem Verzehr von einer oder mehreren Portionen Salat am Tag korreliert. In einer placebokontrollierten Interventionsstudie mit 90 mg/Tag Vitamin $K_2$ (Menatetrenon) bei 39 Patienten mit einer Osteoporose wurde innerhalb von 24 Wochen eine Zunahme der Knochendichte um 2,2 % bei gleichzeitiger Abnahme um 7,3 % in der Placebogruppe erzielt [22]. Weitere Studien bestätigen die präventive Wirkung von Vitamin K gegen die Osteoporose [23, 24]. Eine weitere Studie weist auch auf einen protektiven Effekt von Vitamin K gegen koronare Herzkrankheit hin [25]. Als Vitamin-K-Mangelsymptome sind jedoch bisher nur die Störungen des Blutgerinnungssystems eindeutig charakterisiert, deren Folgen – in Form von sichtbaren und unsichtbaren Blutungen – in verschiedenen Organen (wie Magen-Darm-Trakt, Haut und Schleimhaut, Gehirn, Leber, Nebenniere) auftreten können.

Die fettlöslichen K-Vitamine werden ebenso wie die übrigen fettlöslichen Vitamine unter Mitwirkung von Gallensäuren und Pankreasenzymen absorbiert und zirkulieren im Plasma vor allem in den LDL, ohne einen speziellen Carrier zu benötigen. Die Absorptionsrate beträgt 10 % bis 80 % und kann durch langkettige mehrfach ungesättigte Fettsäuren, schlecht absorbierbare fettlösliche Substanzen oder Fettersatzstoffe gehemmt werden. Menadion und seine wasserlöslichen Derivate benötigen für die Absorption (Diffusion) hingegen keine Gallensäuren und werden im Blut transportiert [13]. Vitamin $K_1$ (Phyllochinon) und Vitamin $K_2$ (Menachinon) werden hauptsächlich in der Leber gespeichert. Menadion wird nach Umwandlung in Menachinon-4 auf fast alle Gewebe verteilt, auf die Leber jedoch nur zu etwa 2 % [3, 11].

Infolge eines unzureichenden Vitamin-K-Transports durch die Plazenta und eines dadurch bedingten Vitamin-K-Mangels treten bei Neugeborenen und jungen Säuglingen Blutungen auf, nicht selten auch im Gehirn. Diese Blutungen beginnen innerhalb des 1. Lebenstages (frühe Form), der 1. Lebenswoche (klassische Form) und in der 2. bis 12. Lebenswoche (späte Form).

Der Vitamin-K-Mangel betrifft in aller Regel voll gestillte Neugeborene. Ursache hierfür ist neben einem niedrigen Vitamin-K-Gehalt der Frauenmilch (ca. 0,3 µg/100 ml) [14] insbesondere ein unzureichendes Milchangebot bei verzögertem Lactationsbeginn. Auch mit industriell hergestellten Milchnahrungen (Vitamin-K-Gehalt laut EU-Richtlinie mindestens 2,4 µg/100 ml) ernährte Neugeborene sind gefährdet, wenn die Ernährung nicht am 1. Lebenstag beginnt [1]. Durch eine prophylaktische Vitamin-K-Gabe nach der Geburt sind die früher beobachteten Blutungen vermeidbar [7]. Ebenso können die späten Vitamin-K-Mangelblutungen durch eine parenterale Vitamin-K-Prophylaxe nach der Geburt verhindert werden. Während die Dosis bei der intramuskulären Vitamin-K-Prophylaxe (1 mg Vitamin K intramuskulär) als gesichert gelten kann, ist es derzeit noch unklar, welche Mengen bei mehrmaliger oraler Vitamin-K-Gabe als optimal anzusehen und welche Präparate hierbei zu verwenden sind. Statt der bis 1992 üblichen generellen parenteralen Vitamin-K-Prophylaxe wird derzeit in Deutschland für gesunde Neugeborene eine orale Vitamin-K-Prophylaxe in einer Dosierung von 3 × 2 mg Vitamin K empfohlen. Grund für das Verlassen der routinemäßigen intramuskulären Vitamin-K-Gaben waren Berichte über eine mögliche Karzinogenität der intramuskulären, nicht aber der oralen Vitamin-K-Prophylaxe. In keiner der Nachfolgestudien konnte dieser Verdacht bestätigt werden. Ein minimales Krebsrisiko ließ sich jedoch nicht mit letzter Sicherheit ausschließen.

Beim Erwachsenen konnte experimentell ein marginaler Vitamin-K-Mangel durch alimentäre Restriktion erzeugt werden [16]. Auch im Rahmen von Grundkrankheiten wie chronischen Lebererkrankungen, Magen-Darm-Krankheiten, schweren Störungen der Fettabsorption und langdauernder Medikation mit Antikoagulantien, Antibiotika, Antiepileptika, Tuberkulostatika oder Salicylaten ist beim Menschen ein Vitamin-K-Mangel beobachtet worden. Ein signifikanter Vitaminmangel kann ferner bei parenteraler Ernährung auftreten, wenn die Infusionslösung nicht genug Vitamin K enthält und dieses nicht anderweitig zugeführt wird. Eine gleichzeitige Antibiotikatherapie wirkt sich zusätzlich ungünstig aus.

Klinisch nutzt man die Tatsache, dass ein Vitamin-K-Mangel die Blutgerinnungszeit verlängert, indem man zur Thromboseprophylaxe durch Verabreichung von Vitamin-K-Antagonisten einen mäßigen Vitamin-K-Mangel erzeugt. Patienten, die unter einer derartigen Antikoagulationstherapie stehen, müssen sich nicht von einer bisher ausgewogenen auf eine Vitamin-K-arme Ernährung umstellen. Sie sollten jedoch auch nicht durch Veränderungen der Ernährung oder Einnahme von Supplementen ihre Vitamin-K-Zufuhr signifikant erhöhen.

Aussagen über den Vitamin-K-Bedarf des Erwachsenen sind schwierig. Infolge analytischer Probleme bei der Bestimmung des Vitamin-K-Gehalts in Lebensmitteln fallen Angaben über die durchschnittliche Vitamin-K-Zufuhr unterschiedlich aus [8, 14]. Man geht davon aus, dass mit einer vollwertigen Ernährung ausreichende Mengen an Vitamin K zugeführt werden [9]. Da beim Gesunden ein ernährungsbedingter Vitamin-K-Mangel nicht vorkommt und aussagekräftige experimentelle Untersuchungen zum Vitamin-K-Bedarf des Menschen fehlen, kann nur ein Schätzwert für eine angemessene Zufuhr angegeben werden.

Unter Bezug auf die Plasma-Prothrombinkonzentration wird für alle Altersgruppen jenseits des Neugeborenenalters eine adäquate tägliche Vitamin-K-Zufuhr von 1 µg/kg Körpergewicht angegeben [6, 10, 15]. Ein erhöhter Bedarf älterer Menschen ist nicht bekannt. Er kann aber bei älteren Menschen als Folge einer Malabsorption oder der Einnahme von Medikamenten auftreten. Vorsorglich wird der Schätzwert im höheren Alter etwas angehoben. Für gesunde Schwangere ist ein Mehrbedarf ebenfalls nicht bekannt. Der vermutlich sehr geringe Mehrbedarf für Stillende wird durch eine vollwertige Ernährung gedeckt. Diese Aussagen stützen sich auf den Einfluss von Vitamin K auf die Blutgerinnung. Zur Ableitung der angemessenen Zufuhr von Vitamin K in Bezug auf den Knochenstoffwechsel liegt noch keine ausreichende Anzahl an Untersuchungen am Menschen vor.

Vitamin $K_1$ kommt reichlich in grünem Gemüse vor (30–800 µg/100 g). Wesentliche Mengen an Vitamin-K-wirksamen Verbindungen sind auch in Milch und Milchprodukten, Muskelfleisch, Eiern, Getreide, Früchten und verschiedenen anderen Gemüsearten enthalten [2, 14]. Verluste bei der Speisenzubereitung sind gering, da Vitamin K gegen Hitze und Sauerstoff relativ unempfindlich ist. Dagegen wird das Vitamin durch Einwirkung von Tageslicht rasch zerstört. Der menschliche Darm enthält eine große Menge an bakteriell gebildetem Vitamin $K_2$. Ob die gebildeten Vitamin-K-Mengen in nennenswertem Umfang zur Bedarfsdeckung beitragen, ist schwer zu beurteilen [20]. Die Vitamin-K-Zufuhr liegt in Deutschland bei den über 25-Jährigen über dem genannten Schätzwert. In der Altersklasse 15 bis unter 25 Jahre wird der Schätzwert nicht erreicht [17].

Für Vitamin K gibt die EFSA keine tolerierbare Gesamtzufuhrmenge an [21].

## Literatur


[1] EG: Richtlinie der Kommission über Säuglingsanfangsnahrung und Folgenahrung vom 14. Mai 1991 (91/321/EWG), 35–49, Abl. Nr. L 175 vom 4.7.1991

[2] Elmadfa I, Aign W, Muskat E et al.: Die große GU Nährwert-Tabelle. Gräfe und Unzer, München (1998)

[3] Elmadfa I, Leitzmann C: Ernährung des Menschen. Eugen Ulmer, Stuttgart, 3. Auflage (1998)

[4] Ferland G: The Vitamin K-dependent proteins: an update. Nutr Rev 56 (1998) 223–230

[5] Feskanich D, Weber R, Willett WC et al.: Vitamin K-intake and hip fractures in women: a prospective study. Am J Clin Nutr 69 (1999) 74–79

[6] Frick PG, Riedler G, Brogli H: Dose response and minimal daily requirement for vitamin K in man. J Appl Physiol 23 (1967) 387–389

[7] Hansen KN, Ebbesen F: Neonatal vitamin K prophylaxis in Denmark: three years' experience with oral administration during the first three months of life compared with one oral administration at birth. Acta Paediatr 85 (1996) 1137–1139

[8] Jakob E, Elmadfa I: Application of a simplified HPLC assay for the determination of phylloquinone (vitamin $K_1$) in animal and plant food items. Food Chemistry 56 (1996) 87–91

[9] Jakob E, Elmadfa I: Rapid HPLC assay for the assessment of vitamin $K_1$, A, E and betacarotene status in children (7 – 19 years). Int J Vitam Nutr Res 65 (1995) 31–35

[10] National Research Council: Recommended dietary allowances. National Academy of Sciences, Washington, DC, 10. Auflage (1989)

[11] Olson RE: Vitamin K. In: Shils ME, Olson JA, Shike M (Hrsg.): Modern nutrition in health and disease. Lea & Febiger, Philadelphia, 8. Auflage (1994)

[12] Seegers WA, Walz DA: Prothrombin and other vitamin K proteins. Band 1 + 2. CRC Press, Boca Raton/Florida (1986)

[13] Sitrin MD: Digestion and absorption of other dietary lipids. In: Ganong WF (Hrsg.): Gastrointestinal, hepatobiliary and nutritional physiology, Lippincott-Raven, Philadelphia (1996)

[14] Souci SW, Fachmann W, Kraut H: Die Zusammensetzung der Lebensmittel. Nährwert- Tabellen. Medpharm Scientific Publishers, Stuttgart, 7. Auflage (2008)

[15] Suttie JW: Vitamin K. In: Ziegler EE, Filer LJ Jr (Hrsg.): Present knowledge in nutrition. ILSI Press, Washington, DC, 7. Auflage (1996)

[16] Suttie JW, Mummah-Schendel LL, Shah DV et al.: Vitamin K deficiency from dietary vitamin K restriction in humans. Am J Clin Nutr 47 (1988) 475–480

[17] Deutsche Gesellschaft für Ernährung (Hrsg.): 12. Ernährungsbericht 2012. Bonn (2012)

[18] Booth SL, Broe KE, Gagnon DR et al.: Vitamin K intake and bone mineral density in women and men. Am J Clin Nutr 77 (2003) 512–516

[19] Zittermann A: Effects of vitamin K on calcium and bone metabolism. Curr Opin Clin Nutr Metab Care 4 (2001) 483–487

[20] Suttie JW: The importance of menaquinones in human nutrition. Annu Rev Nutr 15 (1995) 399–417

[21] EFSA (European Food Safety Authority): Tolerable upper intake levels for vitamins and minerals (2006) www.efsa.europa.eu/en/ndatopics/docs/ndatolerableuil.pdf (eingesehen am 26.11.2012)

[22] Orimo H, Shiraki M, Tomita A et al.: Effects of menatetrenone on the bone and calcium metabolism in osteoporosis: A double-blind placebo-controlled study. J Bone Miner Metab 16 (1998) 106–112

[23] Cockayne S, Adamson J, Lanham-New S et al.: Vitamin K and the prevention of fractures. Arch Intern Med 166 (2006) 1256–1261

[24] Iwamoto J, Takeda T, Sato Y: Menatetrenone (vitamin $K_2$) and bone quality in the treatment of postmenopausal osteoporosis. Nutr Rev 64 (2006) 509–517

[25] Geleijnse JM, Vermeer C, Grobbee DE et al.: Dietary intake of menaquinone is associated with a reduced risk of coronary heart disease: the Rotterdam Study. J Nutr 134 (2004) 3100–3105

# Thiamin (Vitamin $B_1$)

## 1. Empfohlene Zufuhr

| Alter | Thiamin mg/Tag | |
|---|---|---|
| | m | w |
| **Säuglinge** | | |
| 0 bis unter 4 Monate[a] | 0,2 | |
| 4 bis unter 12 Monate[b] | 0,4 | |
| **Kinder und Jugendliche[b]** | | |
| 1 bis unter 4 Jahre | 0,6 | |
| 4 bis unter 7 Jahre | 0,7 | |
| 7 bis unter 10 Jahre | 0,9 | 0,8 |
| 10 bis unter 13 Jahre | 1,0 | 0,9 |
| 13 bis unter 15 Jahre | 1,2 | 1,0 |
| 15 bis unter 19 Jahre | 1,4 | 1,1 |
| **Erwachsene[b]** | | |
| 19 bis unter 25 Jahre | 1,3 | 1,0 |
| 25 bis unter 51 Jahre | 1,2 | 1,0 |
| 51 bis unter 65 Jahre | 1,2 | 1,0 |
| 65 Jahre und älter | 1,1 | 1,0 |
| **Schwangere[c]** | | |
| 2. Trimester | | 1,2 |
| 3. Trimester | | 1,3 |
| **Stillende[d]** | | 1,3 |

[a] Hierbei handelt es sich um einen Schätzwert.

[b] Zugrunde gelegt wurden die alters- und geschlechtsspezifischen Richtwerte für die Energiezufuhr (siehe Kapitel „Energie"; PAL-Wert 1,4).

[c] Unter Berücksichtigung des Richtwerts für die Energiezufuhr für Frauen von 19 bis unter 25 Jahren (PAL-Wert 1,4) und Zulage von 250 kcal/Tag während des 2. Trimesters und von 500 kcal/Tag während des 3. Trimesters der Schwangerschaft (siehe Kapitel „Energie").

[d] Unter Berücksichtigung des Richtwerts für die Energiezufuhr für Frauen von 19 bis unter 25 Jahren (PAL-Wert 1,4) und Zulage von 500 kcal/Tag für ausschließliches Stillen während der ersten 4 bis 6 Monate (siehe Kapitel „Energie").

## 2. Einleitung

Thiamin gehört zu den wasserlöslichen Vitaminen. In tierischen Lebensmitteln liegt es zu 95 % bis 98 % in phosphorylierter Form und in pflanzlichen Lebensmitteln überwiegend als freies Thiamin vor [1]. Im Organismus dient Thiamindiphosphat (TDP), das auch als Thiaminpyrophosphat (TPP) bezeichnet wird, als Coenzym bei wichtigen Reaktionen des Energiestoffwechsels. In Form von Thiamintriphosphat (TTP) hat Thiamin vermutlich spezifische Funktionen im Nervensystem bei der Reizweiterleitung [2, 3].

## 3. Physiologie

### Absorption

Das mit der Nahrung zugeführte Thiamin wird im Dünndarm zunächst mittels Phosphatasen zu freiem Thiamin hydrolysiert und anschließend durch einen dosisabhängigen Transportmechanismus absorbiert. Die Absorption erfolgt bei einer Konzentration < 2 µmol/l anhand eines aktiven, Carrier-vermittelten Transports mit Sättigungskinetik und bei höheren Dosen durch passive Diffusion [2, 4]. Bei chronischer Alkoholzufuhr wird der aktive Transport gehemmt [5]. Im Dickdarm wird Thiamin von der Mikrobiota hergestellt und dort wahrscheinlich teilweise absorbiert. Der Beitrag des bakteriell hergestellten Thiamins für die Thiaminversorgung des Menschen ist allerdings unklar [4].

Die Absorptionsrate von Thiamin beträgt bei einer oralen Zufuhrmenge von 1 mg bis 2 mg pro Tag mehr als 95 % [6] und nimmt bei Zufuhrmengen von über 5 mg/Tag schnell ab [7], z. B. werden von 5 mg ca. 33 %, von 20 mg ca. 25 % absorbiert [8]. In Gegenwart von Allicin, einem natürlichen Bestandteil des Knoblauchs, kann sich bereits im Darmtrakt das lipidlösliche Allithiamin bilden, das nahezu dosislinear absorbiert wird [9].

### Stoffwechsel

Nach Aufnahme durch die Darmmukosa gelangt Thiamin über die Pfortader in die Leber [2]. Im Vollblut befindet sich das wasserlösliche Vitamin vorwiegend in den Erythrozyten (zu ca. 80 %) in Form von TDP und TTP. Geringe Mengen an Thiaminmonophosphat (TMP) und freies Thiamin sind im Blutplasma zu finden [10, 11]. Im Gewebe werden das freie Thiamin und TMP zum aktiven Coenzym TDP phosphoryliert, im Nervensystem zu TTP [3]. Beim gesunden Erwachsenen ist die Speicherfähigkeit für Thiamin mit einem Gesamtkörperbestand von 25 mg bis 30 mg sehr niedrig. Hohe Thiaminkonzentrationen werden sowohl in Skelett- und Herzmuskel als auch in Leber, Niere und Gehirn gefunden [2]. Die biologische Halbwertszeit beträgt beim Menschen 9 bis 18 Tage [6]. Aufgrund der begrenzten Speicherkapazität und der hohen Umsatzrate ist eine regelmäßige Thiaminzufuhr notwendig [2].

### Ausscheidung

Die Thiaminausscheidung erfolgt hauptsächlich über den Urin. Neben freiem Thiamin (ca. 50 %) werden im Urin eine Vielzahl von Metaboliten nachgewiesen [2, 6]. Hohe Zufuhrmengen von Thiamin (> 5 mg) bewirken eine zügige Ausscheidung des Vitamins [7, 12].

## 4. Funktionen

Die biologisch wirksame Form von Thiamin ist Thiamindiphosphat (TDP). Im Körper agiert TDP als Coenzym, welches aktiviertes Aldehyd auf Coenzym A oder Aldosen überträgt. Thiamin ist in seiner Coenzymform insbesondere an Reaktionen von Enzymen des Kohlenhydratstoffwechsels (Transketolase, Pyruvatdehydrogenase und $\alpha$-Ketoglutaratdehydrogenase) beteiligt und besitzt dadurch eine entscheidende Bedeutung bei der Energiegewinnung des Organismus. Im Aminosäurestoffwechsel ist TDP beim Abbau der verzweigtkettigen Aminosäuren Leucin, Isoleucin und Valin coenzymatisch aktiv [2, 3].

Thiamin ist darüber hinaus in Form von Thiamintriphosphat (TPP) an der Reizweiterleitung beteiligt, indem es für die Natrium-Transportproteine der Nervenmembran als Phosphatspender wirkt [3, 13].

## 5. Kriterien zur Beurteilung der Versorgung

Zur Bestimmung der Thiaminversorgung kann die Transketolaseaktivität in den Erythrozyten, die TDP als Coenzym benötigt, gemessen werden. Hierfür wird *in vitro* durch Zugabe von TDP die Aktivität der Transketolase stimuliert. Entsprechend des Sättigungsdefizits des Enzyms an TDP erfolgt eine Aktivitätssteigerung, die als TDP-Effekt angegeben wird [2]. Die Messung der Transketolaseaktivität in den Erythrozyten wird als funktioneller Parameter primär zur Bewertung der Thiaminversorgung eingesetzt [14]. TDP-Effekte von > 25 % sind als Mangel und zwischen 15 % und 25 % als marginaler Mangel definiert [2].

Weitere angewandte Statusparameter zur Bestimmung der Thiaminversorgung sind die Bestimmung der TDP-Konzentration in den Erythrozyten und die Messung der Thiaminausscheidung im Urin [14, 15].

Die Bestimmung der erythrozytären TDP-Konzentration stellt eine sensitive Nachweismethode dar, die ähnliche Ergebnisse wie die Messung der Transketolaseaktivität ergibt. Ein Abfall der TDP-Konzentration in den Erythrozyten unter 120 nmol/l weist auf einen Mangel hin [14, 15].

Bei der Messung der Thiaminausscheidung im 24-Stunden-Urin werden Ausscheidungen zwischen 27 µg und 65 µg als marginaler Mangel und < 27 µg als Mangel definiert [15]. Diese Methode spiegelt lediglich den kurzfristigen Versorgungszustand wider und gibt nur unzureichend Auskunft über die Gewebereserven [14, 15], weshalb heute bevorzugt die Bestimmung der Transketolaseaktivität und der TDP-Konzentration in den Erythrozyten herangezogen wird [2].

## 6. Mangelsymptomatik

Ein Mangel an Thiamin verursacht insbesondere neurologische Symptome (periphere Neuropathie, Wernicke-Enzephalopathie, Korsakow-Syndrom) und Störungen im Kohlenhydratstoffwechsel. Neben einer unzureichenden Zufuhr können Krankheiten, welche Zufuhr, Absorption oder Stoffwechsel von Thiamin beeinträchtigen, die Ursache des Mangels sein. Dazu gehören Alkoholismus, Infektionskrankheiten, Hyperemesis gravidarum, Magen-Darm- und Leberkrankheiten [2]. Abhängig vom Alter und dem allgemeinen Ernährungszustand kann ein Thiaminmangel in verschiedenen Formen mit unterschiedlicher Symptomatik auftreten.

Das bekannteste Krankheitsbild bei einem schweren Thiaminmangel ist Beri-Beri, die in der trockenen und feuchten Form auftreten kann. Bei der trockenen Form dominieren periphere Neuropathien, Muskelschwäche und Empfindungslosigkeit der Extremitäten, bei der feuchten Form stehen Ödeme und Herzinsuffizienz im Vordergrund. Die akute Form der Krankheit (Shoshin Beri-Beri) führt zum plötzlichen Herz-Kreislaufversagen und ist mit einer schweren Lactatazidose (Abfall des pH-Wertes im Blut durch vermehrten Gehalt von Lactat) verbunden, wie sie bei Alkoholkranken vorkommt [2, 3]. Ein Thiaminmangel in der Schwangerschaft kann zur intrauterinen Wachstumsverzögerung führen und die Entwicklung des Gehirns beeinträchtigen. Die infantile Beri-Beri-Krankheit tritt bei gestillten Säuglingen auf, deren Mütter einen Thiaminmangel aufweisen, aber selbst ohne Symptome sind. Bei betroffenen Säuglingen zeigt sich die Krankheit in Form von Erbrechen, Krämpfen und Tachykardie. Ohne Behandlung kann sie zum Tod führen [2]. Die Verabreichung von Säuglingsnahrung, der der notwendige Thiaminzusatz fehlte, führte in Israel bei Säuglingen zu schweren neurologischen Schäden mit Todesfällen [16].

Die Zufuhr von Thiaminase-haltigen Lebensmitteln (z. B. Fisch, Schalentiere, Tee, Betelnüsse) kann Thiamin zerstören oder inaktivieren [2, 5]. Dies hat bei den hierzulande üblichen Verzehrgewohnheiten keine praktische Bedeutung.

Die Wernicke-Enzephalopathie und das Korsakow-Syndrom sind neuropsychiatrische Krankheiten, die durch einen Thiaminmangel verursacht werden. Bei der Wernicke-Enzephalopathie, die als akute Folge eines Thiaminmangels entsteht, sind die Leitsymptome Augenmuskellähmung, Verwirrtheit und Gangataxie. Das Korsakow-Syndrom kann als chronische Konsequenz eines Thiaminmangels im Verlauf einer bzw. im Anschluss an eine Wernicke-Enzephalopathie entstehen. Das Syndrom ist durch Gedächtnisstörungen, Verlust der Merkfähigkeit und durch Konfabulation[1] gekennzeichnet. Beide Krankheitsbilder treten vorwiegend bei chronischem Alkoholmissbrauch auf, da Alkohol den Thiamintransport im Dünndarm hemmt und die Phosphorylierung des Vitamins zu TDP behindert [2, 17].

## 7. Überversorgung

Daten über unerwünschte gesundheitliche Wirkungen bei einer hohen Zufuhr von natürlicherweise in Lebensmitteln vorkommendem Thiamin und Thiamin aus Vitaminpräparaten sind nicht vorhanden [18, 19]. Das Risiko für schädliche Nebenwirkung von oral zugeführtem Thiamin ist sehr gering; auch bei mehrmonatiger oraler Einnahme hoher Dosen (50–200 mg Thiamin/Tag) zu therapeutischen Zwecken wurden keine Nebenwirkungen beobachtet. Das seltene Vorkommen von unerwünschten gesundheitlichen Nebenwirkungen bei hohen Zufuhrmengen von Thiamin wird auf die verminderte Absorption und auf die rasche Urinausscheidung bei einer hohen Thiaminzufuhr zurückgeführt [18, 19].

[1] Das Erzählen von frei erfundenen Begebenheiten, die keinen Zusammenhang zur Realität haben.

### Tolerierbare Gesamtzufuhrmenge

Die üblichen Zufuhrmengen von Thiamin (über die Ernährung und über Präparate) stellen kein Gesundheitsrisiko für den Menschen dar [19]. Aufgrund der unzureichenden Datenlage über unerwünschte gesundheitliche Nebenwirkungen bei hoher Thiaminzufuhr wurden vom *Institute of Medicine* (IOM) [18] und von der Europäischen Behörde für Lebensmittelsicherheit (EFSA) [19] keine tolerierbare Gesamtzufuhrmenge (*Tolerable Upper Intake Level* [UL]) abgeleitet.

## 8. Thiaminzufuhr in der Bevölkerung[2]

### Säuglinge und Kleinkinder

Nach Daten der Verzehrsstudie zur Ermittlung der Lebensmittelaufnahme von Säuglingen und Kleinkindern in Deutschland, die mit Verzehrprotokollen erhoben wurden (VELS, 2001–2002), betrug die Zufuhr bei Jungen im Alter von 6 Monaten bis unter 1 Jahr im Median 0,44 mg (10. Perzentil [P10] bis 90. Perzentil [P90] 0,30–0,65 mg) und bei gleichaltrigen Mädchen 0,37 mg (P10–P90 0,26–0,48 mg) Thiamin pro Tag. Die mediane Zufuhr von Thiamin lag bei 1- bis unter 4-jährigen Jungen bei 0,66 mg (P10–P90 0,48–0,97 mg) und bei gleichaltrigen Mädchen bei 0,61 mg (P10–P90 0,42–0,84 mg) pro Tag. Jungen im Alter von 4 bis unter 5 Jahren nahmen im Median 0,77 mg (P10–P90 0,57–1,08 mg) und gleichaltrige Mädchen 0,73 mg (P10–P90 0,53–1,00 mg) Thiamin pro Tag auf [20, 21].

### Kinder

Laut der im Jahr 2006 in Deutschland durchgeführten EsKiMo-Studie (Ernährungsmodul des Kinder- und Jugendgesundheitssurveys, KiGGS-Studie) betrug die mediane Zufuhr auf der Basis von Verzehrprotokollen bei 6- bis 11-jährigen Jungen 1,2 mg (P5–P95 0,7–2,6 mg) und bei gleichaltrigen Mädchen 1,1 mg (P5–P95 0,6–2,0 mg) Thiamin pro Tag [22].

In Österreich lag der Mittelwert der Zufuhr von Thiamin bei Jungen im Alter von 7 bis unter 10 Jahren bei 1,1 mg, im Alter von 10 bis unter 13 Jahren bei 1,2 mg und im Alter von 13 bis unter 15 Jahren bei 1,2 mg pro Tag. Bei Mädchen lag der Mittelwert der Zufuhr in den gleichen Altersgruppen bei 1,1 mg, 1,0 mg und 0,9 mg pro Tag [23].

### Erwachsene

Nach Auswertung der Daten der Nationalen Verzehrsstudie II (NVS II, 2005–2006)[3] lag die mediane Zufuhr von Thiamin in Deutschland bei Männern und Frauen im Alter von 15 bis 80 Jahren bei 1,3 mg/Tag (P5–P95 0,8–2,3 mg) bzw. 1,0 mg/Tag (P5–P95 0,7–1,6 mg) [24, 25].

In Österreich lag der Mittelwert der Zufuhr von Thiamin bei Männern im Alter von 18 bis unter 25 Jahren bei 1,5 mg, im Alter von 25 bis unter 51 Jahren bei 1,2 mg, im Alter von 51 bis unter 65 Jahren bei 1,3 mg und im Alter von 65 bis 80 Jahren bei 1,1 mg pro Tag. Bei Frauen in den gleichen Altersgruppen lag der Mittelwert der Zufuhr von Thiamin bei 1,2 mg, 1,1 mg, 1,0 mg und 1,0 mg pro Tag [23].

## 9. Thiamin in Lebensmitteln

Einen besonders hohen Thiamingehalt weisen mit ca. 2 mg/100 g Weizenkeime und Sonnenblumenkerne auf. Auch Muskelfleisch, insbesondere Schweinefleisch, enthält mit ca. 1 mg/100 g viel Thiamin. Des Weiteren haben Erdnüsse (0,9 mg/100 g), Pinienkerne (0,8 mg/100 g), Vollkornmehle (Buchweizen 0,6 mg/100 g; Dinkel und Weizen 0,5 mg/100 g), Haferflocken (0,6 mg/100 g) und einige Hülsenfrüchte (Mungobohne 0,5 mg/100 g; Erbse 0,3 mg/100 g) einen hohen Thiamingehalt [26]. Hauptlieferanten für Thiamin sind Fleisch und Fleischerzeugnisse sowie Wurstwaren und Brot [25].

## 10. Ableitung der Referenzwerte für die Thiaminzufuhr

### Säuglinge

Die Ableitung der Referenzwerte für die Thiaminzufuhr bei Säuglingen im Alter von 0 bis unter 4 Monaten orientiert sich am Thiamingehalt der Frauenmilch, die als optimal für die Ernährung von Säuglingen angesehen wird [27, 28]. Ein voll gestillter Säugling erhält über die Frauenmilch von Müttern mit ausreichender Thiaminzufuhr bei einer Trinkmenge von 750 ml [29] und einem Thiamingehalt von ca. 22 µg/100 ml [30–35] 0,17 mg Thiamin/Tag. Daher wird der Schätzwert für eine angemessene Thiaminzufuhr für gestillte Säuglinge im Alter von **0 bis unter 4 Monaten** mit 0,2 mg Thiamin/Tag angegeben (siehe Tab. A1).

[2] Hierbei ist zu beachten, dass zur Bestimmung der Thiaminzufuhr in den zugrunde liegenden Erhebungen unterschiedliche Lebensmitteltabellen herangezogen wurden.

[3] Auswertung der Verzehrdaten der beiden 24-Stunden-Recalls auf Basis der aktualisierten Version des Bundeslebensmittelschlüssels (BLS-Version 3.02). Daher unterscheiden sich diese von früher publizierten NVS II-Daten zur Thiaminzufuhr, die mit dem Ernährungserhebungsinstrument DISHES (*Diet Interview Software for Health Examination Studies*) erfasst und mit einer früheren BLS-Version (BLS II.4) berechnet wurden.

Da für Säuglinge von 4 bis unter 12 Monaten keine Daten zum durchschnittlichen Thiaminbedarf vorliegen, wird der für Erwachsene abgeleitete durchschnittliche Thiaminbedarf von 0,45 mg/1 000 kcal herangezogen (siehe „Erwachsene bis unter 65 Jahren").

Bei Berücksichtigung der Richtwerte für die Energiezufuhr für Säuglinge im Alter von **4 bis unter 12 Monaten** sowie unter Annahme eines Variationskoeffizienten von 10 % (Zuschlag von 20 %) zur Ableitung einer empfohlenen Zufuhr ergibt sich unter Zugrundelegung des durchschnittlichen Bedarfs der Erwachsenen eine empfohlene Thiaminzufuhr von 0,4 mg/Tag (siehe Tab. A2).

### Kinder und Jugendliche

Für Kinder und Jugendliche liegen keine experimentell ermittelten Daten zum Thiaminbedarf vor. Auch bei den für Kinder und Jugendliche angegebenen Referenzwerten handelt es sich um Werte, die auf bei Erwachsenen erhobenen Befunden basieren.

Ausgehend vom durchschnittlichen Bedarf des Erwachsenen wird unter Annahme eines Variationskoeffizienten von 10 % (Zuschlag von 20 %) und nach Berücksichtigung der Richtwerte für die Energiezufuhr eine empfohlene tägliche Zufuhr von Thiamin für Jungen und Mädchen im Alter von **1 bis unter 4 Jahren** von 0,6 mg und im Alter von **4 bis unter 7 Jahren** von 0,7 mg abgeleitet. Im Alter von **7 bis unter 10 Jahren** beträgt die empfohlene Zufuhr pro Tag 0,9 mg für Jungen und 0,8 mg für Mädchen, im Alter von **10 bis unter 13 Jahren** 1,0 mg für Jungen und 0,9 mg für Mädchen, im Alter von **13 bis unter 15 Jahren** 1,2 mg für Jungen und 1,0 mg für Mädchen und für Jugendliche im Alter von **15 bis unter 19 Jahren** 1,4 mg für Jungen und 1,1 mg für Mädchen (siehe Tab. A3).

### Erwachsene bis unter 65 Jahren

Zur Ableitung des Referenzwerts für die Thiaminzufuhr bei Erwachsenen werden Studien zugrunde gelegt, in denen primär die Transketolaseaktivität in den Erythrozyten und auch die Thiaminausscheidung im Urin untersucht wurden. Als Zielwert für eine ausreichende Thiaminversorgung werden ein TDP-Effekt < 15 % und eine Thiaminausscheidung im 24-Stunden-Urin von > 66 µg Thiamin zugrunde gelegt [2, 15] (siehe auch 5.).

In kontrollierten Bilanzuntersuchungen wurden bei Erwachsenen Mangelsymptome bei einer Thiaminzufuhr von 0,2 mg/1 000 kcal nach 8 Wochen beobachtet [36, 37]; in einer anderen Untersuchung führten Zufuhrwerte unterhalb von 0,2 mg Thiamin/1 000 kcal bereits nach 2 Wochen zu Mangelerscheinungen [38]. Auf Basis kontrollierter Thiaminbilanzstudien ermittelten Sauberlich et al. [39] bei einer Thiaminzufuhr von 0,3 mg/1 000 kcal zwar eine ausreichende Transketolaseaktivität in den Erythrozyten, jedoch eine marginale Thiaminausscheidung im Urin. In den von Hathaway und Strom [40] und Foltz et al. [37] durchgeführten Thiaminbilanzstudien wurde die gewünschte Thiaminausscheidung im Urin bei einer Zufuhr von 0,45 mg Thiamin/1 000 kcal erreicht. Diese Zufuhrmenge wird als durchschnittlicher Bedarf festgelegt. Unter Annahme eines Variationskoeffizienten von 10 % (Zuschlag von 20 %) und Berücksichtigung des Richtwerts für die Energiezufuhr ergibt sich eine empfohlene Zufuhr von Thiamin bei Männern im Alter von **19 bis unter 25 Jahren** von 1,3 mg/Tag, im Alter von **25 bis unter 65 Jahren** von 1,2 mg/Tag und bei Frauen von **19 bis unter 51 Jahren** von 1,0 mg/Tag. Für Frauen im Alter von **51 bis unter 65 Jahren** errechnet sich eine empfohlene Zufuhr von 0,9 mg Thiamin/Tag. Ergebnisse kontrollierter Bilanzstudien zeigten aber, dass zur Gewebesättigung beim Erwachsenen eine tägliche Zufuhrmenge von 1,0 mg Thiamin erforderlich ist [41]. Daher wird für Frauen in dieser Altersgruppe trotz des mit Bezug zum Richtwert für die Energiezufuhr errechneten niedrigeren Werts eine empfohlene Zufuhr von 1,0 mg Thiamin/Tag angegeben (siehe Tab. A4).

### Erwachsene ab 65 Jahren

Bei Erwachsenen **ab 65 Jahren** wird ausgehend vom durchschnittlichen Bedarf der jüngeren Altersgruppe (19 bis unter 65 Jahre) von 0,45 mg Thiamin/1 000 kcal [37, 40] unter Annahme eines Variationskoeffizienten von 10 % (Zuschlag von 20 %) und dem Bezug zum Richtwert für die Energiezufuhr eine empfohlene Thiaminzufuhr für Männer von 1,1 mg und für Frauen von 0,9 mg pro Tag berechnet. Wie bereits oben beschrieben, zeigten Ergebnisse kontrollierter Bilanzstudien, dass zur Gewebesättigung beim Erwachsenen eine tägliche Zufuhrmenge von 1,0 mg Thiamin erforderlich ist [41]. Daher wird für Frauen trotz des mit Bezug zum Richtwert für die Energiezufuhr berechneten niedrigeren Werts eine empfohlene Zufuhr von 1,0 mg Thiamin/Tag angegeben (siehe Tab. A4).

### Schwangere

Auch bei Schwangeren basiert die empfohlene Thiaminzufuhr auf dem durchschnittlichen Bedarf einer nicht schwangeren Frau von 0,45 mg Thiamin/1 000 kcal. Unter Annahme eines Variationskoeffizienten von 10 %

(Zuschlag von 20 %) und Berücksichtigung des in der Schwangerschaft erhöhten Richtwerts für die Energiezufuhr (+ 250 kcal/Tag im 2. Trimester bzw. + 500 kcal/Tag im 3. Trimester) ergibt sich eine empfohlene Zufuhr von Thiamin für Schwangere von 1,2 mg (2. Trimester) bzw. 1,3 mg (3. Trimester) pro Tag (siehe Tab. A5).

### Stillende

Bei Stillenden basiert die empfohlene Thiaminzufuhr ebenfalls auf dem durchschnittlichen Bedarf einer nicht stillenden Frau von 0,45 mg Thiamin/1 000 kcal. Unter Annahme eines Variationskoeffizienten von 10 % (Zuschlag von 20 %) und Berücksichtigung des Richtwerts für die Energiezufuhr für Stillende bei ausschließlichem Stillen während der ersten 4 bis 6 Monate von 2 400 kcal/Tag ergibt sich eine empfohlene Zufuhr von Thiamin für Stillende von 1,3 mg/Tag (s. Tab. A6).

## 11. Sicherstellung einer angemessenen Thiaminversorgung

Durch den Verzehr von natürlicherweise thiaminreichen Lebensmitteln im Rahmen einer ausgewogenen Ernährung kann eine angemessene Thiaminversorgung sichergestellt werden. Für eine thiaminreiche Ernährung empfehlen sich vor allem täglich Vollkornprodukte, z. B. Vollkornbrot mit Sonnenblumenkernen sowie Haferflocken. Mageres Fleisch enthält ebenfalls viel Thiamin, davon sollte im Rahmen einer vollwertigen Ernährung inklusive Wurst allerdings nicht mehr als 300 g bis 600 g pro Woche gegessen werden. Verschiedene Hülsenfrüchte, z. B. Mungobohnen und Erbsen, eignen sich ebenfalls für eine thiaminreiche Ernährung. Erdnüsse haben zwar einen hohen Thiamingehalt, sollten jedoch aufgrund ihrer hohen Energiedichte nicht als primäre Thiaminquelle dienen.

## 12. Präventive Aspekte

Im Folgenden wird ein kurzer Überblick über die aktuelle Studienlage zu Thiamin im Zusammenhang mit einigen chronischen Krankheiten gegeben, ohne dass eine Evidenzbewertung erfolgt.

Eine systematische Übersichtsarbeit untersuchte in der von 1990 bis Dezember 2011 veröffentlichten Literatur die Evidenz zum Zusammenhang der Thiaminzufuhr mit den Biomarkern zum Versorgungszustand sowie mit verschiedenen Krankheiten [42]. Es konnten Studien zum Zusammenhang der Thiaminzufuhr mit dem Risiko für Alzheimer, kardiovaskuläre Krankheiten, Katarakt und Darmkrebs identifiziert werden, allerdings erfüllten diese die Einschlusskriterien des Reviews nicht und wiesen zum großen Teil ein hohes Risiko für Verzerrungen auf. Insgesamt ist die Datenlage zu schwach, um den Zusammenhang zwischen der Thiaminzufuhr und dem Risiko für verschiedene Krankheiten bewerten zu können.

### Literatur


[1] Bates CJ: Thiamine. In: Zempleni J, Rucker RB, McCormick DB et al. (Hrsg.): Handbook of vitamins. Taylor & Francis, Boca Raton, 4. Auflage (2007) 253–287

[2] Bémeur C, Butterworth RF: Thiamin. In: Ross AC, Caballero B, Cousins RJ et al. (Hrsg.): Modern nutrition in health and disease. Lippincott Williams & Wilkins, Philadelphia, 11. Auflage (2014) 317–324

[3] Bender DA: The vitamins. In: Gibney MJ, Lanham-New SA, Cassidy A et al. (Hrsg.): Introduction to human nutrition. Wiley-Blackwell, Chichester, 2. Auflage (2009) 132–187

[4] Said HM: Intestinal absorption of water-soluble vitamins in health and disease. Biochem J 437 (2011) 357–372

[5] Bates CJ, Heseker H: Human bioavailability of vitamins. Nutr Res Rev 7 (1994) 93–127

[6] Ariaey-Nejad MR, Balaghi M, Baker EM et al.: Thiamin metabolism in man. Am J Clin Nutr 23 (1970) 764–778

[7] Friedemann TE, Kmieciak TC: The absorption, destruction, and excretion of orally administered thiamin by human subjects. Gastroenterology 11 (1948) 100–114

[8] Thomson AD, Leevy CM: Observations on the mechanism of thiamine hydrochloride absorption in man. Clin Sci 43 (1972) 153–163

[9] Fujiwara M: Allithiamine and its properties. J Nutr Sci Vitaminol 22, Suppl (1976) 57–62

[10] Kimura M, Itokawa Y: Determination of thiamine and its phosphate esters in human and rat blood by high-performance liquid chromatography with post-column derivatization. J Chromatogr 332 (1985) 181–188

[11] Schrijver J, Speek AJ, Klosse JA et al.: A reliable semiautomated method for the determination of total thiamine in whole blood by the thiochrome method with high-performance liquid chromatography. Ann Clin Biochem 19 (1982) 52–56

[12] Davis RE, Icke GC, Thom J et al.: Intestinal absorption of thiamin in man compared with folate and pyridoxal and its subsequent urinary excretion. J Nutr Sci Vitaminol 30 (1984) 475–482

[13] Lonsdale D: Thiamin(e): The spark of life. Subcell Biochem 56 (2012) 199–227

[14] Sauberlich HE: Laboratory tests for the assessment of nutritional status. CRC Press, Boca Raton, 2. Auflage (1999)

[15] Finglas PM: Thiamin. Int J Vitam Nutr Res 63 (1993) 270–274

[16] Shamir R: Thiamine-deficient infant formula: what happened and what have we learned? Ann Nutr Metab 60 (2012) 185–187

[17] Isenberg-Grzeda E, Kutner HE, Nicolson SE: Wernicke-Korsakoff-syndrome: under-recognized and under-treated. Psychosomatics 53 (2012) 507–516

[18] IOM (Institute of Medicine) (Hrsg.): Dietary reference intakes for thiamin, riboflavin, niacin, vitamin $B_6$, folate, vitamin $B_{12}$, pantothenic acid, biotin, and choline. National Academies Press, Washington, DC (1998)

[19] EFSA (European Food Safety Authority): Tolerable upper intake levels for vitamins and minerals. (2006) www.efsa.europa.eu/de/ndatopics/docs/ndatolerableuil.pdf (eingesehen am 30.10.2014)

[20] Heseker H, Mensink GB: Lebensmittelverzehr und Nährstoffzufuhr im Kindes- und Jugendalter. Ergebnisse aus den beiden bundesweit durchgeführten Ernährungsstudien VELS und EsKiMo. In: Deutsche Gesellschaft für Ernährung (Hrsg.): Ernährungsbericht 2008. Bonn (2008) 49–93

[21] Heseker H: Tägliche Energie- und Nährstoffzufuhr bei Säuglingen in VELS. Persönliche Mitteilung vom 28.01.2013, Paderborn (2013)

[22] Mensink GB, Richter A, Stahl A: Bestandsaufnahme: Nährstoffversorgung und Lebensmittelverzehr von Kindern und Jugendlichen in Deutschland. In: Kersting M (Hrsg.): Kinderernährung aktuell. Schwerpunkte für Gesundheitsförderung und Prävention. Umschau Verlag, Sulzbach/Ts (2009) 40–46

[23] Elmadfa I (Hrsg.): Österreichischer Ernährungsbericht 2012. Wien (2012)

[24] MRI (Max Rubner-Institut, Bundesforschungsinstitut für Ernährung und Lebensmittel): Energie- und Nährstoffzufuhr bei Jugendlichen und Erwachsenen in der NVS II. Persönliche Mitteilung vom 22.08.2014, Karlsruhe (2014)

[25] Krems C, Walter C, Heuer T et al.: Lebensmittelverzehr und Nährstoffzufuhr - Ergebnisse der Nationalen Verzehrsstudie II. In: Deutsche Gesellschaft für Ernährung (Hrsg.): 12. Ernährungsbericht 2012. Bonn (2012) 40–85

[26] Deutsche Gesellschaft für Ernährung: DGExpert, Version 1.5.4 (BLS 3.02). Bonn (2014)

[27] Butte NF, Lopez-Alarcon MG, Garza C: Nutrient adequacy of exclusive breastfeeding for the term infant during the first six months of life. (2002) www.who.int/nutrition/publications/infantfeeding/nut_adequacy_of_exc_bfeeding_eng.pdf (eingesehen am 25.06.2013)

[28] Bührer C, Genzel-Boroviczény O, Jochum F et al.: Ernährung gesunder Säuglinge. Monatsschr Kinderheilkd 162 (2014) 527–538

[29] Neville MC, Keller R, Seacat J et al.: Studies in human lactation: milk volumes in lactating women during the onset of lactation and full lactation. Am J Clin Nutr 48 (1988) 1375–1386

[30] Souci SW, Fachmann W, Kraut H (Hrsg.): Die Zusammensetzung der Lebensmittel. Nährwert-Tabellen. medpharm, Stuttgart, 7., revidierte und ergänzte Auflage (2008)

[31] Stolley H, Galgan V, Droese W: Nähr- und Wirkstoffe in Frauenmilch: Protein, Laktose, Mineralien, Spurenelemente und Thiamin. Monatsschr Kinderheilkd 129 (1981) 293–297

[32] Ortega RM, Martínez RM, Andrés P et al.: Thiamin status during the third trimester of pregnancy and its influence on thiamin concentrations in transition and mature breast milk. Br J Nutr 92 (2004) 129–135

[33] Ford JE, Zechalko A, Murphy J et al.: Comparison of the B vitamin composition of milk from mothers of preterm and term babies. Arch Dis Child 58 (1983) 367–372

[34] Nail PA, Thomas MR, Eakin R: The effect of thiamin and riboflavin supplementation on the level of those vitamins in human breast milk and urine. Am J Clin Nutr 33 (1980) 198–204

[35] Thomas MR, Sneed SM, Wei C et al.: The effects of vitamin C, vitamin $B_6$, vitamin $B_{12}$, folic acid, riboflavin, and thiamin on the breast milk and maternal status of well-nourished women at 6 months postpartum. Am J Clin Nutr 33 (1980) 2151–2156

[36] Williams RD, Mason HL, Smith BF et al.: Induced thiamine (vitamin $B_1$) deficiency and the thiamine requirement of man. Arch Intern Med (Chic) 69 (1942) 721–738

[37] Foltz EE, Barborka CJ, Ivy AC: The level of vitamin B-complex in the diet at which detectable symptoms of deficiency occur in man. Gastroenterology 2 (1944) 323–344

[38] Wood B, Gijsbers A, Goode A et al.: A study of partial thiamin restriction in human volunteers. Am J Clin Nutr 33 (1980) 848–861

[39] Sauberlich HE, Herman YF, Stevens CO et al.: Thiamin requirement of the adult human. Am J Clin Nutr 32 (1979) 2237–2248

[40] Hathaway ML, Strom JE: A comparison of thiamine synthesis and excretion in human subjects on synthetic and natural diets. J Nutr 32 (1946) 1–8

[41] Melnick D: Vitamin $B_1$ (Thiamine) requirement of man. J Nutr (1942) 139–150

[42] Fondation INITIA: Literature search and review related to specific preparatory work in establishment of dietary reference values of thiamin, pantothenic acid and choline. Supporting Publications EN-443 (2013)

## Anhang

### Tabelle A1: Berechnung des Schätzwerts für die Thiaminzufuhr für gestillte Säuglinge von 0 bis unter 4 Monaten

| Alter [Monate] | Thiamingehalt von Frauenmilch[a] [µg/100 ml] | Trinkmenge[b] [ml/Tag] | Thiaminzufuhr bei einer Trinkmenge von 750 ml/Tag [mg/Tag] | **Schätzwert** für die Thiaminzufuhr (gerundet) [mg/Tag] |
|---|---|---|---|---|
| 0 bis unter 4 | 22 | 750 | 0,165 | **0,2** |

[a] [30–35]
[b] [29]

### Tabelle A2: Berechnung der empfohlenen Zufuhr von Thiamin für Säuglinge von 4 bis unter 12 Monaten

| Alter [Monate] | | durchschnittlicher Bedarf an Thiamin bei Erwachsenen [mg/1 000 kcal] | Variationskoeffizient 10 % (Zuschlag 20 %) [mg/1 000 kcal] | Richtwert für die Energiezufuhr[a] [kcal/Tag] | Zufuhr von Thiamin bezogen auf die Energiezufuhr [mg/Tag] | **empfohlene Zufuhr** von Thiamin (gerundet) [mg/Tag] |
|---|---|---|---|---|---|---|
| 4 bis unter 12 | m | 0,45 | 0,54 | 700 | 0,38 | **0,4** |
| | w | 0,45 | 0,54 | 600 | 0,32 | |

[a] alters- und geschlechtsspezifische Richtwerte für die Energiezufuhr (siehe Kapitel „Energie")

## Tabelle A3: Berechnung der empfohlenen Zufuhr von Thiamin für Kinder und Jugendliche

| Alter [Jahre] | | durchschnittlicher Bedarf an Thiamin bei Erwachsenen [mg/1 000 kcal] | Variationskoeffizient 10 % (Zuschlag 20 %) [mg/1 000 kcal] | Richtwert für die Energiezufuhr[a] [kcal/Tag] | Zufuhr von Thiamin bezogen auf die Energiezufuhr [mg/Tag] | **empfohlene Zufuhr** von Thiamin (gerundet) [mg/Tag] |
|---|---|---|---|---|---|---|
| 1 bis unter 4 | m | 0,45 | 0,54 | 1 200 | 0,65 | **0,6** |
| | w | 0,45 | 0,54 | 1 100 | 0,59 | |
| 4 bis unter 7 | m | 0,45 | 0,54 | 1 400 | 0,76 | **0,7** |
| | w | 0,45 | 0,54 | 1 300 | 0,70 | |
| 7 bis unter 10 | m | 0,45 | 0,54 | 1 700 | 0,92 | **0,9** |
| | w | 0,45 | 0,54 | 1 500 | 0,81 | **0,8** |
| 10 bis unter 13 | m | 0,45 | 0,54 | 1 900 | 1,03 | **1,0** |
| | w | 0,45 | 0,54 | 1 700 | 0,92 | **0,9** |
| 13 bis unter 15 | m | 0,45 | 0,54 | 2 300 | 1,24 | **1,2** |
| | w | 0,45 | 0,54 | 1 900 | 1,03 | **1,0** |
| 15 bis unter 19 | m | 0,45 | 0,54 | 2 600 | 1,40 | **1,4** |
| | w | 0,45 | 0,54 | 2 000 | 1,08 | **1,1** |

[a] alters- und geschlechtsspezifische Richtwerte für die Energiezufuhr (siehe Kapitel „Energie"; PAL-Wert 1,4)

## Tabelle A4: Berechnung der empfohlenen Zufuhr von Thiamin für Erwachsene

| Alter [Jahre] | | durchschnittlicher Bedarf an Thiamin[a] [mg/1 000 kcal] | Variationskoeffizient 10 % (Zuschlag 20 %) [mg/1 000 kcal] | Richtwert für die Energiezufuhr[b] [kcal/Tag] | Zufuhr von Thiamin bezogen auf die Energiezufuhr [mg/Tag] | **empfohlene Zufuhr** von Thiamin (gerundet) [mg/Tag] |
|---|---|---|---|---|---|---|
| 19 bis unter 25 | m | 0,45 | 0,54 | 2 400 | 1,30 | **1,3** |
| | w | 0,45 | 0,54 | 1 900 | 1,03 | **1,0** |
| 25 bis unter 51 | m | 0,45 | 0,54 | 2 300 | 1,24 | **1,2** |
| | w | 0,45 | 0,54 | 1 800 | 0,97 | **1,0** |
| 51 bis unter 65 | m | 0,45 | 0,54 | 2 200 | 1,19 | **1,2** |
| | w | 0,45 | 0,54 | 1 700 | 0,92 | **1,0**[c] |
| 65 und älter | m | 0,45 | 0,54 | 2 100 | 1,13 | **1,1** |
| | w | 0,45 | 0,54 | 1 700 | 0,92 | **1,0**[c] |

[a] [37, 40]
[b] alters- und geschlechtsspezifische Richtwerte für die Energiezufuhr (siehe Kapitel „Energie"; PAL-Wert 1,4)
[c] Da zu berücksichtigen ist, dass für die Gewebesättigung eine tägliche Thiaminzufuhr von 1,0 mg erforderlich ist [41], wird für Frauen trotz eines verringerten Energiebedarfs eine empfohlene Zufuhr von 1,0 mg Thiamin/Tag angegeben.

## Tabelle A5: Berechnung der empfohlenen Zufuhr von Thiamin für Schwangere

| | Trimester | durchschnittlicher Thiaminbedarf[a] [mg/1000 kcal] | Variationskoeffizient 10 % (Zuschlag 20 %) [mg/1000 kcal] | Richtwert für die Energiezufuhr[b] [kcal/Tag] | Zufuhr von Thiamin bezogen auf die Energiezufuhr [mg/Tag] | **empfohlene Zufuhr** von Thiamin (gerundet) [mg/Tag] |
|---|---|---|---|---|---|---|
| Schwangere | 2. | 0,45 | 0,54 | 2 150 | 1,16 | **1,2** |
| | 3. | 0,45 | 0,54 | 2 400 | 1,30 | **1,3** |

[a] durchschnittlicher Bedarf für Erwachsene bis unter 65 Jahren
[b] Richtwert für Frauen von 19 bis unter 25 Jahren (PAL-Wert 1,4) und Zulage von 250 kcal/Tag während des 2. Trimesters und von 500 kcal/Tag während des 3. Trimesters der Schwangerschaft (siehe Kapitel „Energie")

## Tabelle A6: Berechnung der empfohlenen Zufuhr von Thiamin für Stillende

| | durchschnittlicher Thiaminbedarf[a] [mg/1 000 kcal] | Variationskoeffizient 10 % (Zuschlag 20 %) [mg/1 000 kcal] | Richtwert für die Energiezufuhr[b] [kcal/Tag] | Zufuhr von Thiamin bezogen auf die Energiezufuhr [mg/Tag] | **empfohlene Zufuhr** von Thiamin (gerundet) [mg/Tag] |
|---|---|---|---|---|---|
| Stillende | 0,45 | 0,54 | 2 400 | 1,30 | **1,3** |

[a] durchschnittlicher Bedarf für Erwachsene bis unter 65 Jahren
[b] Richtwert für Frauen von 19 bis unter 25 Jahren (PAL-Wert 1,4) und Zulage von 500 kcal/Tag für ausschließliches Stillen während der ersten 4 bis 6 Monate (siehe Kapitel „Energie")

# Riboflavin (Vitamin $B_2$)

## 1. Empfohlene Zufuhr

| Alter | Riboflavin mg/Tag | |
|---|---|---|
| | m | w |
| **Säuglinge** | | |
| 0 bis unter 4 Monate[a] | 0,3 | |
| 4 bis unter 12 Monate[b] | 0,4 | |
| **Kinder und Jugendliche[b]** | | |
| 1 bis unter 4 Jahre | 0,7 | |
| 4 bis unter 7 Jahre | 0,8 | |
| 7 bis unter 10 Jahre | 1,0 | 0,9 |
| 10 bis unter 13 Jahre | 1,1 | 1,0 |
| 13 bis unter 15 Jahre | 1,4 | 1,1 |
| 15 bis unter 19 Jahre | 1,6 | 1,2 |
| **Erwachsene[b]** | | |
| 19 bis unter 25 Jahre | 1,4 | 1,1 |
| 25 bis unter 51 Jahre | 1,4 | 1,1 |
| 51 bis unter 65 Jahre | 1,3 | 1,0 |
| 65 Jahre und älter | 1,3 | 1,0 |
| **Schwangere[c]** | | |
| 2. Trimester | | 1,3 |
| 3. Trimester | | 1,4 |
| **Stillende[d]** | | 1,4 |

[a] Hierbei handelt es sich um einen Schätzwert.
[b] Zugrunde gelegt wurden die alters- und geschlechtsspezifischen Richtwerte für die Energiezufuhr (siehe Kapitel „Energie"; PAL-Wert 1,4).
[c] Unter Berücksichtigung des Richtwerts für die Energiezufuhr für Frauen von 19 bis unter 25 Jahren (PAL-Wert 1,4) und Zulage von 250 kcal/Tag während des 2. Trimesters und von 500 kcal/Tag während des 3. Trimesters der Schwangerschaft (siehe Kapitel „Energie").
[d] Unter Berücksichtigung des Richtwerts für die Energiezufuhr für Frauen von 19 bis unter 25 Jahren (PAL-Wert 1,4) und Zulage von 500 kcal/Tag für ausschließliches Stillen während der ersten 4 bis 6 Monate (siehe Kapitel „Energie").

## 2. Einleitung

Riboflavin ist ein wasserlösliches B-Vitamin. Als Vorstufe der Coenzyme Flavinmononukleotid (FMN; Riboflavinphosphat) und Flavinadenindinukleotid (FAD), die Bestandteile von Oxidasen und Dehydrogenasen sind, spielt Riboflavin eine zentrale Rolle im Intermediärstoffwechsel. Riboflavin ist sehr lichtempfindlich und wird daher schnell zu inaktiven Substanzen umgewandelt [1–3].

## 3. Physiologie

### Absorption

In der Nahrung liegt Riboflavin vorwiegend als proteingebundenes FMN und FAD vor. Durch Magensäure und Hydrolasen im Darm werden die beiden Coenzyme FMN und FAD vom Protein abgespalten [4]. Anschließend wird Riboflavin durch im Darm vorhandene Phosphatasen freigesetzt. Dieses wird im proximalen Dünndarm mithilfe eines aktiven, Carrier-vermittelten Transports absorbiert, der einer Sättigung unterliegt [2, 4, 5]. Strukturanaloga von Riboflavin können diesen Mechanismus kompetitiv hemmen [4].

Bei einmaliger oraler Gabe konnten maximal 27 mg Riboflavin absorbiert werden. Bei dieser hohen Riboflavinzufuhr liegt die Absorptionsrate bei bis zu 95 % [6]. Studien mit Lebensmitteln (Spinat, Milch) und einer Riboflavinzufuhr im Rahmen der üblichen Ernährung zeigen eine Absorptionsrate von 60 % bis 67 % [7]. Die Absorption des Vitamins wird unter anderem durch Gallensalze und Faktoren, die die Magenentleerung verzögern und die intestinale Transitzeit verlängern, gefördert. Denn dadurch wird der Kontakt des Riboflavins mit der absorbierenden Oberfläche begünstigt. Darum ist die Absorptionsrate bei gleichzeitiger Nahrungszufuhr höher als bei isolierter Gabe von Riboflavin [2, 8]. Im Dickdarm wird Riboflavin von der Mikrobiota gebildet und dort mithilfe eines spezifischen, Carrier-vermittelten Mechanismus absorbiert. Der Beitrag des bakteriell hergestellten Riboflavins für die Riboflavinversorgung des Menschen lässt sich derzeit nicht quantifizieren [4].

### Stoffwechsel

In den Mukosazellen wird das absorbierte Riboflavin phosphoryliert und kann als FMN ins Plasma abgegeben werden, der größere Anteil wird jedoch zu FAD umgewandelt. Auch in freier Form kann Riboflavin ins Plasma eintreten [5]. Im Plasma liegt der größte Teil des Riboflavins in freier Form (ca. 50 %) und als FAD (44 %) vor, wohingegen FMN nur einen geringen Anteil (ca. 6 %) ausmacht [3]. Der Transport von Riboflavin und dessen phosphorylierter Derivate im Plasma findet an Albumine und Immunglobuline gebunden statt [2]. Während der Schwangerschaft wird die Bildung von spezifischen Riboflavin-bindenden Proteinen induziert, die den Riboflavintransport zum Fetus ermöglichen [2, 9].

Die Aufnahme von Riboflavin in das Gewebe erfolgt in freier Form über einen Carrier-vermittelten Transport [3] oder bei höherer Zufuhr durch Diffusion [9]. Innerhalb der Zelle, vorwiegend im Zytoplasma, findet die Umwandlung von Riboflavin zu FMN und im weiteren Schritt zu FAD statt. Die Umwandlung von Riboflavin in die Coenzyme erfolgt in den meisten Geweben, vorrangig jedoch in Dünndarm, Leber, Herz und Niere.

Die Biosynthese von FMN und FAD steht unter hormoneller Kontrolle und ist von der Riboflavinversorgung abhängig. Schilddrüsenhormone fördern durch die Stimulierung der Flavinkinase die Bildung von FMN, die nachfolgende Bildung von FAD wird durch Endprodukthemmung kontrolliert [1].

Die Speicherkapazität des Gewebes für Riboflavin ist von der vorhandenen Menge an Bindungsproteinen abhängig [2]. Im Falle einer über dem metabolischen Bedarf liegenden Zufuhr wird Riboflavin rasch wieder ausgeschieden [3].

### Ausscheidung

Die Riboflavinausscheidung erfolgt hauptsächlich über die Nieren. Neben freiem Riboflavin (60–70 %) sind im Urin eine Vielzahl von Metaboliten nachzuweisen [4], wohingegen FMN und FAD nicht gefunden werden konnten [2]. Bei Patienten mit einer negativen Stickstoffbilanz wird das Vitamin als Folge des Abbaus von proteingebundenem Riboflavin im Gewebe vermehrt ausgeschieden [3, 10].

## 4. Funktionen

Riboflavin ist in Form seiner Coenzyme FMN und FAD Bestandteil von Redoxreaktionen katalysierenden Enzymen (z. B. Glutathionreduktase). Es ist an zahlreichen elektronenübertragenden Stoffwechselreaktionen beteiligt, u. a. in der Atmungskette, am Cytochrom-P-450-System und bei der Oxidation von Fettsäuren und Aminosäuren [2, 3]. Auch am Stoffwechsel anderer Vitamine ist Riboflavin beteiligt, dies betrifft die Umwandlung von Tryptophan zu Niacin, von Pyridoxin zum Coenzym Pyridoxal-5'-Phosphat und von 5,10-Methylen-Tetrahydrofolat zu 5-Methyl-Tetrahydrofolat [9, 11]. In Form der Coenzyme FMN und FAD spielt Riboflavin somit eine wesentliche Rolle für die normale Zellfunktion, das Wachstum und die Entwicklung [4].

## 5. Kriterien zur Beurteilung der Versorgung

Zur Bestimmung der Riboflavinversorgung dient die Messung der Glutathionreduktaseaktivität in den Erythrozyten, für die FAD als Coenzym benötigt wird [2, 10, 12]. Aus dem Verhältnis der Enzymaktivität mit und ohne FAD-Zusatz ergibt sich der Aktivitätskoeffizient. Aktivitätskoeffizienten > 1,4 zeigen einen Riboflavinmangel und zwischen 1,2 und 1,4 einen marginalen Mangel an [10]. Bei einem Glucose-6-Phosphatdehydrogenasemangel bindet FAD verstärkt an die Glutathionreduktase, weshalb die Aktivitätsmessung des Enzyms irreführende Ergebnisse liefern kann [2, 4].

Eine weitere Möglichkeit zur Bestimmung der Riboflavinversorgung ist die Messung der Riboflavinausscheidung im Urin. Die Riboflavinausscheidung im Urin spiegelt den kurzfristigen Versorgungszustand wider [2, 10, 13] und korreliert bei Personen mit einer ausgeglichenen Stickstoffbilanz mit der Riboflavinzufuhr [3]. Riboflavinausscheidungen im 24-Stunden-Urin zwischen 40 µg und 119 µg werden als marginaler Mangel und von < 40 µg als Mangel definiert [10].

Als Indikatoren einer adäquaten Riboflavinversorgung werden ein Aktivitätskoeffizient < 1,2 und eine Riboflavinausscheidung im 24-Stunden-Urin von ≥ 120 µg angesehen [10].

## 6. Mangelsymptomatik

Klinische Symptome aufgrund eines isolierten Riboflavinmangels treten selten auf; meist sind sie mit weiteren Nährstoffdefiziten kombiniert [2, 4]. Die Symptome beziehen sich vorwiegend auf die Haut und die Schleimhäute und äußern sich als Entzündungen der Mundschleimhaut und der Zunge, als Mundwinkelrhagaden sowie als seborrhoische Dermatitis[1] [3, 4]. An den Augen kann eine Bindehautentzündung mit Vaskularisierung der Hornhaut und einer Trübung der Linse auftreten [3]. Bei einem schweren Riboflavinmangel kommt es neben einer hypochromen Anämie auch zu Störungen des Pyridoxin- und Niacinstoffwechsels [1, 3].

Die Entwicklung eines Riboflavinmangels wird durch die Einnahme von bestimmten Medikamenten (z. B. Psychopharmaka und Chemotherapeutika), welche die Umwandlung des Vitamins zu den aktiven Coenzymformen verhindern, und durch Alkoholmissbrauch begünstigt. Letzteres verhindert die Aufnahme von Riboflavin im Darm [2].

## 7. Überversorgung

Daten über unerwünschte gesundheitliche Wirkungen bei einer hohen Zufuhr von natürlicherweise in Lebensmitteln vorkommendem Riboflavin und Riboflavin aus Vitaminpräparaten sind nicht vorhanden [4, 14, 15]. Es gibt wenige Studien mit oraler Gabe hoher Riboflavinmengen, die jedoch nicht zum Zweck der Bestimmung unerwünschter Nebenwirkungen von Riboflavin durchgeführt wurden.
In 2 Studien mit 49 bzw. 55 Migränepatienten, die über einen längeren Zeitraum (mind. 3 Wochen) oral 400 mg Riboflavin/Tag erhielten, wurden bei 2 Personen Durchfall und Polyurie (erhöhte Urinausscheidung) als milde Nebenwirkungen beobachtet [16, 17]. Das Fehlen von Nebenwirkungen bei hohen Zufuhrmengen von Riboflavin ist auf die begrenzte Löslichkeit und Kapazität zur Absorption sowie die schnelle Ausscheidung mit dem Urin zurückzuführen [4, 13–15].

### Tolerierbare Gesamtzufuhrmenge

Ergebnisse aus klinischen Studien deuten darauf hin, dass die üblichen Zufuhrmengen von Riboflavin (über die Ernährung und über Präparate) kein Gesundheitsrisiko für den Menschen darstellen [14]. Aufgrund der unzureichenden Datenlage über unerwünschte gesundheitliche Nebenwirkungen bei hoher Riboflavinzufuhr wurden vom *Institute of Medicine* (IOM) [15] und von der Europäischen Behörde für Lebensmittelsicherheit (EFSA) [14] keine tolerierbare Gesamtzufuhrmenge (*Tolerable Upper Intake Level* [UL]) abgeleitet.

## 8. Riboflavinzufuhr in der Bevölkerung[2]

### Säuglinge und Kleinkinder

Nach Daten der Verzehrsstudie zur Ermittlung der Lebensmittelaufnahme von Säuglingen und Kleinkindern in Deutschland (VELS, 2001–2002), die mit Verzehrprotokollen erhoben wurden, betrug die Zufuhr bei Jungen im Alter von 6 Monaten bis unter 1 Jahr im Median 0,9 mg (10. Perzentil [P10] bis 90. Perzentil [P90] 0,5–1,3 mg) und bei gleichaltrigen Mädchen 0,7 mg (P10–P90 0,4–1,1 mg) Riboflavin pro Tag. Die mediane Zufuhr von Riboflavin lag bei 1- bis unter 4-jährigen Jungen bei 1,0 mg (P10–P90 0,7–1,4 mg) und bei gleichaltrigen Mädchen bei 0,9 mg (P10–P90 0,6–1,2 mg) pro Tag. Jungen im Alter von 4 bis unter 5 Jahren führten im Median 1,1 mg (P10–P90 0,8–1,6 mg) und gleichaltrige Mädchen 1,0 mg (P10–P90 0,7–1,4 mg) Riboflavin pro Tag zu [18, 19].

[1] Ekzem in talgdrüsenreichen Arealen (z. B. Gesicht, behaarte Kopfhaut, Genitalbereich)
[2] Hierbei ist zu beachten, dass zur Bestimmung der Riboflavinzufuhr in den zugrunde liegenden Erhebungen unterschiedliche Lebensmitteltabellen herangezogen wurden.

### Kinder

Laut der im Jahr 2006 in Deutschland durchgeführten EsKiMo-Studie (Ernährungsmodul des Kinder- und Jugendgesundheitssurveys, KiGGS-Studie) betrug die mediane Zufuhr auf der Basis von Verzehrprotokollen bei 6- bis 11-jährigen Jungen 1,5 mg (P5–P95 0,9–3,0 mg) und bei gleichaltrigen Mädchen 1,3 mg (P5–P95 0,7–2,5 mg) Riboflavin pro Tag [20].

In Österreich lag der Mittelwert der Zufuhr von Riboflavin bei Jungen im Alter von 7 bis unter 10 Jahren bei 1,3 mg, im Alter von 10 bis unter 13 Jahren bei 1,2 mg und im Alter von 13 bis unter 15 Jahren bei 1,1 mg pro Tag. Bei Mädchen lag der Mittelwert der Zufuhr in den gleichen Altersgruppen bei 1,2 mg, 1,0 mg und 1,0 mg pro Tag [21].

### Erwachsene

Nach Auswertung der Daten der Nationalen Verzehrsstudie II (NVS II, 2005–2006)[3] lag die mediane Zufuhr von Riboflavin in Deutschland bei Männern und Frauen im Alter von 15 bis 80 Jahren bei 1,4 mg/Tag (P5–P95 0,8–2,3 mg) bzw. 1,2 mg/Tag (P5–P95 0,7–1,9 mg). Die Riboflavinzufuhr ist im Median bei männlichen 15- bis unter 25-Jährigen (1,3 mg/Tag), männlichen über 65-Jährigen (1,4 mg/Tag) und bei weiblichen 15- bis unter 19-Jährigen am geringsten (1,0 mg/Tag) [22].

In Österreich lag der Mittelwert der Zufuhr von Riboflavin bei Männern im Alter von 18 bis unter 25 Jahren bei 1,6 mg, im Alter von 25 bis unter 51 Jahren bei 1,4 mg, im Alter von 51 bis unter 65 Jahren bei 1,3 mg und im Alter von 65 bis 80 Jahren bei 1,3 mg pro Tag. Bei Frauen lag die Riboflavinzufuhr in der Altersgruppe 18 bis unter 25 Jahren bei 1,3 mg, in den übrigen Altersgruppen betrug der Mittelwert der Riboflavinzufuhr bei Frauen in Österreich 1,2 mg pro Tag [21].

## 9. Riboflavin in Lebensmitteln

Einen besonders hohen Gehalt an Riboflavin weisen Innereien wie Leber (Schweineleber gegart 3,58 mg/100 g; Kalbsleber gegart 2,98 mg/100 g) und Niere (Kalbsniere 2,81 mg/100 g) sowie Hefeflocken (2,60 mg/100 g) auf. Auch Molkenkäse (mind. 20 % Fett i. Tr. 1,69 mg/100 g) und Getreidekeimflocken (Roggen 0,84 mg/100 g; Weizen 0,72 mg/100 g) weisen einen hohen Riboflavingehalt auf [23]. Des Weiteren haben einige Käsesorten wie Camembert (mind. 30 % Fett i. Tr. 0,67 mg/100 g), Bergkäse (mind. 20 % Fett i. Tr. 0,62 mg/100 g) und Emmentaler (mind. 30 % Fett i. Tr. 0,62 mg/100 g) sowie auch Seelachs (Köhler) (0,48 mg/100 g) und Makrele (geräuchert 0,43 mg/100 g) einen hohen Riboflavingehalt [23]. Hauptlieferanten für Riboflavin sind bei Männern und Frauen Milch und Milcherzeugnisse [22].

## 10. Ableitung der Referenzwerte für die Riboflavinzufuhr

### Säuglinge

Die Ableitung der Referenzwerte für die Riboflavinzufuhr bei Säuglingen im Alter von 0 bis unter 4 Monaten orientiert sich am Riboflavingehalt der Frauenmilch, die als optimal für die Ernährung von Säuglingen angesehen wird [24, 25]. Ein voll gestillter Säugling erhält über die Frauenmilch bei einer Trinkmenge von 750 ml [26] und einem Riboflavingehalt von ca. 37 µg/100 ml [27–30] 0,28 mg Riboflavin/Tag. Daher wird der Schätzwert für eine angemessene Riboflavinzufuhr für gestillte Säuglinge im Alter von **0 bis unter 4 Monaten** mit 0,3 mg Riboflavin/Tag angegeben (siehe Tab. A1).

Da für Säuglinge von 4 bis unter 12 Monaten keine Daten zum durchschnittlichen Riboflavinbedarf vorliegen, wird der für Erwachsene abgeleitete durchschnittliche Riboflavinbedarf von 0,5 mg/1 000 kcal herangezogen (siehe „Erwachsene bis unter 65 Jahren"). Bei Berücksichtigung der Richtwerte für die Energiezufuhr für Säuglinge im Alter von **4 bis unter 12 Monaten** sowie unter Annahme eines Variationskoeffizienten von 10 % (Zuschlag von 20 % zum durchschnittlichen Bedarf) zur Ableitung einer empfohlenen Zufuhr ergibt sich eine empfohlene Riboflavinzufuhr von 0,4 mg/Tag (siehe Tab. A2).

### Kinder und Jugendliche

Bei Kindern mit einem Riboflavinmangel im Alter von 4 bis 6 Jahren und von 10 bis 12 Jahren führte die Zufuhr ab etwa 0,5 mg Riboflavin/1 000 kcal zu einer Normalisierung der Glutathionreduktaseaktivität (Aktivitätskoeffizient ca. 1,2) [31]. Diese Zufuhrmengen sind mit dem für Erwachsene ermittelten durchschnittlichen Bedarf von 0,5 mg/1 000 kcal vergleichbar. Ausgehend von einem durchschnittlichen Bedarf von 0,5 mg Riboflavin/1 000 kcal wird unter Annahme eines Variationskoeffizienten von 10 % (Zuschlag von 20 %) und nach Berücksichtigung der

[3] Auswertung der Verzehrdaten der beiden 24-Stunden-Recalls auf Basis der aktualisierten Version des Bundeslebensmittelschlüssels (BLS-Version 3.02). Daher unterscheiden sich diese von früher publizierten NVS II-Daten zur Riboflavinzufuhr, die mit dem Ernährungserhebungsinstrument DISHES (*Diet Interview Software for Health Examination Studies*) erfasst und mit einer früheren BLS-Version (BLS II.4) berechnet wurden.

Richtwerte für die Energiezufuhr eine empfohlene Zufuhr von Riboflavin für Kinder im Alter von **1 bis unter 4 Jahren** von 0,7 mg/Tag und im Alter von **4 bis unter 7 Jahren** von 0,8 mg/Tag abgeleitet. Im Alter von **7 bis unter 10 Jahren** beträgt die empfohlene tägliche Zufuhr 1,0 mg für Jungen und 0,9 mg für Mädchen, im Alter von **10 bis unter 13 Jahren** 1,1 mg für Jungen und 1,0 mg für Mädchen, im Alter von **13 bis unter 15 Jahren** 1,4 mg für Jungen und 1,1 mg für Mädchen und für Jugendliche im Alter von **15 bis unter 19 Jahren** 1,6 mg für Jungen und 1,2 mg für Mädchen (siehe Tab. A3).

### Erwachsene bis unter 65 Jahren

Zur Ableitung des Referenzwerts für die Riboflavinzufuhr bei Erwachsenen werden Studien zugrunde gelegt, in denen primär die Glutathionreduktaseaktivität in den Erythrozyten und die Riboflavinausscheidung im Urin als Indikatoren für die Riboflavinversorgung untersucht wurden. Als Zielwerte werden ein Aktivitätskoeffizient < 1,2 und eine Riboflavinausscheidung im 24-Stunden-Urin von ≥ 120 µg zugrunde gelegt [10] (siehe auch 5.).

In Bilanzuntersuchungen wurden bei Erwachsenen bei einer Ernährung mit 2 200 kcal/Tag Mangelerscheinungen bei einer Zufuhr von 0,55 mg Riboflavin/Tag (0,25 mg/1 000 kcal) beobachtet. Die schrittweise Erhöhung der Riboflavinzufuhr führte bei Mengen zwischen 1,1 mg/Tag und 1,6 mg/Tag (0,5 mg/1 000 kcal und 0,7 mg/1 000 kcal) zu einem deutlichen Anstieg der 24-Stunden-Ausscheidung, was darauf hindeutet, dass sich der Riboflavingehalt der Gewebe einer Sättigung näherte [32]. Weitere Untersuchungen an Frauen ermittelten für eine Riboflavinzufuhr von etwa 0,5 mg/1 000 kcal eine adäquate Glutathionreduktaseaktivität und Riboflavinausscheidung im Urin [31, 33]. Eine Riboflavinzufuhr von 0,5 mg/1 000 kcal wird als durchschnittlicher Bedarf festgelegt. Unter Berücksichtigung der Variation des Bedarfs in der Bevölkerung durch die Annahme eines Variationskoeffizienten von 10 % (Zuschlag von 20 %) und des Richtwerts für die Energiezufuhr ergibt sich eine empfohlene Zufuhr von Riboflavin bei Männern im Alter von **19 bis unter 51 Jahren** von 1,4 mg und im Alter von **51 bis unter 65 Jahren** von 1,3 mg pro Tag sowie bei Frauen im Alter von **19 bis unter 51 Jahren** von 1,1 mg und im Alter von **51 bis unter 65 Jahren** von 1,0 mg pro Tag (siehe Tab. A4).

### Erwachsene ab 65 Jahren

Der durchschnittliche Bedarf älterer Menschen scheint sich nicht von dem der jüngeren Erwachsenen zu unterscheiden [34]. Bei Erwachsenen **ab 65 Jahren** wird daher ausgehend von dem durchschnittlichen Bedarf der 19- bis unter 65-Jährigen von 0,5 mg Riboflavin/1 000 kcal unter Berücksichtigung eines Variationskoeffizienten von 10 % (Zuschlag von 20 %) und des Richtwerts für die Energiezufuhr eine empfohlene Zufuhr für Männer von 1,3 mg und für Frauen von 1,0 mg Riboflavin/Tag berechnet (siehe Tab. A4).

### Schwangere

Die empfohlene Riboflavinzufuhr für Schwangere beruht auf dem durchschnittlichen Bedarf einer nicht schwangeren und nicht stillenden Frau von 0,5 mg Riboflavin/ 1 000 kcal. Unter Annahme eines Variationskoeffizienten von 10 % (Zuschlag von 20 %) und Berücksichtigung des in der Schwangerschaft erhöhten Richtwerts für die Energiezufuhr (+ 250 kcal/Tag im 2. Trimester bzw. + 500 kcal/ Tag im 3. Trimester) ergibt sich eine empfohlene Zufuhr von Riboflavin für Schwangere von 1,3 mg (2. Trimester) bzw. 1,4 mg (3. Trimester) pro Tag (siehe Tab. A5).

### Stillende

Die empfohlene Riboflavinzufuhr bei Stillenden basiert auf dem durchschnittlichen Bedarf einer nicht schwangeren und nicht stillenden Frau von 0,5 mg Riboflavin/ 1 000 kcal. Unter Annahme eines Variationskoeffizienten von 10 % (Zuschlag von 20 %) und Berücksichtigung des Richtwerts für die Energiezufuhr bei ausschließlichem Stillen während der ersten 4 bis 6 Monate von 2 400 kcal/Tag ergibt sich eine empfohlene Zufuhr von Riboflavin für Stillende von 1,4 mg/Tag (siehe Tab. A6).

## 11. Sicherstellung einer angemessenen Riboflavinversorgung

Durch den Verzehr von natürlicherweise riboflavinreichen Lebensmitteln im Rahmen einer vollwertigen Ernährung kann eine angemessene Riboflavinversorgung sichergestellt werden. Für eine riboflavinreiche Ernährung empfehlen sich vor allem täglich Milch und Milchprodukte sowie Vollkornprodukte. Bei Milch und Milchprodukten sollten die fettarmen Produkte bevorzugt werden. In Maßen Fleisch (max. 300 g bis 600 g pro Woche, inklusive Wurst) und 1- bis 2-mal pro Woche Fisch zu essen trägt ebenfalls zur Versorgung bei.

## 12. Präventive Aspekte

Im Folgenden wird anhand vorliegender Meta-Analysen bzw. systematischer Reviews ein kurzer Überblick über die aktuelle Studienlage zu Riboflavin im Zusammenhang mit gesundheitsrelevanten Aspekten gegeben, ohne dass eine Evidenzbewertung erfolgt.

Aktuelle Studien zeigen kontroverse Ergebnisse zum Zusammenhang zwischen Riboflavinzufuhr und dem Risiko für prämenstruelles Syndrom und Katarakt. Die Daten zum Zusammenhang zwischen der Zufuhr bzw. der Serumkonzentration von Riboflavin und dem Krebsrisiko sind ebenfalls inkonsistent. So ergab sich für Ovarial-, Magen- und Kolorektalkrebs sowie für Endometriumkrebs in manchen, aber nicht in allen Studien eine inverse Assoziation zwischen der Zufuhr von Riboflavin bzw. der Serumkonzentration und dem Risiko. Hinsichtlich des Risikos für Lungen-, Prostata-, Bauchspeicheldrüsen-, Brustkrebs und Nierenzellkarzinom wurde keine Assoziation beobachtet. Ebenfalls besteht zwischen der Riboflavinzufuhr und der Knochenmineraldichte, dem Frakturrisiko und dem Syndrom einer überaktiven Blase keine Assoziation. Eine höhere Riboflavinzufuhr könnte die Homocysteinkonzentration senken, wobei dieser Effekt zwischen Personengruppen und in Abhängigkeit vom Genotyp [MTHFR(677C⟶T) Polymorphismus] unterschiedlich sein kann [35].

### Literatur


[1] McCormick DB: Riboflavin. In: Shils ME, Shike M, Ross AC et al. (Hrsg.): Modern nutrition in health and disease. Lippincott Williams & Wilkins, Baltimore, 10. Auflage (2006) 434–441

[2] Rivlin RS: Riboflavin (Vitamin $B_2$). In: Zempleni J, Rucker RB, McCormick DB et al. (Hrsg.): Handbook of vitamins. Taylor & Francis, Boca Raton, 4. Auflage (2007) 233–251

[3] Bender DA: The vitamins. In: Gibney MJ, Lanham-New SA, Cassidy A et al. (Hrsg.): Introduction to human nutrition. Wiley-Blackwell, Chichester, 2. Auflage (2009) 132–187

[4] Said HM, Ross AC: Riboflavin. In: Ross AC, Caballero B, Cousins RJ et al. (Hrsg.): Modern nutrition in health and disease. Lippincott Williams & Wilkins, Philadelphia, 11. Auflage (2014) 325–330

[5] Powers HJ: Riboflavin (vitamin B-2) and health. Am J Clin Nutr 77 (2003) 1352–1360

[6] Zempleni J, Galloway JR, McCormick DB: Pharmacokinetics of orally and intravenously administered riboflavin in healthy humans. Am J Clin Nutr 63 (1996) 54–66

[7] Dainty JR, Bullock NR, Hart DJ et al.: Quantification of the bioavailability of riboflavin from foods by use of stable-isotope labels and kinetic modeling. Am J Clin Nutr 85 (2007) 1557–1564

[8] Bates CJ, Heseker H: Human bioavailability of vitamins. Nutr Res Rev 7 (1994) 93–127

[9] McCormick DB: Two interconnected B vitamins: riboflavin and pyridoxine. Physiol Rev 69 (1989) 1170–1198

[10] Sauberlich HE: Laboratory tests for the assessment of nutritional status. CRC Press, Boca Raton, 2. Auflage (1999)

[11] Stover PJ: Folate biochemical pathways and their regulation. In: Bailey LB (Hrsg.): Folate in health and disease. Taylor & Francis, Boca Raton, 2. Auflage (2010) 49–74

[12] Hoey L, McNulty H, Strain JJ: Studies of biomarker responses to intervention with riboflavin: a systematic review. Am J Clin Nutr 89 (2009) 1960S–1980S

[13] Harvey LJ, Collings R, Casgrain A et al.: Best practice guidelines: Biomarkers of status / exposure. (2012) www.eurreca.org/everyone/8647/5/0/32 (eingesehen am 12.11.2014)

[14] EFSA (European Food Safety Authority): Tolerable upper intake levels for vitamins and minerals. (2006) www.efsa.europa.eu/de/ndatopics/docs/ndatolerableuil.pdf (eingesehen am 30.10.2014)

[15] IOM (Institute of Medicine) (Hrsg.): Dietary reference intakes for thiamin, riboflavin, niacin, vitamin $B_6$, folate, vitamin $B_{12}$, pantothenic acid, biotin, and choline. National Academies Press, Washington, DC (1998)

[16] Schoenen J, Lenaerts M, Bastings E: High-dose riboflavin as a prophylactic treatment of migraine: results of an open pilot study. Cephalalgia 14 (1994) 328–329

[17] Schoenen J, Jacquy J, Lenaerts M: Effectiveness of high-dose riboflavin in migraine prophylaxis. A randomized controlled trial. Neurology 50 (1998) 466–470

[18] Heseker H: Tägliche Energie- und Nährstoffzufuhr bei Säuglingen in VELS. Persönliche Mitteilung vom 28.01.2013, Paderborn (2013)

[19] Heseker H, Mensink GB: Lebensmittelverzehr und Nährstoffzufuhr im Kindes- und Jugendalter. Ergebnisse aus den beiden bundesweit durchgeführten Ernährungsstudien VELS und EsKiMo. In: Deutsche Gesellschaft für Ernährung (Hrsg.): Ernährungsbericht 2008. Bonn (2008) 49–93

[20] Mensink GB, Richter A, Stahl A: Bestandsaufnahme: Nährstoffversorgung und Lebensmittelverzehr von Kindern und Jugendlichen in Deutschland. In: Kersting M (Hrsg.): Kinderernährung aktuell. Schwerpunkte für Gesundheitsförderung und Prävention. Umschau Verlag, Sulzbach/Ts (2009) 40–46

[21] Elmadfa I (Hrsg.): Österreichischer Ernährungsbericht 2012. Wien (2012)

[22] Krems C, Walter C, Heuer T et al.: Lebensmittelverzehr und Nährstoffzufuhr - Ergebnisse der Nationalen Verzehrsstudie II. In: Deutsche Gesellschaft für Ernährung (Hrsg.): 12. Ernährungsbericht 2012. Bonn (2012) 40–85

[23] Deutsche Gesellschaft für Ernährung (Hrsg.): DGExpert, Version 1.5.4 (BLS 3.02). Bonn (2014)

[24] Butte NF, Lopez-Alarcon MG, Garza C: Nutrient adequacy of exclusive breastfeeding for the term infant during the first six months of life. (2002) www.who.int/nutrition/publications/infantfeeding/nut_adequacy_of_exc_bfeeding_eng.pdf (eingesehen am 25.06.2013)

[25] Bührer C, Genzel-Boroviczény O, Jochum F et al.: Ernährung gesunder Säuglinge. Monatsschr Kinderheilkd 162 (2014) 527–538

[26] Neville MC, Keller R, Seacat J et al.: Studies in human lactation: milk volumes in lactating women during the onset of lactation and full lactation. Am J Clin Nutr 48 (1988) 1375–1386

[27] Nail PA, Thomas MR, Eakin R: The effect of thiamin and riboflavin supplementation on the level of those vitamins in human breast milk and urine. Am J Clin Nutr 33 (1980) 198–204

[28] Ford JE, Zechalko A, Murphy J et al.: Comparison of the B vitamin composition of milk from mothers of preterm and term babies. Arch Dis Child 58 (1983) 367–372

[29] Roughead ZK, McCormick DB: Flavin composition of human milk. Am J Clin Nutr 52 (1990) 854–857

[30] Souci SW, Fachmann W, Kraut H (Hrsg.): Die Zusammensetzung der Lebensmittel. Nährwert-Tabellen. medpharm, Stuttgart, 7., revidierte und ergänzte Auflage (2008)

[31] Kuizon MD, Madriagà JR, Perlas LA et al.: Riboflavin requirements of Filipino children and non-pregnant, pregnant and lactating women: studied by the erthrocyte glutathione reductase activation test. Asia Pac J Clin Nutr 7 (1998) 41–48
[32] Horwitt MK, Harvey CC, Hills OW et al.: Correlation of urinary excretion of riboflavin with dietary intake and symptoms of ariboflavinosis. J Nutr 41 (1950) 247–264
[33] Bamji MS: Glutathione reductase activity in red blood cells and riboflavin nutritional status in humans. Clin Chim Acta 26 (1969) 263–269
[34] Boisvert WA, Mendoza I, Castañeda C et al.: Riboflavin requirement of healthy elderly humans and its relationship to macronutrient composition of the diet. J Nutr 123 (1993) 915–925
[35] Buijssen M, Eeuwijk J, Vonk Noordegraaf-Schouten M: Literature search and review related to specific preparatory work in the establishment of dietary reference values for riboflavin. EFSA supporting publication EN-591 (2014)
[36] Kuizon MD, Natera MG, Alberto SP et al.: Riboflavin requirement of Filipino women. Eur J Clin Nutr 46 (1992) 257–264

## Anhang

### Tabelle A1: Berechnung des Schätzwerts für die Riboflavinzufuhr für gestillte Säuglinge von 0 bis unter 4 Monaten

| Alter [Monate] | Riboflavingehalt von Frauenmilch [mg/100 ml] | Trinkmenge [ml/Tag] | Zufuhr von Riboflavin bei einer Trinkmenge von 750 ml/Tag [mg/Tag] | **Schätzwert** für die Riboflavinzufuhr (gerundet) [mg/Tag] |
|---|---|---|---|---|
| 0 bis unter 4 | 0,037[a] | 750[b] | 0,28 | **0,3** |

[a] [27–30]
[b] [26]

### Tabelle A2: Berechnung der empfohlenen Zufuhr von Riboflavin für Säuglinge von 4 bis unter 12 Monaten

| Alter [Monate] | | durchschnittlicher Bedarf an Riboflavin bei Erwachsenen [mg/1 000 kcal] | Variationskoeffizient 10 % (Zuschlag 20 %) [mg/1 000 kcal] | Richtwert für die Energiezufuhr[a] [kcal/Tag] | Zufuhr von Riboflavin bezogen auf die Energiezufuhr [mg/Tag] | **empfohlene Zufuhr** von Riboflavin [mg/Tag] |
|---|---|---|---|---|---|---|
| 4 bis unter 12 | m | 0,5 | 0,6 | 700 | 0,42 | **0,4** |
| | w | 0,5 | 0,6 | 600 | 0,36 | |

[a] alters- und geschlechtsspezifische Richtwerte für die Energiezufuhr (siehe Kapitel „Energie")

## Tabelle A3: Berechnung der empfohlenen Zufuhr von Riboflavin für Kinder und Jugendliche

| Alter [Jahre] | | durchschnittlicher Bedarf an Riboflavin bei Erwachsenen [mg/1 000 kcal] | Variations-koeffizient 10 % (Zuschlag 20 %) [mg/1 000 kcal] | Richtwert für die Energiezufuhr[a] [kcal/Tag] | Zufuhr von Riboflavin bezogen auf die Energiezufuhr [mg/Tag] | **empfohlene Zufuhr** von Riboflavin (gerundet) [mg/Tag] |
|---|---|---|---|---|---|---|
| 1 bis unter 4 | m | 0,5 | 0,6 | 1 200 | 0,72 | **0,7** |
| | w | 0,5 | 0,6 | 1 100 | 0,66 | |
| 4 bis unter 7 | m | 0,5 | 0,6 | 1 400 | 0,84 | **0,8** |
| | w | 0,5 | 0,6 | 1 300 | 0,78 | |
| 7 bis unter 10 | m | 0,5 | 0,6 | 1 700 | 1,02 | **1,0** |
| | w | 0,5 | 0,6 | 1 500 | 0,90 | **0,9** |
| 10 bis unter 13 | m | 0,5 | 0,6 | 1 900 | 1,14 | **1,1** |
| | w | 0,5 | 0,6 | 1 700 | 1,02 | **1,0** |
| 13 bis unter 15 | m | 0,5 | 0,6 | 2 300 | 1,38 | **1,4** |
| | w | 0,5 | 0,6 | 1 900 | 1,14 | **1,1** |
| 15 bis unter 19 | m | 0,5 | 0,6 | 2 600 | 1,56 | **1,6** |
| | w | 0,5 | 0,6 | 2 000 | 1,20 | **1,2** |

[a] alters- und geschlechtsspezifische Richtwerte für die Energiezufuhr (s. Kapitel „Energie“; PAL-Wert 1,4)

## Tabelle A4: Berechnung der empfohlenen Zufuhr von Riboflavin für Erwachsene

| Alter [Jahre] | | durchschnittlicher Bedarf an Riboflavin [mg/1 000 kcal][a] | Variationskoeffizient 10 % (Zuschlag 20 %) [mg/1 000 kcal] | Richtwert für die Energiezufuhr[b] [kcal/Tag] | Zufuhr von Riboflavin bezogen auf die Energiezufuhr [mg/Tag] | **empfohlene Zufuhr** von Riboflavin (gerundet) [mg/Tag] |
|---|---|---|---|---|---|---|
| 19 bis unter 25 | m | 0,5 | 0,6 | 2 400 | 1,44 | **1,4** |
| | w | 0,5 | 0,6 | 1 900 | 1,14 | **1,1** |
| 25 bis unter 51 | m | 0,5 | 0,6 | 2 300 | 1,38 | **1,4** |
| | w | 0,5 | 0,6 | 1 800 | 1,08 | **1,1** |
| 51 bis unter 65 | m | 0,5 | 0,6 | 2 200 | 1,32 | **1,3** |
| | w | 0,5 | 0,6 | 1 700 | 1,02 | **1,0** |
| 65 und älter | m | 0,5 | 0,6 | 2 100 | 1,26 | **1,3** |
| | w | 0,5 | 0,6 | 1 700 | 1,02 | **1,0** |

[a] [31–33, 36]
[b] alters- und geschlechtsspezifische Richtwerte für die Energiezufuhr (s. Kapitel „Energie; PAL-Wert 1,4)

## Tabelle A5: Berechnung der empfohlenen Zufuhr von Riboflavin für Schwangere

| | Trimester | durchschnittlicher Riboflavinbedarf[a] [mg/1 000 kcal] | Variationskoeffizient 10 % (Zuschlag 20 %) [mg/1 000 kcal] | Richtwert für die Energiezufuhr[b] [kcal/Tag] | Zufuhr von Riboflavin bezogen auf die Energiezufuhr [mg/Tag] | **empfohlene Zufuhr** von Riboflavin (gerundet) [mg/Tag] |
|---|---|---|---|---|---|---|
| Schwangere | 2. | 0,5 | 0,6 | 2 150 | 1,29 | **1,3** |
| | 3. | 0,5 | 0,6 | 2 400 | 1,44 | **1,4** |

[a] durchschnittlicher Bedarf für Erwachsene bis unter 65 Jahren
[b] Richtwert für Frauen von 19 bis unter 25 Jahren (PAL-Wert 1,4) und Zulage von 250 kcal/Tag während des 2. Trimesters und von 500 kcal/Tag während des 3. Trimesters der Schwangerschaft (siehe Kapitel „Energie")

## Tabelle A6: Berechnung der empfohlenen Zufuhr von Riboflavin für Stillende

| | durchschnittlicher Riboflavinbedarf[a] [mg/1000 kcal] | Variationskoeffizient 10 % (Zuschlag 20 %) [mg/1 000 kcal] | Richtwert für die Energiezufuhr[b] [kcal/Tag] | Zufuhr von Riboflavin bezogen auf die Energiezufuhr [mg/Tag] | **empfohlene Zufuhr** von Riboflavin (gerundet) [mg/Tag] |
|---|---|---|---|---|---|
| Stillende | 0,5 | 0,6 | 2 400 | 1,44 | **1,4** |

[a] durchschnittlicher Bedarf für Erwachsene bis unter 65 Jahren
[b] Richtwert für Frauen von 19 bis unter 25 Jahren (PAL-Wert 1,4) und Zulage von 500 kcal/Tag für ausschließliches Stillen während der ersten 4 bis 6 Monate (siehe Kapitel „Energie")

# Niacin

## 1. Empfohlene Zufuhr

| Alter | Niacin | |
|---|---|---|
| | mg-Äquivalente[a]/Tag | |
| | m | w |
| **Säuglinge** | | |
| 0 bis unter 4 Monate[b] | 2 | |
| 4 bis unter 12 Monate[c] | 5 | |
| **Kinder und Jugendliche[c]** | | |
| 1 bis unter 4 Jahre | 8 | |
| 4 bis unter 7 Jahre | 9 | |
| 7 bis unter 10 Jahre | 11 | 10 |
| 10 bis unter 13 Jahre | 13 | 11 |
| 13 bis unter 15 Jahre | 15 | 13 |
| 15 bis unter 19 Jahre | 17 | 13 |
| **Erwachsene[c]** | | |
| 19 bis unter 25 Jahre | 16 | 13 |
| 25 bis unter 51 Jahre | 15 | 12 |
| 51 bis unter 65 Jahre | 15 | 11 |
| 65 Jahre und älter | 14 | 11 |
| **Schwangere[d]** | | |
| 2. Trimester | | 14 |
| 3. Trimester | | 16 |
| **Stillende[e]** | | 16 |

[a] 1 mg Niacin-Äquivalente = 1 mg Niacin = 60 mg Tryptophan
[b] Hierbei handelt es sich um einen Schätzwert, der sich auf vorgebildetes Niacin bezieht.
[c] Zugrunde gelegt wurden die alters- und geschlechtsspezifischen Richtwerte für die Energiezufuhr (siehe Kapitel „Energie"; PAL-Wert 1,4).
[d] Unter Berücksichtigung des Richtwerts für die Energiezufuhr für Frauen von 19 bis unter 25 Jahren (PAL-Wert 1,4) und Zulage von 250 kcal/Tag während des 2. Trimesters und von 500 kcal/Tag während des 3. Trimesters der Schwangerschaft (siehe Kapitel „Energie").
[e] Unter Berücksichtigung des Richtwerts für die Energiezufuhr für Frauen von 19 bis unter 25 Jahren (PAL-Wert 1,4) und Zulage von 500 kcal/Tag für ausschließliches Stillen während der ersten 4 bis 6 Monate (siehe Kapitel „Energie").

## 2. Einleitung

Niacin ist ein Sammelbegriff für Nicotinsäure (Pyridin-3-Carbonsäure) und Nicotinamid (Pyridin-3-Carboxamid) sowie deren Derivate. Es handelt sich um wasserlösliche Verbindungen, die zur Gruppe der B-Vitamine gehören. Aus ihnen entstehen die als Coenzyme fungierenden Pyridinnukleotide Nicotinamid-Adenindinukleotid (NAD) und Nicotinamid-Adenindinukleotidphosphat (NADP)[1]. Niacin ist in Lebensmitteln enthalten und wird im menschlichen Körper in der Leber aus der unentbehrlichen Aminosäure Tryptophan gebildet [1].

Der Niacingehalt in Lebensmitteln wird wie die Niacinzufuhr und die Referenzwerte für die Nährstoffzufuhr in Niacin-Äquivalenten angegeben (1 mg Niacin-Äquivalente = 1 mg Niacin = 60 mg Tryptophan) [2, 3]. Die Menge an Niacin-Äquivalenten wird somit berechnet als Niacin (mg) = Nicotinamid (mg) + Nicotinsäure (mg) + 1/60 Tryptophan (mg) [4].

## 3. Physiologie

Nicotinsäure, Nicotinamid, Pyridinnukleotide und Tryptophan sind die Quellen für die Pyridinringstruktur beim Menschen, der diese wie alle Säugetiere im Gegensatz zu Pflanzen nicht *de novo* bilden kann. Nicotinamid-Ribosid wurde als weiterer Vorläufer für NAD identifiziert [5, 6].

Pflanzliche Lebensmittel liefern Niacin hauptsächlich in Form von Nicotinsäure, tierische Lebensmittel in Form der Nukleotide NAD und NADP, aus denen Nicotinamid während der Verdauung freigesetzt wird.

### Absorption

Freies Nicotinamid und Nicotinsäure werden zu einem geringen Teil bereits während der Magenpassage absorbiert. Hauptsächlich und schneller als im Magen erfolgt die Absorption im Dünndarm. Aus den Nukleotiden NAD und NADP wird durch enzymatische Hydrolyse im oberen Dünndarm Nicotinamid freigesetzt. Niedrige Konzentrationen an Nicotinsäure und Nicotinamid werden vermutlich über natriumabhängige erleichterte Diffusion oder Transporter absorbiert, höhere Konzentrationen durch passive Diffusion [1, 7].

Die Absorptionsrate des Niacins aus Lebensmitteln hängt von der Art des konsumierten Lebensmittels ab, sie beträgt etwa 25 % bis 70 % und ist bei Getreide am niedrigsten und bei tierischen Produkten am höchsten [8–10].

In Getreide liegt Niacin größtenteils gebunden, z. B. als Niacytin, vor. Der größte Teil des gebundenen Niacins ist nicht bioverfügbar, da die Verbindungen im Magen-Darm-Trakt nur teilweise aufgeschlossen werden können. Die Bioverfügbarkeit des gebundenen Niacins kann durch Vorbehandlung der Lebensmittel mittels alkalischer Hydrolyse (z. B. mit Kalkwasser bei der Tortillaherstellung) erhöht werden [8, 11].

### Stoffwechsel, Transport im Blut, Ausscheidung

Nach der Absorption aus dem Darmlumen zirkuliert Niacin hauptsächlich als Nicotinamid, aber auch als Nicotinsäure im Blut und wird so zu den Geweben verteilt. In den Zellen aller Gewebe werden aus Nicotinamid und Nicotinsäure die Coenzyme NAD und NADP gebildet [1, 12].

Die Leber hat eine zentrale Rolle im Niacinstoffwechsel, nicht nur wegen der hier stattfindenden NAD-Synthese aus Tryptophan (siehe „Bildung aus Tryptophan"). Sie erhält Nicotinamid und in geringem Maße Nicotinsäure aus dem Portalvenenblut sowie aus extrahepatischen Geweben freigesetztes Nicotinamid. Abhängig von der Niacinversorgung werden Nicotinamid und Nicotinsäure in der Leber zu NAD, das gespeichert und zur Aufrechterhaltung der Nicotinamidkonzentration im Blut freigesetzt werden kann, oder zu methylierten und hydroxlierten Verbindungen (z. B. N-Methylnicotinamid, N-Methyl-2-Pyridoncarboxamid) für die Ausscheidung über die Nieren verstoffwechselt. Bei Niacinmangel ist die Ausscheidung der Metabolite über den Urin reduziert, bei sehr hohen Zufuhrmengen werden nicht verstoffwechseltes Nicotinamid und Nicotinsäure mit dem Urin ausgeschieden [1, 13, 14].

### Bildung aus Tryptophan

Proteinhaltige Lebensmittel liefern Tryptophan, das – sofern nicht zur Proteinsynthese benötigt – mit geringer Effizienz in der Leber zu NAD umgewandelt wird. Die Effizienz der Umwandlung ist variabel; sie sinkt mit sinkender Tryptophanzufuhr und ist weitgehend unabhängig von der Niacinversorgung [1]. Ein vollständiger Ersatz der Niacinzufuhr durch eine erhöhte Tryptophanzufuhr ist nicht möglich, da Niacin in einem nur begrenzt nutzbaren Nebenweg des Tryptophanabbaus entsteht und höhere Tryptophangaben ab einer bestimmten Grenze toxisch wirken [15].

Die Umwandlungsrate hängt neben der Tryptophanzufuhr und der Versorgung mit Protein von weiteren nutritiven Faktoren wie der Versorgung mit Fettsäuren, Thiamin,

[1] NAD bzw. NADP stehen als Abkürzung der Pyridinnukleotide und beschreiben den Gesamtpool, $NAD^+$ bzw. $NADP^+$ die oxidierte Form, NADH bzw. NADPH die reduzierte Form.

Riboflavin und Pyridoxin ab sowie von Hormonen wie Adrenalin und Östrogenen, Wirkstoffen aus Medikamenten und auch Krankheiten [16] und kann interindividuell unterschiedlich sein [3, 17].

Es wird angenommen, dass aus 60 mg Tryptophan etwa 1 mg Niacin (= 1 mg Niacin-Äquivalent) gebildet wird [2–4]. Dies ist bei der Ableitung der Referenzwerte für die Niacinzufuhr und bei Zufuhrberechnungen zu berücksichtigen.

## 4. Funktionen

In Form der Nukleotide NAD und NADP ist Niacin als Coenzym an in allen Zellen des Organismus ablaufenden Redoxreaktionen und sowohl katabolen als auch anabolen Prozessen beteiligt. In über 200 Dehydrogenasen fungieren NAD und/oder NADP als Akzeptoren bzw. Donatoren von Reduktionsäquivalenten. NAD ist essenziell für energieproduzierende Reaktionen wie Oxidationen in der Glykolyse, im Citratzyklus und der mitochondrialen Atmungskette. NADP ist essenziell für anabole Reaktionen wie die Biosynthese der Fettsäuren und Steroide sowie den Pentosephosphatweg. Somit ist Niacin am Energiestoffwechsel sowie am Stoffwechsel von Kohlenhydraten, Aminosäuren und Fettsäuren beteiligt [1, 18].

NAD ist unabhängig von seiner Coenzymfunktion auch an nicht Redoxreaktionen beteiligt. Es ist Substrat für verschiedene Enzymklassen, die ADP-Ribose auf Proteine übertragen. Dadurch ist NAD an der Regulation von Struktur und Funktion des Golgi-Apparats, der G-Protein vermittelten Signalübertragung, DNA-Replikation und -Reparatur, Zelldifferenzierung sowie der Regulation bzw. Ausschüttung intrazellulärer Calciumspeicher und somit der Signalweiterleitung beteiligt. Auch für extrazelluäre Enzyme, die Einfluss auf die Immunantwort und möglicherweise auch auf die Insulinsekretion der Beta-Zellen des Pankreas haben, ist NAD relevant [1, 6, 18, 19].

In pharmakologischer Dosierung senkt Nicotinsäure (nicht jedoch Nicotinamid) die Konzentration des Gesamt- und des LDL- und VLDL-Cholesterols sowie der Triglyceride und steigert die HDL-Cholesterolkonzentration. Des Weiteren wirkt Nicotinsäure wahrscheinlich auch entzündungshemmend und antioxidativ [20–22].

## 5. Kriterien zur Beurteilung der Versorgung

Eine Beurteilung der Niacinversorgung anhand der Zufuhr von Niacin-Äquivalenten über die Ernährung ist wegen der unterschiedlichen Bioverfügbarkeit des Niacins bzw. Umwandlung aus Tryptophan unzuverlässig.

Die Zufuhrmenge von Niacin-Äquivalenten korreliert mit der Ausscheidung von Niacinmetaboliten über den Urin. Eine geringe Ausscheidung der Niacinmetabolite N-Methylnicotinamid und N-Methyl-2-Pyridon-5-Carboxamid zeigt einen geringen Körperbestand an. Die Ausscheidung der Niacinmetabolite über den Urin kann somit als Marker der Niacinversorgung angesehen werden [17, 23–25]. Eine Ausscheidung von N-Methylnicotinamid und N-Methyl-2-Pyridon-5-Carboxamid von zusammen weniger als 1,5 mg in 24 Stunden zeigt einen schweren Niacinmangel an [14]. Da die Konzentration von N-Methyl-2-Pyridon-5-Carboxamid infolge einer verringerten Niacinzufuhr stärker sinkt als die von N-Methylnicotinamid, ist ein Verhältnis von weniger als 1,0 ein weiterer Indikator für einen Niacinmangel [1].

Die Konzentration der Niacinmetabolite im Plasma ist gegenüber Veränderungen der Zufuhr weniger sensitiv als die Konzentration im Urin. Nach derzeitigem Kenntnisstand kann nicht beurteilt werden, ob die Konzentration der Niacinmetabolite im Plasma als Biomarker für die Versorgung geeignet ist [26]. Eine unzureichende Versorgung lässt sich auch durch einen Abfall der NAD-Konzentration in den Erythrozyten nachweisen [1]. Zur Aussagekraft des Verhältnisses der Konzentrationen von NAD zu NADP im Vollblut hinsichtlich der Beurteilung der Versorgung liegen widersprüchliche Aussagen vor [1, 27].

## 6. Mangelsymptomatik

Eine langfristig unzureichende Zufuhr von Niacin und Tryptophan führt zur Niacinmangelkrankheit Pellagra. Erste Anzeichen sind unspezifisch wie z. B. körperliche Schwäche, Appetitverlust und Verdauungsstörungen. Zu den Symptomen im späten Mangelstadium gehören photosensitive Dermatitis (Hautveränderungen an Stellen mit starker Sonnenexposition), Diarrhö, Depression und Demenz sowie Schleimhautveränderungen im Verdauungstrakt. Unbehandelt nimmt die Pellagra einen tödlichen Verlauf durch Multiorganversagen, da der gesamte Energiestoffwechsel gestört ist [14, 28].

Neben einer unzureichenden Zufuhr können Krankheiten, welche die Zufuhr, die Absorption oder den Stoffwechsel von Niacin und/oder Tryptophan beeinträchtigen, die Ursache des Mangels sein und zu Pellagra führen. Dazu gehören Alkoholismus, Anorexia nervosa, chronische Diarrhöen, Leberzirrhose sowie die Hartnup-Krankheit [14].

In industrialisierten Ländern tritt Niacinmangel selten und nur als Folge der zuvor genannten Krankheiten auf [14, 28]. Niacinmangel wird hauptsächlich bei Menschen in Entwicklungsländern mit einseitiger Ernährung mit hohem Verzehr von Mais und Maisprodukten beobachtet [14].

## 7. Überversorgung

Werden über Nährstoffpräparate, angereicherte Lebensmittel oder Medikamente sehr hohe Mengen an Niacin zugeführt, kann dies zu unerwünschten Nebenwirkungen führen, die für Nicotinamid und Nicotinsäure unterschiedlich sind [29]. Dazu gehören vasodilatorische Effekte (Flushing; ab oraler Zufuhr in Höhe von 30 mg bis 1 g Nicotinsäure nach 30 Minuten bis 6 Wochen), unspezifische gastrointestinale Symptome, Leberschädigung bzw. -toxizität, Glucoseintoleranz und vorübergehende Beeinträchtigungen der Augenlinse [30, 31] (siehe „Tolerierbare Gesamtzufuhrmenge").

Im Rahmen einer Ernährung mit den üblichen Lebensmitteln ist es nicht möglich Niacinmengen zu verzehren, die zu den genannten Nebenwirkungen führen.

### Tolerierbare Gesamtzufuhrmenge

Das US-amerikanische *Institute of Medicine* legt altersabhängig eine tolerierbare Gesamtzufuhrmenge für Niacin fest, die von täglich 10 mg bei 1- bis 3-jährigen Kindern bis zu 35 mg bei Erwachsenen ab 19 Jahren reicht [30].

Die Zufuhr hoher Mengen an Nicotinamid verursacht nur selten Nebenwirkungen. Dagegen führt die Zufuhr hoher Mengen Nicotinsäure eher zu oben genannten Nebenwirkungen. Daher werden von der EFSA für Nicotinsäure und Nicotinamid unterschiedliche tolerierbare Gesamtzufuhrmengen abgeleitet: für Nicotinsäure 10 mg/Tag, für Nicotinamid 900 mg/Tag. Nach Aussagen der EFSA wird für Nährstoffpräparate und zur Anreicherung von Lebensmitteln in aller Regel Nicotinamid eingesetzt [31]. Die von der EFSA benannten tolerierbaren Gesamtzufuhrmengen gelten nicht für zu medizinischen Zwecken eingesetzte Zufuhrmengen von Nicotinsäure und Nicotinamid sowie aufgrund unzureichender Daten nicht in der Schwangerschaft und Stillzeit.

## 8. Niacinzufuhr in der Bevölkerung[2]

### Säuglinge und Kleinkinder

Nach Daten der Verzehrsstudie zur Ermittlung der Lebensmittelaufnahme von Säuglingen und Kleinkindern in Deutschland (VELS, 2001–2002), die auf der Basis von Verzehrprotokollen erhoben wurden, betrug die Zufuhr bei Jungen im Alter von 6 Monaten bis unter 1 Jahr im Median 8 mg (10. Perzentil [P10] bis 90. Perzentil [P90] 5–12 mg) und bei gleichaltrigen Mädchen 6 mg (P10–P90 4–9 mg) Niacin-Äquivalente pro Tag. Die mediane Zufuhr von Niacin-Äquivalenten lag bei 1- bis unter 4-jährigen Jungen bei 12 mg (P10–P90 9–17 mg) und bei gleichaltrigen Mädchen bei 11 mg (P10–P90 8–16 mg) pro Tag. Jungen im Alter von 4 bis unter 5 Jahren nahmen im Median 14 mg (P10–P90 11–19 mg) und gleichaltrige Mädchen 14 mg (P10–P90 9–17 mg) pro Tag auf [32, 33].

### Kinder

Laut der im Jahr 2006 in Deutschland durchgeführten EsKiMo-Studie (Ernährungsmodul des Kinder- und Jugendgesundheitssurveys, KiGGS-Studie) betrug die mediane Zufuhr auf der Basis von Verzehrprotokollen bei 6- bis 11-jährigen Jungen 22 mg (P5–P95 14–38 mg) und bei gleichaltrigen Mädchen 20 mg (P5–P95 12–30 mg) Niacin-Äquivalente pro Tag [34].

In Österreich lag der Mittelwert der Zufuhr von Niacin-Äquivalenten bei Jungen im Alter von 7 bis unter 10 Jahren bei 23 mg, im Alter von 10 bis unter 13 Jahren bei 25 mg und im Alter von 13 bis unter 15 Jahren bei 26 mg pro Tag. Bei Mädchen lag der Mittelwert der Zufuhr in den gleichen Altersgruppen bei 22 mg, 21 mg und 24 mg pro Tag [35].

### Erwachsene

Nach Auswertung der Daten der Nationalen Verzehrsstudie II (NVS II, 2005–2006)[3] lag die mediane Zufuhr von Niacin-Äquivalenten in Deutschland bei Männern und Frauen im Alter von 15 bis 80 Jahren bei 34 mg/Tag

[2] Hierbei ist zu beachten, dass zur Bestimmung der Niacinzufuhr in den zugrunde liegenden Erhebungen unterschiedliche Lebensmitteltabellen herangezogen wurden.

[3] Auswertung der Verzehrdaten der beiden 24-Stunden-Recalls auf Basis der aktualisierten Version des Bundeslebensmittelschlüssels (BLS-Version 3.02). Daher unterscheiden sich diese von früher publizierten NVS II-Daten zur Niacinzufuhr, die mit dem Ernährungserhebungsinstrument DISHES (*Diet Interview Software for Health Examination Studies*) erfasst und mit einer früheren BLS-Version (BLS II.4) berechnet wurden.

(P5–P95 22–52 mg) bzw. 25 mg/Tag (P5–P95 16–36 mg). Die niedrigste mediane Zufuhr weisen mit 29 mg/Tag die männlichen und mit 20 mg/Tag die weiblichen 15- bis unter 19-Jährigen auf [36].

In Österreich lag der Mittelwert der Zufuhr von Niacin-Äquivalenten bei Männern im Alter von 18 bis unter 25 Jahren bei 37 mg, im Alter von 25 bis unter 51 Jahren bei 35 mg, im Alter von 51 bis unter 65 Jahren bei 35 mg und im Alter von 65 bis 80 Jahren bei 28 mg pro Tag. Bei Frauen in den gleichen Altersgruppen lag er bei 27 mg, 27 mg, 24 mg und 25 mg pro Tag [35].

## 9. Niacin in Lebensmitteln

Einen besonders hohen Gehalt an Niacin-Äquivalenten weisen Sardellen, Mungobohnen, Erdnüsse und Innereien auf (≥ 20 mg/100 g). Auch Fisch (z. B. Thunfisch, Lachs, Makrele) und Fleisch (mageres Rind-, Kalb- und Schweinefleisch, Geflügel) haben einen hohen Gehalt (ca. ≥ 10 mg Niacin-Äquivalente/100 g). Einen hohen Gehalt an Niacin-Äquivalenten bei gleichzeitig niedrigem Tryptophangehalt haben z. B. Pilze (Austernpilz pro 100 g: 11 mg Niacin-Äquivalente, 30 mg Tryptophan; Pfifferling pro 100 g: 8,1 mg Niacin-Äquivalente, 95 mg Tryptophan) [37].

Hauptlieferanten von Niacin sind bei Männern und Frauen Fleisch, Kaffee und Brot; bei Männern tragen aufgrund der aktuellen Verzehrgewohnheiten außerdem Fleischerzeugnisse und Wurstwaren wesentlich zur Niacinzufuhr bei [36].

Niacin ist in Lebensmitteln relativ stabil gegenüber Erhitzen, Kochen und längerer Lagerung. Die Zubereitungsverluste betragen durchschnittlich 10 % bis 35 % [38]. Aufgrund der sehr guten Wasserlöslichkeit können nennenswerte Verluste auftreten, wenn das Kochwasser verworfen wird [26]. Bei pflanzlichen Lebensmitteln ist die eingeschränkte Bioverfügbarkeit zu berücksichtigen.

## 10. Ableitung der Referenzwerte für die Niacinzufuhr

### Säuglinge

Die Ableitung der Referenzwerte für die Niacinzufuhr bei Säuglingen orientiert sich am Niacingehalt der Frauenmilch, die als optimal für die Ernährung von Säuglingen anzusehen ist [39, 40]. Bei den Referenzwerten für Säuglinge handelt es sich somit um Schätzwerte.

Ein voll gestillter Säugling trinkt täglich durchschnittlich 750 ml Frauenmilch [41]. Ausgehend von einem mittleren Niacingehalt (vorgebildetes Niacin) von etwa 0,2 mg pro 100 ml Frauenmilch [42–44] erhält ein voll gestillter Säugling etwa 1,5 mg Niacin/Tag. Durch den mittleren Gehalt an Tryptophan von 22 mg/100 ml könnte davon ausgegangen werden, dass Frauenmilch weitere 2,8 mg Niacin-Äquivalente liefert; aufgrund der hohen Proteinumsatzrate und der Stickstoffretention im Säuglingsalter würde mit den Niacin-Äquivalenten der Beitrag von Tryptophan jedoch wahrscheinlich überschätzt [30], sodass die Tryptophanzufuhr hier nicht berücksichtigt wird. Der Schätzwert für eine angemessene Niacinzufuhr für gestillte Säuglinge im Alter von **0 bis unter 4 Monaten** wird gerundet mit 2 mg vorgebildetem Niacin/Tag angegeben (siehe Tab. A1).

Da für Säuglinge von 4 bis unter 12 Monaten keine experimentell ermittelten Daten zum durchschnittlichen Niacinbedarf vorliegen, wird der für Erwachsene abgeleitete durchschnittliche Bedarf von 5,5 mg/1 000 kcal (1,3 mg/MJ) herangezogen (siehe „Erwachsene bis unter 65 Jahren"). Ausgehend von dem durchschnittlichen Bedarf des Erwachsenen wird zur Ableitung der empfohlenen Zufuhr ein Variationskoeffizient von 10 % (Zuschlag von 20 %) angenommen und nach Berücksichtigung der Richtwerte für die Energiezufuhr eine empfohlene Zufuhr von Niacin-Äquivalenten für Säuglinge im Alter von **4 bis unter 12 Monaten** von 5 mg/Tag abgeleitet (siehe Tab. A2).

### Kinder und Jugendliche

Für Kinder und Jugendliche liegen keine experimentell ermittelten Daten zum Niacinbedarf vor. Die Referenzwerte für Kinder und Jugendliche werden auf Basis des bei Erwachsenen abgeleiteten durchschnittlichen Bedarfs (siehe „Erwachsene bis unter 65 Jahren") und unter Berücksichtigung der altersbezogenen Richtwerte für die Energiezufuhr ermittelt.

Ausgehend vom durchschnittlichen Bedarf des Erwachsenen wird zur Ableitung der empfohlenen Zufuhr ein Variationskoeffizient von 10 % (Zuschlag von 20 %) angenommen und nach Berücksichtigung der Richtwerte für die Energiezufuhr eine empfohlene Zufuhr von Niacin-Äquivalenten für Jungen und Mädchen im Alter von **1 bis unter 4 Jahren** von 8 mg und im Alter von **4 bis unter 7 Jahren** von 9 mg pro Tag abgeleitet. Für Kinder im Alter von **7 bis unter 10 Jahren** beträgt die empfohlene tägliche Zufuhr von Niacin-Äquivalenten 11 mg für Jungen und 10 mg für Mädchen, im Alter von **10 bis unter**

**13 Jahren** 13 mg für Jungen und 11 mg für Mädchen, im Alter von **13 bis unter 15 Jahren** 15 mg für Jungen und 13 mg für Mädchen und für Jugendliche im Alter von **15 bis unter 19 Jahren** 17 mg für Jungen und 13 mg für Mädchen (siehe Tab. A3).

### Erwachsene bis unter 65 Jahren

Der Niacinbedarf hängt von der Energiezufuhr ab. Mit einer Niacin-Äquivalente-Zufuhr von unter 4,4 mg/1 000 kcal (1 mg/MJ) verringern sich die Körperspeicher, gemessen an einer verringerten Ausscheidung der Niacinmetabolite N-Methylnicotinamid und N-Methyl-2-Pyridon-5-Carboxamid über den Urin [23, 45, 46]. Längerfristig treten Symptome der Mangelkrankheit Pellagra auf, die bei Zufuhrmengen ab etwa 4 mg/1 000 kcal bis 5,4 mg/1 000 kcal (1 mg/MJ bis 1,3 mg/MJ) nicht beobachtet wurden [2, 45–47, 52]. Als durchschnittlicher Bedarf zur Vermeidung von Pellagrasymptomen und zur Aufrechterhaltung der Körperspeicher wird, in Übereinstimmung mit internationalen Fachgesellschaften [26, 48–50] eine Zufuhr von Niacin-Äquivalenten von 5,5 mg/1 000 kcal (1,3 mg/MJ) festgelegt. Unter Berücksichtigung der Variation des Bedarfs in der Bevölkerung durch einen Variationskoeffizienten von 10 % (Zuschlag von 20 %) ergibt sich eine empfohlene Zufuhr von Niacin-Äquivalenten von 6,6 mg/1 000 kcal (1,6 mg/MJ). Durch den Bezug zum Richtwert für die Energiezufuhr ergibt sich eine empfohlene Zufuhr von Niacin-Äquivalenten bei Männern bzw. Frauen im Alter von **19 bis unter 25 Jahren** von 16 mg bzw. 13 mg, im Alter von **25 bis unter 51 Jahren** von 15 mg bzw. 12 mg, im Alter von **51 bis unter 65 Jahren** von 15 mg bzw. 11 mg pro Tag (siehe Tab. A4).

### Erwachsene ab 65 Jahren

Bei Erwachsenen im Alter **ab 65 Jahren** ergibt sich ausgehend von dem für Erwachsene bis unter 65 Jahren ermittelten durchschnittlichen Bedarf an Niacin-Äquivalenten von 5,5 mg/1 000 kcal (1,3 mg/MJ) unter Annahme eines Variationskoeffizienten von 10 % (Zuschlag von 20 %) und mit Bezug zum Richtwert für die Energiezufuhr eine empfohlene Zufuhr für Männer von 14 mg und für Frauen von 11 mg pro Tag (siehe Tab. A4).

### Schwangere

Es gibt keine Hinweise, dass die Beziehung zwischen Niacin- und Energiebedarf in der Schwangerschaft von der bei nicht schwangeren Frauen abweicht. Deshalb wird aufgrund des in der Schwangerschaft erhöhten Richtwerts für die Energiezufuhr (+ 250 kcal/Tag im 2. Trimester bzw. + 500 kcal/Tag im 3. Trimester) ausgehend vom durchschnittlichen Bedarf Erwachsener eine entsprechend höhere empfohlene Zufuhr an Niacin-Äquivalenten von 14 mg/Tag im 2. Trimester und 16 mg/Tag im 3. Trimester abgeleitet (siehe Tab. A5).

### Stillende

Es gibt keine Hinweise, dass die Beziehung zwischen Niacin- und Energiebedarf in der Stillzeit von der bei nicht stillenden Frauen abweicht. Deshalb wird aufgrund des in der Stillzeit erhöhten Energiebedarfs (Richtwert + 500 kcal/Tag) ausgehend vom durchschnittlichen Bedarf Erwachsener eine entsprechend höhere empfohlene Zufuhr von Niacin-Äquivalenten von 16 mg pro Tag abgeleitet (siehe Tab. A6).

## 11. Sicherstellung einer angemessenen Niacinversorgung

Durch den Verzehr von natürlicherweise niacin- und tryptophanreichen Lebensmitteln (siehe 9.) im Rahmen einer ausgewogenen Ernährung kann eine angemessene Versorgung sichergestellt werden.

## 12. Präventive Aspekte

Im Folgenden wird anhand vorliegender Meta-Analysen bzw. systematischer Reviews ein kurzer Überblick über die aktuelle Studienlage zu Niacin im Zusammenhang mit gesundheitsrelevanten Aspekten gegeben, ohne dass eine Evidenzbewertung erfolgt.

Ein systematischer Review der von 1990 bis Februar 2012 veröffentlichten Literatur analysierte 13 Studien zur Beziehung zwischen Niacinzufuhr und zahlreichen Endpunkten wie Mortalität, Krebs, Katarakt, Unfruchtbarkeit und kognitivem Leistungsverlust. Signifikante, inverse Assoziationen wurden nur für Alzheimer-Krankheit, kognitiven Leistungsverlust und Kernkatarakt sowie für Mikroalbuminurie und Genom-Schädigung gefunden. Allerdings wurden ähnliche Assoziationen auch für andere Nährstoffe beschrieben und es ist zu bedenken, dass die Zufuhr von Niacin stark mit der von anderen B-Vitaminen korreliert, dass Vitamine interagieren und dass der Stoffwechsel von genetischen Polymorphismen abhängig sein kann, sodass es nicht möglich ist, aus den vorliegenden Beobachtungsstudien Schlussfolgerungen zu einzelnen Vitaminen zu ziehen [51].

## Literatur


[1] Kirkland JB: Niacin. In: Ross AC, Caballero B, Cousins RJ et al. (Hrsg.): Modern nutrition in health and disease. Lippincott Williams & Wilkins, Philadelphia, 11. Auflage (2014) 331–340

[2] Horwitt MK, Harvey CC, Rothwell WS et al.: Tryptophan-niacin relationships in man: Studies with diets deficient in riboflavin and niacin, together with observations on the excretion of nitrogen and niacin metabolites. J Nutr 60, Suppl 1 (1956) 1–43

[3] Horwitt MK, Harper AE, Henderson LM: Niacin-tryptophan relationships for evaluating niacin equivalents. Am J Clin Nutr 34 (1981) 423–427

[4] Fukuwatari T, Shibata K: Effect of nicotinamide administration on the tryptophan-nicotinamide pathway in humans. Int J Vitam Nutr Res 77 (2007) 255–262

[5] Bieganowski P, Brenner C: Discoveries of nicotinamide riboside as a nutrient and conserved NRK genes establish a Preiss-Handler independent route to NAD+ in fungi and humans. Cell 117 (2004) 495–502

[6] Bogan KL, Brenner C: Nicotinic acid, nicotinamide, and nicotinamide riboside: a molecular evaluation of NAD+ precursor vitamins in human nutrition. Annu Rev Nutr 28 (2008) 115–130

[7] Said HM: Intestinal absorption of water-soluble vitamins in health and disease. Biochem J 437 (2011) 357–372

[8] Carter EG, Carpenter KJ: The bioavailability for humans of bound niacin from wheat bran. Am J Clin Nutr 36 (1982) 855–861

[9] Wall JS, Young MR, Carpenter KJ: Transformation of niacin-containing compounds in corn during grain development: relationship to niacin nutritional availability. J Agric Food Chem 35 (1987) 752–758

[10] Wei IL: Bioavailability of niacin from tuna fish, peanut butter and whole wheat bread. Master's Thesis, Oregon State University, USA (1982)

[11] Carpenter KJ, Lewin WJ: A reexamination of the composition of diets associated with pellagra. J Nutr 115 (1985) 543–552

[12] Kirkland JB: Niacin status, NAD distribution and ADP-ribose metabolism. Curr Pharm Des 15 (2009) 3–11

[13] Mrochek JE, Jolley RL, Young DS et al.: Metabolic response of humans to ingestion of nicotinic acid and nicotinamide. Clin Chem 22 (1976) 1821–1827

[14] Hegyi J, Schwartz RA, Hegyi V: Pellagra: dermatitis, dementia, and diarrhea. Int J Dermatol 43 (2004) 1–5

[15] Rehner G, Daniel H: Biochemie der Ernährung. Spektrum Akademischer Verlag, Heidelberg, 3. Auflage (2010)

[16] Fukuwatari T, Shibata K: Nutritional aspect of tryptophan metabolism. Int J Tryptophan Res 6 (2013) 3–8

[17] Patterson JI, Brown RR, Linkswiler H et al.: Excretion of tryptophan-niacin metabolites by young men: effects of tryptophan, leucine, and vitamin $B_6$ intakes. Am J Clin Nutr 33 (1980) 2157–2167

[18] Penberthy WT, Kirkland JB: Niacin. In: Erdman JW, MacDonald IA, Zeisel SH (Hrsg.): Present knowledge in nutrition. Wiley-Blackwell, Oxford, 10. Auflage (2012) 293–306

[19] Belenky P, Bogan KL, Brenner C: $NAD^+$ metabolism in health and disease. Trends Biochem Sci 32 (2007) 12–19

[20] Kamanna VS, Kashyap ML: Mechanism of action of niacin. Am J Cardiol 101 (2008) 20B–26B

[21] Kamanna VS, Ganji SH, Kashyap ML: Recent advances in niacin and lipid metabolism. Curr Opin Lipidol 24 (2013) 239–245

[22] Pang J, Chan DC, Watts GF: Critical review of non-statin treatments for dyslipoproteinemia. Expert Rev Cardiovasc Ther 12 (2014) 359–371

[23] Jacob RA, Swendseid ME, McKee RW et al.: Biochemical markers for assessment of niacin status in young men: urinary and blood levels of niacin metabolites. J Nutr 119 (1989) 591–598

[24] Shibata K, Matsuo H: Correlation between niacin equivalent intake and urinary excretion of its metabolites, N'-methylnicotinamide, N'-methyl-2-pyridone-5-carboxamide, and N'-methyl-4-pyridone-3-carboxamide, in humans consuming a self-selected food. Am J Clin Nutr 50 (1989) 114–119

[25] Tsuji T, Fukuwatari T, Sasaki S et al.: Twenty-four-hour urinary water-soluble vitamin levels correlate with their intakes in free-living Japanese schoolchildren. Public Health Nutr 14 (2011) 327–333

[26] EFSA (European Food Safety Authority): Scientific opinion on dietary reference values for niacin. EFSA Journal 12 (2014) 3759

[27] Creeke PI, Dibari F, Cheung E et al.: Whole blood NAD and NADP concentrations are not depressed in subjects with clinical pellagra. J Nutr 137 (2007) 2013–2017

[28] Wan P, Moat S, Anstey A: Pellagra: a review with emphasis on photosensitivity. Br J Dermatol 164 (2011) 1188–1200

[29] MacKay D, Hathcock J, Guarneri E: Niacin: chemical forms, bioavailability, and health effects. Nutr Rev 70 (2012) 357–366

[30] IOM (Institute of Medicine) (Hrsg.): Dietary reference intakes for thiamin, riboflavin, niacin, vitamin $B_6$, folate, vitamin $B_{12}$, pantothenic acid, biotin, and choline. National Academies Press, Washington, DC (1998)

[31] EFSA (European Food Safety Authority): Tolerable upper intake levels for vitamins and minerals. (2006) www.efsa.europa.eu/de/ndatopics/docs/ndatolerableuil.pdf (eingesehen am 30.10.2014)

[32] Heseker H: Tägliche Energie- und Nährstoffzufuhr bei Säuglingen in VELS. Persönliche Mitteilung vom 28.01.2013, Paderborn (2013)

[33] Heseker H, Mensink GB: Lebensmittelverzehr und Nährstoffzufuhr im Kindes- und Jugendalter. Ergebnisse aus den beiden bundesweit durchgeführten Ernährungsstudien VELS und EsKiMo. In: Deutsche Gesellschaft für Ernährung (Hrsg.): Ernährungsbericht 2008. Bonn (2008) 49–93

[34] Mensink GB, Richter A, Stahl A: Bestandsaufnahme: Nährstoffversorgung und Lebensmittelverzehr von Kindern und Jugendlichen in Deutschland. In: Kersting M (Hrsg.): Kinderernährung aktuell. Schwerpunkte für Gesundheitsförderung und Prävention. Umschau Verlag, Sulzbach/Ts (2009) 40–46

[35] Elmadfa I (Hrsg.): Österreichischer Ernährungsbericht 2012. Wien (2012)

[36] Krems C, Walter C, Heuer T et al.: Lebensmittelverzehr und Nährstoffzufuhr - Ergebnisse der Nationalen Verzehrsstudie II. In: Deutsche Gesellschaft für Ernährung (Hrsg.): 12. Ernährungsbericht 2012. Bonn (2012) 40–85

[37] Deutsche Gesellschaft für Ernährung (Hrsg.): DGExpert, Version 1.5.4 (BLS 3.02). Bonn (2014)

[38] Bognár A: Vitaminverluste bei der Lagerung und Zubereitung von Lebensmitteln. Ernährung/Nutrition 19 (1995) 551–554

[39] Butte NF, Lopez-Alarcon MG, Garza C: Nutrient adequacy of exclusive breastfeeding for the term infant during the first six months of life. (2002) www.who.int/nutrition/publications/infantfeeding/nut_adequacy_of_exc_bfeeding_eng.pdf (eingesehen am 25.06.2013)

[40] Bührer C, Genzel-Boroviczény O, Jochum F et al.: Ernährung gesunder Säuglinge. Monatsschr Kinderheilkd 162 (2014) 527–538

[41] Neville MC, Keller R, Seacat J et al.: Studies in human lactation: milk volumes in lactating women during the onset of lactation and full lactation. Am J Clin Nutr 48 (1988) 1375–1386

[42] Ford JE, Zechalko A, Murphy J et al.: Comparison of the B vitamin composition of milk from mothers of preterm and term babies. Arch Dis Child 58 (1983) 367–372

[43] Souci SW, Fachmann W, Kraut H (Hrsg.): Die Zusammensetzung der Lebensmittel. Nährwert-Tabellen. medpharm, Stuttgart, 7., revidierte und ergänzte Auflage (2008)

[44] Department of Health and Social Security: The composition of mature human milk. Report of a working party of the Committee on Medical Aspects of Food Policy. Rep Health Soc Subj (Lond) 12 (1977) 1–47
[45] Goldsmith GA, Sarett HP, Register UD et al.: Studies of niacin requirement in man. I. Experimental pellagra in subjects on corn diets low in niacin and tryptophan. J Clin Invest 31 (1952) 533–542
[46] Goldsmith GA, Rosenthal HL, Gibbens J et al.: Studies of niacin requirement in man. II. Requirement on wheat and corn diets low in tryptophan. J Nutr 56 (1955) 371–386
[47] Frazier EI, Friedemann TE: Pellagra, a study in human nutrition; the multiple-factor principle of the determination of minimum vitamin requirements. Q Bull Northwest Univ Med Sch 20 (1946) 24–48
[48] DH (Department of Health) (Hrsg.): Dietary reference values for food energy and nutrients for the United Kingdom. Her Majesty's Stationery Office, 19. Auflage (2009)
[49] WHO (World Health Organisation), FAO (Food and Agriculture Organisation) (Hrsg.): Vitamin and mineral requirements in human nutrition, 2. Auflage (2004)
[50] Nordic Council of Ministers: Nordic nutrition recommendations 2012. Kopenhagen, 5. Auflage (2014)
[51] Pallas health research and consultancy: Literature search and review related to specific preparatory work in the establishment of dietary reference values for niacin, biotin and vitamin $B_6$. Supporting Publications (2012) EN-365
[52] Goldsmith GA: Experimental niacin deficiency. J Am Diet Assoc 32 (1956) 312-316

## Anhang

### Tabelle A1: Berechnung des Schätzwerts für die Niacinzufuhr für gestillte Säuglinge von 0 bis unter 4 Monaten

| Alter [Monate] | Niacingehalt von Frauenmilch [mg/100 ml] | Trinkmenge [ml/Tag] | Niacinzufuhr bei einer Trinkmenge von 750 ml/Tag [mg/Tag] | **Schätzwert** für die Niacinzufuhr (gerundet) [mg/Tag] |
|---|---|---|---|---|
| 0 bis unter 4 | 0,2[a] | 750[b] | 1,5 | **2** |

[a] [42–44]
[b] [41]

### Tabelle A2: Berechnung des Schätzwerts für die Niacinzufuhr für Säuglinge von 4 bis unter 12 Monaten

| Alter [Monate] | | durchschnittlicher Bedarf an Niacin-Äquivalenten bei Erwachsenen [mg/1 000 kcal] | Variationskoeffizient 10 % (Zuschlag 20 %) [mg/1 000 kcal] | Richtwert für die Energiezufuhr[a] [kcal/Tag] | Zufuhr von Niacin-Äquivalenten bezogen auf die Energiezufuhr [mg/Tag] | **empfohlene Zufuhr** von Niacin-Äquivalenten (gerundet) [mg/Tag] |
|---|---|---|---|---|---|---|
| 4 bis unter 12 | m | 5,5 | 6,6 | 700 | 4,6 | **5** |
| | w | 5,5 | 6,6 | 600 | 4,0 | |

[a] alters- und geschlechtsspezifische Richtwerte für die Energiezufuhr (siehe Kapitel „Energie")

**Tabelle A3: Berechnung der empfohlenen Zufuhr von Niacin-Äquivalenten für Kinder und Jugendliche**

| Alter [Jahre] | | durchschnittlicher Bedarf an Niacin-Äquivalenten bei Erwachsenen [mg/1 000 kcal] | Variationskoeffizient 10 % (Zuschlag 20 %) [mg/1 000 kcal] | Richtwert für die Energiezufuhr[a] [kcal/Tag] | Zufuhr von Niacin-Äquivalenten bezogen auf die Energiezufuhr [mg/Tag] | **empfohlene Zufuhr** von Niacin-Äquivalenten (gerundet) [mg/Tag] |
|---|---|---|---|---|---|---|
| 1 bis unter 4 | m | 5,5 | 6,6 | 1 200 | 7,9 | **8** |
| | w | 5,5 | 6,6 | 1 100 | 7,3 | |
| 4 bis unter 7 | m | 5,5 | 6,6 | 1 400 | 9,2 | **9** |
| | w | 5,5 | 6,6 | 1 300 | 8,6 | |
| 7 bis unter 10 | m | 5,5 | 6,6 | 1 700 | 11,2 | **11** |
| | w | 5,5 | 6,6 | 1 500 | 9,9 | **10** |
| 10 bis unter 13 | m | 5,5 | 6,6 | 1 900 | 12,5 | **13** |
| | w | 5,5 | 6,6 | 1 700 | 11,2 | **11** |
| 13 bis unter 15 | m | 5,5 | 6,6 | 2 300 | 15,2 | **15** |
| | w | 5,5 | 6,6 | 1 900 | 12,5 | **13** |
| 15 bis unter 19 | m | 5,5 | 6,6 | 2 600 | 17,2 | **17** |
| | w | 5,5 | 6,6 | 2 000 | 13,2 | **13** |

[a] alters- und geschlechtsspezifische Richtwerte für die Energiezufuhr (siehe Kapitel „Energie"; PAL-Wert 1,4)

## Tabelle A4: Berechnung der empfohlenen Zufuhr von Niacin-Äquivalenten für Erwachsene

| Alter [Jahre] | | durchschnittlicher Bedarf an Niacin-Äquivalenten [mg/1 000 kcal] | Variationskoeffizient 10 % (Zuschlag 20 %) [mg/1 000 kcal] | Richtwert für die Energiezufuhr[a] [kcal/Tag] | Zufuhr von Niacin-Äquivalenten bezogen auf die Energiezufuhr [mg/Tag] | **empfohlene Zufuhr** von Niacin-Äquivalenten (gerundet) [mg/Tag] |
|---|---|---|---|---|---|---|
| 19 bis unter 25 | m | 5,5 | 6,6 | 2 400 | 15,8 | **16** |
| | w | 5,5 | 6,6 | 1 900 | 12,5 | **13** |
| 25 bis unter 51 | m | 5,5 | 6,6 | 2 300 | 15,2 | **15** |
| | w | 5,5 | 6,6 | 1 800 | 11,9 | **12** |
| 51 bis unter 65 | m | 5,5 | 6,6 | 2 200 | 14,5 | **15** |
| | w | 5,5 | 6,6 | 1 700 | 11,2 | **11** |
| 65 und älter | m | 5,5 | 6,6 | 2 100 | 13,9 | **14** |
| | w | 5,5 | 6,6 | 1 700 | 11,2 | **11** |

[a] alters- und geschlechtsspezifische Richtwerte für die Energiezufuhr (siehe Kapitel „Energie"; PAL-Wert 1,4)

## Tabelle A5: Berechnung der empfohlenen Zufuhr von Niacin-Äquivalenten für Schwangere

| | Trimester | durchschnittlicher Bedarf an Niacin-Äquivalenten [mg/1 000 kcal] | Variationskoeffizient 10 % (Zuschlag 20 %) [mg/1 000 kcal] | Richtwert für die Energiezufuhr[a] [kcal/Tag] | Zufuhr von Niacin-Äquivalenten bezogen auf die Energiezufuhr [mg/Tag] | **empfohlene Zufuhr** von Niacin-Äquivalenten (gerundet) [mg/Tag] |
|---|---|---|---|---|---|---|
| Schwangere | 2. | 5,5 | 6,6 | 2 150 | 14,2 | **14** |
| | 3. | 5,5 | 6,6 | 2 400 | 15,8 | **16** |

[a] Richtwert für Frauen von 19 bis unter 25 Jahren (PAL-Wert 1,4) und Zulage von 250 kcal/Tag während des 2. Trimesters und von 500 kcal/Tag während des 3. Trimesters der Schwangerschaft (siehe Kapitel „Energie")

## Tabelle A6: Berechnung der empfohlenen Zufuhr von Niacin-Äquivalenten für Stillende

| | durchschnittlicher Bedarf an Niacin-Äquivalenten [mg/1 000 kcal] | Variationskoeffizient 10 % (Zuschlag 20 %) [mg/1 000 kcal] | Richtwert für die Energiezufuhr[a] [kcal/Tag] | Zufuhr von Niacin-Äquivalenten-bezogen auf die Energiezufuhr [mg/Tag] | **empfohlene Zufuhr** von Niacin-Äquivalenten (gerundet) [mg/Tag] |
|---|---|---|---|---|---|
| Stillende | 5,5 | 6,6 | 2 400 | 15,8 | **16** |

[a] Richtwert für Frauen von 19 bis unter 25 Jahren (PAL-Wert 1,4) und Zulage von 500 kcal/Tag für ausschließliches Stillen während der ersten 4 bis 6 Monate (siehe Kapitel „Energie")

# Vitamin $B_6$

## 1. Empfohlene Zufuhr

| Alter | Vitamin B6 | |
|---|---|---|
| | mg/Tag | |
| | m | w |
| **Säuglinge**[a] | | |
| 0 bis unter 4 Monate | 0,1 | |
| 4 bis unter 12 Monate | 0,3 | |
| **Kinder und Jugendliche** | | |
| 1 bis unter 4 Jahre | 0,6 | |
| 4 bis unter 7 Jahre | 0,7 | |
| 7 bis unter 10 Jahre | 1,0 | |
| 10 bis unter 13 Jahre | 1,2 | |
| 13 bis unter 15 Jahre | 1,5 | 1,4 |
| 15 bis unter 19 Jahre | 1,6 | 1,4 |
| **Erwachsene** | | |
| 19 bis unter 25 Jahre | 1,6 | 1,4 |
| 25 bis unter 51 Jahre | 1,6 | 1,4 |
| 51 bis unter 65 Jahre | 1,6 | 1,4 |
| 65 Jahre und älter | 1,6 | 1,4 |
| **Schwangere** | | |
| 1. Trimester | | 1,5 |
| 2. und 3. Trimester | | 1,8 |
| **Stillende** | | 1,6 |

[a] Hierbei handelt es sich um Schätzwerte.

## 2. Einleitung

Vitamin $B_6$ umfasst eine Gruppe von 2-Methyl,3-Hydroxy, 5-Hydroxymethylpyridinen mit einer inhärenten Pyridoxin-Aktivität. Dazu gehören Pyridoxin (PN), Pyridoxamin (PM), Pyridoxal (PL) sowie deren Phosphorsäureester Pyridoxin-5'-Phosphat (PNP), Pyridoxamin-5'-Phosphat (PMP) und Pyridoxal-5'-Phosphat (PLP) [1, 2]. Das licht- und hitzeempfindliche Vitamin $B_6$ zählt zu den wasserlöslichen Vitaminen [1, 3].

## 3. Physiologie

### Absorption

Die Absorptionsrate des Vitamin $B_6$ hängt von dem verzehrten Lebensmittel ab. Vitamin $B_6$ aus tierischen Lebensmitteln besitzt eine höhere Bioverfügbarkeit als Vitamin $B_6$ aus pflanzlichen Lebensmitteln [4]. Ursächlich hierfür ist das in pflanzlichen Lebensmitteln vorkommende Pyridoxin-5'-β-D-Glucosid (PNG), das eine geringere Bioverfügbarkeit als PN besitzt [4–6]. Die Bioverfügbarkeit von freiem PN wird auf ≥ 95 % geschätzt [7, 8]. Im Vergleich dazu zeigt PNG eine durchschnittliche Bioverfügbarkeit von 50 % bis 58 % [5, 6]. Der Anteil von PNG am Vitamin-$B_6$-Gehalt kann je nach Lebensmittel zwischen 0 % und 82 % betragen [4].

Im Rahmen einer Mischkost mit einem Vitamin-$B_6$-Gehalt von 2,3 mg pro Tag, beträgt die durchschnittliche Absorptionsrate von Vitamin $B_6$ 75 %, basierend auf Messungen der PLP-Konzentration im Plasma und der Vitamin-$B_6$-Ausscheidung im 24-Stunden-Urin bei Männern [7].

Die Absorption von alimentärem Vitamin $B_6$ erfolgt überwiegend durch passive Diffusion im Jejunum [1]. Darüber hinaus besteht ein Carrier-vermittelter Transport mit Sättigungskinetik [9]. Absorbiert werden die nicht phosphorylierten Derivate. Die Phosphorsäureester müssen zuvor an der Bürstensaummembran durch die alkalische Phosphatase hydrolysiert werden [1]. *In vitro* konnte ferner eine hydrolytische Spaltung von PNG durch Enzyme der Bürstensaummembran sowie die intestinale Aufnahme von intaktem PNG nachgewiesen werden [10].

Neben der alimentären Vitamin-$B_6$-Zufuhr könnte die Vitamin-$B_6$-Produktion der intestinalen Mikrobiota zur Bedarfsdeckung beitragen. *In-vitro*-Studien legen nahe, dass die Absorption des mikrobiellen Vitamin $B_6$ in Kolonozyten durch Carrier erfolgt und einer Sättigungskinetik unterliegt [11]. Der Beitrag der mikrobiellen Vitamin-$B_6$-Synthese zur Vitamin-$B_6$-Versorgung ist allerdings unklar.

### Stoffwechsel

In Enterozyten werden die Derivate zunächst durch die Pyridoxalkinase phosphoryliert. Um die basolaterale Membran zu passieren und in das Portalblut überzugehen, müssen die Derivate durch die alkalische Phosphatase wieder dephosphoryliert werden. Der Vitamin-$B_6$-Metabolismus erfolgt primär in der Leber. Dies umfasst (De-) Phosphorylierungsreaktionen durch die Pyridoxalkinase bzw. gewebeunspezifische Phosphatase und Konversionen der Vitamin-$B_6$-Derivate durch die Pyridoxamin-5'-Phosphatoxidase [1]. Allerdings lassen *In-vitro*-Studien vermuten, dass auch andere Organe, wie z. B. der Darm, über diese Enzymausstattung verfügen [12].

Der durchschnittliche Vitamin-$B_6$-Bestand im menschlichen Organismus wird auf rund 1 000 µmol (167 mg) geschätzt, wobei bis zu 80 % des Vitamin $B_6$ in der Muskulatur lokalisiert ist [13, 14]. Im Muskel liegt Vitamin $B_6$ vorrangig als PLP im Verbund mit der Glycogenphosphorylase vor [13, 15]. Die Vitamin-$B_6$-Speicher der Muskulatur bleiben auch bei einer 6-wöchigen Vitamin-$B_6$-armen Ernährung relativ stabil [16]. Im Plasma zirkuliert Vitamin $B_6$ primär in Form von PLP [17] gebunden an Albumin [3]. In Erythrozyten bindet PLP an Hämoglobin. Freies PLP kann durch die alkalische Phosphatase zu PL dephosphoryliert werden. Letzteres ist in der Lage, biologische Membranen zu passieren [2].

Zwischen der Vitamin-$B_6$-Zufuhr und der PLP-Plasmakonzentration besteht ein S-förmiger Zusammenhang [7]. Die PLP-Konzentration im Plasma erreicht ca. zehn Tage nach PN-Supplementation [18] bzw. ca. 14 Tage nach Veränderung der alimentären Vitamin-$B_6$-Zufuhr [7] ein neues Gleichgewicht. Die Halbwertszeit von Vitamin $B_6$ beträgt zwei bis sechs Wochen, wobei täglich ca. 2 % bis 3 % des Vitamin-$B_6$-Pools eliminiert werden [19].

### Ausscheidung

Das Hauptabbauprodukt von Vitamin $B_6$ ist die 4-Pyridoxinsäure (4-PA) [18]. Diese entsteht bei der Oxidation von Vitamin-$B_6$-Derivaten in der Leber und wird über den Urin ausgeschieden [2]. Der Anteil der 4-PA an der gesamten Vitamin-$B_6$-Ausscheidung beträgt bis zu 85 % [18].

## 4. Funktionen

Vitamin $B_6$ fungiert in Form von PLP und PMP als Cofaktor von Enzymen des Aminosäurestoffwechsels (Aminotransferasen, Decarboxylasen, Dehydratasen und Racematasen) [2, 20]. Darüber hinaus spielt Vitamin $B_6$ eine Rolle im Metabolismus von Kohlenhydraten [1] sowie bei der Synthese von Sphingolipiden [21], 5-Aminolävulinsäure (einer Vorstufe des Hämoglobins) [22] und Neurotransmittern, wie Serotonin, Dopamin und γ-Aminobuttersäure [15]. Vitamin $B_6$ reguliert gemeinsam mit Riboflavin, Folat und Vitamin $B_{12}$ den Homocysteinstoffwechsel (siehe Kapitel „Riboflavin (Vitamin $B_2$)", „Folat" und „Vitamin $B_{12}$ (Cobalamin)"). Dabei wird PLP für die Bildung von 5,10-Methylentetrahydrofolat aus Tetrahydrofolat und folglich für die Remethylierung von Homocystein zu Methionin benötigt. Als Cofaktor der Cystathionin-β-Synthase und der Cystathionin-γ-Lyase ist PLP an der Transsulfurierung von Homocystein zu Cystein beteiligt [23]. Ferner ist Vitamin $B_6$ zur (enzymatischen) Bildung von Niacin aus Tryptophan erforderlich [24].

## 5. Kriterien zur Beurteilung der Versorgung

Der Vitamin-$B_6$-Status kann direkt über **Biomarker** ermittelt werden, z. B. Plasma- oder Erythrozyten-Konzentrationen von PL, PMP oder PLP bzw. Urinkonzentrationen an Gesamt-Vitamin-$B_6$ oder 4-PA. Indirekt kann der Vitamin-$B_6$-Status über funktionale Parameter wie dem Aktivierungskoeffizienten der erythrozytären Aspartat-Aminotransferase (α-EAST) und der Alanin-Aminotransferase (α-EALT) bestimmt werden sowie über die Konzentration von Tryptophanmetaboliten im Urin nach Tryptophan-Belastungstest bzw. die Konzentrationen von Cystathionin im Urin und Homocystein im Plasma nach Methionin-Belastungstest [2]. Die renale 4-PA-Exkretion spiegelt primär die kurzfristige Vitamin-$B_6$-Zufuhr wider [18, 25], während die Enzymaktivitäten die langfristige Vitamin-$B_6$-Versorgung anzeigen [2]. Die Belastungstests zeigen bisweilen eine unzureichende Spezifität [26] und werden routinemäßig nicht durchgeführt, da es sich um invasive Verfahren handelt. Für die meisten Vitamin-$B_6$-Biomarker existieren keine einheitlichen Methodenbeschreibungen und/oder Beurteilungskriterien [8].

Gegenwärtig gilt die PLP-Konzentration im Plasma als bester Statusparameter [8]. Sie korreliert sowohl mit der Vitamin-$B_6$-Zufuhr [27–29] als auch mit der Vitamin-$B_6$-Konzentration in Geweben [18]. Ein unzureichender Vitamin-$B_6$-Status wird bei PLP-Konzentrationen < 20 nmol/l angenommen. PLP-Konzentrationen zwischen 20 nmol/l und 30 nmol/l weisen auf eine marginale und PLP-Konzentrationen > 30 nmol/l auf eine adäquate Versorgung hin [1, 30]. In Interventionsstudien mit gesunden Probanden, die eine Vitamin-$B_6$-arme Ernährung erhielten (< 0,5 mg Vitamin $B_6$ pro Tag), traten bei einer PLP-Konzentration < 30 nmol/l Veränderungen im Aminosäureprofil und im Metabolismus von C1-Einheiten und Tryptophan auf [30, 31]. Es ist zu berücksichtigen, dass Inflammationsprozesse [32–34], die Albuminkonzentration und die Aktivität der alkalischen Phosphatase die PLP-Konzentration beeinflussen können [2]. Auch Lebensstilfaktoren wie das Rauchverhalten und der Alkoholkonsum gelten als Einflussfaktoren. Aktive und ehemalige Raucher weisen, bedingt durch oxidativen Stress, niedrigere PLP-Konzentrationen auf als Personen, die nie geraucht haben [34]. Ein chronischer Alkoholabusus geht mit niedrigen PLP-Konzentrationen einher [35], was durch eine Beeinträchtigung der Leberfunktion erklärt werden kann [36]. Teilweise wurde eine positive Assoziation zwischen dem Alkoholkonsum und der PLP-Konzentration beschrieben. Diese Beobachtung könnte das Ergebnis von einer höheren Vitamin-$B_6$-Zufuhr durch den Konsum alkoholischer Getränke oder von Veränderungen im Transsulfurierungs- und Methylierungsprozess sein [37].

Aufgrund der Bedeutung von Vitamin $B_6$ im Aminosäurenstoffwechsel (siehe „4. Funktionen") wurde vermutet, dass der Bedarf an Vitamin $B_6$ von der **Proteinzufuhr** abhängig ist [38]. Die Datenlage hierzu ist jedoch inkonsistent. Bei jungen Erwachsenen wurde mit steigender Proteinzufuhr sowohl eine Abnahme [25, 38] als auch keine Veränderung [39] der renalen 4-PA-Exkretion beobachtet. Auch die PLP-Konzentration im Plasma war mehrheitlich nicht von der Proteinzufuhr abhängig [38, 39]. Unterschiede in der PLP-Konzentration waren nur bei einer täglichen Proteinzufuhr von 0,5 g vs. 2,0 g/kg Körpergewicht nachweisbar [25]. Diese Proteinzufuhrmengen liegen deutlich unter bzw. über dem aktuellen D-A-CH-Referenzwert (siehe Kapitel „Protein und unentbehrliche Aminosäuren"). Bei Erwachsenen > 60 Jahren wurde sowohl eine negative [40] als auch eine positive [39, 41] Assoziation zwischen Proteinzufuhr und PLP-Konzentration im Plasma bzw. Serum beschrieben. Ferner stieg in einer Studie die 4-PA-Exkretion nach Erhöhung der Proteinzufuhr von 12 % auf 21 % der Gesamtenergiezufuhr an. Allerdings wurde in dieser Studie mit der proteinreichen Diät auch mehr Vitamin $B_6$ zugeführt (1,5 mg vs. 1,7 mg/Tag) [39]. Aufgrund der inkonsistenten Ergebnisse sowie der unterschiedlichen Studiendesigns und Proteinzufuhrmengen ist gegenwärtig nicht von einer Abhängigkeit des Vitamin-$B_6$-Bedarfs von der Proteinzufuhr im Rahmen einer üblichen Mischkost auszugehen.

## 6. Mangelsymptomatik

Ein ernährungsbedingter, klinischer Vitamin-$B_6$-Mangel ist selten und in der Regel vergesellschaftet mit einem

Defizit an anderen B-Vitaminen [2, 15]. Ein Vitamin-$B_6$-Mangel manifestiert sich zumeist in einer hypochromen, mikrozytären Anämie sowie in neurologischen Störungen [15, 42]. Des Weiteren äußert sich ein Mangel in Form einer seborrhoischen Dermatitis [3, 43]. Bei ausgeprägtem Mangel, wie z. B. durch genetische Defekte im Vitamin-$B_6$-Stoffwechsel bei Säuglingen, kann es zu Krampfanfällen kommen [15, 42].

In einer Bilanzstudie wurden bei Frauen im Alter von 21 bis 30 Jahren Mangelerscheinungen bei einer Vitamin-$B_6$-Zufuhr von < 0,05 mg/Tag beobachtet [44]. Demgegenüber traten bei einer Zufuhr von 0,5 mg/Tag bei Frauen im Alter von 21 bis 34 Jahren keine pathologischen Veränderungen im Blutbild oder Elektro-Enzephalogramm auf [44, 45].

Niedrige PLP-Konzentrationen werden bei Personen mit Lebererkrankungen [35, 46] oder Alkoholabusus [35] beobachtet. Ferner beeinflussen diverse Medikamente, wie z. B. orale Kontrazeptiva [47], Antikonvulsiva, Asthma-Medikamente und Tuberkulostatika den Vitamin-$B_6$-Stoffwechsel, sodass bei einer chronischen Einnahme dieser Medikamente ein erhöhter Vitamin-$B_6$-Bedarf vorliegen kann [15].

## 7. Überversorgung

Eine langfristige PN-Supplementation von ≥ 500 mg/Tag bzw. ≥ 8 mg/kg Körpergewicht pro Tag führt zu neurologischen Störungen, die sich u. a. in Ataxien und Parästhesien äußern [48–51]. Darüber hinaus wurden Hautveränderungen und Muskelschwäche beobachtet [50]. Bereits bei Zufuhrmengen von > 100 mg/Tag können leichte neurologische Beeinträchtigungen auftreten. Derartige Dosierungen sind über die Nahrung allerdings nicht zu erreichen [49].

### Tolerierbare Gesamtzufuhrmenge

Angesichts des Risikos für Neuropathien im Falle einer Überversorgung wurde seitens der Europäischen Behörde für Lebensmittelsicherheit (EFSA) eine tolerierbare Gesamtzufuhrmenge (Tolerable Upper Intake Level [UL]) von 25 mg/Tag für Erwachsene, Schwangere und Stillende festgelegt. Für Kinder und Jugendliche liegt die tolerierbare Gesamtzufuhrmenge unter Berücksichtigung des Körpergewichts zwischen 5 mg/Tag und 20 mg/Tag [49]. Das Institute of Medicine (IOM) leitete eine tolerierbare Gesamtzufuhrmenge von 100 mg/Tag für Erwachsene und 30 mg/Tag bis 80 mg/Tag für Kinder und Jugendliche ab [52]. Bislang wurden keine Risikogruppen identifiziert, die besonders sensibel auf erhöhte Zufuhrmengen reagieren, wobei die Datenlage unzureichend ist [49, 52].

## 8. Versorgungszustand der Bevölkerung

### Säuglinge und Kleinkinder

Nach den auf Basis von 3-Tage-Wiege-/Schätzprotokollen[1] erhobenen Daten der Verzehrsstudie zur Ermittlung der Lebensmittelaufnahme von Säuglingen und Kleinkindern in Deutschland (VELS, 2001–2002) betrug die Zufuhr bei Jungen im Alter von 6 Monaten bis unter 1 Jahr im Median 0,77 mg (10. Perzentil [P10] bis 90. Perzentil [P90] 0,51–1,03 mg) und bei gleichaltrigen Mädchen 0,61 mg (P10–P90 0,45–0,87 mg) Vitamin $B_6$ pro Tag. Die mediane Zufuhr von Vitamin $B_6$ lag bei 1- bis unter 4-jährigen Jungen bei 0,94 mg (P10–P90 0,67–1,31 mg) und bei gleichaltrigen Mädchen bei 0,85 mg (P10–P90 0,59–1,13 mg) pro Tag. Jungen im Alter von 4 bis unter 5 Jahren führten im Median 1,05 mg (P10–P90 0,72–1,29 mg) und gleichaltrige Mädchen 0,99 mg (P10–P90 0,66–1,32 mg) Vitamin $B_6$ pro Tag zu [53, 54].

### Kinder

Laut der im Jahr 2006 in Deutschland durchgeführten EsKiMo-Studie (Ernährungsmodul des Kinder- und Jugendgesundheitssurveys, KIGGS-Studie)[2] betrug die mediane Zufuhr auf der Basis von Verzehrprotokollen bei 6- bis 11-jährigen Jungen 1,6 mg (P5–P95 0,9–3,4 mg) und bei gleichaltrigen Mädchen 1,4 mg (P5–P95 0,8–2,9 mg) Vitamin $B_6$ pro Tag [55].

In Österreich lag der im Zeitraum 2010 bis 2012 mittels 3-Tage-Schätzprotokoll[3] bestimmte Mittelwert der Zufuhr von Vitamin $B_6$ bei Jungen im Alter von 7 bis unter 10 Jahren bei 1,3 mg, im Alter von 10 bis unter 13 Jahren bei 1,4 mg und im Alter von 13 bis unter 15 Jahren bei 1,7 mg pro Tag. Bei Mädchen lag der Mittelwert der Zufuhr in den gleichen Altersgruppen bei 1,3 mg, 1,1 mg und 1,6 mg pro Tag [56].

### Jugendliche und Erwachsene

Nach Auswertung der Daten der Nationalen Verzehrsstudie II (NVS II, 2005–2006)[4] lag die mediane Zufuhr von Vitamin $B_6$ in Deutschland bei Männern bzw. Frauen im

[1] Auswertung der Daten mittels Bundeslebensmittelschlüssel (BLS) Version II.3, ergänzt durch zahlreiche weitere Lebensmittel
[2] Auswertung der Daten mittels BLS II.3
[3] Auswertung der Daten mittels BLS 3.01, ergänzt durch die Nährstoffgehalte landestypischer Rezepte und spezieller österreichischer Lebensmittel
[4] Auswertung der Verzehrdaten der beiden 24-Stunden-Recalls auf Basis einer aktualisierten Version des Bundeslebensmittelschlüssels (BLS-Version 3.02). Daher unterscheiden sich diese von früher publizierten NVS II-Daten zur Vitamin-$B_6$-Zufuhr, die mit dem Ernährungserhebungsinstrument DISHES (*Diet Interview Software for Health Examination Studies*) erfasst und mit einer älteren BLS-Version (BLS II.4) berechnet wurden.

Alter von 15 bis 80 Jahren bei 1,6 mg pro Tag (P5–P95 1,0–2,6 mg) bzw. 1,2 mg pro Tag (P5–P95 0,7–1,9 mg) [57, 58].

In Österreich lag die im Zeitraum 2014 bis 2016 mittels zwei 24-Stunden-Recalls[5] bestimmte mittlere Zufuhr von Vitamin $B_6$ bei Männern im Alter von 19 bis unter 25 Jahren bei 2,3 mg, im Alter von 25 bis unter 51 Jahren bei 1,9 mg und im Alter von 51 bis unter 65 Jahren bei 1,8 mg pro Tag. Bei Frauen in den gleichen Altersgruppen lag der Mittelwert der Zufuhr bei 1,5 mg, 1,4 mg und 1,3 mg pro Tag [59]. Die Vitamin-$B_6$-Zufuhr von Erwachsenen im Alter von 65 bis 80 Jahren wurde im Zeitraum 2010 bis 2012 mittels zwei 24-Stunden-Recalls[6] erhoben und lag bei Frauen bei 1,2 mg und bei Männern bei 1,5 mg pro Tag [56].

Auswertungen der Studie *Healthy Lifestyle in Europe by Nutrition in Adolescence* (HELENA 2006/07; Daten aus acht europäischen Städten) ergaben bei Mädchen im Alter von 10 bis unter 13 Jahren eine Vitamin-$B_6$-Zufuhr von 1,4 mg pro Tag (P25–P75 1,3–1,9 mg), im Alter von 13 bis unter 15 Jahren 1,5 mg pro Tag (P25–P75 1,3–1,8 mg) und im Alter von 15 bis unter 19 Jahren 1,5 mg pro Tag (P25–P75 1,2–1,8 mg) . Für Jungen in den gleichen Altersgruppen lag die Zufuhr bei 1,7 mg pro Tag (P25–P75 1,5–2,1 mg), 1,8 mg pro Tag (P25–P75 1,5–2,2 mg) und 1,9 mg pro Tag (P25–P75 1,6–2,3 mg) [60].

## 9. Vitamin $B_6$ in Lebensmitteln

Viele proteinreiche Lebensmittel sind gute Vitamin-$B_6$-Lieferanten [2]. Einen besonders hohen Vitamin-$B_6$-Gehalt weisen Sardinen (gegart, 0,92 mg/100 g) und Makrelen (gegart, 0,59 mg/100 g) auf. Auch Cerealien (z. B. Weizenvollkornmehl, Hirsemehl, Buchweizenvollkornmehl, Weizenkleie: 0,46 mg/100 g–0,73 mg/100 g) und einige Nusssorten (z. B. Haselnuss: 0,66 mg/100 g, Walnuss: 0,60 mg/100 g) gehören zu den Lebensmitteln mit einem hohen Vitamin-$B_6$-Gehalt. Vitamin-$B_6$-Lieferanten sind zudem rote Paprika (roh, 0,45 mg/100 g), Fleischwaren (z. B. Rinderleber, gegart: 0,91 mg/100 g, Schweinefleisch, gegart: 0,25 mg/100 g) sowie Trockenfrüchte (Banane: 0,93 mg/100 g, Mango: 0,51 mg/100 g) [61].

In Deutschland leisten bei Frauen alkoholfreie Getränke, vor allem Fruchtsäfte, Brot, Obst und Gemüse den höchsten Beitrag zur Vitamin-$B_6$-Versorgung. Bei Männern haben Fleisch, Fleischerzeugnisse und Wurstwaren, alkoholfreie Getränke, Brot, Obst und Gemüse den größten Anteil an der Zufuhr von Vitamin $B_6$ [57].

## 10. Ableitung der Referenzwerte für die Vitamin-$B_6$-Zufuhr

### Säuglinge

Die Ableitung der Referenzwerte für die Vitamin-$B_6$-Zufuhr bei Säuglingen unter 4 Monaten orientiert sich am Vitamin-$B_6$-Gehalt der reifen Frauenmilch. Die reife Frauenmilch von Müttern ohne Vitamin-$B_6$-Mangel gilt in Bezug auf die Vitamin-$B_6$-Zufuhr bei Säuglingen unter 4 Monaten als bedarfsdeckend [62, 63], sofern pränatal adäquate Speicher vorliegen [63].

Der aus zwei Studien gemittelte Vitamin-$B_6$-Gehalt der reifen Milch von Frauen, die nicht supplementierten, liegt bei 0,145 mg/l [64, 65]. Unter der Annahme einer durchschnittlichen Trinkmenge von rund 750 ml/Tag [66] erhält ein voll gestillter Säugling ca. 0,109 mg Vitamin $B_6$/Tag. Diese Zufuhr ist ausreichend, um eine PLP-Konzentration von > 30 nmol/l sicherzustellen [65]. Daraus ergibt sich ein Schätzwert für eine angemessene Vitamin-$B_6$-Zufuhr von 0,1 mg/Tag für Säuglinge von **0 bis unter 4 Monaten** (siehe Tab. A1).

Für Säuglinge im Alter von **4 bis unter 12 Monaten** liegen keine Daten zum Vitamin-$B_6$-Bedarf vor. Daher basiert die Ableitung des Vitamin-$B_6$-Referenzwerts für Säuglinge in dieser Altersgruppe, analog zum Vorgehen der EFSA [8], auf einer Mittelung der Extrapolationen von dem Schätzwert für Säuglinge unter 4 Monaten einerseits und dem durchschnittlichen Bedarf für Erwachsene andererseits. Basierend auf dem Schätzwert für Säuglinge unter 4 Monaten (0,1 mg/Tag) ergibt sich unter Berücksichtigung der Unterschiede im Körpergewicht (siehe Kapitel „Energie") und des allometrischen Exponenten[7] eine Vitamin-$B_6$-Zufuhr von 0,14 mg/Tag. Aus dem durchschnittlichen Vitamin-$B_6$-Bedarf für Erwachsene (1,2 mg/Tag bzw. 1,4 mg/Tag) resultiert unter Berücksichtigung der Unterschiede im Körpergewicht, des allometrischen Exponenten und des Wachstumsfaktors (siehe Tab. IV) eine Vitamin-$B_6$-Zufuhr von 0,45 mg/Tag bzw. 0,49 mg/Tag. Durch Berechnung des arithmetischen Mittels wird ein Schätzwert für eine angemessene Vitamin-$B_6$-Zufuhr von 0,3 mg/Tag abgeleitet (siehe Tab. A2).

[5] Auswertung der Daten mittels BLS 3.02
[6] Auswertung der Daten mittels BLS 3.01, ergänzt durch die Nährstoffgehalte landestypischer Rezepte und spezieller österreichischer Lebensmittel
[7] Das allometrische Skalierungsgesetz („Kleibers Gesetz") beschreibt den Zusammenhang zwischen der Körpermasse und dem Stoffwechsel von Tier und Mensch. Danach skaliert der Metabolismus mit der Potenz von 0,75 der Körpermasse, d. h. dem metabolischen Körpergewicht [67, 68]. Da der Bedarf der B-Vitamine abhängig ist vom stoffwechselaktiven Anteil der Körpermasse, ist eine Potenzierung mit 0,75 bei der Ableitung des Referenzwerts von Vitamin $B_6$ zu berücksichtigen.

### Kinder und Jugendliche

Für Kinder und Jugendliche liegen keine Bilanzstudien zur Bestimmung des durchschnittlichen Bedarfs vor, weshalb die empfohlene Vitamin-$B_6$-Zufuhr anhand des durchschnittlichen Bedarfs für Erwachsene abgeleitet wird. Unter Berücksichtigung der in den D-A-CH-Referenzwerten für die Energiezufuhr zugrunde gelegten Referenzkörpergewichte (siehe Kapitel „Energie"), des allometrischen Exponenten[7], der Wachstumsfaktoren (siehe Tab. IV) und eines Variationskoeffizienten von 10 % (Zuschlag von 20 %) ergeben sich folgende Referenzwerte für die empfohlene tägliche Vitamin-$B_6$-Zufuhr: bei **1- bis unter 4-Jährigen** 0,6 mg, bei **4- bis unter 7-Jährigen** 0,7 mg, bei **7- bis unter 10-Jährigen** 1,0 mg und bei **10- bis unter 13-Jährigen** 1,2 mg. Im Alter von **13 bis unter 15 Jahren** beträgt die empfohlene Zufuhr für männliche Jugendliche 1,5 mg/Tag und für weibliche Jugendliche 1,4 mg/Tag. Für Jugendliche im Alter von 15 bis unter 19 Jahren wird der gleiche Referenzwert wie für Erwachsene angenommen (vgl. Tab. A4 und A5), da keine Hinweise auf einen erhöhten Bedarf vorliegen. Im Alter von **15 bis unter 19 Jahren** beträgt die empfohlene Zufuhr daher für männliche Jugendliche 1,6 mg/Tag und für weibliche Jugendliche 1,4 mg/Tag (siehe Tab. A3).

### Erwachsene bis unter 65 Jahren

Die Ableitung der Referenzwerte für die Vitamin-$B_6$-Zufuhr bei Erwachsenen unter 65 Jahren basiert auf den Zufuhrmengen, die zur Realisierung einer PLP-Konzentration von ≥ 30 nmol/l erforderlich sind (siehe „5. Kriterien zur Beurteilung der Versorgung"). Gemäß den Ergebnissen von Interventionsstudien reicht eine tägliche Zufuhr von 1,3 mg bis 1,5 mg Vitamin $B_6$ aus, um eine PLP-Konzentration von ≥ 30 nmol/l bei der Mehrheit der Frauen zu erzielen, auch bei einer täglichen Proteinzufuhr von 1,2 bzw. 1,55 g/kg Körpergewicht [28, 44, 45, 69]. Die gemeinsame Auswertung von fünf Bilanzstudien [25, 28, 44, 45, 69] ergab unter Berücksichtigung der höheren Bioverfügbarkeit von synthetischem PN einen durchschnittlichen Vitamin-$B_6$-Bedarf von 1,2 mg/Tag um bei Frauen eine PLP-Konzentration im Plasma von ≥ 30 nmol/l sicherzustellen [28]. Unter der Annahme eines Variationskoeffizienten von 10 % (Zuschlag von 20 %) ergibt sich eine empfohlene Zufuhr von 1,4 mg/Tag für **Frauen** im Alter von **19 bis unter 65 Jahren** (siehe Tab. A4).

Da aussagekräftige Bilanzstudien an Männern fehlen, wird deren Bedarf anhand des angenommenen Bedarfs der Frauen extrapoliert. Unter der Annahme, dass der Vitamin-$B_6$-Bedarf von der metabolisch aktiven Körpermasse abhängt [8], ergibt sich für Männer unter Berücksichtigung des allometrischen Exponenten ein durchschnittlicher Bedarf von 1,4 mg/Tag. Daraus resultiert nach Beachtung eines Variationskoeffizienten von 10 % (Zuschlag von 20 %) bei **Männern** im Alter von **19 bis unter 65 Jahren** eine empfohlene Zufuhr von 1,6 mg/Tag (siehe Tab. A5).

### Erwachsene ab 65 Jahren

In mehreren Querschnittstudien zeigte sich eine inverse Assoziation zwischen Lebensalter und PLP-Konzentration [29, 39, 70–73], in anderen jedoch nicht [17, 74, 75]. In einer Langzeitstudie mit 360 Probanden ab 60 Jahren konnte kein Abfall der PLP-Konzentration mit zunehmenden Alter beobachtet werden [41]. Eine verminderte Vitamin-$B_6$-Zufuhr, eine reduzierte Albuminsynthese, Inflammation und eine erhöhte Aktivität der alkalischen Phosphatase werden als mögliche Ursachen für niedrigere PLP-Konzentrationen bei älteren Menschen diskutiert [2, 27, 74]. Altersabhängige Änderungen in der Bioverfügbarkeit bzw. im Metabolismus von Vitamin $B_6$ wurden bislang nicht nachgewiesen [27, 74]. In einer Studie mit 12 Probanden >60 Jahren wurde untersucht, wieviel Vitamin $B_6$ die Probanden bei verschiedenen Proteinzufuhren benötigen, um nach einer Vitamin-$B_6$-armen Ernährung wieder das Ausgangsniveau der PLP-Konzentration im Plasma zu erreichen. Dies erforderte bei jeweils zwei Frauen und Männern mit einer täglichen Proteinzufuhr von 0,8 g/kg Körpergewicht eine Vitamin-$B_6$-Zufuhr von 1,33 mg/Tag bzw. 1,36 mg/Tag. Allerdings lag das Ausgangsniveau der PLP-Konzentration weit über 30 nmol/l [40]. Vor diesem Hintergrund leitet sich damit für Erwachsene ab **65 Jahren** eine empfohlene Zufuhr von 1,4 mg/Tag für Frauen und 1,6 mg/Tag für Männer analog zu jüngeren Erwachsenen ab (siehe Tab. A4 und A5).

### Schwangere

Die PLP-Konzentration im Plasma sinkt während der Schwangerschaft, wobei insbesondere im 3. Trimester Konzentrationen <20 nmol/l beobachtet wurden [43, 76, 77]. Mögliche Gründe hierfür sind Hämodilution, ein verstärkter Transfer von PLP zum Fetus, eine erhöhte Aktivität der alkalischen Phosphatase und ein gesteigerter Bedarf aufgrund von Gewebezuwachs [77, 78]. Analog der EFSA [8] wird der Bedarf während der Schwangerschaft auf der Basis der Körpergewichtszunahme und dem durchschnittlichen Gehalt von Vitamin $B_6$ in Geweben abgeleitet. Ausgehend von der Gewichtszunahme während der Schwangerschaft (16,7 g/Tag im 1. Trimester, 60,6 g/Tag im 2. Trimester bzw. 54,2 g/Tag im 3. Trimester, siehe Kapitel „Energie"), einem Vitamin-$B_6$-Bedarf von 15 nmol/g Gewebezuwachs (3,7 mg/kg) [14] und einer mittleren Bioverfügbarkeit von 75 %, ergibt sich unter Berücksichtigung eines Variationskoeffizienten von 10 % (Zuschlag von 20 %) eine empfohlene Vitamin-$B_6$-Zufuhr für Schwangere von 1,5 mg (1. Trimester) bzw. 1,8 mg (2. und 3. Trimester) pro Tag (siehe Tab. A6).

### Stillende

Die Vitamin-$B_6$-Konzentration in der Frauenmilch wird durch die Ernährung der Mutter beeinflusst [64]. Ausgehend von dem Vitamin-$B_6$-Verlust über die Frauenmilch von durchschnittlich 0,1 mg/Tag (siehe Ableitung für Säuglinge) und einer mittleren Bioverfügbarkeit von 75 % ergibt sich für voll stillende Frauen ein durchschnittlicher Bedarf von 1,3 mg/Tag. Unter Berücksichtigung eines Variationskoeffizienten von 10 % (Zuschlag von 20 %) resultiert eine empfohlene Vitamin-$B_6$-Zufuhr von 1,6 mg/Tag (siehe Tab. A7).

## 11. Sicherstellung einer angemessenen Vitamin-$B_6$-Versorgung

Eine angemessene Vitamin-$B_6$-Versorgung kann durch eine ausgewogene Ernährung, die Vitamin-$B_6$-reiche Lebensmittel beinhaltet (siehe „9. Vitamin $B_6$ in Lebensmitteln"), sichergestellt werden. Wie aus dem Kapitel „8. Versorgungszustand der Bevölkerung" zu entnehmen ist, liegt die mediane Zufuhr bei Frauen unterhalb der Zufuhrempfehlungen. Dies ist jedoch nicht automatisch mit einem Vitamin-$B_6$-Mangel gleichzusetzen. Der tägliche Verzehr von Vollkornprodukten, Gemüse, Obst und einer Portion Nüsse ist zu empfehlen. Der Verzehr von Fisch an ein bis zwei Tagen pro Woche sowie kleine Mengen an Fleisch können ebenfalls einen Beitrag zur Bedarfsdeckung liefern.

## 12. Präventive Aspekte

Die folgenden Ausführungen geben einen kurzen Überblick über die Studienlage zu Vitamin $B_6$ in Bezug auf gesundheitsrelevante Aspekte, ohne eine Bewertung der Evidenz. Anzumerken ist, dass die meisten Studien Vitamin $B_6$ nicht allein, sondern gemeinsam mit anderen B-Vitaminen betrachten. Deshalb ist es zum Teil nicht möglich, zwischen Vitamin $B_6$ und anderen B-Vitaminen zu differenzieren.

Epidemiologische Langzeitstudien konnten wiederholt inverse Assoziationen zwischen dem Vitamin-$B_6$-Status bzw. der Vitamin-$B_6$-Zufuhr und dem Risiko für Depressionen [79], kardiovaskuläre Erkrankungen [80] und Einschränkungen in kognitiven Funktionen [81, 82] aufzeigen. Ferner wurde eine inverse Assoziation zwischen dem Vitamin-$B_6$-Status und Inflammationsprozessen beschrieben [32, 83]. Meta-Analysen von epidemiologischen Studien geben Hinweise auf negative Assoziationen sowohl für die nutritive Vitamin-$B_6$-Zufuhr als auch für die PLP-Konzentration mit dem Risiko für Krebserkrankungen allgemein und für Krebserkrankungen des Gastrointestinaltrakts, z. B. im Kolorektum [84, 85] oder in Speiseröhre, Magen und Pankreas [85]. Eine weitere Meta-Analyse weist bei postmenopausalen Frauen auf eine negative Assoziation zwischen der PLP-Konzentration und dem Brustkrebsrisiko hin. Eine Assoziation zwischen der Vitamin-$B_6$-Zufuhr und dem Brustkrebsrisiko konnte jedoch nicht nachgewiesen werden [86].

Bislang konnten die meisten Interventionsstudien keine präventiven Wirkungen von Vitamin $B_6$ in Bezug auf das Risiko für Krebserkrankungen, Depressionen, kardiovaskuläre Erkrankungen, Verschlechterung kognitiver Funktionen im Alter oder Alzheimer Demenz bzw. keinen Effekt auf den Knochenumbau (*Remodeling*) bestätigen [85, 87–94].

Basierend auf der derzeitigen Datenlage ist eine Vitamin-$B_6$-Zufuhr oberhalb der Referenzwerte nicht mit präventiven Wirkungen auf die Gesundheit in der Allgemeinbevölkerung assoziiert.

### Literatur


[1] Da Silva VR, Mackey AD, Davis SR et al.: Vitamin $B_6$. In: Ross AC, Caballero B, Cousins RJ et al. (Hrsg.): Modern nutrition in health and disease. Lippincott Williams & Wilkins, Philadelphia, 11. Auflage (2014) 341–350

[2] Ueland PM, Ulvik A, Rios-Avila L et al.: Direct and functional biomarkers of vitamin $B_6$ status. Annu Rev Nutr 35 (2015) 33–70

[3] Da Silva VR, Russel KA, Gregory III JF: Vitamin $B_6$. In: Erdman JW, MacDonald IA, Zeisel SH (Hrsg.): Present knowledge in nutrition. Wiley-Blackwell, Oxford, 10. Auflage (2012) 307–320

[4] Reynolds RD: Bioavailability of vitamin $B_6$ from plant foods. Am J Clin Nutr 48, Suppl (1988) 863–867

[5] Nakano H, McMahon LG, Gregory III JF: Pyridoxine-5'-beta-glucoside exhibits incomplete bioavailability as a source of vitamin $B_6$ and partially inhibits the utilization of co-ingested pyridoxine in humans. J Nutr 127 (1997) 1508–1513

[6] Gregory III JF, Trumbo PR, Bailey LB et al.: Bioavailability of pyridoxine-5'-beta-D-glucoside determined in humans by stable-isotopic methods. J Nutr 121 (1991) 177–186

[7] Tarr JB, Tamura T, Stokstad EL: Availability of vitamin $B_6$ and pantothenate in an average American diet in man. Am J Clin Nutr 34 (1981) 1328–1337

[8] EFSA (European Food Safety Authority): Dietary reference values for vitamin $B_6$. EFSA Journal 14 (2016) 4485

[9] Said HM, Ortiz A, Ma TY: A carrier-mediated mechanism for pyridoxine uptake by human intestinal epithelial Caco-2 cells: regulation by a PKA-mediated pathway. Am J Physiol Cell Physiol 285 (2003) C1219-C1225

[10] Mackey AD, McMahon RJ, Townsend JH et al.: Uptake, hydrolysis, and metabolism of pyridoxine-5'-beta-D-glucoside in Caco-2 cells. J Nutr 134 (2004) 842–846

[11] Said ZM, Subramanian VS, Vaziri ND et al.: Pyridoxine uptake by colonocytes: a specific and regulated carrier-mediated process. Am J Physiol Cell Physiol 294 (2008) C1192-C1197

[12] Albersen M, Bosma M, Knoers NV et al.: The intestine plays a substantial role in human vitamin $B_6$ metabolism. PLoS One 8 (2013) e54113

[13] Coburn SP, Lewis DL, Fink WJ et al.: Human vitamin $B_6$ pools estimated through muscle biopsies. Am J Clin Nutr 48 (1988) 291–294

[14] Coburn SP: Location and turnover of vitamin $B_6$ pools and vitamin $B_6$ requirements of humans. Ann N Y Acad Sci 585 (1990) 76–85

[15] Clayton PT: $B_6$-responsive disorders: a model of vitamin dependency. J Inherit Metab Dis 29 (2006) 317–326

[16] Coburn SP, Ziegler PJ, Costill DL et al.: Response of vitamin $B_6$ content of muscle to changes in vitamin $B_6$ intake in men. Am J Clin Nutr 53 (1991) 1436–1442

[17] Albersen M, Bosma M, Luykx JJ et al.: Vitamin $B_6$ vitamers in human plasma and cerebrospinal fluid. Am J Clin Nutr 100 (2014) 587–592

[18] Lui A, Lumeng L, Aronoff GR et al.: Relationship between body store of vitamin $B_6$ and plasma pyridoxal-P clearance: metabolic balance studies in humans. J Lab Clin Med 106 (1985) 491–497

[19] Johansson S, Lindstedt S, Register U et al.: Studies on the metabolism of labeled pyridoxine in man. Am J Clin Nutr 18 (1966) 185–196

[20] Phillips RS: Chemistry and diversity of pyridoxal-5'-phosphate dependent enzymes. Biochim Biophys Acta 1854 (2015) 1167–1174

[21] Bourquin F, Capitani G, Grütter MG: PLP-dependent enzymes as entry and exit gates of sphingolipid metabolism. Protein Sci 20 (2011) 1492–1508

[22] Shoolingin-Jordan PM, Al-Daihan S, Alexeev D et al.: 5-Aminolevulinic acid synthase: mechanism, mutations and medicine. Biochim Biophys Acta 1647 (2003) 361–366

[23] Porter K, Hoey L, Hughes CF et al.: Causes, consequences and public health implications of low B-vitamin status in ageing. Nutrients 8 (2016)

[24] Shibata K, Mushiage M, Kondo T et al.: Effects of vitamin $B_6$ deficiency on the conversion ratio of tryptophan to niacin. Biosci Biotechnol Biochem 59 (1995) 2060–2063

[25] Hansen CM, Leklem JE, Miller LT: Vitamin $B_6$ status of women with a constant intake of vitamin $B_6$ changes with three levels of dietary protein. J Nutr 126 (1996) 1891–1901

[26] Bender DA, Wynick D: Inhibition of kynureninase (L-kynurenine hydrolase, EC 3 . 7. 1 . 3) by oestrone sulphate: an alternative explanation for abnormal results of tryptophan load tests in women receiving oestrogenic steroids. Br J Nutr 45 (1981) 269–275

[27] Kant AK, Moser-Veillon PB, Reynolds RD: Effect of age on changes in plasma, erythrocyte, and urinary $B_6$ vitamers after an oral vitamin $B_6$ load. Am J Clin Nutr 48 (1988) 1284–1290

[28] Hansen CM, Shultz TD, Kwak HK et al.: Assessment of vitamin $B_6$ status in young women consuming a controlled diet containing four levels of vitamin $B_6$ provides an estimated average requirement and recommended dietary allowance. J Nutr 131 (2001) 1777–1786

[29] Morris MS, Picciano MF, Jacques PF et al.: Plasma pyridoxal 5'-phosphate in the US population: The National Health and Nutrition Examination Survey, 2003-2004. Am J Clin Nutr 87 (2008) 1446–1454

[30] Gregory JF, Park Y, Lamers Y et al.: Metabolomic analysis reveals extended metabolic consequences of marginal vitamin $B_6$ deficiency in healthy human subjects. PLoS One 8 (2013) e63544

[31] Da Silva VR, Rios-Avila L, Lamers Y et al.: Metabolite profile analysis reveals functional effects of 28-day vitamin $B_6$ restriction on one-carbon metabolism and tryptophan catabolic pathways in healthy men and women. J Nutr 143 (2013) 1719–1727

[32] Paul L, Ueland PM, Selhub J: Mechanistic perspective on the relationship between pyridoxal 5'-phosphate and inflammation. Nutr Rev 71 (2013) 239–244

[33] Ulvik A, Midttun O, Pedersen ER et al.: Evidence for increased catabolism of vitamin $B_6$ during systemic inflammation. Am J Clin Nutr 100 (2014) 250–255

[34] Ueland PM, McCann A, Midttun Ø et al.: Inflammation, vitamin $B_6$ and related pathways. Mol Aspects Med 53 (2017) 10–27

[35] Cravo ML, Glória LM, Selhub J et al.: Hyperhomocysteinemia in chronic alcoholism: correlation with folate, vitamin $B_{12}$, and vitamin $B_6$ status. Am J Clin Nutr 63 (1996) 220–224

[36] Medici V, Peerson JM, Stabler SP et al.: Impaired homocysteine transsulfuration is an indicator of alcoholic liver disease. J Hepatol 53 (2010) 551–557

[37] Beulens JWJ, Sierksma A, Schaafsma G et al.: Kinetics of homocysteine metabolism after moderate alcohol consumption. Alcohol Clin Exp Res 29 (2005) 739–745

[38] Miller LT, Leklem JE, Shultz TD: The effect of dietary protein on the metabolism of vitamin $B_6$ in humans. J Nutr 115 (1985) 1663–1672

[39] Pannemans DL, van den Berg H, Westerterp KR: The influence of protein intake on vitamin $B_6$ metabolism differs in young and elderly humans. J Nutr 124 (1994) 1207–1214

[40] Ribaya-Mercado JD, Russell RM, Sahyoun N et al.: Vitamin $B_6$ requirements of elderly men and women. J Nutr 121 (1991) 1062–1074

[41] Jungert A, Neuhäuser-Berthold M: Longitudinal analysis on determinants of vitamin $B_6$ status in community-dwelling older adults over a period of 18 years. J Gerontol A Biol Sci Med Sci (2019)

[42] Gerlach AT, Thomas S, Stawicki SP et al.: Vitamin $B_6$ deficiency: a potential cause of refractory seizures in adults. JPEN J Parenter Enteral Nutr 35 (2011) 272–275

[43] Dror DK, Allen LH: Interventions with vitamins $B_6$, $B_{12}$ and C in pregnancy. Paediatr Perinat Epidemiol 26, Suppl 1 (2012) 55–74

[44] Kretsch MJ, Sauberlich HE, Skala JH et al.: Vitamin $B_6$ requirement and status assessment: young women fed a depletion diet followed by a plant- or animal-protein diet with graded amounts of vitamin $B_6$. Am J Clin Nutr 61 (1995) 1091–1101

[45] Huang YC, Chen W, Evans MA et al.: Vitamin $B_6$ requirement and status assessment of young women fed a high-protein diet with various levels of vitamin $B_6$. Am J Clin Nutr 67 (1998) 208–220

[46] Merrill AH, Henderson JM: Vitamin $B_6$ metabolism by human liver. Ann N Y Acad Sci 585 (1990) 110–117

[47] Wilson SM, Bivins BN, Russell KA et al.: Oral contraceptive use: impact on folate, vitamin $B_6$, and vitamin $B_{12}$ status. Nutr Rev 69 (2011) 572–583

[48] Dalton K: Pyridoxine overdose in premenstrual syndrome. Lancet 1 (1985) 1168–1169

[49] EFSA (European Food Safety Authority): Tolerable upper intake levels for vitamins and minerals. 2006 www.efsa.europa.eu/de/ndatopics/docs/ndatolerableuil.pdf (eingesehen am 18.07.2018)

[50] Gdynia H-J, Müller T, Sperfeld A-D et al.: Severe sensorimotor neuropathy after intake of highest dosages of vitamin $B_6$. Neuromuscul Disord 18 (2008) 156–158

[51] Kulkantrakorn K: Pyridoxine-induced sensory ataxic neuronopathy and neuropathy: revisited. Neurol Sci 35 (2014) 1827–1830

[52] IOM (Institute of Medicine) (Hrsg.): Dietary reference intakes for thiamin, riboflavin, niacin, vitamin $B_6$, folate, vitamin $B_{12}$, pantothenic acid, biotin, and choline. National Academies Press, Washington, DC (1998)

[53] Heseker H, Mensink GBM: Lebensmittelverzehr und Nährstoffzufuhr im Kindes- und Jugendalter. Ergebnisse aus den beiden bundesweit durchgeführten Ernährungsstudien VELS und EsKiMo. In: Deutsche Gesellschaft für Ernährung (Hrsg.): Ernährungsbericht 2008. Bonn (2008) 49–93

[54] Heseker H: Tägliche Energie- und Nährstoffzufuhr bei Säuglingen in VELS (28.01.2013). Persönliche Mitteilung vom 28.01.2013, Paderborn

[55] Mensink GBM, Richter A, Stahl A: Bestandsaufnahme: Nährstoffversorgung und Lebensmittelverzehr von Kindern und Jugendlichen in Deutschland. In: Kersting M (Hrsg.): Kinderernährung aktuell. Schwerpunkte für Gesundheitsförderung und Prävention. Umschau Verlag, Sulzbach/Ts (2009) 40–46

[56] Elmadfa I (Hrsg.): Österreichischer Ernährungsbericht 2012. Wien (2012)

[57] Krems C, Walter C, Heuer T et al.: Lebensmittelverzehr und Nährstoffzufuhr - Ergebnisse der Nationalen Verzehrsstudie II. In: Deutsche Gesellschaft für Ernährung (Hrsg.): 12. Ernährungsbericht 2012. Bonn (2012) 40–85

[58] MRI (Max Rubner-Institut, Bundesforschungsinstitut für Ernährung und Lebensmittel): Energie- und Nährstoffzufuhr bei Jugendlichen und Erwachsenen in der NVS II. Persönliche Mitteilung vom 22.08.2014, Karlsruhe (2014)

[59] Department für Ernährungswissenschaften der Universität Wien (Hrsg.): Österreichischer Ernährungsbericht 2017. Wien (2017)

[60] Diethelm K, Huybrechts I, Moreno L et al.: Nutrient intake of European adolescents: results of the HELENA (Healthy Lifestyle in Europe by Nutrition in Adolescence) Study. Public Health Nutr 17 (2014) 486–497

[61] Deutsche Gesellschaft für Ernährung (Hrsg.): DGExpert, Version 1.8.10 (BLS 3.02). Bonn (2017)

[62] Heiskanen K, Siimes MA, Perheentupa J et al.: Risk of low vitamin $B_6$ status in infants breast-fed exclusively beyond six months. J Pediatr Gastroenterol Nutr 23 (1996) 38–44

[63] Butte NF, Lopez-Alarcon MG, Garza C: Nutrient adequacy of exclusive breastfeeding for the term infant during the first six months of life. 2002 https://apps.who.int/iris/bitstream/handle/10665/42519/9241562110.pdf?sequence=1 (eingesehen am 04.02.2019)

[64] West KD, Kirksey A: Influence of vitamin $B_6$ intake on the content of the vitamin in human milk. Am J Clin Nutr 29 (1976) 961–969

[65] Andon MB, Reynolds RD, Moser-Veillon PB et al.: Dietary intake of total and glycosylated vitamin $B_6$ and the vitamin $B_6$ nutritional status of unsupplemented lactating women and their infants. Am J Clin Nutr 50 (1989) 1050–1058

[66] Neville MC, Keller R, Seacat J et al.: Studies in human lactation: milk volumes in lactating women during the onset of lactation and full lactation. Am J Clin Nutr 48 (1988) 1375–1386

[67] Kleiber M: Body size and metabolic rate. Physiol Rev 27 (1947) 511–541

[68] West GB, Brown JH, Enquist BJ: A general model for the origin of allometric scaling laws in biology. Science 276 (1997) 122–126

[69] Hansen CM, Leklem JE, Miller LT: Changes in vitamin $B_6$ status indicators of women fed a constant protein diet with varying levels of vitamin $B_6$. Am J Clin Nutr 66 (1997) 1379–1387

[70] Rose CS, György P, Butler M et al.: Age differences in vitamin $B_6$ status of 617 men. Am J Clin Nutr 29 (1976) 847–853

[71] Lee CM, Leklem JE: Differences in vitamin $B_6$ status indicator responses between young and middle-aged women fed constant diets with two levels of vitamin $B_6$. Am J Clin Nutr 42 (1985) 226–234

[72] Bates CJ, Pentieva KD, Prentice A: An appraisal of vitamin $B_6$ status indices and associated confounders, in young people aged 4-18 years and in people aged 65 years and over, in two national British surveys. Public Health Nutr 2 (1999) 529–535

[73] Gori AM, Sofi F, Corsi AM et al.: Predictors of vitamin $B_6$ and folate concentrations in older persons: the InCHIANTI study. Clin Chem 52 (2006) 1318–1324

[74] Ferroli CE, Trumbo PR: Bioavailability of vitamin $B_6$ in young and older men. Am J Clin Nutr 60 (1994) 68–71

[75] Page JH, Ma J, Chiuve SE et al.: Plasma vitamin $B_6$ and risk of myocardial infarction in women. Circulation 120 (2009) 649–655

[76] Shibata K, Tachiki A, Mukaeda K et al.: Changes in plasma pyridoxal 5'-phosphate concentration during pregnancy stages in Japanese women. J Nutr Sci Vitaminol 59 (2013) 343–346

[77] Mujica-Coopman MF, Franco-Sena AB, Farias DR et al.: Vitamin $B_6$ status in unsupplemented pregnant women is associated positively with serum docosahexaenoic acid and inversely with the n-6-to-n-3 fatty acid ratio. J Nutr 147 (2017) 170–178

[78] Trumbo PR, Wang JW: Vitamin $B_6$ status indices are lower in pregnant than in nonpregnant women but urinary excretion of 4-pyridoxic acid does not differ. J Nutr 123 (1993) 2137–2141

[79] Skarupski KA, Tangney C, Li H et al.: Longitudinal association of vitamin $B_6$, folate, and vitamin $B_{12}$ with depressive symptoms among older adults over time. Am J Clin Nutr 92 (2010) 330–335

[80] Cui R, Iso H, Date C et al.: Dietary folate and vitamin $B_6$ and $B_{12}$ intake in relation to mortality from cardiovascular diseases. Japan collaborative cohort study. Stroke 41 (2010) 1285–1289

[81] Hughes CF, Ward M, Tracey F et al.: B-Vitamin Intake and Biomarker Status in Relation to Cognitive Decline in Healthy Older Adults in a 4-Year Follow-Up Study. Nutrients 9 (2017)

[82] Qin B, Xun P, Jacobs DR et al.: Intake of niacin, folate, vitamin $B_6$, and vitamin $B_{12}$ through young adulthood and cognitive function in midlife: the Coronary Artery Risk Development in Young Adults (CARDIA) study. Am J Clin Nutr 106 (2017) 1032–1040

[83] Morris MS, Sakakeeny L, Jacques PF et al.: Vitamin $B_6$ intake is inversely related to, and the requirement is affected by, inflammation status. J Nutr 140 (2010) 103–110

[84] Larsson SC, Orsini N, Wolk A: Vitamin $B_6$ and risk of colorectal cancer: a meta-analysis of prospective studies. JAMA 303 (2010) 1077–1083

[85] Mocellin S, Briarava M, Pilati P: Vitamin $B_6$ and cancer risk: a field synopsis and meta-analysis. J Natl Cancer Inst 109 (2017) 1–9

[86] Wu W, Kang S, Zhang D: Association of vitamin $B_6$, vitamin $B_{12}$ and methionine with risk of breast cancer: a dose-response meta-analysis. Br J Cancer 109 (2013) 1926–1944

[87] Balk EM, Raman G, Tatsioni A et al.: Vitamin $B_6$, $B_{12}$, and folic acid supplementation and cognitive function: a systematic review of randomized trials. Arch Intern Med 167 (2007) 21–30

[88] Green TJ, McMahon JA, Skeaff CM et al.: Lowering homocysteine with B vitamins has no effect on biomarkers of bone turnover in older persons: a 2-y randomized controlled trial. Am J Clin Nutr 85 (2007) 460–464

[89] Aisen PS, Schneider LS, Sano M et al.: High-dose B vitamin supplementation and cognitive decline in Alzheimer disease: a randomized controlled trial. JAMA 300 (2008) 1774–1783

[90] Ford AH, Flicker L, Thomas J et al.: Vitamins $B_{12}$, $B_6$, and folic acid for onset of depressive symptoms in older men: results from a 2-year placebo-controlled randomized trial. J Clin Psychiatry 69 (2008) 1203–1209
[91] Myung S-K, Ju W, Cho B et al.: Efficacy of vitamin and antioxidant supplements in prevention of cardiovascular disease: systematic review and meta-analysis of randomised controlled trials. BMJ 346 (2013) f10
[92] Li M-M, Yu J-T, Wang H-F et al.: Efficacy of vitamins B supplementation on mild cognitive impairment and Alzheimer's disease: a systematic review and meta-analysis. CAR 11 (2014) 844–852
[93] Okereke OI, Cook NR, Albert CM et al.: Effect of long-term supplementation with folic acid and B vitamins on risk of depression in older women. Br J Psychiatry 206 (2015) 324–331
[94] Zhang D-M, Ye J-X, Mu J-S et al.: Efficacy of vitamin B supplementation on cognition in elderly patients with cognitive-related diseases. J Geriatr Psychiatry Neurol 30 (2017) 50–59

## Anhang

### Tabelle A1: Berechnung des Schätzwerts für die Vitamin-$B_6$-Zufuhr für gestillte Säuglinge von 0 bis unter 4 Monaten

| Alter [Monate] | Vitamin-B6-Gehalt von Frauenmilch[a] [mg/l] | Trinkmenge[b] [ml/Tag] | Vitamin-B6-Zufuhr bei einer Trinkmenge von 750 ml/Tag [mg/Tag] | **Schätzwert** für die Vitamin-B6-Zufuhr (gerundet) [mg/Tag] |
|---|---|---|---|---|
| 0 bis unter 4 | 0,145 | 750 | 0,109 | **0,1** |

[a] [64, 65]
[b] [66]

### Tabelle A2: Berechnung des Schätzwerts für die Vitamin-$B_6$-Zufuhr für Säuglinge von 4 bis unter 12 Monaten

| Alter [Monate] | | Referenzkörpergewicht[a] [kg] | Ableitung auf der Basis des Schätzwerts für Säuglinge unter 4 Monaten: Vitamin-$B_6$-Zufuhr unter Berücksichtigung der Referenzkörpergewichte und des allometrischen Exponenten[b] [mg/Tag] | Ableitung auf der Basis des durchschnittlichen Vitamin-$B_6$-Bedarfs für Erwachsene: Vitamin-$B_6$-Zufuhr unter Berücksichtigung der Referenzkörpergewichte, des allometrischen Exponenten und des Wachstumsfaktors[c] [mg/Tag] | gemittelte Vitamin-$B_6$-Zufuhr unter Berücksichtigung beider Extrapolationspfade [mg/Tag] | **Schätzwert** für die Vitamin-$B_6$-Zufuhr (gerundet) [mg/Tag] |
|---|---|---|---|---|---|---|
| 4 bis unter 12 | m | 8,6 | 0,14 | 0,49 | 0,31 | **0,3** |
| | w | 7,9 | 0,14 | 0,45 | 0,29 | |

[a] Referenzkörpergewicht $_{\text{Säuglinge}}$: siehe Kapitel „Energie"

[b] berechnet aus: geschätzte Vitamin-$B_6$-Zufuhr $_{\text{Säuglinge von 0 bis unter 4 Monaten [mg/Tag]}}$ x (Referenzkörpergewicht $_{\text{Säuglinge von 4 bis unter 12 Monaten [kg]}}$ / Referenzkörpergewicht $_{\text{Säuglinge von 0 bis unter 4 Monaten [kg]}}$)$^{\text{allometrischer Exponent}}$ nach [8]

Vitamin-$B_6$-Zufuhr $_{\text{Säuglinge von 0 bis unter 4 Monaten}}$: 0,1 mg/Tag

Referenzkörpergewicht $_{\text{Säuglinge von 0 bis unter 4 Monaten}}$: siehe Kapitel „Energie"; männliche Säuglinge 5,6 kg, weibliche Säuglinge 5,1 kg

allometrischer Exponent: 0,75

[c] berechnet aus: durchschnittlicher Bedarf $_{\text{Erwachsene [mg/Tag]}}$ x (Referenzkörpergewicht $_{\text{Säuglinge von 4 bis unter 12 Monaten [kg]}}$ / Referenzkörpergewicht $_{\text{Erwachsene [kg]}}$)$^{\text{allometrischer Exponent}}$ x (1 + Wachstumsfaktor $_{\text{Säuglinge von 0 bis unter 4 Monaten}}$) nach [8]

durchschnittlicher Bedarf $_{\text{Erwachsene}}$: Männer 1,4 mg/Tag, Frauen 1,2 mg/Tag

Referenzkörpergewicht $_{\text{Erwachsene}}$: siehe Kapitel „Energie", Altersgruppe 25 bis unter 51 Jahre: Männer 70,7 kg, Frauen 60,0 kg

allometrischer Exponent: 0,75

Wachstumsfaktor $_{\text{Säuglinge von 4 bis unter 12 Monaten}}$: 0,7 (siehe Tabelle IV)

## Tabelle A3: Berechnung der empfohlenen Zufuhr von Vitamin $B_6$ für Kinder und Jugendliche

| Alter [Jahre] | | Referenzkörpergewicht[a] [kg] | Wachstumsfaktor[b] | Vitamin-$B_6$-Zufuhr unter Berücksichtigung der Referenzkörpergewichte, des allometrischen Exponenten sowie des Wachstumsfaktors[c] [mg/Tag] | Variationskoeffizient 10 % (Zuschlag 20 %) [mg/Tag] | **empfohlene Zufuhr** von Vitamin $B_6$ (gerundet) [mg/Tag] |
|---|---|---|---|---|---|---|
| 1 bis unter 4 | m | 13,9 | 0,25 | 0,52 | 0,62 | **0,6** |
| | w | 13,2 | 0,25 | 0,48 | 0,58 | |
| 4 bis unter 7 | m | 20,2 | 0,06 | 0,58 | 0,70 | **0,7** |
| | w | 20,1 | 0,06 | 0,56 | 0,67 | |
| 7 bis unter 10 | m | 29,3 | 0,13 | 0,82 | 0,98 | **1,0** |
| | w | 28,7 | 0,13 | 0,78 | 0,94 | |
| 10 bis unter 13 | m | 41,0 | 0,13 | 1,05 | 1,26 | **1,2** |
| | w | 42,1 | 0,11 | 1,02 | 1,23 | |
| 13 bis unter 15 | m | 55,5 | 0,10 | 1,28 | 1,54 | **1,5** |
| | w | 54,0 | 0,07 | 1,19 | 1,42 | **1,4** |
| 15 bis unter 19 | m | 69,2 | 0,07 | 1,47 | 1,77 | **1,6**[d] |
| | w | 59,5 | 0,02 | 1,22 | 1,46 | **1,4**[d] |

[a] Referenzkörpergewicht $_{\text{Kinder/Jugendliche}}$: siehe Kapitel „Energie"

[b] Wachstumsfaktoren siehe Tab. IV

[c] berechnet aus: durchschnittlicher Bedarf $_{\text{Erwachsene [mg/Tag]}}$ x (Referenzkörpergewicht $_{\text{Kinder/Jugendliche [kg]}}$ / Referenzkörpergewicht $_{\text{Erwachsene [kg]}}$)$^{\text{allometrischer Exponent}}$ x (1 + Wachstumsfaktor $_{\text{Kinder/Jugendliche}}$) [8]

durchschnittlicher Bedarf $_{\text{Erwachsene}}$: Männer 1,4 mg/Tag, Frauen 1,2 mg/Tag

Referenkörperzgewicht $_{\text{Erwachsene}}$: siehe Kapitel „Energie"; Altersgruppe 25 bis unter 51 Jahre: Männer 70,7 kg, Frauen 60,0 kg

allometrischer Exponent: 0,75

[d] Für Jugendliche im Alter von 15 bis unter 19 Jahren wird der gleiche Referenzwert wie für Erwachsene angenommen (vgl. Tab. A4 und A5), da keine Hinweise auf einen erhöhten Bedarf vorliegen.

## Tabelle A4: Berechnung der empfohlenen Zufuhr von Vitamin $B_6$ für Frauen ≥ 19 Jahre

| Alter [Jahre] | durchschnittlicher Vitamin-$B_6$-Bedarf[a] [mg/Tag] | Variationskoeffizient 10 % (Zuschlag 20 %) [mg/Tag] | **empfohlene Zufuhr** von Vitamin $B_6$ (gerundet) [mg/Tag] |
|---|---|---|---|
| ≥ 19 | 1,2 | 1,44 | **1,4** |

[a] abgeleitet von Studien mit Personen im jungen bzw. mittleren Erwachsenenalter [25, 28, 44, 45, 69]

## Tabelle A5: Berechnung der empfohlenen Zufuhr von Vitamin $B_6$ für Männer ≥ 19 Jahre

| Alter [Jahre] | Referenzkörpergewicht Männer[a] [kg] | Referenzkörpergewicht Frauen[a] [kg] | durchschnittlicher Vitamin-$B_6$-Bedarf unter Berücksichtigung der Referenzkörpergewichte und des allometrischen Exponenten[b] [mg/Tag] | Variationskoeffizient 10 % (Zuschlag 20 %) [mg/Tag] | **empfohlene Zufuhr** von Vitamin $B_6$ (gerundet) [mg/Tag] |
|---|---|---|---|---|---|
| 19 bis unter 25 | 70,8 | 60,5 | 1,35 | 1,62 | **1,6** |
| 25 bis unter 51 | 70,7 | 60,0 | 1,36 | 1,63 | |
| 51 bis unter 65 | 68,7 | 58,2 | 1,36 | 1,63 | |
| 65 und älter | 66,8 | 57,1 | 1,35 | 1,62 | |

[a] Referenzkörpergewicht $_{Erwachsene}$: siehe Kapitel „Energie"
[b] berechnet aus: durchschnittlicher Bedarf $_{Frauen\ [mg/Tag]}$ x (Referenzkörpergewicht $_{Männer\ [kg]}$ / Referenzkörpergewicht $_{Frauen\ [kg]}$) $^{allometrischer\ Exponent}$ [8]
durchschnittlicher Bedarf $_{Frauen}$: 1,2 mg/Tag
allometrischer Exponent: 0,75

## Tabelle A6: Berechnung der empfohlenen Zufuhr von Vitamin $B_6$ für Schwangere

| Trimester | durchschnittlicher Vitamin-$B_6$-Bedarf erwachsener Frauen [mg/Tag] | Gewichtszunahme während der Schwangerschaft[a] [g/Tag] | zusätzlicher durchschnittlicher Vitamin-$B_6$-Bedarf unter Berücksichtigung der Bioverfügbarkeit[b] [mg/Tag] | durchschnittlicher Vitamin-$B_6$-Bedarf[c] [mg/Tag] | Variationskoeffizient 10 % (Zuschlag 20 %) [mg/Tag] | **empfohlene Zufuhr** von Vitamin $B_6$ (gerundet) [mg/Tag] |
|---|---|---|---|---|---|---|
| 1. | 1,2 | 16,7 | 0,08 | 1,28 | 1,54 | **1,5** |
| 2. | 1,2 | 60,6 | 0,30 | 1,50 | 1,80 | **1,8** |
| 3. | 1,2 | 54,2 | 0,27 | 1,47 | 1,76 | **1,8** |

[a] Körpergewichtszunahme pro Tag in Abhängigkeit des Trimesters (siehe Kapitel „Energie", Tab. A5)
[b] berechnet aus: Vitamin-$B_6$-Gehalt in Geweben [mg/g] x Gewichtszunahme während Trimester [g/Tag] / Bioverfügbarkeit
Vitamin-$B_6$-Gehalt in Geweben: 0,0037 mg Vitamin $B_6$ pro Gramm Gewebe [14]
Bioverfügbarkeit: 75 % [7]
[c] berechnet aus: durchschnittlicher Bedarf $_{Frauen\ [mg/Tag]}$ + zusätzlicher durchschnittlicher Bedarf während der Schwangerschaft [mg/Tag]

### Tabelle A7: Berechnung der empfohlenen Zufuhr von Vitamin $B_6$ für Stillende

| | durchschnittlicher Vitamin-$B_6$-Bedarf erwachsener Frauen [mg/Tag] | Vitamin-$B_6$-Abgabe mit der Frauenmilch bei 750 ml/Tag[a] [mg/Tag] | zusätzlicher durchschnittlicher Vitamin-$B_6$-Bedarf unter Berücksichtigung der Bioverfügbarkeit[b] [mg/Tag] | durchschnittlicher Vitamin-$B_6$-Bedarf[c] [mg/Tag] | Variationskoeffizient 10 % (Zuschlag 20 %) [mg/Tag] | **empfohlene Zufuhr** von Vitamin $B_6$ (gerundet) [mg/Tag] |
|---|---|---|---|---|---|---|
| Stillende | 1,2 | 0,1 | 0,13 | 1,33 | 1,60 | **1,6** |

[a] siehe "10. Ableitung der Referenzwerte für die Vitamin-$B_6$-Zufuhr, Säuglinge"
[b] berechnet aus: Vitamin-$B_6$-Verluste über die Frauenmilch [mg/Tag] / Bioverfügbarkeit
Bioverfügbarkeit: 75 % [7]
[c] berechnet aus: durchschnittlicher Bedarf $_{\text{Frauen [mg/Tag]}}$ + zusätzlicher durchschnittlicher Bedarf während der Stillzeit [mg/Tag]

# Folat

## 1. Empfohlene Zufuhr[1]

| Alter | Folat |
|---|---|
| | µg-Äquivalente[a]/Tag |
| **Säuglinge**[b] | |
| 0 bis unter 4 Monate | 60 |
| 4 bis unter 12 Monate | 80 |
| **Kinder und Jugendliche** | |
| 1 bis unter 4 Jahre | 120 |
| 4 bis unter 7 Jahre | 140 |
| 7 bis unter 10 Jahre | 180 |
| 10 bis unter 13 Jahre | 240 |
| 13 bis unter 15 Jahre | 300 |
| 15 bis unter 19 Jahre[c] | 300 |
| **Erwachsene** | |
| 19 bis unter 25 Jahre[c] | 300 |
| 25 bis unter 51 Jahre[c] | 300 |
| 51 bis unter 65 Jahre | 300 |
| 65 Jahre und älter | 300 |
| **Schwangere**[c] | 550 |
| **Stillende** | 450 |

[a] Berechnet nach der Summe folatwirksamer Verbindungen in der üblichen Nahrung (Folat-Äquivalente): 1 µg Folat-Äquivalent = 1 µg Nahrungsfolat = 0,5 µg synthetische Folsäure.
[b] Hierbei handelt es sich um Schätzwerte.
[c] Frauen, die schwanger werden wollen oder könnten, sollen zusätzlich zu einer folatreichen Ernährung 400 µg synthetische Folsäure/Tag oder äquivalente Dosen anderer Folate in Form eines Präparats einnehmen, um Neuralrohrdefekten vorzubeugen. Diese zusätzliche Einnahme eines Folsäure- oder Folatpräparats sollte mindestens 4 Wochen vor Beginn der Schwangerschaft anfangen und während des 1. Drittels der Schwangerschaft beibehalten werden.

## 2. Einleitung

Folat gehört zu den wasserlöslichen Vitaminen. Folat ist der Überbegriff für zahlreiche Verbindungen, die für dessen Vitaminwirkung verantwortlich sind. Natürlicherweise in Lebensmitteln vorkommende Folatverbindungen (= Folate) bestehen aus einem Pteridin- und einem para-Aminobenzoesäurering, an dessen Carboxylende bis zu 8 Glutamatreste gebunden sind (Pteroylpolyglutamate). Neben der Länge der Glutamatkette unterscheiden sich die Folate im Hydrierungsgrad des Pteridinrings sowie in der Bindung verschiedener Einkohlenstoffeinheiten an das 5. und 10. Stickstoffatom. In pflanzlichen und tierischen Geweben bzw. Lebensmitteln kommen natürlicherweise neben Pteroylmonoglutamaten vor allem Pteroylpolyglutamate vor [1, 2].

[1] Die empfohlene Zufuhr entspricht der Zufuhrmenge von Folat-Äquivalenten, mit der wünschenswerte Serumfolatkonzentrationen von ≥ 10 nmol/l erreicht werden.

Davon abzugrenzen ist synthetische Folsäure, bei der am Carboxylende nur ein Monoglutamatrest gebunden ist. Sie ist die stabilste Form der folatwirksamen Verbindungen mit der höchsten Oxidationsstufe, die – auf nüchternen Magen verzehrt – nahezu quantitativ (fast 100 %) bioverfügbar ist. Zur Anreicherung von Lebensmitteln und in Vitaminpräparaten (Nahrungsergänzungsmittel und Arzneimittel) wird meist Folsäure verwendet [2, 3]. In der Europäischen Union (EU) sind darüber hinaus auch Calcium-L-Methylfolat und (6S)-5-Methyltetrahydrofolsäure, Glucosaminsalz erlaubt [4–7].

## 3. Physiologie

Der Folatstoffwechsel ist mit einer Vielzahl beteiligter Enzyme und Transportproteine sowie aufgrund von verschiedenen Rückkopplungsschleifen ein sehr komplexer Stoffwechsel. Schlüsselenzyme sind die Methylentetrahydrofolatreduktase (MTHFR), die Methioninsynthase, die Methioninsynthasereduktase und die Thymidylatsynthase.

### Absorption von Folaten und Folsäure

Folate liegen in der Nahrung zu 60 % bis 80 % als Pteroylpolyglutamate vor. Diese werden im Dünndarm zunächst mittels γ-Glutamyl-Carboxypeptidase zu Monoglutamaten hydrolysiert, bevor sie durch aktiven Transport pH-Wert-abhängig in die Mucosazellen aufgenommen werden. Nach Eintritt in die Darmzellen werden sie zum Teil in 5-Methyl-Tetrahydrofolat (5-Methyl-THF) umgewandelt und über das Blut an die Leber abgegeben.
Bei hohen Zufuhrmengen werden neben dem aktiven Transport 20 % bis 30 % der Folate über passive Diffusion aufgenommen [2].

Folsäure kann im Gegensatz zu Folaten ohne enzymatische Hydrolyse direkt in die Darmzellen aufgenommen werden. Dieser Mechanismus ist unter anderem für die im Vergleich zu Folaten höhere Bioverfügbarkeit von Folsäure (siehe „Stabilität und Bioverfügbarkeit von Folaten und Folsäure") verantwortlich [8]. In den Zellen der Darmmucosa wird Folsäure zu Tetrahydrofolat (THF) reduziert und methyliert, bevor sie überwiegend als 5-Methyl-THF an das Blut abgegeben werden kann. Da die Umwandlungskapazität von Folsäure in 5-Methyl-THF beschränkt ist, gelangt bei Zufuhr höherer Dosen (ab 260 µg Folsäure als Einzeldosis) auch nicht verstoffwechselte Folsäure über den Blutkreislauf in die Leber. Nicht verstoffwechselte Folsäure wird im Körper in Dihydrofolat umgewandelt [9–11].

Die Leber ist Hauptstoffwechsel- und Hauptspeicherorgan von Folat. Sie reguliert die Versorgung der anderen Organe. Die Gesamtfolatmenge im Körper beträgt beim Menschen 10 mg bis 100 mg, wobei 3 mg bis 16 mg in der Leber gespeichert sind [12–14]. Diese Körperreserven an Folat gewährleisten auch bei fehlender Zufuhr die Aufrechterhaltung wünschenswerter Serumfolatkonzentrationen über 3 bis 4 Wochen [1].

### Transport von Folat

Folat (5-Methyl-THF sowie oxidiertes und nicht methyliertes Folat) wird über das Blut in die Leber transportiert. Dort wird oxidiertes Folat reduziert und vollständig methyliert. Der Weitertransport im Körper erfolgt überwiegend in Form von 5-Methyl-THF, an Albumin, α-Makroglobulin und Transferrin gebunden. Ein geringer Anteil liegt ungebunden vor. Ein noch geringerer Anteil ist an ein spezifisches Folatbindungsprotein gebunden [8, 15].

5-Methyl-THF wird nach Vitamin-$B_{12}$-abhängiger Demethylierung über membrangebundene Transportproteine in die Zielzellen aufgenommen. Anschließend wird THF intrazellulär in die Polyglutamatform überführt, wodurch die Bindung an folatabhängige Enzyme und die zelluläre Retention verbessert werden [15].

Der intrazelluläre Transport von THF erfolgt über 3 verschiedene Transportsysteme. Dies sind carriervermittelte, rezeptorvermittelte und transportervermittelte Prozesse, in die der reduzierte Folat-Carrier, die Folatrezeptoren 1 und 2 und der protonengekoppelte Folattransporter eingebunden sind [16].

### Stabilität und Bioverfügbarkeit von Folaten und Folsäure

Folate sind im Vergleich zur synthetischen Folsäure instabiler gegenüber Licht, Hitze und Sauerstoff. Unter anderem erhöht Ascorbinsäure die Stabilität der Folate und steigert dadurch deren Bioverfügbarkeit [17].

Die Bioverfügbarkeit der Folate wird darüber hinaus durch weitere Faktoren wie z. B. die Lebensmittelmatrix, den pH-Wert im Darm und das Vorhandensein anderer Nahrungsinhaltsstoffe beeinflusst [8, 17, 18]. Sie variiert stark in Abhängigkeit vom Verhältnis der Mono- zu den Polyglutamaten in der Nahrung [19] und ist niedriger als die von Folsäure.

Ferner wird die Verfügbarkeit sowohl der Folate als auch der Folsäure für den Stoffwechsel durch eine Reihe postabsorptiver Faktoren (Folatstatus, genetische Faktoren, homöostatische Mechanismen sowie individuelle Faktoren wie Geschlecht und Alter) beeinflusst [18].

Zurzeit besteht noch Unsicherheit über die tatsächliche relative Bioverfügbarkeit von Folaten und Folsäure aus einer Ernährung, die sich aus nativen und angereicherten Lebensmitteln zusammensetzt [19].

Der unterschiedlichen Bioverfügbarkeit der natürlicherweise in Lebensmitteln vorkommenden Folate und der synthetischen Folsäure aus angereicherten Lebensmitteln oder Folsäurepräparaten wird mit dem Begriff „Folat-Äquivalente" Rechnung getragen: 1 µg Folat-Äquivalent = 1 µg Nahrungsfolat = 0,5 µg synthetische Folsäure. Dies gilt bei Zufuhr auf nüchternen Magen. In diesem Fall ist die synthetische Folsäure nahezu quantitativ (fast 100 %) bioverfügbar, die Bioverfügbarkeit von Folat aus gemischter Kost wird mit etwa 50 % angegeben. Wird Folsäure zusammen mit Lebensmitteln verzehrt, sinkt ihre Bioverfügbarkeit auf ca. 85 %. Dann entspricht 1 µg Folat-Äquivalent = 1 µg Nahrungsfolat = 0,6 µg synthetische Folsäure. Zur Berechnung der Verfügbarkeit von Folat-Äquivalenten aus angereicherten Lebensmitteln und aus Folsäurepräparaten, die zu einer Mahlzeit eingenommen werden, wird demnach folgende Formel angewandt: µg Folat-Äquivalent = µg Nahrungsfolat + (1,7 x µg synthetische Folsäure) [15, 20, 21].

### Interaktionen der B-Vitamine

Folat steht im Stoffwechsel mit den Vitaminen $B_{12}$ (Cobalamin), $B_6$ (Pyridoxin) und $B_2$ (Riboflavin) in Verbindung.

So ist Vitamin $B_2$ als Bestandteil der Flavoproteinenzyme zum Beispiel an der Umwandlung von 5,10-Methylen-THF in 5-Methyl-THF durch die MTHFR beteiligt. Vitamin $B_{12}$ agiert als Coenzym in der Homocysteinmethyltransferase-Reaktion, in der Homocystein zu Methionin regeneriert wird. Hierbei wird die Methylgruppe des 5-Methyl-THF mithilfe der Methioninsynthase und des Cofaktors Vitamin $B_{12}$ schrittweise auf Homocystein übertragen [22]. Bei unzureichender Versorgung mit Folat oder Vitamin $B_{12}$ wird diese Reaktion behindert. Dadurch kommt es zu einem Anstieg der Homocysteinkonzentration im Plasma. Bei einem Vitamin-$B_{12}$-Mangel erhöht sich die intrazelluläre Konzentration des nicht zur Homocystein-Remethylierung verwendeten Methyl-THF in den Zellen und führt zu einem funktionellen intrazellulären THF-Mangel und somit zu einem Mangel an 5,10-Methylen-THF, was zu einer verminderten DNA-Synthese führt. Daher werden bei einem Vitamin-$B_{12}$-Mangel ähnliche hämatologische Symptome wie bei einem Folatmangel beobachtet [8].

Homocystein kann aber auch über Cystathionin zu Cystein umgewandelt werden. Diese Reaktionen werden durch eine Vitamin-$B_6$-abhängige Cystathionin-β-Synthase und Cystathionase katalysiert [23].

### Ausscheidung

Über Leber und Galle ausgeschiedenes Folat unterliegt im Körper dem enterohepatischen Kreislauf, welcher mit Mengen von bis zu 100 µg Folat/Tag entscheidend zur Regulation der Folathomöostase beiträgt und kurzfristige Schwankungen in der Zufuhr ausgleichen kann. Die Nierenausscheidung beträgt bei mit der üblichen Ernährung zugeführten Mengen, aufgrund der effektiven tubulären Reabsorption, nur wenige Mikrogramm folatwirksamer Verbindungen pro Tag. Die Bedeutung der Ausscheidung über den Fäzes kann nicht beurteilt werden, da aufgrund der mikrobiellen Synthese im Darm auch immer enteral gebildetes Folat[2] ausgeschieden wird [2, 25].

### Genetische Variationen im Folatstoffwechsel

Es wurden verschiedene genetische Polymorphismen im Folatstoffwechsel identifiziert, die Auswirkungen auf den Folatbedarf und die Gesundheit haben können [26]. Dazu gehören Polymorphismen der MTHFR, die eines der wichtigsten Enzyme im Folatstoffwechsel darstellt. Eine Mutation im Gen der MTHFR (677C→T) setzt die Aktivität des Enzyms herab [27]. Personen vom T/T-Genotyp haben einen höheren Folatbedarf als Personen ohne diese genetische Variante [28, 29]. Frauen mit einem solchen MTHFR-Polymorphismus haben ein erhöhtes Risiko, Kinder mit Neuralrohrdefekten zu gebären [30, 31]. Der T/T-Genotyp kommt mit 15 % bis 35 % besonders häufig in der mexikanischen und lateinamerikanischen Bevölkerung vor. In Europa liegt die Häufigkeit im Norden bei 6 % bis 14 % und im Süden bei 15 % bis 24 % [26, 32].

Die Methioninsynthase und die Methioninsynthasereduktase sind ebenfalls wichtige Enzyme im Folatstoffwechsel [33], bei denen Polymorphismen identifiziert wurden, die zu Störungen im Folatstoffwechsel und zu erhöhten Homocysteinkonzentrationen führen können [34, 35].

## 4. Funktionen

Folat entfaltet seine metabolische Wirkung in Form von THF und dessen Derivaten. Sie agieren im Körper als Coenzyme, die Einkohlenstoffeinheiten (z. B. Hydroxymethyl-

[2] Wenngleich es einige Hinweise auf den Einfluss der Mikrobiota auf den Folatstatus beim Menschen gibt [24], ist die Bedeutung der im Darm stattfindenden mikrobiellen Folatsynthese für die humane Folatversorgung bislang nicht eindeutig geklärt.

und Formylgruppen) aus verschiedenen Stoffwechselreaktionen binden und auf Akzeptoren übertragen. In dieser Funktion sind sie unter anderem an der Purin- und Pyrimidinsynthese beteiligt und dadurch für die RNA- und DNA-Synthese (DNA-Methylierung) sowie für die Prozesse der Zellteilung, -differenzierung und -regeneration von entscheidender Bedeutung [22].

Folat ist darüber hinaus im Zusammenspiel mit den Vitaminen $B_{12}$, $B_6$ und $B_2$ an der Regulierung der Homocysteinkonzentration im Stoffwechsel beteiligt (siehe auch „Interaktionen der B-Vitamine") [8, 36].

## 5. Kriterien zur Beurteilung der Versorgung

Zur Bestimmung der Folatversorgung kann die Folatkonzentration im Serum bzw. Plasma[3] oder in den Erythrozyten, als folatspeichernde Zellen, gemessen werden. Serum enthält Folat nur in Form von Monoglutamaten, unter physiologischen Bedingungen überwiegend 5 Methyl-THF. In den Erythrozyten überwiegen die Polyglutamate des 5-Methyl-THF. Die Bestimmung der Folatkonzentration ist aufgrund der chemischen Instabilität von Folat und dessen vielfältigen Formen schwierig.

Mit den ursprünglichen mikrobiellen und den neueren radioimmunologischen Nachweismethoden kann die Gesamtfolatkonzentration bestimmt werden. Neue massenspektrometrische Verfahren erlauben auch eine Differenzierung der verschiedenen folatwirksamen Verbindungen, befinden sich aber noch in der Entwicklungsphase [37, 38].

Die Serumfolatkonzentration spiegelt den aktuellen Folatgehalt im Blut wider und gibt keine Auskunft über die Gewebereserven. Trotz individueller und täglicher Schwankungen gilt sie als geeigneter Parameter zur Bewertung der Folatversorgung auf Bevölkerungsebene [39, 40].

Die Folatkonzentration in den Erythrozyten ist ein guter Indikator für den längerfristigen Versorgungszustand, sie zeigt die Versorgung während der vorangegangenen 4 Monate an [37, 38]. Erythrozyten weisen ca. 40-fach (ca. 450–1130 nmol/l) höhere Folatkonzentrationen auf als das Serum. Im Gegensatz zur Folatkonzentration im Serum wird die Konzentration in den Erythrozyten jedoch stärker durch Störfaktoren beeinflusst. Sie ist sowohl von genetischen Faktoren als auch von verschiedenen Vitaminen abhängig. Darüber hinaus spiegelt sie die Folatversorgung zum Zeitpunkt der Zellneubildung und -reifung wider und ändert sich danach nicht mehr für die Lebensdauer der Erythrozyten [39, 40].

Zur Beurteilung der Folatversorgung wird bisweilen auch die Homocysteinkonzentration im Plasma gemessen, da es bei einer unzureichenden Folatversorgung zu verminderter Remethylierung von Homocystein zu Methionin und somit zu einem Anstieg der Homocysteinkonzentration im Plasma kommt [41]. Die Homocysteinkonzentration wird jedoch nicht nur durch Folat, sondern auch durch Vitamin $B_{12}$, Vitamin $B_6$ und – in geringerem Maße – durch Vitamin $B_2$ beeinflusst. Ein Mangel an diesen Vitaminen kann ebenfalls zu erhöhten Homocysteinkonzentrationen führen [42]. Somit handelt es sich bei der Homocysteinkonzentration um einen sensiblen, aber nicht spezifischen Indikator für die Folatversorgung [8, 21, 43–45]. Bei Erwachsenen gilt eine Homocysteinkonzentration im Plasma in Höhe von < 12 µmol/l als wünschenswert [21, 46].

Als Zielwert wird eine Serumfolatkonzentration von ≥ 10 nmol/l und eine Erythrozytenfolatkonzentration von ≥ 340 nmol/l zugrunde gelegt. Bei Erreichen dieser Zielwerte liegt die Homocysteinkonzentration bei < 12 µmol/l [44].

## 6. Mangelsymptomatik

Serumfolatkonzentrationen < 7 nmol/l[4] sind als Mangel und < 10 nmol/l als subklinischer Mangel mit einem Risiko für erhöhte Homocysteinkonzentrationen im Plasma definiert [39]. Ein Abfall der Erythrozytenfolatkonzentration unter 340 nmol/l deutet ebenfalls auf einen subklinischen Mangel hin [39, 42, 44].

Da folatwirksame Verbindungen insbesondere an Prozessen der Zellteilung und -differenzierung beteiligt sind, manifestiert sich ein Mangel primär an Zellsystemen mit hoher Zellteilungsrate (z. B. Erythrozyten, Leukozyten, Mucosazellen des Darms und des Urogenital-Trakts) und insbesondere in der Schwangerschaft und in Wachstumsphasen.

Die Symptome des Folatmangels manifestieren sich stufenweise. Bei anhaltend niedriger Zufuhr sinkt die Serumfolatkonzentration zunächst nach 3 bis 4 Wochen. Nach etwa 3 Monaten ist die Folatkonzentration in den Erythrozyten vermindert. Im weiteren Verlauf kommt es zu milden bis schweren Veränderungen des Blutbilds.

[3] Im Folgenden wird die Folatkonzentration im Plasma mit der im Serum gleichgesetzt und in der Regel letztere genannt. Wenn Studienergebnisse angegeben werden, in denen die Plasmafolatkonzentration bestimmt wurde, werden diese auch so dargestellt.
[4] Zumeist werden die Folatkonzentrationen in nmol/l angegeben. Um diese in µg/l umzurechnen, müssen die nmol/l-Werte durch 2,266 dividiert werden.

Eine megaloblastische Anämie mit vergrößertem mittlerem Zellvolumen der Erythrozyten (*mean corpuscular volume* [MCV]) stellt den Leitbefund eines Folatmangels dar. Ein suboptimaler Versorgungszustand bzw. prälatente und latente Mangelerscheinungen können aber bereits vor dem Auftreten einer megaloblastischen Anämie mithilfe biochemischer Parameter wie Serum- und Erythrozytenfolatkonzentration erfasst werden [8, 43, 47]. Die minimale Zufuhr zur Vermeidung einer megaloblastischen Anämie beträgt 50 µg Folsäure (entsprechend 100 µg Folat-Äquivalenten) pro Tag [48].

Eine durch Folatmangel ausgelöste megaloblastische Anämie kann von einer durch Vitamin-$B_{12}$-Mangel ausgelösten Anämie hämatologisch nicht unterschieden werden. Darauf ist bei der Deutung von Untersuchungsbefunden und bei der Behandlung eines Folatmangels zu achten [8, 15].

### Schwangerschaftskomplikationen und Neuralrohrdefekte

Eine inadäquate Folatversorgung bei Schwangeren ist mit einem erhöhten Risiko für das Auftreten von Aborten, Frühgeburten, geringem Geburtsgewicht und fetalen Wachstumsverzögerungen verbunden [49, 50].

Durch eine inadäquate Folatversorgung in der Frühschwangerschaft wird das Risiko für angeborene Fehlbildungen, vor allem Neuralrohrdefekte, erhöht (Prävalenz in Europa 1 bis 1,5/1000 Lebendgeborenen) [51]. Neuralrohrdefekte sind Fehlbildungen des Gehirns und des Rückenmarks, wie z. B. Spina bifida, die auf einen unvollständigen oder fehlenden Verschluss des Neuralrohrs zurückzuführen sind [52]. Neben der Folatversorgung spielen genetische und andere Faktoren als Risikofaktoren für Neuralrohrdefekte eine Rolle [53].

## 7. Überversorgung

### Folate

Bei einer hohen Zufuhr von natürlicherweise in Lebensmitteln vorkommenden Folaten sind keine unerwünschten gesundheitlichen Wirkungen beobachtet worden.

### Folsäure

Die Auswirkungen einer hohen Zufuhr von Folsäure oder anderen synthetischen Folatverbindungen (wie z. B. Calcium-L-Methylfolat) wurden nicht systematisch untersucht. In Einzelfällen kam es zu gastrointestinalen Störungen und Schlafstörungen bei einer Zufuhr von 5 mg bis 10 mg Folsäure pro Tag [21, 54].

Es wurde beobachtet, dass Zufuhrmengen über 260 µg Folsäure (als Einzeldosis) nicht mehr vollständig in 5-Methyl-THF umgewandelt werden und infolgedessen nicht verstoffwechselte Folsäure im Serum, in der Frauenmilch und auch im Nabelschnurblut erscheint [55–57]. Es ist bisher unklar, ob dies negative Wirkungen auf den Organismus hat [9, 58]. Es gibt jedoch zunehmend Hinweise dafür, dass für bestimmte Bevölkerungsgruppen aus hohen Folsäureaufnahme ein erhöhtes gesundheitliches Risiko resultieren könnte. Zu den Risikogruppen für mögliche negative Effekte auf die kognitiven Fähigkeiten und auf die Entstehung von Dickdarm- oder Prostatakrebs zählen ältere Menschen und Personen mit bestimmten genetischen Prädispositionen. Insgesamt sind weitere Untersuchungen notwendig, um Risikogruppen für niedrige oder hohe Folat- und Folsäureaufnahmen (z. B. mit Blick auf das Alter, vorhandene Neoplasien, genetische Determinanten) besser beschreiben zu können sowie sichere Dosisbereiche für die Folsäuresupplementierung zu identifizieren [59].

Bei einem Vitamin-$B_{12}$-Mangel kann eine hohe Folsäurezufuhr zwar die hämatologischen Symptome des Mangels (megaloblastische Anämie) korrigieren („maskieren"), die gleichzeitig auftretenden neurologischen Symptome bleiben aber bestehen oder können sich verschlimmern [15]. Da heutzutage die Diagnose eines Vitamin-$B_{12}$-Mangels mittels Blutuntersuchung und nicht mehr aufgrund einer Anämie gestellt wird, ist das Problem der „Maskierung" nicht mehr relevant [60].

### Tolerierbare Gesamtzufuhrmenge

Vom wissenschaftlichen Lebensmittelausschuss der EU [61] und vom *Institute of Medicine* (IOM) [21] wurde eine tolerierbare Gesamtzufuhrmenge (*Tolerable Upper Intake Level* [UL]) von 1000 µg/Tag für Erwachsene abgeleitet. Basierend auf dem geringeren Körpergewicht wurden für Kinder und Jugendliche im Alter von 1 bis 17 Jahren tolerierbare Gesamtzufuhrmengen von 200 µg bis 800 µg Folsäure pro Tag berechnet [61]. Diese tolerierbaren Gesamtzufuhrmengen wurden von der Europäischen Behörde für Lebensmittelsicherheit (EFSA) bestätigt [62]. Sie gelten für alle synthetisch hergestellten folatwirksamen Verbindungen [6, 62, 63]. Die Zufuhr von natürlicherweise in Lebensmitteln vorkommenden Folaten unterliegt keiner Begrenzung.

## 8. Versorgungszustand der Bevölkerung

### Zufuhr von Folat-Äquivalenten[5]

Bei den dargestellten Verzehrdaten ist zu berücksichtigen, dass angereicherte Lebensmittel und die Einnahme von Vitaminpräparaten unzureichend erfasst wurden, sodass die tatsächliche Zufuhr von Folat-Äquivalenten vermutlich höher liegt als in den Studienergebnissen angegeben.

*Säuglinge und Kleinkinder*

Nach Daten der Verzehrsstudie zur Ermittlung der Lebensmittelaufnahme von Säuglingen und Kleinkindern (VELS, 2001–2002), die auf der Basis von Verzehrprotokollen erhoben wurden, betrug die Zufuhr bei Jungen im Alter von 6 Monaten bis unter 1 Jahr 78 µg Folat-Äquivalente/Tag (10. Perzentil [P10] bis 90. Perzentil [P90] 51–112 µg) und bei gleichaltrigen Mädchen 62 µg/Tag (P10–P90 44–94 µg). Die mediane Zufuhr von Folat-Äquivalenten lag bei 1- bis unter 4-jährigen Jungen bei 128 µg/Tag (P10–P90 92–175 µg) und bei gleichaltrigen Mädchen bei 116 µg/Tag (P10–P90 82–155 µg). Jungen im Alter von 4 bis unter 5 Jahren führten 147 µg Folat-Äquivalente/Tag zu (P10–P90 111–191 µg) und gleichaltrige Mädchen 143 µg/Tag (P10–P90 97–189 µg) [64, 65].

*Kinder*

Laut der im Jahr 2006 in Deutschland durchgeführten EsKiMo-Studie (Ernährungsmodul des Kinder- und Jugendgesundheitssurveys, KiGGS-Studie) betrug die Zufuhr auf der Basis von Verzehrprotokollen bei 6- bis 11-jährigen Jungen 204 µg (P5–P95 109–496 µg) und bei gleichaltrigen Mädchen 190 µg (P5–P95 101–365 µg) Folat-Äquivalente pro Tag [66]. In Österreich lag der im Zeitraum 2010 bis 2012 mittels 3-Tage-Schätzprotokoll[6] bestimmte Mittelwert der Zufuhr von Folat-Äquivalenten bei Jungen im Alter von 7 bis unter 10 Jahren bei 164 µg, im Alter von 10 bis unter 13 Jahren bei 169 µg und im Alter von 13 bis unter 15 Jahren bei 143 µg pro Tag. Bei Mädchen lag der Mittelwert der Zufuhr in den gleichen Altersgruppen bei 171 µg, 142 µg und 137 µg pro Tag [67].

*Jugendliche und Erwachsene*

Nach Auswertung der Daten der Nationalen Verzehrsstudie II (NVS II, 2005–2006)[7] lag die mediane Zufuhr von Folat-Äquivalenten in Deutschland bei Männern im Alter von 15 bis 80 Jahren bei 207 µg/Tag (P5–P95 116–349 µg) und bei gleichaltrigen Frauen bei 184 µg/Tag (P5–P95 104–304 µg). Während bei Männern die mediane Zufuhr bei älteren geringer war als bei jüngeren, zeigte sich bei Frauen kein altersabhängiger Unterschied [68, 69]. In Österreich lag der im Zeitraum 2014 bis 2016 mittels zwei 24-Stunden Recalls[8] bestimmte Mittelwert der Zufuhr von Folat-Äquivalenten bei Männern im Alter von 18 bis unter 25 Jahren bei 323 µg, im Alter von 25 bis unter 51 Jahren bei 303 µg und im Alter von 51 bis unter 65 Jahren bei 299 µg pro Tag. Bei Frauen in den gleichen Altersgruppen lag er bei 263 µg, 252 µg und 251 µg pro Tag [70]. Die Folatzufuhr von Erwachsenen im Alter von 65 bis 80 Jahren wurde im Zeitraum 2010 bis 2012 mittels zwei 24-Stunden-Recalls[9] erhoben und lag bei Männern bei 203 µg pro Tag und bei Frauen bei 194 µg pro Tag [67].

### Folatkonzentrationen im Serum bzw. Plasma und in Erythrozyten

Bei Kindern und Jugendlichen im Alter von 3 bis 17 Jahren (Teilnehmende des Kinder- und Jugendgesundheitssurveys, KiGGS, 2003–2006) wurden die Erythrozytenfolatkonzentrationen bestimmt. Der Median lag je nach Alter bei Jungen zwischen 1369 nmol/l bis 1765 nmol/l, bei den Mädchen zwischen 1421 nmol/l bis 1695 nmol/l [71].

In Österreich lag der Mittelwert der Plasmafolatkonzentration bei Jungen im Alter von 7 bis unter 10 Jahren bei 16,8 nmol/l, im Alter von 10 bis unter 13 Jahren bei 14,2 nmol/l und im Alter von 13 bis unter 15 Jahren bei 13,0 nmol/l. Bei Mädchen in den gleichen Altersgruppen betrug er 20,5 nmol/l, 17,9 nmol/l und 11,3 nmol/l [67].

In der Studie zur Gesundheit Erwachsener in Deutschland (DEGS 1) lag der Median des Serumfolats bei erwachsenen Männern und Frauen im Alter von 18 bis 79 Jahren bei 16,3 [P5–P95 7,0–34,0 nmol/l] bzw. 17,9 nmol/l [P5–P95 7,7–37,4 nmol/l] [72]. Die Folatkonzentrationen in den Erythrozyten lagen in Abhängigkeit vom Alter im Median bei Männern zwischen 433 nmol/l und 551 nmol/l und bei Frauen zwischen 397 nmol/l und 523 nmol/l [73].

[5] Hierbei ist zu beachten, dass zur Bestimmung der Zufuhr von Folat-Äquivalenten die Folat-Äquivalente in den zugrundeliegenden Erhebungen unterschiedlich berechnet wurden und unterschiedliche Lebensmitteltabellen herangezogen wurden, sodass die Daten nicht unmittelbar miteinander vergleichbar sind.
[6] Auswertung der Daten mittels BLS 3.01, ergänzt durch die Nährstoffgehalte landestypischer Rezepte und spezieller österreichischer Lebensmittel
[7] Auswertung der Verzehrdaten der beiden 24-Stunden-Recalls auf Basis der aktualisierten Version des Bundeslebensmittelschlüssels (BLS-Version 3.02). Daher unterscheiden sich diese von früher publizierten NVS-II-Daten zur Folatzufuhr, die mit dem Ernährungserhebungsinstrument DISHES *(Diet Interview Software for Health Examination Studies)* erfasst und mit einer älteren BLS-Version (BLS II.4) berechnet wurden.
[8] Auswertung der Daten mittels BLS 3.02
[9] Auswertung der Daten mittels BLS 3.01, ergänzt durch die Nährstoffgehalte landestypischer Rezepte und spezieller österreichischer Lebensmittel

In Österreich lag der Mittelwert der Plasmafolatkonzentration bei Frauen im Alter von 18 bis 64 Jahren bei 19,6 nmol/l und bei Männern der gleichen Altersgruppe bei 16,6 nmol/l. Im Alter von 65 bis 80 Jahren lag der Mittelwert der Plasmafolatkonzentration bei Männern und Frauen bei 17,2 nmol/l bzw. 17,3 nmol/l [67].

## 9. Folate in Lebensmitteln

Folatlieferanten sind grünes Gemüse, insbesondere Blattgemüse wie Spinat und Salate, Tomaten, Hülsenfrüchte, Nüsse, Orangen, Sprossen, Weizenkeime und Vollkornprodukte sowie Kartoffeln, Leber und Eier [74].

Folate in Lebensmitteln sind wasserlöslich, lichtempfindlich und hitzelabil. Dabei bestehen deutliche Unterschiede zwischen den verschiedenen Verbindungen. Bei bestimmten Herstellungs- und Zubereitungsverfahren muss für Monoglutamate mit einem Verlust von bis zu 70 % und für Polyglutamate mit einem Verlust von 50 % gerechnet werden. Da über 60 % der Folatzufuhr aus Lebensmitteln stammen, die ohne weitere Verarbeitung verzehrt werden, betragen die Zubereitungsverluste im Mittel etwa 35 % [75].

In Deutschland, Österreich und der Schweiz ist eine Vielzahl folsäureangereicherter Lebensmittel auf dem Markt. Die Anreicherung von Lebensmitteln mit Folsäure ist auf dem europäischen Markt auf der Basis der EG-Verordnung Nr. 1925/2006 geregelt [76].

## 10. Ableitung der Referenzwerte für die Folatzufuhr

### Säuglinge

Die Ableitung der Referenzwerte für die Folatzufuhr bei Säuglingen orientiert sich am Folatgehalt der Frauenmilch, die als optimal für die Ernährung von Säuglingen anzusehen ist [77, 78]. Bei den Referenzwerten für Säuglinge handelt es sich somit um Schätzwerte. Systematische Untersuchungen über die Folatzufuhr und den resultierenden Status bei Säuglingen gibt es nicht.

Ein voll gestillter Säugling erhält bei einer täglichen durchschnittlichen Trinkmenge von 750 ml bei einem mittleren Folatgehalt von 8 µg (3,7–8,5 µg) pro 100 ml Frauenmilch [74] etwa 60 µg Folat/Tag, wobei 20 % bis 40 % der Folatverbindungen in Frauenmilch bereits als 5-Methyl-THF vorliegen [79]. Angesichts der Tatsache, dass bei ausschließlich gestillten Säuglingen noch nie ein Folatmangel beschrieben wurde [80], wird der Schätzwert für eine angemessene Folatzufuhr für gestillte Säuglinge im Alter von **0 bis unter 4 Monaten** mit 60 µg Folat-Äquivalente/Tag angegeben (siehe Tab. A1).

Ab der Einführung von Beikost sinkt der Verzehr von Frauen- bzw. Säuglingsmilch. Da keine Daten zur Folatzufuhr durch Beikost vorliegen, werden zur Ableitung des Referenzwerts für Säuglinge ab 4 Monaten der Richtwert für die Energiezufuhr für diese Altersgruppe und die Nährstoffdichte von Frauenmilch herangezogen. Unter Berücksichtigung der Richtwerte für die Energiezufuhr für Säuglinge im Alter von **4 bis unter 12 Monaten** und einem Folatgehalt von 12 µg/100 kcal Frauenmilch, ergibt sich als Schätzwert für eine angemessene Folatzufuhr für gestillte Säuglinge in diesem Alter 80 µg Folat-Äquivalente/Tag (siehe Tab. A2). Die Zufuhrdaten nicht gestillter Säuglinge (Zufuhr aus Säuglingsmilch und Beikost im Median pro Tag 78 µg Folat-Äquivalente bei Jungen und 61,8 µg Folat-Äquivalente bei Mädchen [65]) zeigen, dass eine Zufuhr in Höhe des Schätzwerts Wachstum und Gedeihen des Säuglings gewährleistet.

### Kinder und Jugendliche

Auch für Kinder und Jugendliche liegen keine experimentell ermittelten Daten zum Folatbedarf vor. Bei den für Kinder und Jugendliche angegebenen Referenzwerten handelt es sich um Werte, die auf bei Erwachsenen erhobenen Befunden basieren. Dabei wird davon ausgegangen, dass infolge vermehrter Zellneubildung während der Wachstumsphase ein erhöhter Folatbedarf besteht [21].

Unter Annahme eines Variationskoeffizienten von 15 % (Zuschlag von 30 % zum durchschnittlichen Bedarf) ergibt sich unter Zugrundelegung des durchschnittlichen Bedarfs der Erwachsenen und nach der Berechnungsformel des IOM [21] eine empfohlene Zufuhr von Folat-Äquivalenten bei Kindern im Alter von **1 bis unter 4 Jahren** von 120 µg, bei Kindern im Alter von **4 bis unter 7 Jahren** von 140 µg, bei Kindern im Alter von **7 bis unter 10 Jahren** von 180 µg, bei Kindern im Alter von **10 bis unter 13 Jahren** von 240 µg pro Tag und bei Kindern und Jugendlichen im Alter von **13 bis unter 19 Jahren** von 300 µg pro Tag (siehe Tab. A3).

### Erwachsene bis unter 65 Jahren

Zur Ableitung des Referenzwerts für die Folatzufuhr bei Erwachsenen werden Studien zugrunde gelegt, in denen primär anhand der Serumfolatkonzentration Aussagen zum Folatbedarf gemacht werden [48, 81, 82].

Die Erythrozytenfolat- sowie die Homocysteinkonzentration werden bei der Ableitung der Referenzwerte für Erwachsene mitberücksichtigt [39, 40] (siehe 5. Mangelsymptomatik).

Als Zielwert wird eine Serumfolatkonzentration von ≥ 10 nmol/l und eine Erythrozytenfolatkonzentration von ≥ 340 nmol/l zugrunde gelegt. Bei Erreichen dieser Zielwerte liegt die Homocysteinkonzentration bei < 12 µmol/l [44].

Zusammengefasst deuten die Ergebnisse der genannten Studien [48, 81, 82] darauf hin, dass die minimale Zufuhr zur Vermeidung einer megaloblastischen Anämie 50 µg Folsäure/Tag beträgt und mit ca. 200 µg Folat-Äquivalenten die gewünschte Folatversorgung erreicht wird. Unter Berücksichtigung dessen, dass infolge analytischer Probleme bei der Bestimmung des Folatgehalts in Lebensmitteln die Zufuhr von Folat-Äquivalenten unterschätzt wird, wird ein Zuschlag von 10 % addiert. Der durchschnittliche Bedarf beträgt demnach 220 µg Folat-Äquivalente/Tag. Zur Ableitung der empfohlenen Zufuhr wird ein Variationskoeffizient von 15 % (Zuschlag von 30 %) angenommen und eine empfohlene Zufuhr für Erwachsene **bis unter 65 Jahren** von 300 µg Folat-Äquivalente/Tag angegeben (siehe Tab. A4).

Dieser Referenzwert wird durch österreichische Daten zur Zufuhr und zum Versorgungszustand bestätigt: Demnach erreichen in Österreich lebende Frauen und Männer bei einer durchschnittlichen Zufuhr von 211 µg bzw. 212 µg Folat-Äquivalenten pro Tag Plasmafolatkonzentrationen von über 19,6 nmol/l bzw. 16,6 nmol/l [67]. Dabei ist zu berücksichtigen, dass aufgrund von Unsicherheiten über den Verzehr von angereicherten Lebensmitteln und die Einnahme von Vitaminpräparaten die Zufuhr von Folat-Äquivalenten gegebenenfalls unterschätzt wurde.

Die österreichischen Daten sowie weitere internationale Studienergebnisse [83–86] zeigen, dass mit einer Zufuhr von 300 µg Folat-Äquivalenten/Tag Serumfolatkonzentrationen im Bereich des angegebenen Zielwerts von ≥ 10 nmol/l erreicht werden und somit eine gute Folatversorgung gewährleistet ist.

Zur Ableitung der früheren Referenzwerte für die Folatzufuhr [87] wurde maßgeblich die Studie von O'Keefe et al. [88] herangezogen, die im Gegensatz zu den in diesem Kapitel angeführten Studien zur Untersuchung des Folatbedarfs mit einer minimalen Zufuhr von 320 µg Folat-Äquivalenten deutlich höhere Zufuhrmengen eingesetzt hat. Die oben genannten Untersuchungen zum Folatbedarf zeigen jedoch, dass geringere als die von O'Keefe et al. [88] eingesetzten Mengen an Folat-Äquivalenten für eine gute Folatversorgung ausreichen.

### Erwachsene ab 65 Jahren

Da es keine Hinweise dafür gibt, dass der Bedarf in dieser Altersgruppe verändert ist, beträgt die empfohlene Zufuhr bei Erwachsenen **ab 65 Jahren** – wie auch bei der jüngeren Altersgruppe – 300 µg Folat-Äquivalente/Tag.

Nach österreichischen Daten von Frauen und Männern im Alter von 65 bis 80 Jahren betrug die Plasmafolatkonzentration bei einer Zufuhr von 194 µg bzw. 203 µg Folat-Äquivalenten pro Tag 17,3 nmol/l bzw. 17,2 nmol/l [67].

Die österreichischen Daten sowie weitere internationale Studienergebnisse [89–91] zeigen, dass Erwachsene ab 65 Jahren bei einer Folatzufuhr von 300 µg/Tag eine gute Folatversorgung aufweisen.

### Schwangere

Während der Schwangerschaft ist der Folatbedarf infolge des fetalen Wachstums sowie der mütterlichen Anpassungen deutlich erhöht. Eine inadäquate Folatversorgung in der Schwangerschaft hat einen negativen Einfluss auf die Entwicklung des Fetus (fetale Fehlbildungen, gestörtes fetales Wachstum; siehe auch „Schwangerschaftskomplikationen und Neuralrohrdefekte") und die Gesundheit der Mutter (Anämie) [79, 92].

Für den Bedarf des Fetus wird ein Zuschlag von 200 µg Folat-Äquivalenten/Tag zum durchschnittlichen Bedarf Erwachsener hinzugerechnet [21]. Unter Annahme eines Variationskoeffizienten von 15 % (Zuschlag von 30 %) ergibt sich für Schwangere eine empfohlene Zufuhr von 550 µg Folat-Äquivalenten/Tag (siehe Tab. A5).

### Stillende

Der Folatbedarf stillender Mütter ist durch die Folatabgabe mit der Frauenmilch erhöht. Mit 750 ml Frauenmilch werden 60 µg Folat abgegeben. Unter Berücksichtigung der Bioverfügbarkeit von 50 % benötigt die Stillende zusätzlich 120 µg Folat-Äquivalente/Tag, was einen durchschnittlichen Bedarf von 340 µg Folat-Äquivalente/Tag ergibt. Die empfohlene Zufuhr bei Stillenden wird unter Annahme eines Variationskoeffizienten von 15 % (Zuschlag von 30 %) mit 450 µg Folat-Äquivalenten/Tag angegeben (siehe Tab. A6).

### Frauen, die schwanger werden wollen oder könnten

Die präventiven Wirkungen einer Folsäuresupplementation vor und während der Schwangerschaft auf das Risiko für Neuralrohrdefekte des Neugeborenen sind seit vielen Jahren gesichert [93–97].

Für eine ausreichende Folatversorgung für die Prävention von Neuralrohrdefekten wurde von Daly et al. [98] eine Serumfolatkonzentration von mindestens 16 nmol/l und eine Erythrozytenfolatkonzentration von mindestens 906 nmol/l angegeben. Studienergebnisse zeigen, dass Frauen (mittleres Alter 25 Jahre) mit einer täglichen Folatzufuhr von ca. 270 µg und einer Supplementation von 400 µg Folsäure nach 6 Wochen die gewünschten Plasmafolatkonzentrationen erreichten [99].

Frauen, die schwanger werden wollen oder könnten, sollen daher zusätzlich zu einer folatreichen Ernährung 400 µg synthetische Folsäure/Tag oder äquivalente Dosen anderer Floate in Form eines Folsäure- oder Folatpräparats einnehmen, um Neuralrohrdefekten vorzubeugen. Diese zusätzliche Einnahme eines Folsäure-/Folatpräparats sollte mindestens 4 Wochen vor Beginn der Schwangerschaft anfangen und während des ersten 1. Drittels der Schwangerschaft beibehalten werden.

Bei Frauen, die bereits ein Kind mit einem Neuralrohrdefekt geboren haben, ist das Risiko eines wiederholten Auftretens von Neuralrohrdefekten bei Geschwisterkindern besonders groß. Die Verordnung eines Folsäure-/Folatpräparats mit ausreichender Dosierung zur Prophylaxe von Neuralrohrdefekten ist in diesen Fällen bei erneutem Kinderwunsch Sache des behandelnden Arztes.

## 11. Sicherstellung einer angemessenen Folatversorgung

Durch einen hohen Verzehr von natürlicherweise folatreichen Lebensmitteln kann eine angemessene Folatversorgung sichergestellt werden. Dafür empfiehlt es sich, täglich mindestens 3 Portionen Gemüse oder Salat zu verzehren und bei der Zubereitung darauf zu achten, Gemüse nur kurz und unzerkleinert zu waschen, zu dünsten statt zu kochen und nicht warm zu halten. Außerdem sollen täglich Vollkornprodukte, Milch und Milchprodukte sowie hin und wieder Leber verzehrt werden [100]. Frauen im 1. Schwangerschaftsdrittel sollten auf den Verzehr von Leber verzichten.

## 12. Präventive Aspekte

Im Folgenden wird neben den bereits beschriebenen präventiven Auswirkungen von Folsäure auf Neuralrohrdefekte ein kurzer Überblick über die aktuelle Studienlage zu Folaten und Folsäure im Zusammenhang mit einigen chronischen Krankheiten gegeben, ohne dass eine Evidenzbewertung vorgenommen wurde.

Da erhöhte Homocysteinkonzentrationen bei kardiovaskulären Krankheiten und Schlaganfall gemessen werden [101], wurde in der Vergangenheit postuliert, dass eine Senkung der Homocysteinkonzentration durch Folsäure zu einer Senkung des Risikos dieser Krankheiten führt [102]. Epidemiologische Studien zeigen zwar, dass die Zufuhr von Folat-Äquivalenten negativ mit dem Risiko für koronare Herzkrankheit assoziiert ist [103, 104], es ist aber unklar, ob es sich hierbei um einen kausalen Zusammenhang handelt [105].

Diskutiert wird auch, ob eine höhere Zufuhr von Folaten und/oder Folsäure mit einer Risikosenkung für neurodegenerative Krankheiten verbunden ist [106]; der Zusammenhang ist bisher nicht nachgewiesen [107, 108].

Zur Bedeutung für die Prävention von Krebskrankheiten lässt sich feststellen, dass in prospektiven Kohortenstudien eine moderate inverse Assoziation zwischen der Zufuhr von Folaten und/oder Folsäure bzw. entsprechenden Serumkonzentrationen und dem Krebsrisiko, insbesondere bei Dickdarmkrebs, beobachtet wurde [109–111]. Ergebnisse kontrollierter Interventionsstudien deuten jedoch darauf hin, dass nur Personen mit niedrigen Ausgangskonzentrationen an Plasmafolat von einer zusätzlichen Folatzufuhr profitieren [112] und dass der Zeitpunkt und die Dosis der Zufuhr einer Folsäuresupplementation entscheidend dafür sind, ob eine Krebskrankheit verhindert oder gefördert wird [113]. Auch andere Faktoren wie Alkoholkonsum und eine genetische Prädisposition beeinflussen die Wirkungen von Folaten bzw. Folsäure auf das Krebsrisiko [114–118].

Es gibt keine hinreichenden wissenschaftlichen Daten, die auf einen krebspräventiven Effekt von Folat bei Zufuhrmengen oberhalb des Referenzwerts hinweisen.

## Literatur


[1] Pietrzik K, Golly I, Loew D: Handbuch Vitamine. Urban & Fischer, München (2012)

[2] Shane B: Folate chemistry and metabolism. In: Bailey LB (Hrsg.): Folate in health and disease. Taylor & Francis, Boca Raton, 2. Auflage (2010) 1–24

[3] Brönstrup A: Folat und Folsäure. Ernährungs Umschau 54 (2007) 538–544

[4] Richtlinie 2006/34/EG der Kommission vom 21. März 2006 zur Änderung des Anhangs der Richtlinie 2001/15/EG zwecks Aufnahme bestimmter Stoffe. Amtsblatt der Europäischen Union (2006) 14–15

[5] Richtlinie 2006/37/EG der Kommission vom 30. März 2006 zur Änderung von Anhang II der Richtlinie 2002/46/EG des Europäischen Parlaments und des Rates zwecks Aufnahme bestimmter Stoffe. Amtsblatt der Europäischen Union (2006) 32–33

[6] EFSA (European Food Safety Authority): Scientific opinion on (6S)-5-methyltetrahydrofolic acid, glucosamine salt as a source of folate added for nutritional purposes to food supplements. EFSA Journal 11 (2013) 3358

[7] Durchführungsbeschluss der Kommission vom 19. März 2014 zur Genehmigung des Inverkehrbringens von (6S)-5-Methyltetrahydrofolsäure, Glucosaminsalz als neuartige Lebensmittelzutat gemäß der Verordnung (EG) Nr. 258/97 des Europäischen Parlaments und des Rates. Amtsblatt der Europäischen Union (2014) 10–12

[8] Carmel R: Folic acid. In: Shils ME, Shike M, Ross AC et al. (Hrsg.): Modern nutrition in health and disease. Lippincott Williams & Wilkins, Baltimore, 10. Auflage (2006) 470–481

[9] Kelly P, McPartlin J, Goggins M et al.: Unmetabolized folic acid in serum: acute studies in subjects consuming fortified food and supplements. Am J Clin Nutr 65 (1997) 1790–1795

[10] Sweeney MR, McPartlin J, Weir DG et al.: Postprandial serum folic acid response to multiple doses of folic acid in fortified bread. Br J Nutr 95 (2006) 145–151

[11] Sweeney MR, McPartlin J, Scott JM: Folic acid fortification and public health: report on threshold doses above which unmetabolised folic acid appear in serum. BMC Public Health 7 (2007) 41

[12] Hoppner K, Lampi B: Folate levels in human liver from autopsies in Canada. Am J Clin Nutr 33 (1980) 862–864

[13] von der Porten AE, Gregory JF, Toth JP et al.: In vivo folate kinetics during chronic supplementation of human subjects with deuterium-labeled folic acid. J Nutr 122 (1992) 1293–1299

[14] Lin Y, Dueker SR, Follett JR et al.: Quantitation of in vivo human folate metabolism. Am J Clin Nutr 80 (2004) 680–691

[15] Bender DA: The Vitamins. In: Gibney MJ, Lanham-New SA, Cassidy A et al. (Hrsg.): Introduction to human nutrition. Wiley-Blackwell, Chichester, 2. Auflage (2009) 132–187

[16] Bärlocher K: Folsäure perikonzeptionell und in der Schwangerschaft. Schweizer Zeitschrift für Ernährungsmedizin (2012) 9–14

[17] McNulty H, Pentieva K: Folate bioavailability. In: Bailey LB (Hrsg.): Folate in health and disease. Taylor & Francis, Boca Raton, 2. Auflage (2010) 25–47

[18] Caudill MA: Folate bioavailability: implications for establishing dietary recommendations and optimizing status. Am J Clin Nutr 91, Suppl (2010) 1455S–1460S

[19] Ohrvik VE, Witthoft CM: Human folate bioavailability. Nutrients 3 (2011) 475–490

[20] Bailey LB: Dietary reference intakes for folate: the debut of dietary folate equivalents. Nutr Rev 56 (1998) 294–299

[21] IOM (Institute of Medicine) (Hrsg.): Dietary reference intakes for thiamin, riboflavin, niacin, vitamin $B_6$, folate, Vitamin $B_{12}$, pantothenic acid, biotin, and choline. National Academies Press, Washington, DC (1998)

[22] Stover PJ: Folate biochemical pathways and their regulation. In: Bailey LB (Hrsg.): Folate in health and disease. Taylor & Francis, Boca Raton, 2. Auflage (2010) 49–74

[23] Bailey LB, Gregory JF: Folate metabolism and requirements. J Nutr 129 (1999) 779–782

[24] Santacruz A, Collado MC, Garcia-Valdes L et al.: Gut microbiota composition is associated with body weight, weight gain and biochemical parameters in pregnant women. Br J Nutr 104 (2010) 83–92

[25] Rossi M, Amaretti A, Raimondi S: Folate production by probiotic bacteria. Nutrients 3 (2011) 118–134

[26] Christensen KE, Rozen R: Genetic variation. Effect on folate metabolism and health. In: Bailey LB (Hrsg.): Folate in health and disease. Taylor & Francis, Boca Raton, 2. Auflage (2010) 75–110

[27] Frosst P, Blom HJ, Milos R et al.: A candidate genetic risk factor for vascular disease: a common mutation in methylenetetrahydrofolate reductase. Nat Genet 10 (1995) 111–113

[28] Molloy AM, Daly S, Mills JL et al.: Thermolabile variant of 5,10-methylenetetrahydrofolate reductase associated with low red-cell folates: implications for folate intake recommendations. Lancet 349 (1997) 1591–1593

[29] Crider KS, Zhu JH, Hao L et al.: MTHFR 677C-T genotype is associated with folate and homocysteine concentrations in a large, population-based, double-blind trial of folic acid supplementation. Am J Clin Nutr 93 (2011) 1365–1372

[30] Botto LD, Yang Q: 5,10-Methylenetetrahydrofolate reductase gene variants and congenital anomalies: a HuGE review. Am J Epidemiol 151 (2000) 862–877

[31] Amorim MR, Lima MAC, Castilla EE et al.: Non-Latin European descent could be a requirement for association of NTDs and MTHFR variant 677C T: a meta-analysis. Am J Med Genet A 143 (2007) 1726–1732

[32] Stover PJ: Polymorphisms in 1-carbon metabolism, epigenetics and folate-related pathologies. J Nutrigenet Nutrigenomics 4 (2011) 293–305

[33] West AA, Caudill MA: Genetic variation: impact on folate (and choline) bioefficacy. Int J Vitam Nutr Res 80 (2010) 319–329

[34] Harmon DL, Shields DC, Woodside JV et al.: Methionine synthase D919G polymorphism is a significant but modest determinant of circulating homocysteine concentrations. Genet Epidemiol 17 (1999) 298–309

[35] Barbosa PR, Stabler SP, Machado ALK et al.: Association between decreased vitamin levels and MTHFR, MTR and MTRR gene polymorphisms as determinants for elevated total homocysteine concentrations in pregnant women. Eur J Clin Nutr 62 (2008) 1010–1021

[36] Selhub J: Homocysteine metabolism. Annu Rev Nutr 19 (1999) 217–246

[37] Shane B: Folate status assessment history: implications for measurement of biomarkers in NHANES. Am J Clin Nutr 94, Suppl (2011) 337S–342S

[38] Yetley EA, Pfeiffer CM, Phinney KW et al.: Biomarkers of folate status in NHANES: a roundtable summary. Am J Clin Nutr 94, Suppl (2011) 303S–312S

[39] Green R: Indicators for assessing folate and vitamin $B_{12}$ status and for monitoring the efficacy of intervention strategies. Am J Clin Nutr 94, Suppl (2011) 666S–672S

[40] Dary O: Nutritional interpretation of folic acid interventions. Nutr Rev 67 (2009) 235–244

[41] Ubbink JB, Vermaak WJ, van der Merwe A et al.: Vitamin $B_{12}$, vitamin B6, and folate nutritional status in men with hyperhomocysteinemia. Am J Clin Nutr 57 (1993) 47–53

[42] de Benoist B: Conclusions of a WHO Technical Consultation on folate and vitamin $B_{12}$ deficiencies. Food Nutr Bull 29 (2008) S238–S244

[43] Stabler SP: Clinical folate deficiency. In: Bailey LB (Hrsg.): Folate in health and disease. Taylor & Francis, Boca Raton, 2. Auflage (2010) 409–428
[44] Selhub J, Jacques PF, Dallal G et al.: The use of blood concentrations of vitamins and their respective functional indicators to define folate and vitamin $B_{12}$ status. Food Nutr Bull 29, Suppl (2008) S67–S73
[45] Yetley EA: Monitoring folate status in population-based surveys. Biofactors 37 (2011) 285–289
[46] Stanger O, Herrmann W, Pietrzik K et al.: DACH-LIGA homocystein (german, austrian and swiss homocysteine society): consensus paper on the rational clinical use of homocysteine, folic acid and B-vitamins in cardiovascular and thrombotic diseases: guidelines and recommendations. Clin Chem Lab Med 41 (2003) 1392–1403
[47] Bässler KH, Golly I, Loew D et al.: Vitamin-Lexikon. Urban & Fischer, München, 3. Auflage (2002)
[48] Herbert V: Minimal daily adult folate requirement. Arch Intern Med 110 (1962) 649–652
[49] Scholl TO, Johnson WG: Folic acid: influence on the outcome of pregnancy. Am J Clin Nutr 71, Suppl 5 (2000) 1295S–1303S
[50] Greenberg JA, Bell SJ, Guan Y et al.: Folic acid supplementation and pregnancy: more than just neural tube defect prevention. Rev Obstet Gynecol 4 (2011) 52–59
[51] Busby A, Abramsky L, Dolk H et al.: Preventing neural tube defects in Europe: population based study. BMJ 330 (2005) 574–575
[52] Starck D (Hrsg.): Embryologie: ein Lehrbuch auf allgemein biologischer Grundlage. Thieme, Stuttgart (1955)
[53] Heseker H: Folic acid and other potential measures in the prevention of neural tube defects. Ann Nutr Metab 59 (2011) 41–45
[54] Butterworth CE, Tamura T: Folic acid safety and toxicity: a brief review. Am J Clin Nutr 50 (1989) 353–358
[55] Plumptre L, Masih SP, Ly A et al.: High concentrations of folate and unmetabolized folic acid in a cohort of pregnant Canadian women and umbilical cord blood. Am J Clin Nutr 102 (2015) 848–857
[56] Pfeiffer CM, Sternberg MR, Fazili Z et al.: Folate status and concentrations of serum folate forms in the US population: National Health and Nutrition Examination Survey 2011-2. Br J Nutr 113 (2015) 1965–1977
[57] Obeid R, Kasoha M, Kirsch SH et al.: Concentrations of unmetabolized folic acid and primary folate forms in pregnant women at delivery and in umbilical cord blood. Am J Clin Nutr 92 (2010) 1416–1422
[58] Yetley EA, Rader JI: Modeling the level of fortification and post-fortification assessments: U.S. experience. Nutr Rev 62 (2004) S50–S59
[59] BfR (Bundesinstitut für Risikobewertung) (Hrsg.): Nutzen-Risiko-Abwägung einer flächendeckenden Anreicherung von Mehl mit Folsäure. Stellungnahme Nr. 027/2017 des BfR vom 13. September 2017. (2017) www.bfr.bund.de/cm/343/nutzen-risiko-abwaegung-einer-flaechendeckenden-anreicherung-von-mehl-mit-folsaeure.pdf (eingesehen am 14.09.2017)
[60] Molloy AM: Folate – Vitamin $B_{12}$ interrelationships. Links to disease risk. In: Bailey LB (Hrsg.): Folate in health and disease. Taylor & Francis, Boca Raton, 2. Auflage (2010) 381–408
[61] SCF (Scientific Committee on Food): Opinion of the Scientific Committee on Food on the tolerable upper intake level of folate. Brüssel (2000)
[62] EFSA (European Food Safety Authority): Tolerable upper intake levels for vitamins and minerals. (2006) www.efsa.europa.eu/de/ndatopics/docs/ndatolerableuil.pdf (eingesehen am 18.07.2018)
[63] EFSA (European Food Safety Authority): Opinion of the Scientific Panel on food additives, flavourings, processing aids and materials in contact with food on a request from the Commission related to calcium L-methylfolate. EFSA Journal 135 (2004) 1–20
[64] Heseker H: Tägliche Energie- und Nährstoffzufuhr bei Säuglingen in VELS. Persönliche Mitteilung vom 28.01.2013, Paderborn (2013)
[65] Heseker H, Mensink GBM: Lebensmittelverzehr und Nährstoffzufuhr im Kindes- und Jugendalter. Ergebnisse aus den beiden bundesweit durchgeführten Ernährungsstudien VELS und EsKiMo. In: Deutsche Gesellschaft für Ernährung (Hrsg.): Ernährungsbericht 2008. Bonn (2008) 49–93
[66] Mensink GBM, Richter A, Stahl A: Bestandsaufnahme: Nährstoffversorgung und Lebensmittelverzehr von Kindern und Jugendlichen in Deutschland. In: Kersting M (Hrsg.): Kinderernährung aktuell. Schwerpunkte für Gesundheitsförderung und Prävention. Umschau Verlag, Sulzbach/Ts (2009) 40–46
[67] Elmadfa I (Hrsg.): Österreichischer Ernährungsbericht 2012. Wien (2012)
[68] Krems C, Walter C, Heuer T et al.: Lebensmittelverzehr und Nährstoffzufuhr - Ergebnisse der Nationalen Verzehrsstudie II. In: Deutsche Gesellschaft für Ernährung (Hrsg.): 12. Ernährungsbericht 2012. Bonn (2012) 40–85
[69] MRI (Max Rubner-Institut, Bundesforschungsinstitut für Ernährung und Lebensmittel): Energie- und Nährstoffzufuhr bei Jugendlichen und Erwachsenen in der NVS II. Persönliche Mitteilung vom 22.08.2014, Karlsruhe (2014)
[70] Department für Ernährungswissenschaften der Universität Wien (Hrsg.): Österreichischer Ernährungsbericht 2017. Wien (2017)
[71] RKI (Robert Koch-Institut) (Hrsg.): Beiträge zur Gesundheitsberichterstattung des Bundes. Bevölkerungsbezogene Verteilungswerte ausgewählter Laborparameter aus der Studie zur Gesundheit von Kindern und Jugendlichen in Deutschland (KiGGS). Berlin (2009)
[72] Mensink GBM, Weißborn A, Richter A: Folatversorgung in Deutschland. J Health Monitoring 1 (2016) 26–30
[73] Mensink GBM, Weißenborn A, Richter A: Folat. In: Deutsche Gesellschaft für Ernährung (Hrsg.): 13. DGE-Ernährungsbericht. Bonn (2016) 47–51
[74] Souci SW, Fachmann W, Kraut H (Hrsg.): Die Zusammensetzung der Lebensmittel. Nährwert-Tabellen. medpharm, Stuttgart, 7., revidierte und ergänzte Auflage (2008)
[75] Bognár A: Vitaminverluste bei der Lagerung und Zubereitung von Lebensmitteln. Ernährung/Nutrition 19 (1995) 411–416
[76] Verordnung (EG) Nr. 1925/2006 des Europäischen Parlaments und des Rates vom 20. Dezember 2006 über den Zusatz von Vitaminen und Mineralstoffen sowie bestimmten anderen Stoffen zu Lebensmitteln. Amtsblatt der Europäischen Union (2006) 26–38
[77] Butte NF, Lopez-Alarcon MG, Garza C: Nutrient adequacy of exclusive breastfeeding for the term infant during the first six months of life. (2002) www.who.int/nutrition/publications/infantfeeding/nut_adequacy_of_exc_bfeeding_eng.pdf (eingesehen am 18.07.2018)
[78] Bührer C, Genzel-Boroviczény O, Jochum F et al.: Ernährung gesunder Säuglinge. Monatsschr Kinderheilkd 162 (2014) 527–538
[79] Tamura T, Picciano MF, McGuire MK: Folate in pregnancy and lactation. In: Bailey LB (Hrsg.): Folate in health and disease. Taylor & Francis, Boca Raton, 2. Auflage (2010) 111–131
[80] Lamers Y: Folate recommendations for pregnancy, lactation, and infancy. Ann Nutr Metab 59 (2011) 32–37
[81] Milne DB, Johnson LK, Mahalko JR et al.: Folate status of adult males living in a metabolic unit: possible relationships with iron nutriture. Am J Clin Nutr 37 (1983) 768–773

[82] Sauberlich HE, Kretsch MJ, Skala JH et al.: Folate requirement and metabolism in nonpregnant women. Am J Clin Nutr 46 (1987) 1016–1028
[83] Wright AJA, King MJ, Wolfe CA et al.: Comparison of (6 S)-5-methyltetrahydrofolic acid v. folic acid as the reference folate in longerterm human dietary intervention studies assessing the relative bioavailability of natural food folates: comparative changes in folate status following a 16-week placebo-controlled study in healthy adults. Br J Nutr 103 (2010) 724–729
[84] Durga J, Bots ML, Schouten EG et al.: Effect of 3 y of folic acid supplementation on the progression of carotid intima-media thickness and carotid arterial stiffness in older adults. Am J Clin Nutr 93 (2011) 941–949
[85] Jung AY, Smulders Y, Verhoef P et al.: No effect of folic acid supplementation on global DNA methylation in men and women with moderately elevated homocysteine. PLoS One 6 (2011) e24976
[86] Tighe P, Ward M, McNulty H et al.: A dose-finding trial of the effect of long-term folic acid intervention: implications for food fortification policy. Am J Clin Nutr 93 (2011) 11–18
[87] Deutsche Gesellschaft für Ernährung, Österreichische Gesellschaft für Ernährung, Schweizerische Gesellschaft für Ernährungsforschung, Schweizerische Vereinigung für Ernährung (Hrsg.): Referenzwerte für die Nährstoffzufuhr. Neuer Umschau Buchverlag, Neustadt a.d. Weinstraße, 1. Auflage, 4., korrigierter Nachdruck (2012)
[88] O'Keefe CA, Bailey LB, Thomas EA et al.: Controlled dietary folate affects folate status in nonpregnant women. J Nutr 125 (1995) 2717–2725
[89] Polito A, Intorre F, Andriollo-Sanchez M et al.: Estimation of intake and status of vitamin A, vitamin E and folate in older European adults: the ZENITH. Eur J Clin Nutr 59, Suppl 2 (2005) S42–S47
[90] Intorre F, Polito A, Andriollo-Sanchez M et al.: Effect of zinc supplementation on vitamin status of middle-aged and older European adults: the ZENITH study. Eur J Clin Nutr 62 (2008) 1215–1223
[91] Anderson CA, Jee SH, Charleston J et al.: Effects of folic acid supplementation on serum folate and plasma homocysteine concentrations in older adults: a dose-response trial. Am J Epidemiol 172 (2010) 932–941
[92] Fekete K, Berti C, Cetin I et al.: Perinatal folate supply: relevance in health outcome parameters. Matern Child Nutr 6, Suppl 2 (2010) 23–38
[93] MRC Vitamin Study Research Group: Prevention of neural tube defects: results of the Medical Research Council Vitamin Study. Lancet 338 (1991) 131–137
[94] Czeizel AE, Dudas I: Prevention of the first occurrence of neural-tube defects by periconceptional vitamin supplementation. N Engl J Med 327 (1992) 1832–1835
[95] Tamura T, Picciano MF: Folate and human reproduction. Am J Clin Nutr 83 (2006) 993–1016
[96] Wolff T, Witkop CT, Miller T et al.: Folic acid supplementation for the prevention of neural tube defects: an update of the evidence for the U.S. Preventive Services Task Force. Ann Intern Med 150 (2009) 632–639
[97] De-Regil LM, Fernández-Gaxiola AC, Dowswell T et al.: Effects and safety of periconceptional folate supplementation for preventing birth defects. Cochrane Database Syst Rev (2010) CD007950
[98] Daly LE, Kirke PN, Molloy A et al.: Folate levels and neural tube defects. Implications for prevention. JAMA 274 (1995) 1698–1702
[99] Hursthouse NA, Gray AR, Miller JC et al.: Folate status of reproductive age women and neural tube defect risk: the effect of long-term folic acid supplementation at doses of 140 µg and 400 µg per day. Nutrients 3 (2011) 49–62
[100] Krawinkel M, Brönstrup A, Bechthold A et al.: Strategien zur Verbesserung der Folatversorgung in Deutschland - Nutzen und Risiken. Ernährungs Umschau 53 (2006) 468–479
[101] Selhub J: The many facets of hyperhomocysteinemia: studies from the Framingham cohorts. J Nutr 136, Suppl 6 (2006) 1726S–1730S
[102] Wald DS, Wald NJ, Morris JK et al.: Folic acid, homocysteine, and cardiovascular disease: judging causality in the face of inconclusive trial evidence. BMJ 333 (2006) 1114–1117
[103] Drogan D, Klipstein-Grobusch K, Dierkes J et al.: Dietary intake of folate equivalents and risk of myocardial infarction in the European Prospective Investigation into Cancer and Nutrition (EPIC) - Potsdam study. Public Health Nutr 9 (2006) 465–471
[104] Wang Z-M, Zhou B, Nie Z-L et al.: Folate and risk of coronary heart disease: a meta-analysis of prospective studies. Nutr Metab Cardiovasc Dis 22 (2012) 890–899
[105] Jax T, Lauer T: The art of primary prevention and risk assessment: homocysteine revisited. Stroke 40 (2009) 670–671
[106] Morris MS, Jacques PF: Folate and neurological function. Epidemiological perspective. In: Bailey LB (Hrsg.): Folate in health and disease. Taylor & Francis, Boca Raton, 2. Auflage (2010) 325–353
[107] Malouf R, Grimley EJ: Folic acid with or without vitamin $B_{12}$ for the prevention and treatment of healthy elderly and demented people. Cochrane Database Syst Rev (2008) CD004514
[108] Wald DS, Kasturiratne A, Simmonds M: Effect of folic acid, with or without other B vitamins, on cognitive decline: meta-analysis of randomized trials. Am J Med 123 (2010) 522–527
[109] Stevens VL, McCullough ML, Sun J et al.: High levels of folate from supplements and fortification are not associated with increased risk of colorectal cancer. Gastroenterology 141 (2011) 98–105
[110] Gibson TM, Weinstein SJ, Pfeiffer RM et al.: Pre- and postfortification intake of folate and risk of colorectal cancer in a large prospective cohort study in the United States. Am J Clin Nutr 94 (2011) 1053–1062
[111] Kim DH, Smith-Warner SA, Spiegelman D et al.: Pooled analyses of 13 prospective cohort studies on folate intake and colon cancer. Cancer Causes Control 21 (2010) 1919–1930
[112] Wu K, Platz EA, Willett WC et al.: A randomized trial on folic acid supplementation and risk of recurrent colorectal adenoma. Am J Clin Nutr 90 (2009) 1623–1631
[113] Ulrich CM: Folate and cancer prevention: a closer look at a complex picture. Am J Clin Nutr 86 (2007) 271–273
[114] Ulrich CM, Potter JD: Folate and cancer - timing is everything. JAMA 297 (2007) 2408–2409
[115] Ulrich CM: Folate and cancer prevention - where to next? Counterpoint. Cancer Epidemiol Biomarkers Prev 17 (2008) 2226–2230
[116] Luebeck EG, Moolgavkar SH, Liu AY et al.: Does folic acid supplementation prevent or promote colorectal cancer? Results from model-based predictions. Cancer Epidemiol Biomarkers Prev 17 (2008) 1360–1367
[117] Curtin K, Slattery ML, Ulrich CM et al.: Genetic polymorphisms in one-carbon metabolism: associations with CpG island methylator phenotype (CIMP) in colon cancer and the modifying effects of diet. Carcinogenesis 28 (2007) 1672–1679
[118] Hubner RA, Houlston RS: Folate and colorectal cancer prevention. Br J Cancer 100 (2009) 233–239
[119] Neville MC, Keller R, Seacat J et al.: Studies in human lactation: milk volumes in lactating women during the onset of lactation and full lactation. Am J Clin Nutr 48 (1988) 1375–1386

## Anhang

### Tabelle A1: Berechnung des Schätzwerts für die Zufuhr von Folat-Äquivalenten für gestillte Säuglinge von 0 bis unter 4 Monaten

| Alter [Monate] | Folatgehalt von Frauenmilch[a] [µg/100 ml] | Trinkmenge[b] [ml/Tag] | Folatzufuhr bei einer Trinkmenge von 750 ml/Tag [µg/Tag] | **Schätzwert** für die Folatzufuhr [µg/Tag] |
|---|---|---|---|---|
| 0 bis unter 4 | 8 | 750 | 60 | **60** |

[a] [74]
[b] [119]

### Tabelle A2: Berechnung des Schätzwerts für die Zufuhr von Folat-Äquivalenten für gestillte Säuglinge im Alter von 4 bis unter 12 Monaten

| Alter [Monate] | | Richtwert für die Energiezufuhr[a] [kcal/Tag] | Energiegehalt von Frauenmilch[b] [kcal/100 ml] | Folatgehalt von Frauenmilch[b] [µg/100 ml] | Nährstoffdichte (Folat) der Frauenmilch [µg/100 kcal] | Folatzufuhr bei Energiezufuhr von 700 bzw. 600 kcal/Tag [µg/Tag] | **Schätzwert** für die Zufuhr von Folat-Äquivalenten (gerundet) [µg/Tag] |
|---|---|---|---|---|---|---|---|
| 4 bis unter 12 | m | 700 | 69 | 8 | 12 | 84 | **80** |
| | w | 600 | 69 | 8 | 12 | 72 | |

[a] alters- und geschlechtsspezifische Richtwerte für die Energiezufuhr (siehe Kapitel „Energie")
[b] [74]

### Tabelle A3: Berechnung der empfohlenen Zufuhr von Folat-Äquivalenten für Kinder und Jugendliche nach der Berechnungsformel des IOM [21]

Berechnungsformel des IOM [21] für den Bedarf an Folat-Äquivalenten:

$\text{Bedarf}_{\text{Kind}} = \text{Bedarf}_{\text{Erwachsene}} \times (\text{Referenzgewicht}_{\text{Kind}} / \text{Referenzgewicht}_{\text{Erwachsene}})^{0,75} \times (1 + \text{Wachstumsfaktor}^{b})$

$\text{Bedarf}_{\text{Erwachsene}} = 220\ \mu g$

$\text{Referenzgewicht}_{\text{Erwachsene 25 bis unter 51 Jahre}}{}^{a}$: männlich 70,7 kg, weiblich 60,0 kg

| Alter [Jahre] | | Referenzgewicht$_{\text{Kind}}$[a] [kg] | Wachstumsfaktor[b] | Berechnung des täglichen Bedarfs an Folat-Äquivalenten nach [21] [µg] | Variationskoeffizient 15% (Zuschlag 30%) [µg] | **empfohlene Zufuhr** von Folat-Äquivalenten/Tag (gerundet) [µg] |
|---|---|---|---|---|---|---|
| 1 bis unter 4 | m | 13,9 | 0,25 | 81,2 | 105,6 | **120** |
| | w | 13,2 | 0,25 | 88,3 | 114,8 | |
| 4 bis unter 7 | m | 20,2 | 0,06 | 91,1 | 118,5 | **140** |
| | w | 20,1 | 0,06 | 102,7 | 133,5 | |
| 7 bis unter 10 | m | 29,3 | 0,13 | 128,4 | 166,9 | **180** |
| | w | 28,7 | 0,13 | 143,0 | 185,9 | |
| 10 bis unter 13 | m | 41,0 | 0,13 | 165,2 | 214,8 | **240** |
| | w | 42,1 | 0,11 | 190,6 | 247,8 | |
| 13 bis unter 15 | m | 55,5 | 0,10 | 201,8 | 262,4 | **300** |
| | w | 54,0 | 0,07 | 223,6 | 290,7 | |
| 15 bis unter 19 | m | 69,2 | 0,07 | 231,6 | 301,1 | **300** |
| | w | 59,5 | 0,02 | 223,0 | 289,9 | |

Beispielrechnung für die Altersgruppe 1 bis unter 4 Jahre (weiblich):

$\text{Bedarf}_{\text{1- bis unter 4-Jährige}}$ = 220 µg Folat-Äquivalente x (13,2 kg / 60,0 kg)$^{0,75}$ x (1 + 0,25)
= 220 µg Folat-Äquivalente x 0,321 x 1,25
= 88,3 µg Folat-Äquivalente

Annahme eines Variationskoeffizienten von 15 % (Zuschlag von 30 %): 88,3 µg x 1,3 = 114,8 µg

[a] Referenzgewicht siehe Kapitel „Energie"
[b] Wachstumsfaktoren siehe Tab. IV

## Tabelle A4: Berechnung der empfohlenen Zufuhr von Folat-Äquivalenten für Erwachsene bis unter 65 Jahren

| Alter [Jahre] | durchschnittlicher Bedarf an Folat-Äquivalenten [µg/Tag] | Variationskoeffizient 15 % (Zuschlag 30 %) | **empfohlene Zufuhr** von Folat-Äquivalenten (gerundet) [µg/Tag] |
|---|---|---|---|
| Erwachsene bis unter 65 | 200 x 1,1[a] = 220 | 286 | **300** |

[a] Da zu berücksichtigen ist, dass infolge analytischer Probleme bei der Bestimmung des Folatgehalts in Lebensmitteln die Zufuhr von Folat-Äquivalenten unterschätzt wird, wird ein Zuschlag von 10 % addiert.

## Tabelle A5: Berechnung der empfohlenen Zufuhr von Folat-Äquivalenten für Schwangere

| | durchschnittlicher Bedarf an Folat-Äquivalenten für Erwachsene [µg/Tag] | Zuschlag an Folat-Äquivalenten für den Bedarf des Fetus [µg/Tag] | durchschnittlicher Bedarf an Folat-Äquivalenten für Schwangere [µg/Tag] | Variations-koeffizient 15% (Zuschlag 30%) [µg/Tag] | **empfohlene Zufuhr** von Folat-Äquiva-lenten (gerundet) [µg/Tag] |
|---|---|---|---|---|---|
| Schwangere | 220 | 200 | 420 | 546 | **550** |

## Tabelle A6: Berechnung der empfohlenen Zufuhr von Folat-Äquivalenten für Stillende

| | durchschnitt-licher Bedarf an Folat-Äquivalenten für Erwachsene [µg/Tag] | Folatabgabe mit der Frauenmilch bei 750 ml Milch/Tag[a] [µg/Tag] | Berücksich-tigung der Bioverfügbarkeit von 50% [µg/Tag] | durchschnitt-licher Bedarf an Folat-Äquivalenten für Stillende [µg/Tag] | Variations-koeffizient 15 % (Zuschlag 30 %) [µg/Tag] | **empfohlene Zufuhr** von Folat-Äquivalenten (gerundet) [µg/Tag] |
|---|---|---|---|---|---|---|
| Stillende | 220 | 60 | 120 | 340 | 442 | **450** |

[a] bei einem Folatgehalt von Frauenmilch von 8 µg/100 ml [74]

# Pantothensäure

## A. Schätzwerte für eine angemessene Zufuhr

| Alter | Pantothensäure |
|---|---|
| | mg/Tag |
| **Säuglinge** | |
| 0 bis unter 4 Monate | 2 |
| 4 bis unter 12 Monate | 3 |
| **Kinder** | |
| 1 bis unter 4 Jahre | 4 |
| 4 bis unter 7 Jahre | 4 |
| 7 bis unter 10 Jahre | 5 |
| 10 bis unter 13 Jahre | 5 |
| 13 bis unter 15 Jahre | 6 |
| **Jugendliche und Erwachsene** | |
| 15 bis unter 19 Jahre | 6 |
| 19 bis unter 25 Jahre | 6 |
| 25 bis unter 51 Jahre | 6 |
| 51 bis unter 65 Jahre | 6 |
| 65 Jahre und älter | 6 |
| **Schwangere** | 6 |
| **Stillende** | 6 |

## B. Erläuterungen

Pantothensäure ist im intermediären Stoffwechsel als essenzieller Bestandteil des Coenzym A von zentraler Bedeutung. Der Abbau von Fetten, Kohlenhydraten und verschiedenen Aminosäuren verläuft ebenso wie die Synthese von Fettsäuren, Cholesterol und Steroidderivaten obligat über die Stufe des Acetyl- bzw. eines Acyl-Coenzym A.

Beim Menschen treten klinische Mangelsymptome normalerweise nicht auf. Mangelerscheinungen wie Brennen in den Füßen, Muskelschwäche, Müdigkeit sind lediglich nach Verabreichung eines Pantothensäureantagonisten und/oder pantothensäurearmer Kostformen sowie unter extrem einseitigen Ernährungsbedingungen in Verbindung mit anderen defizitären Versorgungszuständen bekannt geworden. Die Pantothensäurezufuhr beträgt bei Jugendlichen und Erwachsenen in Deutschland 3,1 mg bis 4,5 mg Pantothensäure/Tag [4].

Eine an Jugendlichen bzw. jungen Erwachsenen (Alter: 13–19 Jahre) in den USA durchgeführte Studie ergab bei einer mittleren täglichen Pantothensäurezufuhr von 4,1 mg (weibl.) bzw. 6,2 mg (männl.) für beide Geschlechter einen ähnlich großen metabolisch verfügbaren Pantothensäurepool in Erythrozyten und Vollblut [2]. Auch bei einer Pantothensäurezufuhr unter 4 mg/Tag lagen die durchschnittlichen Pantothensäureblutkonzentrationen im Normalbereich [8].

Da die festgestellten Zufuhrmengen keinen Hinweis auf eine unzureichende Versorgung ergeben haben, kann davon ausgegangen werden, dass die tägliche Zufuhr von 6 mg Pantothensäure mit der Nahrung für Erwachsene aller Altersstufen ebenso wie für Jugendliche ab dem 13. Lebensjahr eine ausreichende Versorgung gewährleistet.

Ebenso wird eine bei 6 mg/Tag liegende Pantothensäurezufuhr während Schwangerschaft und Stillzeit als ausreichend angesehen. Zwar ist der Pantothensäurebedarf in diesen besonderen Situationen erhöht, aber es kann davon ausgegangen werden, dass mit dieser Zufuhrmenge der Bedarf von Frauen selbst unter solchen physiologischen Sonderbedingungen gedeckt wird. Im Gegensatz zu den hier vorgeschlagenen einheitlichen Schätzwerten ist 1998 von Seiten der USA und Kanada in den Dietary Reference Intakes (DRI) eine Zufuhr von 5 mg für den Erwachsenen, von 6 mg für die Schwangere und von 7 mg für die Stillende angegeben worden [3]. Diese sehr differenzierte Unterteilung erscheint aufgrund der unsicheren Datenlage nicht zwingend geboten, weshalb hier der Mittelwert von 6 mg/Tag für alle Erwachsenen beibehalten wird.

Entgegen früherer Vermutungen ist die Sekretion von Nebennierenrinden-(Stress-)Hormonen selbst im stark ausgeprägten Pantothensäuremangel (im Tierexperiment) nicht vermindert [5]. Daraus ergibt sich auch bei Vorliegen besonderer, stressassoziierter Lebensumstände und Ernährungsgewohnheiten keine Notwendigkeit, die Zufuhr über die in der Tabelle genannten Schätzwerte hinaus zu erhöhen.

Da für Kinder ebenfalls keine spezifischen Daten zum Pantothensäurebedarf vorliegen, werden die entsprechenden Angaben aus den Schätzwerten für voll gestillte Säuglinge sowie den Schätzwerten für Jugendliche und Erwachsene interpoliert. Mit Frauenmilch ernährte Kinder entwickeln keine Pantothensäuremangelsymptome. Der voll gestillte Säugling erhält mit 750 ml Frauenmilch etwa 1,6 mg Pantothensäure [6].

In geringen Mengen kommt Pantothensäure in annähernd allen Lebensmitteln vor. Gute Lieferanten sind Leber, Muskelfleisch, Fisch, Milch, Vollkornerzeugnisse und Hülsenfrüchte (z. B. reife Erbsen). Pantothensäure ist wasserlöslich und hitzeempfindlich. Der Mittelwert für die Zubereitungsverluste sämtlicher verbrauchter Lebensmittel bei landesüblicher Ernährung und schonender Zubereitung beträgt ca. 30 % [1].

Die regelmäßige Zufuhr auch hoher Pantothensäuremengen gilt als sicher [7].

## Literatur


[1] Bognàr A: Vitaminverluste bei der Lagerung und Zubereitung von Lebensmitteln. Ernährung/Nutrition 19 (1995) 411–416, 478–483, 551–554

[2] Eissenstat BR, Wyse BW, Hansen RG: Pantothenic acid status of adolescents. Am J Clin Nutr 44 (1986) 931–937

[3] Food and Nutrition Board/Institute of Medicine: Dietary reference intakes for thiamin, riboflavin, niacin, vitamin $B_6$, folate, vitamin $B_{12}$, pantothenic acid, biotin, and choline. National Academy Press, Washington, DC (1998) 364–368

[4] Deutsche Gesellschaft für Ernährung (Hrsg.): 12. Ernährungsbericht 2012. Bonn (2012)

[5] Remer T, Pietrzik K: Evidence for an increased secretory capacity for dehydroepiandrosteronesulphate in the pantothenic acid-deficient rat associated with an impaired adrenal cholesterol deposition. J Clin Biochem Nutr 7 (1989) 115–131

[6] Souci SW, Fachmann W, Kraut H: Die Zusammensetzung der Lebensmittel. Nährwert-Tabellen. Medpharm Scientific Publishers, Stuttgart, 7. Auflage (2008)

[7] EFSA (European Food Safety Authority): Tolerable upper intake levels for vitamins and minerals (2006) www.efsa.europa.eu/en/ndatopics/docs/ndatolerableuil.pdf (eingesehen am 26.11.2012)

[8] Wittwer CT, Schweitzer C, Pearson J et al.: Enzymes for liberation of pantothenic acid in blood: use of plasma pantotheinase. Am J Clin Nutr 50 (1989) 1072–1078

# Biotin

## A. Schätzwerte für eine angemessene Zufuhr

| Alter | Biotin |
|---|---|
| | µg/Tag |
| **Säuglinge** | |
| 0 bis unter 4 Monate | 5 |
| 4 bis unter 12 Monate | 5–10 |
| **Kinder** | |
| 1 bis unter 4 Jahre | 10–15 |
| 4 bis unter 7 Jahre | 10–15 |
| 7 bis unter 10 Jahre | 15–20 |
| 10 bis unter 13 Jahre | 20–30 |
| 13 bis unter 15 Jahre | 25–35 |
| **Jugendliche und Erwachsene** | |
| 15 bis unter 19 Jahre | 30–60 |
| 19 bis unter 25 Jahre | 30–60 |
| 25 bis unter 51 Jahre | 30–60 |
| 51 bis unter 65 Jahre | 30–60 |
| 65 Jahre und älter | 30–60 |
| **Schwangere** | 30–60 |
| **Stillende** | 30–60 |

## B. Erläuterungen

Biotinabhängige Enzyme (Carboxylasen) haben Schlüsselfunktionen in der Gluconeogenese, im Abbau von vier essenziellen Aminosäuren (Methionin, Isoleucin, Threonin, Valin) und in der Fettsäurenbiosynthese. Biotinmangelsymptome wurden unter üblichen Ernährungsgewohnheiten bei Erwachsenen bisher nicht beobachtet. Sie treten nur nach längerfristigem Verzehr größerer Mengen roher Eier auf und sind bedingt durch das im Eiklar vorhandene Avidin, das Biotin irreversibel bindet. Außerdem sind sie bei fehlerhafter parenteraler Ernährung und bei Kindern mit einem kongenitalen Biotinidasemangel (s. u.) festgestellt worden. Als typische Mangelerscheinungen gelten eine seborrhoische Dermatitis, Konjunktivitis, Schwäche, Anorexie, Übelkeit, Depression sowie eine vermehrte Urinausscheidung bestimmter organischer Säuren, speziell von 3-Hydroxy-Isovaleriansäure. Leitsymptom beim Säugling ist eine Gedeihstörung. Die Kriterien zur Abgrenzung einer suboptimalen Versorgungslage sind unsicher [2, 9].

Der alimentäre Biotinbedarf kann daher nach wie vor nicht zuverlässig angegeben werden. In der Frauenmilch unterliegt der Biotingehalt großen Schwankungen (Mittelwert etwa 0,6 µg/100 ml), Kuhmilch enthält die 4- bis 8-fache Menge [7]. Mit 750 ml Frauenmilch werden vom Säugling durchschnittlich 4,5 µg Biotin/Tag zugeführt [7].

Die Biotinzufuhr mit der Nahrung schwankt in weiten Grenzen (< 30–150 µg/Tag). In Deutschland liegt die mediane Biotinzufuhr bei 40 µg/Tag für Frauen und 46 µg/Tag für Männer [3]. Gute Lieferanten sind Leber, Sojabohnen, Eigelb, Nüsse, Haferflocken, Spinat, Champignons und Linsen [7]. In der Nahrung liegt wahrscheinlich der größte Teil proteingebunden vor. Über die Bioverfügbarkeit des Nahrungsbiotins beim Menschen gibt es keine gesicherten Erkenntnisse [5, 6].

Für die Freisetzung und Verwertung des proteingebundenen Nahrungsbiotins spielt das körpereigene Enzym Biotinidase eine wichtige Rolle. Im Intestinaltrakt entsteht durch Proteolyse Biocytin (ε-N-Biotinyllysin). Daraus wird entweder bereits im Dünndarm (Pankreas-Biotinidase) oder nach Absorption in der Darmschleimhaut und spätestens im Plasma (durch die Plasma-Biotinidase) Biotin freigesetzt [8].

Noch wichtiger ist die Biotinidase für die Freisetzung und die Wiederverwertung des proteingebundenen körpereigenen Biotins (Holocarboxylasen). Deshalb führt der genetisch bedingte Biotinidasemangel zu einem lebensbedrohlichen Biotinmangel. Die auftretende klinische Symptomatik mit Fütterungsschwierigkeiten, mentaler Retardierung, Krampfanfällen, Hautläsionen und Alopezie lässt sich durch frühzeitig einsetzende, lebenslängliche orale Gaben von freiem Biotin in mg-Dosierungen (5–10 mg/Tag) verhindern [8].

Ähnlich erfolgreich kann in den meisten Fällen eine andere seltene hereditäre biotinabhängige Enzymopathie (Defekt der Holocarboxylase-Synthetase) mit hohen Biotindosen (10–30 mg) behandelt werden [1, 8]. Hinter bestimmten Hautkrankheiten, die im Säuglings- und Kleinkindalter auftreten (seborrhoische Dermatitis und Leinersche Krankheit) und zum Teil durch Biotingaben günstig beeinflusst werden, können sich ebenfalls derartige Enzymschwächen verbergen [4].

Die Möglichkeit der Reutilisierung körpereigenen Biotins gibt wahrscheinlich die Erklärung, warum spontane Mangelsymptome auch bei extremen Ernährungsgewohnheiten kaum auftreten. Der Beitrag der Darmflora zur Bedarfsdeckung beim Menschen ist als sehr gering einzuschätzen [2].

Hypervitaminosen sind bei Biotin nicht bekannt.

## Literatur


[1] Baumgartner ER, Suormala T: Multiple carboxylase deficiency: inherited and acquired disorders of biotin metabolism. Internat J Vit Nutr Res 67 (1997) 377–384

[2] Bonjour JR: Biotin. In: Machlin LJ (Hrsg.): Handbook of vitamins (Nutritional, biochemical, and clinical aspects). Marcel Dekker, New York, 2. Auflage (1991) 403–435

[3] Deutsche Gesellschaft für Ernährung (Hrsg.): 12. Ernährungsbericht 2012. Bonn (2012)

[4] Iikura Y, Odajima Y, Nagakura T et al.: Oral biotin treatment is effective for atopic dermatitis in children with low biotinidase activity. Acta Paediatr Scand 77 (1988) 762–763

[5] Krause HK: Biotin. In: Biesalski HK, Schrezenmeir J, Weber P et al. (Hrsg.): Vitamine. Physiologie, Pathophysiologie, Therapie. Thieme, Stuttgart (1997) 117–121

[6] Said HM: Biotin bioavailability and estimated average requirement: why bother? Am J Clin Nutr 69 (1999) 352–353

[7] Souci SW, Fachmann W, Kraut H: Die Zusammensetzung der Lebensmittel. Nährwert-Tabellen. Medpharm Scientific Publishers, Stuttgart, 7. Auflage (2008)

[8] Wolf B, Heard GS: Disorders of biotin metabolism. In: Scriver CR, Beaudet AL, Sly WS et al. (Hrsg.): The metabolic basis of inherited disease. McGraw-Hill, New York, 6. Auflage (1989) 2083–2103

[9] Zempleni J, Mock DM: Biotin biochemistry and human requirements. J Nutr Biochem 10 (1999) 128–138

# Vitamin $B_{12}$ (Cobalamine)

## 1. Schätzwerte für eine angemessene Zufuhr

| Alter | Vitamin $B_{12}$ µg/Tag |
|---|---|
| **Säuglinge** | |
| 0 bis unter 4 Monate | 0,5 |
| 4 bis unter 12 Monate | 1,4 |
| **Kinder und Jugendliche** | |
| 1 bis unter 4 Jahre | 1,5 |
| 4 bis unter 7 Jahre | 2,0 |
| 7 bis unter 10 Jahre | 2,5 |
| 10 bis unter 13 Jahre | 3,5 |
| 13 bis unter 15 Jahre | 4,0 |
| 15 bis unter 19 Jahre | 4,0 |
| **Erwachsene** | |
| 19 bis unter 25 Jahre | 4,0 |
| 25 bis unter 51 Jahre | 4,0 |
| 51 bis unter 65 Jahre | 4,0 |
| 65 Jahre und älter | 4,0 |
| **Schwangere** | 4,5 |
| **Stillende** | 5,5 |

## 2. Einleitung

Vitamin $B_{12}$ ist der Sammelbegriff für eine Reihe von Verbindungen mit gleicher qualitativer biologischer Wirkung. Die Verbindungen bestehen aus einem porphyrinähnlichen Corrin-Ringsystem mit vier reduzierten Pyrrolringen und einem im Zentrum lokalisierten Kobaltion.[1] Die vitaminwirksamen Corrinoide (Cobalamine) besitzen am Kobaltion einen α-axialen Liganden in Form eines 5,6-Dimethylbenzimidazolribofuranosidrestes, der über eine Phosphopropanolaminbrücke mit dem Corrinderivat (Cobyrinsäure) verbunden ist. An der β-axialen Position befinden sich unterschiedliche Substituenten. Je nach Rest wird unterschieden zwischen Cyano- (Rest = $CN^-$), Aquo- (Rest = $H_2O$), Hydroxo- (Rest = $OH^-$), Methyl- (Rest = $CH_3$) und Adenosylcobalamin (Rest = 5'-Desoxyadenosyl) [1]. Die Begriffe Vitamin $B_{12}$ und Cobalamine werden im folgenden synonym verwendet.

Cobalamine werden ausschließlich von Mikroorganismen synthetisiert und gelangen über die Nahrungskette in den tierischen und menschlichen Organismus [2]. In natürlichen Lebensmitteln liegt Vitamin $B_{12}$ vorwiegend als Hydroxy- und Adenosylcobalamin, in Milch auch als Methylcobalamin vor [3]. Cyanocobalamin wird aufgrund seiner Stabilität zur Anreicherung von Lebensmitteln sowie in

[1] Im Gegensatz dazu wird in der Nomenklatur der *Commission on Biochemical Nomenclature* der *International Union of Pure and Applied Chemistry* (IUPAC-IUB) unter dem Begriff „Vitamin $B_{12}$" ausschließlich Cyanocobalamin verstanden. In der medizinischen, pharmazeutischen und ernährungsphysiologischen Literatur werden darunter alle vitaminwirksamen Corrinoide zusammengefasst.

Arzneimitteln und Nährstoffpräparaten verwendet. In Arzneimitteln und Nährstoffpräparaten sind z. T. auch Hydroxocobalamin und Methylcobalamin enthalten [4, 5]. Cyano- und Hydroxocobalamin werden im Organismus in die physiologisch aktiven Coenzyme Methyl- und 5'-Desoxyadenosylcobalamin umgewandelt [2, 4].

## 3. Physiologie

Die Verstoffwechslung von Vitamin $B_{12}$ lässt sich in fünf Phasen unterteilen: Freisetzung von Vitamin $B_{12}$ aus der Lebensmittelmatrix, intestinale Absorption, Verteilung im Organismus, Stoffwechsel und Ausscheidung [6–8].

### Freisetzung von Vitamin $B_{12}$ aus der Lebensmittelmatrix

Das mit der Nahrung zugeführte Vitamin $B_{12}$ liegt überwiegend proteingebunden vor und ist in dieser Form nicht direkt bioverfügbar. Hierzu sind weitere Schritte erforderlich. Zunächst werden die proteingebundenen Cobalamine unter Beteiligung von Salzsäure und Pepsin im Magen freigesetzt und an Haptocorrin, ein mit dem Mundspeichel sezerniertes Glykoprotein, gebunden. Haptocorrin, auch als Transcobalamin (TC) I oder R-Protein bezeichnet, besitzt eine hohe Affinität zum Corringerüst und bindet neben Cobalaminen auch biologisch unwirksame Vitamin-$B_{12}$-Analoga [8].

Mit dem Speisebrei gelangt der Komplex aus Haptocorrin und Vitamin $B_{12}$ in den oberen Dünndarm und wird dort durch Proteasen des Pankreas hydrolysiert. Die freigesetzten Cobalamine binden nachfolgend an den Intrinsic-Faktor (IF), ein von den Belegzellen der Magenschleimhaut sezerniertes Glykoprotein mit hoher Spezifität für Vitamin $B_{12}$ [8]. Nur Corrinoide mit der für die Vitaminwirkung essenziellen 5,6-Dimethylbenzimidazolribofuranosidrest, der über eine Phosphopropanolaminbrücke mit dem Corrinderivat (Cobyrinsäure) verbunden ist, können am $\alpha$-axialen Liganden des Corringerüsts gebunden werden [9]. Auch das in der Nahrung in geringen Mengen vorliegende oder mit angereicherten Lebensmitteln bzw. Nährstoffpräparaten zugeführte freie Vitamin $B_{12}$ wird im Duodenum an den IF gebunden. Der gebildete Komplex aus IF und Vitamin $B_{12}$ ist resistent gegenüber proteolytischem Abbau und für die rezeptorvermittelte Absorption erforderlich [8, 10].

### Intestinale Absorption

Die Absorption von Vitamin $B_{12}$ erfolgt hauptsächlich im unteren Dünndarm (terminales Ileum). Bei Zufuhr physiologischer Mengen (1,5–2,0 µg/Mahlzeit) dominiert die rezeptorvermittelte, sättigbare transepitheliale Aufnahme [3, 11]. Bei Zufuhr höherer, insbesondere pharmakologischer Dosen, gewinnt die passive Diffusion an Bedeutung [12].

Die transepitheliale Aufnahme von Vitamin $B_{12}$ umfasst drei Schritte [7, 8, 10, 13]: Zunächst erfolgen die Bindung des IF-Vitamin-$B_{12}$-Komplexes an spezifische Rezeptoren und dadurch dessen Aufnahme aus dem Darmlumen in die Enterozyten durch calciumabhängige Endozytose (apikaler Transport). In den Enterozyten werden Cobalamine freigesetzt und gelangen dann zur basolateralen Membran (transepithelialer Transport) oder nehmen als Coenzyme (Adenosylcobalamin und Methylcobalamin) in den Enterozyten an Stoffwechselreaktionen teil. Die Ausschleusung der Cobalamine aus dem Dünndarmepithel ins Pfortaderblut ist ein ATP-abhängiger Prozess [7, 8].

Für die Absorption von bakteriell im Dickdarm gebildetem Vitamin $B_{12}$ fehlen die erforderlichen Rezeptoren im Dickdarm. Vitamin $B_{12}$ aus dieser Quelle trägt zu etwa 2 % zur Gesamtmenge an Vitamin $B_{12}$ im Stuhl bei [14].

Die **Bioverfügbarkeit von Vitamin $B_{12}$** wird wesentlich von der zugeführten Menge bestimmt und nimmt mit steigender Dosis ab [15]. Bei einer Zufuhr von 1 µg Vitamin $B_{12}$ werden ca. 50 %, bei 5 µg etwa 20 %, bei 10 µg etwa 10 % und bei 20 µg nur noch etwa 5 % absorbiert [16]. Die maximale IF-vermittelte Absorption liegt bei einer einmaligen Zufuhr zwischen 1,5 µg und 2 µg und wird von der Zahl der apikalen IF-Vitamin-$B_{12}$-Rezeptoren begrenzt [17, 18]. Durch die vom IF unabhängige Absorption mittels passiver Diffusion werden bei steigender Zufuhr nur sehr geringe Absorptionsraten von etwa 1 % erzielt. Dieser Prozess ist daher nur bei sehr hohen Einzeldosen (≥ 100 µg) quantitativ von Bedeutung [19].

Neben der Zufuhrmenge bestimmt die Lebensmittelmatrix die Absorptionsrate von Vitamin $B_{12}$ [2, 16]. Für Lammfleisch mit einem Vitamin-$B_{12}$-Gehalt von 2,6 µg/100 g liegt die Absorptionsrate bei 56 % bis 89 % und für Fisch (Regenbogenforelle mit 4,9 µg/100 g) bei 42 %. Für Kuhmilch (0,4 µg/100 g) wurde eine Bioverfügbarkeit von 65 % ermittelt [2]. Für Eier beträgt die Absorptionsrate bei einem durchschnittlichen Vitamin-$B_{12}$-Gehalt von 1,3 µg/100 g < 9 % [2]. Basierend auf einer Meta-Regressionsanalyse von acht Verfügbarkeitsstudien wurde für die Zufuhr von 1,2 µg bis 3,1 µg Vitamin $B_{12}$ pro Mahlzeit, wie sie bei üblichen Verzehrgewohnheiten zu beobachten ist, eine Absorptionsrate von 37 % bzw. 29 % ermittelt [15]. Bei einer mittleren Vitamin-$B_{12}$-Zufuhr von 1,2 µg/Mahlzeit beträgt die Bioverfügbarkeit 37 % [15], sodass bei einer üblichen Mischkost, die auch Vitamin $B_{12}$ aus weniger gut verfügbaren Lebensmitteln enthält [2], von einer Verfügbarkeit von rund 35 % bis 40 % ausgegangen werden kann.

### Verteilung im Organismus

Der Transport der Cobalamine im Blut erfolgt gebunden an die β-Globuline TC I (Haptocorrin) oder TC II. Das physiologisch bedeutsamste Transportprotein ist TC II, das in großem Umfang von Endothelzellen in Form von Apo-TC II gebildet und ins Plasma sezerniert wird. Im Blut bindet Vitamin $B_{12}$ an Apo-TC II; der entstandene Komplex wird als Holo-TC II (vereinfacht bzw. synonym Holo-TC) bezeichnet. Er ist verantwortlich für den Transport der Cobalamine zur Leber und zu den peripheren Geweben und vermittelt dort die zelluläre Aufnahme [13]. Die Halbwertszeit von Holo-TC beträgt zwischen 60 und 90 Minuten [3, 20]; 10 % bis 30 % des zirkulierenden Vitamin $B_{12}$ ist an TC II gebunden [13]. Quantitativ bedeutsamer für den extrazellulären Transport von Vitamin $B_{12}$ ist TC I. Etwa 80 % der Plasmacobalamine sind an TC I gebunden. Im Gegensatz zu Holo-TC können an TC I gebundene Cobalamine von den peripheren Geweben nicht aufgenommen werden. Es gelangt stattdessen zur Leber und wird über die Galle ausgeschieden [13].

Der Gesamtbestand an Vitamin $B_{12}$ beim gesunden Erwachsenen beträgt im Durchschnitt rund 3 mg [21–23].

Der größte Vitamin-$B_{12}$-Pool im menschlichen Körper befindet sich in der Leber (rund 50 % des Gesamtkörperbestandes). Bei einem mittleren Gesamtkörperbestand von 3 mg [21] entspricht dies einem Gehalt von rund 1,5 mg. Dabei liegen 61 % in der Leber als Adenosylcobalamin und 38 % als Hydroxycobalamin vor. Nur 1 % entfällt auf Methylcobalamin [3]. Quantitativ bedeutsame Mengen an Vitamin $B_{12}$ befinden sich auch in der Skelettmuskulatur (rund 9 %), im Knochenmark (rund 4,5 %) sowie im Darmgewebe (rund 4,5 %) [3]. Die in allen Körpergeweben vorherrschende Cobalaminform ist Adenosylcobalamin. Im Plasma dominiert mit 65 % Methylcobalamin [3].

### Stoffwechsel

Die Aufnahme von Holo-TC in die Zielzellen erfolgt über rezeptorvermittelte Endozytose. Verantwortlich hierfür ist der membranständige TC-Rezeptor CD320 aus der Familie der LDL-Rezeptoren [6]. Die Expression von CD320 ist abhängig vom Proliferationsverhalten der Zellen. Sie ist bei hoher Zellteilung gesteigert und trägt dem hierdurch bedingten erhöhten intrazellulären Vitamin-$B_{12}$-Bedarf Rechnung [8]. Die intrazelluläre Abspaltung des TC-II-Vitamin-$B_{12}$-Komplexes vom CD320-Rezeptor und der hydrolytische Abbau des TC II erfolgen durch Proteasen der Lysosomen. Die freigesetzten Cobalamine gelangen anschließend mittels der Membran-Exporter LMBRD1 und ABCD4 aus dem Lysosom ins Cytosol. Dort wird von Cyanocobalamin die Cyanogruppe abgespalten, Hydroxocobalamin wird reduziert und Adenosyl- sowie Methylcobalamin werden dealkyliert. Cobalamin liegt nun in der divalenten [$Co^{2+}$] Form vor [4]. Ausgehend von diesem intermediären Metaboliten erfolgt die Biosynthese der beiden Vitamin $B_{12}$-Coenzyme Methyl- und Adenosylcobalamin [24]. Als Coenzym der Methioninsynthase ist Methylcobalamin im Cytosol und Adenosylcobalamin als Coenzym der Methylmalonyl-CoA-Mutase im Mitochondrium lokalisiert [7].

### Ausscheidung

Die Halbwertszeit von Vitamin $B_{12}$ liegt beim Menschen zwischen 370 und 400 Tagen. Täglich werden zwischen 0,05 % und 0,2 % des Gesamtkörperbestands ausgeschieden [3]. In einer Meta-Analyse von fünf Studien wurde eine mittlere tägliche Ausscheidung von 0,13 % des Gesamtkörperbestands ermittelt [15].

Cobalamine werden hauptsächlich über die Fäzes ausgeschieden [14]. Mit der Galle werden täglich im Mittel 1,4 µg Vitamin $B_{12}$ in den Dünndarm abgegeben [25]. Dieses unterliegt einem enterohepatischen Kreislauf; rund 70 % werden reabsorbiert [15, 26]. Die Reabsorption setzt allerdings die Verfügbarkeit von freiem IF voraus [27].

Der Verlust über den Urin durch glomeruläre Filtration ist mit $\leq$ 0,25 µg/Tag minimal [28] und korreliert nicht mit der Vitamin-$B_{12}$-Zufuhr über die Nahrung [29, 30]. Lediglich bei Zufuhr pharmakologischer Dosen im Milligrammbereich sind erhöhte Konzentrationen von Vitamin $B_{12}$ im Urin nachweisbar [31, 32].

## 4. Funktionen

Im Gegensatz zu Mikroorganismen, bei denen zahlreiche cobalaminabhängige Stoffwechselreaktionen bekannt sind [1], ist Vitamin $B_{12}$ beim Menschen als Coenzym nur für zwei enzymatische Reaktionen von Bedeutung [19, 26].

**Methylcobalamin** ist Coenzym der zytosolischen Methioninsynthase, welche die Remethylierung von Homocystein zu Methionin katalysiert. An dieser Reaktion ist auch Folat in Form von 5-Methyltetrahydrofolat (5-MTHF) beteiligt, welches als eigentlicher Methylgruppendonator fungiert. An die Methioninsynthase gebundenes Methylcobalamin wird bei dieser Reaktion demethyliert und dann durch 5-MTHF erneut remethyliert. Dadurch ist Methylcobalamin nicht nur an der Regulation der Homocysteinkonzentration und des Methioninstoffwechsels beteiligt. Auch für die Bereitstellung von freiem Tetrahydrofolat (THF), einem wichtigen Coenzym bei der Übertragung von Einkohlenstoffeinheiten, z. B. im Rahmen der Purin- und Pyrimidinsynthese, ist Methylcobalamin notwendig. Die enge Interaktion zwischen Vitamin-$B_{12}$- und Folatstoffwechsel erklärt die Bedeutung von Methylcobalamin für Zellteilung und -differenzierung (siehe Kapitel „Folat").

Bei unzureichender Versorgung mit Vitamin $B_{12}$ steht nicht genügend freies THF zur Verfügung, dadurch kommt es zu einem funktionalen intrazellulären THF-Mangel. Nachfolgend entsteht ein Defizit an 5,10-Methylen-THF, was letztlich zu einer Beeinträchtigung der DNA-Synthese führt. Daher werden bei einem Vitamin-$B_{12}$-Mangel ähnliche hämatologische Symptome beobachtet wie bei einem Folatmangel [33].

**5'-Desoxyadenosylcobalamin** ist Coenzym der mitochondrialen L-Methylmalonyl-CoA-Mutase. Dieses Enzym katalysiert die intramolekulare Umlagerung von L-Methylmalonyl-CoA zu Succinyl-CoA. Dadurch kann Propionyl-CoA, das beim Abbau von ungeradzahligen Fettsäuren sowie beim Abbau der Aminosäuren Methionin, Threonin und Isoleucin anfällt, nach Carboxylierung zu D-Methylmalonyl-CoA und Epimerisierung zu L-Methylmalonyl-CoA in den Citratzyklus eingeschleust und energetisch verwertet werden [19]. Das beim Abbau von Valin und Thymin anfallende D-Methylmalonyl-CoA wird ebenfalls nach Epimerisierung mittels der L-Methylmalonyl-CoA-Mutase-Reaktion zu Succinyl-CoA umgesetzt.

## 5. Kriterien zur Beurteilung der Versorgung

Die Vitamin-$B_{12}$-Versorgung kann anhand verschiedener Biomarker beurteilt werden. Dazu zählen die beiden Statusparameter Vitamin $B_{12}$ und Holo-TC im Serum bzw. Plasma sowie die Funktionsparameter Methylmalonsäure (MMA) und Homocystein im Serum [26, 33–39]. Allerdings ist keiner dieser Parameter allein zur Beurteilung der Vitamin-$B_{12}$-Versorgung ausreichend [36]. Zudem gibt es bislang keinen Konsens darüber, ab welcher Konzentration jeweils ein Mangel vorliegt bzw. die Versorgung mit Vitamin $B_{12}$ ausreichend ist. Von verschiedenen Arbeitsgruppen werden teilweise unterschiedliche Grenzwerte verwendet, was u. a. auf unterschiedliche Bestimmungsmethoden zurückzuführen ist [35, 40, 41].

Eine **Konzentration von Vitamin $B_{12}$ im Serum oder Plasma** (Summe aus TC und Holo-TC) zwischen 148 pmol/l und 221 pmol/l weist auf eine marginale Versorgung [35] und eine Konzentration von < 148 pmol/l auf einen Vitamin-$B_{12}$-Mangel hin [34, 35, 42]. Eine Serumkonzentration von > 221 pmol/l kann als Hinweis für eine ausreichende Versorgung mit Vitamin $B_{12}$ beim Erwachsenen angesehen werden [35, 43]. Andere Autoren schlagen einen Bereich von > 189 pmol/l bis > 650 pmol/l als Hinweis für eine ausreichende Versorgung vor [44]. Eine Serumkonzentration von > 221 pmol/l bedeutet jedoch nicht zwingend, dass die Vitamin-$B_{12}$-Versorgung ausreichend ist; so können auch bei Vitamin-$B_{12}$-Serumkonzentrationen von > 221 pmol/l Symptome eines Vitamin-$B_{12}$-Defizits und/oder ein funktional-metabolischer Vitamin-$B_{12}$-Mangel vorliegen [33, 38]. Die Bestimmung der Gesamt-Vitamin-$B_{12}$-Konzentration im Serum sollte daher in Kombination mit einem Funktionsparameter wie z. B. MMA erfolgen [36, 37, 45].

Etwa 10 % bis 30 % des im Blut zirkulierenden Vitamin $B_{12}$ liegen als Holo-TC an TC II gebunden vor. Holo-TC ist für die Versorgung der Gewebe verantwortlich [6]. Die Konzentration von Holo-TC spiegelt damit die Versorgung mit metabolisch aktiven Cobalaminen wider [39, 46]. Als Zielwert für eine ausreichende Versorgung wird bei Erwachsenen eine Holo-TC-Konzentration von 40 pmol/l bis 100 pmol/l [43], 40 pmol/l bis 200 pmol/l [46] bzw. alternativ von > 37 pmol/l bis < 190 pmol/l [44] angesehen. Eine Holo-TC-Konzentration von > 8,4 pmol/l bis < 20 pmol/l weist auf einen möglichen und ein Wert von < 8,4 pmol/l auf einen wahrscheinlichen Vitamin-$B_{12}$-Mangel hin [44]. Zur zuverlässigeren Beurteilung der Vitamin-$B_{12}$-Versorgung sollte Holo-TC in Kombination mit einem Funktionsparameter wie z. B. MMA bestimmt werden [36, 37].

Bei einem Vitamin-$B_{12}$-Mangel steigt die Konzentration von **MMA** im Serum an, da die Vitamin-$B_{12}$-abhängige Isomerisierung von L-Methylmalonsäure zu Succinyl-CoA durch die L-Methylmalonyl-CoA-Mutase reduziert ist. Die Konzentration von MMA im Serum gilt als ein Funktionsparameter der Vitamin-$B_{12}$-Versorgung mit hoher Sensitivität [36, 42, 47]. Als Zielwert für eine ausreichende Vitamin-$B_{12}$-Versorgung wird bei Erwachsenen eine MMA-Konzentration von < 210 nmol/l [35] bzw. alternativ von < 270 nmol/l [43] im Serum angesehen. MMA-Konzentrationen von > 350 nmol/l bis < 840 nmol/l weisen auf einen reduzierten Vitamin-$B_{12}$-Status und Werte von > 840 nmol/l auf einen Mangel hin [44]. Allerdings kann eine erhöhte Serumkonzentration von MMA u. a. auch als Folge einer eingeschränkten Nierenfunktion oder einer Dünndarmfehlbesiedlung (*overgrowth syndrome*) auftreten. Auch in der Schwangerschaft sowie im höheren Lebensalter ist – unabhängig von der Versorgung mit Vitamin $B_{12}$ – ein Anstieg von MMA zu beobachten. Dies schränkt die Spezifität von MMA als Parameter zur Beurteilung der Vitamin-$B_{12}$-Versorgung ein [36, 42]. MMA sollte daher in Kombination mit einem Statusparameter wie z. B. Holo-TC bestimmt werden [36, 37].

Die Remethylierung von Homocystein zu Methionin ist bei einer unzureichenden Versorgung mit Vitamin $B_{12}$ beeinträchtigt; somit steigt die **Homocysteinkonzentration im Plasma** an [48]. Die Homocysteinkonzentration wird jedoch nicht nur durch Vitamin $B_{12}$, sondern auch durch Folat und Vitamin $B_6$ sowie – in geringerem Maße – durch Riboflavin (Vitamin $B_2$) beeinflusst. Eine unzureichende Versorgung mit diesen Vitaminen kann ebenfalls zu erhöhten Homocysteinkonzentrationen führen [49]. Erhöhte Konzentrationen von Homocystein im Plasma können auch als Folge von Niereninsuffizienz, Dehydratation und Cystathionin-β-Synthase-Mangel sowie bei bestimmten Polymorphismen der Methylentetrahydrofolatreduktase (MTHFR) auftreten [50]. Somit handelt es sich bei der Homocysteinkonzentration um einen sensitiven, aber unspezifischen Funktionsmarker der Vitamin-$B_{12}$-Versorgung [34]. Zur Beurteilung der Vitamin-$B_{12}$-Versorgung ist die Homocysteinkonzentration daher nur in Kombination mit einem Vitamin-$B_{12}$-Statusparameter (Holo-TC oder Vitamin $B_{12}$ im Serum) geeignet [37]. Bei Erwachsenen gilt eine Homocysteinkonzentration im Plasma von < 12 µmol/l als wünschenswert [51].

## 6. Mangelsymptomatik

Die Symptome des Cobalaminmangels entwickeln sich stufenweise [39, 52]. Eine anhaltend niedrige Zufuhr führt zunächst zu einem Abfall von Vitamin $B_{12}$ im Serum [52], erkennbar an einem Abfall von Holo-TC als frühestem Marker einer unzureichenden Versorgung [39, 46]. Infolge der zellulären Verarmung an Vitamin $B_{12}$ stellen sich nachfolgend Störungen der Vitamin-$B_{12}$-abhängigen Stoffwechselreaktionen ein, die durch einen Anstieg der Funktionsparameter MMA und Homocystein im Serum gekennzeichnet sind. In dieser Phase des funktional-metabolischen Mangels fehlen üblicherweise klinische oder hämatologische Symptome [33, 38].

Im weiteren Verlauf führt die zunehmende Verarmung der Zellen an frei verfügbarem THF zu einer Beeinträchtigung der DNA-Synthese und damit zu einer gestörten Zellteilung. Betroffen sind primär Zellen mit hoher Zellteilungsrate, was besonders die Erythrozyten betrifft [52]. Kennzeichnend hierfür ist zu Beginn eine asymptomatische Makrozytose ohne Anzeichen einer Anämie. Schreitet das Vitamin-$B_{12}$-Defizit fort, entwickelt sich eine milde und schließlich das Vollbild der megaloblastischen Anämie [19]. Hämatologisch sind Erythrozyten mit vergrößertem mittlerem Zellvolumen und einem erhöhten Hämoglobingehalt sowie hypersegmentierte neutrophile Granulozyten nachweisbar [38]. Die durch einen Vitamin-$B_{12}$-Mangel ausgelöste hyperchrome makrozytäre Anämie gleicht einer Anämie infolge eines Folatmangels. Ein Vitamin-$B_{12}$-Mangel kann daher hämatologisch nicht von einem Folatmangel unterschieden werden.

Darüber hinaus führt ein Vitamin-$B_{12}$-Mangel zu neurologischen Störungen [53–55]. Die funikuläre Myelose mit Degeneration der Markscheiden der Hinter- und Seitenstränge äußert sich in Form einer spinalen Ataxie durch Muskelkoordinationsstörungen und Parästhesien der Extremitäten [55].

Weitere Symptome des Vitamin-$B_{12}$-Mangels sind neurokognitive und psychische Auffälligkeiten wie Gedächtnisschwäche, Ermüdungserscheinungen, Aufmerksamkeitsdefizite und depressive Verstimmungen [53, 54].

Eine unzureichende Zufuhr mit Vitamin $B_{12}$ über die Ernährung, wie sie z. B. bei rein pflanzlicher Ernährung ohne die Einnahme von Vitamin-$B_{12}$-Präparaten zu beobachten ist [56–58], führt bei Erwachsenen meist erst nach Jahren zu einem manifesten Vitamin-$B_{12}$-Mangel. Ursache hierfür sind der ausgeprägte enterohepatische Kreislauf, die umfangreichen Körperspeicher sowie die geringe Umsatzrate von Cobalaminen. Schwere, ernährungsbedingte klinische Mangelsymptome (funikuläre Myelose; Makrozytose) sind daher in westlichen Industrienationen selten [52, 59]. Häufiger ist ein subklinisches [60] bzw. funktional-metabolisches [33, 38] Defizit. Insbesondere ältere Personen sind davon betroffen [59, 61–63]. Fallberichte zeigen, dass es bei gestillten Säuglingen, deren Mütter sich vegan ernährten und deren Versorgung mit Vitamin $B_{12}$ nicht ausreichend gewährleistet war, zu neurologischen Störungen und megaloblastischer Anämie kam [64–66].

Die Ursache für einen klinischen Vitamin-$B_{12}$-Mangel in westlichen Industrienationen ist, mit Ausnahme von Personen die sich vegan ernähren und Vitamin $B_{12}$ nicht supplementieren, meist nicht ernährungsbedingt.

Ursachen sind eher Krankheiten des Gastrointestinaltrakts, die mit einer Störung der Freisetzung und/oder Absorption von Cobalaminen aus der Nahrung einhergehen. Beispiele hierfür sind Autoimmungastritis (perniziöse Anämie), chronisch-entzündliche Darmkrankheiten, exokrine Pankreasinsuffizienz sowie Zustand nach totaler oder partieller Gastrektomie und Ileumresektion. Seltene Ursachen sind das Imerslund-Gräsbeck-Syndrom, eine angeborene Absorptionsstörung von Vitamin $B_{12}$, und der Befall mit Darmparasiten (z. B. Fischbandwurm) [54]. Die häufigste Ursache für einen Vitamin-$B_{12}$-Mangel im höheren Lebensalter ist eine atrophische Gastritis, meist vom Typ B, mit Hypochlorhydrie und einer dadurch bedingten Malabsorption von proteingebundenem Vitamin $B_{12}$ aus der Nahrung [59, 61–63, 67].

## 7. Überversorgung

Daten über unerwünschte gesundheitliche Wirkungen bei einer hohen Zufuhr von natürlicherweise in Lebensmitteln vorkommendem Vitamin $B_{12}$ sowie Cyanocobalamin und Hydroxycobalamin aus Nährstoffpräparaten liegen nicht vor [67]. Das Risiko für unerwünschte Nebenwirkungen durch die orale Zufuhr von Vitamin $B_{12}$ in hohen Mengen ist sehr gering; bei dialysepflichtigen Patienten wurden auch bei jahrelanger Einnahme von 2,5 mg Vitamin $B_{12}$ nach jeder Dialyse, trotz eines deutlichen Anstiegs der Konzentration von Vitamin $B_{12}$ im Serum, keine unerwünschten Effekte beobachtet [68].

### Tolerierbare Gesamtzufuhrmenge

Weder die Europäische Behörde für Lebensmittelsicherheit (EFSA) [67] noch das *Institute of Medicine* (IOM) [69] haben tolerierbare Gesamtzufuhrmengen (*Tolerable Upper Intake Level* [UL]) für Vitamin $B_{12}$ abgeleitet. Generell liegen keine ausreichenden Daten vor, um eine tolerierbare Gesamtzufuhrmenge anzugeben. Die üblichen Zufuhrmengen von Vitamin $B_{12}$ (über die Ernährung und über Präparate) stellen kein Gesundheitsrisiko dar. Auch bei Vitamin-$B_{12}$-Zufuhrmengen bis zu 1 mg/Tag bei Patienten mit perniziöser Anämie bzw. Patienten mit eingeschränkter Cobalaminabsorption wurden keine unerwünschten Nebenwirkungen berichtet [67].

## 8. Versorgungszustand der Bevölkerung

### Zufuhr von Vitamin $B_{12}$

*Säuglinge und Kleinkinder*

Nach den auf Basis von 3-Tage-Wiege-/Schätzprotokollen[2] erhobenen Daten der Verzehrsstudie zur Ermittlung der Lebensmittelaufnahme von Säuglingen und Kleinkindern in Deutschland (VELS, 2001–2002), betrug die Zufuhr von Vitamin $B_{12}$ bei Mädchen im Alter von 6 Monaten bis unter 1 Jahr im Median 1,2 µg (10. Perzentil [P10] bis 90. Perzentil [P90] 0,4–2,1 µg) und bei gleichaltrigen Jungen 1,7 µg (P10–P90 0,8–3,2 µg) Vitamin $B_{12}$ pro Tag. Die mediane Zufuhr von Vitamin $B_{12}$ lag bei 1- bis unter 4-jährigen Mädchen bei 2,3 µg (P10–P90 1,4–3,6 µg) und bei gleichaltrigen Jungen bei 2,5 µg (P10–P90 1,5–3,8 µg) pro Tag. Mädchen im Alter von 4 bis unter 5 Jahren führten im Median 2,5 µg (P10–P90 1,7–4,1 µg) und gleichaltrige Jungen 2,7 µg (P10–P90 1,9–4,3 µg) Vitamin $B_{12}$ pro Tag zu [70, 71].

*Kinder*

Laut der im Jahr 2006 in Deutschland durchgeführten EsKiMo-Studie (Ernährungsmodul des Kinder- und Jugendgesundheitssurveys, KIGGS-Studie)[3] betrug die mediane Zufuhr auf der Basis von Verzehrprotokollen bei 6- bis 11-jährigen Mädchen 3,3 µg (P5–P95 1,3–6,2 µg) und bei gleichaltrigen Jungen 3,8 µg (P5–P95 2,0–7,3 µg) Vitamin $B_{12}$ pro Tag [72].

In Österreich lag der im Zeitraum 2010 bis 2012 mittels 3-Tage-Schätzprotokollen[4] bestimmte Mittelwert der Zufuhr von Vitamin $B_{12}$ bei Mädchen im Alter von 7 bis unter 10 Jahren bei 3,5 µg (95 % CI 3,1–3,9 µg), im Alter von 10 bis unter 13 Jahren bei 3,6 µg (95 % CI 3,1–4,0 µg) und im Alter von 13 bis unter 15 Jahren bei 4,1 µg (95 % CI 3,2–5,0 µg) pro Tag. Bei Jungen lag der Mittelwert der Zufuhr in den gleichen Altersgruppen bei 3,7 µg (95 % CI 3,3–4,2 µg), 4,0 µg (95 % CI 3,6–4,4 µg) und 3,9 µg (95 % CI 2,8–5,0 µg) pro Tag [73].

*Jugendliche und Erwachsene*

Nach Auswertung der Daten der Nationalen Verzehrsstudie II (NVS II, 2005–2006)[5] lag die mediane Zufuhr von Vitamin $B_{12}$ in Deutschland bei Frauen und Männern

[2] Auswertung der Daten mittels Bundeslebensmittelschlüssel (BLS) Version II.3, ergänzt durch zahlreiche weitere Lebensmittel
[3] Auswertung der Daten mittels BLS II.3
[4] Auswertung der Daten mittels BLS 3.01, ergänzt durch die Nährstoffgehalte landestypischer Rezepte und spezieller österreichischer Lebensmittel
[5] Auswertung der Verzehrdaten der beiden 24-Stunden-Recalls auf Basis einer aktualisierten Version des Bundeslebensmittelschlüssels (BLS-Version 3.02). Daher unterscheiden sich diese von früher publizierten NVS II-Daten zur Vitamin-$B_{12}$-Zufuhr, die mit dem Ernährungserhebungsinstrument DISHES (*Diet Interview Software for Health Examination Studies*) erfasst und mit einer älteren BLS-Version (BLS II.4) berechnet wurden.

im Alter von 15 bis 80 Jahren bei 3,8 µg pro Tag (P5–P95 2,2–6,5 µg) bzw. 5,3 µg pro Tag (P5–P95 2,8–9,1 µg) [74, 75].

In Österreich lag der im Zeitraum 2014 bis 2016 mittels zwei 24-Stunden-Recalls[6] bestimmte Mittelwert der Zufuhr von Vitamin $B_{12}$ bei Frauen im Alter von 19 bis unter 25 Jahren bei 3,7 µg, im Alter von 25 bis unter 51 Jahren sowie im Alter von 51 bis unter 65 Jahren bei 3,8 µg pro Tag. Bei Männern in den gleichen Altersgruppen lag sie bei 6,4 µg, 5,8 µg und 5,8 µg pro Tag [76]. Die Vitamin-$B_{12}$-Zufuhr von Erwachsenen im Alter von 65 bis 80 Jahren wurde im Zeitraum 2010 bis 2012 mittels zwei 24-Stunden-Recalls[7] erhoben und lag bei Frauen bei 4,8 µg (95 % CI 3,6–6,1 µg) und bei Männern bei 4,0 µg (95 % CI 3,4–4,6 µg) pro Tag [73].

Auswertungen der Studie *Healthy Lifestyle in Europe by Nutrition in Adolescence* (HELENA 2006/07; Daten aus acht europäischen Städten) ergaben für Mädchen im Alter von 10 bis unter 13 Jahren eine Vitamin-$B_{12}$-Zufuhr von 4,7 µg pro Tag (P25–P75 4,1–6,0 µg), im Alter von 13 bis unter 15 Jahren 4,7 µg pro Tag (P25–P75 4,0–5,9 µg) und im Alter von 15 bis unter 19 Jahren 4,7 µg pro Tag (P25–P75 3,8–5,9 µg). Für Jungen in den gleichen Altersgruppen lag die Zufuhr bei 6,6 µg pro Tag (P25–P75 4,6–8,1 µg), 6,3 µg pro Tag (P25–P75 5,0–7,6 µg) und 6,2 µg pro Tag (P25–P75 4,9–7,6 µg) [77].

### Vitamin-$B_{12}$-Konzentrationen im Serum bzw. Plasma

Bei Kindern und Jugendlichen im Alter von 3 bis 17 Jahren (Teilnehmende des Kinder- und Jugendgesundheitssurveys, KiGGS, 2003–2006) wurde die Vitamin-$B_{12}$-Konzentration im Serum bestimmt. Der Median lag je nach Alter bei den Mädchen zwischen 286 pmol/l (P5–P95 134–564 pmol/l) und 582 pmol/l (P5–P95 295–1012 pmol/l) und bei den Jungen zwischen 318 pmol/l (P5–P95 165–577 pmol/l) und 552 pmol/l (P5–P95 279–964 pmol/l) [78].

In Österreich lag der Mittelwert der Vitamin-$B_{12}$-Konzentration im Plasma bei Mädchen im Alter von 7 bis unter 10 Jahren bei 465 pmol/l (95 % CI 402–529 pmol/l), im Alter von 10 bis unter 13 Jahren bei 363 pmol/l (95 % CI 324–403 pmol/l) und im Alter von 13 bis unter 15 Jahren bei 370 pmol/l (95 % CI 311–428 pmol/l). Bei Jungen in den gleichen Altersgruppen betrug er 434 pmol/l (95 % CI 389–479 pmol/l), 364 pmol/l (95 % CI 326–401 pmol/l) und 355 pmol/l (95 % CI 296–413 pmol/l) [73].

In der HELENA-Studie (Daten aus zehn europäischen Städten) lag die mediane Vitamin-$B_{12}$-Konzentration im Serum bei Mädchen im Alter von 12 bis unter 18 Jahren bei 334 pmol/l (Min–Max 110–1091 pmol/l) und bei Jungen bei 302 pmol/l (Min–Max 114–961 pmol/l) [79].

Beim Bundes-Gesundheitssurvey (1998) wurde bei Frauen im Alter von 18 bis 40 Jahren eine mediane Vitamin-$B_{12}$-Konzentration von 421 pmol/l (P5–P95 214–885 pmol/l) im Serum gemessen [80].

In einer Kohorte der Studie Kooperative Gesundheitsforschung in der Region Augsburg (KORA-*Age Study*) lag die mediane Vitamin-$B_{12}$-Konzentration von Frauen im Alter von 65 bis 93 Jahren bei 292 pmol/l (P10–P90 175–542 pmol/l) und bei Männer im selben Alter bei 263 pmol/l (P10–P90 170–542 pmol/l) [81].

In Österreich lag der Mittelwert der Vitamin-$B_{12}$-Konzentration im Plasma bei Frauen im Alter von 18 bis unter 25 Jahren bei 226 pmol/l [CI 95 % 167–285 pmol/l], im Alter von 25 bis unter 51 Jahren bei 294 pmol/l (95 % CI 262–327 pmol/l) und im Alter von 51 bis unter 65 Jahren bei 269 pmol/l (95 % CI 221–317 pmol/l). Bei Männern in den gleichen Altersgruppen betrug er 283 pmol/l (95 % CI 210–356 pmol/l), 240 pmol/l (95 % CI 220–261 pmol/l) und 411 pmol/l (95 % CI 192–629 pmol/l). Im Alter von 65 bis 80 Jahren lag der Mittelwert der Vitamin-$B_{12}$-Konzentration im Plasma bei Frauen und Männern bei 238 pmol/l (95 % CI 211–264 pmol/l) bzw. 245 pmol/l (95 % CI 215–275 pmol/l) [73].

## 9. Vitamin $B_{12}$ in Lebensmitteln

Lebensmittel mit einem hohen Gehalt an Vitamin $B_{12}$ sind Lebensmittel tierischer Herkunft. Einen besonders hohen Gehalt an Vitamin $B_{12}$ weisen Innereien (z. B. von Schwein, Rind und Kalb je > 35 µg/100 g) auf. Krusten- und Schalentiere (z. B. Miesmuscheln mit 8 µg/100 g, Flusskrebse mit 3 µg/100 g) und bestimmte Fischarten wie Lachs (4 µg/100 g) und Hering (9 µg/100 g) enthalten ebenfalls nennenswerte Mengen an Vitamin $B_{12}$. Der Vitamin-$B_{12}$-Gehalt in Käse und Eiern beträgt ca. 2 µg/100 g [82].

Lebensmittel pflanzlicher Herkunft, z. B. Sauerkraut, können durch bakterielle Gärung Spuren von Vitamin $B_{12}$ enthalten. Dabei ist allerdings unklar, ob diese Form des Vitamin $B_{12}$ für den Menschen verwertbar ist. Zudem sind die Gehalte so gering, dass eine bedarfsdeckende Zufuhr damit nicht möglich ist [83, 84].

[6] Auswertung der Daten mittels BLS 3.02
[7] Auswertung der Daten mittels BLS 3.01, ergänzt durch die Nährstoffgehalte landestypischer Rezepte und spezieller österreichischer Lebensmittel

Den Ergebnissen der Nationalen Verzehrsstudie II zufolge sind die Hauptlieferanten von Vitamin $B_{12}$ bei Frauen und Männern Fleisch, Fleischerzeugnisse und Wurstwaren sowie Milch und Milcherzeugnisse und Käse. Ebenso sind Fisch, Fischerzeugnisse, Krusten- und Schalentiere wichtige Vitamin-$B_{12}$-Lieferanten [74].

## 10. Ableitung der Referenzwerte für die Vitamin-$B_{12}$-Zufuhr

### Säuglinge im Alter von 0 bis unter 4 Monaten

Die Ableitung der Referenzwerte für die Vitamin-$B_{12}$-Zufuhr bei Säuglingen im Alter von 0 bis unter 4 Monaten orientiert sich am Vitamin-$B_{12}$-Gehalt der Frauenmilch, die als optimal für die Ernährung von Säuglingen angesehen wird [85, 86]. Der Cobalamingehalt der Frauenmilch variiert in Abhängigkeit der Dauer des Stillens [87] und der Vitamin-$B_{12}$-Versorgung der Mutter [88]. Er fällt im Verlauf der Stillzeit kontinuierlich ab [89]. In einer dänischen Studie, bei der ein Großteil der Frauen ein Multivitaminpräparat eingenommen hatte (1,0–4,5 µg Vitamin $B_{12}$/Tag), lag der Vitamin-$B_{12}$-Gehalt der Frauenmilch nach zwei Wochen *post partum* bei 0,1 µg/100 ml und nach vier Monaten *post partum* bei 0,04 µg/100 ml [87]. Als mittlerer Vitamin-$B_{12}$-Gehalt in Frauenmilch in den ersten vier Monaten werden 0,07 µg/100 ml angegeben [87].

Unter der Annahme des mittleren Vitamin-$B_{12}$-Gehalts von Frauenmilch von 0,07 µg/100 ml in den ersten vier Monaten erhält ein voll gestillter Säugling über die Frauenmilch von Müttern mit adäquater Vitamin-$B_{12}$-Versorgung bei einer durchschnittlichen Trinkmenge von 750 ml/Tag [90] 0,53 µg Vitamin $B_{12}$/Tag. Der Schätzwert für eine angemessene Vitamin-$B_{12}$-Zufuhr für gestillte Säuglinge im Alter von **0 bis unter 4 Monaten** wird daher mit 0,5 µg/Tag angegeben (siehe Tab. A1).

### Säuglinge im Alter von 4 bis unter 12 Monaten

Mit der Einführung der Beikost sinkt der Verzehr von Frauenmilch. Es liegen keine Daten zur Vitamin-$B_{12}$-Zufuhr durch Beikost aus Deutschland vor. Daher wird zur Ableitung des Referenzwerts für Säuglinge im Alter von 4 bis unter 12 Monaten unter Berücksichtigung der Unterschiede im Körpergewicht, eines allometrischen Exponenten[8] sowie eines Wachstumsfaktors (siehe Tab. IV) der Schätzwert für Erwachsene im Alter bis unter 65 Jahren herangezogen. Daraus ergibt sich ein Schätzwert von 1,4 µg/Tag für die Vitamin-$B_{12}$-Zufuhr für Säuglinge im Alter von **4 bis unter 12 Monaten** (siehe Tab. A2).

### Kinder und Jugendliche

Für Kinder und Jugendliche liegen keine experimentell ermittelten Daten zum Vitamin-$B_{12}$-Bedarf vor. Deshalb basieren die Referenzwerte für Kinder und Jugendliche auf Werten, die bei Erwachsenen unter Berücksichtigung der Unterschiede im Körpergewicht, eines allometrischen Exponenten[8] sowie unterschiedlicher Wachstumsfaktoren (siehe Tab. IV) erhoben wurden. Für die in den D-A-CH-Referenzwerten zugrunde gelegten Altersgruppen und Referenzgewichte ergeben sich als **Schätzwerte** für die Vitamin-$B_{12}$-Zufuhr bei **1- bis unter 4-Jährigen** 1,5 µg/Tag, bei **4- bis unter 7-Jährigen** 2,0 µg/Tag, bei **7- bis unter 10-Jährigen** 2,5 µg/Tag, bei **10- bis unter 13-Jährigen** 3,5 µg/Tag und bei **13- bis unter 15-Jährigen** 4,0 µg/Tag. Für Jungen und Mädchen im Alter von **15 bis unter 19 Jahren** ergibt sich ein Schätzwert für die Vitamin-$B_{12}$-Zufuhr von 4,0 µg/Tag (siehe Tab. A3).

### Erwachsene bis unter 65 Jahren

Als Kriterium zur Ableitung des Referenzwerts für die Vitamin-$B_{12}$-Zufuhr bei Erwachsenen wird die Serumkonzentration von Holo-TC ($\geq$ 40 pmol/l) und des Funktionsparameters MMA im wünschenswerten Bereich von < 270 nmol/l (siehe „5. Kriterien zur Beurteilung der Versorgung") herangezogen. Hierfür werden die Ergebnisse von zwei Studien zugrunde gelegt, in denen eine adäquate Vitamin-$B_{12}$-Zufuhr anhand der Konzentrationen im Serum der Statusparameter Gesamt-Vitamin-$B_{12}$ und Holo-TC sowie der Funktionsparameter MMA und Homocystein ermittelt wurde [93, 94]. In der Querschnittstudie von Bor et al. [93] mit Personen im Alter zwischen 18 und 50 Jahren wurde bei einer täglichen medianen Zufuhr von 4,2 µg Vitamin $B_{12}$ eine Konzentration von Holo-TC im Serum von im Mittel 65 pmol/l erreicht; höhere Zufuhrmengen waren nicht mit höheren Holo-TC-Konzentrationen assoziiert. Die Konzentration von Vitamin $B_{12}$ im Serum erreichte bei dieser Zufuhr im Mittel 325 pmol/l. Für die Konzentrationen der Funktionsparameter MMA und Homocystein wurde eine mittlere Konzentration von 210 nmol/l bzw. 8 µmol/l gemessen [93], was auf eine adäquate Versorgung mit Vitamin $B_{12}$ hinweist [35]. Oberhalb einer Zufuhr von 7 µg/Tag kam es in dieser Studie zu keinem weiteren Anstieg der Plasmakonzentrationen an Vitamin $B_{12}$; bei einer Zufuhr von 7 µg/Tag wurden auch für MMA und Homocystein im Serum mit etwa 190 nmol/l bzw. rund 7 µmol/l die geringsten Konzentrationen erreicht [93].

[8] Das allometrische Skalierungsgesetz („Kleibers Gesetz") beschreibt den Zusammenhang zwischen der Körpermasse und dem Stoffwechsel von Mensch und Tier. Danach skaliert der Metabolismus mit der Potenz von 0,75 der Körpermasse, d. h. dem metabolischen Körpergewicht [91, 92]. Da der Bedarf der B-Vitamine abhängig ist vom stoffwechselaktiven Anteil der Körpermasse, ist eine Potenzierung mit 0,75 bei der Ableitung des Referenzwerts von Vitamin $B_{12}$ zu berücksichtigen.

Weitere Daten zur Dosis-Wirkungs-Beziehung zwischen der Vitamin-$B_{12}$-Zufuhr und der Konzentration von MMA, Homocystein und Vitamin $B_{12}$ im Serum liegen aus einer randomisierten kontrollierten Interventionsstudie mit 231 Teilnehmern vor [94]. Auch in dieser Studie erreichten MMA und Homocystein mit 190 nmol/l bzw. 8,2 µmol/l die geringsten Konzentrationen bei einer Zufuhr von rund 7 µg Vitamin $B_{12}$/Tag (4,0 µg/Tag aus Lebensmitteln zzgl. 3,4 µg/Tag aus einem Präparat). Bei dieser Zufuhr betrug die Konzentration von Vitamin $B_{12}$ im Serum etwa 330 pmol/l. Bei einer Zufuhr von 4,0 µg Vitamin $B_{12}$ über die Nahrung lag die Vitamin-$B_{12}$-Konzentration im Serum bei rund 300 pmol/l, die MMA-Konzentration bei 220 nmol/l und die Homocysteinkonzentration bei 8,3 µmol/l [94].

Basierend auf den Daten der Studien von Bor et al. [93] und Pentieva et al. [94] und den Zielwerten für Gesamt-Vitamin-$B_{12}$ im Serum (> 221 pmol/l), Holo-TC (≥ 40 pmol/l), MMA (< 270 nmol/l) und Homocystein (< 12 µmol/l) (siehe „5. Kriterien zur Beurteilung der Versorgung") ergibt sich ein Schätzwert für die Vitamin-$B_{12}$-Zufuhr von 4,0 µg/Tag für Männer und Frauen im Alter von **19 bis unter 65 Jahren.**

### Erwachsene ab 65 Jahren

In einer Studie von Bor et al. [95] mit Frauen im Alter zwischen 41 und 75 Jahren mit Osteoporose oder einem Risiko für Osteoporose wurde bei einer täglichen Zufuhr von 6 µg Vitamin $B_{12}$ eine Sättigung des Serums mit Holo-TC von im Median 119 pmol/l erreicht. Die mediane Konzentration von Vitamin $B_{12}$ im Serum erreichte bei dieser Zufuhr 380 pmol/l. Die medianen Konzentrationen von MMA und Homocystein lagen bei 120 nmol/l bzw. 9,75 µmol/l [95], was auf eine adäquate Versorgung mit Vitamin $B_{12}$ hinweist [35]. Von den Probanden hatten allerdings 36 % einen pH-Wert im Magen von ≥ 3 oder andere Hinweise auf eine gestörte Magenfunktion [95], was die Absorption von Vitamin $B_{12}$ beeinträchtigen kann.

Eine Untersuchung an deutschen Frauen im Alter von 60 bis 70 Jahren (n = 178) zeigte, dass bei einer mittleren Zufuhr von 5 µg/Tag 43 % der Frauen eine Cobalaminkonzentration im Serum unter 258 pmol/l hatten [96]. Dieser Wert war in der Studie als Grenzwert für eine ausreichende Versorgung definiert. Zur Ableitung der Referenzwerte für die Vitamin-$B_{12}$-Zufuhr wird eine Konzentration von 148 pmol/l bis 221 pmol/l als suboptimal definiert, eine Konzentration von > 221 pmol/l ist ein Hinweis auf eine ausreichende Versorgung (siehe „5. Kriterien zur Beurteilung der Versorgung"). Nur 10 % der Probandinnen der Studie von Wolters et al. [96] hatten allerdings eine MMA-Konzentration > 271 nmol/l. Als Zielwert für eine ausreichende Versorgung wird eine MMA-Konzentration von < 270 nmol/l angesehen (siehe „5. Kriterien zur Beurteilung der Versorgung").

Insgesamt sind die Daten nicht ausreichend um für Erwachsene ab 65 Jahren andere Referenzwerte für die Vitamin- $B_{12}$-Zufuhr abzuleiten als für jüngere Erwachsene. Daher wird für Erwachsene **ab 65 Jahren** der gleiche Schätzwert für die Vitamin-$B_{12}$-Zufuhr wie für jüngere Erwachsene von 4,0 µg/Tag für Männer und Frauen angegeben.

### Schwangere

Während der Schwangerschaft besteht ein geringfügig erhöhter Bedarf der Schwangeren zur Deckung des Vitamin-$B_{12}$-Bedarfs des Fetus. Durchschnittlich liegt die vom Fetus akkumulierte Menge an Vitamin $B_{12}$ zwischen 0,1 µg/Tag und 0,2 µg/Tag [97]. Unter Berücksichtigung einer Absorptionsrate von 35 % bis 40 % (siehe „3. Physiologie – Bioverfügbarkeit von Vitamin $B_{12}$") wird ein Schätzwert für die Vitamin-$B_{12}$-Zufuhr von 4,5 µg/Tag angegeben (siehe Tab. A4).

### Stillende

Der Vitamin-$B_{12}$-Bedarf stillender Frauen ist durch die Vitamin-$B_{12}$-Abgabe mit der Frauenmilch im Vergleich zum Bedarf nicht stillender Frauen erhöht. Über die Frauenmilch werden etwa 0,5 µg Vitamin $B_{12}$/Tag abgegeben (siehe „10. Ableitung der Referenzwerte für die Vitamin-$B_{12}$-Zufuhr – Säuglinge im Alter von 0 bis unter 4 Monaten"). Unter Berücksichtigung einer Absorptionsrate von 35 % bis 40 % (siehe „3. Physiologie – Bioverfügbarkeit von Vitamin $B_{12}$") benötigt die Stillende daher zusätzlich 1,5 µg/Tag. Der Schätzwert für die Vitamin-$B_{12}$-Zufuhr während der Stillzeit beträgt damit 5,5 µg/Tag (siehe Tab. A5).

## 11. Sicherstellung einer angemessenen Vitamin-$B_{12}$-Versorgung

Während der Lebensmittelverarbeitung, z. B. durch Kochen oder Pasteurisieren, sind Verluste in Höhe von bis zu 50 % des Vitamin-$B_{12}$-Gehalts in Lebensmitteln möglich [98]. Trotzdem kann durch den Verzehr von natürlicherweise cobalaminreichen Lebensmitteln im Rahmen einer ausgewogenen Mischkost eine angemessene Versorgung mit Vitamin $B_{12}$ sichergestellt werden. Für eine ausreichende Vitamin-$B_{12}$-Zufuhr empfiehlt sich der regelmäßige Verzehr von Milch und Milchprodukten, Fisch, Geflügel sowie magerem Fleisch.

Menschen, die sich **vegan** (rein pflanzlich) ernähren, sollten dauerhaft ein Vitamin-$B_{12}$-Präparat einnehmen sowie ihre Versorgung mit Vitamin $B_{12}$ regelmäßig ärztlich überprüfen lassen [84]. Spirulina und andere Cyanobakterien, die als natürliche Vitamin-$B_{12}$-Quelle für sich vegan ernährende Personen beworben werden, enthalten keine für den Menschen wirksamen Cobalamine. Die darin enthaltenen Cobalaminanaloga können darüber hinaus die intestinale Aufnahme von Vitamin $B_{12}$ und die Bildung der biologisch aktiven Coenzyme sogar hemmen [99, 100]. Sie sind daher für die Bedarfsdeckung ungeeignet.

Auch **Ovo-Lacto-Vegetarier** weisen zum Teil eine defizitäre Versorgung mit Vitamin $B_{12}$ auf [98, 101, 102]. Daher sollten sie die Versorgung mit Vitamin $B_{12}$ ebenfalls regelmäßig ärztlich überprüfen lassen und gegebenenfalls auf Präparate zur Sicherstellung einer angemessenen Vitamin-$B_{12}$-Versorung zurückgreifen [98, 103–105]. Vor allem Vegetarier mit einem erhöhten Nährstoffbedarf, z. B. bedingt durch Schwangerschaft und Stillzeit, sollten auf eine ausreichende Vitamine-$B_{12}$-Versorgung achten.

Bei **älteren Menschen** ist das Risiko für einen Vitamin-$B_{12}$-Mangel oder eine defizitäre Versorgung erhöht. Dies wird vorwiegend durch eine beeinträchtigte Absorption aufgrund der Einnahme von Medikamenten (z. B. Protonenpumpenhemmer, $H_2$-Blocker) oder Krankheiten (z. B. atrophische Gastritis) und weniger durch eine unzureichende alimentäre Aufnahme von Vitamin $B_{12}$ bedingt (siehe „6. Mangelsymptomatik") [59, 61, 62, 81]. Bei Vorliegen einer atrophischen Gastritis mit Hypochlorhydrie und einer dadurch bedingten Malabsorption von proteingebundenem Vitamin $B_{12}$ aus der Nahrung [106, 107], wird zur Sicherstellung der Vitamin-$B_{12}$-Versorgung die Einnahme von Vitamin-$B_{12}$-Präparaten empfohlen [59, 62, 108]. Im Gegensatz zu Vitamin $B_{12}$ aus natürlichen Lebensmitteln ist die Absorption von Vitamin $B_{12}$ in kristalliner Form, wie sie in Präparaten vorliegt, bei einer atrophischen Gastritis vom Typ B nicht beeinträchtigt [59, 108]. Allerdings zeigen Untersuchungen, dass die Verwendung von Nährstoffpräparaten oder angereicherten Lebensmitteln zwar die Prävalenz des Vitamin-$B_{12}$-Mangels bei Senioren senkt [109–112], das Risiko für eine unzureichende Versorgung jedoch aufgrund der oftmals zu geringen Dosierung grundsätzlich bestehen bleibt [113, 114]. Daher wird auch für ältere Menschen eine regelmäßige Überprüfung des Vitamin-$B_{12}$-Status empfohlen. Zur Untersuchung der Versorgung sollte ein aussagekräftiger Funktionsmarker, z. B. MMA, sowie ein Statusmarker, z. B. Serum-Vitamin-$B_{12}$ oder Holo-TC, bestimmt werden (siehe „5. Kriterien zur Beurteilung der Versorgung").

Der Vitamin-$B_{12}$-Gehalt industriell hergestellter **Säuglingsmilchnahrung** darf in der Europäischen Union bei einem Energiegehalt von mindestens 60 kcal/100 ml und maximal 70 kcal/100 ml sowohl bei Säuglingsanfangsnahrung auf Basis von Kuhmilchprotein als auch bei Folgenahrung zwischen 0,1 µg Vitamin $B_{12}$/100 kcal und 0,5 µg Vitamin $B_{12}$/100 kcal liegen. Das entspricht einer Spanne von 0,07 µg Vitamin $B_{12}$/100 ml bis 0,3 µg Vitamin $B_{12}$/100 ml bei einem mittleren Energiegehalt von 65 kcal/100 ml [115, 116].

## 12. Präventive Aspekte

Im Folgenden wird ein kurzer Überblick über die Studienlage zu Vitamin $B_{12}$ im Zusammenhang mit gesundheitsrelevanten Aspekten gegeben, ohne dass eine Evidenzbewertung erfolgt.

Bei einer unzureichenden Versorgung mit Vitamin $B_{12}$ ist die Remethylierung von Homocystein zu Methionin beeinträchtigt, was zu einem Anstieg der Homocysteinkonzentration im Serum führt [48]. Homocystein ist ein unabhängiger Risikofaktor für ischämische Herzkrankheiten und ischämische Schlaganfälle [117–119]. Mit einem Anstieg der Homocysteinkonzentration um 5 µmol/l nimmt das Risiko für koronare Ereignisse um 18 % zu [119]. Bei einem Anstieg um 3 µmol/l erhöht sich das Schlaganfallrisiko um 19 % [118]. Unklar ist jedoch, ob es sich hierbei um einen kausalen Zusammenhang handelt [120]. Genetische Assoziationsstudien [121–123], *in-vitro*-Studien sowie tierexperimentelle Untersuchungen sprechen für eine ursächliche Beziehung [51, 124]. Interventionsstudien mit Vitamin $B_{12}$, Vitamin $B_6$ und Folat lieferten allerdings widersprüchliche Ergebnisse. Ein präventiver Effekt einer Supplementierung der genannten B-Vitamine wurde für Schlaganfälle dokumentiert [125, 126], wobei von Vitamin $B_{12}$ allein kein präventiver Effekt auszugehen scheint [126]. Auch für koronare Ereignisse und **Herz-Kreislauf-Krankheiten** insgesamt wurde bisher keine präventive Wirkung für eine Supplementation von Vitamin $B_{12}$ nachgewiesen [125, 127].

Daneben wird diskutiert, dass Vitamin $B_{12}$ für die Stabilität der Chromosomen und das normale Methylierungsmuster der DNA von Bedeutung ist. Dies legt einen präventiven Effekt von Vitamin $B_{12}$ in Bezug auf die Entstehung von **Krebskrankheiten** nahe [128]. Für Brustkrebs konnte eine Meta-Analyse von 18 Beobachtungsstudien für die

Vitamin-$B_{12}$-Zufuhr, nicht jedoch für die Vitamin-$B_{12}$-Konzentration im Serum, eine inverse Assoziation zum Krankheitsrisiko nachweisen [129]. Auch wurde kein Zusammenhang zwischen der Vitamin-$B_{12}$-Zufuhr über die Ernährung [130] bzw. der Vitamin-$B_{12}$-Versorgung [131] und dem Risiko für Tumoren des Endometriums beobachtet. Dies gilt ebenso für koloraktale Karzinome [132–136]. Eine weitere Meta-Analyse untersuchte den Zusammenhang zwischen der Serumkonzentration von Vitamin $B_{12}$ und dem Risiko für Nierenzellkrebs an Daten von sieben Kohorten. Im Vergleich mit der niedrigsten Zufuhr hatten Personen mit der höchsten Zufuhr ein relatives Risiko für Nierenzellkrebs von 0,72 (95 % CI = 0,52–1,00) [137].

Auf der anderen Seite wird diskutiert, dass eine erhöhte Vitamin-$B_{12}$-Konzentration im Serum mit einem gesteigerten Risiko für Krebskrankheiten verbunden ist. In einer Meta-Analyse zeigte sich eine positive Assoziation zwischen der Vitamin-$B_{12}$-Serumkonzentration und dem Risiko für Prostatatumoren [138]. In einer Kohortenstudie war eine erhöhte Vitamin-$B_{12}$-Konzentration im Serum (> 600 pmol/l) mit einem erhöhten Risiko für die Inzidenz von Krebskrankheiten insgesamt verbunden. Das Risiko war innerhalb des ersten Jahres nach der Erhebung am höchsten [139]. Dieser Zusammenhang könnte allerdings auf die mit einer hohen Vitamin-$B_{12}$-Zufuhr verbundenen gesteigerten Zufuhr an tierischen Lebensmitteln zurückzuführen sein („Scheinkorrelation"). Eine andere Ursache für den Zusammenhang können bestehende, bisher aber nicht diagnostizierte, Krebskrankheiten sein, die mit höheren Vitamin-$B_{12}$-Konzentration im Serum als bei Personen ohne Krebkrankheiten assoziiert sind [140].

In Beobachtungsstudien war eine unzureichende Versorgung mit Vitamin $B_{12}$ in der **Schwangerschaft** mit einem erhöhten Risiko für Aborte assoziiert [141, 142]. Auch steht die Vitamin-$B_{12}$-Versorgung der Mutter mit dem Auftreten von Neuralrohrdefekten beim Kind in Zusammenhang [143, 144]. Ob es sich hierbei um einen kausalen Zusammenhang handelt ist unklar [145].

Darüber hinaus wird eine Beteiligung von Vitamin $B_{12}$ am **Knochenstoffwechsel** diskutiert. Ein Vitamin-$B_{12}$-Mangel und eine damit assoziierte Hyperhomocysteinämie stehen in Zusammenhang mit einer Stimulation der Osteoklasten und einem beschleunigten Abbau der Knochenmatrix [146–149]. Die Ergebnisse von Beobachtungsstudien zum Zusammenhang zwischen der Vitamin-$B_{12}$-Versorgung bzw. der Zufuhr von Vitamin $B_{12}$ und der Knochenmineraldichte, dem Frakturrisiko oder Markern des Knochenumsatzes sind uneinheitlich [147]. In einer Meta-Analyse von vier prospektiven Studien wurde für jeden Anstieg der Gesamtkonzentration von Vitamin $B_{12}$ im Serum um 50 pmol/l eine Reduktion des Frakturrisikos um 4 % errechnet (95 % CI = 0,92–1,00) [150].

Eine Meta-Analyse von vier randomisierten kontrollierten Interventionsstudien deutet darauf hin, dass der Effekt von Vitamin $B_{12}$ auf das Frakturrisiko von der basalen Homocysteinkonzentration abhängig ist. Ein protektiver Effekt einer Vitamin-$B_{12}$-Supplementierung ist nur bei Homocysteinkonzentrationen > 15 µmol/l zu erwarten (Risikosenkung um 75 %; 95 % CI = 0,12–0,53). Für adäquat mit Folat und Vitamin $B_{12}$ versorgte Personen mit einer Homocysteinkonzentration < 15 µmol/l gibt es keinen Beleg, dass eine Vitamin-$B_{12}$-Supplementation über den individuellen Bedarf hinaus das Frakturrisiko weiter senkt [151].

Diskutiert wird auch, ob ein funktionaler Vitamin-$B_{12}$-Mangel, gekennzeichnet durch erniedrigte Konzentrationen von Holo-TC und erhöhte Konzentrationen von MMA und/oder Homocystein, mit einem erhöhten Risiko für **neurodegenerative Krankheiten** und einer Beeinträchtigung der kognitiven Leistungsfähigkeit verbunden ist [152, 153]. In einer Reihe von epidemiologischen Studien waren die Konzentration von MMA positiv und die Konzentration von Holo-TC invers mit der Entwicklung bzw. dem Voranschreiten einer Demenz assoziiert, während die Gesamt-Vitamin-$B_{12}$-Konzentration nur schwach oder überhaupt nicht mit dem Krankheitsrisiko in Zusammenhang stand [131, 133, 134, 152, 153]. Auch war ein Vitamin-$B_{12}$-Mangel bei älteren Menschen mit einer Atrophie des Gehirns assoziiert [111, 154]. Eine Supplementierung mit Vitamin $B_{12}$ (0,5 mg/Tag) in Kombination mit Folsäure (0,8 mg/Tag) und Vitamin $B_6$ (20 mg/Tag) bei älteren Menschen über zwei Jahre konnte die Hirnatrophie deutlich verlangsamen. Dieser Effekt war abhängig von der Homocysteinkonzentration zu Studienbeginn [155].

Auch erwiesen sich die Konzentrationen von Holo-TC und MMA als gute Prädiktoren für die kognitive Leistungsfähigkeit, während dies für die Gesamt-Vitamin-$B_{12}$-Konzentration nicht zutraf, wie eine longitudinale Kohortenstudie mit 1648 Seniorinnen und Senioren (≥ 65 Jahre) über einen Zeitraum von 10 Jahren zeigte. Eine Erhöhung der Holo-TC-Konzentration von 50 pmol/l auf 100 pmol/l war mit einer 30 % geringeren Abnahme der kognitiven Leistungsfähigkeit assoziiert; der Anstieg der MMA- und Homocysteinkonzentrationen von 0,25 µmol/l auf 0,5 µmol/l bzw. von 10 µmol/l auf 20 µmol/l war statistisch gesehen mit Einbußen der kognitiven Leistungsfähigkeit um > 50 % verbunden [156].

Die Ergebnisse von Interventionsstudien zum Einfluss einer Vitamin-$B_{12}$-Supplementierung auf die kognitive Leistungsfähigkeit sind widersprüchlich; die Effekte sind offenbar abhängig von der basalen Homocysteinkonzentration und der Dauer der Intervention. Eine systematische Übersichtsarbeit von 25 randomisierten kontrollierten Studien und Kohortenstudien kommt zu dem Ergebnis, dass es keine ausreichenden Belege für einen Zusammenhang zwischen der Vitamin-$B_{12}$-Zufuhr bzw. dem Vitamin-$B_{12}$-Status und der kognitiven Leistungsfähigkeit gibt [153]. Zu einem ähnlichen Ergebnis kam auch eine weitere systematische Übersichtsarbeit von zehn Beobachtungstudien an Personen ab 50 Jahren [157].

## Literatur


[1] Randaccio L, Geremia S, Demitri N et al.: Vitamin $B_{12}$: unique metalorganic compounds and the most complex vitamins. Molecules 15 (2010) 3228–3259

[2] Watanabe F: Vitamin $B_{12}$ sources and bioavailability. Exp Biol Med (Maywood) 232 (2007) 1266–1274

[3] Chanarin I: The megaloblastic anaemias. Blackwell Scientific, Oxford, 2. Auflage (1979)

[4] Obeid R, Fedosov SN, Nexo E: Cobalamin coenzyme forms are not likely to be superior to cyano- and hydroxyl-cobalamin in prevention or treatment of cobalamin deficiency. Mol Nutr Food Res 59 (2015) 1364–1372

[5] Bor MV, Nexo E: Vitamin $B_{12}$. In: Herrmann W, Obeid R (Hrsg.): Vitamins in the prevention of human diseases. De Gruyter, Berlin (2011) 187–199

[6] Quadros EV, Nakayama Y, Sequeira JM: The protein and the gene encoding the receptor for the cellular uptake of transcobalamin-bound cobalamin. Blood 113 (2009) 186–192

[7] Gherasim C, Lofgren M, Banerjee R: Navigating the $B_{12}$ road: assimilation, delivery, and disorders of cobalamin. J Biol Chem 288 (2013) 13186–13193

[8] Nielsen MJ, Rasmussen MR, Andersen CBF et al.: Vitamin $B_{12}$ transport from food to the body's cells - a sophisticated, multistep pathway. Nat Rev Gastroenterol Hepatol 9 (2012) 345–354

[9] Andrews ER, Pratt JM, Brown KL: Molecular recognition in the binding of vitamin $B_{12}$ by the cobalamin-specific intrinsic factor. FEBS Lett 281 (1991) 90–92

[10] Kozyraki R, Cases O: Vitamin $B_{12}$ absorption: mammalian physiology and acquired and inherited disorders. Biochimie 95 (2013) 1002–1007

[11] Schjönsby H, Andersen KJ: The intestinal absorption of vitamin $B_{12}$. Scand J Gastroenterol 9, Suppl 29 (1974) 7–11

[12] Berlin H, Berlin R, Brante G: Oral treatment of pernicious anemia with high doses of vitamin $B_{12}$ without intrinsic factor. Acta Med Scand 184 (1968) 247–258

[13] Quadros EV: Advances in the understanding of cobalamin assimilation and metabolism. Br J Haematol 148 (2010) 195–204

[14] Allen RH, Stabler SP: Identification and quantitation of cobalamin and cobalamin analogues in human feces. Am J Clin Nutr 87 (2008) 1324–1335

[15] Doets EL, In 't Veld, Paulette H, Szczecińska A et al.: Systematic review on daily vitamin $B_{12}$ losses and bioavailability for deriving recommendations on vitamin $B_{12}$ intake with the factorial approach. Ann Nutr Metab 62 (2013) 311–322

[16] Allen LH: Bioavailability of vitamin $B_{12}$. Int J Vitam Nutr Res 80 (2010) 330–335

[17] Grasbeck R, Salonen EM: Vitamin $B_{12}$. Prog Food Nutr Sci 2 (1976) 193–231

[18] Scott JM: Bioavailability of vitamin $B_{12}$. Eur J Clin Nutr 51, Suppl 1 (1997) S49–S53

[19] Carmel R: Cobalamin (Vitamin $B_{12}$). In: Ross AC, Caballero B, Cousins RJ et al. (Hrsg.): Modern nutrition in health and disease. Lippincott Williams & Wilkins, Philadelphia, 11. Auflage (2014) 369–389

[20] Quadros EV, Sequeira JM: Cellular uptake of cobalamin: transcobalamin and the TCblR/CD320 receptor. Biochimie 95 (2013) 1008–1018

[21] Reizenstein P, Ek G, Matthews CM: Vitamin $B_{12}$ kinetics in man. Implications on total-body-$B_{12}$-determinations, human requriements, and normal and pathological cellular $B_{12}$ uptake. Phys Med Biol 11 (1966) 295–306

[22] Adams JF, Tankel HI, MacEwan F: Estimation of the total body vitamin $B_{12}$ in the live subject. Clin Sci 39 (1970) 107–113

[23] Grasbeck R, Nyberg W, Reizenstein P: Biliary and fecal vit. $B_{12}$ excretion in man: an isotope study. Proc Soc Exp Biol Med 97 (1958) 780–784

[24] Kolhouse JF, Utley C, Stabler SP et al.: Mechanism of conversion of human apo- to holomethionine synthase by various forms of cobalamin. J Biol Chem 266 (1991) 23010–23015

[25] el Kholty S, Gueant JL, Bressler L et al.: Portal and biliary phases of enterohepatic circulation of corrinoids in humans. Gastroenterology 101 (1991) 1399–1408

[26] Carmel R: Biomarkers of cobalamin (vitamin $B_{12}$) status in the epidemiologic setting: a critical overview of context, applications, and performance characteristics of cobalamin, methylmalonic acid, and holotranscobalamin II. Am J Clin Nutr 94 (2011) 348–358

[27] Kapadia CR, Mathan VI, Baker SJ: Free intrinsic factor in the small intestine in man. Gastroenterology 70 (1976) 704–706

[28] Shinton NK: Vitamin $B_{12}$ and folate metabolism. Br Med J 1 (1972) 556–559

[29] Tsuji T, Fukuwatari T, Sasaki S et al.: Twenty-four-hour urinary water-soluble vitamin levels correlate with their intakes in free-living Japanese university students. Eur J Clin Nutr 64 (2010) 800–807

[30] Tsuji T, Fukuwatari T, Sasaki S et al.: Twenty-four-hour urinary water-soluble vitamin levels correlate with their intakes in free-living Japanese schoolchildren. Public Health Nutr 14 (2011) 327–333

[31] Fukuwatari T, Sugimoto E, Tsuji T et al.: Urinary excretion of vitamin $B_{12}$ depends on urine volume in Japanese female university students and elderly. Nutr Res 29 (2009) 839–845

[32] Raccuglia G, French A, Zarafonetis CJ: Absorption and excretion of cyanocobalamine after oral administration of a large dose in various conditions. Acta Haematol 42 (1969) 1–7

[33] Herrmann W, Obeid R: Cobalamin deficiency. In: Herrmann W, Obeid R (Hrsg.): Vitamins in the prevention of human diseases. De Gruyter, Berlin (2011) 213–241

[34] Devalia V, Hamilton MS, Molloy AM: Guidelines for the diagnosis and treatment of cobalamin and folate disorders. Br J Haematol 166 (2014) 496–513

[35] Lamers Y: Indicators and methods for folate, vitamin $B_{12}$, and vitamin $B_6$ status assessment in humans. Curr Opin Clin Nutr Metab Care 14 (2011) 445–454

[36] Green R: Indicators for assessing folate and vitamin $B_{12}$ status and for monitoring the efficacy of intervention strategies. Am J Clin Nutr 94, Suppl (2011) 666S–672S

[37] Yetley EA, Pfeiffer CM, Phinney KW et al.: Biomarkers of folate status in NHANES: a roundtable summary. Am J Clin Nutr 94, Suppl (2011) 303–312

[38] Herrmann W, Obeid R: Causes and early diagnosis of vitamin $B_{12}$ deficiency. Dtsch Arztebl Int 105 (2008) 680–685

[39] Herrmann W, Obeid R: Utility and limitations of biochemical markers of vitamin $B_{12}$ deficiency. Eur J Clin Invest 43 (2013) 231–237

[40] Aparicio-Ugarriza R, Palacios G, Alder M et al.: A review of the cut-off points for the diagnosis of vitamin $B_{12}$ deficiency in the general population. Clin Chem Lab Med 53 (2015) 1149–1159

[41] Hannibal L, Lysne V, Bjorke-Monsen A-L et al.: Biomarkers and algorithms for the diagnosis of vitamin $B_{12}$ deficiency. Front Mol Biosci 3 (2016) 27

[42] Carmel R: Diagnosis and management of clinical and subclinical cobalamin deficiencies: why controversies persist in the age of sensitive metabolic testing. Biochimie 95 (2013) 1047–1055

[43] Green R, Allen LH, Bjørke-Monsen A-L et al.: Vitamin $B_{12}$ deficiency. Nat Rev Dis Primers 3 (2017) 17040

[44] Fedosov SN, Brito A, Miller JW et al.: Combined indicator of vitamin $B_{12}$ status: modification for missing biomarkers and folate status and recommendations for revised cut-points. Clin Chem Lab Med 53 (2015) 1215–1225

[45] Bailey RL, Durazo-Arvizu RA, Carmel R et al.: Modeling a methylmalonic acid-derived change point for serum vitamin $B_{12}$ for adults in NHANES. Am J Clin Nutr 98 (2013) 460–467

[46] Nexo E, Hoffmann-Lucke E: Holotranscobalamin, a marker of vitamin $B_{12}$ status: analytical aspects and clinical utility. Am J Clin Nutr 94 (2011) 359–365

[47] Green R, Kinsella LJ: Current concepts in the diagnosis of cobalamin deficiency. Neurology 45 (1995) 1435–1440

[48] Ubbink JB, Vermaak WJ, van der Merwe A et al.: Vitamin $B_{12}$, vitamin $B_6$, and folate nutritional status in men with hyperhomocysteinemia. Am J Clin Nutr 57 (1993) 47–53

[49] de Benoist B: Conclusions of a WHO Technical Consultation on folate and vitamin $B_{12}$ deficiencies. Food Nutr Bull 29 (2008) S238–S244

[50] Bächli E, Fehr J: Diagnose eines Vitamin-$B_{12}$-Mangels: nur scheinbar ein Kinderspiel. Schweiz Med Wochenschr 129 (1999) 861–872

[51] Stanger O, Herrmann W, Pietrzik K et al.: DACH-LIGA homocystein (german, austrian and swiss homocysteine society): consensus paper on the rational clinical use of homocysteine, folic acid and B-vitamins in cardiovascular and thrombotic diseases: guidelines and recommendations. Clin Chem Lab Med 41 (2003) 1392–1403

[52] Herbert V: Staging vitamin $B_{12}$ (cobalamin) status in vegetarians. Am J Clin Nutr 59 Suppl (1994) 1213–1222

[53] Briani C, Dalla Torre C, Citton V et al.: Cobalamin deficiency: clinical picture and radiological findings. Nutrients 5 (2013) 4521–4539

[54] Stabler SP: Clinical practice. Vitamin $B_{12}$ deficiency. N Engl J Med 368 (2013) 149–160

[55] Kumar N: Neurologic aspects of cobalamin ($B_{12}$) deficiency. Handb Clin Neurol 120 (2014) 915–926

[56] Waldmann A, Koschizke JW, Leitzmann C et al.: Homocysteine and cobalamin status in German vegans. Public Health Nutr 7 (2004) 467–472

[57] Pawlak R: Is vitamin $B_{12}$ deficiency a risk factor for cardiovascular disease in vegetarians? Am J Prev Med 48 (2015) 26

[58] Pawlak R, Lester SE, Babatunde T: The prevalence of cobalamin deficiency among vegetarians assessed by serum vitamin $B_{12}$: a review of literature. Eur J Clin Nutr 68 (2014) 541–548

[59] Wolters M, Ströhle A, Hahn A: Cobalamin: a critical vitamin in the elderly. Prev Med 39 (2004) 1256–1266

[60] Carmel R: Subclinical cobalamin deficiency. Curr Opin Gastroenterol 28 (2012) 151–158

[61] Hughes CF, Ward M, Hoey L et al.: Vitamin $B_{12}$ and ageing: current issues and interaction with folate. Ann Clin Biochem 50 (2013) 315–329

[62] Stover PJ: Vitamin $B_{12}$ and older adults. Curr Opin Clin Nutr Metab Care 13 (2010) 24–27

[63] Allen LH: How common is vitamin $B_{12}$ deficiency? Am J Clin Nutr 89, Suppl (2009) 693S–696S

[64] Lücke T, Korenke GC, Poggenburg I et al.: Mütterlicher Vitamin-$B_{12}$-Mangel: Ursache neurologischer Symptomatik im Säuglingsalter. Z Geburtshilfe Neonatol 211 (2007) 157–161

[65] Schlapbach LJ, Schütz B, Nuoffer JM et al.: Floppy Baby mit makrozytärer Anämie und veganischer Mutter. Praxis 96 (2007) 1309–1314

[66] Stötter M, Mayrhofer H: Veganische Ernährung: Neurologische Symptomatik, schwere Entwicklungs- und Gedeihstörung bei Säuglingen und Kleinkindern durch Vitamin $B_{12}$-Mangel. Aktuel Ernaehr Med 21 (1996) 4–7

[67] EFSA (European Food Safety Authority): Tolerable upper intake levels for vitamins and minerals. (2006) www.efsa.europa.eu/de/ndatopics/docs/ndatolerableuil.pdf (eingesehen am 30.10.2014)

[68] Mangiarotti G, Canavese C, Salomone M et al.: Hypervitaminosis $B_{12}$ in maintenance hemodialysis patients receiving massive supplementation of vitamin $B_{12}$. Int J Artif Organs 9 (1986) 417–420

[69] IOM (Institute of Medicine) (Hrsg.): Dietary reference intakes for thiamin, riboflavin, niacin, vitamin $B_6$, folate, vitamin $B_{12}$, pantothenic acid, biotin, and choline. National Academies Press, Washington, DC (1998)

[70] Heseker H, Mensink GBM: Lebensmittelverzehr und Nährstoffzufuhr im Kindes- und Jugendalter. Ergebnisse aus den beiden bundesweit durchgeführten Ernährungsstudien VELS und EsKiMo. In: Deutsche Gesellschaft für Ernährung (Hrsg.): Ernährungsbericht 2008. Bonn (2008) 49–93

[71] Heseker H: Tägliche Energie- und Nährstoffzufuhr bei Säuglingen in VELS. Persönliche Mitteilung vom 28.01.2013, Paderborn (2013)

[72] Mensink GBM, Richter A, Stahl A: Bestandsaufnahme: Nährstoffversorgung und Lebensmittelverzehr von Kindern und Jugendlichen in Deutschland. In: Kersting M (Hrsg.): Kinderernährung aktuell. Schwerpunkte für Gesundheitsförderung und Prävention. Umschau Verlag, Sulzbach/Ts (2009) 40–46

[73] Elmadfa I (Hrsg.): Österreichischer Ernährungsbericht 2012. Wien (2012)

[74] Krems C, Walter C, Heuer T et al.: Lebensmittelverzehr und Nährstoffzufuhr - Ergebnisse der Nationalen Verzehrsstudie II. In: Deutsche Gesellschaft für Ernährung (Hrsg.): 12. Ernährungsbericht 2012. Bonn (2012) 40–85

[75] MRI (Max Rubner-Institut, Bundesforschungsinstitut für Ernährung und Lebensmittel): Energie- und Nährstoffzufuhr bei Jugendlichen und Erwachsenen in der NVS II (22.08.2014) Persönliche Mitteilung vom 22.08.2014, Karlsruhe (2014)

[76] Department für Ernährungswissenschaften der Universität Wien (Hrsg.): Österreichischer Ernährungsbericht 2017, Wien (2017)

[77] Diethelm K, Huybrechts I, Moreno L et al.: Nutrient intake of European adolescents: results of the HELENA (Healthy Lifestyle in Europe by Nutrition in Adolescence) Study. Public Health Nutr 17 (2014) 486–497

[78] RKI (Robert Koch-Institut) (Hrsg.): Beiträge zur Gesundheitsberichterstattung des Bundes. Bevölkerungsbezogene Verteilungswerte ausgewählter Laborparameter aus der Studie zur Gesundheit von Kindern und Jugendlichen in Deutschland (KiGGS). Berlin (2009)

[79] Gonzalez-Gross M, Benser J, Breidenassel C et al.: Gender and age influence blood folate, vitamin $B_{12}$, vitamin $B_6$, and homocysteine levels in European adolescents: the Helena Study. Nutr Res 32 (2012) 817–826

[80] RKI (Robert Koch-Institut) (Hrsg.): Beiträge zur Gesundheitsberichterstattung des Bundes. Der Bundes-Gesundheitssurvey – Baustein der Gesundheitssurveillance in Deutschland. Berlin (2002)
[81] Conzade R, Koenig W, Heier M et al.: Prevalence and predictors of subclinical micronutrient deficiency in German older adults: results from the population-based KORA-Age Study. Nutrients 9 (2017) 1276
[82] Deutsche Gesellschaft für Ernährung (Hrsg.): DGExpert, Version 1.8.7.1 (BLS 3.02). Bonn (2016)
[83] Leitzmann C, Keller M: Vegetarische Ernährung. Ulmer, Stuttgart, 3., aktualisierte Auflage (2013)
[84] Richter M, Boeing H, Grünewald-Funk D et al.: Vegane Ernährung. Position der Deutschen Gesellschaft für Ernährung e. V. (DGE). Ernährungs Umschau 63 (2016) 92–102, Erratum in: 63(05): M262
[85] Bührer C, Genzel-Boroviczény O, Jochum F et al.: Ernährung gesunder Säuglinge. Monatsschr Kinderheilkd 162 (2014) 527–538
[86] Butte NF, Lopez-Alarcon MG, Garza C: Nutrient adequacy of exclusive breastfeeding for the term infant during the first six months of life. (2002) www.who.int/nutrition/publications/infantfeeding/nut_adequacy_of_exc_bfeeding_eng.pdf (eingesehen am 25.06.2013)
[87] Greibe E, Lildballe DL, Streym S et al.: Cobalamin and haptocorrin in human milk and cobalamin-related variables in mother and child: a 9-mo longitudinal study. Am J Clin Nutr 98 (2013) 389–395
[88] Deegan KL, Jones KM, Zuleta C et al.: Breast milk vitamin $B_{12}$ concentrations in Guatemalan women are correlated with maternal but not infant vitamin $B_{12}$ status at 12 months postpartum. J Nutr 142 (2012) 112–116
[89] Bjørke-Monsen A-L, Ueland PM: Cobalamin status in children. J Inherit Metab Dis 34 (2011) 111–119
[90] Neville MC, Keller R, Seacat J et al.: Studies in human lactation: milk volumes in lactating women during the onset of lactation and full lactation. Am J Clin Nutr 48 (1988) 1375–1386
[91] Kleiber M: Body size and metabolic rate. Physiol Rev 27 (1947) 511–541
[92] West GB, Brown JH, Enquist BJ: A general model for the origin of allometric scaling laws in biology. Science 276 (1997) 122–126
[93] Bor MV, Castel-Roberts KM v., Kauwell GP et al.: Daily intake of 4 to 7 microg dietary vitamin $B_{12}$ is associated with steady concentrations of vitamin $B_{12}$-related biomarkers in a healthy young population. Am J Clin Nutr 91 (2010) 571–577
[94] Pentieva K, Hughes C, Askin N et al.: An intervention trial to determine the response of vitamin $B_{12}$ biomarkers to chronic supplementation with low dose vitamin $B_{12}$ after folate repletion. Proc Nutr Soc 71 (2012) E318
[95] Bor MV, Lydeking-Olsen E, Møller J et al.: A daily intake of approximately 6 microg vitamin $B_{12}$ appears to saturate all the vitamin $B_{12}$-related variables in Danish postmenopausal women. Am J Clin Nutr 83 (2006) 52–58
[96] Wolters M, Hermann S, Hahn A: B vitamin status and concentrations of homocysteine and methylmalonic acid in elderly German women. Am J Clin Nutr 78 (2003) 765–772
[97] WHO (World Health Organization), FAO (Food and Agriculture Organization) (Hrsg.): Vitamin and mineral requirements in human nutrition. Bangkok, 2. Auflage (2004)
[98] Rizzo G, Lagana AS, Rapisarda AMC et al.: Vitamin $B_{12}$ among vegetarians: status, assessment and supplementation. Nutrients 8 (2016)
[99] Herbert V: Vitamin $B_{12}$: plant sources, requirements, and assay. Am J Clin Nutr 48 (1988) 852–858
[100] Watanabe F, Yabuta Y, Tanioka Y et al.: Biologically active Vitamin $B_{12}$ compounds in foods for preventing deficiency among vegetarians and elderly subjects. J Agric Food Chem 61 (2013) 6769–6775
[101] Gilsing AMJ, Crowe FL, Lloyd-Wright Z et al.: Serum concentrations of vitamin $B_{12}$ and folate in British male omnivores, vegetarians and vegans: results from a cross-sectional analysis of the EPIC-Oxford cohort study. Eur J Clin Nutr 64 (2010) 933–939
[102] Herrmann W, Schorr H, Obeid R et al.: Vitamin $B_{12}$ status, particularly holotranscobalamin II and methylmalonic acid concentrations, and hyperhomocysteinemia in vegetarians. Am J Clin Nutr 78 (2003) 131–136
[103] Ströhle A, Löser C, Behrendt I et al.: Alternative Ernährungsformen. Aktuel Ernaehr Med 41 (2016) 47–65
[104] Pawlak R, Parrott SJ, Raj S et al.: How prevalent is vitamin $B(_{12})$ deficiency among vegetarians? Nutr Rev 71 (2013) 110–117
[105] Ströhle A, Hahn A: Kritische Mikronährstoffe bei veganer Ernährung – ein Update. Med Monatschr Pharm 41 (2018) 113–121
[106] Hurwitz A, Brady DA, Schaal SE et al.: Gastric acidity in older adults. JAMA 278 (1997) 659–662
[107] Krasinski SD, Russell RM, Samloff IM et al.: Fundic atrophic gastritis in an elderly population. Effect on hemoglobin and several serum nutritional indicators. J Am Geriatr Soc 34 (1986) 800–806
[108] Baik HW, Russell RM: Vitamin $B_{12}$ deficiency in the elderly. Annu Rev Nutr 19 (1999) 357–377
[109] Garcia A, Paris-Pombo A, Evans L et al.: Is low-dose oral cobalamin enough to normalize cobalamin function in older people? J Am Geriatr Soc 50 (2002) 1401–1404
[110] Rajan S, Wallace JI, Beresford SA et al.: Screening for cobalamin deficiency in geriatric outpatients: prevalence and influence of synthetic cobalamin intake. J Am Geriatr Soc 50 (2002) 624–630
[111] Vogiatzoglou A, Smith AD, Nurk E et al.: Dietary sources of vitamin $B_{12}$ and their association with plasma vitamin $B_{12}$ concentrations in the general population: the Hordaland Homocysteine Study. Am J Clin Nutr 89 (2009) 1078–1087
[112] Kwan LL, Bermudez OI, Tucker KL: Low vitamin $B_{12}$ intake and status are more prevalent in Hispanic older adults of Caribbean origin than in neighborhood-matched non-Hispanic whites. J Nutr 132 (2002) 2059–2064
[113] Seal EC, Metz J, Flicker L et al.: A randomized, double-blind, placebo-controlled study of oral vitamin $B_{12}$ supplementation in older patients with subnormal or borderline serum vitamin $B_{12}$ concentrations. J Am Geriatr Soc 50 (2002) 146–151
[114] Rajan S, Wallace JI, Brodkin KI et al.: Response of elevated methylmalonic acid to three dose levels of oral cobalamin in older adults. J Am Geriatr Soc 50 (2002) 1789–1795
[115] Verordnung (EU) Nr. 609/2013 des Europäischen Parlaments und des Rates vom 12. Juni 2013 über Lebensmittel für Säuglinge und Kleinkinder, Lebensmittel für besondere medizinische Zwecke und Tagesrationen für gewichtskontrollierende Ernährung und zur Aufhebung der Richtlinie 92/52/EWG des Rates, der Richtlinien 96/8/EG, 1999/21/EG, 2006/125/EG und 2006/141/EG der Kommission, der Richtlinie 2009/39/EG des Europäischen Parlaments und des Rates sowie der Verordnungen (EG) Nr. 41/2009 und (EG) Nr. 953/2009 des Rates und der Kommission. Amtsblatt der Europäischen Union (2013) 35–56
[116] Delegierte Verordnung (EU) 2016/127 der Kommission vom 25. September 2015 zur Ergänzung der Verordnung (EU) Nr. 609/2013 des Europäischen Parlaments und des Rates im Hinblick auf die besonderen Zusammensetzungs- und Informationsanforderungen für Säuglingsanfangsnahrung und Folgenahrung und hinsichtlich der Informationen, die bezüglich der Ernährung von Säuglingen und Kleinkindern bereitzustellen sind. Amtsblatt der Europäischen Union (2016) 1–29
[117] He Y, Li Y, Chen Y et al.: Homocysteine level and risk of different stroke types: a meta-analysis of prospective observational studies. Nutr Metab Cardiovasc Dis 24 (2014) 1158–1165

[118] Homocysteine Studies Collaboration: Homocysteine and risk of ischemic heart disease and stroke: a meta-analysis. JAMA 288 (2002) 2015–2022
[119] Humphrey LL, Fu R, Rogers K et al.: Homocysteine level and coronary heart disease incidence: a systematic review and meta-analysis. Mayo Clin Proc 83 (2008) 1203–1212
[120] Grassi M, Assanelli D, Pezzini A: Direct, reverse or reciprocal causation in the relation between homocysteine and ischemic heart disease. Thromb Res 120 (2007) 61–69
[121] Hou X, Chen X, Shi J: Genetic polymorphism of MTHFR C677T and premature coronary artery disease susceptibility: A meta-analysis. Gene 565 (2015) 39–44
[122] Wald DS, Bestwick JP, Wald NJ: Homocysteine as a cause of ischemic heart disease: the door remains open. Clin Chem 58 (2012) 1488–1490
[123] Wald DS, Morris JK, Wald NJ: Reconciling the evidence on serum homocysteine and ischaemic heart disease: a meta-analysis. PLoS One 6 (2011) e16473
[124] Debreceni B, Debreceni L: The role of homocysteine-lowering B-vitamins in the primary prevention of cardiovascular disease. Cardiovasc Ther 32 (2014) 130–138
[125] Huang T, Chen Y, Yang B et al.: Meta-analysis of B vitamin supplementation on plasma homocysteine, cardiovascular and all-cause mortality. Clin Nutr (2012)
[126] Ji Y, Tan S, Xu Y et al.: Vitamin B supplementation, homocysteine levels, and the risk of cerebrovascular disease: A meta-analysis. Neurology 81 (2013) 1298–1307
[127] Martí-Carvajal AJ, Solà I, Lathyris D: Homocysteine-lowering interventions for preventing cardiovascular events. Cochrane Database Syst Rev 1 (2015) CD006612
[128] Fenech M: Folate (vitamin $B_9$) and vitamin $B_{12}$ and their function in the maintenance of nuclear and mitochondrial genome integrity. Mutat Res 733 (2012) 21–33
[129] Wu W, Kang S, Zhang D: Association of vitamin $B_6$, vitamin $B_{12}$ and methionine with risk of breast cancer: a dose-response meta-analysis. Br J Cancer 109 (2013) 1926–1944
[130] Uccella S, Mariani A, Wang AH et al.: Dietary and supplemental intake of one-carbon nutrients and the risk of type I and type II endometrial cancer: a prospective cohort study. Ann Oncol 22 (2011) 2129–2136
[131] Liu JJ, Hazra A, Giovannucci E et al.: One-carbon metabolism factors and endometrial cancer risk. Br J Cancer 108 (2013) 183–187
[132] Razzak AA, Oxentenko AS, Vierkant RA et al.: Associations between intake of folate and related micronutrients with molecularly defined colorectal cancer risks in the Iowa Women's Health Study. Nutr Cancer 64 (2012) 899–910
[133] Key TJ, Appleby PN, Masset G et al.: Vitamins, minerals, essential fatty acids and colorectal cancer risk in the United Kingdom Dietary Cohort Consortium. Int J Cancer 131 (2012) E320–E325
[134] Le Marchand L, White KK, Nomura AMY et al.: Plasma levels of B vitamins and colorectal cancer risk: the multiethnic cohort study. Cancer Epidemiol Biomarkers Prev 18 (2009) 2195–2201
[135] Dahlin AM, van Guelpen B, Hultdin J et al.: Plasma vitamin $B_{12}$ concentrations and the risk of colorectal cancer: a nested case-referent study. Int J Cancer 122 (2008) 2057–2061
[136] Weinstein SJ, Albanes D, Selhub J et al.: One-carbon metabolism biomarkers and risk of colon and rectal cancers. Cancer Epidemiol Biomarkers Prev 17 (2008) 3233–3240
[137] Mao B, Li Y, Zhang Z et al.: One-carbon metabolic factors and risk of renal cell cancer: a meta-analysis. PLoS One 10 (2015) e0141762
[138] Collin SM, Metcalfe C, Refsum H et al.: Circulating folate, Vitamin $B_{12}$, homocysteine, vitamin $B_{12}$ transport proteins, and risk of prostate cancer: a case-control study, systematic review, and meta-analysis. Cancer Epidemiol Biomarkers Prev 19 (2010) 1632–1642
[139] Arendt JF, Pedersen L, Nexo E et al.: Elevated plasma vitamin $B_{12}$ levels as a marker for cancer: a population-based cohort study. J Natl Cancer Inst 105 (2013) 1799–1805
[140] Obeid R, Pietrzik K: Re: Alison J. Price, Ruth C. Travis, Paul N. Appleby, et al. Circulating folate and vitamin $B_{12}$ and risk of prostate cancer: a collaborative analysis of individual participant data from six cohorts including 6875 cases and 8104 controls. Eur Urol. In press. http://dx.doi.org/10.1016/j.euru-ro.2016.03.029: Serum concentrations of folate and vitamin $B_{12}$ and the risk of prostate cancer according to pooled data: The devil Is in the detail. Eur Urol 70 (2016) e133-e134
[141] Puri M, Kaur L, Walia GK et al.: MTHFR C677T polymorphism, folate, Vitamin $B_{12}$ and homocysteine in recurrent pregnancy losses: a case control study among North Indian women. J Perinat Med 41 (2013) 549–554
[142] Hübner U, Alwan A, Jouma M et al.: Low serum vitamin $B_{12}$ is associated with recurrent pregnancy loss in Syrian women. Clin Chem Lab Med 46 (2008) 1265–1269
[143] Wang Z-P, Shang X-X, Zhao Z-T: Low maternal vitamin $B(_{12})$ is a risk factor for neural tube defects: a meta-analysis. J Matern Fetal Neonatal Med 25 (2012) 389–394
[144] Tang K-F, Li Y-L, Wang H-Y: Quantitative assessment of maternal biomarkers related to one-carbon metabolism and neural tube defects. Sci Rep 5 (2015) 8510
[145] Finkelstein JL, Layden AJ, Stover PJ: Vitamin $B_{12}$ and perinatal health. Adv Nutr 6 (2015) 552–563
[146] Vacek TP, Kalani A, Voor MJ et al.: The role of homocysteine in bone remodeling. Clin Chem Lab Med 51 (2013) 579–590
[147] Dai Z, Koh W-P: B-vitamins and bone health - a review of the current evidence. Nutrients 7 (2015) 3322–3346
[148] Herrmann M, Schmidt J, Umanskaya N et al.: Stimulation of osteoclast activity by low B-vitamin concentrations. Bone 41 (2007) 584–591
[149] Ozdem S, Samanci S, Tasatargil A et al.: Experimental hyperhomocysteinemia disturbs bone metabolism in rats. Scand J Clin Lab Invest 67 (2007) 748–756
[150] van Wijngaarden JP, Doets EL, Szczecińska A et al.: Vitamin $B_{12}$, folate, homocysteine, and bone health in adults and elderly people: a systematic review with meta-analyses. J Nutr Metab 2013 (2013) 486186
[151] Ruan J, Gong X, Kong J et al.: Effect of B vitamin (folate, $B_6$, and $B_{12}$) supplementation on osteoporotic fracture and bone turnover markers: a meta-analysis. Med Sci Monit 21 (2015) 875–881
[152] O'Leary F, Allman-Farinelli M, Samman S: Vitamin $B_{12}$ status, cognitive decline and dementia: a systematic review of prospective cohort studies. Br J Nutr 108 (2012) 1948–1961
[153] Doets EL, van Wijngaarden JP, Szczecińska A et al.: Vitamin $B_{12}$ intake and status and cognitive function in elderly people. Epidemiol Rev 35 (2013) 2–21
[154] Vogiatzoglou A, Refsum H, Johnston C et al.: Vitamin $B_{12}$ status and rate of brain volume loss in community-dwelling elderly. Neurology 71 (2008) 826–832
[155] Smith AD, Smith SM, Jager CA de et al.: Homocysteine-lowering by B vitamins slows the rate of accelerated brain atrophy in mild cognitive impairment: a randomized controlled trial. PLoS One 5 (2010) e12244
[156] Clarke R, Birks J, Nexo E et al.: Low vitamin $B_{12}$ status and risk of cognitive decline in older adults. Am J Clin Nutr 86 (2007) 1384–1391
[157] Miles LM, Mills K, Clarke R et al.: Is there an association of vitamin $B_{12}$ status with neurological function in older people? A systematic review. Br J Nutr 114 (2015)

## Anhang

### Tabelle A1: Berechnung des Schätzwerts für die Vitamin-$B_{12}$-Zufuhr für gestillte Säuglinge von 0 bis unter 4 Monaten

| Alter [Monate] | mittlerer Vitamin-$B_{12}$-Gehalt von Frauenmilch[a] [µg/100 ml] | Trinkmenge[b] [ml/Tag] | Vitamin-$B_{12}$-Zufuhr bei einer Trinkmenge von 750 ml/Tag [µg/Tag] | **Schätzwert** für die Vitamin-$B_{12}$-Zufuhr (gerundet) [µg/Tag] |
|---|---|---|---|---|
| 0 bis unter 4 | 0,07 | 750 | 0,53 | **0,5** |

a [87]
b [90]

### Tabelle A2: Berechnung des Schätzwerts für die Vitamin-$B_{12}$-Zufuhr für Säuglinge von 4 bis unter 12 Monaten unter Berücksichtigung der Unterschiede im Körpergewicht, eines allometrischen Exponenten sowie der Wachstumsfaktoren

| Alter [Monate] | | Referenzgewicht[a] [kg] | Wachstumsfaktor[b] | Vitamin-$B_{12}$-Zufuhr unter Berücksichtigung der Referenzgewichte, des allometrischen Exponenten sowie des Wachstumsfaktors[c] [µg/Tag] | **Schätzwert** für die Vitamin-$B_{12}$-Zufuhr (gerundet) [µg/Tag] |
|---|---|---|---|---|---|
| 4 bis unter 12 | m | 8,6 | 0,70 | 1,40 | **1,4** |
| | w | 7,9 | 0,70 | 1,49 | |

a $\text{Referenzgewicht}_{\text{Säuglinge 4 bis unter 12 Monate}}$: siehe Kapitel „Energie"
b Wachstumsfaktoren siehe Tabelle IV
c berechnet aus:
$\text{Schätzwert}_{\text{Erwachsene}} \times (\text{Referenzgewicht}_{\text{4-12 Monate}}/\text{Referenzgewicht}_{\text{Erwachsene}})^{0,75} \times (1 + \text{Wachstumsfaktor})$
$\text{Schätzwert}_{\text{Erwachsene}}$: 4,0 µg
$\text{Referenzgewicht}_{\text{Erwachsene}}$: siehe Kapitel „Energie";
Altersgruppe 25 bis unter 51 Jahre: Männer 70,7 kg; Frauen 60,0 kg

**Tabelle A3: Berechnung des Schätzwerts für die Vitamin-$B_{12}$-Zufuhr für Kinder und Jugendliche unter Berücksichtigung der Unterschiede im Körpergewicht, eines allometrischen Exponenten sowie der Wachstumsfaktoren**

| Alter [Jahre] | | Referenzgewicht[a] [kg] | Wachstumsfaktor[b] | Vitamin-$B_{12}$-Zufuhr unter Berücksichtigung der Referenzgewichte, des allometrsichen Exponenten sowie der Wachstumsfaktoren[c] [µg/Tag] | **Schätzwert** für die Vitamin-$B_{12}$-Zufuhr (gerundet) [µg/Tag] |
|---|---|---|---|---|---|
| 1 bis unter 4 | m | 13,9 | 0,25 | 1,47 | **1,5** |
| | w | 13,2 | 0,25 | 1,60 | |
| 4 bis unter 7 | m | 20,2 | 0,06 | 1,66 | **2,0** |
| | w | 20,1 | 0,06 | 1,87 | |
| 7 bis unter 10 | m | 29,3 | 0,13 | 2,34 | **2,5** |
| | w | 28,7 | 0,13 | 2,60 | |
| 10 bis unter 13 | m | 41,0 | 0,13 | 3,01 | **3,5** |
| | w | 42,1 | 0,11 | 3,41 | |
| 13 bis unter 15 | m | 55,5 | 0,10 | 3,66 | **4,0** |
| | w | 54,0 | 0,07 | 3,95 | |
| 15 bis unter 19 | m | 69,2 | 0,07 | 4,20 | **4,0** |
| | w | 59,5 | 0,02 | 4,07 | |

[a] $\text{Referenzgewicht}_{\text{Kinder/Jugendliche}}$: siehe Kapitel „Energie"
[b] Wachstumsfaktoren siehe Tabelle IV
[c] berechnet aus:
$\text{Schätzwert}_{\text{Erwachsene}} \times (\text{Referenzgewicht}_{\text{Kinder/Jugendliche}}/\text{Referenzgewicht}_{\text{Erwachsene}})^{0,75} \times (1 + \text{Wachstumsfaktor})$
$\text{Schätzwert}_{\text{Erwachsene}}$: 4,0 µg
$\text{Referenzgewicht}_{\text{Erwachsene}}$: siehe Kapitel „Energie";
Altersgruppe 25 bis unter 51 Jahre: Männer 70,7 kg; Frauen 60,0 kg

## Tabelle A4: Berechnung des Schätzwerts für die Vitamin-$B_{12}$-Zufuhr für Schwangere

| | Schätzwert für die Vitamin-$B_{12}$-Zufuhr einer nicht schwangeren Frau [µg/Tag] | Zuschlag an Vitamin $B_{12}$ für den Bedarf des Fetus[a] [µg/Tag] | Berücksichtigung einer Absorptionsrate von 35 % bis 40 %[b] [µg/Tag] | Vitamin-$B_{12}$-Zufuhr unter Berücksichtigung des Bedarfs für den Fetus und der Absorptionsrate [µg/Tag] | **Schätzwert** für die Vitamin-$B_{12}$-Zufuhr (gerundet) [µg/Tag] |
|---|---|---|---|---|---|
| Schwangere | 4,0 | 0,2 | 0,5 | 4,5 | **4,5** |

[a] [97]
[b] [15] sowie siehe „3. Physiologie – Bioverfügbarkeit von Vitamin $B_{12}$"

## Tabelle A5: Berechnung des Schätzwerts für die Vitamin-$B_{12}$-Zufuhr für Stillende

| | Vitamin-$B_{12}$-Gehalt von Frauenmilch[a] [µg/100 ml] | Vitamin-$B_{12}$-Abgabe mit der Frauenmilch bei 750 ml/Tag[b] [µg/Tag] | Zusätzliche Vitamin-$B_{12}$-Zufuhr unter Berücksichtigung einer Absorptionsrate von 35 % bis 40 %[c] [µg/Tag] | Schätzwert für die Vitamin-$B_{12}$-Zufuhr einer nicht stillenden Frau [µg/Tag] | **Schätzwert** für die Vitamin-$B_{12}$-Zufuhr (gerundet) [µg/Tag] |
|---|---|---|---|---|---|
| Stillende | 0,07 | 0,53 | 1,5 | 4,0 | **5,5** |

[a] [87]
[b] [90]
[c] [15] sowie siehe „3. Physiologie – Bioverfügbarkeit von Vitamin $B_{12}$"

# Vitamin C

## 1. Empfohlene Zufuhr

| Alter | Vitamin C mg/Tag m | Vitamin C mg/Tag w |
|---|---|---|
| **Säuglinge**[a] | | |
| 0 bis unter 4 Monate | 20 | |
| 4 bis unter 12 Monate | 20 | |
| **Kinder und Jugendliche** | | |
| 1 bis unter 4 Jahre | 20 | |
| 4 bis unter 7 Jahre | 30 | |
| 7 bis unter 10 Jahre | 45 | |
| 10 bis unter 13 Jahre | 65 | |
| 13 bis unter 15 Jahre | 85 | |
| 15 bis unter 19 Jahre | 105 | 90 |
| **Erwachsene**[b] | | |
| 19 bis unter 25 Jahre | 110 | 95 |
| 25 bis unter 51 Jahre | 110 | 95 |
| 51 bis unter 65 Jahre | 110 | 95 |
| 65 Jahre und älter | 110 | 95 |
| **Schwangere** ab 4. Monat | | 105 |
| **Stillende** | | 125 |

[a] Hierbei handelt es sich um Schätzwerte.
[b] Raucher 155 mg/Tag (Männer) bzw. 135 mg/Tag (Frauen)

## 2. Einleitung

Vitamin C (Ascorbinsäure) ist ein wasserlösliches Antioxidans und für den Menschen ein essenzieller Nährstoff. Im Organismus ist das Vitamin für die Biosynthese von Kollagen sowie von Katecholaminen, L-Carnitin, Aminosäuren und einigen Peptidhormonen erforderlich. Die Bezeichnung Vitamin C wird synonym mit Ascorbinsäure verwendet und ist der Oberbegriff für L-Ascorbinsäure, die radikalische Zwischenstufe Semidehydro-L-Ascorbinsäure und die oxidierte Form Dehydro-L-Ascorbinsäure, die zusammen ein reversibles Redoxsystem bilden [1].

## 3. Physiologie

### Absorption von Vitamin C und Transport zu den Geweben

Die Absorption im Dünndarm erfolgt wie die tubuläre Reabsorption in der Niere sowie die Anreicherung in Körperzellen vornehmlich durch einen aktiven Transport von Ascorbinsäure mittels natriumabhängiger Transportproteine (*sodium dependent vitamin C transport proteins*, SVCT1 und SVCT2). Dieser Vorgang ist konzentrationsabhängig und folgt einer Sättigungskinetik. Mit steigender Zufuhrmenge sinkt die Absorptionsrate. Der Transport hoher Mengen L-Ascorbinsäure sowie von Dehydro-L-Ascorbinsäure erfolgt durch erleichterte Diffusion (Glucose-Transporter, GLUTs). Dehydro-L-Ascorbinsäure wird nach dem Transport intrazellulär sofort wieder zu L-Ascorbinsäure reduziert, weshalb sie gewöhnlich weder intrazellulär noch im Blutplasma nachweisbar ist. Der Transport von Vitamin C im Blutplasma erfolgt in Form von Ascorbat, so wird es zu allen Geweben verteilt [2–5].

Die Bioverfügbarkeit (Absorptionsrate) von Vitamin C liegt bei Zufuhrmengen von 15 mg bis 100 mg pro Tag bei 80 % oder höher [6–8]. Je mehr Vitamin C zugeführt wird, desto niedriger ist die Absorptionsrate [7, 9–12]; bei einer Zufuhrmenge ab 1 250 mg pro Tag beträgt sie weniger als 50 % [1, 7, 8, 13]. Die Europäische Behörde für Lebensmittelsicherheit (EFSA) legt bei der Ableitung der Referenzwerte für die Vitamin-C-Zufuhr eine Bioverfügbarkeit von etwa 80 % bei einer Zufuhr von 100 mg Vitamin C pro Tag zugrunde [14].

### Vitamin C in Blutplasma und Zellen

Mit steigender Zufuhr von Vitamin C erhöht sich die Plasmakonzentration von Ascorbat, wobei der Anstieg einen sigmoidalen (S-förmigen) Verlauf nimmt [1, 9, 15–17]. Bis zu einer Konzentration von 50 µmol/l steigt die Plasmakonzentration mit einer Zufuhr von 60 mg/Tag bis 100 mg/Tag stark an, bei höheren Zufuhrmengen erreicht sie infolge verringerter Absorptionsraten und vermehrter Ausscheidung ein Plateau bei ca. 70 µmol/l bis 80 µmol/l. Frauen erreichen dieses Plateau im Vergleich zu Männern bereits bei niedrigeren Vitamin-C-Zufuhrmengen [7, 18, 19]. Die Plasmakonzentration von Ascorbat sinkt während der Schwangerschaft [20, 21] und ist in der Regel bei Rauchern niedriger als bei Nichtrauchern [22–24] und ehemaligen Rauchern [25]. Bei Neugeborenen ist die Plasmaascorbatkonzentration deutlich höher (etwa 150 µmol/l) als bei Erwachsenen [26] (siehe auch 5).

Die Ascorbatkonzentration im Plasma ist nach oben hin begrenzt durch die maximale tubuläre Reabsorptionsrate in der Niere (Rückresorptionskapazität), die etwa 1,5 mg/100 ml beträgt [27]. Im Mangelzustand erhöht sich die tubuläre Rückresorptionsrate, sodass eine gewisse Anpassung an den Vitamin-C-Körperbestand eintritt [10] (siehe auch „Ausscheidung").

Auch die Konzentration in Blutzellen (Neutrophile, Monozyten, Thrombozyten, Lymphozyten) ist mit der Zufuhr von Vitamin C assoziiert. Bei nichtrauchenden Frauen und Männern erreicht die intrazelluläre Ascorbatkonzentration eine Sättigung bei Zufuhrmengen ab etwa 100 mg Vitamin C/Tag (Neutrophile ca. 1,3 mmol/l, Monozyten etwa 3 mmol/l, Thrombozyten etwa 3,5 mmol/l bei Frauen, Lymphozyten ca. 3,5–4 mmol/l) [7, 18].

Die Ascorbatkonzentration im Muskelgewebe steigt bei nichtrauchenden Männern mit höherer Plasmaascorbatkonzentration von bis zu etwa 50 µmol/l an. Bei Plasmakonzentrationen von über etwa 50 µmol/l wurde keine weitere Zunahme der Ascorbatkonzentration im Muskelgewebe festgestellt [28].

### Körperbestand und metabolische Verluste

Es gibt kein spezifisches Speicherorgan für Vitamin C im menschlichen Körper. Der Gesamtkörperbestand an Vitamin C variiert abhängig von der Zufuhr und kann bei erwachsenen Männern 1,5 g bis 2,0 g erreichen [9, 29].

Aus Studien an nichtrauchenden Männern wird abgeleitet, dass die maximalen metabolischen Verluste (Stoffwechselverluste) an Vitamin C etwa 40 mg/Tag bis 50 mg/Tag (ca. 3 % des Körperbestands) betragen. Dies bezieht sich auf eine Plasmaascorbatkonzentration von etwa 45 µmol/l bis 50 µmol/l bei einem Körperbestand von insgesamt etwa 1,5 g [8, 9, 30, 31]. Absolute Daten zu metabolischen Verlusten bei Frauen liegen nicht vor. Raucher haben aufgrund einer erhöhten oxidativen Belastung (oxidativer Stress) bei gleicher Vitamin-C-Zufuhr höhere metabolische Verluste als Nichtraucher [9, 14, 32, 33].

### Ausscheidung

Im Darm nicht absorbiertes Vitamin C wird von der Dickdarmflora teilweise zu organischen Säuren und Kohlendioxid abgebaut [34] und mit dem Fäzes ausgeschieden [35]. Die Hauptausscheidung der Ascorbinsäure und ihrer Metabolite wie Oxalsäure, L-Threonsäure und L-Xylose erfolgt über den Urin. Die renale Ausscheidung steigt mit zunehmender Plasmakonzentration bzw. Vitamin-C-Zufuhrmenge aufgrund der Sättigung der tubulären Reabsorption in der Niere [7, 10, 18, 36]. Bei einer Vitamin-C-Zufuhr von 100 mg/Tag werden etwa 25 % des zugeführten Vitamin C über den Urin ausgeschieden [7, 14]. Die Ausscheidung erhöht sich stark, wenn die Plasmakonzentration über 45 µmol/l bis 60 µmol/l liegt [8, 9, 32, 37, 38], sodass bei einer Konzentration ab etwa 50 µmol/l eine annähernde Sättigung des Körperbestands angenommen wird [14].

## 4. Funktionen

Vitamin C ist bei vielen intra- und extrazellulären Reaktionen ein hochwirksames Reduktionsmittel.

Vitamin C ist Cofaktor von kupfer- und eisenabhängigen Enzymen und greift darüber in die Synthese von Kollagen, L-Carnitin und Catecholaminen sowie in die für die Aktivität von Hormonen wie Oxytocin notwendige Peptidamidierung und den Tyrosinstoffwechsel ein [26, 39].

Vitamin C ist ein starkes Antioxidans, es fängt freie Radikale und andere reaktive Sauerstoff- und Stickstoffspezies ab, wie zum Beispiel Superoxid, Hydroxylradikale und hypochlorige Säure. So schützt es Biomoleküle wie Lipide und möglicherweise auch die DNA vor oxidativen Schäden [26, 40, 41].

Von den extrazellulären Funktionen sind der Schutz der LDL-Partikel vor Oxidation sowie die Regenerierung von Tocopherol aus dem Tocopheroxylradikal und die von Glutathion aus dessen oxidierter Form hervorzuheben [26].

Wichtig sind auch die Reduktion von pflanzlichem Nahrungseisen und die dadurch bedingte Förderung der intestinalen Eisenabsorption sowie die Hemmung der Reaktion von Nitrit mit Aminen, die im Magen zu kanzerogenen Nitrosaminen führen kann [2].

Vitamin C ist auch an Hydroxylierungsreaktionen beteiligt, die in der Leber zum Stoffwechsel und Inaktivieren von Xenobiotika wie Arzneimitteln dienen, sowie an der Verstoffwechselung von Cholesterol zu Gallensäuren [2].

Wirkungen wie die Regulierung der Proteintranslation und der Gentranskription sind in ihren Mechanismen noch nicht aufgeklärt [26].

## 5. Kriterien zur Beurteilung der Versorgung

Die Messung der Vitamin-C-Konzentration in den Leukozyten ist ein aussagekräftiger Marker für die Langzeitversorgung, insbesondere im Bereich niedriger Zufuhrmengen. Die Analyse ist jedoch aufwändig und wird selten durchgeführt [42].

Ein geeigneter Indikator des Versorgungszustands ist die Ascorbatkonzentration im Blutplasma (siehe auch „Vitamin C in Blutplasma und Zellen"). Sie ist ein Biomarker für die aktuelle Zufuhr von Vitamin C sowie im Nüchternzustand gemessen für den Gesamtkörperbestand und die längerfristige Zufuhr von Vitamin C. Bewegt sich bei hoher Zufuhrmenge die Plasmakonzentration im abflachenden Bereich der sigmoidalen Kurve (> 50 µmol/l), ist die Plasmakonzentration als Biomarker von begrenzter Aussagekraft [42]. Der Biomarker wird außerdem beeinflusst durch Rauchen, Schwangerschaft, Alter, Geschlecht und Infektionen, wobei Raucher, Männer, Schwangere, ältere Menschen (z. B. aufgrund verringerter Zufuhr, chronischer Krankheit; kein Effekt des Alterns per se [33]) und Menschen mit Infektionen in der Regel niedrigere Ascorbatkonzentrationen im Plasma haben [14, 42, 43]. Außerdem beeinflusst der Genotyp (Polymorphismen) die Plasmaascorbatkonzentration [5].

Eine Ascorbatkonzentration im Plasma ab 50 µmol/l wird als adäquater Status angesehen (Erfüllung der Funktionen von Vitamin C, Sättigung des Körperbestands und der Rückresorptionskapazität der Niere). Plasmaascorbatkonzentrationen zwischen 10 µmol/l und 50 µmol/l zeigen einen suboptimalen Status an, bei dem das Risiko für einen Mangel erhöht ist [14].

Ascorbatkonzentrationen im Plasma von unter 20 µmol/l sind häufig schon mit vorklinischen Symptomen verbunden [44]. Vorklinische Anzeichen einer unzureichenden Versorgung mit Vitamin C sind unspezifisch, das früheste Anzeichen ist eine allgemeine Müdigkeit. Dazu kommen Muskelschwäche, Lethargie und Anämie [45].

## 6. Mangelsymptomatik

Klassische klinische Vitamin-C-Mangelzustände sind beim Säugling die Moeller-Barlow-Krankheit und beim Erwachsenen der Skorbut. Sie äußern sich – als Folge der beeinträchtigten Kollagensynthese – unter anderem in Störungen der Knochenbildung und des Wachstums beim

Kind und in späteren Lebensabschnitten in schlechter Wundheilung, Gelenkschmerzen, Infektionen, einer Neigung zu Blutungen in der Haut, den Schleimhäuten, der Muskulatur und den inneren Organen sowie Zahnausfall. In industrialisierten Ländern kommen derartige Vitaminmangelzustände praktisch nicht mehr vor [46]. Diese Störungen können bei Erwachsenen bei dauerhaft fehlender Vitamin-C-Zufuhr und einer Ascorbatkonzentration im Plasma von unter 10 µmol/l und einem Körperbestand von weniger als 300 mg auftreten [31, 47]. Skorbut kann bereits mit einer Zufuhr von 10 mg Vitamin C/Tag verhindert werden [31, 48–51].

## 7. Überversorgung

Für Vitamin C sind keine Hypervitaminosen bekannt. Die akute Toxizität ist auch bei hoher Zufuhrmenge an Vitamin C gering, wie aus einer begrenzten Datenlage aus Tier- und Humanstudien hervorgeht [52–54]. Ab einer Zufuhr von 3 g/Tag bis 4 g/Tag können akute reversible gastrointestinale Beschwerden wie Durchfall auftreten [53]. Für mögliche weitere Nebenwirkungen wie erhöhte Oxalatausscheidung und Nierensteinbildung, erhöhte Harnsäureausscheidung, prooxidative Effekte, übermäßige Eisenabsorption und säurebedingte Zahnschmelzkorrosion liegen bei gesunden Erwachsenen und Kindern keine klaren Befunde für ursächliche Zusammenhänge mit hohen Vitamin-C-Zufuhrmengen aus *in-vivo*-Studien vor [33, 55–57].

Nierengeschädigte Personen, Personen mit Prädisposition für Harn- oder Nierensteine oder mit Störungen der Verwertung von Nahrungseisen (Hämochromatose, Hämosiderose, Thalassaemia major) gehören zu potenziell gefährdeten Gruppen mit erhöhtem Risiko für schädliche Nebenwirkungen erhöhter Vitamin-C-Zufuhrmengen [56].

### Tolerierbare Gesamtzufuhrmenge

Laut EFSA liegt keine ausreichende Datenlage vor, um eine gesundheitlich tolerierbare Gesamtzufuhrmenge für Vitamin C anzugeben [54]. Die EFSA schließt jedoch aufgrund der verfügbaren Daten aus Humanstudien, dass eine Supplementation von bis zu etwa 1 g Vitamin C/Tag zusätzlich zur Zufuhr mit der Nahrung nicht mit schädlichen Nebenwirkungen verbunden ist [53].

Bei zuvor genannten gefährdeten Gruppen mit erhöhtem Risiko bei einer erhöhten Vitamin-C-Zufuhr scheinen Zufuhrmengen von bis zu 1 g/Tag ohne schädliche Nebenwirkungen tolerierbar [56].

Das US-amerikanische *Institute of Medicine* (IOM) gibt eine tolerierbare Gesamtzufuhrmenge für Erwachsene von 2 g/Tag an. Für Kinder ab 1 Jahr und Jugendliche gibt das IOM altersabhängig tolerierbare Gesamtzufuhrmengen von 400 mg/Tag bis 1,8 g/Tag an [33].

## 8. Versorgungszustand der Bevölkerung

### Zufuhr von Vitamin C[1]

*Säuglinge und Kleinkinder*

Nach Daten der Verzehrsstudie zur Ermittlung der Lebensmittelaufnahme von Säuglingen und Kleinkindern in Deutschland (VELS, 2001–2002), die auf der Basis von Verzehrprotokollen erhoben wurden, betrug die Zufuhr bei Jungen im Alter von 6 Monaten bis unter 1 Jahr im Median 41 mg (10. Perzentil [P10] bis 90. Perzentil [P90] 18–69 mg) und bei gleichaltrigen Mädchen 33 mg (P10–P90 18–56 mg) Vitamin C pro Tag. Die mediane Zufuhr von Vitamin C lag bei 1- bis unter 4-jährigen Jungen bei 64 mg (P10–P90 36–109 mg) und bei gleichaltrigen Mädchen bei 58 mg (P10–P90 31–101 mg) pro Tag. Jungen im Alter von 4 bis unter 5 Jahren nahmen im Median 77 mg (P10–P90 40–133 mg) und gleichaltrige Mädchen 69 mg (P10–P90 32–128 mg) Vitamin C pro Tag auf [58, 59].

*Kinder*

Laut der im Jahr 2006 in Deutschland durchgeführten EsKiMo-Studie (Ernährungsmodul des Kinder- und Jugendgesundheitssurveys, KIGGS-Studie) betrug die mediane Zufuhr auf der Basis von Verzehrprotokollen bei 6- bis 11-jährigen Jungen 96 mg (P5–P95 31–234 mg) und bei gleichaltrigen Mädchen 93 mg (P5–P95 29–226 mg) Vitamin C pro Tag [60].

In Österreich lag der mittels 3-Tage-Schätzprotokoll bestimmte Mittelwert der Zufuhr von Vitamin C bei Jungen im Alter von 7 bis unter 10 Jahren bei 90 mg, im Alter von 10 bis unter 13 Jahren bei 128 mg und im Alter von 13 bis unter 15 Jahren bei 80 mg pro Tag. Bei Mädchen lag der Mittelwert der Zufuhr in den gleichen Altersgruppen bei 104 mg, 71 mg und 68 mg pro Tag [61].

[1] Hierbei ist zu beachten, dass zur Bestimmung der Vitamin-C-Zufuhr in den zugrunde liegenden Erhebungen unterschiedliche Lebensmitteltabellen herangezogen wurden.

*Erwachsene*

Nach Auswertung der Daten der Nationalen Verzehrsstudie II (NVS II, 2005–2006)[2] lag die mediane Zufuhr von Vitamin C in Deutschland im Alter von 15 bis 80 Jahren bei Männern bei 96 mg pro Tag (P5–P95 42–210 mg) bzw. bei Frauen bei 97 mg pro Tag (P5–P95 42–198 mg). Bei den Männern unterschied sich die mediane Vitamin-C-Zufuhr nicht signifikant zwischen den Altersgruppen. Bei den Frauen ließ sich für die 51- bis unter 65-Jährigen mit 103 mg/Tag eine höhere Vitamin-C-Zufuhr im Vergleich zu den jüngeren Altersgruppen beobachten [62].

In Österreich lag der anhand von zwei 24-Stunden-Recalls bestimmte Mittelwert der Vitamin-C-Zufuhr bei Männern im Alter von 18 bis unter 25 Jahren bei 172 mg, im Alter von 25 bis unter 51 Jahren bei 110 mg, im Alter von 51 bis unter 65 Jahren bei 117 mg und im Alter von 65 bis 80 Jahren bei 96 mg pro Tag. Bei Frauen in den gleichen Altersgruppen lag sie bei 144 mg, 116 mg, 99 mg und 107 mg pro Tag [61].

**Vitamin-C-Konzentrationen im Blut**

Ein geeigneter Indikator des Versorgungszustands ist die Ascorbatkonzentration im Blutplasma (siehe 5.). In der VERA-Studie bewegte sie sich bei dem Referenzkollektiv zwischen 37 µmol/l und 121 µmol/l. Im Plasma von Frauen sind in der VERA-Studie um durchschnittlich 20 % höhere Konzentrationen gemessen worden als in dem von Männern [63].

In Österreich lag der Mittelwert der Vitamin-C-Konzentration im Plasma bei Frauen im Alter von 18 bis 64 Jahren bei 68 µmol/l und bei Männern der gleichen Altersgruppe bei 59 µmol/l. Im Alter von 65 bis 80 Jahren lag der Mittelwert der Vitamin-C-Konzentration im Plasma bei Frauen und Männern bei 65,7 µmol/l bzw. 66,1 µmol/l [61].

## 9. Vitamin C in Lebensmitteln

Die besten Vitamin-C-Lieferanten sind Gemüse und Obst und aus ihnen hergestellte Produkte wie Säfte und Smoothies. Beispiele für Lebensmittel mit besonders hohem Vitamin-C-Gehalt sind Sanddornbeeren(saft), Gemüsepaprika, schwarze Johannisbeeren und Petersilie (> 100 mg/100 g). Aufgrund ihres hohen Vitamin-C-Gehalts und der konsumierten Menge sind für die Vitamin-C-Versorgung indessen Zitrusfrüchte, Kartoffeln, Kohl, Spinat und Tomaten von Bedeutung [64].

Vitamin C ist in vielen verarbeiteten Lebensmitteln, zum Beispiel auch in Fleisch- und Wurstwaren, als Zusatzstoff (Antioxidationsmittel, E300 bis E304, E315 und E316) enthalten, um sie haltbar zu machen und die ursprüngliche Farbe zu erhalten. Auch mit Vitamin C angereicherte Lebensmittel sind auf dem Markt. Der Vitamin-C-Gehalt von Säuglingsanfangsnahrung und Folgenahrung ist reguliert (mind. 10 mg/100 kcal, max. 30 mg/100 kcal) [65, 66].

Der Vitamin-C-Gehalt in einem bestimmten Lebensmittel variiert je nach Erntezeitpunkt, Transport, Dauer und Art der Lagerung sowie küchentechnischer Zubereitung [1, 67]. Während der Verarbeitung von Lebensmitteln kann Vitamin C durch Oxidation, die durch Sauerstoff oder hohe Temperaturen beschleunigt wird, oder aufgrund seiner Wasserlöslichkeit verloren gehen. Bei unsachgemäßer Lagerung und küchentechnischer Zubereitung von Gemüse und Obst können somit große Vitamin-C-Verluste auftreten, in ungünstigen Fällen von bis zu 100 %. Der Mittelwert für die Zubereitungsverluste sämtlicher verbrauchter Lebensmittel bei landesüblicher Ernährung und schonender Zubereitung beträgt ca. 30 % [68–70]. Hauptursache dafür sind sowohl reine (durch Sauerstoff) oder durch Metallionen katalysierte als auch durch Enzyme gesteuerte Oxidationsvorgänge. Durch Inaktivieren der beteiligten Enzyme (z. B. durch Blanchieren von Gemüse) kann der enzymatischen Vitamin-C-Zerstörung vorgebeugt werden.

## 10. Ableitung der Referenzwerte für die Vitamin-C-Zufuhr

Die Erhaltung des Körperbestands und der Plasma- und zellulären Konzentrationen von Vitamin C werden als Kriterium für die Bestimmung des Bedarfs an Vitamin C herangezogen. Dabei wird davon ausgegangen, dass ein Körperbestand und eine Plasmakonzentration nahe der Sättigung mit der Erfüllung der Funktionen von Vitamin C als Coenzym und Antioxidans assoziiert sind [14, 44].

Biomarker der Funktion von Vitamin C wie Marker des Kollagenstoffwechsels, Carnitinkonzentrationen in Blut oder Urin, Marker für oxidative Schäden wie Lipidperoxidation sowie für die Funktion des Immunsystems werden nicht als geeignete Kriterien für die Ableitung des Bedarfs an Vitamin C angesehen [14, 33]. Die derzeit vorliegenden Daten zum Einfluss des Genotyps auf die Ascorbatkonzentration im Plasma sind unzureichend, um den Bedarf in Abhängigkeit von genetischen Varianten zu

[2] Auswertung der Verzehrdaten der beiden 24-Stunden-Recalls auf Basis der aktualisierten Version des Bundeslebensmittelschlüssels (BLS-Version 3.02). Daher unterscheiden sich diese von früher publizierten NVS II-Daten zur Vitamin-C-Zufuhr, die mit dem Ernährungserhebungsinstrument DISHES (*Diet Interview Software for Health Examination Studies*) erfasst und mit einer früheren BLS-Version (BLS II.4) berechnet wurden.

bestimmen [5, 14]. Daten aus Studien zum Zusammenhang zwischen Vitamin-C-Zufuhr bzw. Ascorbatkonzentrationen im Plasma und Endpunkten wie Blutlipidkonzentrationen, Blutdruck, Risiko für sowie Schwere bzw. Dauer von Erkältungen sowie dem Auftreten chronischer Krankheiten sind als Kriterien für die Ableitung des Vitamin-C-Bedarfs ebenfalls nicht anwendbar [14] (siehe auch 12.).

### Säuglinge

Systematische Untersuchungen zur Zufuhr von Vitamin C und dem daraus resultierenden Versorgungszustand bei Säuglingen gibt es nicht.

Frauenmilch ist als optimal für die Ernährung von Säuglingen anzusehen [71, 72]. Die Vitamin-C-Zufuhr über die Frauenmilch bei gestillten Säuglingen ist jedoch wahrscheinlich höher als der Bedarf der Säuglinge. Der Vitamin-C-Gehalt der Frauenmilch hängt von der Vitamin-C-Versorgung der Mutter ab, er reflektiert eher die Zufuhr der Mutter als den Bedarf des Säuglings [73, 74]. Daher wird der Gehalt in Frauenmilch hier nicht als geeigneter Parameter zur Ableitung eines Referenzwerts für Säuglinge angesehen.

Da Lebensmittel, die Säuglinge im 2. Lebenshalbjahr konsumieren, oft mit Vitamin C angereichert sind, werden aktuelle Zufuhrdaten als ungeeignet erachtet, um sie zur Ableitung von Referenzwerten für die Vitamin-C-Zufuhr zugrunde zu legen [14].

Analog zum Vorgehen des *Scientific Committee on Food* [74] bzw. der EFSA [14, 75] wird basierend auf der geringsten Vitamin-C-Zufuhr von Säuglingen in Europa und den USA (23 mg/Tag), die offensichtlich den Bedarf der Säuglinge deckt und dreimal höher ist als die zur Vermeidung von Skorbut notwendige Menge (7 mg/Tag), ein Schätzwert von 20 mg Vitamin C/Tag als Referenzwert für Säuglinge im Alter von **0 bis 12 unter Monaten** festgelegt.

### Kinder und Jugendliche

Für Kinder und Jugendliche sind keine Daten zur Bestimmung des durchschnittlichen Bedarfs verfügbar. Analog zur Vorgehensweise der EFSA [14] und des IOM [33] wird der Vitamin-C-Bedarf für diese Altersgruppe unter Berücksichtigung der Unterschiede im Referenzgewicht extrapoliert anhand des Vitamin-C-Bedarfs für Erwachsene (siehe auch „Erwachsene bis unter 65 Jahren"). Unter Annahme eines Variationskoeffizienten von 10 % (Zuschlag von 20 % zum durchschnittlichen Bedarf) wird eine empfohlene Zufuhr ermittelt. Bei Anwendung der in den D-A-CH-Referenzwerten zugrunde gelegten Altersgruppen und Referenzkörpergewichte ergeben sich für die empfohlene Zufuhr bei **1- bis unter 4-Jährigen** 20 mg, bei **4- bis unter 7-Jährigen** 30 mg, bei **7- bis unter 10-Jährigen** 45 mg, bei **10- bis unter 13-Jährigen** 65 mg und bei **13- bis unter 15-Jährigen** 85 mg pro Tag. Die empfohlene Zufuhr im Alter von **15 bis unter 19 Jahre** beträgt für männliche Jugendliche 105 mg/Tag und für weibliche Jugendliche 90 mg/Tag (siehe Tab. A1).

### Erwachsene bis unter 65 Jahren

Als durchschnittlicher Vitamin-C-Bedarf gesunder Erwachsener wird analog der EFSA die Vitamin-C-Menge angesehen, die die metabolischen Vitamin-C-Verluste ausgleicht und eine Nüchternplasmakonzentration von Ascorbat in Höhe von 50 µmol/l gewährleistet. Diese Konzentration spiegelt eine adäquate Vitamin-C-Versorgung wider, bei der die verschiedenen Funktionen von Vitamin C im Körper erfüllt werden können [14].

Aufgrund der aus Studien an nichtrauchenden Männern vorliegenden Daten (siehe auch 3.) werden metabolische Verluste von 50 mg/Tag, eine Absorptionsrate von 80 % und eine Urinausscheidung von 25 % der Vitamin-C-Zufuhr angenommen. Ausgehend von diesen Werten errechnet sich ein durchschnittlicher Bedarf für Männer von 91 mg/Tag. Nach Berücksichtigung eines Variationskoeffizienten von 10 % (Zuschlag von 20 %) wird eine empfohlene Zufuhr von etwa 110 mg/Tag für Männer abgeleitet (siehe Tab. A2).

Da keine Daten zu den metabolischen Verlusten bei Frauen vorliegen, wird der Vitamin-C-Bedarf der Frauen anhand des Bedarfs der Männer und in Bezug zum Körpergewicht extrapoliert, da das Körpergewicht als entscheidender Faktor für Geschlechtsunterschiede in der Pharmakokinetik von Vitamin C gilt [14]. Unter Anwendung von Referenzmaßen für das Körpergewicht ergibt sich für Frauen ein durchschnittlicher Bedarf von 77 mg/Tag. Unter Annahme eines Variationskoeffizienten von 10 % (Zuschlag von 20 %) ergibt sich für Frauen eine empfohlene Zufuhr von etwa 95 mg/Tag (siehe Tab. A2).

Mit Zufuhrmengen in Höhe der angegebenen empfohlenen Zufuhr für Erwachsene wird die wünschenswerte Plasmakonzentration von > 50 µmol/l und die Sättigung von immunkompetenten Zellen erreicht [7].

### Raucher

Wie oben beschrieben haben Raucher höhere metabolische Verluste und niedrigere Plasmakonzentrationen an Vitamin C als Nichtraucher. Hören Raucher mit dem Rauchen auf, steigt die Plasmakonzentration von Vitamin C an [76].

Kallner et al. [32] verglichen den Effekt einer Vitamin-C-Supplementation bei 17 gesunden Rauchern (Männer im Alter von 21 bis 69 Jahren, > 20 Zigaretten/Tag) mit dem bei Nichtrauchern [9]. Dies ergab, dass eine tägliche Vitamin-C-Zufuhr von mindestens 140 mg für Raucher erforderlich ist, um die bei Nichtrauchern mit einer Zufuhr von 100 mg Vitamin C auftretenden angemessenen Plasmakonzentrationen und einen vergleichbaren Körperbestand zu erreichen.

Ausgehend von diesem um 40 % höheren Umsatz wird für Raucher eine empfohlene Zufuhr von 155 mg/Tag für Männer und von 135 mg/Tag für Frauen und angegeben (siehe Tab. A3).

### Erwachsene ab 65 Jahren

Pharmakokinetische Studien mit älteren Erwachsenen oder Personen mit Infektions-, Entzündungs- oder anderen Krankheiten wurden nicht durchgeführt [77]. Es liegen keine aussagekräftigen Daten zur Ableitung anderer Referenzwerte für ältere im Vergleich zu jüngeren Erwachsenen vor.

Bei einer mittleren Vitamin-C-Zufuhr sind keine Unterschiede in der Absorption oder dem Metabolismus bei älteren im Vergleich zu jüngeren Erwachsenen bekannt.

Niedrige Vitamin-C-Blutkonzentrationen in der älteren Bevölkerung können zum Beispiel durch unzureichende Zufuhr, chronische Krankheiten oder andere Faktoren wie ständige Medikamenteneinnahme verursacht sein, jedoch nicht durch einen Effekt des Alterns per se [33].

Von daher werden die Referenzwerte der jüngeren Erwachsenen mit täglich 110 mg für Männer und 95 mg für Frauen für Erwachsene **ab 65 Jahren** übernommen.

### Schwangere

Bei Schwangeren führt Hämodilution (größerer prozentualer Anstieg des Plasmavolumens als der Erythrozytenmasse) [20] und Übertragung von Vitamin C zum Fetus [78] zu einer verringerten Ascorbatkonzentration im Plasma und einem höheren Bedarf an Vitamin C. Aussagekräftige Daten zur quantitativen Bestimmung des Bedarfs von Schwangeren bzw. der zum Fetus übertragenen Menge liegen jedoch nicht vor.

Irwin und Hutchins [16] fassten sechs Veröffentlichungen der 1930er bis 1950er Jahre zusammen, die auf eine adäquate Zufuhr bei Schwangeren in Höhe von 67 mg–100 mg bis zu 200 mg pro Tag hindeuten. Olson und Hodges [79] kamen mittels Schätzungen zu dem Schluss, dass zum Ausgleich der mütterlichen Verluste während der Schwangerschaft die Zufuhr im 2. bzw. 3. Trimester der Schwangerschaft um 5 mg bzw. 10 mg pro Tag erhöht werden sollte. Anhand dieser Schätzungen sowie aufgrund der eine Skorbut beim Säugling verhindernden Vitamin-C-Menge von etwa 7 mg/Tag [80–83] wird die empfohlene Zufuhr ab dem 4. Schwangerschaftsmonat ausgehend von einem im Vergleich zu nicht schwangeren Frauen um 10 mg erhöhten Bedarf abgleitet. Unter Annahme eines Variationskoeffizienten von 10 % (Zuschlag von 20 % zum durchschnittlichen Bedarf) wird die empfohlene Zufuhr bei Schwangeren ab dem vierten Monat mit 105 mg/Tag angegeben (siehe Tab. A4).

### Stillende

Der Referenzwert für die Vitamin-C-Zufuhr für Stillende wird auf Basis des Schätzwerts für Säuglinge (20 mg Vitamin C/Tag) abgeleitet. Bei einer Absorptionsrate von 80 % kann die für die Ernährung des Säuglings mit der Frauenmilch abzugebende Menge mit etwa 25 mg Vitamin C/Tag ausgeglichen werden. Der durchschnittliche Bedarf Stillender ist somit um 25 mg/Tag höher als der nicht Stillender, was unter Annahme eines Variationskoeffizienten von 10 % (Zuschlag von 20 %) einen um etwa 30 mg/Tag höheren Referenzwert für die Zufuhr ergibt als bei nicht Stillenden. Die empfohlene Zufuhr von Vitamin C für Stillende beträgt somit 125 mg/Tag (siehe Tab. A5).

## 11. Sicherstellung einer angemessenen Vitamin-C-Versorgung

Eine angemessene Vitamin-C-Versorgung kann durch den Verzehr von natürlicherweise vitaminhaltigen Lebensmitteln erreicht werden. Eine den lebensmittelbezogenen Empfehlungen zur vollwertigen Ernährung entsprechend gemüse- und obstreiche Ernährung liefert reichlich Vitamin C. Angereicherte Lebensmittel und Nährstoffpräparate sind zur Sicherstellung einer angemessenen Vitamin-C-Versorgung nicht notwendig. Da Vitamin C als Zusatzstoff in vielen verarbeiteten Lebensmitteln enthalten ist, wird auch darüber ein Beitrag zur Versorgung geleistet.

## 12. Präventive Aspekte

Oxidative Schäden an Zellen und Molekülen werden mit der Entwicklung einer Vielzahl degenerativer, chronischer Krankheiten in Verbindung gebracht. Die antioxidative Wirksamkeit von Vitamin C im Körper führte zur Hypothese, dass Vitamin C Entstehung, Verlauf und Mortalität dieser Krankheiten beeinflusst. Auch die Stärkung des Immunsystems ist Gegenstand der Diskussion. Im Folgenden wird anhand vorliegender Meta-Analysen bzw. systematischer Reviews ein kurzer Überblick über die aktuelle Studienlage zu Vitamin C im Zusammenhang mit gesundheitsrelevanten Aspekten gegeben, ohne dass eine Evidenzbewertung erfolgt.

Daten aus Beobachtungsstudien führten in der Vergangenheit zu dem Schluss, dass eine Vitamin-C-reiche Ernährung (viel Gemüse und Obst) möglicherweise zur Vorbeugung kardiovaskulärer und mancher Krebskrankheiten beiträgt. Ergebnisse aus randomisierten, kontrollierten Interventionsstudien (Vitamin-C-Supplementation) konnten dies nicht bestätigen [14, 33], was nahelegt, dass der Nutzen einer an Gemüse und Obst reichen Ernährung nicht allein auf die damit verbundene Zufuhr eines einzelnen Nährstoffs wie Vitamin C zurückzuführen ist [77, 84].

Für Krebs und Mortalität ist die Datenlage umfangreich. Es besteht jeweils keine Assoziation mit der Zufuhr bzw. der Vitamin-C-Versorgung [14, 85–90].

Für die Beziehung zwischen Vitamin-C-Zufuhr bzw. -Versorgung und Augenkrankheiten ist die Datenlage ebenfalls umfangreich, jedoch nicht konsistent oder spezifisch genug [14]. Cochrane-Reviews von randomisierten, kontrollierten Studien mit Supplementation von Vitamin C alleine oder in Kombination mit anderen Antioxidantien kommen zu dem Schluss, dass keine Effekte auf Vorbeugung oder Verlauf von Augenkrankheiten bestehen [91–93].

Die EFSA [14] hat auf Basis einer umfassenden Recherche [94] der zwischen 1991 und 2011 veröffentlichten Literatur inkonsistente Assoziationen zwischen Vitamin-C-Zufuhr und/oder Ascorbatkonzentrationen im Plasma und Knochendichte, dem Risiko für Diabetes, Parkinson, Alzheimer, Demenz, Frühgeburten, Atembeschwerden und Ekzemen in den ersten 2 Lebensjahren, Medulloblastomen (bösartige Hirntumoren) während der Kindheit, Hörverlust, Parodontalerkrankungen und Multipler Sklerose beschrieben. Aufgrund der geringen Anzahl an verfügbaren Studien für diese Endpunkte können keine Schlussfolgerungen in Bezug auf eine vermeintliche Rolle von Vitamin C in der Pathogenese dieser Krankheiten getroffen werden [14].

Eine Supplementation von Vitamin C in der Schwangerschaft zur Vorbeugung von Schwangerschaftskomplikationen oder Förderung der Gesundheit von Mutter und Kind ist auf Basis der verfügbaren wissenschaftlichen Daten nicht gerechtfertigt [95–97].

Interventionsstudien zur Wirkung einer prophylaktischen Vitamin-C-Supplementation mit ≥ 200 mg/Tag zeigen insgesamt keinen Effekt auf die Inzidenz von Erkältungen in der allgemeinen Bevölkerung. In einer Untergruppe mit Marathonläufern, Skifahrern und Soldaten unter subarktischen Bedingungen war das Risiko jedoch um etwa 50 % reduziert. Die Erkältungsdauer war bei prophylaktischer Vitamin-C-Einnahme um 8 % bei Erwachsenen und 14 % bei Kindern reduziert. Die Schwere der Erkältung war ebenfalls reduziert. Der fehlende Effekt der Vitamin-C-Supplementation auf die Inzidenz von Erkältungen in der allgemeinen Bevölkerung legt nahe, dass eine routinemäßige Hochdosis-Prophylaxe nicht gerechtfertigt ist. Allerdings könnte sie bei Personen unter extremer körperlicher Belastung oder in sehr kalter Umgebung gerechtfertigt sein [98]. Die EFSA merkt zu diesem Cochrane-Review an, dass die Diagnose einer Erkältung in den meisten der zugrunde liegenden Studien auf Selbstangaben der Teilnehmenden beruhen und keine klaren Kriterien zur Bestimmung der Schwere oder Dauer einer Erkältungsepisode festgelegt wurden [14].

Die derzeitige Datenlage deutet darauf hin, dass durch eine Supplementation mit Vitamin C in der allgemeinen Bevölkerung keine präventiven Wirkungen zu erwarten sind.

### Literatur


[1] Levine M, Padayatty SJ: Vitamin C. In: Ross AC, Caballero B, Cousins RJ et al. (Hrsg.): Modern nutrition in health and disease. Lippincott Williams & Wilkins, Philadelphia, 11. Auflage (2014) 399–415

[2] Tsao C: An overview of ascorbic acid chemistry and biochemistry. In: Packer L (Hrsg.): Vitamin C in health and disease. Dekker, New York (1997) 25–58

[3] Malo C, Wilson JX: Glucose modulates vitamin C transport in adult human small intestinal brush border membrane vesicles. J Nutr 130 (2000) 63–69

[4] Linster CL, van Schaftingen E: Vitamin C. Biosynthesis, recycling and degradation in mammals. FEBS J 274 (2007) 1–22

[5] Michels AJ, Hagen TM, Frei B: Human genetic variation influences vitamin C homeostasis by altering vitamin C transport and antioxidant enzyme function. Annu Rev Nutr 33 (2013) 45–70

[6] Kallner A, Hartmann D, Hornig D: On the absorption of ascorbic acid in man. Int J Vitam Nutr Res 47 (1977) 383–388

[7] Levine M, Conry-Cantilena C, Wang Y et al.: Vitamin C pharmacokinetics in healthy volunteers: evidence for a recommended dietary allowance. Proc Natl Acad Sci USA 93 (1996) 3704–3709
[8] Graumlich JF, Ludden TM, Conry-Cantilena C et al.: Pharmacokinetic model of ascorbic acid in healthy male volunteers during depletion and repletion. Pharm Res 14 (1997) 1133–1139
[9] Kallner A, Hartmann D, Hornig D: Steady-state turnover and body pool of ascorbic acid in man. Am J Clin Nutr 32 (1979) 530–539
[10] Blanchard J, Tozer TN, Rowland M: Pharmacokinetic perspectives on megadoses of ascorbic acid. Am J Clin Nutr 66 (1997) 1165–1171
[11] Hornig D, Vuilleumier JP, Hartmann D: Absorption of large, single, oral intakes of ascorbic acid. Int J Vitam Nutr Res 50 (1980) 309–314
[12] Melethil S, Mason WD, Chian-Jo C: Dose-dependent absorption and excretion of vitamin C in humans. Int J Pharm 31 (1986) 83–89
[13] Kübler W, Gehler J: Zur Kinetik der enteralen Ascorbinsäure-Resorption zur Berechnung nicht dosisproportionaler Resorptionsvorgänge. Int Z Vitaminforsch 40 (1970) 442–453
[14] EFSA (European Food Safety Authority): Scientific opinion on dietary reference values for vitamin C. EFSA Journal 11 (2013) 3418
[15] Sauberlich HE: Human requirements and needs. Vitamin C status: methods and findings. Ann N Y Acad Sci 258 (1975) 438–450
[16] Irwin MI, Hutchins BK: A conspectus of research on vitamin C requirements of man. J Nutr 106 (1976) 821–879
[17] Polidori MC, Mecocci P, Levine M et al.: Short-term and long-term vitamin C supplementation in humans dose-dependently increases the resistance of plasma to ex vivo lipid peroxidation. Arch Biochem Biophys 423 (2004) 109–115
[18] Levine M, Wang Y, Padayatty SJ et al.: A new recommended dietary allowance of vitamin C for healthy young women. Proc Natl Acad Sci USA 98 (2001) 9842–9846
[19] Levine M, Padayatty SJ, Espey MG: Vitamin C: a concentration-function approach yields pharmacology and therapeutic discoveries. Adv Nutr 2 (2011) 78–88
[20] Morse EH, Clarke RP, Keyser DE et al.: Comparison of the nutritional status of pregnant adolescents with adult pregnant women. I. Biochemical findings. Am J Clin Nutr 28 (1975) 1000–1013
[21] Scaife AR, McNeill G, Campbell DM et al.: Maternal intake of antioxidant vitamins in pregnancy in relation to maternal and fetal plasma levels at delivery. Br J Nutr 95 (2006) 771–778
[22] Hampl JS, Taylor CA, Johnston CS: Vitamin C deficiency and depletion in the United States: the Third National Health and Nutrition Examination Survey, 1988 to 1994. Am J Public Health 94 (2004) 870–875
[23] Giraud DW, Martin HD, Driskell JA: Plasma and dietary vitamin C and E levels of tobacco chewers, smokers, and nonusers. J Am Diet Assoc 95 (1995) 798–800
[24] Brubacher D, Moser U, Jordan P: Vitamin C concentrations in plasma as a function of intake: a meta-analysis. Int J Vitam Nutr Res 70 (2000) 226–237
[25] Lykkesfeldt J, Priemé H, Loft S et al.: Effect of smoking cessation on plasma ascorbic acid concentration. BMJ 313 (1996) 91
[26] Johnston CS, Steinberg FM, Rucker RB: Ascorbic Acid. In: Zempleni J, Rucker RB, McCormick DB et al. (Hrsg.): Handbook of vitamins. Taylor & Francis, Boca Raton, 4. Auflage (2007) 489–520
[27] Rumsey SC, Levine M: Absorption, transport, and disposition of ascorbic acid in humans. J Nutr Biochem 9 (1998) 116–130
[28] Carr AC, Bozonet SM, Pullar JM et al.: Human skeletal muscle ascorbate is highly responsive to changes in vitamin C intake and plasma concentrations. Am J Clin Nutr 97 (2013) 800–807
[29] Kallner A: Requirement for vitamin C based on metabolic studies. Ann N Y Acad Sci 498 (1987) 418–423
[30] Baker EM, Hodges RE, Hood J et al.: Metabolism of ascorbic-1-14C acid in experimental human scurvy. Am J Clin Nutr 22 (1969) 549–558
[31] Baker EM, Hodges RE, Hood J et al.: Metabolism of 14C- and 3H-labeled L-ascorbic acid in human scurvy. Am J Clin Nutr 24 (1971) 444–454
[32] Kallner AB, Hartmann D, Hornig DH: On the requirements of ascorbic acid in man: steady-state turnover and body pool in smokers. Am J Clin Nutr 34 (1981) 1347–1355
[33] IOM (Institute of Medicine) (Hrsg.): Dietary Reference Intakes for vitamin C, vitamin E, selenium, and carotenoids. National Academies Press, Washington, DC (2000)
[34] Kallner A, Hornig D, Pellikka R: Formation of carbon dioxide from ascorbate in man. Am J Clin Nutr 41 (1985) 609–613
[35] Gibney MJ, Lanham-New SA, Cassidy A et al. (Hrsg.): Introduction to human nutrition. Wiley-Blackwell, Chichester, 2. Auflage (2009)
[36] Uchida E, Kondo Y, Amano A et al.: Absorption and excretion of ascorbic acid alone and in acerola (Malpighia emarginata) juice: comparison in healthy Japanese subjects. Biol Pharm Bull 34 (2011) 1744–1747
[37] Friedman GJ, Sherry S, Ralli EP: The mechanism of the excretion of vitamin C by the human kidney at low and normal plasma levels of ascorbic acid. J Clin Invest 19 (1940) 685–689
[38] Carr AC, Pullar JM, Moran S et al.: Bioavailability of vitamin C from kiwifruit in non-smoking males: determination of 'healthy' and 'optimal' intakes. J Nutr Sci 1 (2012) doi: 10.1017/jns.2012.15
[39] Mandl J, Szarka A, Bánhegyi G: Vitamin C: update on physiology and pharmacology. Br J Pharmacol 157 (2009) 1097–1110
[40] Carr AC, Frei B: Toward a new recommended dietary allowance for vitamin C based on antioxidant and health effects in humans. Am J Clin Nutr 69 (1999) 1086–1107
[41] Sram RJ, Binkova B, Rossner P: Vitamin C for DNA damage prevention. Mutat Res 733 (2012) 39–49
[42] Harvey LJ, Collings R, Casgrain A et al.: Best practice guidelines: Biomarkers of status / exposure. EURRECA (2012)
[43] Dehghan M, Akhtar-Danesh N, McMillan CR et al.: Is plasma vitamin C an appropriate biomarker of vitamin C intake? A systematic review and meta-analysis. Nutr J 6 (2007) 41
[44] Levine M, Rumsey SC, Daruwala R et al.: Criteria and recommendations for vitamin C intake. JAMA 281 (1999) 1415–1423
[45] Lukaski HC: Vitamin and mineral status: effects on physical performance. Nutrition 20 (2004) 632–644
[46] Levine M, Katz A, Padayatty SJ: Vitamin C. In: Shils ME, Shike M, Ross AC et al. (Hrsg.): Modern nutrition in health and disease. Lippincott Williams & Wilkins, Baltimore, 10. Auflage (2006) 507–524
[47] Hodges RE, Baker EM, Hood J et al.: Experimental scurvy in man. Am J Clin Nutr 22 (1969) 535–548
[48] Padayatty SJ, Katz A, Wang Y et al.: Vitamin C as an antioxidant: evaluation of its role in disease prevention. J Am Coll Nutr 22 (2003) 18–35
[49] Hodges RE, Hood J, Canham JE et al.: Clinical manifestations of ascorbic acid deficiency in man. Am J Clin Nutr 24 (1971) 432–443
[50] Levine M: New concepts in the biology and biochemistry of ascorbic acid. N Engl J Med 314 (1986) 892–902
[51] Weber P, Bendich A, Schalch W: Vitamin C and human health – a review of recent data relevant to human requirements. Int J Vitam Nutr Res 66 (1996) 19–30

[52] Johnston CS: Biomarkers for establishing a tolerable upper intake level for vitamin C. Nutr Rev 57 (1999) 71–77
[53] EFSA (European Food Safety Authority): Opinion of the scientific panel on dietetic products, nutrition and allergies on a request from the Commission related to the tolerable upper intake level of vitamin C. EFSA Journal (2004) 1–21
[54] EFSA (European Food Safety Authority): Tolerable upper intake levels for vitamins and minerals. (2006) www.efsa.europa.eu/de/ndatopics/docs/ndatolerableuil.pdf (eingesehen am 30.10.2014)
[55] Carr A, Frei B: Does vitamin C act as a pro-oxidant under physiological conditions? FASEB J 13 (1999) 1007–1024
[56] Expert Group on Vitamins and Minerals (Hrsg.): Safe upper levels for vitamins and minerals. Food Standards Agency, London (2003)
[57] Hathcock JN, Azzi A, Blumberg J et al.: Vitamins E and C are safe across a broad range of intakes. Am J Clin Nutr 81 (2005) 736–745
[58] Heseker H, Mensink GB: Lebensmittelverzehr und Nährstoffzufuhr im Kindes- und Jugendalter. Ergebnisse aus den beiden bundesweit durchgeführten Ernährungsstudien VELS und EsKiMo. In: Deutsche Gesellschaft für Ernährung (Hrsg.): Ernährungsbericht 2008. Bonn (2008) 49–93
[59] Heseker H: Tägliche Energie- und Nährstoffzufuhr bei Säuglingen in VELS. Persönliche Mitteilung vom 28.01.2013, Paderborn (2013)
[60] Mensink GB, Richter A, Stahl A: Bestandsaufnahme: Nährstoffversorgung und Lebensmittelverzehr von Kindern und Jugendlichen in Deutschland. In: Kersting M (Hrsg.): Kinderernährung aktuell. Schwerpunkte für Gesundheitsförderung und Prävention. Umschau Verlag, Sulzbach/Ts (2009) 40–46
[61] Elmadfa I (Hrsg.): Österreichischer Ernährungsbericht 2012. Wien (2012)
[62] Krems C, Walter C, Heuer T et al.: Lebensmittelverzehr und Nährstoffzufuhr - Ergebnisse der Nationalen Verzehrsstudie II. In: Deutsche Gesellschaft für Ernährung (Hrsg.): 12. Ernährungsbericht 2012. Bonn (2012) 40–85
[63] Heseker H, Schneider R, Moch KJ et al.: Vitaminversorgung Erwachsener in der Bundesrepublik Deutschland. Wissenschaftlicher Fachverlag Dr. Fleck, Niederkleen (1992)
[64] Deutsche Gesellschaft für Ernährung (Hrsg.): DGExpert, Version 1.5.4 (BLS 3.02), Bonn (2014)
[65] Richtlinie 2006/141/EG der Kommission vom 22. Dezember 2006 über Säuglingsanfangsnahrung und Folgenahrung und zur Änderung der Richtlinie 1999/21/EG. Amtsblatt der Europäischen Union (2006) 1–33
[66] Eidgenössisches Departement des Innern: Verordnung des EDI über Speziallebensmittel vom 23. November 2005 (Stand am 4. Februar 2014) (2014)
[67] Kirchhoff E: Vitamin- und Mineralstoffgehalt pflanzlicher Lebensmittel. In: Deutsche Gesellschaft für Ernährung (Hrsg.): Ernährungsbericht 2004. Bonn (2004) 207–234
[68] Bognár A: Vitaminverluste bei der Lagerung und Zubereitung von Lebensmitteln. Ernährung/Nutrition 19 (1995) 411–416
[69] Bognár A: Vitaminverluste bei der Lagerung und Zubereitung von Lebensmitteln. Ernährung/Nutrition 19 (1995) 478–483
[70] Bognár A: Vitaminverluste bei der Lagerung und Zubereitung von Lebensmitteln. Ernährung/Nutrition 19 (1995) 551–554
[71] Butte NF, Lopez-Alarcon MG, Garza C: Nutrient adequacy of exclusive breastfeeding for the term infant during the first six months of life. (2002) www.who.int/nutrition/publications/infantfeeding/nut_adequacy_of_exc_bfeeding_eng.pdf (eingesehen am 25.06.2013)
[72] Bührer C, Genzel-Boroviczény O, Jochum F et al.: Ernährung gesunder Säuglinge. Monatsschr Kinderheilkd 162 (2014) 527–538
[73] WHO (World Health Organization), Food and Agriculture Organization (Hrsg.): Vitamin and mineral requirements in human nutrition. 2. Auflage (2004)
[74] Scientific Committe on Food (Hrsg.): Nutrient and energy intakes for the European Community. Luxembourg (1993)
[75] EFSA (European Food Safety Authority): Scientific opinion on nutrient requirements and dietary intakes of infants and young children in the European Union. EFSA Journal 11 (2013) 3408
[76] Polidori MC, Mecocci P, Stahl W et al.: Cigarette smoking cessation increases plasma levels of several antioxidant micronutrients and improves resistance towards oxidative challenge. Br J Nutr 90 (2003) 147–150
[77] Drake V, Frei B: Vitamin C in human disease prevention. In: Herrmann W, Obeid R (Hrsg.): Vitamins in the prevention of human diseases. De Gruyter, Berlin (2011) 347–362
[78] Choi JL, Rose RC: Transport and metabolism of ascorbic acid in human placenta. Am J Physiol 257 (1989) C110–C113
[79] Olson JA, Hodges RE: Recommended dietary intakes (RDI) of vitamin C in humans. Am J Clin Nutr 45 (1987) 693–703
[80] van Eekelen M: The occurrence of vitamin C in foods. Proc Nutr Soc (1953) 228–232
[81] Goldsmith GA: Human requirements for vitamin C and its use in clinical medicine. Ann N Y Acad Sci 92 (1961) 230–245
[82] Rajalakshmi R, Deodhar AD, Ramakrishnan CV: Vitamin C secretion in lactation. Acta Paediatr Scand 54 (1965) 375–382
[83] Bischoff H, Müller K: Natürliches und synthetisches Vitamin C in der Säuglingsernährung. Dtsch med Wochenschr 68 (1942) 1257
[84] Boeing H, Bechthold A, Bub A et al.: Critical review: vegetables and fruit in the prevention of chronic diseases. Eur J Clin Nutr 51 (2012) 637–663
[85] Cortés-Jofré M, Rueda J, Corsini-Muñoz G et al.: Drugs for preventing lung cancer in healthy people. Cochrane Database Syst Rev 10 (2012) CD002141
[86] Bjelakovic G, Nikolova D, Simonetti RG et al.: Antioxidant supplements for preventing gastrointestinal cancers. Cochrane Database Syst Rev (2008) CD004183
[87] Bjelakovic G, Nikolova D, Gluud LL et al.: Antioxidant supplements for prevention of mortality in healthy participants and patients with various diseases. Cochrane Database Syst Rev 3 (2012) CD007176
[88] Papaioannou D, Cooper KL, Carroll C et al.: Antioxidants in the chemoprevention of colorectal cancer and colorectal adenomas in the general population: a systematic review and meta-analysis. Colorectal Dis 13 (2011) 1085–1099
[89] Jiang L, Yang K, Tian J et al.: Efficacy of antioxidant vitamins and selenium supplement in prostate cancer prevention: a meta-analysis of randomized controlled trials. Nutr Cancer 62 (2010) 719–727
[90] Stratton J, Godwin M: The effect of supplemental vitamins and minerals on the development of prostate cancer: a systematic review and meta-analysis. Fam Pract 28 (2011) 243–252
[91] Mathew MC, Ervin A, Tao J et al.: Antioxidant vitamin supplementation for preventing and slowing the progression of age-related cataract. Cochrane Database Syst Rev 6 (2012) CD004567
[92] Evans JR, Lawrenson JG: Antioxidant vitamin and mineral supplements for preventing age-related macular degeneration. Cochrane Database Syst Rev 6 (2012) CD000253
[93] Evans JR, Lawrenson JG: Antioxidant vitamin and mineral supplements for slowing the progression of age-related macular degeneration. Cochrane Database Syst Rev 11 (2012) CD000254

[94] Heinonen M, Kärkkäinen M, Riuttamäki M et al.: Literature search and review related to specific preparatory work in the establishment of dietary reference values. (2012) www.efsa.europa.eu/de/supporting/doc/256e.pdf (eingesehen am 31.10.2014)
[95] Rumbold A, Middleton P, Pan N et al.: Vitamin supplementation for preventing miscarriage. Cochrane Database Syst Rev (2011) CD004073
[96] Dror DK, Allen LH: Interventions with vitamins $B_6$, $B_{12}$ and C in pregnancy. Paediatr Perinat Epidemiol 26, Suppl 1 (2012) 55–74
[97] Conde-Agudelo A, Romero R, Kusanovic JP et al.: Supplementation with vitamins C and E during pregnancy for the prevention of preeclampsia and other adverse maternal and perinatal outcomes: a systematic review and metaanalysis. Am J Obstet Gynecol 204 (2011) 503.e1-503.e12
[98] Hemilä H, Chalker E: Vitamin C for preventing and treating the common cold. Cochrane Database Syst Rev 1 (2013) CD000980

## Anhang

### Tabelle A1: Berechnung der empfohlenen Zufuhr von Vitamin C für Kinder und Jugendliche

| Alter [Jahre] | Referenzgewicht [kg] | | durchschnittlicher Bedarf[a] [mg/Tag] | | Variationskoeffizient 10 % (Zuschlag 20 %) [mg/Tag] | | **empfohlene Zufuhr** von Vitamin C (gerundet) [mg/Tag] |
|---|---|---|---|---|---|---|---|
| | Jungen | Mädchen | Jungen | Mädchen | Jungen | Mädchen | |
| 1 bis unter 4 | 13,9 | 13,2 | 17,87 | 16,97 | 21,45 | 20,37 | **20** |
| 4 bis unter 7 | 20,2 | 20,1 | 25,97 | 25,85 | 31,17 | 31,01 | **30** |
| 7 bis unter 10 | 29,3 | 28,7 | 37,68 | 36,90 | 45,21 | 44,28 | **45** |
| 10 bis unter 13 | 41,0 | 42,1 | 52,72 | 54,13 | 63,26 | 64,96 | **65** |
| 13 bis unter 15 | 55,5 | 54,0 | 71,36 | 69,44 | 85,64 | 83,32 | **85** |
| 15 bis unter 19 | 69,2 | 59,5 | 88,98 | 76,51 | 106,78 | 91,81 | **Jungen 105, Mädchen 90** |

[a] $Bedarf_{Kinder}$ = $Bedarf_{Erwachsene}$ x ($Referenzgewicht_{Kinder}$ /$Referenzgewicht_{Erwachsene}$)
$Bedarf_{Erwachsene}$: Männer 91 mg/Tag, Frauen 77 mg/Tag (s. u.)
$Referenzgewicht_{Kinder}$: siehe Kapitel Energie
$Referenzgewicht_{Erwachsene}$: siehe Kapitel Energie, Altersgruppe 25 bis unter 51 Jahre: Männer 70,7 kg, Frauen 60,0 kg

### Tabelle A2: Berechnung der empfohlenen Zufuhr von Vitamin C für Erwachsene im Alter von 19 bis unter 65 Jahre

| | durchschnittlicher Bedarf an Vitamin C[a, b] [mg/Tag] | Variationskoeffizient 10 % (Zuschlag 20 %) [mg/Tag] | **empfohlene Zufuhr** von Vitamin C (gerundet) [mg/Tag] |
|---|---|---|---|
| Männer | 50 mg/Tag / ((80–25) / 100) = 90,91 mg/Tag | 109,09 | **110** |
| Frauen | 90,91 mg/Tag x (60,0 kg / 70,7 kg) = 77,15 mg/Tag | 92,58 | **95** |

[a] $Bedarf_{Männer\,[mg/Tag]}$ = metabolische $Verluste_{[mg/Tag]}$ / (($Absorption_{[\%\,der\,Zufuhr]}$ – $Urinausscheidung_{[\%\,der\,Zufuhr]}$) / 100)
[b] $Bedarf_{Frauen\,[mg/Tag]}$ = $Bedarf_{Männer}$ x ($Körpergewicht_{Frauen}$/$Körpergewicht_{Männer}$)
Referenzgewicht: siehe Kapitel Energie, Altersgruppe 25 bis unter 51 Jahre: Männer 70,7 kg, Frauen 60,0 kg

## Tabelle A3: Berechnung der empfohlenen Zufuhr von Vitamin C für Raucher

| | empfohlene Zufuhr von Vitamin C für Erwachsene [mg/Tag] | Berücksichtigung eines Zuschlags von 40 %[a] [mg/Tag] | **empfohlene Zufuhr** von Vitamin C **für Raucher** (gerundet) [mg/Tag] |
|---|---|---|---|
| Männer | 110 | 154 | **155** |
| Frauen | 95 | 133 | **135** |

[a] ausgehend von einem um 40 % höheren Vitamin-C-Umsatz bei Rauchern [9, 32]

## Tabelle A4: Berechnung der empfohlenen Zufuhr von Vitamin C für Schwangere

| | Vitamin-C-Bedarf$_{Frauen}$ [mg/Tag] | Erhöhung des Bedarfs in der Schwangerschaft [mg/Tag] | Bedarf an Vitamin C in der Schwangerschaft [mg/Tag] | Variationskoeffizient 10 % (Zuschlag 20 %) [mg/Tag] | **empfohlene Zufuhr** von Vitamin C (gerundet) [mg/Tag] |
|---|---|---|---|---|---|
| Schwangere ab dem 4. Monat | 77,15 | 10 | 77,15 + 10 = 87,15 | 104,58 | **105** |

## Tabelle A5: Berechnung der empfohlenen Zufuhr von Vitamin C für Stillende

| | Schätzwert für die Vitamin-C-Zufuhr beim Säugling [mg/Tag] | zusätzlicher durchschnittlicher Vitamin-C-Bedarf (Berücksichtigung einer Absorptionsrate von 80 %) [mg/Tag] | durchschnittlicher Vitamin-C-Bedarf [mg/Tag] | Variationskoeffizient 10 % (Zuschlag 20 %) [mg/Tag] | **empfohlene Zufuhr** von Vitamin C (gerundet) [mg/Tag] |
|---|---|---|---|---|---|
| Stillende | 20 | 25 | 77,15 + 25 = 102,15 | 122,58 | **125** |

# Natrium

## 1. Schätzwerte für eine angemessene Zufuhr

| Alter | Natrium[a] mg/Tag |
|---|---|
| **Säuglinge** | |
| 0 bis unter 4 Monate | 130 |
| 4 bis unter 12 Monate | 200 |
| **Kinder und Jugendliche** | |
| 1 bis unter 4 Jahre | 400 |
| 4 bis unter 7 Jahre | 500 |
| 7 bis unter 10 Jahre | 750 |
| 10 bis unter 13 Jahre | 1 100 |
| 13 bis unter 15 Jahre | 1 400 |
| 15 bis unter 19 Jahre | 1 500 |
| **Erwachsene** | |
| 19 bis unter 25 Jahre | 1 500 |
| 25 bis unter 51 Jahre | 1 500 |
| 51 bis unter 65 Jahre | 1 500 |
| 65 Jahre und älter | 1 500 |
| **Schwangere** | 1 500 |
| **Stillende** | 1 500 |

[a] 23,0 mg Natrium entsprechen 1 mmol Natrium

## 2. Einleitung

Natrium kommt natürlicherweise oder durch Zusatz von Natriumchlorid (Speisesalz, NaCl) in fast allen Lebensmitteln vor. Etwa 90 % der Natriumzufuhr erfolgt in Form von Natriumchlorid [1]. Natrium ($Na^+$) und Chlorid ($Cl^-$) sind die mengenmäßig dominierenden Elektrolyte im Extrazellulärraum [2, 3]. Der Natriumbestand eines Erwachsenen beträgt etwa 1,4 g/kg Körpergewicht; dies entspricht bei einem Körpergewicht von 70 kg etwa 97 g Natrium. Das Natrium verteilt sich zu 90 % auf den Extrazellulärraum und zu 10 % auf den Intrazellulärraum. Etwa 40 % des gesamten Natriums befinden sich in den Knochen [4].

## 3. Physiologie

### Absorption

Über die Nahrung zugeführtes Natrium wird zu nahezu 100 % im oberen Dünndarm absorbiert. Die Absorption erfolgt sowohl über aktive als auch passive Mechanismen. Der aktive transzelluläre Transport von Natrium aus dem Intra- in den Extrazellulärraum wird durch die $Na^+/K^+$-ATPase im Austausch gegen Kalium vermittelt [4–6].

### Stoffwechsel

Die Aufrechterhaltung des Natriumgleichgewichts ist eng an die Regulation des Wasserhaushalts gekoppelt. Die Natriumkonzentration der extrazellulären Flüssigkeit wird durch einen hormonell gesteuerten Regelkreis in dem Bereich von 135 mmol/l bis 145 mmol/l konstant gehalten [3, 4, 7, 8]. Ein Abfall der Natriumkonzentration im Plasma stimuliert das Renin-Angiotensin-Aldosteron-System (RAAS). Angiotensin und Aldosteron erhöhen die renale Rückresorption von Natrium. Gleichzeitig stimuliert Angiotensin eine Gefäßverengung (Vasokonstriktion), die mit einem Blutdruckanstieg, einer Reduktion des Wasserverlusts und einer Freisetzung von Aldosteron einhergeht. Gegenspieler ist das atriale natriuretische Peptid (ANP), das sowohl die Freisetzung von Renin und Aldosteron unterdrückt als auch eine Natrium- und Wasserausscheidung induziert. Eine Erhöhung der Natriumkonzentration im Plasma stimuliert über das antidiuretische Hormon (ADH) die renale Rückresorption von Wasser [3]. Eine Veränderung der üblichen täglichen Natriumzufuhr führt zur Einstellung eines neuen Gleichgewichts, das je nach der Größe der Veränderung mit etwa 1 bis 10 Tagen Verzögerung erreicht wird [4, 9].

### Ausscheidung

Die Natriumausscheidung entspricht in etwa der Natriumzufuhr [4] und erfolgt hauptsächlich mit dem Urin [3, 4]. Bei nicht exzessivem Schwitzen und ausgeglichener Natrium- und Flüssigkeitsbilanz werden durchschnittlich 86 % bis 93 % des absorbierten Natriums über den Urin ausgeschieden [5, 10]. Natriumverluste über die Haut sind abhängig von der Natriumzufuhr, der Schweißmenge und der Hitze-Akklimatisation [11, 12]. Die Natriumausscheidung über den Stuhl ist vergleichsweise gering und unabhängig von der Höhe der Natriumzufuhr [3, 9].

## 4. Funktionen

Natrium ist das quantitativ dominierende Kation der extrazellulären Flüssigkeit und dient zusammen mit Chlorid der Aufrechterhaltung der Plasmaosmolalität und des Extrazellulärvolumens. Die Natriumhomöostase im Plasma ist gekoppelt an die Regulation des Wasserhaushalts (siehe auch 3.), des Säure-Basen-Haushalts, des osmotischen Drucks sowie des Blutdrucks. Auf zellulärer Ebene ist Natrium an der Aufrechterhaltung des Membranpotenzials und am aktiven Transport von Molekülen über die Zellmembran hinweg beteiligt. Im Rahmen eines gekoppelten Mechanismus (Symporter) wird z. B. in der Bürstensaummembran der Enterozyten im Dünndarm und in den Epithelzellen der Nierentubuli Glucose zusammen mit Natrium in die Zelle transportiert [3, 7, 13].

## 5. Kriterien zur Beurteilung der Versorgung

Die Beurteilung der Natriumversorgung anhand der Erhebung der Natriumzufuhr über die Ernährung ist aufgrund des variablen Ausmaßes des „Zusalzens" schwierig. Mit den üblichen Ernährungserhebungsmethoden wird die Zufuhr unterschätzt [14, 15]. Die Natriumkonzentration im Plasma, die hormonell sowie durch das sympathische Nervensystem streng reguliert wird, ist nicht geeignet, den Versorgungszustand des Körpers mit Natrium zu beurteilen (siehe auch 3.). Die Natriumausscheidung im 24-Stunden-Urin reflektiert dagegen die Natriumzufuhr über die Ernährung. Die Messung der Natriumausscheidung im 24-Stunden-Urin wird als Goldstandard zur Beurteilung der Natriumzufuhr angesehen [16]. Diese Methode ist allerdings aufwendig, anfällig für Fehler, erfordert eine hohe Compliance und ist aus diesem Grund für große Populationsstudien nur bedingt geeignet. Daher wird anhand der in Spontanurinproben gemessenen Natriumausscheidung die Natriumausscheidung innerhalb von 24 Stunden geschätzt und auf dieser Basis die Natriumzufuhr in der Bevölkerung kalkuliert. Aufgrund der möglichen Über- bzw. Unterschätzung der Natriumausscheidung liefern Spontanurinproben jedoch vergleichsweise ungenaue Schätzungen der Natriumzufuhr einzelner Personen. Zur Bestimmung der Natriumzufuhr eines Individuums anhand der Natriumausscheidung im Urin wären mehrere 24-Stunden-Urinproben notwendig [17].

## 6. Mangelsymptomatik

Eine geringe Natriumzufuhr über die Ernährung hat keinen Einfluss auf die Natriumkonzentration im Serum bzw. Plasma, da durch hormonelle Regulation die Ausscheidung entsprechend vermindert wird [7]; Mangelsymp-tome infolge einer niedrigen Natriumzufuhr sind daher nicht zu beobachten [18]. Einer Hyponatriämie (Natriumkonzentration von < 135 mmol/l) liegt in der Regel ein exzessiver Natriumverlust zugrunde, z. B. durch exzessives Schwitzen, akute Gastroenteritis oder die Einnahme einer Überdosis Diuretika bei gleichzeitig extrem erhöhter Wasserzufuhr [3, 7]. Zu den wichtigsten Symptomen einer Hyponatriämie beim Menschen zählen Apathie, Verwirrtheit, Anorexie, Übelkeit, Erbrechen, Hypotonie, Tachykardie, Ischämie und Kollaps, Diuresestörungen, Dehydratation, Krämpfe, Koma [8, 19].

## 7. Überversorgung

Auch nach einer exzessiven oralen Natriumzufuhr mit der Ernährung ist eine Hypernatriämie (Natriumkonzentration >145 mmol/l) aufgrund der homöostatischen Regulation kaum möglich; sie tritt auf als Folge von Wassermangel bzw. -verlust aufgrund von Ernährungsfehlern oder Krankheiten. Die Symptome sind Durst und, im Falle einer Verschiebung von intrazellulärem Wasser in den extrazellulären Bereich im Gehirn, auch Verwirrtheit, Übererregbarkeit, Krämpfe und Koma [20, 21].

### Tolerierbare Gesamtzufuhrmenge

Laut der Europäischen Behörde für Lebensmittelsicherheit (EFSA) [20] reichen die gegenwärtig verfügbaren wissenschaftlichen Daten nicht aus, um eine tolerierbare Gesamtzufuhrmenge (Tolerable Upper Intake Level [UL]) zu definieren. Das *Institute of Medicine* (IOM) [22] gibt unter Berücksichtigung der Assoziation zwischen Natriumzufuhr und Blutdruck eine tolerierbare Gesamtzufuhrmenge für Erwachsene von 2,3 g Natrium/Tag an.

## 8. Natriumzufuhr in der Bevölkerung

Die Natriumzufuhr über die Ernährung kann anhand von Verzehrerhebungen ermittelt werden. Bei Verzehrerhebungen beruhen die Angaben zum Lebensmittelverzehr in vielen Fällen auf Selbstangaben der Teilnehmenden. Diese sind kritisch zu bewerten, da der Lebensmittelverzehr potenziell unterschätzt wird (*underreporting*) [14, 15]. Die Natriumzufuhr kann zudem auch anhand der Natriumausscheidung im Urin geschätzt werden (siehe 5.).

### Säuglinge und Kleinkinder

Nach Daten der Verzehrsstudie zur Ermittlung der Lebensmittelaufnahme von Säuglingen und Kleinkindern in Deutschland (VELS, 2001–2002), die mit Verzehrprotokollen erhoben wurden, betrug die Natriumzufuhr bei Jungen im Alter von 6 Monaten bis unter 1 Jahr im Median 539 mg/Tag (10. Perzentil [P10] bis 90. Perzentil [P90] 292–1 058 mg) und bei gleichaltrigen Mädchen 417 mg/Tag (P10–P90 201–627 mg). Die mediane Zufuhr von Natrium lag bei 1- bis unter 4-jährigen Jungen bei 1 001 mg/Tag (P10–P90 692–1 649 mg) und bei gleichaltrigen Mädchen bei 934 mg/Tag (P10–P90 601–1 309 mg). Jungen im Alter von 4 bis unter 5 Jahren führten im Median 1 276 mg/Tag (P10–P90 886–1 763 mg) und gleichaltrige Mädchen 1164 mg Natrium/Tag zu (P10–P90 782–1 672 mg) [23, 24].

### Kinder

Bei der im Jahr 2006 in Deutschland durchgeführten EsKiMo-Studie (Ernährungsmodul des Kinder- und Jugendgesundheitssurveys, KiGGS) betrug die mediane Natriumzufuhr auf der Basis von Verzehrprotokollen bei 6- bis 11-jährigen Jungen 2 100 mg/Tag (P5–P95 1 200–3 500 mg) und bei gleichaltrigen Mädchen 1 900 mg/Tag (P5–P95 1 100–3 200 mg) [25].

### Jugendliche und Erwachsene

Nach Auswertung der Daten der Nationalen Verzehrsstudie II (NVS II, 2005–2006)[1] lag die mediane Zufuhr von Natrium in Deutschland bei Männern und Frauen im Alter von 15 bis 80 Jahren bei 2 766 mg/Tag (P5–P95 1 664–4 332 mg) bzw. 1 932 mg/Tag (P5–P95 1 203–3 015 mg). Bei Männern und Frauen wies jeweils die Altersgruppe der 35- bis unter 51-Jährigen die höchste Natriumzufuhr auf (2 858 mg/Tag bzw. 2 007 mg/Tag) [26].

Aus der Studie zur Gesundheit Erwachsener in Deutschland (DEGS1, 2008–2011) wurde über das Verhältnis der Natrium- zur Kreatininkonzentration im Spontanurin, multipliziert mit der Kreatininmenge im 24-Stunden-Urin[2], die Natriumausscheidung pro Tag geschätzt. Für Frauen im Alter von 18 bis 79 Jahren wurde eine mediane Natriumzufuhr von ca. 3 310 mg/Tag ermittelt. Dabei war bei den Frauen die mediane Natriumzufuhr in der Altersgruppe 50 bis 59 Jahre mit ca. 3 620 mg/Tag am höchsten. Für Männer im Alter von 18 bis 79 Jahren betrug die Natriumzufuhr ca. 3 940 mg/Tag. Hierbei wiesen die 30- bis 39-jährigen Männer mit 4 170 mg/Tag die höchste Natriumzufuhr auf. Die aus DEGS1 ermittelte Natriumzufuhr ist somit höher als die aus der NVS II, was durch *underreporting* im Rahmen der NVS II bedingt sein könnte [28]. Darüber hinaus ist zu berücksichtigen, dass bei Verzehrerhebungen die tatsächliche Natriumzufuhr unterschätzt wird, da die Verwendung von Speisesalz bei der Zubereitung von Speisen und beim „Nachsalzen" am Tisch nicht bzw. nicht exakt erfasst wird [26].

[1] Auswertung der Verzehrdaten der beiden 24-Stunden-Recalls auf Basis der aktualisierten Version des Bundeslebensmittelschlüssels (BLS-Version 3.02). Daher unterscheiden sich diese von früher publizierten NVS-II-Daten zur Natriumzufuhr, die mit dem Ernährungserhebungsinstrument DISHES (Diet Interview Software for Health Examination Studies) erfasst und mit einer älteren BLS-Version (BLS II.4) berechnet wurden.

[2] Die Daten zur Kreatininausscheidung im 24-Stunden-Urin stammen aus der VERA-Studie [27]. Die Kreatininausscheidung im 24-Stunden-Urin ist, im Gegensatz zur Natriumausscheidung, relativ konstant.

Im österreichischen Ernährungsbericht wurde auf Basis der Natriumkonzentrationen im Urin und dem mittleren 24-Stunden-Urinvolumen die tägliche Speisesalzzufuhr bei in Österreich lebenden Erwachsenen geschätzt. Die durchschnittliche Zufuhr von Speisesalz lag demnach bei Frauen im Alter von 18 bis 64 Jahren bei 7,3 g/Tag und bei gleichaltrigen Männern bei 8,5 g/Tag [29]. Rechnerisch[3] entspricht diese Speisesalzzufuhr einer täglichen Natriumzufuhr von etwa 2,9 g bei Frauen und 3,4 g bei Männern.

Bei einer landesweiten Untersuchung in der Schweiz (2010–2011) wurde anhand der Natriumausscheidung im 24-Stunden-Urin eine Zufuhr von Speisesalz von 7,8 ± 3,3 g/Tag bei Frauen und 10,6 ± 4,2 g/Tag bei Männern ermittelt [30]. Rechnerisch entspricht dies einer täglichen Natriumzufuhr von 3,1 g bei Frauen und 4,2 g bei Männern.

## 9. Natrium in Lebensmitteln

Einen hohen Natriumgehalt weisen verarbeitete Fischprodukte, Fertigsoßen und Würzmittel mit bis zu 8 g Natrium/100 g auf. Verarbeitete Fleisch- und Wurstwaren weisen Natriumgehalte von bis zu 3 g/100 g auf. Ebenso sind Knabbergebäck (bis zu 1,8 g/100 g), Käse (ca. 1,5 g/100 g) und Brot (ca. 0,6 g/100 g) natriumreich [31].

Laut der Verordnung des Europäischen Parlaments und des Rates vom 20. Dezember 2006 über nährwert- und gesundheitsbezogene Angaben in Lebensmitteln [32] dürfen Lebensmittel mit einem Natriumgehalt von bis zu 120 mg/100 g als natriumarm und Lebensmittel mit einem Natriumgehalt von bis zu 40 mg/100 g als sehr natriumarm deklariert werden. Obst und unverarbeitete Nüsse, aber auch Gemüse, wie z. B. Mangold, Spinat und Sellerie, weisen natürlicherweise geringe Natriumgehalte auf [31].

## 10. Ableitung der Referenzwerte für die Natriumzufuhr

Der Natriumbedarf wird durch individuelle Faktoren und Umwelteinflüsse bestimmt und kann individuell in Abhängigkeit von diesen Faktoren in einem weiten Bereich schwanken. Da es nicht möglich ist, den Natriumbedarf als durchschnittlichen Bedarf für eine Bevölkerungsgruppe anzugeben, werden die Referenzwerte für die Natriumzufuhr als Schätzwerte angegeben.

### Säuglinge

Die Ableitung der Referenzwerte für die Natriumzufuhr bei Säuglingen orientiert sich am Natriumgehalt der Frauenmilch, die als optimal für die Ernährung von Säuglingen anzusehen ist [33, 34]. Bei den Referenzwerten für Säuglinge handelt es sich somit um Schätzwerte.

Ausgehend von einem durchschnittlichen Natriumgehalt der Frauenmilch von 17 mg/100 ml in den ersten 4 Monaten [35–41] erhält ein voll gestillter Säugling bei einer Trinkmenge von 750 ml [42] 127,5 mg Natrium/Tag. Somit wird als Schätzwert für die Natriumzufuhr für gestillte Säuglinge im Alter von **0 bis unter 4 Monaten** 130 mg/Tag angegeben (siehe Tab. A1).

Mit der Einführung der Beikost sinkt der Verzehr von Frauenmilch. Da keine Daten zur Natriumzufuhr durch Beikost aus Deutschland vorliegen, wird zur Ableitung des Referenzwerts für Säuglinge ab 4 Monaten unter Berücksichtigung der Unterschiede im Körpergewicht der Schätzwert für Säuglinge im Alter von 0 bis unter 4 Monaten herangezogen. Das ergibt einen Schätzwert für die Natriumzufuhr für Säuglinge im Alter von **4 bis unter 12 Monaten** von 200 mg/Tag (siehe Tab. A2).

### Kinder und Jugendliche

Experimentell ermittelte Daten zum Natriumbedarf liegen für Kinder und Jugendliche nicht vor. Deshalb basieren die Referenzwerte für Kinder und Jugendliche auf Daten, die bei Erwachsenen erhoben wurden, und sie werden davon unter Berücksichtigung der Unterschiede im Körpergewicht sowie unterschiedlicher Wachstumsfaktoren (siehe Tab. IV) abgeleitet. Für die in den D-A-CH-Referenzwerten zugrunde gelegten Altersgruppen ergeben sich als Schätzwerte für die Natriumzufuhr bei **1- bis unter 4-Jährigen** 400 mg/Tag, bei **4- bis unter 7-Jährigen** 500 mg/Tag, bei **7- bis unter 10-Jährigen** 750 mg/Tag, bei **10- bis unter 13-Jährigen** 1 100 mg/Tag und bei **13- bis unter 15-Jährigen** 1 400 mg/Tag. Für Jugendliche im Alter von **15 bis unter 19 Jahren** ergibt sich ein Schätzwert für die Natriumzufuhr von 1 500 mg/Tag (siehe Tab. A3).

### Erwachsene bis unter 65 Jahren

Aufgrund von adaptiven Mechanismen hinsichtlich der Natriumausscheidung über Schweiß, Urin und Fäzes ist

[3] 1 g Speisesalz (NaCl) enthält jeweils 17 mmol Natrium ($Na^+$) und Chlorid ($Cl^-$). 1 mmol Natrium entspricht 23 mg Natrium; das heißt, 1 g NaCl entspricht 0,4 g Natrium.

es möglich, in Extremfällen mit einer sehr geringen Natriumzufuhr in der Größenordnung von ca. 23 mg/Tag (1 mmol/Tag) über die Ernährung zu überleben [9, 43]. Diese geringe Natriumzufuhr kann jedoch nicht dem physiologischen Bedarf von Bevölkerungsgruppen unter anderen Lebensumständen gleichgesetzt werden, der nur individuell ermittelt werden kann. Bei den meisten Bevölkerungsgruppen übersteigt die Natriumzufuhr den Natriumbedarf um ein Vielfaches. Insgesamt gibt es nur wenige Daten, bei denen die für die Gesundheit notwendige Natriumzufuhr bei Personen bestimmt wurde, die sich über einen längeren Zeitraum an eine geringe Natriumzufuhr adaptiert haben [20].

In der Bilanzstudie von Allsopp et al. [11, 44] wurde die Natriumbilanz bei unterschiedlichen Natriumzufuhrmengen (1 500 mg/Tag, 4 000 mg/Tag, 8 000 mg/Tag) über jeweils acht Tage bei männlichen Probanden bestimmt. Mit einer Natriumzufuhr von 1 500 mg/Tag war die Natriumbilanz in den ersten vier Tagen bei erhöhtem Natriumverlust über den Schweiß, bedingt durch moderate körperliche Aktivität und Hitzeexposition (ab Tag 4 für 12 Stunden 40° C/Tag), bei den zuvor nicht akklimatisierten Personen negativ. Am achten Tag war die Natriumbilanz bei einer Natriumzufuhr von 1 500 mg/Tag unter den genannten Bedingungen jedoch positiv. Da zudem mit einer Ernährung, die 1 500 mg Natrium/Tag liefert, die weiteren Referenzwerte für die Nährstoffzufuhr mit Ausnahme von Jod und Fluorid erreicht werden [31], wird der Schätzwert für eine angemessene Zufuhr von Natrium mit 1 500 mg/Tag angegeben.

**Erwachsene ab 65 Jahren**

Mit höherem Lebensalter nimmt die Nierenfunktion allmählich ab [45]. Dabei wird entweder die Fähigkeit zur Natriumausscheidung und/oder zur Natriumabsorption verringert [46, 47]. Bisher gibt es keine wissenschaftlich fundierten Hinweise auf einen veränderten Natriumbedarf bei Erwachsenen ab 65 Jahren. Daher wird für diese Altersgruppe ebenfalls ein Schätzwert für die Natriumzufuhr von 1 500 mg/Tag abgeleitet.

**Schwangere**

Für die Aufrechterhaltung eines erhöhten Plasmavolumens sowie des erhöhten interstitiellen Flüssigkeitsvolumens werden während der Schwangerschaft täglich zusätzlich ca. 70 mg Natrium benötigt [48]. Diese Menge kann vom Organismus durch homöostatische Mechanismen sichergestellt werden [43, 49]. Daher gilt für Schwangere ebenfalls ein Schätzwert von 1 500 mg/Tag.

**Stillende**

Bei einer Trinkmenge des Säuglings von 750 ml [42] beträgt die Natriumabgabe über die Frauenmilch 130 mg Natrium/Tag [35–41]. Diese Menge kann vom Organismus der Stillenden durch homöostatische Mechanismen sichergestellt werden [43]. Daher gilt für Stillende ebenfalls ein Schätzwert von 1 500 mg/Tag.

## 11. Sicherstellung einer angemessenen Natriumversorgung

Eine Unterversorgung mit Natrium ist bei den in industrialisierten Ländern bestehenden Ernährungsgewohnheiten nicht zu erwarten. Die Referenzwerte für die Natriumzufuhr werden im Durchschnitt deutlich überschritten (siehe 8.). Daher sollte darauf geachtet werden, vermehrt Lebensmittel mit geringem Natriumgehalt, wie Gemüse, Obst und unverarbeitete Nüsse sowie unverarbeitete Lebensmittel zu verzehren (siehe 9.).

## 12. Präventive Aspekte

Natrium wird zu 90 % über Natriumchlorid bzw. Speisesalz zugeführt. Zur Darstellung der präventiven Aspekte von Natrium bzw. Speisesalz wird auf die DGE-Stellungnahme zur Speisesalzzufuhr [50] verwiesen.

Die Zusammenhänge zwischen Speisesalzzufuhr und Blutdruck sind eindeutig: Eine hohe Speisesalzzufuhr ist mit einem erhöhten bzw. suboptimalen Blutdruck und eine geringe Speisesalzzufuhr mit einem Blutdruck im normotensiven bzw. optimalen[4] Bereich assoziiert. Somit liegen überzeugende Daten für einen *indirekten*, über die Höhe des Blutdrucks wirkenden Effekt einer hohen Speisesalzzufuhr auf das Auftreten für Herz-Kreislauf-Krankheiten vor.

Der *direkte* Zusammenhang zwischen einer hohen Speisesalzzufuhr und dem Risiko für kardiovaskuläre Krankheiten ist dagegen nicht eindeutig. Hierzu liegen unterschiedliche, z. T. auch gegensätzliche Ergebnisse vor [50].

[4] Als optimal gelten Blutdruckwerte von systolisch < 120 mm Quecksilbersäule (Hg) und von diastolisch < 80 mm Hg [51, 52].

## Literatur


[1] He FJ, MacGregor GA: Reducing population salt intake worldwide: from evidence to implementation. Prog Cardiovasc Dis 52 (2010) 363–382

[2] Luft FC: Salt, water, and extracellular volume regulation. In: Ziegler EE, Filer LJ (Hrsg.): Present knowledge in nutrition. ILSI Press, Washington, DC, 7. Auflage (1996)

[3] Strain JJ, Cashman KD: Minerals and trace elements. In: Gibney MJ, Lanham-New SA, Cassidy A et al. (Hrsg.): Introduction to human nutrition. Wiley-Blackwell, Chichester, 2. Auflage (2009) 188–237

[4] Preuss HG, Clouatre DL: Sodium, chloride, and potassium. In: Erdman JW, MacDonald IA, Zeisel SH (Hrsg.): Present knowledge in nutrition. Wiley-Blackwell, Oxford, 10. Auflage (2012) 475–492

[5] Holbrook JT, Patterson KY, Bodner JE et al.: Sodium and potassium intake and balance in adults consuming self-selected diets. Am J Clin Nutr 40 (1984) 786–793

[6] Kohlmeier M: Handbook of nutrients. Academic Press Inc (2013)

[7] Bailey JL, Sands JM, Franch HA: Water, electrolytes, and acid-base metabolism. In: Ross AC, Caballero B, Cousins RJ et al. (Hrsg.): Modern nutrition in health and disease. Lippincott Williams & Wilkins, Philadelphia, 11. Auflage (2014) 102–132

[8] Lang K: Biochemie der Ernährung. Steinkopff, Darmstadt, 4., neu bearbeitete Auflage (1979)

[9] Dahl LK: Salt intake and salt need. N Engl J Med 258 (1958) 1152

[10] Pietinen P: Estimating sodium intake from food consumption data. Ann Nutr Metab 26 (1982) 90–99

[11] Allsopp AJ, Sutherland R, Wood P et al.: The effect of sodium balance on sweat sodium secretion and plasma aldosterone concentration. Eur J Appl Physiol Occup Physiol 78 (1998) 516–521

[12] Arn KD, Reimer A: Minimal sodium losses through the skin. J Clin Invest 29 (1950) 1342–1346

[13] SCF (Scientific Committee on Food) (Hrsg.): Nutrient and energy intakes for the European Community, Luxemburg (1993)

[14] Macdiarmid J, Blundell J: Assessing dietary intake: Who, what and why of under-reporting. Nutr Res Rev 11 (1998) 231–253

[15] Gemming L, Ni Mhurchu C: Dietary under-reporting: what foods and which meals are typically under-reported? Eur J Clin Nutr 70 (2016) 640–641

[16] McLean RM: Measuring population sodium intake: A review of methods. Nutrients 6 (2014) 4651–4662

[17] Mente A, O'Donnell MJ, Dagenais G et al.: Validation and comparison of three formulae to estimate sodium and potassium excretion from a single morning fasting urine compared to 24-h measures in 11 countries. J Hypertens 32 (2014) 1005–1014

[18] Luft FC, Rankin LI, Bloch R et al.: Cardiovascular and humoral responses to extremes of sodium intake in normal black and white men. Circulation 60 (1979) 697–706

[19] Williams DM, Gallagher M, Handley J et al.: The clinical management of hyponatraemia. Postgrad Med J 92 (2016) 407–411

[20] EFSA (European Food Safety Authority): Opinion of the scientific panel on dietetic products, nutrition and allergies on a request from the Commission related to the tolerable upper intake level of sodium. EFSA Journal 209 (2005) 1–26

[21] Higdon J, Drake V: An evidence-based approach to vitamins and minerals. Thieme, Stuttgart, 2. Auflage (2012)

[22] IOM (Institute of Medicine) (Hrsg.): Dietary reference intakes for water, potassium, sodium, chloride and sulfate. National Academies Press, Washington, DC (2005)

[23] Heseker H: Tägliche Energie- und Nährstoffzufuhr bei Säuglingen in VELS. Persönliche Mitteilung vom 28.01.2013, Paderborn (2013)

[24] Heseker H, Mensink GB: Lebensmittelverzehr und Nährstoffzufuhr im Kindes- und Jugendalter. Ergebnisse aus den beiden bundesweit durchgeführten Ernährungsstudien VELS und EsKiMo. In: Deutsche Gesellschaft für Ernährung (Hrsg.): Ernährungsbericht 2008. Bonn (2008) 49–93

[25] Mensink GB, Richter A, Stahl A: Bestandsaufnahme: Nährstoffversorgung und Lebensmittelverzehr von Kindern und Jugendlichen in Deutschland. In: Kersting M (Hrsg.): Kinderernährung aktuell. Schwerpunkte für Gesundheitsförderung und Prävention. Umschau Verlag, Sulzbach/Ts (2009) 40–46

[26] Krems C, Walter C, Heuer T et al.: Lebensmittelverzehr und Nährstoffzufuhr – Ergebnisse der Nationalen Verzehrsstudie II. In: Deutsche Gesellschaft für Ernährung (Hrsg.): 12. Ernährungsbericht 2012. Bonn (2012) 40–85

[27] Schneider R, Eberhardt W, Heseker H et al.: Die VERA-Stichprobe im Vergleich mit Volkszählung, Mikrozensus und anderen nationalen Untersuchungen. Wissenschaftlicher Fachverlag Dr. Fleck, Niederkleen (1992)

[28] Johner SA, Thamm M, Schmitz R et al.: Current daily salt intake in Germany: biomarker-based analysis of the representative DEGS study. Eur J Nutr 54 (2015) 1109–1115

[29] Elmadfa I (Hrsg.): Österreichischer Ernährungsbericht 2012. Wien (2012)

[30] Chappuis A, Bochud M, Glatz N et al.: Studie zum Salzkonsum der Schweizer Bevölkerung: Zusammenfassung. (2011) www.bag.admin.ch (eingesehen am 05.09.2016)

[31] Deutsche Gesellschaft für Ernährung (Hrsg.): DGExpert, Version 1.7.6 (BLS 3.02), Bonn (2015)

[32] Verordnung (EG) Nr. 1924/2006 des Europäischen Parlaments und des Rates vom 20. Dezember 2006 über nährwert- und gesundheitsbezogene Angaben über Lebensmittel. Amtsblatt der Europäischen Union (2006) 9–25

[33] Bührer C, Genzel-Boroviczény O, Jochum F et al.: Ernährung gesunder Säuglinge. Monatsschr Kinderheilkd 162 (2014) 527–538

[34] Butte NF, Lopez-Alarcon mg, Garza C: Nutrient adequacy of exclusive breastfeeding for the term infant during the first six months of life. (2002) www.who.int/nutrition/publications/infantfeeding/nut_adequacy_of_exc_bfeeding_eng.pdf (eingesehen am 05.09.2016)

[35] Gross SJ, David RJ, Bauman L et al.: Nutritional composition of milk produced by mothers delivering preterm. J Pediatr 96 (1980) 641–644

[36] Picciano MF, Calkins EJ, Garrick JR et al.: Milk and mineral intakes of breastfed infants. Acta Paediatr Scand 70 (1981) 189–194

[37] Keenan BS, Buzek SW, Garza C et al.: Diurnal and longitudinal variations in human milk sodium and potassium: implication for nutrition and physiology. Am J Clin Nutr 35 (1982) 527–534

[38] Lemons JA, Moye L, Hall D et al.: Differences in the composition of preterm and term human milk during early lactation. Pediatr Res 16 (1982) 113–117

[39] Dewey KG, Lönnerdal B: Milk and nutrient intake of breast-fed infants from 1 to 6 months: relation to growth and fatness. J Pediatr Gastroenterol Nutr 2 (1983) 497–506

[40] Morriss FH, Brewer ED, Spedale SB et al.: Relationship of human milk pH during course of lactation to concentrations of citrate and fatty acids. Pediatrics 78 (1986) 458–464

[41] Souci SW, Fachmann W, Kraut H (Hrsg.): Die Zusammensetzung der Lebensmittel. Nährwert-Tabellen. medpharm, Stuttgart, 7., revidierte und ergänzte Auflage (2008)

[42] Neville MC, Keller R, Seacat J et al.: Studies in human lactation: milk volumes in lactating women during the onset of lactation and full lactation. Am J Clin Nutr 48 (1988) 1375–1386

[43] Oliver WJ, Cohen EL, Neel JV: Blood pressure, sodium intake, and sodium related hormones in the Yanomamo Indians, a "no-salt" culture. Circulation 52 (1975) 146–151
[44] Allsopp AJ: The effects of altered salt ingestion on acclimation to heat. INM Report No. 97020, Alverstoke (1997)
[45] Samiy AH: Renal disease in the elderly. Med Clin North Am 67 (1983) 463–480
[46] Tareen N, Martins D, Nagami G et al.: Sodium disorders in the elderly. J Natl Med Assoc 97 (2005) 217–224
[47] Schlanger LE, Bailey JL, Sands JM: Electrolytes in the aging. Adv Chronic Kidney Dis 17 (2010) 308–319
[48] Brown MA, Gallery ED: Volume homeostasis in normal pregnancy and pre-eclampsia: physiology and clinical implications. Baillieres Clin Obstet Gynaecol 8 (1994) 287–310
[49] van Buul BJ, Steegers EA, Jongsma HW et al.: Dietary sodium restriction in the prophylaxis of hypertensive disorders of pregnancy: effects on the intake of other nutrients. Am J Clin Nutr 62 (1995) 49–57
[50] Strohm D, Boeing H, Leschik-Bonnet E et al. für die Deutsche Gesellschaft für Ernährung e. V.: Speisesalzzufuhr in Deutschland, gesundheitliche Folgen und resultierende Handlungsempfehlung. Ernaehrungs Umschau 63 (2016) 62–70
[51] ESH/ESC Task Force for the Management of Arterial Hypertension: 2013 practice guidelines for the management of arterial hypertension of the European Society of Hypertension (ESH) and the European Society of Cardiology (ESC). J Hypertens 31 (2013) 1925–1938
[52] Deutsche Gesellschaft für Kardiologie – Herz- und Kreislaufforschung e. V., Deutsche Hochdruckliga e. V. (DHL) (Hrsg.): Leitlinien für das Management der arteriellen Hypertonie. Bruckmeier, Grünwald (2013)

## Anhang

### Tabelle A1: Berechnung des Schätzwerts für die Natriumzufuhr für gestillte Säuglinge von 0 bis unter 4 Monaten

| Alter [Monate] | Natriumgehalt von Frauenmilch [mg/100 ml] | Trinkmenge [ml/Tag] | Natriumzufuhr bei einer Trinkmenge von 750 ml/Tag [mg/Tag] | **Schätzwert** für die Natriumzufuhr (gerundet) [mg/Tag] |
|---|---|---|---|---|
| 0 bis unter 4 | 17[a] | 750[b] | 127,5 | **130** |

[a] [35–41]
[b] [42]

### Tabelle A2: Berechnung des Schätzwerts für die Natriumzufuhr für gestillte Säuglinge von 4 bis unter 12 Monaten

| Alter [Monate] | | Referenzgewicht [kg][a] | Natriumzufuhr unter Berücksichtigung der Referenzgewichte[b] [mg/Tag] | **Schätzwert** für die Natriumzufuhr (gerundet) [mg/Tag] |
|---|---|---|---|---|
| 4 bis unter 12 | m | 8,6 | 200 | **200** |
| | w | 7,9 | 201 | |

[a] Referenzgewicht: siehe Kapitel „Energie"
[b] berechnet aus: $\text{Schätzwert}_{0-4\ \text{Monate}}$ x ($\text{Referenzgewicht}_{4-12\ \text{Monate}}$/$\text{Referenzgewicht}_{0-4\ \text{Monate}}$)
$\text{Schätzwert}_{0-4\ \text{Monate}}$ = 130 mg (siehe Tab. A1)
$\text{Referenzgewicht}_{0-4\ \text{Monate}}$: siehe Kapitel „Energie", männlich 5,6 kg; weiblich 5,1 kg

**Tabelle A3: Berechnung des Schätzwerts für die Natriumzufuhr für Kinder und Jugendliche unter Berücksichtigung der Unterschiede im Körpergewicht sowie unterschiedlicher Wachstumsfaktoren**

| Alter [Jahre] | | Referenzgewicht [kg][a] | Wachstumsfaktor[b] | Natriumzufuhr unter Berücksichtigung der Referenzgewichte sowie unterschiedlicher Wachstumsfaktoren [mg/Tag][c] | **Schätzwert** für die Natriumzufuhr (gerundet) [mg/Tag] |
|---|---|---|---|---|---|
| 1 bis unter 4 | m | 13,9 | 0,25 | 369 | **400** |
| | w | 13,2 | 0,25 | 413 | |
| 4 bis unter 7 | m | 20,2 | 0,06 | 454 | **500** |
| | w | 20,1 | 0,06 | 533 | |
| 7 bis unter 10 | m | 29,3 | 0,13 | 703 | **750** |
| | w | 28,7 | 0,13 | 811 | |
| 10 bis unter 13 | m | 41,0 | 0,13 | 983 | **1 100** |
| | w | 42,1 | 0,11 | 1 168 | |
| 13 bis unter 15 | m | 55,5 | 0,10 | 1 295 | **1 400** |
| | w | 54,0 | 0,07 | 1 445 | |
| 15 bis unter 19 | m | 69,2 | 0,07 | 1 571 | **1 500** |
| | w | 59,5 | 0,02 | 1 517 | |

[a] Referenzgewichte$_{Kinder/Jugendliche}$: siehe Kapitel „Energie“

[b] Wachstumsfaktoren siehe Tab. IV

[c] berechnet aus: Schätzwert$_{Erwachsene}$ x (Referenzgewicht$_{Kinder/Jugendliche}$ / Referenzgewicht$_{Erwachsene}$) x (1 + Wachstumsfaktor)
Schätzwert$_{Erwachsene}$ = 1 500 mg/Tag; Referenzgewicht$_{Erwachsene}$ (Referenzgewicht 25 bis unter 51 Jahre): männlich 70,7 kg, weiblich 60,0 kg

# Chlorid

## 1. Schätzwerte für eine angemessene Zufuhr

| Alter | Chlorid |
|---|---|
| | mg/Tag[a] |
| **Säuglinge** | |
| 0 bis unter 4 Monate | 300 |
| 4 bis unter 12 Monate | 450 |
| **Kinder und Jugendliche** | |
| 1 bis unter 4 Jahre | 600 |
| 4 bis unter 7 Jahre | 750 |
| 7 bis unter 10 Jahre | 1 150 |
| 10 bis unter 13 Jahre | 1 700 |
| 13 bis unter 15 Jahre | 2 150 |
| 15 bis unter 19 Jahre | 2 300 |
| **Erwachsene** | |
| 19 bis unter 25 Jahre | 2 300 |
| 25 bis unter 51 Jahre | 2 300 |
| 51 bis unter 65 Jahre | 2 300 |
| 65 Jahre und älter | 2 300 |
| **Schwangere** | 2 300 |
| **Stillende** | 2 300 |

[a] 35,5 mg Chlorid entsprechen 1 mmol Chlorid

## 2. Einleitung

Chlorid kommt in der Nahrung überwiegend zusammen mit Natrium als Natriumchlorid (NaCl, Speisesalz) vor. Chlorid ist als Chloridanion ($Cl^-$) vollständig wasserlöslich [1]. Es ist das mengenmäßig dominierende Anion der extrazellulären Flüssigkeit und dort in Verbindung mit Natriumionen osmotisch aktiv [2]. Der Organismus enthält durchschnittlich 1,2 g Chlorid pro kg Körpergewicht. Etwa 70 % des Chlorids befinden sich in der extrazellulären Flüssigkeit. Das restliche Chlorid ist überwiegend im intrazellulären Raum und im Bindegewebe lokalisiert [3].

## 3. Physiologie

Der Chloridhaushalt ist eng mit dem des Natriums verbunden. Fast alle Faktoren, die die Natriumhomöostase beeinflussen (siehe Referenzwerte für die Natriumzufuhr), wirken auch auf die des Chlorids. In beiden Fällen erfolgt die Regulation der Homöostase hauptsächlich über die Niere [4].

### Absorption

Mit der Nahrung zugeführtes Chlorid wird zusammen mit Natriumionen ($Na^+$) vollständig im Gastrointestinaltrakt, hauptsächlich im Dünndarm, absorbiert [1]. Chlorid ($Cl^-$) wird dabei im Austausch mit Hydrogencarbonat ($HCO_3^-$) in die Enterozyten aufgenommen. Zusammen mit Natriumionen verlässt Chlorid über Membrankanäle die Enterozyten auf der basalen Seite [5, 6].

**Stoffwechsel**

Mithilfe elektroneutraler Transportsysteme (z. B. gemeinsam mit Natrium- oder Kaliumionen, im Austausch mit Hydrogencarbonat) und durch Anionenkanäle (z. B. volumenregulierte, spannungs- oder calciumabhängige Kanäle) gelangt Chlorid durch Zellmembranen [7]. Die Aufnahme von Chlorid in glatte Gefäßmuskelzellen erfolgt durch aktiven Transport [8, 9].

Absorbiertes Chlorid verbleibt überwiegend als hydratisiertes Anion im extrazellulären Raum [5]. Es bestehen nicht nur enge Interaktionen zwischen dem Chlorid- und Natriumstoffwechsel, sondern auch mit dem Kalium- und Calciumstoffwechsel [1].

Durch die Rückresorption in der Niere werden der Chloridbestand im Körper und die Chloridkonzentration im Blut konstant gehalten [10].

**Ausscheidung**

Chlorid wird überwiegend mit dem Harn ausgeschieden. Die Chloridausscheidung über den Stuhl ist bei Gesunden gering. Auch die Chloridverluste durch Schwitzen sind sehr gering, mit Ausnahme von schwerer körperlicher Anstrengung bei hohen Temperaturen [1].

## 4. Funktionen

Chlorid ist das mengenmäßig dominierende Anion der extrazellulären Flüssigkeit und ist dort in Verbindung mit Natriumionen osmotisch aktiv. Chlorid spielt eine wichtige Rolle für die Aufrechterhaltung des osmotischen Drucks und des Wasser-, Elektrolyt- und Säure-Basen-Haushalts. Chlorid beeinflusst zusammen mit Natrium das Extrazellulärvolumen [2] und den Blutdruck [3, 11]. Chlorid gleicht extrazellulär die intrazellulär vorliegenden negativen Ladungen aus [3]. Der Austausch von Chlorid gegen Hydrogencarbonat zwischen Erythrozyten und Plasma trägt zur pH-Wert-Regulation im Blut bei. Chlorid ist zudem essenziell für die Bildung von Salzsäure (HCl) in den Belegzellen des Magens. Als Bestandteil des Magensafts ist Salzsäure an der Verdauung und der unspezifischen Abwehr von Pathogenen beteiligt [1]. Darüber hinaus ist Chlorid notwendig zur Aktivierung von Cathepsin C, einer lysosomalen Protease [12]; Chlorid wird außerdem vom Angiotensin-konvertierenden Enzym (ACE) als Cofaktor benötigt. ACE ist eine Peptidase, die u. a. das Prohormon Angiotensin I in das Hormon Angiotensin II überführt und damit eine wichtige Funktion bei der Regulation des Blutdrucks und des Wasser- und Elektrolythaushalts hat [13].

## 5. Kriterien zur Beurteilung der Versorgung

Chlorid kommt in der Nahrung überwiegend zusammen mit Natrium als Natriumchlorid (NaCl, Speisesalz) vor. Die Beurteilung der Chloridversorgung anhand der Erhebung der Chloridzufuhr über die Ernährung ist aufgrund des variablen Ausmaßes des „Zusalzens" schwierig. Mit den üblichen Ernährungserhebungsmethoden wird die Zufuhr unterschätzt [14, 15]. Eine genauere Bestimmung der Chloridversorgung erlaubt die Messung der Chloridausscheidung mit dem 24-Stunden-Urin. Die Chloridkonzentration im Blut wird durch die Zufuhr bzw. Plasmakonzentration der weiteren Elektrolyte bestimmt und spiegelt nicht die Zufuhr über die Ernährung wider, sodass die Chloridkonzentration im Serum bzw. Plasma kein aussagekräftiges Kriterium zur Beurteilung der Versorgung ist [16].

## 6. Mangelsymptomatik

Eine unter dem Normalbereich (96–110 mmol/l im Serum [10, 17]) liegende Chloridkonzentration bedeutet nicht zwangsläufig, dass ein Chloridmangel vorliegt, da die Konzentration im Serum sowohl durch Verlust von Chlorid aus dem Extrazellulärraum als auch aufgrund einer Zunahme des Wassergehalts reduziert sein kann. Zusätzlich zu einer niedrigen Serumchloridkonzentration liegen bei Chloridmangel weitere Symptome vor (z. B. nahezu vollständiges Fehlen von Chlorid im Urin, Hypotonie, Tachykardie, metabolische Alkalose [pH-Wert im Blut $\geq$ 7,45]) [10].

Ein alimentärer Chloridmangel ist aufgrund des breiten Vorkommens von Chlorid in Lebensmitteln sehr selten [16]. Chloridmangel tritt am wahrscheinlichsten als Folge erhöhter Chloridverluste auf, z. B. durch Erbrechen, chronische Nierenerkrankung, Nierenversagen, chronisch respiratorische Azidose [1], Einnahme von Diuretika [18] und in sehr seltenen Fällen infolge einer angeborenen Chloriddiarrhö [19]. Wenn Natriumverluste auftreten, gehen diese gewöhnlich auch mit Chloridverlusten einher. Bei starkem

Erbrechen ist der Chloridverlust aufgrund des verhältnismäßig hohen Anteils von Chlorid im Magensaft höher als der Natriumverlust [10].

Folgen eines alimentären Chloridmangels wurden bei Säuglingen beobachtet, die Säuglingsnahrung erhielten, in der versehentlich Chlorid fehlte. Bei ihnen kam es zu hypokalämischer hypochlorämischer metabolischer Alkalose, verbunden mit Gedeihstörung, Anorexie und Schwäche [18, 20, 21]. Bei einer Gruppe von Patienten mit schweren körperlichen und geistigen Einschränkungen traten 8 bis 9 Wochen nach der Umstellung auf eine extrem chloridarme Flüssignahrung ebenfalls die oben beschriebenen Symptome auf [22].

## 7. Überversorgung

Da Chlorid mit der Nahrung als Natriumchlorid zugeführt wird, ist die von Natrium unabhängige Auswirkung hoher Chloridzufuhrmengen auf die Gesundheit schwer zu ermitteln (z. B. Bedeutung von Chlorid für die mit der Speisesalzzufuhr assoziierten Blutdrucksteigerung) [11]. Toxische Wirkungen von Chlorid selbst sind nicht bekannt. Nach Zufuhr von hoch dosiertem Kaliumchlorid (pro Tag 24–120 mmol bzw. 0,9–4,3 g Chlorid oder mehr) als Speisesalzersatz oder Nahrungsergänzungsmittel sind Auswirkungen auf das Herz-Kreislauf-System sowie neuromuskuläre und gastrointestinale Symptome beschrieben worden, wobei der Einfluss von Chlorid zur Entstehung dieser Symptome unklar ist [16, 23].

### Tolerierbare Gesamtzufuhrmenge

Die Europäische Behörde für Lebensmittelsicherheit (EFSA) beurteilt die vorhandene Datenlage als nicht ausreichend, um eine tolerierbare Gesamtzufuhrmenge für Chlorid aus Lebensmitteln abzuleiten [16]. Laut dem *Institute of Medicine* (IOM) kann für Säuglinge keine tolerierbare Gesamtzufuhrmenge für Chlorid angegeben werden. Für die übrigen Altersgruppen wird vom IOM die tolerierbare Gesamtzufuhrmenge für Chlorid isomolar von der tolerierbaren Gesamtzufuhrmenge für Natrium abgeleitet. Für Erwachsene (einschließlich Schwangere und Stillende) wird die tolerierbare Gesamtzufuhrmenge mit 3,6 g Chlorid/Tag angegeben [24].

## 8. Chloridzufuhr in der Bevölkerung

Nach Auswertung der Daten der Nationalen Verzehrsstudie II (NVS II, 2005–2006)[1] lag die mediane tägliche Zufuhr von Speisesalz in Deutschland im Alter von 15 bis 80 Jahren bei Frauen bei 4,9 g und bei Männern bei 7,0 g. Sie wurde anhand der medianen Natriumzufuhr berechnet (siehe Kapitel „Natrium"). Dabei ist zu berücksichtigen, dass bei Verzehrerhebungen die tatsächliche Speisesalzzufuhr unterschätzt wird (*underreporting*), da die Verwendung von Speisesalz bei der Zubereitung von Speisen und beim „Nachsalzen" am Tisch nicht bzw. nicht exakt erfasst werden [25]. Rechnerisch[2] entspricht diese Speisesalzzufuhr einer Chloridzufuhr von etwa 3 g/Tag bei Frauen und etwa 4 g/Tag bei Männern.

Aus der Studie zur Gesundheit Erwachsener in Deutschland (DEGS1, 2008–2011) wurde über das Verhältnis der Natrium- zur Kreatininkonzentration im Spontanurin, multipliziert mit der Kreatininmenge im 24-Stunden-Urin[3], die Natriumausscheidung pro Tag geschätzt und daraus die Speisesalzzufuhr berechnet. Die Speisesalzzufuhr betrug im Median bei in Deutschland lebenden Frauen im Alter von 18 bis 79 Jahren 8,4 g/Tag (25. Perzentil [P25] bis 75. Perzentil [P75] 5,3–12,5 g) und bei gleichaltrigen Männern 10,0 g/Tag (P25–P75 6,7–14,5 g) [27]. Rechnerisch entspricht dies einer Zufuhr von 5 g Chlorid/Tag bei Frauen und 6 g Chlorid/Tag bei Männern. Die aus DEGS1 ermittelte Chloridzufuhr ist somit höher als die aus der NVS II, was durch die oben genannte Unterschätzung der Zufuhr im Rahmen der NVS II bedingt sein könnte.

Im österreichischen Ernährungsbericht wurde auf Basis der Natriumkonzentrationen im Urin und des mittleren Urinvolumens eines Erwachsenen innerhalb von 24 Stunden die tägliche Speisesalzzufuhr bei in Österreich lebenden Erwachsenen geschätzt. Die durchschnittliche Zufuhr von Speisesalz lag bei Frauen im Alter von 18 bis 64 Jahren bei 7,3 g/Tag und bei gleichaltrigen Männern bei 8,5 g/Tag [28]. Rechnerisch entspricht diese Speisesalzzufuhr einer Chloridzufuhr von etwa 4,4 g/Tag bei Frauen und 5,1 g/Tag bei Männern.

[1] Auswertung der Verzehrdaten der beiden 24-Stunden-Recalls auf Basis der aktualisierten Version des Bundeslebensmittelschlüssels (BLS-Version 3.02). Daher unterscheiden sich diese von früher publizierten NVS-II-Daten zur Natriumzufuhr, die mit dem Ernährungserhebungsinstrument DISHES (Diet Interview Software for Health Examination Studies) erfasst und mit einer älteren BLS-Version (BLS II.4) berechnet wurden.

[2] 1 g Speisesalz (NaCl) enthält jeweils 17 mmol Natrium ($Na^+$) und Chlorid ($Cl^-$). 1 mmol Chlorid entspricht 35,5 mg Chlorid; das heißt, 1 g NaCl entspricht 0,6 g Chlorid.

[3] Die Daten zur Kreatininausscheidung im 24-Stunden-Urin stammen aus der VERA-Studie [26]. Die Kreatininausscheidung im 24-Stunden-Urin ist, im Gegensatz zur Natriumausscheidung, relativ konstant.

Eine landesweite Erhebung in der Schweiz (2010–2011) ermittelte anhand der Natriumkonzentration im 24-Stunden-Urin eine mittlere Zufuhr von Speisesalz von 7,8 g ± 3,3 g/Tag bei Frauen und 10,6 g ± 4,2 g/Tag bei Männern [29]. Rechnerisch entspricht dies einer täglichen Chloridzzufuhr von 4,7 g bei Frauen und 6,4 g bei Männern.

## 9. Chlorid in Lebensmitteln

Die Hauptquelle für Chlorid in der Ernährung sind verarbeitete Lebensmittel (70–75 % der Zufuhr); 10 % bis 15 % der Chloridzufuhr stammen aus unverarbeiteten Lebensmitteln und weitere 10 % bis 15 % aus dem Salzen während der Speisenzubereitung und während des Verzehrs am Tisch [16].

Die Chloridgehalte unverarbeiteter Lebensmittel sind sehr gering. So weisen die meisten Gemüse- und Obstarten Chloridgehalte von bis zu 100 mg/100 g auf. Ebenso enthalten unverarbeitete Nüsse nur geringe Mengen an Chlorid (z. B. Walnuss 18 mg/100 g, Haselnuss 27 mg/100 g, Pecannuss 15 mg/100 g). Fisch und Eier enthalten bis zu 200 mg Chlorid/100 g.

Der Chloridgehalt verarbeiteter Lebensmittel kann wesentlich höher sein. Einen hohen Chloridgehalt weisen verarbeitete Fischprodukte (bis zu 10 g/100 g) und Fertigsoßen (bis zu 12 g/100 g) auf. Chloridreich sind beispielsweise auch Knäckebrot (ca. 1 g/100 g), Käse (ca. 1 g/100 g) und Wurstwaren (z. B. Lachsschinken ca. 3 g/100 g) [30].

## 10. Ableitung der Referenzwerte für die Chloridzufuhr

Chlorid wird fast ausschließlich zusammen mit Natrium zugeführt, bedingt durch die Zugabe von Speisesalz bei der Verarbeitung von Lebensmitteln sowie der Zubereitung oder dem Verzehr von Speisen. Daher basiert die Ableitung der Referenzwerte für die Zufuhr von Chlorid, außer bei Säuglingen, auf den Schätzwerten für die Natriumzufuhr auf molarer Ebene unter Berücksichtigung des Molekulargewichts von Chlorid. Dabei entspricht 1 mmol Natrium 23,0 mg Natrium bzw. 1 mmol Chlorid 35,5 mg Chlorid. Das heißt, 1 mg Natrium (0,04 mmol) entspricht 1,54 mg Chlorid.

### Säuglinge

Die Ableitung der Referenzwerte für die Chloridzufuhr bei Säuglingen orientiert sich am Chloridgehalt der Frauenmilch, die als optimal für die Ernährung von Säuglingen anzusehen ist [31, 32]. Bei den Referenzwerten für Säuglinge handelt es sich somit um Schätzwerte.

Ausgehend von einem durchschnittlichen Chloridgehalt der Frauenmilch von 40 mg/100 ml in den ersten 4 Monaten [33–37] erhält ein voll gestillter Säugling bei einer Trinkmenge von 750 ml [38] ca. 300 mg Chlorid/Tag. Somit wird als Schätzwert für die Chloridzufuhr für gestillte Säuglinge im Alter von **0 bis unter 4 Monaten** 300 mg/Tag angegeben (siehe Tab. A1).

Mit der Einführung der Beikost sinkt der Verzehr von Frauenmilch. Da keine Daten zur Chloridzufuhr durch Beikost aus Deutschland vorliegen, wird zur Ableitung des Referenzwerts für Säuglinge ab 4 Monaten unter Berücksichtigung der Unterschiede im Körpergewicht der Schätzwert für Säuglinge im Alter von 0 bis unter 4 Monaten herangezogen. Das ergibt einen Schätzwert für die Chloridzufuhr für Säuglinge im Alter von **4 bis unter 12 Monaten** von 450 mg/Tag (siehe Tab. A2).

### Kinder und Jugendliche

Die Schätzwerte für Kinder und Jugendliche werden in äquimolaren Mengen zu den Schätzwerten für Natrium angegeben. Daraus ergeben sich Schätzwerte für die Chloridzufuhr für **1- bis unter 4-Jährige** von 600 mg/Tag, für **4- bis unter 7-Jährige** von 750 mg/Tag, für **7- bis unter 10-Jährige** von 1 150 mg/Tag, für **10- bis unter 13-Jährige** von 1 700 mg/Tag, für **13- bis unter 15-Jährige** von 2 150 mg/Tag und für **15- bis unter 19-Jährige** von 2 300 mg/Tag (siehe Tab. A3).

### Erwachsene

Der zum Schätzwert für die Natriumzufuhr entsprechende äquimolare Schätzwert für die Chloridzufuhr bei Erwachsenen **ab dem Alter von 19 Jahren** beträgt 2 300 mg/Tag (siehe Tab. A3).

### Schwangere und Stillende

Die Schätzwerte für die Chloridzufuhr in Schwangerschaft und Stillzeit werden in äquimolaren Mengen basierend auf den Schätzwerten für die Natriumzufuhr abgeleitet, die sich bei Schwangeren und Stillenden nicht von denen der Jugendlichen ab 15 Jahren und Erwachsenen unterscheiden. Der Schätzwert für die Chloridzufuhr beträgt demzufolge bei Schwangeren sowie bei Stillenden 2 300 mg/Tag (siehe Tab. A3).

## 11. Sicherstellung einer angemessenen Chloridversorgung

Eine Unterversorgung mit Chlorid ist bei den in industrialisierten Ländern bestehenden Ernährungsgewohnheiten nicht zu erwarten. Die Referenzwerte für die Chloridzufuhr werden im Durchschnitt deutlich überschritten (siehe 8.). Daher sollte darauf geachtet werden, bevorzugt Lebensmittel mit geringem Chloridgehalt, wie Gemüse, Obst und unverarbeitete Nüsse sowie unverarbeitete Lebensmittel zu verzehren (siehe 9.).

## 12. Präventive Aspekte

Chlorid wird fast ausschließlich zusammen mit Natrium als Natriumchlorid bzw. Speisesalz zugeführt. Zur Darstellung der präventiven Aspekte von Chlorid bzw. Speisesalz wird auf die DGE-Stellungnahme zur Speisesalzzufuhr [39] verwiesen.

Die Zusammenhänge zwischen Speisesalzzufuhr und Blutdruck sind eindeutig: Eine hohe Speisesalzzufuhr ist mit einem erhöhten bzw. suboptimalen Blutdruck und eine geringe Speisesalzzufuhr mit einem Blutdruck im normotensiven bzw. optimalen[4] Bereich assoziiert. Somit liegen überzeugende Daten für einen *indirekten*, über die Höhe des Blutdrucks wirkenden Effekt einer hohen Speisesalzzufuhr auf das Auftreten für Herz-Kreislauf-Krankheiten vor. Der *direkte* Zusammenhang zwischen einer hohen Speisesalzzufuhr und dem Risiko für kardiovaskuläre Krankheiten ist dagegen nicht eindeutig. Hierzu liegen unterschiedliche, z. T. auch gegensätzliche Ergebnisse vor [39].

### Literatur


[1] Strain JJ, Cashman KD: Minerals and trace elements. In: Gibney MJ, Lanham-New SA, Cassidy A et al. (Hrsg.): Introduction to human nutrition. Wiley-Blackwell, Chichester, 2. Auflage (2009) 188–237

[2] Bailey JL, Sands JM, Franch HA: Water, electrolytes, and acid-base metabolism. In: Ross AC, Caballero B, Cousins RJ et al. (Hrsg.): Modern nutrition in health and disease. Lippincott Williams & Wilkins, Philadelphia, 11. Auflage (2014) 102–132

[3] Preuss HG, Clouatre DL: Sodium, chloride, and potassium. In: Erdman JW, MacDonald IA, Zeisel SH (Hrsg.): Present knowledge in nutrition. Wiley-Blackwell, Oxford, 10. Auflage (2012) 475–492

[4] Rehner G, Daniel H: Biochemie der Ernährung. Spektrum Akademischer Verlag, Heidelberg, 3. Auflage (2010)

[5] Brody T: Nutritional biochemistry. Academic Press, San Diego (1994)

[6] Kohlmeier M: Handbook of nutrients. Academic Press Inc (2013)

[7] Nilius B, Droogmans G: Amazing chloride channels: an overview. Acta Physiol Scand 177 (2003) 119–147

[8] Bulley S, Jaggar JH: $Cl^-$ channels in smooth muscle cells. Pflugers Arch 466 (2014) 861–872

[9] Chipperfield AR, Harper AA: Chloride in smooth muscle. Prog Biophys Mol Biol 74 (2000) 175–221

[10] Morrison G: Serum chloride. In: Walker HK, Hall WD, Hurst JW (Hrsg.): Clinical methods. The history, physical, and laboratory examinations. Butterworths, Boston, 3. Auflage (1990) 890–894

[11] Kotchen TA: Contributions of sodium and chloride to NaCl-induced hypertension. Hypertension 45 (2005) 849–850

[12] Cigic B, Pain RH: Location of the binding site for chloride ion activation of cathepsin C. Eur J Biochem 264 (1999) 944–951

[13] Yates CJ, Masuyer G, Schwager SLU et al.: Molecular and thermodynamic mechanisms of the chloride-dependent human angiotensin-I-converting enzyme (ACE). J Biol Chem 289 (2014) 1798–1814

[14] Macdiarmid J, Blundell J: Assessing dietary intake: Who, what and why of under-reporting. Nutr Res Rev 11 (1998) 231–253

[15] Gemming L, Ni Mhurchu C: Dietary under-reporting: what foods and which meals are typically under-reported? Eur J Clin Nutr 70 (2016) 640–641

[16] EFSA (European Food Safety Authority): Opinion of the Scientific Panel on Dietetic Products, Nutrition and Allergies on a request from the Commission related to the tolerable upper intake level of chloride. EFSA Journal 210 (2005) 1–9

[17] Sauberlich HE: Laboratory tests for the assessment of nutritional status. CRC Press, Boca Raton, 2. Auflage (1999)

[18] Simopoulos AP, Bartter FC: The metabolic consequences of chloride deficiency. Nutr Rev 38 (1980) 201–205

[19] Wedenoja S, Höglund P, Holmberg C: Review article: the clinical management of congenital chloride diarrhoea. Aliment Pharmacol Ther 31 (2010) 477–485

[20] Roy S, Arant BS: Hypokalemic metabolic alkalosis in normotensive infants with elevated plasma renin activity and hyperaldosteronism: role of dietary chloride deficiency. Pediatrics 67 (1981) 423–429

[21] Grossman H, Duggan E, McCamman S et al.: The dietary chloride deficiency syndrome. Pediatrics 66 (1980) 366–374

[22] Miyahara J, Aramaki S, Yokochi K: Dietary chloride deficiency due to new liquid nutritional products. Pediatr Int 51 (2009) 197–200

[23] Saxena K: Clinical features and management of poisoning due to potassium chloride. Med Toxicol Adverse Drug Exp 4 (1989) 429–443

[24] IOM (Institute of Medicine) (Hrsg.): Dietary reference intakes for water, potassium, sodium, chloride and sulfate. National Academies Press, Washington, DC (2005)

[25] Krems C, Walter C, Heuer T et al.: Lebensmittelverzehr und Nährstoffzufuhr – Ergebnisse der Nationalen Verzehrsstudie II. In: Deutsche Gesellschaft für Ernährung (Hrsg.): 12. Ernährungsbericht 2012. Bonn (2012) 40–85

[26] Schneider R, Eberhardt W, Heseker H et al.: Die VERA-Stichprobe im Vergleich mit Volkszählung, Mikrozensus und anderen nationalen Untersuchungen. Wissenschaftlicher Fachverlag Dr. Fleck, Niederkleen (1992)


[4] Als optimal gelten Blutdruckwerte von systolisch < 120 mm Quecksilbersäule (Hg) und von diastolisch < 80 mm Hg [40, 41].

[27] Johner SA, Thamm M, Schmitz R et al.: Current daily salt intake in Germany: biomarker-based analysis of the representative DEGS study. Eur J Nutr 54 (2015) 1109–1115
[28] Elmadfa I (Hrsg.): Österreichischer Ernährungsbericht 2012. Wien (2012)
[29] Chappuis A, Bochud M, Glatz N et al.: Studie zum Salzkonsum der Schweizer Bevölkerung: Zusammenfassung. (2011) www.bag.admin.ch (eingesehen am 08.09.2016)
[30] Deutsche Gesellschaft für Ernährung (Hrsg.): DGExpert, Version 1.7.6 (BLS 3.02), Bonn (2015)
[31] Bührer C, Genzel-Boroviczény O, Jochum F et al.: Ernährung gesunder Säuglinge. Monatsschr Kinderheilkd 162 (2014) 527–538
[32] Butte NF, Lopez-Alarcon mg, Garza C: Nutrient adequacy of exclusive breastfeeding for the term infant during the first six months of life. (2002) www.who.int/nutrition/publications/infantfeeding/nut_adequacy_of_exc_bfeeding_eng.pdf (eingesehen am 25.06.2013)
[33] Gross SJ, David RJ, Bauman L et al.: Nutritional composition of milk produced by mothers delivering preterm. J Pediatr 96 (1980) 641–644
[34] Picciano MF, Calkins EJ, Garrick JR et al.: Milk and mineral intakes of breastfed infants. Acta Paediatr Scand 70 (1981) 189–194
[35] Lemons JA, Moye L, Hall D et al.: Differences in the composition of preterm and term human milk during early lactation. Pediatr Res 16 (1982) 113–117
[36] Bauer J, Gerss J: Longitudinal analysis of macronutrients and minerals in human milk produced by mothers of preterm infants. Clin Nutr 30 (2011) 215–220
[37] Souci SW, Fachmann W, Kraut H (Hrsg.): Die Zusammensetzung der Lebensmittel. Nährwert-Tabellen. medpharm, Stuttgart, 7., revidierte und ergänzte Auflage (2008)
[38] Neville MC, Keller R, Seacat J et al.: Studies in human lactation: milk volumes in lactating women during the onset of lactation and full lactation. Am J Clin Nutr 48 (1988) 1375–1386
[39] Strohm D, Boeing H, Leschik-Bonnet E et al. für die Deutsche Gesellschaft für Ernährung e. V.: Speisesalzzufuhr in Deutschland, gesundheitliche Folgen und resultierende Handlungsempfehlung. Ernaehrungs Umschau 63 (2016) 62–70
[40] ESH/ESC Task Force for the Management of Arterial Hypertension: 2013 practice guidelines for the management of arterial hypertension of the European Society of Hypertension (ESH) and the European Society of Cardiology (ESC). J Hypertens 31 (2013) 1925–1938
[41] Deutsche Gesellschaft für Kardiologie – Herz- und Kreislaufforschung e. V., Deutsche Hochdruckliga e. V. DHL (Hrsg.): Leitlinien für das Management der arteriellen Hypertonie. Bruckmeier, Grünwald (2013)

## Anhang

### Tabelle A1: Berechnung des Schätzwerts für die Chloridzufuhr für gestillte Säuglinge von 0 bis unter 4 Monaten

| Alter [Monate] | Chloridgehalt von Frauenmilch [mg/100 ml] | Trinkmenge [ml/Tag] | Chloridzufuhr bei einer Trinkmenge von 750 ml/Tag [mg/Tag] | **Schätzwert** für die Chloridzufuhr (gerundet) [mg/Tag] |
|---|---|---|---|---|
| 0 bis unter 4 | 40[a] | 750[b] | 300 | **300** |

[a] [33–37]
[b] [38]

### Tabelle A2: Berechnung des Schätzwerts für die Chloridzufuhr für gestillte Säuglinge von 4 bis unter 12 Monaten

| Alter [Monate] | | Referenzgewicht [kg][a] | Chloridzufuhr unter Berücksichtigung der Referenzgewichte[b] [mg/Tag] | **Schätzwert** für die Chloridzufuhr (gerundet) [mg/Tag] |
|---|---|---|---|---|
| 4 bis unter 12 | m | 8,6 | 461 | **450** |
| | w | 7,9 | 465 | |

[a] Referenzgewicht: siehe Kapitel „Energie"

[b] berechnet aus: $\text{Schätzwert}_{0-4\text{ Monate}}$ x ($\text{Referenzgewicht}_{4-12\text{ Monate}}$/$\text{Referenzgewicht}_{0-4\text{ Monate}}$)

$\text{Schätzwert}_{0-4\text{ Monate}}$ = 300 mg (siehe Tab. A1)

$\text{Referenzgewicht}_{0-4\text{ Monate}}$: siehe Kapitel „Energie", männlich 5,6 kg; weiblich 5,1 kg

## Tabelle A3: Berechnung der Schätzwerte für die Chloridzufuhr in äquimolaren Mengen zu den Schätzwerten für die Natriumzufuhr[a] für Kinder, Jugendliche und Erwachsene

| Alter [Jahre] | Schätzwert für die Natriumzufuhr[a] [mg/Tag] | **Natrium[b] [mmol]** (1/23 × mg Na) **(≙ mmol Chlorid)** | **Chlorid[c] [mg/Tag]** (mmol Chlorid × 35,5) | **Schätzwert** für die Chloridzufuhr (gerundet) [mg/Tag] |
|---|---|---|---|---|
| 1 bis unter 4 | 400 | 17,39 | 617 | **600** |
| 4 bis unter 7 | 500 | 21,74 | 772 | **750** |
| 7 bis unter 10 | 750 | 32,61 | 1 158 | **1 150** |
| 10 bis unter 13 | 1 100 | 47,83 | 1 698 | **1 700** |
| 13 bis unter 15 | 1 400 | 60,87 | 2 161 | **2 150** |
| 15 bis unter 19 | 1 500 | 65,22 | 2 315 | **2 300** |
| Erwachsene | 1 500 | 65,22 | 2 315 | **2 300** |
| Schwangere | 1 500 | 65,22 | 2 315 | **2 300** |
| Stillende | 1 500 | 65,22 | 2 315 | **2 300** |

[a] siehe Kapitel „Natrium"
[b] 1 mmol Natrium entspricht 23,0 mg Natrium
[c] 1 mmol Chlorid entspricht 35,5 mg Chlorid

# Kalium

## 1. Schätzwerte für eine angemessene Zufuhr

| Alter | Kalium[a] mg/Tag |
|---|---|
| **Säuglinge** | |
| 0 bis unter 4 Monate | 400 |
| 4 bis unter 12 Monate | 600 |
| **Kinder und Jugendliche** | |
| 1 bis unter 4 Jahre | 1 100 |
| 4 bis unter 7 Jahre | 1 300 |
| 7 bis unter 10 Jahre | 2 000 |
| 10 bis unter 13 Jahre | 2 900 |
| 13 bis unter 15 Jahre | 3 600 |
| 15 bis unter 19 Jahre | 4 000 |
| **Erwachsene** | |
| 19 bis unter 25 Jahre | 4 000 |
| 25 bis unter 51 Jahre | 4 000 |
| 51 bis unter 65 Jahre | 4 000 |
| 65 Jahre und älter | 4 000 |
| **Schwangere** | 4 000 |
| **Stillende** | 4 400 |

[a] 39,1 mg Kalium entsprechen 1 mmol Kalium

## 2. Einleitung

Kalium ist mengenmäßig der wichtigste Elektrolyt im Intrazellulärraum und liegt als wasserlösliches Kation ($K^+$) vor [1]. Bei Erwachsenen beträgt der Kaliumbestand durchschnittlich etwa 1,7 g/kg Körpergewicht [2]. Zwei Prozent des Kaliumbestands befinden sich im Extrazellulärraum und 98 % im Intrazellulärraum [3, 4]. Diese Verteilung erklärt sich durch den energieabhängigen Natriumtransport an der Zellmembran, wobei der Natriumtransport aus der Zelle mit dem Kaliumtransport in die Zelle gekoppelt ist [1, 5, 6]. Ca. 80 % des intrazellulären Kaliums befinden sich in der Muskulatur und ein geringer Teil in den anderen Organen wie Leber, Knochen und in den Erythrozyten [7, 8].

## 3. Physiologie

### Absorption

Über die Ernährung zugeführtes Kalium wird zu ca. 85 % im Dünndarm absorbiert [8, 9]. Die Absorption erfolgt über passive und aktive Mechanismen und ist abhängig von der Natrium- und Glucoseabsorption [2, 3].

**Stoffwechsel**

Die intrazelluläre Kaliumkonzentration beträgt ca. 150 mmol/l. In der extrazellulären Flüssigkeit wird eine Kaliumkonzentration zwischen 3,5 mmol/l bis 5,5 mmol/l aufrechterhalten (Kaliumhomöostase) [3, 4, 10]. Die Aufrechterhaltung des zellulären Gleichgewichts wird kurzfristig durch zelluläre Umverteilung des Kaliums ermöglicht. Langfristig erfolgt die Aufrechterhaltung des zellulären Gleichgewichts durch die Kaliumausscheidung über die Niere.

Die zelluläre Umverteilung von Kalium wird durch unterschiedliche Faktoren beeinflusst. Hormone wie Insulin und Katecholamine begünstigen die zelluläre Aufnahme. Durch direkte Stimulation der $Na^+/K^+$-ATPase und des $Na^+/H^+$-Antiporters steigert Insulin die intrazelluläre Kaliumkonzentration in Leber-, Muskel- und Fettgewebe. Katecholamine (z. B. Adrenalin) steigern ebenfalls durch Stimulation der $Na^+/K^+$-ATPase die zelluläre Aufnahme von Kalium [2, 5, 11]. Zelllyse, als Folge vermehrten Zelltods oder von Nekrosen, katabole Zustände sowie eine Azidose führen dagegen zur Kaliumfreisetzung aus den Zellen [2, 3, 7, 8, 12]. Der menschliche Körper kann besser Kalium ausscheiden als Kalium retinieren. Ein übermäßiger Anstieg der Kaliumkonzentration im Serum kann durch eine vermehrte Kaliumausscheidung über die Nieren verhindert werden. Bei einer verringerten Kaliumzufuhr über die Ernährung wird die Kaliumausscheidung jedoch nicht vermindert, was zu einem Mangelzustand führen kann [3, 13].

**Ausscheidung**

Die Kaliumausscheidung erfolgt hauptsächlich mit dem Urin. Hierbei werden durchschnittlich ca. 80 % bis 90 % des mit der Nahrung zugeführten Kaliums ausgeschieden [9, 10, 14–17]. Die übrigen 10 % bis 20 % werden über den Stuhl und den Schweiß ausgeschieden; der Kaliumverlust durch Schwitzen ist vergleichsweise gering [1, 2, 10].

In der Niere wird die Kaliumausscheidung durch eine hohe Aldosteronkonzentration im Plasma und einen hohen Bicarbonatgehalt in der Tubulusflüssigkeit erhöht, welche die Aktivität des ROMK-Kanals (*renal outer medullary potassium [$K^+$] channel* bzw. Kaliumkanal des äußeren Nierenmarks) steigern. Personen mit normaler Nierenfunktion können täglich mehr als 16 g Kalium ausscheiden [4].

## 4. Funktionen

Als Hauptelektrolyt der intrazellulären Flüssigkeit dient Kalium der Aufrechterhaltung des osmotischen Drucks, der Elektrolythomöostase und des Säure-Basen-Haushalts [1]. Die $Na^+/K^+$-ATPase hält die hohe intrazelluläre Kaliumkonzentration aufrecht und erzeugt somit ein Membranpotenzial. Die Kontrolle dieses elektrochemischen Gradienten ist notwendig für die Weiterleitung von Nervenimpulsen und somit für Muskelkontraktionen, Herzfunktion und die Regulation des Blutdrucks [3, 18]. Für die Synthese von Protein und Glycogen ist Kalium zudem als Cofaktor von Enzymen erforderlich und dementsprechend für das Wachstum von großer Bedeutung [1, 3].

## 5. Kriterien zur Beurteilung der Versorgung

Die Kaliumkonzentration im Blut ist aufgrund der Kaliumhomöostase kein zuverlässiger Parameter für die Beurteilung des Kaliumbestands im Körper. Der Kaliumbestand im Körper kann anhand der Messung des natürlichen Kaliumisotops $^{40}K$ bestimmt werden [1]. Die Messung der Kaliumausscheidung im 24-Stunden-Urin wird als Goldstandard zur Beurteilung der Kaliumzufuhr angesehen [19–21]. Diese Methode ist allerdings aufwändig, anfällig für Fehler, erfordert eine hohe Compliance und ist aus diesem Grund für große Populationsstudien nur bedingt geeignet. Daher wird anhand der in Spontanurinproben gemessenen Kaliumausscheidung die Kaliumausscheidung innerhalb von 24 Stunden geschätzt und auf dieser Basis die Kaliumzufuhr in der Bevölkerung kalkuliert. Aufgrund der möglichen Über- bzw. Unterschätzung der Kaliumausscheidung liefern Spontanurinproben jedoch vergleichsweise ungenaue Schätzungen der Kaliumzufuhr einzelner Personen. Zur Bestimmung der Kaliumzufuhr eines Individuums anhand der Kaliumausscheidung im Urin wären mehrere 24-Stunden-Urinproben notwendig [22–24].

## 6. Mangelsymptomatik

Eine Kaliumunterversorgung infolge einer geringen nutritiven Kaliumzufuhr ist selten [1, 2]. Eine Hypokaliämie liegt vor bei einer Kaliumkonzentration von $< 3{,}5$ mmol/l im Serum [7]. Eine Hypokaliämie ist kein Zeichen einer zu geringen Kaliumzufuhr.

Mögliche Ursachen für eine Hypokaliämie sind exzessive Kaliumverluste (chronische Diarrhoe und Laxantien-Gebrauch, Erbrechen, exzessives Schwitzen, Einnahme bestimmter Diuretika), eine erhöhte zelluläre Kaliumaufnahme (durch die insulinvermittelte Wirkung nach langanhaltender Unterernährung, bei Alkalose) und Nebennierenüberfunktion (Conn-Syndrom) [1, 3, 5]. Als klinische Folgen einer Hypokaliämie können neuromuskuläre Symptome wie Muskelschwäche, Lähmungen und Herzrhythmusstörungen auftreten [3, 5].

## 7. Überversorgung

Eine Hyperkaliämie liegt vor, wenn Serumkonzentrationen von > 5,5 mmol/l vorliegen. Mögliche Ursachen sind ein erhöhter zellulärer Kaliumausstrom (metabolische Azidose, katabole Zustände, Zellschäden, Insulinresistenz oder -mangel), eine verringerte renale Ausscheidung (akutes und chronisches Nierenversagen, schwere Oligurie) und endokrine Störungen (Nebennierenrindeninsuffizienz, Hypoaldosteronismus). Einer Hyperkaliämie liegt meist eine exzessive Kaliumretention infolge einer gestörten renalen Ausscheidung zugrunde. Die klinischen Folgen einer Hyperkaliämie umfassen Darmverschluss, Muskelschwäche und -lähmung, Lungenversagen und Herzrhythmusstörungen [3, 12, 25].

### Tolerierbare Gesamtzufuhrmenge

Die Europäische Behörde für Lebensmittelsicherheit (EFSA) [26] und das US-amerikanische *Institute of Medicine* (IOM) [14] legen keine tolerierbare Gesamtzufuhrmenge für Kalium fest. Bisher gibt es keine Evidenz dafür, dass durch eine hohe Kaliumzufuhr über die Ernährung, die für gewöhnlich 5 g bis 6 g pro Tag nicht überschreitet, bei intakter Nierenfunktion gesundheitsschädliche Effekte auftreten [27].

Anders verhält es sich bei der Einnahme von Kaliumpräparaten, da darüber in kurzer Zeit sehr hohe Mengen an Kalium zugeführt werden können. Die Einnahme von kaliumhaltigen Mono-Präparaten sollte nach Aussage des IOM nur unter ärztlicher Aufsicht erfolgen, da eine Hyperkaliämie die Folge sein kann [10, 14]. Die EFSA gibt an, dass bei einer langfristigen Einnahme eines Kaliumpräparats mit einer Dosierung in Höhe von etwa 3 g/Tag zusätzlich zur Kaliumzufuhr über die Ernährung bei gesunden Erwachsenen keine nachteiligen Effekte beobachtet wurden. Allerdings gibt es Fallbeispiele, bei denen die Einnahme eines Kaliumpräparats mit 5 g bis 7 g pro Tag mit negativen Auswirkungen auf die Herzfunktion bei augenscheinlich gesunden Erwachsenen assoziiert war. Gastrointestinale Symptome wurden bei gesunden Erwachsenen bereits bei einer Kaliumzufuhr über Präparate von 1 g bis 5 g pro Tag zusätzlich zur Kaliumzufuhr über die Ernährung beobachtet [24].

## 8. Kaliumzufuhr in der Bevölkerung

Die Kaliumzufuhr über die Ernährung kann anhand von Verzehrerhebungen ermittelt werden. Bei Verzehrerhebungen beruhen die Angaben zum Lebensmittelverzehr in vielen Fällen auf Selbstangaben der Teilnehmenden. Diese sind kritisch zu bewerten, da der Lebensmittelverzehr potenziell unterschätzt wird (*underreporting*) [28, 29]. Die Kaliumzufuhr kann zudem auch anhand der Kaliumausscheidung im Urin geschätzt werden (siehe 5.).

### Säuglinge und Kleinkinder

Nach Daten der Verzehrsstudie zur Ermittlung der Lebensmittelaufnahme von Säuglingen und Kleinkindern in Deutschland, die mit Verzehrprotokollen erhoben wurden (VELS, 2001–2002), betrug die Kaliumzufuhr bei Mädchen im Alter von 6 Monaten bis unter 1 Jahr im Median 1 187 mg/Tag (10. Perzentil [P10] bis 90. Perzentil [P90] 863–1 611 mg) und bei gleichaltrigen Jungen 1 420 mg/Tag (P10–P90 1 080–1 754 mg). Die mediane Zufuhr von Kalium lag bei 1- bis unter 4-jährigen Mädchen bei 1 531 mg/Tag (P10–P90 1 049–1 980 mg) und bei gleichaltrigen Jungen bei 1 673 mg/Tag (P10–P90 1 200–2 341 mg). Mädchen im Alter von 4 bis unter 5 Jahren führten im Median 1 698 mg Kalium/Tag (P10–P90 1 242–2 250 mg) und gleichaltrige Jungen 1 886 mg Kalium/Tag (P10–P90 1 276–2 495 mg) zu [30, 31].

### Kinder

Laut der im Jahr 2006 in Deutschland durchgeführten EsKiMo-Studie (Ernährungsmodul des Kinder- und Jugendgesundheitssurveys, KiGGS) betrug die mediane Kaliumzufuhr auf der Basis von Verzehrprotokollen bei 6- bis 11-jährigen Mädchen 2 200 mg/Tag (P5–P95 1 200–3 400 mg) und bei gleichaltrigen Jungen 2 300 mg/Tag (P5–P95 1 500–3 500 mg) [32].

In Österreich lag der Mittelwert der Zufuhr von Kalium bei Mädchen im Alter von 7 bis unter 10 Jahren bei 2 259 mg/Tag, im Alter von 10 bis unter 13 Jahren bei 1 969 mg/Tag und im Alter von 13 bis unter 15 Jahren bei 1 867 mg/Tag. Bei Jungen lag der Mittelwert der Zufuhr in den gleichen Altersgruppen bei 2 270 mg/Tag, 2 215 mg/Tag und 2 211 mg/Tag [33].

### Erwachsene

Nach Auswertung der Daten der Nationalen Verzehrsstudie II (NVS II, 2005–2006)[1] lag die mediane Zufuhr

[1] Auswertung der Verzehrdaten der beiden 24-Stunden-Recalls auf Basis der aktualisierten Version des Bundeslebensmittelschlüssels (BLS-Version 3.02). Daher unterscheiden sich diese von früher publizierten NVS-II-Daten zur Kaliumzufuhr, die mit dem Ernährungserhebungsinstrument DISHES (*Diet Interview Software for Health Examination Studies*) erfasst und mit einer älteren BLS-Version (BLS II.4) berechnet wurden.

von Kalium in Deutschland bei Frauen und Männern im Alter von 15 bis 80 Jahren bei 2526 mg/Tag (P5–P95 1500–3681 mg) bzw. 2938 mg/Tag (P5–P95 1798–4370 mg) [34, 35].

In Österreich lag der Mittelwert der Zufuhr von Kalium bei Frauen im Alter von 18 bis unter 24 Jahren bei 2562 mg/Tag, im Alter von 25 bis unter 51 Jahren bei 2632 mg/Tag, im Alter von 51 bis unter 65 Jahren bei 2623 mg/Tag und im Alter von 65 bis 80 Jahren bei 2288 mg/Tag. Bei Männern in den gleichen Altersgruppen lag sie bei 3329 mg/Tag, 2 768 mg/Tag, 2 820 mg/Tag und 2 593 mg/Tag [33].

Im Rahmen der ersten Welle der Studie zur Gesundheit Erwachsener in Deutschland (DEGS1, 2008–2011) wurde die Kalium- und Kreatininkonzentration im Spontanurin gemessen. Kreatinin wird in Abhängigkeit von der Muskelmasse in relativ konstanten Mengen renal ausgeschieden. Mithilfe eines daraus abgeleiteten Kreatinin-Korrekturfaktors [36] wurde die Kaliumausscheidung innerhalb von 24 Stunden berechnet. Die aus dem Spontanurin abgeleitete tägliche Kaliumausscheidung liegt demnach im Median bei den 18- bis 79-jährigen Frauen bei 3017 mg/Tag und bei den gleichaltrigen Männern bei 3326 mg/Tag [37].

Um anhand der Kaliumausscheidung über den Urin innerhalb von 24 Stunden die Kaliumzufuhr abzuschätzen, ist zu berücksichtigen, dass die Kaliumausscheidung über den Urin um die Absorptions- und die Ausscheidungsrate von Kalium korrigiert werden muss. Auf der Grundlage von zwei Studien [9, 20] und in Anlehnung an die Vorgehensweise der *World Health Organization* (WHO) [38] und der EFSA [24] wird ein Umrechnungsfaktor von 1,3 herangezogen.

## 9. Kalium in Lebensmitteln

Zu den Lebensmitteln, die natürlicherweise reich an Kalium sind, gehören einige Gemüse- und Obstarten, z. B. Aprikosen, Bananen, Pflaumen und Tomaten (0,2 g–0,4 g/100 g). Lebensmittel, die diese Gemüse- und Obstarten in konzentrierter Form enthalten, wie z. B. Tomatenmark (1,2 g/100 g) sowie Trockenobst (Aprikose getrocknet 1,4 g/100 g; Banane getrocknet 1,2 g/100 g; Pflaumen getrocknet und Rosinen 0,8 g/100 g) weisen einen besonders hohen Kaliumgehalt auf. Kaliumreich sind auch Bitterschokolade (2 g/100 g), Haselnüsse, Cashewkerne, Erdnüsse und Mandeln (mit je 0,7 g/100 g) sowie Dinkel-, Roggen- und Buchweizenvollkornmehl (0,4 g–0,7 g/100 g) [39].

Da Kalium in nahezu allen Lebensmitteln enthalten ist, erfolgt die Zufuhr von Kalium bei Frauen und Männern über eine Vielzahl von Lebensmitteln. Insbesondere sind bei den Frauen Obst/-erzeugnisse, Gemüse, Brot sowie Milch/-erzeugnisse und Fleisch/-erzeugnisse wichtige Kaliumlieferanten. Bei den Männern leistet Brot einen größeren Beitrag zur Kaliumzufuhr als Obst/-erzeugnisse und Gemüse, gefolgt von Fleisch/-erzeugnissen und Milch/-erzeugnissen [35].

## 10. Ableitung der Referenzwerte für die Kaliumzufuhr

### Säuglinge

Die Ableitung der Referenzwerte für die Kaliumzufuhr bei Säuglingen orientiert sich am Kaliumgehalt der Frauenmilch, die als optimal für die Ernährung von Säuglingen anzusehen ist [40, 41]. Bei den Referenzwerten für Säuglinge handelt es sich um Schätzwerte.

Ausgehend von einem durchschnittlichen Kaliumgehalt der Frauenmilch von 50 mg/100 ml in den ersten 4 Monaten [42–48] erhält ein voll gestillter Säugling bei einer täglichen Trinkmenge von 750 ml [49] 375 mg Kalium/Tag. Somit wird als Schätzwert für die Kaliumzufuhr für gestillte Säuglinge im Alter von **0 bis unter 4 Monaten** 400 mg/Tag angegeben (siehe Tab. A1).

Mit der Einführung der Beikost sinkt der Verzehr von Frauenmilch. Da keine Daten zur Kaliumzufuhr durch Beikost aus Deutschland vorliegen, wird zur Ableitung des Referenzwerts für Säuglinge ab 4 Monaten unter Berücksichtigung der Unterschiede im Körpergewicht der Schätzwert für Säuglinge im Alter von 0 bis unter 4 Monaten herangezogen. Das ergibt einen Schätzwert für die Kaliumzufuhr für Säuglinge im Alter von **4 bis unter 12 Monaten** von 600 mg/Tag (siehe Tab. A2).

### Kinder und Jugendliche

Für Kinder und Jugendliche liegen keine Daten zum Kaliumbedarf vor. Deshalb basieren die Referenzwerte für Kinder und Jugendliche auf Werten, die bei Erwachsenen ermittelt wurden unter Berücksichtigung der Unterschiede im Körpergewicht sowie alters- und geschlechtsspezifischer Wachstumsfaktoren (siehe Tab. IV). Bei Anwendung der in den D-A-CH-Referenzwerten zugrunde gelegten Altersgruppen und Referenzkörpergewichten ergeben sich als Schätzwerte für die Kaliumzufuhr bei **1- bis unter 4-Jährigen** 1 100 mg/Tag, bei **4- bis unter 7-Jährigen** 1 300 mg/Tag, bei **7- bis**

**unter 10-Jährigen** 2 000 mg/Tag, bei **10- bis unter 13-Jährigen** 2 900 mg/Tag, bei **13- bis unter 15-Jährigen** 3 600 mg/Tag und bei **15- bis unter 19-Jährigen** 4 000 mg/Tag (siehe Tab. A3).

### Erwachsene bis unter 65 Jahren

Da keine experimentell ermittelten Daten zum Kaliumbedarf für Erwachsene vorliegen, kann auch kein durchschnittlicher Bedarf angegeben werden. Daher wird der Referenzwert für Kalium als Schätzwert angegeben. Zur Ableitung des Referenzwerts für die Kaliumzufuhr für Erwachsene wird die beobachtete Zufuhr von in Deutschland lebenden Frauen und Männern zugrunde gelegt.

Aktuelle Daten zur Kaliumausscheidung über den Urin liegen aus DEGS1 vor (siehe 8.). Anhand der Daten zur Kaliumausscheidung im Urin kann die Kaliumzufuhr über die Ernährung geschätzt werden. Dabei ist zu berücksichtigen, dass die Kaliumausscheidung über den Urin um die Absorptions- und die Ausscheidungsrate von Kalium mit einem Umrechnungsfaktor von 1,3 (siehe 8.) korrigiert werden muss. Daraus resultierend beträgt die Kaliumzufuhr über die Ernährung bei Frauen ca. 3 900 mg/Tag und bei Männern ca. 4 300 mg/Tag (siehe Tab. A4).

Aufgrund der Unsicherheit der Angaben zur Kaliumausscheidung anhand der Spontanurinproben aus DEGS1 (siehe 5.) werden als Grundlage zur Ableitung des Referenzwerts für Erwachsene zusätzlich präventive Aspekte hinsichtlich Hypertonie und Schlaganfall berücksichtigt.

Eine hohe Kaliumzufuhr (über Supplemente sowie über die Ernährung) wird unter dem Aspekt der Prävention von Hypertonie diskutiert [50, 51]. Ein potenzieller Mechanismus hierbei ist die natriuretische Wirkung von Kalium [52]. In einer Meta-Analyse der WHO [53][2] mit 21 randomisierten kontrollierten Interventionsstudien wurde bei einer erhöhten Kaliumzufuhr, die anhand der Kaliumausscheidung über den 24-Stunden-Urin bestimmt wurde, eine Reduktion des systolischen Blutdrucks um 3,5 mm Hg (95 % CI = 1,8–5,2) und des diastolischen Blutdrucks um 2,0 mm Hg (95 % CI = 0,9–3,1) beobachtet. Am stärksten war dieser Zusammenhang bei einer Kaliumzufuhr von 3 500 mg bis 4 700 mg pro Tag. Von den 21 berücksichtigten Studien wurden 16 an Hypertonikern (Blutdruck ≥ 140/90 mm Hg), drei an Personen mit normotonem Blutdruck und zwei an einer Bevölkerung mit Hyper- und Normotonikern durchgeführt. Insgesamt zeigten sich die deutlichsten Effekte auf den Blutdruck bei Hypertonikern. Bei Subgruppenanalysen zeigten sich die deutlichsten Effekte bei Hypertonikern, während für Normotoniker keine Senkung des systolischen sowie des diastolischen Blutdrucks festgestellt wurde [53]. Generell ist die blutdrucksenkende Wirkung des Kaliums bei einer Natriumzufuhr über 4 000 mg/Tag größer als bei einer Natriumzufuhr von 2 000 mg bis 4 000 mg pro Tag [53, 56].

In einer nach der Meta-Analyse der WHO veröffentlichten prospektiven Kohortenstudie mit über 5 000 normotensiven niederländischen Teilnehmern (Teil der PREVEND Studie) [57], war eine Kaliumzufuhr von weniger als 3 500 mg/Tag mit einem höheren Risiko für Hypertonie assoziiert als eine Kaliumzufuhr oberhalb von 3 500 mg/Tag. Die Kaliumzufuhr in der Studie wurde mehrfach anhand der Kaliumausscheidung im 24-Stunden-Urin bestimmt.

Eine hohe Kaliumzufuhr wird zudem mit präventiven Effekten hinsichtlich Schlaganfall diskutiert. Dies konnte in mehreren Studien, u. a. in einer gepoolten Analyse von Kohortenstudien [58], einer Auswertung der *Nurses' Health Study* (NHS) I und II [59] sowie der *Women's Health Initiative Study* (WHI) [60] gezeigt werden. Der Zusammenhang scheint dabei bei Normotonikern stärker zu sein als bei Hypertonikern [60]. Die Meta-Analyse von Kohortenstudien (Studien sowohl mit Normotonikern als auch mit Hypertonikern) der WHO[3] [54] ergab, dass eine hohe Kaliumzufuhr mit einem reduzierten Risiko für Schlaganfall assoziiert war. Am stärksten war dieser Zusammenhang bei einer Kaliumzufuhr von 3 500 mg bis 4 700 mg pro Tag.

Die hier dargestellten Ergebnisse zum Zusammenhang zwischen der Kaliumzufuhr und dem Risiko für Hypertonie und Schlaganfall deuten darauf hin, dass der Zusammenhang in der Bevölkerung bei einer Kaliumzufuhr von 3 500 mg bis 4 700 mg pro Tag am stärksten ist. Die anhand der Kaliumausscheidung von in Deutschland lebenden Frauen und Männern (aus DEGS1) bestimmte Kaliumzufuhr in der Bevölkerung liegt ebenfalls in diesem Bereich [37]. Daher wird, auch unter Berücksichtigung der hohen Prävalenz von Hypertonie in der deutschen Bevölkerung (ca. 30 %) [61, 62], ein Schätzwert für die Kaliumzufuhr von 4 000 mg/Tag für Frauen und Männer angegeben.

[2] Die Ergebnisse der systematischen Reviews der WHO [53, 54, 55] wurden auch in einer Publikation von Aburto et al. [38] veröffentlicht.
[3] In der Meta-Analyse von Kohortenstudien der WHO wurden bei der statistischen Auswertung nur Studienergebnisse einbezogen in denen nicht für Blutdruckwerte adjustiert wurde [38, 61].

### Erwachsene ab 65 Jahren

Da es keine Hinweise gibt, dass der Bedarf in dieser Altersgruppe gegenüber jüngeren Erwachsenen verändert ist, beträgt der Schätzwert für die Kaliumzufuhr – wie auch bei der jüngeren Altersgruppe – für Frauen und Männer 4000 mg/Tag.

### Schwangere

Die Kaliumeinlagerung während der Schwangerschaft ist sehr gering [63, 64]. Daher wird für Schwangere, entsprechend dem Referenzwert für nicht schwangere Frauen, ein Schätzwert für die Kaliumzufuhr von 4000 mg/Tag angegeben.

### Stillende

Der Kaliumbedarf stillender Frauen ist durch die Kaliumabgabe mit der Frauenmilch erhöht. Über die Frauenmilch werden etwa 375 mg/Tag abgegeben (siehe Ableitung für Säuglinge). Unter der Annahme, dass über die Ernährung zugeführtes Kalium zu 85 % absorbiert wird (siehe 3.), benötigt die Stillende ca. 400 mg Kalium/Tag zusätzlich. Der Schätzwert für die Kaliumzufuhr beträgt demnach 4400 mg/Tag während der Stillzeit (siehe Tab. A5).

## 11. Sicherstellung einer angemessenen Kaliumzufuhr

Durch den Verzehr von natürlicherweise kaliumreichen Lebensmitteln (siehe 9.) im Rahmen einer ausgewogenen Ernährung kann eine angemessene Versorgung sichergestellt werden.

## 12. Weitere präventive Aspekte

Im Folgenden wird ein kurzer Überblick über die aktuelle Studienlage zu Kalium im Zusammenhang mit weiteren, zusätzlich zu den für die Ableitung der Referenzwerte herangezogenen (Hypertonie und Schlaganfall), gesundheitsrelevanten Aspekten gegeben.

Hinsichtlich der Prävention von Hypertonie ist zu ergänzen, dass die Meta-Analyse von Interventionsstudien der WHO bei Kindern bei einer erhöhten Kaliumzufuhr keinen signifikanten Effekt auf den Blutdruck zeigte [55]. In Kohortenstudien war bei Kindern und Jugendlichen eine hohe Kaliumzufuhr mit einem geringeren altersabhängigen Anstieg des Blutdrucks assoziiert [65, 66].

Zum Zusammenhang zwischen der Kaliumzufuhr und dem Risiko für kardiovaskuläre Krankheiten liegen insgesamt widersprüchliche Ergebnisse vor. Die Meta-Analyse von Kohortenstudien (Studien sowohl mit Normotonikern als auch mit Hypertonikern) der WHO [54] zeigte keinen signifikanten Zusammenhang zwischen der Kaliumzufuhr und dem Risiko für kardiovaskuläre Krankheiten sowie für koronare Herzkrankheiten. Auch in einer nach der Meta-Analyse der WHO erschienenen Kohortenstudie war die Kaliumausscheidung im Urin nicht mit dem Risiko für kardiovaskuläre Krankheiten assoziiert [21]. Eine große internationale Kohortenstudie, die *Prospective Urban Rural Epidemiology* (PURE) Studie, die ebenfalls nach der Meta-Analyse der WHO [54] publiziert wurde, untersuchte den Zusammenhang zwischen der Kaliumausscheidung und kardiovaskulären Krankheiten sowie Mortalität in der Bevölkerung [67]. Im Vergleich mit der niedrigsten Kaliumausscheidung über den Urin (< 1,5 g/Tag) war die höchste Kaliumausscheidung über den Urin (> 3 g/Tag) mit einem signifikant geringeren Mortalitätsrisiko sowie mit einem signifikant geringeren Risiko für kardiovaskuläre Krankheiten assoziiert.

Auch wenn die direkten Auswirkungen der Kaliumzufuhr auf das kardiovaskuläre Risiko sich in Studien nicht eindeutig nachweisen lassen, kann eine hohe Kaliumzufuhr über den günstigen Effekt auf den Bluthochdruck einen indirekten Einfluss auf das Risiko kardiovaskulärer Krankheiten haben [56], da Hypertonie zu den wichtigsten Risikofaktoren für das Auftreten kardiovaskulärer Krankheiten gehört [18, 68, 69].

Zum Zusammenhang zwischen der Kaliumzufuhr und den Auswirkungen auf die Knochengesundheit liegen widersprüchliche Ergebnisse vor [70–73]. Die EFSA weist auf die fehlende Evidenz zum Zusammenhang zwischen der Kaliumzufuhr und dem Frakturrisiko hin und schlussfolgert, dass die Datenlage zum Zusammenhang zwischen der Einnahme von Kaliumpräparaten und der Knochendichte inkonsistent und damit die Evidenz unzureichend ist [24].

Die EFSA hat auch den Zusammenhang zwischen der Kaliumzufuhr und dem Risiko für Nierensteine untersucht [24]. Für eine Assoziation zwischen einer geringen Kaliumzufuhr und einem erhöhten Risiko für Nierensteine gibt es Hinweise aus Kohortenstudien [74–76]. Ein unabhängiger Effekt von Kalium auf das Risiko für Nierensteine konnte allerdings in Interventionsstudien nicht festgestellt werden [24, 77, 78].

In einigen prospektiven Kohortenstudien wurde der Zusammenhang zwischen der Kaliumzufuhr und dem Risiko für Diabetes mellitus Typ 2 untersucht [79–83]. Die Ergebnisse hierzu sind jedoch unzureichend bzw. inkonsistent [24].

## Literatur


[1] Strain JJ, Cashman KD: Minerals and trace elements. In: Gibney MJ, Lanham-New SA, Cassidy A et al. (Hrsg.): Introduction to human nutrition. Wiley-Blackwell, Chichester, 2. Auflage (2009) 188–237

[2] Bailey JL, Sands JM, Franch HA: Water, electrolytes, and acid-base metabolism. In: Ross AC, Caballero B, Cousins RJ et al. (Hrsg.): Modern nutrition in health and disease. Lippincott Williams & Wilkins, Philadelphia, 11. Auflage (2014) 102–132

[3] Pohl HR, Wheeler JS, Murray HE: Sodium and potassium in health and disease. Met Ions Life Sci 13 (2013) 29–47

[4] Gumz ML, Rabinowitz L, Wingo CS: An integrated view of potassium homeostasis. N Engl J Med 373 (2015) 60–72

[5] Preuss HG, Clouatre DL: Sodium, chloride, and potassium. In: Erdman JW, MacDonald IA, Zeisel SH (Hrsg.): Present knowledge in nutrition. Wiley-Blackwell, Oxford, 10. Auflage (2012) 475–492

[6] Cheng C-J, Kuo E, Huang C-L: Extracellular potassium homeostasis: insights from hypokalemic periodic paralysis. Semin Nephrol 33 (2013) 237–247

[7] Hoskote SS, Joshi SR, Ghosh AK: Disorders of potassium homeostasis: pathophysiology and management. J Assoc Physicians India 56 (2008) 685–693

[8] Aizman R, Grahnquist L, Celsi G: Potassium homeostasis: ontogenic aspects. Acta Paediatr 87 (1998) 609–617

[9] Holbrook JT, Patterson KY, Bodner JE et al.: Sodium and potassium intake and balance in adults consuming self-selected diets. Am J Clin Nutr 40 (1984) 786–793

[10] Lanham-New SA, Lambert H, Frassetto L: Potassium. Adv Nutr 3 (2012) 820–821

[11] Palmer BF: Regulation of potassium homeostasis. Clin J Am Soc Nephrol 10 (2015) 1050–1060

[12] Evans KJ, Greenberg A: Hyperkalemia: a review. J Intensive Care Med 20 (2005) 272–290

[13] Squires RD, Huth EJ: Experimental potassium depletion in normal human subjects. I. Relation of ionic intakes to the renal conservation of potassium. J Clin Invest 38 (1959) 1134–1148

[14] IOM (Institute of Medicine) (Hrsg.): Dietary reference intakes for water, potassium, sodium, chloride and sulfate. National Academies Press, Washington, DC (2005)

[15] Agarwal R, Afzalpurkar R, Fordtran JS: Pathophysiology of potassium absorption and secretion by the human intestine. Gastroenterology 107 (1994) 548–571

[16] Pietinen P: Estimating sodium intake from food consumption data. Ann Nutr Metab 26 (1982) 90–99

[17] Stamler J, Elliott P, Dennis B et al.: INTERMAP: background, aims, design, methods, and descriptive statistics (nondietary). J Hum Hypertens 17 (2003) 591–608

[18] Whelton PK: Sodium, potassium, blood pressure, and cardiovascular disease in humans. Curr Hypertens Rep 16 (2014) 465

[19] Clark AJ, Mossholder S: Sodium and potassium intake measurements: dietary methodology problems. Am J Clin Nutr 43 (1986) 470–476

[20] Tasevska N, Runswick SA, Bingham SA: Urinary potassium is as reliable as urinary nitrogen for use as a recovery biomarker in dietary studies of free living individuals. J Nutr 136 (2006) 1334–1340

[21] Kieneker LM, Gansevoort RT, de Boer RA et al.: Urinary potassium excretion and risk of cardiovascular events. Am J Clin Nutr 103 (2016) 1204–1212

[22] Mente A, O'Donnell MJ, Dagenais G et al.: Validation and comparison of three formulae to estimate sodium and potassium excretion from a single morning fasting urine compared to 24-h measures in 11 countries. J Hypertens 32 (2014) 1005–1014

[23] Hooft van Huysduynen EJ, Hulshof PJ, van Lee L et al.: Evaluation of using spot urine to replace 24 h urine sodium and potassium excretions. Public Health Nutr 17 (2014) 2505–2511

[24] EFSA (European Food Safety Authority): Dietary Reference Values for potassium – DRAFT. EFSA Journal (2016)

[25] Hollander-Rodriguez JC, Calvert JF: Hyperkalemia. Am Fam Physician 73 (2006) 283–290

[26] EFSA (European Food Safety Authority): Tolerable upper intake levels for vitamins and minerals. (2006) www.efsa.europa.eu/de/ndatopics/docs/ndatolerableuil.pdf (eingesehen am 19.09.2016)

[27] EFSA (European Food Safety Authority): Opinion of the Scientific Panel on Dietetic Products, Nutrition and Allergies on a request from the Commission related to the tolerable upper intake level of potassium. EFSA Journal 193 (2005) 1–19

[28] Gemming L, Ni Mhurchu C: Dietary under-reporting: what foods and which meals are typically under-reported? Eur J Clin Nutr 70 (2016) 640–641

[29] Macdiarmid J, Blundell J: Assessing dietary intake: Who, what and why of under-reporting. Nutr Res Rev 11 (1998) 231–253

[30] Heseker H: Tägliche Energie- und Nährstoffzufuhr bei Säuglingen in VELS. Persönliche Mitteilung vom 28.01.2013, Paderborn (2013)

[31] Heseker H, Mensink GB: Lebensmittelverzehr und Nährstoffzufuhr im Kindes- und Jugendalter. Ergebnisse aus den beiden bundesweit durchgeführten Ernährungsstudien VELS und EsKiMo. In: Deutsche Gesellschaft für Ernährung (Hrsg.): Ernährungsbericht 2008. Bonn (2008) 49–93

[32] Mensink GB, Richter A, Stahl A: Bestandsaufnahme: Nährstoffversorgung und Lebensmittelverzehr von Kindern und Jugendlichen in Deutschland. In: Kersting M (Hrsg.): Kinderernährung aktuell. Schwerpunkte für Gesundheitsförderung und Prävention. Umschau Verlag, Sulzbach/Ts (2009) 40–46

[33] Elmadfa I (Hrsg.): Österreichischer Ernährungsbericht 2012. Wien (2012)

[34] MRI (Max Rubner-Institut, Bundesforschungsinstitut für Ernährung und Lebensmittel): Energie- und Nährstoffzufuhr bei Jugendlichen und Erwachsenen in der NVS II. Persönliche Mitteilung vom 22.08.2014, Karlsruhe (2014)

[35] Krems C, Walter C, Heuer T et al.: Lebensmittelverzehr und Nährstoffzufuhr – Ergebnisse der Nationalen Verzehrsstudie II. In: Deutsche Gesellschaft für Ernährung (Hrsg.): 12. Ernährungsbericht 2012. Bonn (2012) 40–85

[36] Johner SA, Boeing H, Thamm M et al.: Urinary 24-h creatinine excretion in adults and its use as a simple tool for the estimation of daily urinary analyte excretion from analyte/creatinine ratios in populations. Eur J Clin Nutr 69 (2015) 1336–1343

[37] Mensink GBM, Klenow S, Schlaud M: Versorgungssituation der deutschen Bevölkerung mit ausgewählten Nährstoffen anhand der Ergebnisse der Studie zur Gesundheit Erwachsener in Deutschland (DEGS). Kalium. In: Deutsche Gesellschaft für Ernährung (Hrsg.): 13. DGE-Ernährungsbericht. Bonn (im Druck)

[38] Aburto NJ, Hanson S, Gutierrez H et al.: Effect of increased potassium intake on cardiovascular risk factors and disease: systematic review and meta-analyses. BMJ 346 (2013) f1378

[39] Deutsche Gesellschaft für Ernährung: DGExpert, Version 1.8.5 (BLS 3.02), Bonn (2016)
[40] Bührer C, Genzel-Boroviczény O, Jochum F et al.: Ernährung gesunder Säuglinge. Monatsschr Kinderheilkd 162 (2014) 527–538
[41] Butte NF, Lopez-Alarcon MG, Garza C: Nutrient adequacy of exclusive breastfeeding for the term infant during the first six months of life. (2002) www.who.int/nutrition/publications/infantfeeding/nut_adequacy_of_exc_bfeeding_eng.pdf (eingesehen am 25.06.2013)
[42] Gross SJ, David RJ, Bauman L et al.: Nutritional composition of milk produced by mothers delivering preterm. J Pediatr 96 (1980) 641–644
[43] Picciano MF, Calkins EJ, Garrick JR et al.: Milk and mineral intakes of breastfed infants. Acta Paediatr Scand 70 (1981) 189–194
[44] Keenan BS, Buzek SW, Garza C et al.: Diurnal and longitudinal variations in human milk sodium and potassium: implication for nutrition and physiology. Am J Clin Nutr 35 (1982) 527–534
[45] Lemons JA, Moye L, Hall D et al.: Differences in the composition of preterm and term human milk during early lactation. Pediatr Res 16 (1982) 113–117
[46] Dewey KG, Lönnerdal B: Milk and nutrient intake of breast-fed infants from 1 to 6 months: relation to growth and fatness. J Pediatr Gastroenterol Nutr 2 (1983) 497–506
[47] Bauer J, Gerss J: Longitudinal analysis of macronutrients and minerals in human milk produced by mothers of preterm infants. Clin Nutr 30 (2011) 215–220
[48] Souci SW, Fachmann W, Kraut H (Hrsg.): Die Zusammensetzung der Lebensmittel. Nährwert-Tabellen. medpharm, Stuttgart, 8., revidierte und ergänzte Auflage (2016)
[49] Neville MC, Keller R, Seacat J et al.: Studies in human lactation: milk volumes in lactating women during the onset of lactation and full lactation. Am J Clin Nutr 48 (1988) 1375–1386
[50] Geleijnse JM, Kok FJ, Grobbee DE: Blood pressure response to changes in sodium and potassium intake: a metaregression analysis of randomised trials. J Hum Hypertens 17 (2003) 471–480
[51] Whelton PK, He J, Cutler JA et al.: Effects of oral potassium on blood pressure. Meta-analysis of randomized controlled clinical trials. JAMA 277 (1997) 1624–1632
[52] Smith SR, Klotman PE, Svetkey LP: Potassium chloride lowers blood pressure and causes natriuresis in older patients with hypertension. J Am Soc Nephrol 2 (1992) 1302–1309
[53] WHO (World Health Organization) (Hrsg.): Effect of increased potassium intake on blood pressure, renal function, blood lipids and other potential adverse effects. Genf (2012)
[54] WHO (World Health Organization) (Hrsg.): Effect of increased potassium intake on cardiovascular disease, coronary heart disease and stroke. Genf (2012)
[55] WHO (World Health Organization) (Hrsg.): Effect of increased potassium intake on blood pressure and potential adverse effects in children. Genf (2012)
[56] WHO (World Health Organization) (Hrsg.): Guideline: Potassium intake for adults and children. Genf (2012)
[57] Kieneker LM, Gansevoort RT, Mukamal KJ et al.: Urinary potassium excretion and risk of developing hypertension: the prevention of renal and vascular end-stage disease study. Hypertension 64 (2014) 769–776
[58] D'Elia L, Iannotta C, Sabino P et al.: Potassium-rich diet and risk of stroke: updated meta-analysis. Nutr Metab Cardiovasc Dis 24 (2014) 585–587
[59] Adebamowo SN, Spiegelman D, Willett WC et al.: Association between intakes of magnesium, potassium, and calcium and risk of stroke: 2 cohorts of US women and updated meta-analyses. Am J Clin Nutr 101 (2015) 1269–1277
[60] Seth A, Mossavar-Rahmani Y, Kamensky V et al.: Potassium intake and risk of stroke in women with hypertension and non-hypertension in the Women's Health Initiative. Stroke 45 (2014) 2874–2880
[61] Strohm D, Boeing H, Leschik-Bonnet E et al. für die Deutsche Gesellschaft für Ernährung e. V.: Speisesalzzufuhr in Deutschland, gesundheitliche Folgen und resultierende Handlungsempfehlung. Ernaehrungs Umschau 63 (2016) 62–70
[62] Neuhauser H, Thamm M, Ellert U: Blutdruck in Deutschland 2008–2011. Bundesgesundheitsbl 56 (2013) 795–801
[63] Lindheimer MD, Richardson DA, Ehrlich EN et al.: Potassium homeostasis in pregnancy. J Reprod Med 32 (1987) 517–522
[64] Forsum E, Sadurskis A, Wager J: Resting metabolic rate and body composition of healthy Swedish women during pregnancy. Am J Clin Nutr 47 (1988) 942–947
[65] Geleijnse JM, Grobbee DE, Hofman A: Sodium and potassium intake and blood pressure change in childhood. BMJ 300 (1990) 899–902
[66] Buendia JR, Bradlee ML, Daniels SR et al.: Longitudinal effects of dietary sodium and potassium on blood pressure in adolescent girls. JAMA Pediatr 169 (2015) 560–568
[67] O'Donnell M, Mente A, Rangarajan S et al.: Urinary sodium and potassium excretion, mortality, and cardiovascular events. N Engl J Med 371 (2014) 612–623
[68] Rahimi K, Emdin CA, MacMahon S: The epidemiology of blood pressure and its worldwide management. Circ Res 116 (2015) 925–936
[69] Stokes J 3rd, Kannel WB, Wolf PA et al.: Blood pressure as a risk factor for cardiovascular disease. The Framingham Study–30 years of follow-up. Hypertension 13, Suppl I (1989) I13–I18
[70] Weaver CM: Potassium and health. Adv Nutr 4 (2013) 368–377
[71] Hayhoe RP, Lentjes MA, Luben RN et al.: Dietary magnesium and potassium intakes and circulating magnesium are associated with heel bone ultrasound attenuation and osteoporotic fracture risk in the EPIC-Norfolk cohort study. Am J Clin Nutr 102 (2015) 376–384
[72] Moseley KF, Weaver CM, Appel L et al.: Potassium citrate supplementation results in sustained improvement in calcium balance in older men and women. J Bone Miner Res 28 (2013) 497–504
[73] Lambert H, Frassetto L, Moore JB et al.: The effect of supplementation with alkaline potassium salts on bone metabolism: a meta-analysis. Osteoporos Int 26 (2015) 1311–1318
[74] Taylor EN, Stampfer MJ, Curhan GC: Dietary factors and the risk of incident kidney stones in men: new insights after 14 years of follow-up. J Am Soc Nephrol 15 (2004) 3225–3232
[75] Curhan GC, Willett WC, Speizer FE et al.: Comparison of dietary calcium with supplemental calcium and other nutrients as factors affecting the risk for kidney stones in women. Ann Intern Med 126 (1997) 497–504
[76] Hirvonen T, Pietinen P, Virtanen M et al.: Nutrient intake and use of beverages and the risk of kidney stones among male smokers. Am J Epidemiol 150 (1999) 187–194
[77] Phillips R, Hanchanale VS, Myatt A et al.: Citrate salts for preventing and treating calcium containing kidney stones in adults. Cochrane Database Syst Rev (2015) CD010057
[78] Maalouf NM, Moe OW, Adams-Huet B et al.: Hypercalciuria associated with high dietary protein intake is not due to acid load. J Clin Endocrinol Metab 96 (2011) 3733–3740
[79] Hu G, Jousilahti P, Peltonen M et al.: Urinary sodium and potassium excretion and the risk of type 2 diabetes: a prospective study in Finland. Diabetologia 48 (2005) 1477–1483
[80] Colditz GA, Manson JE, Stampfer MJ et al.: Diet and risk of clinical diabetes in women. Am J Clin Nutr 55 (1992) 1018–1023

[81] Chatterjee R, Yeh HC, Shafi T et al.: Serum and dietary potassium and risk of incident type 2 diabetes mellitus: The Atherosclerosis Risk in Communities (ARIC) study. Arch Intern Med 170 (2010) 1745–1751
[82] Chatterjee R, Colangelo LA, Yeh HC et al.: Potassium intake and risk of incident type 2 diabetes mellitus: the Coronary Artery Risk Development in Young Adults (CARDIA) Study. Diabetologia 55 (2012) 1295–1303
[83] Chatterjee R, Biggs ML, de Boer IH et al.: Potassium and glucose measures in older adults: the Cardiovascular Health Study. J Gerontol A Biol Sci Med Sci 70 (2015) 255–261

## Anhang

### Tabelle A1: Berechnung des Schätzwerts für die Kaliumzufuhr für gestillte Säuglinge von 0 bis unter 4 Monaten

| Alter [Monate] | Kaliumgehalt von Frauenmilch [mg/100 ml] | Trinkmenge [ml/Tag] | Kaliumzufuhr bei einer Trinkmenge von 750 ml/Tag [mg/Tag] | **Schätzwert** für die Kaliumzufuhr (gerundet) [mg/Tag] |
|---|---|---|---|---|
| 0 bis unter 4 | 50[a] | 750[b] | 375 | **400** |

[a] [42–48]
[b] [49]

### Tabelle A2: Berechnung des Schätzwerts für die Kaliumzufuhr für gestillte Säuglinge von 4 bis unter 12 Monaten

| Alter [Monate] | | Referenzgewicht [kg][a] | Kaliumzufuhr unter Berücksichtigung der Referenzgewichte[b] [mg/Tag] | **Schätzwert** für die Kaliumzufuhr (gerundet) [mg/Tag] |
|---|---|---|---|---|
| 4 bis unter 12 | m | 8,6 | 614 | **600** |
| | w | 7,9 | 620 | |

[a] Referenzgewicht: siehe Kapitel „Energie“

[b] berechnet aus: $\text{Schätzwert}_{0-4\ \text{Monate}}$ x ($\text{Referenzgewicht}_{4-12\ \text{Monate}}$/$\text{Referenzgewicht}_{0-4\ \text{Monate}}$)

$\text{Schätzwert}_{0-4\ \text{Monate}}$ = 130 mg (siehe Tab. A1)

$\text{Referenzgewicht}_{0-4\ \text{Monate}}$: siehe Kapitel „Energie“, männlich 5,6 kg; weiblich 5,1 kg

**Tabelle A3: Berechnung des Schätzwerts für die Kaliumzufuhr für Kinder und Jugendliche unter Berücksichtigung der Unterschiede im Körpergewicht sowie unterschiedlicher Wachstumsfaktoren**

| Alter [Jahre] | | Referenzgewicht [kg][a] | Wachstumsfaktor[b] | Kaliumzufuhr unter Berücksichtigung der Referenzgewichte sowie unterschiedlicher Wachstumsfaktoren [mg/Tag][c] | **Schätzwert** für die Kaliumzufuhr (gerundet) [mg/Tag] |
|---|---|---|---|---|---|
| 1 bis unter 4 | m | 13,9 | 0,25 | 983 | **1000** |
| | w | 13,2 | 0,25 | 1100 | |
| 4 bis unter 7 | m | 20,2 | 0,06 | 1212 | **1300** |
| | w | 20,1 | 0,06 | 1421 | |
| 7 bis unter 10 | m | 29,3 | 0,13 | 1875 | **2000** |
| | w | 28,7 | 0,13 | 2165 | |
| 10 bis unter 13 | m | 41,0 | 0,13 | 2624 | **2900** |
| | w | 42,1 | 0,11 | 3119 | |
| 13 bis unter 15 | m | 55,5 | 0,10 | 3449 | **3600** |
| | w | 54,0 | 0,07 | 3845 | |
| 15 bis unter 19 | m | 69,2 | 0,07 | 4182 | **4000** |
| | w | 59,5 | 0,02 | 4057 | |

[a] Referenzgewichte $_{\text{Kinder/Jugendliche}}$: siehe Kapitel „Energie"

[b] Wachstumsfaktoren siehe Tab. IV

[c] berechnet aus: Schätzwert $_{\text{Erwachsene}}$ x (Referenzgewicht $_{\text{Kinder/Jugendliche}}$ / Referenzgewicht $_{\text{Erwachsene}}$) x (1 + Wachstumsfaktor)

Schätzwert $_{\text{Erwachsene}}$ = 4000 mg/Tag; Referenzgewicht $_{\text{Erwachsene}}$ (Referenzgewicht 25 bis unter 51 Jahre): männlich 70,7 kg, weiblich 60,0 kg

## Tabelle A4: Schätzung der Kaliumzufuhr für Erwachsene über die Ernährung anhand der Kaliumausscheidung über den Urin

| | Geschlecht | Kaliumausscheidung über den 24-Stunden-Urin[a] [mg/Tag] | Berücksichtigung des Umrechnungsfaktors von 1,3[b] [mg/Tag] |
|---|---|---|---|
| Erwachsene | männlich | 3326 | 4324 |
| | weiblich | 3017 | 3922 |

[a] Geschätzt anhand von Daten zur Kaliumausscheidung im Spontanurin aus DEGS (18–79-Jährige) unter Berücksichtigung der Kreatininausscheidung und eines Kreatinin-Korrekturfaktors [36, 37].
[b] [24, 38]

## Tabelle A5: Berechnung des Schätzwerts für die Kaliumzufuhr für Stillende

| | Kaliumgehalt von Frauenmilch [mg/100 ml][a] | Kaliumabgabe mit der Frauenmilch bei 750 ml/Tag[b] | zusätzliche Kaliumzufuhr/Tag unter Berücksichtigung der Absorptionsrate[c] [mg/Tag] | Schätzwert für die Kaliumzufuhr einer nicht stillenden Frau [mg/Tag] | Kaliumzufuhr[c] [mg/Tag] | **Schätzwert** für die Kaliumzufuhr (gerundet) [mg/Tag] |
|---|---|---|---|---|---|---|
| Stillende | 50 | 375 | 441 | 4000 | 4441 | **4400** |

[a] [42–48]
[b] [49]
[c] Unter der Annahme, dass über die Ernährung zugeführtes Kalium zu 85 % absorbiert wird (siehe Abschnitt „Absorption").

# Calcium

## 1. Empfohlene Zufuhr

| Alter | Calcium |
|---|---|
| | mg/Tag |
| **Säuglinge**[a] | |
| 0 bis unter 4 Monate | 220 |
| 4 bis unter 12 Monate | 330 |
| **Kinder und Jugendliche** | |
| 1 bis unter 4 Jahre | 600 |
| 4 bis unter 7 Jahre | 750 |
| 7 bis unter 10 Jahre | 900 |
| 10 bis unter 13 Jahre | 1 100 |
| 13 bis unter 15 Jahre | 1 200 |
| 15 bis unter 19 Jahre | 1 200 |
| **Erwachsene** | |
| 19 bis unter 25 Jahre | 1 000 |
| 25 bis unter 51 Jahre | 1 000 |
| 51 bis unter 65 Jahre | 1 000 |
| 65 Jahre und älter | 1 000 |
| **Schwangere**[b] | 1 000 |
| **Stillende**[c] | 1 000 |

[a] Hierbei handelt es sich um Schätzwerte.
[b] Schwangere < 19 Jahre 1 200 mg
[c] Stillende < 19 Jahre 1 200 mg

## 2. Einleitung

Calcium ist mengenmäßig der wichtigste Mineralstoff im menschlichen Körper und u. a. Baustein von Knochen und Zähnen. Mehr als 99 % des Calciums sind als Calciumverbindungen in Knochen und Zähnen enthalten. Daher ist das Knochengewebe für den Organismus ein wichtiger Calciumspeicher. Im Körper des Neugeborenen finden sich ca. 25 g bis 30 g Calcium, in dem der erwachsenen Frau 750 g bis 1 100 g, in dem des Mannes 900 g bis 1 300 g [1].

## 3. Physiologie

### Absorption von zugeführtem Calcium

Das mit der Nahrung zugeführte Calcium wird hauptsächlich über den Dünndarm mithilfe eines calciumbindenden Carrier-Proteins absorbiert. Dieser Mechanismus ist energie- und Vitamin-D-abhängig. Er wird bei geringer Calciumzufuhr aktiviert und unterliegt einer Sättigung. Bei Zufuhr hoher Einzeldosen von Calcium wird Calcium außerdem konzentrationsabhängig passiv im ganzen Darm aufgenommen. Die passive Absorption unterliegt keiner Sättigung [2, 3].

Im Säuglingsalter beträgt die Calciumabsorptionsrate (aus Frauenmilch) bis zu 60 % der zugeführten Menge [4]. Beim Erwachsenen liegt die Rate, die bei hoher Zufuhr sinkt bzw. bei niedriger Zufuhr steigt, im Mittel bei 20 % bis 40 %, mit einer Schwankungsbreite von 10 % bis 60 % [5]. Mit zunehmendem Alter kommt es beim Erwachsenen zu einem Rückgang der Calciumabsorptionsrate [6].

Calcium kann mit einigen Nahrungsbestandteilen, wie z. B. Oxalaten und Phytaten, unlösliche Komplexe bilden, wodurch die Calciumabsorptionsrate verringert wird [7]. Bei den üblichen Ernährungsgewohnheiten ist dies jedoch von geringer praktischer Bedeutung. Es wird diskutiert, dass Bestandteile der Milch, wie Proteine und Phosphopeptide, die Calciumabsorptionsrate fördern können [8].

### Calciumretention

Die Calciumbilanz ist die Differenz zwischen absorbiertem und ausgeschiedenem Calcium; diese kann durch Calciumbilanzstudien ermittelt werden. Calciumbilanzstudien basieren auf der Annahme, dass der Körper soviel Calcium zurückhält, wie er benötigt. Eine positive Calciumbilanz kennzeichnet eine Calciumretention und somit einen Knochenmassezuwachs, eine ausgeglichene Calciumbilanz deutet auf eine Knochenmasseerhaltung hin. Eine negative Calciumbilanz kennzeichnet einen Knochenmasseverlust [9].

In den ersten 5 bis 6 Lebensjahren werden pro Tag etwa 100 mg Calcium für den Knochenaufbau retiniert. Im Pubertätswachstumsschub kann die Retention bis zu über 400 mg/Tag betragen. Nach der Adoleszenz sinkt die Calciumabsorptionsrate, beim jungen Erwachsenen werden täglich noch maximal 150 mg retiniert [10, 11].

### Stoffwechsel

Der Normalbereich der Calciumkonzentration im Serum schwankt zwischen 2,2 mmol/l bis 2,6 mmol/l[1]. Hiervon liegen ca. 50 % des Calciums in freier Form vor (wirksames ionisiertes Calcium), 40 % sind an Proteine (überwiegend Albumin) und 10 % komplex (z. B. an Citrat, Lactat) gebunden [3].

Die Aufrechterhaltung einer konstanten Calciumkonzentration im Serum ist lebensnotwendig und wird durch ein hormonelles System eng geregelt. Dieses System kontrolliert den Calciumtransport im Darm, in den Nieren und im Knochen. Daran beteiligt sind die Hormone Parathormon, Calcitriol[2] und Calcitonin.

Ein Abfall der Calciumkonzentration im Serum führt über den calciumsensiblen Rezeptor zur erhöhten Freisetzung von Parathormon aus den Nebenschilddrüsen. Parathormon stimuliert in der Niere die Bildung von Calcitriol. Beide Hormone fördern die Calciumfreisetzung aus den Knochen und die Reabsorption von Calcium in der Niere, was die extrazelluläre Calciumkonzentration erhöht (siehe auch Referenzwerte für die Vitamin-D-Zufuhr). Calcitriol steigert darüber hinaus auch die Calciumabsorption im Darm [3, 12].

Durch einen negativen Rückkopplungsmechanismus wird ein zu starker Anstieg der Calciumkonzentration im Serum verhindert. Bei einer zu hohen Calciumkonzentration im Serum wird von der Schilddrüse Calcitonin freigesetzt. Calcitonin wirkt den beiden zuvor genannten Hormonen entgegen [12].

### Ausscheidung

Die Calciumausscheidung erfolgt über Fäzes, Harn und Haut. Die Ausscheidung über den Harn wird überwiegend hormonell reguliert. Die renale Calciumausscheidung wird zudem durch Natrium sowie durch Proteine mit einem hohen Anteil an schwefelhaltigen Aminosäuren (insbesondere tierische Proteine) mit zunehmender Dosis gesteigert [12]. Die renale Ausscheidung nimmt mit dem Alter ab, im Gegensatz dazu verändert sich die Ausscheidung über Fäzes und Haut nicht altersabhängig [13].

## 4. Funktionen

### Knochen und Zähne

Calcium ist Baustein von Knochen und Zähnen. Knochen unterliegen einem ständigen Auf- und Abbau. Einen entscheidenden Einfluss auf die Knochenfestigkeit hat dabei die Zugbeanspruchung durch die Muskulatur, die den entscheidenden Stimulus für den Knochenaufbau darstellt. Bei mittlerer Zugbeanspruchung des Knochens [14] sind Auf- und Abbauprozesse ausgeglichen, bei geringer

1 Zumeist werden die Calciumkonzentrationen in mmol/l angegeben. Um diese in mg/dl umzurechnen, müssen die mmol/l-Werte mit dem Faktor 4,01 multipliziert werden.

2 Calcitriol = 1,25-Dihydroxyvitamin D (aktive Form von Vitamin D)

Zugbeanspruchung kommt es dagegen zum Knochenabbau. Dies erklärt, dass durch die Zunahme der Muskelmasse im Kindes- und Jugendalter sowie im Erwachsenenalter die Knochenaufbauprozesse bis etwa zum 30. Lebensjahr überwiegen. Ab dem 40. Lebensjahr verringern sich diese parallel mit dem physiologischen Abbau an Muskelmasse. Eine Optimierung der maximalen Knochenmasse in jungen Jahren sowie Minimierung der Knochenabbaurate im Alter sind wichtige Zielvorgaben zur Vorbeugung einer Osteoporose [8]. Knochenabbau, sowie der Abbau von Muskelmasse, können durch körperliche Aktivität und Ernährung beeinflusst werden [15–17].

Bei Frauen im gebärfähigen Alter fördert die hohe Östrogenkonzentration die Calciumeinlagerung in den Knochen, die beim Rückgang der Östrogenproduktion während und nach der Menopause wieder abgebaut wird. Dadurch wird die Knochenmasse deutlich reduziert. Die prozentual geringere Knochenmasse bei Frauen im Gegensatz zu Männern erklärt sich aber auch durch die geringere Muskelmasse und damit einhergehende geringere Zugbeanspruchung im Vergleich zu Männern [10, 18, 19].

### Weitere Funktionen

Calcium besitzt wichtige Funktionen bei der Stabilisierung von Zellmembranen, der intrazellulären Signalübermittlung, der Reizübertragung im Nervensystem, der Muskelkontraktion sowie bei der Blutgerinnung [10, 12].

## 5. Kriterien zur Beurteilung der Versorgung

Die Calciumkonzentration im Serum ist zur Bestimmung der Calciumversorgung nicht geeignet, da sie durch ein körpereigenes Hormonsystem streng reguliert wird (siehe auch Unterkapitel „Stoffwechsel"). Zur Beurteilung der Calciumversorgung kann im Kindesalter die Calciumretention und im Erwachsenenalter eine ausgeglichene Calciumbilanz herangezogen werden.

## 6. Mangelsymptomatik

Da der Knochen Calcium speichert und bei Bedarf an das Blut abgibt, bleibt die Calciumkonzentration im Serum zunächst auch bei einer nutritiven Unterversorgung im Normalbereich. Bei einer langanhaltenden nutritiven Unterversorgung mit Calcium oder einer geringen Calciumabsorption (z. B. bei einem Vitamin-D-Mangel) wird die Calciumkonzentration im Serum durch den Abbau von Knochenmasse aufrechterhalten. Dies führt zu einer mangelhaften Mineralisierung des Knochens und zu Wachstumsverzögerungen im Kindesalter (Rachitis) und zu einer Demineralisierung des Knochens im Erwachsenenalter (Osteomalazie) [20, 21].

## 7. Überversorgung

Eine Calciumzufuhr deutlich über dem Referenzwert ist vor allem durch die Einnahme von calciumhaltigen Nährstoffpräparaten möglich, jedoch nicht über Lebensmittel im Rahmen einer vollwertigen Ernährung. Eine Erhöhung der Calciumkonzentration auf über 2,63 mmol/l im Serum wird als Hypercalcämie[3] bezeichnet und kann durch eine überhöhte Calciumzufuhr, eine überhöhte Vitamin-D-Zufuhr oder einen primären Hyperparathyreoidismus ausgelöst werden (siehe auch Referenzwerte für die Vitamin-D-Zufuhr) [23]. Im fortgeschrittenen Stadium einer Hypercalcämie kann es zu Nierensteinen und Niereninsuffizienz kommen [12, 24, 25]. Ein Zusammenhang einer Einnahme von Calciumpräparaten mit dem Risiko für koronare Herzkrankheit, insbesondere Herzinfarkt, wird diskutiert [26–29]. Der *World Cancer Research Fund* (WCRF) stellt bei einer Calciumzufuhr von über 1 500 mg/Tag eine risikoerhöhende Beziehung zum Prostatakrebs fest [30]. Die Europäische Behörde für Lebensmittelsicherheit (EFSA) schlussfolgert dagegen, dass eine Calciumzufuhr bis zu 2 000 mg über die Ernährung und Calciumpräparate nicht mit einem erhöhten Prostatakrebsrisiko verbunden ist [31].

Eine hohe Calciumzufuhr kann sich bei Patienten mit Harnsteinleiden unterschiedlich auf das Risiko der Bildung von Harnsteinen auswirken. Eine Begünstigung von Calciumsteinen im Harn ist zwar möglich, eine hohe Calciumzufuhr kann aber auch die gleichzeitig mit der Nahrung zugeführte Oxalsäure im Darm binden und damit über eine verminderte Oxalatabsorption und -ausscheidung im Harn zu einem günstigeren Harnlöslichkeitsprodukt beitragen [32, 33]. Menschen mit einem Risiko für Harnsteine sollten die empfohlene Calciumzufuhr nicht überschreiten und auf ein ausreichendes Harnvolumen achten.

### Tolerierbare Gesamtzufuhrmenge

Die tolerierbare Gesamtzufuhrmenge für Calcium für Säuglinge im Alter von 0 bis unter 6 Monaten bzw. 6 bis unter 12 Monaten beträgt 1 000 mg bzw. 1 500 mg Calcium/Tag [9]. Für 1- bis 8-Jährige gibt das *Institute of*

[3] Eine Erhöhung der Calciumkonzentration auf über 2,75 mmol/l wird als ausgeprägte Hypercalcämie bezeichnet [22].

*Medicine* (IOM) eine tolerierbare Gesamtzufuhrmenge von 2 500 mg Calcium/Tag und für 9- bis 18-Jährige von 3 000 mg Calcium/Tag an [9]. Demgegenüber beurteilt die EFSA die vorhandene Datenlage als nicht ausreichend, um eine tolerierbare Gesamtzufuhrmenge für Säuglinge und Kinder abzuleiten [31].

Laut EFSA beträgt die tolerierbare Gesamtzufuhrmenge für Erwachsene 2 500 mg Calcium/Tag [31]. Das IOM gibt für Erwachsene bis 50 Jahre ebenfalls 2 500 mg/Tag an und reduziert für Personen über 50 Jahre die tolerierbare Gesamtzufuhrmenge auf 2 000 mg/Tag [9].

Deutlich höhere Zufuhrmengen als die genannten tolerierbaren Gesamtzufuhrmengen können, insbesondere in Kombination mit einer hohen Alkalizufuhr[4], zu einer Hypercalcämie sowie zu Calciumablagerungen in den Weichteilen, vor allem in der Niere, führen (Milch-Alkali-Syndrom bzw. Calcium-Alkali-Syndrom) [35].

## 8. Calciumzufuhr in der Bevölkerung[5]

### Säuglinge und Kleinkinder

Nach Daten der Verzehrsstudie zur Ermittlung der Lebensmittelaufnahme von Säuglingen und Kleinkindern (VELS, 2001–2002), die auf der Basis von Verzehrprotokollen erhoben wurden, betrug die Zufuhr bei Jungen im Alter von 6 Monaten bis unter 1 Jahr 532 mg Calcium/Tag (10. Perzentil [P10] bis 90. Perzentil [P90] 299–796 mg) und bei gleichaltrigen Mädchen 458 mg/Tag (P10–P90 266–709 mg). Die mediane Calciumzufuhr lag bei 1- bis unter 4-jährigen Jungen bei 559 mg/Tag (P10–P90 336–851 mg) und bei gleichaltrigen Mädchen bei 504 mg/Tag (P10–P90 320–775 mg). Jungen im Alter von 4 bis unter 5 Jahren führten 586 mg Calcium/Tag zu (P10–P90 324–959 mg) und gleichaltrige Mädchen 549 mg/Tag (P10–P90 374–832 mg) [36, 37].

### Kinder

Laut der im Jahr 2006 durchgeführten EsKiMo-Studie (Ernährungsmodul des Kinder- und Jugendgesundheitssurveys, KiGGS-Studie) nahmen auf der Basis von Verzehrprotokollen 6- bis 11-jährige Jungen 886 mg (P5–P95 477–1 407 mg) und gleichaltrige Mädchen 834 mg (P5–P95 406–1 303 mg) pro Tag auf [38].

### Erwachsene

Die Tabelle 1 zeigt die mediane Calciumzufuhr (über den Verzehr von Lebensmitteln) für Erwachsene nach Auswertung der Daten der Nationalen Verzehrsstudie II (NVS II, 2005–2006)[6] bei in Deutschland lebenden Männern und Frauen im Alter von 15 bis 80 Jahren [39, 40].

## 9. Calcium in Lebensmitteln

Milch und Milchprodukte (mit Ausnahme von Quark) sind aufgrund ihres hohen Calciumgehalts (Milch und Joghurt ca. 120 mg/100 g; Käse ca. 400 mg/100 g bis 900 mg/100 g) sowie aufgrund der konsumierten Menge die Hauptlieferanten von Calcium. Einige Gemüsearten mit einem Calciumgehalt von > 80 mg/100 g wie Brokkoli, Grünkohl und Rucola, sind ebenfalls wichtige Calciumlieferanten. Insbesondere Brokkoli ist wegen seines geringen Oxalatgehalts ein wichtiger Calciumlieferant [41]. Calciumreiche Mineralwässer (> 150 mg Calcium/l) können ebenfalls wichtige Calciumlieferanten darstellen. Einige Nüsse wie z. B. Haselnüsse und Paranüsse haben mit > 100 mg/100 g einen hohen Calciumgehalt [42].

## 10. Ableitung der Referenzwerte für die Calciumzufuhr

### Säuglinge

Frauenmilch wird als optimale Ernährung für Säuglinge angesehen [43, 44]. Es gibt keinerlei Hinweise, dass ausschließlich gestillte Säuglinge bei einer guten Vitamin-D-Versorgung einen Calciummangel aufweisen [45]. Daher wird der Referenzwert für die Calciumzufuhr bei Säuglingen anhand des Calciumgehalts in der Frauenmilch abgeleitet.

Ein voll gestillter Säugling erhält über die Frauenmilch bei einer Trinkmenge von 750 ml [46] 220 mg Calcium/Tag [42]. Bei einer Absorptionsrate von 60 % [4, 47] werden 130 mg Calcium absorbiert. Angesichts der Tatsache, dass bei ausschließlich gestillten Säuglingen und einer guten Vitamin-D-Versorgung kein Calciummangel festgestellt wurde [45], wird als Schätzwert für die Calciumzufuhr für gestillte Säuglinge im Alter von **0 bis unter 4 Monaten** 220 mg Calcium/Tag angegeben (siehe Tab. A1).

[4] Calciumcarbonat ist die primäre Quelle für Calcium in Kombination mit Alkali und wird in vielen Calciumpräparaten verwendet [34].
[5] Hierbei ist zu beachten, dass zur Bestimmung der Calciumzufuhr in den zugrunde liegenden Erhebungen unterschiedliche Lebensmitteltabellen herangezogen wurden.
[6] Auswertung der Verzehrdaten der beiden 24-Stunden-Recalls auf Basis der aktualisierten Version des Bundeslebensmittelschlüssels (BLS-Version 3.02). Daher unterscheiden sich diese von früher publizierten NVS II-Daten zur Calciumzufuhr, die mit dem Ernährungserhebungsinstrument DISHES (*Diet Interview Software for Health Examination Studies*) erfasst und mit einer früheren BLS-Version (BLS II.4) berechnet wurden.

**Tabelle 1: Calciumzufuhr pro Tag bei in Deutschland lebenden Männern und Frauen nach Auswertung der NVS II[6] [39, 40]**

| Alter [Jahre] | | Median | 5. Perzentil | 95. Perzentil |
|---|---|---|---|---|
| 15 – 18 | Männer | 822 mg | 457 mg | 1 428 mg |
| | Frauen | 684 mg | 373 mg | 1 160 mg |
| 19 – 24 | Männer | 857 mg | 455 mg | 1 550 mg |
| | Frauen | 740 mg | 412 mg | 1 174 mg |
| 25 – 34 | Männer | 866 mg | 491 mg | 1 491 mg |
| | Frauen | 776 mg | 460 mg | 1 217 mg |
| 35 – 50 | Männer | 838 mg | 454 mg | 1 435 mg |
| | Frauen | 771 mg | 451 mg | 1 214 mg |
| 51 – 64 | Männer | 782 mg | 430 mg | 1 310 mg |
| | Frauen | 726 mg | 417 mg | 1 157 mg |
| 65 – 80 | Männer | 725 mg | 411 mg | 1 188 mg |
| | Frauen | 683 mg | 421 mg | 1 084 mg |

Mit der Einführung von Beikost steigt die tägliche Calciumzufuhr und somit auch die Calciumretention [48]. Über die Beikost werden pro Tag etwa 140 mg Calcium zugeführt [9]. Die Trinkmenge des Säuglings beträgt vom 4. bis 12. Lebensmonat ca. 650 ml/Tag [46]. So werden über die Frauenmilch noch weitere 190 mg Calcium/Tag zugeführt. Dementsprechend beträgt der Schätzwert für die Calciumzufuhr über Frauenmilch und Beikost für Säuglinge im Alter von **4 bis unter 12 Monaten** 330 mg/Tag (siehe Tab. A2).

### Kinder

Als Parameter für die Ermittlung des Calciumbedarfs für Kinder und Jugendliche wird die Calciumretention herangezogen.

In der Altersgruppe der 1- bis unter 4-Jährigen werden nach Lynch et al. [49] 140 mg Calcium/Tag für die Wachstumsbedürfnisse retiniert. Nach der Berechnung über die faktorielle Methode[7] und bei einer berechneten Absorptionsrate von 45,6 % erhält man einen durchschnittlichen Bedarf von 474 mg Calcium/Tag. Um den Bedarf von 97,5 % der Bevölkerungsgruppe zu decken, wird ein Variationskoeffizient von 10 % (Zuschlag von 20 % zum durchschnittlichen Bedarf) angenommen, der ca. einer 2-fachen Standardabweichung entspricht. Dieses Vorgehen wird bei der Ableitung der Referenzwerte für die Calciumzufuhr bei allen weiteren Altersgruppen von Kindern und Jugendlichen beibehalten. Somit erhält man eine empfohlene Zufuhr von 600 mg Calcium/Tag für **1- bis unter 4-jährige** Kinder (siehe Tab. A3).

Kinder im Alter von 4 bis unter 7 Jahren retinieren ca. 120 mg Calcium/Tag [51]. Nach der Berechnung über die faktorielle Methode und bei einer angenommenen Absorptionsrate von 38 % erhält man einen durchschnittlichen Bedarf von 629 mg Calcium/Tag. Die empfohlene Zufuhr wird unter Annahme eines Variationskoeffizienten von 10 % (Zuschlag von 20 %) mit 750 mg Calcium/Tag für **4- bis unter 7-jährige** Kinder angegeben (siehe Tab. A3).

[7] Die faktorielle Methode summiert die geschätzten Calciumverluste (über Urin, Schweiß und endogene Verluste über Fäzes) mit der geschätzten oder berechneten Calciumeinlagerung und adjustiert für die entsprechende Calciumabsorptionsrate, um die wünschenswerte Calciumzufuhr zu berechnen [50].

Kinder im Alter von 7 bis unter 10 Jahren befinden sich unter Umständen bereits in der späten präpubertären Phase und müssen für ein optimales Knochenwachstum etwa 140 mg bis 160 mg Calcium/Tag retinieren [9, 52, 53]. Nach der Berechnung über die faktorielle Methode und bei einer angenommenen Absorptionsrate von 38 % beträgt der durchschnittliche Bedarf 776 mg Calcium/Tag. Unter Annahme eines Variationskoeffizienten von 10 % (Zuschlag von 20 %) wird die empfohlene Zufuhr mit 900 mg Calcium/Tag für Kinder im Alter von **7 bis unter 10 Jahren** angegeben (siehe Tab. A3).

### Kinder ab 10 Jahren und Jugendliche

Vatanparast et al. [54] nutzten Daten von 85 Jungen und 67 Mädchen im Alter von 9 bis 18 Jahren in Kanada, um den Calciumbedarf zu bestimmen. Mädchen und Jungen im Alter von 10 bis unter 13 Jahren retinieren nach Vatanparast et al. [54] 151 mg bzw. 141 mg Calcium pro Tag. Da bei starkem Wachstum von einer höheren Absorptionsrate als bei geringerem Wachstum auszugehen ist [55, 56], wird bei Mädchen dieser Altersgruppe aufgrund des früher als bei Jungen einsetzenden pubertären Wachstumsschubs eine Absorptionsrate von 42 % angenommen. Für die Jungen dieser Altersgruppe beträgt die Absorptionsrate 38 % [57]. Nach der Berechnung über die faktorielle Methode liegt der durchschnittliche Bedarf für Mädchen und Jungen bei ca. 900 mg Calcium/Tag. Unter Annahme eines Variationskoeffizienten von 10 % (Zuschlag von 20 %) beträgt die empfohlene Zufuhr für Mädchen und Jungen im Alter von **10 bis unter 13 Jahren** 1 100 mg Calcium/Tag (siehe Tab. A4).

Nach Vatanparast et al. [54] retinieren Mädchen und Jungen im Alter von 13 bis unter 19 Jahren 92 mg bzw. 210 mg Calcium/Tag. Auch weitere Studien haben gezeigt, dass die Calciumretention bei Jungen im Alter von 12 bis 15 Jahren bei gleicher Calciumzufuhr höher ist als bei gleichaltrigen Mädchen [55, 56]. Diese höhere Calciumretention bei Jungen wird durch geringere Verluste über den Urin und eine höhere Calciumabsorptionsrate erreicht [56]. Nach den Berechnungen über die faktorielle Methode und bei einer berechneten Absorptionsrate von 38 % für Mädchen [57] und einer höheren angenommenen Absorptionsrate aufgrund des starken pubertären Wachstums von 42 % für Jungen erhält man einen durchschnittlichen Bedarf für Mädchen und Jungen von 908 mg bzw. 1 048 mg pro Tag. Unter Annahme eines Variationskoeffizienten von 10 % (Zuschlag von 20 %) beträgt die empfohlene Zufuhr für Mädchen und Jungen im Alter von **13 bis unter 19 Jahren** 1 200 mg Calcium/Tag (siehe Tab. A4).

### Erwachsene bis unter 65 Jahren

Der Zeitpunkt im Leben, an dem die maximale Knochenmasse erreicht ist, ist nicht für alle Knochen und Gelenke derselbe und variiert zwischen verschiedenen Individuen (Ende der Adoleszenz oder auch erst im 3. Lebensjahrzehnt) [58–60]. Nach Barger-Lux et al. [61] nimmt die Knochenmasse bei Frauen im Alter von 20 bis 30 Jahren jährlich noch um 0,28 % zu. Eine Zufuhr von mehr als 800 mg Calcium/Tag führt zu keiner darüber hinausgehenden Zunahme an Knochenmasse [11].

Nach Erreichen der maximalen Knochenmasse findet altersabhängig bei beiden Geschlechtern ein jährlicher Knochenmasseverlust von etwa 1 % statt [62].

Der Knochen ist einem ständigen Auf- und Abbau unterzogen. Für die Erhaltung der Knochenmasse ist die Erhaltung der Muskelmasse und eine ausgeglichene Calciumbilanz notwendig. Die ausgeglichene Calciumbilanz wird als Parameter für die Ableitung des Calciumbedarfs für Erwachsene bis unter 51 Jahren herangezogen. Auf Basis von Calciumbilanzstudien mit insgesamt 73 Frauen im Alter von 20 bis 75 Jahren (durchschnittliches Alter 47 Jahre) und 82 Männern im Alter von 19 bis 64 Jahren (durchschnittliches Alter 28 Jahre) errechneten Hunt und Johnson [63], dass eine Calciumzufuhr von im Mittel 741 mg/Tag bei einer mittleren Absorption von 25 % für eine ausgeglichene Calciumbilanz erforderlich ist, unabhängig von Alter und Geschlecht. Dies entspricht dem durchschnittlichen Bedarf. Unter Annahme eines Variationskoeffizienten von 15 % (Zuschlag von 30 %) werden daher für Erwachsene **bis unter 65 Jahren** 1 000 mg Calcium/Tag als empfohlene Zufuhr angegeben.

Einige Beobachtungsstudien zeigten bei prämenopausalen Frauen einen positiven Zusammenhang zwischen der Calciumzufuhr und der Knochendichte [64, 65]. In diesen Studien wurde die körperliche Aktivität als Einflussfaktor auf die Knochendichte berücksichtigt. Angaben zur Vitamin-D-Versorgung lagen nicht vor, sodass die Aussagekraft der Ergebnisse eingeschränkt ist. Bei Männern konnte ein solcher Zusammenhang überwiegend nicht bestätigt werden [66–68].

Der Verlust der Knochenmasse und somit eine negative Calciumbilanz geht mit dem Alterungsprozess (vor allem mit dem im Alter einsetzenden Muskelmasseverlust) einher und setzt bei Frauen aufgrund der Menopause früher und abrupter ein als bei Männern [69]. Durch eine adäquate Calciumzufuhr kann der Verlust der Knochenmasse verringert, aber nicht verhindert werden [9]. Eine

Meta-Analyse von Tang et al. [70] von 29 randomisierten, kontrollierten Interventionsstudien mit Frauen im Alter von 50 bis 85 Jahren zeigte einen geringeren Verlust an Knochendichte durch eine Calciumzufuhr von 1 200 mg/Tag im Vergleich zu einer niedrigeren Calciumzufuhr. Allerdings konnte diese Meta-Analyse keine Dosis-Wirkungs-Beziehung aufzeigen, da in den meisten Studien ein Calciumpräparat von 1 200 mg/Tag verabreicht wurde und die Gesamtzufuhr (Zufuhr über die Ernährung und über Präparate) in der Meta-Analyse nicht erfasst wurde. Zudem wurden in diese Meta-Analyse Studien einbezogen, die die Calciumzufuhr allein, aber auch die Calciumzufuhr in Kombination mit Vitamin D untersuchten. Die einzelnen Studien, in denen Calcium allein verabreicht wurde, zeigten hier aber ebenfalls positive Effekte (geringerer Verlust) auf die Knochendichte.

Da es keine eindeutigen Nachweise gibt, dass eine Calciumzufuhr über 1 000 mg/Tag einen weiteren Nutzen für die Knochengesundheit in dieser Altersgruppe hat, wird auch für Frauen im Alter von über 50 Jahren keine höhere empfohlene Zufuhr angegeben.

**Erwachsene ab 65 Jahren**

Für die Altersgruppe ab 65 Jahren wird als geeigneter Parameter für die Ableitung des Referenzwerts das Frakturrisiko herangezogen. Die Meta-Analyse von Tang et al. [70] zeigte bei einer Supplementation mit 1 200 mg Calcium/Tag (in Kombination mit Vitamin D) neben dem geringeren Verlust an Knochendichte auch ein reduziertes Frakturrisiko auf. Auch wurde in einer späteren Interventionsstudie gezeigt, dass eine Supplementation mit 1 200 mg Calcium/Tag und eine zusätzliche Calciumzufuhr von etwa 900 mg/Tag über die Ernährung das Frakturrisiko verringert [71].

Dagegen konnte in anderen Studien, einschließlich einer Meta-Analyse, kein präventiver Effekt einer Calciumzufuhr von über 1 000 mg/Tag auf Frakturen nachgewiesen werden [72–76].

Anhand der angegebenen Studien kann keine Dosis-Wirkungs-Beziehung zwischen der Calciumzufuhr und dem Frakturrisiko festgestellt werden. Es gibt keine eindeutigen Nachweise, dass eine Calciumzufuhr von über 1 000 mg/Tag einen weiteren Nutzen für die Knochengesundheit bei Erwachsenen im Alter von über 65 Jahren hat. Zur Ableitung des Referenzwerts für Erwachsene ab 65 Jahren wird daher die Ableitung des Referenzwerts für Erwachsene bis unter 65 Jahren herangezogen und analog für Männer und Frauen **ab 65 Jahren** eine empfohlene Zufuhr von 1 000 mg Calcium/Tag angegeben.

Die Referenzwerte für die Calciumzufuhr setzen in allen Altersgruppen eine gute Vitamin-D-Versorgung (25-Hydroxyvitamin-D-Serumkonzentration von ≥ 50 nmol/l) voraus. Vor allem in der Altersgruppe ab 65 Jahren wurde gezeigt, dass insbesondere die Kombination aus einer Calciumzufuhr in Höhe der empfohlenen Zufuhr und einer guten Vitamin-D-Versorgung das Frakturrisiko reduziert [77].

**Schwangere**

Der fetale Calciumbedarf, der im 3. Trimester am höchsten ist, wird vor allem durch eine Steigerung der Calciumabsorptionsrate der Frau während der gesamten Schwangerschaft gedeckt [78]. Die Calciumabsorption verdoppelt sich während einer Schwangerschaft [79–81]. Neben der intestinalen Calciumabsorption sind während der Schwangerschaft auch die glomeruläre Filtrationsrate der Niere und damit die renale Calciumausscheidung gesteigert. In der Spätschwangerschaft können zudem auch die Knochenabbauprozesse erhöht sein. Bei diesen Veränderungen in der Schwangerschaft handelt es sich um vorübergehende Anpassungen, die in aller Regel nicht mit einem erhöhten Osteoporoserisiko einhergehen [82, 83].

In randomisierten, kontrollierten Interventionsstudien konnte kein Nutzen einer zusätzlichen Calciumzufuhr, die über die empfohlene Zufuhr für nicht schwangere Frauen hinausgeht, festgestellt werden [84]. Da sich anhand dieser Daten der Bedarf von schwangeren Frauen nicht von dem nicht schwangerer Frauen unterscheidet, werden für Schwangere bis unter 19 Jahren als empfohlene Zufuhr 1 200 mg Calcium/Tag und für Schwangere ab 19 Jahren 1 000 mg Calcium/Tag angegeben.

**Stillende**

In der Stillzeit wird Calcium für den Bedarf des Säuglings aus dem Knochen der Frau ausgelagert [85, 86]. Eine erhöhte Calciumzufuhr während der Stillzeit kann jedoch weder die Calciumfreisetzung aus dem Knochen verringern [85, 87–90] noch den Calciumgehalt der Frauenmilch beeinflussen [91]. Daher unterscheidet sich die empfohlene Calciumzufuhr für stillende nicht von der für nicht stillende Frauen. Die empfohlene Zufuhr für Calcium beträgt für Stillende bis unter 19 Jahren 1 200 mg/Tag und für Stillende über 19 Jahren 1 000 mg/Tag.

Der hormonell bedingte (Hypoöstrogenämie) Verlust der Knochenmassedichte während der Stillzeit [92] wird nach dem Abstillen bei einer Calciumzufuhr in Höhe des Referenzwerts wieder ausgeglichen [86, 93], sodass das Stillen nicht mit einem höheren Risiko für Osteoporose einhergeht [83, 94, 95].

## 11. Sicherstellung einer angemessenen Calciumversorgung

Durch einen hohen Verzehr von natürlicherweise calciumreichen Lebensmitteln kann eine angemessene Calciumversorgung sichergestellt werden. Für eine calciumreiche Ernährung empfehlen sich nicht nur aufgrund des hohen Calciumgehalts und der konsumierten Menge, sondern auch aufgrund der diskutierten absorptionsfördernden Eigenschaften, vor allem Milch und Milchprodukte. Mineralwässer mit einem Calciumgehalt von > 150 mg Calcium/l eignen sich ebenfalls. Verschiedene Gemüsearten mit einem Calciumgehalt von > 80 mg/100 g sind aufgrund ihrer geringen Energiedichte besonders für eine calciumreiche Ernährung geeignet. Vor allem Brokkoli kann wegen seines geringen Oxalatgehalts und eventuell weiteren absorptionsfördernden Eigenschaften einen Beitrag zu einer angemessenen Calciumversorgung leisten.

Auch Personen mit Lactoseintoleranz vertragen meist bestimmte Milchprodukte wie Joghurt und gereiften Käse. Ein komplettes Meiden von Milch und Milchprodukten erfordert die gezielte Auswahl von calciumreichen und oxalatarmen Gemüsearten wie z. B. Brokkoli, sowie calciumreichen Mineralwässern. Einige Nüsse wie z. B. Haselnüsse und Paranüsse haben zwar einen hohen Calciumgehalt, sollten jedoch aufgrund der hohen Energiedichte nicht als primäre Calciumquelle dienen. Die Calciumzufuhr sollte auf mehrere Mahlzeiten über den Tag verteilt werden, da hierdurch die intestinale Calciumabsorptionsrate erhöht wird.

Industriell hergestellte Säuglingsmilchnahrung hat einen höheren Calciumgehalt als Frauenmilch. Dieser darf in der Europäischen Union (EU), bei einem Energiewert von 65 kcal/100 ml der Säuglingsmilchnahrung, zwischen 33 mg und 91 mg pro 100 ml liegen [96]. Dies geht mit einer geringeren Calciumabsorptionsrate von industriell hergestellter Säuglingsmilchnahrung als von Frauenmilch einher [45]. Eine angemessene Calciumversorgung kann bei mit Säuglingsmilchnahrung ernährten Säuglingen dennoch aufgrund des höheren Calciumgehalts der Säuglingsmilchnahrung sichergestellt werden.

## 12. Präventive Aspekte

Neben den präventiven Effekten einer guten Calciumversorgung auf die Knochengesundheit, die bei der Ableitung der Referenzwerte berücksichtigt wurden, werden noch weitere präventive Aspekte diskutiert. Diese werden im Folgenden durch aktuelle Studien, einschließlich Meta-Analysen, kurz dargestellt, ohne dass eine Evidenzbewertung vorgenommen wurde.

Eine hohe Calciumzufuhr (über Calciumpräparate und Calcium aus Milchprodukten) wird mit präventiven Effekten hinsichtlich Adipositas [97, 98], Hypertonie [99, 100] und Serumlipidkonzentrationen [101–103] in Verbindung gebracht, die wiederum das Risiko für koronare Herzkrankheit beeinflussen können. Aufgrund der kontroversen Ergebnisse der Studien zum Zusammenhang zwischen einer Supplementation mit Calcium und dem Risiko für koronare Herzkrankheit [26–29, 104–107] besteht hier weiterer Forschungsbedarf [33, 108, 109].

Die präventiven Auswirkungen von Calcium auf das Krebsrisiko sind ebenfalls nicht eindeutig geklärt. Es wird vor allem eine inverse Assoziation mit dem Darmkrebsrisiko diskutiert [110].

### Literatur


[1] Weaver CM: Age related calcium requirements due to changes in absorption and utilization. J Nutr 124, Suppl 8 (1994) 1418S–1425S

[2] McCormick CC: Passive diffusion does not play a major role in the absorption of dietary calcium in normal adults. J Nutr 132 (2002) 3428–3430

[3] Peacock M: Calcium metabolism in health and disease. Clin J Am Soc Nephrol 5, Suppl 1 (2010) S23–S30

[4] Abrams SA, Wen J, Stuff JE: Absorption of calcium, zinc, and iron from breast milk by five- to seven-month-old infants. Pediatr Res 41 (1997) 384–390

[5] Heaney RP, Recker RR: Distribution of calcium absorption in middle-aged women. Am J Clin Nutr 43 (1986) 299–305

[6] Heaney RP, Recker RR, Stegman MR et al.: Calcium absorption in women: relationships to calcium intake, estrogen status, and age. J Bone Miner Res 4 (1989) 469–475

[7] Guéguen L, Pointillart A: The bioavailability of dietary calcium. J Am Coll Nutr 19, Suppl 2 (2000) 119S–136S

[8] Cashman KD: Calcium intake, calcium bioavailability and bone health. Br J Nutr 87, Suppl 2 (2002) S169–S177

[9] IOM (Institute of Medicine) (Hrsg.): Dietary reference intakes for calcium and vitamin D. National Academies Press, Washington, DC (2011)

[10] Strain JJ, Cashman KD: Minerals and trace elements. In: Gibney MJ, Lanham-New SA, Cassidy A et al. (Hrsg.): Introduction to human nutrition. Wiley-Blackwell, Chichester, 2. Auflage (2009) 188–237

[11] Weaver CM, Hill KM: Estimating calcium requirements. In: Burckhardt P, Dawson-Hughes B, Weaver C et al. (Hrsg.): Nutritional influences on bone health. Springer, London (2010) 41–50

[12] Weaver CM, Heaney R: Calcium. In: Shils ME, Shike M, Ross AC et al. (Hrsg.): Modern nutrition in health and disease. Lippincott Williams & Wilkins, Baltimore, 10. Auflage (2006) 194–210
[13] Weaver CM, Heaney R: Food sources, supplements, and bioavailability. In: Weaver CM, Heaney RP, Raisz LG (Hrsg.): Calcium in human health. Humana Press, Totowa, NJ (2010) 129–142
[14] Schiessl H, Frost HM, Jee WS: Estrogen and bone-muscle strength and mass relationships. Bone 22 (1998) 1–6
[15] Wolff I, van Croonenborg JJ, Kemper HC et al.: The effect of exercise training programs on bone mass: a meta-analysis of published controlled trials in pre- and postmenopausal women. Osteoporos Int 9 (1999) 1–12
[16] Heaney RP, Weaver CM: Newer perspectives on calcium nutrition and bone quality. J Am Coll Nutr 24, Suppl 6 (2005) 574S–581S
[17] Koopman R, van Loon LJ: Aging, exercise, and muscle protein metabolism. J Appl Physiol 106 (2009) 2040–2048
[18] Peacock M: Calcium absorption efficiency and calcium requirements in children and adolescents. Am J Clin Nutr 54, Suppl 1 (1991) 261S–265S
[19] Pettifor JM, Fischer PR, Thacher TD: Dietary calcium deficiency and rickets. In: Holick MF (Hrsg.): Vitamin D. Humana Press, Totowa, NJ (2010) 651–667
[20] Abrams SA: Nutritional rickets: an old disease returns. Nutr Rev 60 (2002) 111–115
[21] NOF (National Osteoporosis Foundation): Clinician's guide to prevention and treatment of osteoporosis, Washington, DC (2010)
[22] Horwitz MJ, Tedesco MB, Garcia-Ocaña A et al.: Parathyroid hormone-related protein for the treatment of postmenopausal osteoporosis: defining the maximal tolerable dose. J Clin Endocrinol Metab 95 (2010) 1279–1287
[23] Moe SM: Disorders involving calcium, phosphorus, and magnesium. Prim Care 35 (2008) 215–237
[24] Jackson RD, LaCroix AZ, Gass M et al.: Calcium plus vitamin D supplementation and the risk of fractures. N Engl J Med 354 (2006) 669–683
[25] Wallace RB, Wactawski-Wende J, O'Sullivan MJ et al.: Urinary tract stone occurrence in the Women's Health Initiative (WHI) randomized clinical trial of calcium and vitamin D supplements. Am J Clin Nutr 94 (2011) 270–277
[26] Wang L, Manson JE, Song Y et al.: Systematic review: Vitamin D and calcium supplementation in prevention of cardiovascular events. Ann Intern Med 152 (2010) 315–323
[27] Bolland MJ, Grey A, Avenell A et al.: Calcium supplements with or without vitamin D and risk of cardiovascular events: reanalysis of the Women's Health Initiative limited access dataset and meta-analysis. BMJ 342 (2011) doi: 10.1136/bmj.d2040
[28] Michaëlsson K, Melhus H, Warensjö Lemming E et al.: Long term calcium intake and rates of all cause and cardiovascular mortality: community based prospective longitudinal cohort study. BMJ 346 (2013) doi: 10.1136/bmj.f228
[29] Xiao Q, Murphy RA, Houston DK et al.: Dietary and supplemental calcium intake and cardiovascular disease mortality: The National Institutes of Health-AARP Diet and Health Study. JAMA Intern Med (2013) 1–8
[30] WCRF (World Cancer Research Fund), AICR (American Institute for Cancer Research) (Hrsg.): Food, nutrition, physical Activity, and the prevention of cancer: a global perspective, Washington, DC (2007)
[31] EFSA (European Food Safety Authority): Scientific opinion on the tolerable upper intake level of calcium. EFSA Journal 10 (2012) 2814
[32] Massey LK, Roman-Smith H, Sutton RA: Effect of dietary oxalate and calcium on urinary oxalate and risk of formation of calcium oxalate kidney stones. J Am Diet Assoc 93 (1993) 901–906
[33] Body JJ, Bergmann P, Boonen S et al.: Extraskeletal benefits and risks of calcium, vitamin D and anti-osteoporosis medications. Osteoporos Int 23, Suppl 1 (2012) S1–S23
[34] Medarov BI: Milk-alkali syndrome. Mayo Clin Proc 84 (2009) 261–267
[35] Patel AM, Goldfarb S: Got calcium? Welcome to the calcium-alkali syndrome. J Am Soc Nephrol 21 (2010) 1440–1443
[36] Heseker H, Mensink GB: Lebensmittelverzehr und Nährstoffzufuhr im Kindes- und Jugendalter. Ergebnisse aus den beiden bundesweit durchgeführten Ernährungsstudien VELS und EsKiMo. In: Deutsche Gesellschaft für Ernährung (Hrsg.): Ernährungsbericht 2008. Bonn (2008) 49–93
[37] Heseker H: Tägliche Energie- und Nährstoffzufuhr bei Säuglingen in VELS. Persönliche Mitteilung vom 28.01.2013, Paderborn (2013)
[38] Mensink GB, Richter A, Stahl A: Bestandsaufnahme: Nährstoffversorgung und Lebensmittelverzehr von Kindern und Jugendlichen in Deutschland. In: Kersting M (Hrsg.): Kinderernährung aktuell. Schwerpunkte für Gesundheitsförderung und Prävention. Umschau Verlag, Sulzbach/Ts (2009) 40–46
[39] Krems C, Walter C, Heuer T et al.: Lebensmittelverzehr und Nährstoffzufuhr - Ergebnisse der Nationalen Verzehrsstudie II. In: Deutsche Gesellschaft für Ernährung (Hrsg.): 12. Ernährungsbericht 2012. Bonn (2012) 40–85
[40] MRI (Max Rubner-Institut, Bundesforschungsinstitut für Ernährung und Lebensmittel): Energie- und Nährstoffzufuhr bei Jugendlichen und Erwachsenen in der NVS II. Persönliche Mitteilung vom 22.08.2014, Karlsruhe (2014)
[41] Weaver CM, Proulx WR, Heaney R: Choices for achieving adequate dietary calcium with a vegetarian diet. Am J Clin Nutr 70, Suppl 3 (1999) 543S–548S
[42] Souci SW, Fachmann W, Kraut H (Hrsg.): Die Zusammensetzung der Lebensmittel. Nährwert-Tabellen. medpharm, Stuttgart, 7., revidierte und ergänzte Auflage (2008)
[43] Butte NF, Lopez-Alarcon MG, Garza C: Nutrient adequacy of exclusive breastfeeding for the term infant during the first six months of life. (2002) www.who.int/nutrition/publications/infantfeeding/nut_adequacy_of_exc_bfeeding_eng.pdf (eingesehen am 25.06.2013)
[44] Bührer C, Genzel-Boroviczény O, Jochum F et al.: Ernährung gesunder Säuglinge. Monatsschr Kinderheilkd 162 (2014) 527–538
[45] Abrams SA: Building bones in babies: can and should we exceed the human milk-fed infant's rate of bone calcium accretion? Nutr Rev 64 (2006) 487–494
[46] Neville MC, Keller R, Seacat J et al.: Studies in human lactation: milk volumes in lactating women during the onset of lactation and full lactation. Am J Clin Nutr 48 (1988) 1375–1386
[47] Fomon SJ, Nelson SE: Calcium, phosphorus, magnesium, and sulfur. In: Fomon SJ (Hrsg.): Nutrition of normal infants. Mosby, St. Louis (1993) 192–218
[48] Abrams SA: Calcium absorption in infants and small children: methods of determination and recent findings. Nutrients 2 (2010) 474–480
[49] Lynch MF, Griffin IJ, Hawthorne KM et al.: Calcium balance in 1-4-y-old children. Am J Clin Nutr 85 (2007) 750–754
[50] Kuczmarski MF, Kuczmarski R: Nutrition monitoring in the United States. In: Shils ME, Shike M, Ross AC et al. (Hrsg.): Modern nutrition in health and disease. Lippincott Williams & Wilkins, Baltimore, 10. Auflage (2006)
[51] Ames SK, Gorham BM, Abrams SA: Effects of high compared with low calcium intake on calcium absorption and incorporation of iron by red blood cells in small children. Am J Clin Nutr 70 (1999) 44–48

[52] Abrams SA, Copeland KC, Gunn SK et al.: Calcium absorption and kinetics are similar in 7- and 8-year-old Mexican-American and Caucasian girls despite hormonal differences. J Nutr 129 (1999) 666–671
[53] Ellis KJ, Shypailo RJ, Hergenroeder A et al.: Total body calcium and bone mineral content: comparison of dual-energy X-ray absorptiometry with neutron activation analysis. J Bone Miner Res 11 (1996) 843–848
[54] Vatanparast H, Bailey DA, Baxter-Jones ADG et al.: Calcium requirements for bone growth in Canadian boys and girls during adolescence. Br J Nutr 103 (2010) 575–580
[55] Jackman LA, Millane SS, Martin BR et al.: Calcium retention in relation to calcium intake and postmenarcheal age in adolescent females. Am J Clin Nutr 66 (1997) 327–333
[56] Braun M, Martin BR, Kern M et al.: Calcium retention in adolescent boys on a range of controlled calcium intakes. Am J Clin Nutr 84 (2006) 414–418
[57] Wastney ME, Ng J, Smith D et al.: Differences in calcium kinetics between adolescent girls and young women. Am J Physiol 271 (1996) R208–R216
[58] Berger C, Goltzman D, Langsetmo L et al.: Peak bone mass from longitudinal data: implications for the prevalence, pathophysiology, and diagnosis of osteoporosis. J Bone Miner Res 25 (2010) 1948–1957
[59] Riggs BL, Melton LJ, Robb RA et al.: A population-based assessment of rates of bone loss at multiple skeletal sites: evidence for substantial trabecular bone loss in young adult women and men. J Bone Miner Res 23 (2008) 205–214
[60] Tuck SP, Datta HK: Osteoporosis in the aging male: treatment options. Clin Interv Aging 2 (2007) 521–536
[61] Barger-Lux MJ, Davies KM, Heaney RP: Calcium supplementation does not augment bone gain in young women consuming diets moderately low in calcium. J Nutr 135 (2005) 2362–2366
[62] Jones G, Nguyen T, Sambrook P et al.: Progressive loss of bone in the femoral neck in elderly people: longitudinal findings from the Dubbo osteoporosis epidemiology study. BMJ 309 (1994) 691–695
[63] Hunt CD, Johnson LK: Calcium requirements: new estimations for men and women by cross-sectional statistical analyses of calcium balance data from metabolic studies. Am J Clin Nutr 86 (2007) 1054–1063
[64] Dionyssiotis Y, Paspati I, Trovas G et al.: Association of physical exercise and calcium intake with bone mass measured by quantitative ultrasound. BMC Womens Health 10 (2010) 12
[65] Uusi-Rasi K, Sievänen H, Pasanen M et al.: Influence of calcium intake and physical activity on proximal femur bone mass and structure among pre- and postmenopausal women. A 10-year prospective study. Calcif Tissue Int 82 (2008) 171–181
[66] Atalar E, Aydin G, Keles I et al.: Factors affecting bone mineral density in men. Rheumatol Int 29 (2009) 1025–1030
[67] Bischoff-Ferrari HA, Kiel DP, Dawson-Hughes B et al.: Dietary calcium and serum 25-hydroxyvitamin D status in relation to BMD among U.S. adults. J Bone Miner Res 24 (2009) 935–942
[68] Pettersson U, Nilsson M, Sundh V et al.: Physical activity is the strongest predictor of calcaneal peak bone mass in young Swedish men. Osteoporos Int 21 (2010) 447–455
[69] Ahlborg HG, Johnell O, Turner CH et al.: Bone loss and bone size after menopause. N Engl J Med 349 (2003) 327–334
[70] Tang BM, Eslick GD, Nowson C et al.: Use of calcium or calcium in combination with vitamin D supplementation to prevent fractures and bone loss in people aged 50 years and older: a meta-analysis. Lancet 370 (2007) 657–666
[71] Bischoff-Ferrari HA, Rees JR, Grau MV et al.: Effect of calcium supplementation on fracture risk: a double-blind randomized controlled trial. Am J Clin Nutr 87 (2008) 1945–1951
[72] Peacock M, Liu G, Carey M et al.: Effect of calcium or 25OH vitamin $D_3$ dietary supplementation on bone loss at the hip in men and women over the age of 60. J Clin Endocrinol Metab 85 (2000) 3011–3019
[73] Grant AM, Avenell A, Campbell MK et al.: Oral vitamin $D_3$ and calcium for secondary prevention of low-trauma fractures in elderly people (Randomised Evaluation of Calcium Or vitamin D, RECORD): a randomised placebo-controlled trial. Lancet 365 (2005) 1621–1628
[74] Prince RL, Devine A, Dhaliwal SS et al.: Effects of calcium supplementation on clinical fracture and bone structure: results of a 5-year, double-blind, placebo-controlled trial in elderly women. Arch Intern Med 166 (2006) 869–875
[75] Bischoff-Ferrari HA, Dawson-Hughes B, Baron JA et al.: Calcium intake and hip fracture risk in men and women: a meta-analysis of prospective cohort studies and randomized controlled trials. Am J Clin Nutr 86 (2007) 1780–1790
[76] Warensjö E, Byberg L, Melhus H et al.: Dietary calcium intake and risk of fracture and osteoporosis: prospective longitudinal cohort study. BMJ 342 (2011) doi:10.1136/bmj.d1473
[77] Linseisen J, Bechthold A, Bischoff-Ferrari HA et al.: DGE-Stellungnahme: Vitamin D und Prävention ausgewählter chronischer Krankheiten. (2011) www.dge.de/pdf/ws/DGE-Stellungnahme-VitD-111220.pdf (eingesehen am 26.06.2013)
[78] Kovacs CS: Calcium and bone metabolism during pregnancy and lactation. J Mammary Gland Biol Neoplasia 10 (2005) 105–118
[79] Heaney RP, Skillman TG: Calcium metabolism in normal human pregnancy. J Clin Endocrinol Metab 33 (1971) 661–670
[80] Kent GN, Price RI, Gutteridge DH et al.: The efficiency of intestinal calcium absorption is increased in late pregnancy but not in established lactation. Calcif Tissue Int 48 (1991) 293–295
[81] O'Brien KO, Nathanson MS, Mancini J et al.: Calcium absorption is significantly higher in adolescents during pregnancy than in the early postpartum period. Am J Clin Nutr 78 (2003) 1188–1193
[82] Prentice A: Maternal calcium metabolism and bone mineral status. Am J Clin Nutr 71, Suppl 5 (2000) 1312S–1316S
[83] Kovacs CS: Calcium and bone metabolism disorders during pregnancy and lactation. Endocrinol Metab Clin North Am 40 (2011) 795–826
[84] Koo WW, Walters JC, Esterlitz J et al.: Maternal calcium supplementation and fetal bone mineralization. Obstet Gynecol 94 (1999) 577–582
[85] Kalkwarf HJ, Specker BL, Bianchi DC et al.: The effect of calcium supplementation on bone density during lactation and after weaning. N Engl J Med 337 (1997) 523–528
[86] Kalkwarf HJ: Hormonal and dietary regulation of changes in bone density during lactation and after weaning in women. J Mammary Gland Biol Neoplasia 4 (1999) 319–329
[87] Cross NA, Hillman LS, Allen SH et al.: Calcium homeostasis and bone metabolism during pregnancy, lactation, and postweaning: a longitudinal study. Am J Clin Nutr 61 (1995) 514–523
[88] Fairweather-Tait S, Prentice A, Heumann KG et al.: Effect of calcium supplements and stage of lactation on the calcium absorption efficiency of lactating women accustomed to low calcium intakes. Am J Clin Nutr 62 (1995) 1188–1192
[89] Prentice A, Jarjou LM, Cole TJ et al.: Calcium requirements of lactating Gambian mothers: effects of a calcium supplement on breast-milk calcium concentration, maternal bone mineral content, and urinary calcium excretion. Am J Clin Nutr 62 (1995) 58–67
[90] Laskey MA, Prentice A, Hanratty LA et al.: Bone changes after 3 mo of lactation: influence of calcium intake, breast-milk output, and vitamin D-receptor genotype. Am J Clin Nutr 67 (1998) 685–692

[91] Jarjou LMA, Prentice A, Sawo Y et al.: Randomized, placebo-controlled, calcium supplementation study in pregnant Gambian women: effects on breast-milk calcium concentrations and infant birth weight, growth, and bone mineral accretion in the first year of life. Am J Clin Nutr 83 (2006) 657–666

[92] Laskey MA, Price RI, Khoo BCC et al.: Proximal femur structural geometry changes during and following lactation. Bone 48 (2011) 755–759

[93] Chantry CJ, Auinger P, Byrd RS: Lactation among adolescent mothers and subsequent bone mineral density. Arch Pediatr Adolesc Med 158 (2004) 650–656

[94] Sowers M: Pregnancy and lactation as risk factors for subsequent bone loss and osteoporosis. J Bone Miner Res 11 (1996) 1052–1060

[95] Kovacs CS, Kronenberg HM: Maternal-fetal calcium and bone metabolism during pregnancy, puerperium, and lactation. Endocr Rev 18 (1997) 832–872

[96] Richtlinie 2006/141/EG der Kommission vom 22. Dezember 2006 über Säuglingsanfangsnahrung und Folgenahrung und zur Änderung der Richtlinie 1999/21/EG. Amtsblatt der Europäischen Union (2006) 1–33

[97] Lanou AJ, Barnard ND: Dairy and weight loss hypothesis: an evaluation of the clinical trials. Nutr Rev 66 (2008) 272–279

[98] Shahar DR, Schwarzfuchs D, Fraser D et al.: Dairy calcium intake, serum vitamin D, and successful weight loss. Am J Clin Nutr (2010) 1017–1022

[99] Dickinson HO, Mason JM, Nicolson DJ et al.: Lifestyle interventions to reduce raised blood pressure: a systematic review of randomized controlled trials. J Hypertens 24 (2006) 215–233

[100] Wang L, Manson JE, Buring JE et al.: Dietary intake of dairy products, calcium, and vitamin D and the risk of hypertension in middle-aged and older women. Hypertension 51 (2008) 1073–1079

[101] Bostick RM, Fosdick L, Grandits GA et al.: Effect of calcium supplementation on serum cholesterol and blood pressure. A randomized, double-blind, placebo-controlled, clinical trial. Arch Fam Med 9 (2000) 31–38

[102] Reid IR, Mason B, Horne A et al.: Effects of calcium supplementation on serum lipid concentrations in normal older women: a randomized controlled trial. Am J Med 112 (2002) 343–347

[103] Reid IR, Ames R, Mason B et al.: Effects of calcium supplementation on lipids, blood pressure, and body composition in healthy older men: a randomized controlled trial. Am J Clin Nutr 91 (2010) 131–139

[104] Bolland MJ, Barber PA, Doughty RN et al.: Vascular events in healthy older women receiving calcium supplementation: randomised controlled trial. BMJ 336 (2008) 262–266

[105] Bolland MJ, Avenell A, Baron JA et al.: Effect of calcium supplements on risk of myocardial infarction and cardiovascular events: meta-analysis. BMJ 341 (2010) doi: 10.1136/bmj.c3691

[106] Lewis JR, Calver J, Zhu K et al.: Calcium supplementation and the risks of atherosclerotic vascular disease in older women: results of a 5-year RCT and a 4.5-year follow-up. J Bone Miner Res 26 (2011) 35–41

[107] Li K, Kaaks R, Linseisen J et al.: Associations of dietary calcium intake and calcium supplementation with myocardial infarction and stroke risk and overall cardiovascular mortality in the Heidelberg cohort of the European Prospective Investigation into Cancer and Nutrition study (EPIC-Heidelberg). Heart 98 (2012) 920–925

[108] Miller PD: Vitamin D, calcium, and cardiovascular mortality: a perspective from a plenary lecture given at the annual meeting of the American Association of Clinical Endocrinologists. Endocr Pract 17 (2011) 798–806

[109] Nordin BEC, Lewis JR, Daly RM et al.: The calcium scare - what would Austin Bradford Hill have thought? Osteoporos Int 22 (2011) 3073–3077

[110] WCRF (World Cancer Research Fund), AICR (American Institute for Cancer Research): Continous update project report. Food, nutrition, physical activity, and the prevention of colorectal cancer. (2011)

[111] Abrams SA, Sidbury JB, Muenzer J et al.: Stable isotopic measurement of endogenous fecal calcium excretion in children. J Pediatr Gastroenterol Nutr 12 (1991) 469–473

[112] Abrams SA, Grusak MA, Stuff J et al.: Calcium and magnesium balance in 9-14-y-old children. Am J Clin Nutr 66 (1997) 1172–1177

[113] Palacios C, Wigertz K, Martin B et al.: Sweat mineral loss from whole body, patch and arm bag in white and black girls. Nutrition Research 23 (2003) 401–411

## Anhang

### Tabelle A1: Berechnung des Schätzwerts für die Calciumzufuhr für gestillte Säuglinge von 0 bis unter 4 Monaten

| Alter [Monate] | Calciumgehalt von Frauenmilch[a] [mg/100 ml] | Trinkmenge[b] [ml/Tag] | Calciumzufuhr bei einer Trinkmenge von 750 ml/Tag [mg/Tag] | **Schätzwert** für die Calciumzufuhr (gerundet) [mg/Tag] |
|---|---|---|---|---|
| 0 bis unter 4 | 29 | 750 | 217,5 | **220** |

[a] [42]
[b] [46]

### Tabelle A2: Berechnung des Schätzwerts für die Calciumzufuhr über Frauenmilch und Beikost für Säuglinge von 4 bis unter 12 Monaten

| Alter [Monate] | Calciumgehalt von Frauenmilch[a] [mg/100 ml] | Trinkmenge[b] [mg/Tag] | Calcium-zufuhr über Frauenmilch [mg/Tag] | Calcium-zufuhr über Beikost[c] [mg/Tag] | Calcium-zufuhr insgesamt [mg/Tag] | **Schätzwert** für die Calcium-zufuhr (gerundet) [mg/Tag] |
|---|---|---|---|---|---|---|
| 4 bis unter 12 | 29 | 650 | 188,5 | 140 | 328,5 | **330** |

[a] [42]
[b] [46]
[c] [9]

## Tabelle A3: Berechnung der empfohlenen Calciumzufuhr bei 1- bis unter 10-Jährigen nach der faktoriellen Methode

| Alter [Jahre] | Calcium-retention [mg/Tag] | Verluste über Urin [mg/Tag] | endogene Verluste über Fäzes [mg/Tag] | Verluste über Schweiß [mg/Tag] | gesamt [mg/Tag] | Absorption [%] | adjustiert für Absorption [mg/Tag] | Variations-koeffizient 10% (Zuschlag 20%) [mg/Tag] | **empfohlene Calciumzufuhr** (gerundet) [mg/Tag] |
|---|---|---|---|---|---|---|---|---|---|
| 1 bis unter 4 | 142[a] | 37[b] | 37[c] | – | 216 | 45,6[d] | 474 | 568 | **600** |
| 4 bis unter 7 | 124[e] | 45[b] | 40[c] | 30[b] | 239 | 38[f] | 629 | 755 | **750** |
| 7 bis unter 10 | 150[g] | 55[b] | 50[c] | 40[b] | 295 | 38[f] | 776 | 932 | **900** |

[a] Aus Lynch et al. [49]; die Autoren nehmen an, dass die Calciumretention von ca. 140 mg 110 mg Calcium für die Calciumeinlagerung in den Knochen und 30 mg Calciumverluste über die Haut beinhaltet.

[b] [1], angepasst nach Alter

[c] Mittelwert aus Weaver [1] und Berechnung nach Abrams et al. [111], angepasst nach Alter

[d] berechnet in Lynch et al. [49]

[e] [51]

[f] Eine Absorptionsrate von 38 % wird in Anlehnung an Wastney et al. [57] angenommen.

[g] Annahme aus Abrams et al. [111] und IOM [9] sowie der Tatsache, dass in der späten präpubertären Phase für ein optimales Knochenwachstum etwas mehr als in der nächstjüngeren Altersgruppe retiniert werden muss [53].

## Tabelle A4: Berechnung der empfohlenen Calciumzufuhr bei 10- bis unter 19-Jährigen nach der faktoriellen Methode

| Alter [Jahre] | | Calcium-retention [mg/Tag] | Verluste über Urin [mg/Tag] | endogene Verluste über Fäzes [mg/Tag] | Verluste über Schweiß [mg/Tag] | gesamt [mg/Tag] | Absorption [%] | Adjustiert für Absorption [mg/Tag] | Variations-koeffizient 10% (Zuschlag 20%) [mg/Tag] | **empfohlene Calciumzufuhr** (gerundet) [mg/Tag] |
|---|---|---|---|---|---|---|---|---|---|---|
| 10 bis unter 13 | w | 151[a] | 94[b] | 79[c] | 53[d] | 377 | 42[f] | 898 | 1 077 | **1 100** |
| | m | 141[a] | 67[b] | 82[c] | 55[e] | 345 | 38[g] | 908 | 1 090 | |
| 13 bis unter 19 | w | 92[a] | 100[b] | 100[c] | 53[d] | 345 | 38[g] | 908 | 1 090 | **1 200** |
| | m | 210[a] | 75[b] | 100[c] | 55[e] | 440 | 42[h] | 1 048 | 1 257 | |

[a] [54]
[b] [4], angepasst nach Alter
[c] Mittelwert aus Weaver [1] und Berechnung nach Abrams et al. [111, 112], angepasst nach Alter
[d] Mittelwert aus Weaver [1] und Palacios et al. [113]
[e] [1]
[f] Bei Mädchen wird eine Absorptionsrate von 42 % unter Annahme einer höheren Absorptionsrate bei starkem pubertären Wachstum herangezogen.
[g] [57]
[h] Da Jungen bei starkem pubertären Wachstum bei gleicher Calciumzufuhr eine höhere Absorptionsrate als Mädchen haben (Jackman et al. [55], Braun et al. [56]), wird für Jungen eine Absorptionsrate von 42 % herangezogen.

# Phosphor

## A. Empfohlene Zufuhr

| Alter | Phosphor mg/Tag |
|---|---|
| **Säuglinge** | |
| 0 bis unter 4 Monate[a] | 120 |
| 4 bis unter 12 Monate | 300 |
| **Kinder** | |
| 1 bis unter 4 Jahre | 500 |
| 4 bis unter 7 Jahre | 600 |
| 7 bis unter 10 Jahre | 800 |
| 10 bis unter 13 Jahre | 1 250 |
| 13 bis unter 15 Jahre | 1 250 |
| **Jugendliche und Erwachsene** | |
| 15 bis unter 19 Jahre | 1 250 |
| 19 bis unter 25 Jahre | 700 |
| 25 bis unter 51 Jahre | 700 |
| 51 bis unter 65 Jahre | 700 |
| 65 Jahre und älter | 700 |
| **Schwangere[b]** | 800 |
| **Stillende[c]** | 900 |

[a] Hierbei handelt es sich um einen Schätzwert.
[b] Schwangere < 19 Jahre 1 250 mg
[c] Stillende < 19 Jahre 1 250 mg

## B. Erläuterungen

Organische Phosphorverbindungen sind Bestandteil von Membranen und Nukleinsäuren, die in allen lebenden Zellen vorkommen. Zahlreiche Stoffwechselprozesse der Zelle werden durch Phosphorylierungsreaktionen gesteuert. Anorganisches Phosphat wirkt als Puffersystem bei der Aufrechterhaltung des pH-Werts mit.

Im Körper des Neugeborenen finden sich ca. 17 g Phosphor, in dem des Erwachsenen ca. 600 g bis 700 g. Mehr als 85 % des Phosphors sind im Skelett und im Zahnapparat enthalten, ca. 65 g bis 80 g in den übrigen Geweben und nur etwa 2 g im Blut.

Beim gestillten Säugling kann die Phosphorabsorption bis zu 90 % betragen. Der Erwachsene absorbiert aus einer gemischten Kost zwischen 55 % und 70 %. Die Phosphorabsorption erfolgt vorwiegend durch erleichterte Diffusion, in geringerem Maße auch über einen aktiven, Vitamin-D-abhängigen Prozess. Aus Pflanzensamen ist die Bioverfügbarkeit von Phosphor gering. Der vorwiegend in Form von Phytinsäure gebundene Phosphor kann jedoch durch mikrobielle Phytase (z. B. während der Brotherstellung) freigesetzt werden.

Mit Aluminium geht Phosphor unlösliche Verbindungen ein. Früher bei Niereninsuffizienz therapeutisch eingesetzte Aluminiumverbindungen sind weitgehend durch Calciumcarbonat ersetzt worden.

Die Höhe der Serumphosphatkonzentration wird zwar insbesondere durch das Lebensalter und die Ausscheidungskapazität der Niere, aber auch durch die Phosphorzufuhr mit der Nahrung bestimmt. Die Phosphatschwelle der Niere (Transportmaximum-Phosphat/glomeruläre Filtrationsrate) ist die wichtigste Regulationsgröße für die Höhe der Serumphosphatkonzentration und damit für die Homöostase des Phosphorhaushalts [5]. Die relativ hohen Serumphosphatkonzentrationen von Säuglingen, Kleinkindern und Schulkindern begünstigen die Mineralisation des Skeletts. Beim Erwachsenen spiegelt die täglich über die Niere ausgeschiedene Phosphatmenge die aus der Nahrung absorbierte Menge wider [6].

Beim gestillten Säugling ist Phosphor das limitierende Element für die Mineralisation des Skeletts. Der geringe Phosphorgehalt der Frauenmilch [7] entspricht der alterstypisch relativ niedrigen Nierenfunktionskapazität, deren Fähigkeit zur Ausscheidung insbesondere von Phosphat relativ gering ist. Ferner gelangen bei der Ernährung mit Frauenmilch nur geringe Mengen des stark puffernden Phosphats in die unteren Darmabschnitte, was zu einer Senkung des pH-Werts und damit zu einer bakteriellen Gärungsflora führt, die den Säugling vor Infektionen schützt [4].

Während in der letzten Auflage der „Empfehlungen für die Nährstoffzufuhr" der DGE Werte für die obligate Phosphorzufuhr genannt worden sind, werden jetzt empfohlene Zufuhrmengen formuliert, die definitionsgemäß deutlich niedriger liegen. Im Vergleich zu Calcium ist die vorhandene Datenbasis zur Aufstellung von empfohlenen Zufuhrmengen für Phosphor wesentlich schmaler. Der Durchschnittsbedarf für Erwachsene kann mit 580 mg/Tag veranschlagt werden [2]. Daraus lässt sich bei einem Variationskoeffizienten von 10 % mit einem Zuschlag von 20 % eine empfohlene Zufuhr von 700 mg/Tag ableiten. In der Pubertät und der Adoleszenz ist der Phosphorbedarf aufgrund der Gewebsnettoneubildung sowie insbesondere wegen des Knochenwachstums erhöht. Das verlangt eine Anhebung der empfohlenen Zufuhr auf 1 250 mg/Tag. Während der Schwangerschaft müssen im Mittel täglich 60 mg Phosphor und während der Stillzeit täglich 90 mg bis 120 mg bereitgestellt werden. Der Zuschlag von 100 mg/Tag während der Schwangerschaft und von 200 mg/Tag in der Stillzeit berücksichtigt die intestinale Absorptionsrate.

Ein nutritiver Phosphormangel ist infolge der reichlichen Zufuhr von Phosphor mit der Nahrung nicht bekannt; denn praktisch alle Lebensmittel enthalten Phosphor. Nur bei kompletter parenteraler Ernährung mit unzureichender Phosphorzufuhr kann es zu Mangelerscheinungen kommen [3]; diese äußern sich in einer Hypophosphatämie sowie in allgemeiner körperlicher Schwäche. Eine phosphorarme Ernährung ist gleichzeitig arm an Protein und Calcium.

Phosphorzufuhrmengen von 1,5 g bis 2,5 g bewirken einen Abfall der Calciumkonzentration im Serum und einen Anstieg der Serumparathormonkonzentration. Entgegen früherer Vermutungen verschlechtert sich die Calciumbilanz hierdurch jedoch nicht und die Knochenabbauprozesse sind nicht erhöht [1, 8]. Die Notwendigkeit zur Einhaltung eines bestimmten Ca : P-Verhältnisses besteht nach heutigem Kenntnisstand nicht.

Lebensmitteln zugesetzte Ortho- und Polyphosphate sind in dem vom Gesetzgeber zugelassenen Rahmen unbedenklich. Die Gefahr einer Phosphorintoxikation mit Hyperphosphatämie und Verkalkungen der Niere besteht insbesondere bei eingeschränkter Nierenfunktion. Beim Gesunden sind Phosphorintoxikationen infolge einer überhöhten alimentären Phosphorzufuhr nicht bekannt geworden. Die tolerierbare Gesamtzufuhrmenge für die physiologische Serumphosphatkonzentration des Erwachsenen würde bei einer Zufuhr von 3,5 g Phosphor/Tag erreicht. Bei Einnahme bestimmter Medikamente (z. B. Bisphosphonate) wird diese nominal tolerierbare Gesamtzufuhrmenge im Serum überschritten, ohne dass Intoxikationen beschrieben worden sind.

## Literatur


[1] Bizek BK, Ding W, Cerklewski FL: Evidence that bone resorption of young men is not increased by high dietary phosphorus obtained from milk and cheese. Nutr Res 16 (1996) 1143–11460

[2] Food and Nutrition Board/Institute of Medicine: Dietary reference intakes for calcium, phosphorus, magnesium, vitamin D, and fluoride. National Academy Press, Washington, DC (1997)

[3] Knochel JP: The pathophysiology and clinical characteristics of severe hypophosphatemia. Arch Intern Med 137 (1977) 203–220

[4] Manz F: Why is the phosphorus content of human milk exceptionally low? Monatsschr Kinderheilkd 140, Suppl 1 (1992) S35–S39

[5] Robertson WG: Plasma phosphate homeostasis. In: Nordin BEC (Hrsg.): Calcium, phosphate and magnesium metabolism. Churchill Livingstone, Edinburgh (1976) 217–229

[6] Robertson WG: Urinary excretion. In: Nordin BEC (Hrsg.): Calcium, phosphate and magnesium metabolism. Churchill Livingstone, Edinburgh (1976) 113–161

[7] Souci SW, Fachmann W, Kraut H: Die Zusammensetzung der Lebensmittel. Nährwert-Tabellen. Medpharm Scientific Publishers Stuttgart, 7. Auflage (2008)

[8] Spencer H, Kramer L, Osis D: Do protein and phosphorus cause calcium loss? J Nutr 118 (1988) 657–660

# Magnesium

## A. Empfohlene Zufuhr

| Alter | Magnesium mg/Tag | |
|---|---|---|
| | m | w |
| **Säuglinge** | | |
| 0 bis unter 4 Monate[a] | 24 | |
| 4 bis unter 12 Monate | 60 | |
| **Kinder** | | |
| 1 bis unter 4 Jahre | 80 | |
| 4 bis unter 7 Jahre | 120 | |
| 7 bis unter 10 Jahre | 170 | |
| 10 bis unter 13 Jahre | 230 | 250 |
| 13 bis unter 15 Jahre | 310 | 310 |
| **Jugendliche und Erwachsene** | | |
| 15 bis unter 19 Jahre | 400 | 350 |
| 19 bis unter 25 Jahre | 400 | 310 |
| 25 bis unter 51 Jahre | 350 | 300 |
| 51 bis unter 65 Jahre | 350 | 300 |
| 65 Jahre und älter | 350 | 300 |
| **Schwangere**[b] | | 310 |
| **Stillende** | | 390 |

[a] Hierbei handelt es sich um einen Schätzwert.
[b] Schwangere < 19 Jahre 350 mg

## B. Erläuterungen

Magnesium ist das vierthäufigste Kation im menschlichen Körper. Es findet sich zu 60 % im Skelett und zu 30 % in der Muskulatur. 1 % des Magnesiums liegt in der extrazellulären Flüssigkeit vor, der Rest in der intrazellulären. Der Magnesiumbestand bei Neugeborenen beträgt 0,7 g, bei 5-Jährigen 5 g und bei Erwachsenen ca. 25 g. Magnesium aktiviert zahlreiche Enzyme, besonders diejenigen des Energiestoffwechsels, wirkt als Cofaktor der phosphorylierten Nukleotide, ist beteiligt an der Synthese von Nukleinsäuren und spielt im Rahmen der Mineralisation des Knochens und der Membranphysiologie, bei der neuromuskulären Reizübertragung an den Synapsen sowie bei der Muskelkontraktion eine wichtige Rolle.

Ein Mangel an Magnesium mit definierten Symptomen konnte beim gesunden Menschen mit den üblichen Ernährungs- und Lebensgewohnheiten bisher nicht nachgewiesen werden. Bei Krankheiten des Magen-Darm-Trakts, insbesondere bei einer länger andauernden Absorptionsstörung sowie bei chronischer Alkoholzufuhr, kann allerdings eine unzureichende Versorgung mit Magnesium auftreten. Das Gleiche gilt für die chronische Zufuhr von bestimmten Arzneimitteln (z. B. Diuretika, Kortikoide, orale Kontrazeptiva). Schwerer Magnesiummangel führt zu Funktionsstörungen der Herz- und Skelettmuskulatur bis hin zur Muskelschwäche und Neigung zu Muskelkrämpfen.

20 % bis 30 % des mit der Nahrung zugeführten Magnesiums werden durch einen aktiven Transport und eine einfache Diffusion absorbiert [7, 8]. Die Absorptionsquote wird durch die angebotene Menge und die Löslichkeit des Magnesiumsalzes sowie durch den Gehalt der zugeführten Nahrung an Phytat, Ballaststoffen, Calcium und langkettigen Triglyceriden beeinflusst [10]. Überschüssig zugeführtes Magnesium wird in erster Linie über die Nieren ausgeschieden. Die Regelung erfolgt im Nierentubulus. Parathormon und Vitamin D wirken sowohl direkt als auch indirekt auf die Magnesiumkonzentration im Blut, der Regelmechanismus ist jedoch nicht genau bekannt.

Die mediane tägliche Magnesiumzufuhr mit einer Mischkost beträgt in Deutschland bei Männern 345 mg/Tag. Frauen nehmen 284 mg Magnesium/Tag auf [1]. In Bilanzstudien wurde der Durchschnittsbedarf junger erwachsener Männer an Magnesium mit 330 mg/Tag ermittelt. Die *Dietary Reference Intakes* (DRI) der USA geben auf dieser Basis für den Mann (19–30 Jahre) eine empfohlene Zufuhr (RDA) von 400 mg/Tag an. Für junge Frauen (19–30 Jahre) betragen der Durchschnittsbedarf 255 mg/Tag und die RDA 310 mg/Tag [2].

Die in der Tabelle empfohlenen Zufuhrmengen stützen sich auf zahlreiche Bilanzuntersuchungen [2, 3, 4, 5, 6, 11]. Sie entsprechen den empfohlenen Zufuhrmengen anderer Länder mit vergleichbaren Ernährungsgewohnheiten. Hohe Schweißverluste infolge Leistungssports oder Hitzearbeit können den Bedarf erhöhen und eine größere Zufuhr erforderlich machen als angegeben.

Der Fetus lagert im letzten Trimester der Schwangerschaft täglich 5 mg bis 7,5 mg Magnesium ein. Der dadurch entstehende Mehrbedarf der Schwangeren wird mit der für (junge) Frauen empfohlenen Zufuhr und einer üblichen Mischkost abgedeckt. Während des Stillens gibt die Frau mit 750 ml Milch, die im Durchschnitt 31 mg Magnesium/l enthält, 24 mg Magnesium ab [9]. Für deren Ersatz ist eine zusätzliche Zufuhr von 80 mg/Tag bis 90 mg/Tag mit der Nahrung erforderlich. Der Schätzwert für die empfohlene Magnesiumzufuhr bei Säuglingen orientiert sich am Magnesiumangebot der Frauenmilch von durchschnittlich 24 mg/Tag.

Ausgehend von den Magnesiumbestandswerten (s. o.), lässt sich für die Wachstumsperiode eine tägliche Retention von etwa 3 mg/kg errechnen. Mit einem Angebot von 6 mg Magnesium/kg und Tag, wie es in den DRI empfohlen wird und den entsprechenden Werten in der Tabelle zugrunde gelegt ist, sollte der Bedarf gedeckt werden können [2].

Gute Lieferanten sind Vollkorngetreideprodukte, Milch und Milchprodukte, Leber, Geflügel, Fisch, Kartoffeln, viele Gemüsearten, Sojabohnen sowie Beerenobst, Orangen und Bananen. Auch Kaffee und Tee tragen zur Bedarfsdeckung bei. Durch Be- und Verarbeitungsvorgänge treten Verluste auf, die sehr stark variieren können.

Eine orale Zufuhr von 3 g bis 5 g Magnesiumverbindungen/Tag verursacht einen osmotisch bedingten Durchfall. Bei Niereninsuffizienz und/oder hoher parenteraler Zufuhr wurde eine Herabsetzung der Funktionsfähigkeit des Zentralnervensystems mit Muskellähmungen und Todesfällen beobachtet. Die EFSA gibt eine tolerierbare Gesamtzufuhrmenge von 250 mg/Tag an [12]. Dieser Wert bezieht sich auf Magnesiummengen, die über Nahrungsergänzungsmittel, Wasser und angereicherte Lebensmittel zugeführt werden; nicht auf Magnesiumverbindungen, die in nativen Lebensmitteln und Getränken enthalten sind.

## Literatur


[1] Deutsche Gesellschaft für Ernährung (Hrsg.): 12. Ernährungsbericht 2012. Bonn (2012)

[2] Food and Nutrition Board/Institute of Medicine: Dietary reference intakes for calcium, phosphorus, magnesium, vitamin D, and fluoride. National Academy Press, Washington, DC (1997)

[3] Gullestad L, Nes M, Ronneberg R et al.: Magnesium status in healthy free-living elderly Norwegians. J Am Coll Nutr 13 (1994) 45–50

[4] Jones JE, Manalo R, Flink EB: Magnesium requirements in adults. Am J Clin Nutr 20 (1967) 632–635

[5] Lakshmanan FL, Rao RB, Kim WW et al.: Magnesium intakes, balances, and blood levels of adults consuming self-selected diets. Am J Clin Nutr 40 (1984) 1 380–1 389

[6] Marxhall DH, Nordin BE, Speed R: Calcium, phosphorus and magnesium requirement. Proc Nutr Soc 35 (1976) 163–173

[7] Milla PJ, Aggett PJ, Wolff OH et al.: Studies in primary hypomagnesaemia: evidence for a defective carrier-mediated small intestinal transport of magnesium. Gut 20 (1979) 1028–1033

[8] Schwarz R, Spencer H, Welsh JJ: Magnesium absorption in human subjects form leafy vegetables, intrinsically labelled with stable 26Mg. Am J Clin Nutr 39 (1984) 571–576

[9] Souci SW, Fachmann W, Kraut H: Die Zusammensetzung der Lebensmittel. Nährwert-Tabellen. Medpharm Scientific Publishers, Stuttgart, 7. Auflage (2008)

[10] Spencer H, Fuller H, Norris C et al.: Effect of magnesium on the intestinal absorption of calcium in man. J Am Coll Nutr 13 (1994) 485–492

[11] Wisker E, Nagel R, Tanudjaja TK et al.: Calcium, magnesium, zinc, and iron balances in young women: effects of a low-phytate barley-fiber concentrate. Am J Clin Nutr 54 (1991) 553–559
[12] EFSA (European Food Safety Authority): Tolerable upper intake levels for vitamins and minerals (2006) www.efsa.europa.eu/en/ndatopics/docs/ndatolerableuil.pdf (eingesehen am 26.11.2012)

# Eisen

## A. Empfohlene Zufuhr

| Alter | Eisen mg/Tag m | Eisen mg/Tag w[a] |
|---|---|---|
| **Säuglinge[b]** | | |
| 0 bis unter 4 Monate[c, d] | 0,5 | |
| 4 bis unter 12 Monate | 8 | |
| **Kinder** | | |
| 1 bis unter 4 Jahre | 8 | |
| 4 bis unter 7 Jahre | 8 | |
| 7 bis unter 10 Jahre | 10 | |
| 10 bis unter 13 Jahre | 12 | 15 |
| 13 bis unter 15 Jahre | 12 | 15 |
| **Jugendliche und Erwachsene** | | |
| 15 bis unter 19 Jahre | 12 | 15 |
| 19 bis unter 25 Jahre | 10 | 15 |
| 25 bis unter 51 Jahre | 10 | 15 |
| 51 bis unter 65 Jahre | 10 | 10 |
| 65 Jahre und älter | 10 | 10 |
| **Schwangere** | | 30 |
| **Stillende[e]** | | 20 |

[a] nichtmenstruierende Frauen, die nicht schwanger sind oder nicht stillen: 10 mg/Tag
[b] ausgenommen Unreifgeborene
[c] Hierbei handelt es sich um einen Schätzwert.
[d] Ein Eisenbedarf besteht infolge der dem Neugeborenen von der Plazenta als Hb-Eisen mitgegebenen Eisenmenge erst ab dem 4. Monat.
[e] Diese Angabe gilt für stillende und nicht stillende Frauen nach der Geburt zum Ausgleich der Verluste während der Schwangerschaft.

## B. Erläuterungen

Eisen ist ein wichtiger Bestandteil zahlreicher sauerstoff- und elektronenübertragender Wirkgruppen (Hämoglobin und Myoglobin; verschiedene Enzyme, z. B. Cytochrome oder Ribonukleotidreduktase). Der menschliche Körper enthält etwa 2 g bis 4 g Eisen, und zwar zu etwa 60 % an Hämoglobin, zu 25 % an Ferritin und Hämosiderin und zu etwa 15 % an Myoglobin und Enzyme gebunden.

Eisenmangel kann die körperliche Leistungsfähigkeit beeinträchtigen, die Thermoregulation stören und die Anfälligkeit gegenüber Malaria erhöhen. Das Immunsystem ist ebenfalls eisenabhängig. Eine chronisch erniedrigte Eisenzufuhr führt zur Eisenmangelanämie; diese gehört weltweit zu den häufigsten Mangelerscheinungen. Ursachen eines schweren Eisenmangels mit Blutarmut sind zumeist chronische Blutverluste durch eine gesteigerte Menstruation oder gynäkologische Krankheiten sowie durch okkulte Blutungen im Magen-Darm-Bereich. Auch Umverteilungen von Eisen aus dem Funktionskompartiment in die Speicher, z. B. bei Entzündungen und bösartigen Tumoren, schränken dessen Nutzung ein.

In Deutschland beträgt die mediane Eisenzufuhr bei Männern 11,8 mg/Tag und bei Frauen 9,6 mg/Tag [4]. Ein ernährungsbedingter Eisenmangel ist wesentlich seltener als früher. Hinweise auf eine Eisenmangelanämie wurden bei etwa 0,6 % der Bundesbürger gefunden, bei Frauen etwa doppelt so häufig wie bei Männern [1]. Häufungen finden sich insbesondere bei heranwachsenden Frauen (Ursachen: Wachstum, Menstruation) und männlichen Senioren (Ursachen: chronische Entzündungen, Krebs).

In den ersten beiden Lebensjahren und während der Pubertät reicht die Eisenzufuhr für die schnelle Vermehrung der Körpermasse oft nicht aus. Latenter Eisenmangel und Anämie kommen deshalb am häufigsten im Alter von 1 bis 2 Jahren und bei Jungen während des pubertären Wachstumsschubs vor [2, 19]. Schwerer Eisenmangel kann das Wachstum verzögern. Wegen des Eisenbedarfs des Gehirns im Wachstum ist eine ausreichende Versorgung in der Kindheit von großer Bedeutung [13, 20]. Besonders im Alter von 12 bis 18 Monaten kann eine mäßig ausgeprägte Anämie die Intelligenzentwicklung stören, was wahrscheinlich irreversibel ist [15, 21]. Repräsentative Daten zur Prävalenz der Eisenmangelanämie und des (sehr viel häufigeren) latenten Eisenmangels in der Kindheit fehlen. Bei Verwendung von Ferritin im Serum als Indikator kann gemäß VERA-Studie [14] davon ausgegangen werden, dass weniger als 10 % der Frauen und etwa 3 % der Männer depletierte Eisenspeicher (Ferritin < 12 µg/l) aufweisen.

Der Eisenbedarf ergibt sich aus den Eisenverlusten über den Darm, die Nieren und die Haut (etwa 1 mg/Tag). Bei Frauen kommen Verluste durch die Menstruation von etwa 15 mg/Monat hinzu. Bei ca. 20 % der Frauen liegen diese monatlichen Eisenverluste jedoch erheblich höher als 15 mg [8]. Wachstum und Schwangerschaft steigern den Eisenbedarf.

Nach WHO-Angaben liegt die Absorptionsrate von Eisen aus der Nahrung in den meisten industrialisierten Ländern zwischen 10 % und 15 % [6]. Im Eisenmangel steigt sie auf das 2- bis 3-Fache an. Die empfohlene Zufuhr für Eisen muss deshalb vor allem die Bioverfügbarkeit berücksichtigen; diese kann in Abhängigkeit von der Zusammensetzung der Kost um das 10-Fache schwanken [9].

Eine Zufuhr von 15 mg Eisen/Tag würde nach den oben angeführten WHO Angaben zu absorbierten Eisenmengen zwischen 1,5 mg und 2,2 mg führen und damit den Bedarf aller Frauen mit einer normalen Menstruationsblutung decken. Für die Richtigkeit dieser Annahme spricht, dass bei einer durchschnittlichen täglichen Eisenzufuhr von 11 mg bei nicht schwangeren Frauen im Alter von 15 bis 44 Jahren in den USA nur in 14 % der Fälle Zeichen eines latenten Eisenmangels festgestellt wurden. Frauen mit erheblich verstärkter Monatsblutung (z. B. mit Intrauterinpessaren) benötigen mehr Eisen. Nach der Menopause haben Frauen keinen höheren Eisenbedarf mehr als Männer. Diese Feststellung wird durch in Deutschland durchgeführte Studien gestützt [1].

Während der Schwangerschaft entfällt einerseits der menstruelle Blutverlust. Andererseits werden zusätzlich für den Fetus etwa 300 mg, für die Plazenta etwa 50 mg und für das vermehrte mütterliche Blutvolumen etwa 450 mg Eisen benötigt [10]. Dementsprechend ist während der Schwangerschaft eine Gesamtzufuhr von 30 mg Eisen/Tag erforderlich, was sich über die Nahrung in aller Regel nicht verwirklichen lässt [12].

Für Säuglinge und Kinder wird der tägliche Eisenverlust auf 0,2 mg/Tag bis 0,4 mg/Tag geschätzt. Zum Wachstum werden zwischen dem 6. und 12. Lebensmonat ca. 0,7 mg/Tag und nach dem 1. Lebensjahr 0,3 mg/Tag bis 0,5 mg/Tag benötigt [3, 5]. Da das Neugeborene aufgrund des hohen Hämoglobingehalts des fetalen Bluts und der Eisenaufnahme über die Plazenta („plazentare Hypertransfusion") Speichereisen mitbringt, besteht ein nennenswerter und steigender Bedarf an Nahrungseisen erst ab dem 4. Lebensmonat. Benötigt wird dann etwa 1 mg absorbiertes Eisen/Tag, woraus sich unter Berücksichtigung der Absorptionsrate und der Variabilität des Eisenbedarfs eine empfohlene Zufuhr von etwa 1 mg Eisen/kg Körpergewicht ergibt.

Bei Kindern errechnet sich für den Ersatz von Eisenverlusten und für das Wachstum ein Bedarf an absorbiertem Eisen von etwa 0,8 mg/Tag. Die erhöhte empfohlene Zufuhr für die Zeit der Pubertät trägt dem erhöhten Wachstumsbedarf sowie bei Mädchen zusätzlich der einsetzenden Menstruation Rechnung.

Eine gemischte Kost enthält am Tag 5 mg bis 15 mg Nicht-Hämeisen und 1 mg bis 5 mg Hämeisen [18].
Im Unterschied zu Hämeisen in Lebensmitteln tierischer Herkunft, dessen Verfügbarkeit bei über 20 % liegt, wird

die Absorption von Nicht-Hämeisen durch absorptionshemmende Liganden (z. B. Tannine, Lignine, Oxalsäuren, Phytate und Phosphate) in vegetabilen Grundlebensmitteln (wie Getreide, Vollkornreis, Mais, Erbsen, Bohnen und Linsen) gehemmt und nur durch Fleisch, Fisch und Geflügel in der Kost oder Ascorbinsäure gefördert [7, 11, 16]. Die Absorption von Nicht-Hämeisen wird weiterhin durch Weizenkleie, Calciumsalze und Milchprodukte, Sojaprodukte, schwarzen Tee und Kaffee sowie Salicylate (z. B. Acetylsalicylsäure), Antazida, Ionenaustauscher und Clofibrate [11, 16] vermindert. Über die Wirkung des Alkohols auf die Eisenabsorption gibt es widersprüchliche Angaben. Personen, die sich hämarm ernähren (z. B. Vegetarier und Veganer), müssen gleichzeitig möglichst viel absorptionsfördernde Liganden wie Ascorbinsäure oder Zitronensäure zu sich nehmen (z. B. mit Früchten). Insgesamt werden aus Lebensmitteln pflanzlicher Herkunft kaum mehr als 5 % absorbiert.

Aufgrund von Verzehrmenge, Häufigkeit des Verzehrs und Eisengehalt sind Brot, Fleisch, Wurstwaren und Gemüse die wichtigsten Quellen der Eisenzufuhr [1].

In bestimmten Fällen kann eine Eisenüberladung auftreten. Eine überschießende Absorption findet sich unter anderem bei Alkoholismus und bei der erblichen Hämochromatose [17]. Letztere führt zur Schädigung von Leber, Bauchspeicheldrüse und Herzmuskel. Die Folgen sind ohne ärztliche Behandlung tödlich. Eisen wird auch als Prooxidans im Zusammenhang mit der Entstehung des Herzinfarkts und als Promotor von Krebskrankheiten diskutiert.

## Literatur


[1] Arab-Kohlmeier L, Sichert-Oevermann W, Schettler G: Eisenzufuhr und Eisenstatus der Bevölkerung in der Bundesrepublik Deutschland. Springer, Berlin (1989)

[2] Dallman PR, Siimes MA: Percentile curves for hemoglobin and red cell volume in infancy and childhood. J Pediatr 94 (1979) 26–31

[3] Dallman PR: Nutritional anemia of infancy. Iron, folic acid and vitamin $B_{12}$. In: Tsang RC, Nichols BL (Hrsg.): Nutrition during infancy. Hanley & Belfus, Philadelphia (1988) 216–235

[4] Deutsche Gesellschaft für Ernährung (Hrsg.): 12. Ernährungsbericht 2012. Bonn (2012)

[5] Fairbanks VF, Beutler E: Iron. In: Shils ME, Young VR (Hrsg.): Modern nutrition in health and disease. Lea & Febiger, Philadelphia, 7. Auflage (1988) 193–226

[6] FAO/WHO: Requirements of vitamin A, iron, folate and vitamin $B_{12}$. Report of a joint FAO/WHO expert consultation. FAO Food and Nutrition Series 23, FAO, Rome (1988)

[7] Hallberg L, Bjorn-Rasmussen E, Howard L et al.: Dietary heme iron absorption. A discussion of possible mechanisms for the absorption-promoting effect of meat and for the regulation of iron absorption. Scand J Gastroenterol 14 (1979) 769–779

[8] Hallberg L, Hogdahl AM, Nilsson L et al.: Menstrual blood loss – a population study. Variation at different ages and attempts to define normality. Acta Obstet Gynecol Scand 45 (1966) 320–351

[9] Hallberg L, Rossander L: Improvement of iron nutrition in developing countries: comparison of adding meat, soy protein, ascorbic acid, citric acid, and ferrous sulphate on iron absorption from a simple Latin American type of meal. Am J Clin Nutr 39 (1984) 577–583

[10] Hallberg L: Iron balance in pregnancy. In: Berger H (Hrsg.): Vitamins and minerals in pregnancy and lactation. Nestlé Nutrition Workshop Series 16, Raven Press, New York (1988) 115–127

[11] Hallberg L: Iron. In: Olson RE, Broquist HP, Chichester CO et al. (Hrsg.): Present knowledge in nutrition. Nutrition Foundation, Washington, 5. Auflage (1984) 459–478

[12] Herbert V: Recommended dietary intakes (RDI) of iron in humans. Am J Clin Nutr 45 (1987) 679–686

[13] Pollitt E, Haas J, Levitsky DA (Hrsg.): International conference on iron deficiency and behavioral development. Am J Clin Nutr 50, Suppl (1989) S565–S705

[14] Kohlmeier M, Thefeld W, Stelte W et al.: Versorgung Erwachsener mit Mineralstoffen und Spurenelementen in der Bundesrepublik Deutschland. Differenzierung nach Alter und Geschlecht. In: Kübler W, Anders HJ, Heeschen W (Hrsg.): VERA-Schriftenreihe. Band 5. Wiss. Fachverlag Dr. Fleck, Niederkleen (1995)

[15] Lozoff B, Jimenez E, Wolf AW: Long-term developmental outcome of infants with iron deficiency. N Engl J Med 325 (1991) 687–694

[16] Momsen ER: Iron nutrition and absorption. Dietary factors which impact iron bioavailability. J Am Diet Assoc 88 (1988) 786–790

[17] National Research Council: Iron. A report of the subcommittee on iron. University Park Press, Baltimore (1979)

[18] Narasinga BS: Physiology of iron absorption and supplementation. Br Med Bull 37 (1981) 25–30

[19] Risser WL, Risser JMH. Iron-deficiency in adolescents and young adults. Phys Sportsmed 18 (1990) 87–101

[20] Walter T, Kovalskys J, Stekel A: Effect of mild iron deficiency on infant mental development scores. J Pediatr 102 (1983) 519–522

[21] Walter T: Impact of iron deficiency on cognition in infancy and childhood. Eur J Clin Nutr 47 (1993) 307–316

# Jod

## A. Empfohlene Zufuhr

| Alter | Jod<br>Deutschland<br>Österreich | Jod<br>WHO<br>Schweiz |
|---|---|---|
| | µg/Tag | µg/Tag |
| **Säuglinge** | | |
| 0 bis unter 4 Monate[a] | 40 | 50 |
| 4 bis unter 12 Monate | 80 | 50 |
| **Kinder** | | |
| 1 bis unter 4 Jahre | 100 | 90 |
| 4 bis unter 7 Jahre | 120 | 90 |
| 7 bis unter 10 Jahre | 140 | 120 |
| 10 bis unter 13 Jahre | 180 | 120 |
| 13 bis unter 15 Jahre | 200 | 150 |
| **Jugendliche und Erwachsene** | | |
| 15 bis unter 19 Jahre | 200 | 150 |
| 19 bis unter 25 Jahre | 200 | 150 |
| 25 bis unter 51 Jahre | 200 | 150 |
| 51 bis unter 65 Jahre | 180 | 150 |
| 65 Jahre und älter | 180 | 150 |
| **Schwangere** | 230 | 200 |
| **Stillende** | 260 | 200 |

[a] Hierbei handelt es sich um einen Schätzwert.

## B. Erläuterungen

Mit der Nahrung zugeführtes Jodid und Jodat werden schnell und nahezu vollständig absorbiert, letzteres nach Reduktion zu Jodid. Bei einer kontinuierlichen Zufuhr von 200 µg/Tag werden etwa 15 % des Jods binnen 24 Stunden durch die Schilddrüse aufgenommen. Bei einer niedrigeren Jodzufuhr bzw. jodverarmter Schilddrüse erhöht sich der prozentuale Anteil aufgrund aktiver Selbstregulationsmechanismen.

Jod wirkt als Bestandteil der Schilddrüsenhormone. Über die selenhaltigen Jodthyronindejodasen, welche die Umwandlung des Prohormons Thyroxin ($T_4$) zum aktiven Schilddrüsenhormon $T_3$ und deren Abbau aktivieren, bestehen Verbindungen zur Selenversorgung.
Der Jodbestand Erwachsener wird auf 10 mg bis 20 mg geschätzt. 8 mg bis 15 mg davon befinden sich in der Schilddrüse. Die Jodausscheidung erfolgt nach teilweiser Dejodierung der Schilddrüsenhormone vorwiegend über die Niere. Mit dem Stuhl gehen pro Tag etwa 15 µg bis

20 µg Jod ab [1]. Die Jodausscheidung im Urin wird häufig als praktikables Maß zur Beurteilung der Jodversorgung verwendet.

In Jodmangelgebieten und Gebieten mit unzureichender Jodversorgung treten als Jodmangelerscheinungen der endemische Kropf (Struma) und der endemische Kretinismus auf [7]. Außer einer unzureichenden Jodzufuhr kann der Verzehr strumigener Substanzen (z. B. von Glucosinolaten als Goitrogene in Kohlgemüse, aber auch von Isothiocyanaten, Thiocyanaten oder Nitraten) zur Entstehung von Kropf beitragen [16].

Die Ermittlung des Jodbedarfs orientiert sich an der Synthese der Schilddrüsenhormone. Berücksichtigt werden müssen dabei die Reutilisation von Jod anhand von Bilanzen, der in epidemiologischen Studien festgestellte Zusammenhang zwischen dem Jodversorgungsstatus und der Kropfhäufigkeit, die Beziehung zwischen dem langfristigen Niveau der Jodzufuhr und dem Jodgehalt der Schilddrüse sowie die Inaktivierung aktiver autonomer Anpassungsmechanismen der Schilddrüse oberhalb einer bestimmten Höhe der Jodzufuhr. Die Erfüllung der einzelnen Kriterien erfordert beim Erwachsenen eine Jodausscheidung im Urin von wenigstens 100 µg/Tag. Das Jod-Monitoring im Jahr 1996 hat für junge Männer eine mittlere Jodausscheidung im Urin von 108 µg/Tag (Median) ergeben [11]. Die Jodausscheidung im Jod-Monitoring des Kinder- und Jugendgesundheitssurvey (KiGGS) betrug 117 µg/l (Median) und lag damit am unteren Ende des von der WHO empfohlenen Bereichs von 100 µg/l bis 200 µg/l [22]. Für die Erzielung einer ausreichenden Jodversorgung ist außerdem einzukalkulieren, dass die Jodausscheidung im Stuhl (15–20 µg/Tag) durch eine zusätzliche Jodzufuhr auszugleichen ist. In Betracht zu ziehen ist ferner, dass der Jodgehalt der Speisen erhebliche regionale und große saisonale Schwankungen aufweist, die Speisenzubereitung nicht selten Jodverluste mit sich bringt und eine relativ niedrige Selenzufuhr die ausreichende Umwandlung von Thyroxin ($T_4$) in $T_3$ vermindern kann.

Die WHO schlägt eine Zufuhr von 2 µg Jod/kg Körpergewicht und Tag vor [18]. Für den Ausgleich lange bestehenden Jodmangels ist jedoch eine höhere Jodzufuhr notwendig, bis der Jodgehalt der Schilddrüse normalisiert ist.

Darüber hinaus ist der Einfluss von strumigenen Stoffen zu berücksichtigen. Mit deren zunehmendem Gehalt in der Nahrung und im Trinkwasser nimmt das Risiko einer endemischen Struma zu. So konnte bei Schulkindern eine Dosiswirkungsbeziehung zwischen einer Nitratbelastung und der Häufigkeit einer Struma gezeigt werden [8]. Da für einen Teil der Goitrogene ein kompetitiver Jodantagonismus besteht, kann dieses Risiko durch eine Erhöhung der Jodzufuhr vermindert werden.

Wegen der nach wie vor in bestimmten Regionen und Lebensphasen nicht ausreichenden Jodversorgung in Deutschland und o. g. Einflussfaktoren wird die bislang empfohlene Zufuhr von 200 µg Jod/Tag für den Erwachsenen beibehalten und nicht dem WHO-Vorschlag von 150 µg/Tag aus dem Jahr 1996 gefolgt. In der Schweiz ist als Folge eines jahrzehntelangen Jodsalzprogramms die Versorgung besser als in Deutschland und Österreich; dort gelten deshalb die WHO-Werte.

Der Jodversorgungszustand der Mutter bestimmt die Jodversorgung des Fetus, die Jodkonzentration in der Frauenmilch und damit auch die Jodversorgung des voll gestillten Säuglings. In der Schwangerschaft liegt ein zusätzlich erhöhter Jodbedarf infolge einer vermehrten renalen Durchblutung und einer damit einhergehenden erhöhten Jodausscheidung im Urin vor. Schwangere sollten deshalb ganz besonders auf eine ausreichende Jodzufuhr achten; diese liegt erst bei einer täglichen Zufuhr von 230 µg (Deutschland, Österreich) bzw. 200 µg (Schweiz) vor.

Während des Stillens muss die mit der Frauenmilch ausgeschiedene Jodmenge ersetzt werden. Die für Frauen empfohlene Jodzufuhr wird darum für Stillende auf 260 µg/Tag bzw. 200 µg/Tag erhöht. Industriell hergestellte Säuglingsanfangsnahrungen bieten einen ausreichenden Jodgehalt, weil ihnen Natrium- und Kaliumjodid zugefügt werden. In Gebieten mit einer kritischen Jodversorgung, kommt es gerade in der Schwangerschaft und in der Stillzeit wie auch bei Neugeborenen und in der Pubertät gehäuft zur Kropfmanifestation [7, 12]. Um eine ausreichende Jodversorgung von Schwangeren und Stillenden zu erreichen, wird empfohlen – nach Rücksprache mit dem Arzt – Jodtabletten einzunehmen [13, 19]. Für Deutschland wird aufgrund der zwischenzeitlich verbesserten Jodversorgung zu einer Supplementation in Höhe von 100 µg/Tag (bis 150 µg/Tag) geraten [19, 20, 21].

Der Jodgehalt von Lebensmitteln pflanzlicher und tierischer Herkunft hängt weitgehend vom Jodgehalt des Bodens und von der Jodversorgung landwirtschaftlicher Nutztiere ab. Dadurch können sehr große Gehaltsschwankungen auftreten. Jodreich sind in aller Regel Seefische und andere maritime Produkte. Milch und Eier werden bei einer entsprechenden Fütterung der betreffenden Tiere ebenfalls jodreich [17]. Beim Kochen geht ein Teil des Jods verloren. Dies gilt auch für jodiertes Speisesalz.

In Deutschland ist mit Jodat versetztes Jodsalz im Handel, das einen Jodgehalt von mindestens 15 mg/kg bis höchstens 25 mg/kg Speisesalz besitzt. Es ist zur Verwendung im Haushalt und in der Gemeinschaftsverpflegung sowie zur industriellen Produktion von Lebensmitteln des allgemeinen Verzehrs zugelassen. Fleisch und Wurstwaren dürfen mit jodiertem Nitritpökelsalz (Jodgehalt ebenfalls 15–25 mg/kg) hergestellt werden. Sogenannte „Reformsalze" und „Meersalze" enthalten, wenn sie nicht jodiert sind, nur unzureichende Jodmengen. Bei einseitiger vegetarischer Ernährung, bei Vorliegen einer Kuhmilchallergie oder einer Lactoseintoleranz, bei einer Fischallergie und insbesondere auch bei einer salzarmen Ernährung sollte nach Absprache mit dem behandelnden Arzt die zusätzliche Zufuhr von Jod in Tablettenform erwogen werden [5, 6, 9].

In Österreich wurde 1990 der Jodgehalt von Speisesalz auf 20 mg/kg in Form von Kaliumjodid erhöht und dadurch die Jodversorgung der Bevölkerung verbessert. Dennoch findet man bei Kindern und Heranwachsenden immer noch relativ häufig eine niedrige Jodausscheidung im Urin [4].

In der Schweiz wird das nationale Jodsalzprogramm (Jodgehalt von 20–30 mg/kg Speisesalz) konsequent umgesetzt; demzufolge besteht kein Jodmangel, und die Kropfhäufigkeit ist sehr niedrig.

Ein jodinduzierter Kropf, eine echte thyreotoxische Krise oder eine Jod-Akne treten bei der Verwendung von physiologischen Jodmengen, wie sie in der Nahrung selbst bei Verwendung von Jodsalz enthalten sind, nicht auf. Solche Komplikationen sind nur bei einem Überschreiten der empfohlenen Zufuhr um eine oder mehrere Zehnerpotenzen beobachtet worden [14]. Für die Entstehung eines Jodkropfs ist die chronische Erhöhung des Jodangebots in unphysiologischen Mengen (z. B. jodhaltige Medikamente, Desinfektionsmittel) Voraussetzung. Gleiches gilt für die Entstehung einer Hyperthyreose bei vorbestehender Schilddrüsenautonomie. Kontrastmittel mit langer Retentionszeit (z. B. orale Gallenkontrastmittel) können bei vorbestehender Schilddrüsenautonomie eine Hyperthyreose auslösen.

Die EFSA gibt als tolerierbare Gesamtzufuhrmenge für Jod 600 µg/Tag an [23]. In Deutschland ist jedoch, ebenso wie in anderen Ländern beobachtet [3, 15], als Folge eines lange dauernden Jodmangels vielfach mit unerkannten funktionellen Autonomien der Schilddrüse zu rechnen, insbesondere bei älteren Menschen. Unter diesen Umständen sollte die alimentäre Jodzufuhr bei Erwachsenen 500 µg/Tag generell nicht überschreiten. Damit lassen sich auch bei vorbestehender kompensierter Autonomie der Schilddrüse zwar keine akuten schweren Hyperthyreosen auslösen, man muss aber in Abhängigkeit vom Entwicklungsstadium der Autonomie und von der Joddosis mit Hyperthyreosen rechnen [10]. Diese werden so einer frühzeitigen Therapie zugänglich. Die Häufigkeit derartiger Hyperthyreosen wird mit zunehmender Verbesserung der Jodversorgung der Bevölkerung deutlich zurückgehen [2]. Patienten mit einer behandelten Basedow-Hyperthyreose dürfen gleichfalls jodiertes Speisesalz verwenden und damit hergestellte Lebensmittel verzehren.

## Literatur


[1] Anke M, Glei M, Groppel B et al.: Mengen-, Spuren- und Ultraspurenelemente in der Nahrungskette. Nova Acta Leopoldina NF 79, 309 (1998) 157–190

[2] Baltisberger BL, Minder CE, Bürgi H: Decrease of incidence of toxic nodular goitre in a region of Switzerland after full correction of mild iodine deficiency. Eur J Endocrinol 132 (1995) 546–549

[3] Bürgi H, Baumgartner H, Steiger G: Gibt es eine obere Verträglichkeitsgrenze der alimentären Jodzufuhr? Schweiz Med Wochenschr 112 (1982) 2–7

[4] Elmadfa I, Koenig JS: Iodine status of Austrian children and adolescents. In: Sandström B, Walter P (Hrsg.): Role of trace elements for health promotion and disease prevention. Bibl Nutr Dieta Basel Karger 54 (1998) 58–66

[5] Großklaus R, Somogyi A: Notwendigkeit der Jodsalzprophylaxe. Bga-Schriften, MMV Medizin-Verlag München (1994)

[6] Großklaus R: Ernährungsrisiko durch Jodmangel und Strategien der Beseitigung. Bundesgesundheitsbl 36 (1993) 24–31

[7] Gutekunst R, Smolarek H, Wächter W et al.: Strumaepidemiologie: IV Schilddrüsenvolumina bei deutschen und schwedischen Schulkindern. Dtsch Med Wochenschr 110 (1985) 50–54

[8] Höring H, Nagel M, Haerting J: Das nitratbedingte Strumarisiko in einem Endemiegebiet. Medizinische Informatik und Statistik 72 (1991) 147–153

[9] Hötzel D, Scriba PC, Meinhart E: Deckung des Jodbedarfs. In: Wolfram G, Kirchgeßner M (Hrsg.): Spurenelemente und Ernährung. Wissenschaftliche Verlagsgesellschaft, Stuttgart (1990) 83–99

[10] Livadas DP, Koutras DA, Souvatzoglou A et al.: The toxic effects of small iodine supplements in patients with autonomous thyroid nodules. Clin Endocrinol 7 (1977) 121–127

[11] Manz F et al.: Jod-Monitoring 1996. Schriftenreihe des Bundesministeriums für Gesundheit. Band 110. Nomos-Verlagsgesellschaft, Baden-Baden (1998)

[12] Manz F: Jodmangel – Jodbedarf – Jodmangelprophylaxe – Jodexzess bei Kindern. Der Kinderarzt 26 (1995) 1594–1598

[13] Meng W, Scriba P: Jodversorgung in Deutschland. Dtsch Ärztebl 99 (2002) A2560–A2564

[14] Pennington JA: A review of iodine toxicity reports. J Am Diet Assoc 90 (1990) 1571–1581

[15] Phillips DI, Nelson M, Barker DJ et al.: Iodine in milk and the incidence of thyrotoxicosis in England. Clin Endocrinol 28 (1988) 61–66

[16] Pickardt RC, Köbberling J (Hrsg.): Struma. Springer, Berlin (1990)

[17] Flachowsky G, Schöne F, Jahreis G: Zur Jodanreicherung in Lebensmitteln tierischer Herkunft. Ernährungs-Umschau 53 (2006) 17–21

[18] WHO (World Health Organization): Recommended iodine levels in salt and guidelines for monitoring their adequacy and effectiveness. Based on a joint WHO/UNICEF/ICCIDD consultation. WHO/NUT/96.13 (1996)
[19] Zimmermann M, Delange F: Iodine supplementation of pregnant women in Europe: a review and recommendations. Eur J Clin Nutr 58 (2004) 979–984
[20] Bergmann R: Sind Supplemente in der Schwangerschaft nötig? Kinderärztliche Praxis 77, Sonderheft (2006) 29–35
[21] Bundesinstitut für Risikobewertung, Arbeitskreis Jodmangel: Jod, Folsäure und Schwangerschaft – Ratschläge für Ärzte. Februar (2006)
[22] Thamm M, Ellert U, Thierfelder W et al.: Jodversorgung in Deutschland. Bundesgesundheitsbl – Gesundheitsforsch – Gesundheitsschutz 50 (2007) 744–749
[23] EFSA (European Food Safety Authority): Tolerable upper intake levels for vitamins and minerals (2006) www.efsa.europa.eu/en/ndatopics/docs/ndatolerableuil.pdf (eingesehen am 26.11.2012)

# Fluorid

## A. Richtwerte für die Fluoridgesamtzufuhr (Nahrung, Trinkwasser und Supplemente) sowie der Fluoridsupplemente zur Kariesprävention

| Alter | Angemessene Fluorid-gesamtzufuhr mg/Tag[a, b, c] | | Praktische Umsetzung in Abhängigkeit vom Trinkwasserfluoridgehalt mit empfohlenen Nahrungsergänzungen in Form von Tabletten oder von Fluoridspeisesalz (250 mg/kg)[d, e] | | | | |
|---|---|---|---|---|---|---|---|
| | | | Trinkwasserfluorid mg/l | | | | |
| | | | < 0,3 | | 0,3–0,7 | | > 0,7[f] |
| | m | w | Fluorid speise-salz[g] | Tabletten (mg) | Fluorid speise-salz[g] | Tabletten (mg) | – |
| **Säuglinge** | | | | | | | |
| 0 bis unter 4 Monate | 0,25 | | Tabl. 0,25 | 0,25 | + | 0 | – |
| 4 bis unter 12 Monate | 0,5 | | Tabl. 0,25 | 0,25 | + | 0 | – |
| **Kinder** | | | | | | | |
| 1 bis unter 4 Jahre | 0,7 | | Tabl. 0,25 | 0,25 | + | 0 | – |
| 4 bis unter 7 Jahre | 1,1 | | + | 0,5 | + | 0,25 | – |
| 7 bis unter 10 Jahre | 1,1 | | + | 1,0 | + | 0,5 | – |
| 10 bis unter 13 Jahre | 2,0 | | + | 1,0 | + | 0,5 | – |
| 13 bis unter 15 Jahre | 3,2 | 2,9 | + | 1,0 | + | 0,5 | – |
| **Jugendliche und Erwachsene** | | | | | | | |
| 15 bis unter 19 Jahre | 3,2 | 2,9 | + | 1,0 | + | 0,5 | – |
| 19 bis unter 25 Jahre | 3,8 | 3,1 | + | 1,0 | + | 0,5 | – |
| 25 bis unter 51 Jahre | 3,8 | 3,1 | + | 1,0 | + | 0,5 | – |
| 51 bis unter 65 Jahre | 3,8 | 3,1 | + | 1,0 | + | 0,5 | – |
| 65 Jahre und älter | 3,8 | 3,1 | + | 1,0 | + | 0,5 | – |
| **Schwangere** | | 3,1 | + | 1,0 | + | 0,5 | – |
| **Stillende** | | 3,1 | + | 1,0 | + | 0,5 | – |

[a] Das Risiko einer Fluoridakkumulation (chronischer Überdosierung) ist wegen der großen Wachstumsrate im 1. Lebenshalbjahr besonders gering. Eine Fluorose der bleibenden Zähne durch Fluoridsupplemente in den ersten 6 Lebensmonaten ist wegen der erst späteren Mineralisation nicht zu erwarten und auch nicht beobachtet worden.

[b] Fluoridzufuhr aus fester Nahrung, Trinkwasser, Getränken und Nahrungsergänzungen. Bei einer längeren Überschreitung der tolerierbaren Gesamtzufuhrmenge (etwa 0,1 mg/kg/Tag), besonders im Alter von 1 bis 8 Jahren, ist mit einem zunehmenden Vorkommen von Zahnschmelzflecken (Zahnfluorose) zu rechnen.

[c] entspricht im Säuglings- und Kindesalter etwa 0,05 mg/kg Körpergewicht

[d] Standardsituation: Trinkwasserfluorid < 0,3 mg/kg, kein fluoridiertes Speisesalz, keine Spezialdiät. Vor der ärztlichen Verordnung von Fluoridtabletten sollte eine kurze Fluoridanamnese erhoben werden.

[e] Bilanzierte Diäten, z. B. zur Behandlung von Stoffwechselkrankheiten, sind meist mit Spurenelementen, auch Fluorid, angereichert. Dann sind zusätzliche Fluoridgaben nicht zu empfehlen. Herstellerangaben sind zu beachten.

[f] Ab einem Trinkwasserfluoridgehalt von 0,7 mg/l sind weder Fluoridtabletten noch -speisesalz zulässig.

[g] Der Fluoridgehalt von fluoridiertem Speisesalz beträgt in Deutschland 250 mg/kg. Die Zufuhr von Speisesalz im Säuglings- und Kleinkindalter gilt als so gering, dass für diesen Altersbereich zusätzlich Fluoridtabletten gerechtfertigt erscheinen, auch wenn die Familie fluoridiertes Speisesalz verwendet (+).

## B. Erläuterungen

Fluorid ist ein normaler Bestandteil des Organismus. In Knochen und Zähnen ist die Konzentration mit etwa 200 mg/kg bis 2000 mg/kg rund 10 000-mal so hoch wie in den Körperflüssigkeiten und parenchymatösen Organen [1, 2, 3]. Wegen seiner erwiesenen kariespräventiven Wirkung wird Fluorid den gesundheitlich notwendigen Elementen zugeordnet [2, 5]. Es bestehen Anhaltspunkte für eine Funktion bei der Mineralisation von Knochen und Zähnen [4, 11, 13]. Außerdem sind fördernde Effekte kleiner Fluoridsupplemente auf das Wachstum und die Zahneruption beobachtet worden. Dies legt eine allgemeine biologische Bedeutung nahe [2].

Zahnkaries wird multifaktoriell verursacht. Fluorid fördert in einer angemessenen Zufuhr sowohl vor dem Zahndurchbruch (präeruptiv) als auch danach (posteruptiv) die Zahngesundheit, indem es die Widerstandsfähigkeit gegen den Säureangriff kariogener Mundbakterien verbessert und die Remineralisation von Primärläsionen steigert.

Für eine optimale Zahngesundheit darf die Fluoridzufuhr auf der einen Seite nicht zu niedrig sein. Auf der anderen Seite kann eine chronisch überhöhte Fluoridzufuhr typische Schmelzflecken (Zahnfluorose) zur Folge haben. Eine geringe bis mäßige Zahnfluorose geht meist mit einem besonders geringen Kariesbefall einher und ist nicht mit gesundheitlichen Nachteilen verbunden. Die Verbreitung einer geringen Dentalfluorose bis zu 10 % wird in Gebieten mit einer Trinkwasserfluoridierung noch als unbedenklich toleriert [5].

Wasserlösliches Fluorid, z. B. Natriumfluorid (NaF), wird fast vollständig absorbiert. In Gegenwart von Calcium, Magnesium, Aluminium, Eisen oder weiteren Kationen kann die Bioverfügbarkeit von Fluorid erheblich vermindert sein. Absorbiertes Fluorid wird rasch an die Mineralstoffe von Knochen und Zähnen gebunden. Nicht retiniertes und aus dem Stoffwechsel hervorgehendes Fluorid wird nahezu ausschließlich über die Niere ausgeschieden. In Bilanzuntersuchungen retinieren Säuglinge und Kleinkinder 50 % bis 90 % des löslichen Fluorids, Erwachsene hingegen nur 10 % oder weniger. Das übrige Fluorid wird renal und geringfügig auch intestinal ausgeschieden [1, 2].

Die Fluoridzufuhr mit den meisten Lebensmitteln ist gering und beträgt bei Kleinkindern 0,1 mg/Tag bis 0,2 mg/Tag, bei Erwachsenen 0,4 mg/Tag bis 0,6 mg/Tag. Dies gilt für die meisten Regionen in Deutschland, in denen der Trinkwasserfluoridgehalt 0,3 mg/l unterschreitet [1, 2, 3].

Die Richtwerte für adäquate Gesamtzufuhrmengen an Fluorid orientieren sich an Beobachtungen in Regionen mit gemäßigtem Klima, in denen die Fluoridkonzentration im Trinkwasser etwa 1 mg/l beträgt und einen optimalen Schutz vor Karies bietet [7]. Die durchschnittliche tägliche Zufuhr bei Kindern ist dort 0,05 mg/kg Körpergewicht [5]. Dieser Quotient liegt auch dem Richtwert für Erwachsene zugrunde.

Der meist niedrige natürliche Fluoridgehalt im Trinkwasser hat viele Länder veranlasst, ihn geringfügig anzuheben (Trinkwasserfluoridierung). In Deutschland verbietet das Lebensmittelrecht die allgemeine Trinkwasserfluoridierung. Deshalb wurden andere Maßnahmen der Fluoridprophylaxe eingeführt. Etwa 80 % der Säuglinge und 40 % bis 60 % der Klein- und Schulkinder erhalten nach Befragungen regelmäßig Fluoridtabletten. 1992 wurde fluoridiertes Speisesalz auf den Markt gebracht, das einen zunehmenden Marktanteil zu verzeichnen hat [1, 10]. Diese Entwicklungen machten in Deutschland Modifikationen der praktischen Umsetzung erforderlich [12]. Danach sollte in einem Haushalt nur eine Form der systemischen Fluoridprophylaxe angewandt werden, d. h. entweder fluoridiertes Speisesalz oder Fluoridtabletten. Ausgenommen sind Säuglinge und Kleinkinder, weil sie nur sehr geringe Mengen Salz zu sich nehmen. Sie sollten, auch wenn im Haushalt fluoridiertes Salz verwendet wird, weiterhin Fluoridtabletten bekommen [1, 12].

In Gebieten mit natürlicherweise hohen Fluoridkonzentrationen im Trinkwasser (> 0,7 mg/l) sind Fluoridsupplemente und Fluoridspeisesalz überflüssig. Der jeweilige Gehalt kann bei den zuständigen Gesundheitsämtern erfragt werden. Wird Mineralwasser mit einem natürlicherweise hohen Fluoridgehalt im Haushalt ständig anstelle von Trinkwasser verwendet, so ist es wie fluoridreiches Trinkwasser zu berücksichtigen [12].

Die Fluoridkonzentration des fluoridierten Speisesalzes beträgt in Deutschland 250 mg/kg [1, 10]. Gesundheitsprobleme infolge überhöhter Zufuhr sind auch bei einer versehentlichen Einnahme von Fluoridtabletten in der empfohlenen Dosis trotz der Verwendung von fluoridiertem Speisesalz kaum zu erwarten [1]. Sie könnten aber entstehen, wenn Säuglinge und Kleinkinder zusätzlich ihre Zähne mit Zahnpasta für Erwachsene geputzt bekommen, die meist einen Fluoridgehalt von 1 000 mg/kg bis 1 500 mg/kg aufweist, und diese Zahnpasta teilweise oder vollständig schlucken [9].

Fluoridsupplemente wirken systemisch und topisch. Bei Schulkindern, Jugendlichen und Erwachsenen erscheint die topische Verwendung von Fluorid in der Form von Zahnpasta und zahnärztlichen Anwendungen (zusätzlich zu einer Form systemischer Prophylaxe, etwa mit fluoridiertem Speisesalz) sinnvoll, weil deren Zähne fertig entwickelt bzw. durchgebrochen sind. In den ersten 3 Lebensjahren sollten die Zähne mit fluoridfreien Zahnpflegemitteln gereinigt werden. Wenn Fluorid stärker als bisher auch bei Kleinkindern oder gar Säuglingen topisch eingesetzt werden sollte, ist zu berücksichtigen, dass in diesem Alter Zahnreinigungspräparate teilweise oder vollständig geschluckt werden, was eine Fluoridüberdosierung [9] oder auch eine akute Toxizität zur Folge haben kann. Zahnpasta für Kinder unter 6 Lebensjahren muss eine niedrige Fluoridkonzentration (≤ 500 mg/kg) haben und in kleinsten Portionen sicher dosierbar sein. Da es sich bei der Pflege der Zähne mit Fluoridzahnpasta im Falle von Säuglingen und Kleinkindern praktisch um eine systemische Fluoridanwendung handeln würde, müsste auf andere Formen der systemischen Fluoridprophylaxe, also fluoridiertes Speisesalz oder Tabletten, verzichtet werden.

Säuglinge und Kinder, die mit einer bilanzierten Diät ernährt werden, benötigen keine systemische Fluoridprophylaxe, weil nach EU-Vorschriften bilanzierte Diäten mit allen Spurenelementen, einschließlich Fluorid, bedarfsgemäß angereichert sind [8]. Wenn dies in Ausnahmefällen nicht zutrifft, muss der Anbieter darauf hinweisen. Bei Kindern, die mit Spezialdiäten ernährt werden, ist darauf zu achten.

Es wird davon abgeraten, Früh- und Mangelgeborenen Fluoridsupplemente zu geben, solange sie nicht mindestens 3 000 g wiegen und anhaltend gut wachsen.

Fluorid kann akut toxisch wirken, wenn mehr als 1 mg/kg Körpergewicht auf einmal aufgenommen wird [5, 6]. Übelkeit, Erbrechen und Bauchschmerzen sind die ersten Folgeerscheinungen. Dagegen verursacht eine chronisch nur wenig überhöhte Exposition, z. B. mit dem Doppelten des Richtwerts für die Zufuhr in den ersten 8 Lebensjahren, geringe, symmetrische, meist bandförmige weißliche Flecken im Zahnschmelz. Eine noch stärkere chronische Überdosierung kann zu deutlichen braunen Zahnverfärbungen führen. Die maximale Zufuhr sollte deshalb bis zum Alter von 8 Jahren 0,1 mg/kg Körpergewicht nicht übersteigen. Jenseits eines Alters von 8 Jahren spielt die Dentalfluorose als Folge einer chronischen Fluoridüberdosierung keine Rolle mehr, weil die Schmelzbildung dann im Wesentlichen abgeschlossen ist.

Beträgt die tägliche Zufuhr über eine Zeit von mindestens 10 Jahren 10 mg oder mehr, werden oft bereits erste Anhaltspunkte einer Skelettfluorose beobachtet. Ist die Exposition in einer Region noch höher (20–80 mg/Person/Tag für 10 Jahre oder mehr), findet man verbreitet eine erhebliche Skelettfluorose; diese äußert sich in Gelenkschmerzen und -versteifungen infolge Verkalkungen von Sehnen und Gelenkkapseln [5].

Die EFSA leitet für Fluorid eine tolerierbare Gesamtzufuhrmenge von 0,1 mg/kg Körpergewicht ab [14].

## Literatur


[1] Bergmann KE, Bergmann RL: Salt fluoridation and general health. Adv Dent Res 9 (2) (1995) 138–143

[2] Bergmann RL, Bergmann KE: Fluoride nutrition in infancy – is there a biological role of fluoride for growth? In: Chandra RK (Hrsg.): Trace elements in nutrition of children II. Nestlé Nutrition Workshop Series, Vol. 23, Raven Press, New York (1991) 105–117

[3] Bergmann RL, Bergmann KE: Die Fluoridversorgung des Menschen. In: Wolfram G, Kirchgeßner M (Hrsg.): Spurenelemente und Ernährung. Wissenschaftl. Schriftenreihe der Ernährungsgesellschaften Deutschland, Österreich, Schweiz. Wissenschaftliche Verlagsgesellschaft, Stuttgart (1990) 47–66

[4] Farley JR, Wergedal JE, Baylink DJ: Fluoride directly stimulates proliferation and alkaline phosphatase activity of bone-forming cells. Science 222 (1983) 330–332

[5] Food and Nutrition Board/Institute of Medicine: Dietary Reference Intakes for calcium, phosphorus, magnesium, vitamin D, and fluoride. National Academy Press, Washington, DC (1997)

[6] Gessner BD, Beller M, Middaugh JP et al.: Acute fluoride poisoning from a public water system. N Engl J Med 330 (1994) 95–99

[7] Horowitz HS: The effectiveness of community water fluoridation in the United States. J Public Health Dent 56 (1996) 253–258

[8] Kersting M, Chahda C, Schöch G: Fluoridzufuhr bei Säuglingen mit bilanzierten Diäten. Ernährungs-Umschau 46 (1999) 12–13

[9] Kumar JV, Swango RA, Lininger LL et al.: Changes in dental fluorosis and dental caries in Newburgh and Kingston, New York. Am J Public Health 88 (1998) 1866–1870

[10] Marthaler TM, Martin A: Aktueller Stand der Salzfluoridierung. 3. Teil: Überwachung der Fluoridversorgung ganzer Bevölkerungen. Oralprophylaxe 8 (1986) 154–163

[11] Newesely H: Changes in crystal types of low solubility calcium phosphates in the presence of accompanying ions. Arch Oral Biol 6 Special Suppl (1961) 174–180

[12] Schmidt E, Wolfram G, Schmalz G: Empfehlungen zur Kariesprävention mit Fluoriden (DGZMK/DGKJ/DGE). Dtsch Zahnärztl Zeitschr 51 (1996) 725–726

[13] Varughese K, Moreno EC: Crystal growth of calcium apatites in dilute solutions containing fluoride. Calcif Tissue Int 33 (1981) 431–439

[14] EFSA (European Food Safety Authority): Tolerable upper intake levels for vitamins and minerals (2006) www.efsa.europa.eu/en/ndatopics/docs/ndatolerableuil.pdf (eingesehen am 26.11.2012)

# Zink

## 1. Empfohlene Zufuhr

| Alter | Zink[a] mg/Tag | | | | | |
|---|---|---|---|---|---|---|
| | m | | | w | | |
| | niedrige Phytatzufuhr[b] | mittlere Phytatzufuhr[c] | hohe Phytatzufuhr[d] | niedrige Phytatzufuhr[b] | mittlere Phytatzufuhr[c] | hohe Phytatzufuhr[d] |
| **Säuglinge** | | | | | | |
| 0 bis unter 4 Monate[e] | 1,5 | | | | | |
| 4 bis unter 12 Monate | 2,5 | | | | | |
| **Kinder und Jugendliche** | | | | | | |
| 1 bis unter 4 Jahre | 3 | | | | | |
| 4 bis unter 7 Jahre | 4 | | | | | |
| 7 bis unter 10 Jahre | 6 | | | | | |
| 10 bis unter 13 Jahre | 9 | | | 8 | | |
| 13 bis unter 15 Jahre | 12 | | | 10 | | |
| 15 bis unter 19 Jahre | 14 | | | 11 | | |
| **Erwachsene** | | | | | | |
| 19 bis unter 25 Jahre | 11 | 14 | 16 | 7 | 8 | 10 |
| 25 bis unter 51 Jahre | 11 | 14 | 16 | 7 | 8 | 10 |
| 51 bis unter 65 Jahre | 11 | 14 | 16 | 7 | 8 | 10 |
| 65 Jahre und älter | 11 | 14 | 16 | 7 | 8 | 10 |
| **Schwangere** | | | | | | |
| 1. Trimester | | | | 7 | 9 | 11 |
| 2. und 3. Trimester | | | | 9 | 11 | 13 |
| **Stillende** | | | | 11 | 13 | 14 |

[a] Die Absorption von Zink wird bei Erwachsenen durch den Phytatgehalt der Nahrung beeinflusst. Daher wird die empfohlene Zufuhr für Zink in Abhängigkeit von der Phytatzufuhr angegeben.
[b] entspricht einer Phytatzufuhr von 330 mg/Tag (0,5 mmol/Tag); eine niedrige Phytatzufuhr und damit eine hohe Zinkabsorption liegt bei Ernährungsweisen vor, bei denen der Verzehr von Vollkornprodukten sowie Hülsenfrüchten gering ist und die Proteinquellen vorrangig tierischer Herkunft sind
[c] entspricht einer Phytatzufuhr von 660 mg/Tag (1,0 mmol/Tag); eine mittlere Phytatzufuhr und damit eine moderate Zinkabsorption liegt bei Ernährungsweisen vor, die Proteinquellen tierischer Herkunft, darunter auch Fleisch oder Fisch, sowie Vollkornprodukte und Hülsenfrüchte einschließen (entsprechend einer vollwertigen Ernährung) oder bei einer vegetarischen bzw. veganen Ernährung mit vorrangig hoch ausgemahlenen, gekeimten oder fermentierten Getreideprodukten
[d] entspricht einer Phytatzufuhr von 990 mg/Tag (1,5 mmol/Tag); eine hohe Phytatzufuhr und damit eine verringerte Zinkabsorption liegt bei Ernährungsweisen vor, bei denen der Verzehr von Vollkornprodukten (vor allem nicht gekeimte oder unfermentierte) und Hülsenfrüchten hoch ist und die Proteinquellen vorrangig oder ausschließlich pflanzlicher Herkunft sind (z. B. Soja)
[e] Hierbei handelt es sich um einen Schätzwert.

## 2. Einleitung

Der menschliche Körper enthält zwischen 2 g und 3 g Zink, von dem sich der größte Teil in der Muskulatur (57 %) und dem Skelett (29 %) befindet [1]. Zink liegt immer als zweiwertiges Kation ($Zn^{2+}$) vor, wobei der größte Teil an Proteine gebunden ist [2].

Vom menschlichen Körper wird täglich nur ungefähr 0,1 % des Zinks ausgeschieden [3]. Da es für Zink keine klassischen Speicherorgane gibt, muss Zink regelmäßig mit der Nahrung zugeführt werden, um einen Mangel zu vermeiden [4, 5].

## 3. Physiologie

### Absorption

Die Absorption von Zink erfolgt beim Menschen vorwiegend im Dünndarm [6] über den Zinktransporter **Z**rt/***I****rt-like* ***p****rotein* (Zip)4 [7]. Die Absorption von mit der Nahrung aufgenommenem Zink erfolgt durch einen sättigbaren, carriervermittelten Transport [8]. Am Transport innerhalb der Enterozyten sind verschiedene andere Transporter der Zinktransporter (ZnT)-Proteinfamilie sowie das Zinkspeicherprotein Metallothionein beteiligt [9].

Die Zinkabsorption wird von zahlreichen Faktoren beeinflusst [10], wobei die zugeführte Zinkmenge und der Phytatgehalt die bedeutendsten Einflussfaktoren für die Bioverfügbarkeit sind [11]; beide zusammen erklären 81 % der Varianz der Zinkabsorption [12]. Eine Meta-Analyse von 30 Interventionsstudien zeigt, dass ein molares Verhältnis von Phytat zu Zink von mehr als 15:1 die Zinkabsorption deutlich vermindert [10].

Weitere Faktoren, die einen Einfluss auf die Zinkabsorption haben, sind die gleichzeitige Zufuhr von Nahrungsprotein, Eisen und Calciumsalzen. Die Anwesenheit von Nahrungsprotein steigert im Allgemeinen die Bioverfügbarkeit von Zink. Die bei der Proteinverdauung freigesetzten Peptide und Aminosäuren, wie beispielweise Histidin, können mit Zink niedermolekulare Komplexe wie Zinkhistidin bilden, welche die Bioverfügbarkeit von Zink verbessern [8, 13]. Casein vermindert die Zinkabsorption aus Kuhmilch bei Kleinkindern, möglicherweise durch Bindung von Zink an phosphorylierte Serinreste [13]. Weiterhin wurde eine geringere Zinkaufnahme bei einer auf Sojaprotein basierenden Ernährung im Vergleich zu Proteinen aus Lebensmitteln tierischer Herkunft beobachtet [14]. Dabei muss berücksichtigt werden, dass in sojaproteinreichen Mahlzeiten Inhibitoren der Zinkaufnahme, insbesondere Phytat, enthalten sein können [8]. Eine Hemmung der Zinkaufnahme trat aber auch bei Verwendung von phytasebehandeltem Sojaprotein auf [15].

Eisen hemmt die Zinkabsorption. Dies gilt allerdings nur für Nicht-Hämeisen und trat nur bei Gabe von anorganischem Zinksulfat auf, nicht aber beim Verzehr von Austern [16]. Eine weitere Studie beobachtete eine Hemmung der Zinkaufnahme erst bei einem außerordentlich hohen molaren Verhältnis von Eisen zu Zink (25:1), und dies auch nur in wässriger Lösung, aber nicht in Anwesenheit von Histidin oder in einer Mahlzeit [17]. Somit ist eine eisenvermittelte Hemmung der Zinkabsorption nicht bei normaler Nahrungsaufnahme, sondern nur bei gleichzeitiger Supplementation von Zink und sehr hohen Mengen Eisen auf nüchternen Magen zu erwarten.

Die Bioverfügbarkeit von Zink aus pflanzlichen Nahrungsmitteln ist in der Regel geringer als aus Lebensmitteln tierischer Herkunft, da sie Phytate und andere die Zinkabsorption hemmende Komponenten enthalten [18]. Für die Bioverfügbarkeit von Zink aus einer gemischten Kost wird eine Absorptionsrate von 31 % zugrunde gelegt. Dieser Wert ergibt sich aus den gewichteten mittleren Absorptionsraten der Einzelstudien, die in der Übersichtsarbeit von Bel-Serrat et al. [10] berücksichtigt wurden. Diese Absorptionsrate gilt für einen mittleren Phytatgehalt in der Nahrung, mit einem molaren Verhältnis von Phytat zu Zink von unter 15:1, wie er in der mitteleuropäischen Ernährung häufig vorkommt [10, 19].

### Stoffwechsel

Im Plasma liegt Zink überwiegend an Proteine gebunden vor, nur ein extrem kleiner Teil ist durch niedermolekulare Liganden komplexiert. Der Transport im Plasma erfolgt hauptsächlich gebunden an Albumin, teilweise auch an Transferrin, $\alpha_2$-Makroglobulin sowie weitere Zinkproteine [20]. Nach der Absorption gelangt das Zink über die Pfortader zunächst in die Leber. Unter dem Einfluss proinflammatorischer Zytokine wird mehr Metallothionein gebildet. Damit sinkt vorübergehend die Menge an verfügbarem Zink [21]. Von der Leber aus wird Zink durch das Plasma im Körper verteilt; dabei wird der Zinkgehalt im Plasma ungefähr 150-mal pro Tag ausgetauscht [22].

Knochen gehören zu den Geweben, deren Zinkgehalt bei einem Mangel am stärksten abnimmt [23]. Bei Knochen handelt es sich aber nicht um einen Speicher im klassischen Sinn, aus dem Zink bei reduzierter Zufuhr mobilisiert wird. Sie stellen vielmehr eine Art passive Reserve dar, bei der das im Rahmen der natürlichen Homöostase freigesetzte Zink nicht wieder ersetzt, sondern von anderen Organen aufgenommen wird [22].

Der intrazelluläre Transport von Zink wird durch mindestens zwei Dutzend Transportproteine vermittelt. Zip-Transportproteine transportieren Zink aus dem Extrazellulärraum und intrazellulären Organellen in das Zytosol und ZnT-Proteine vermitteln den Transport in die Gegenrichtung [24].

**Ausscheidung**

Die Ausscheidung von Zink erfolgt vorwiegend mit den Fäzes. Neben Zink, welches nicht aus der Nahrung absorbiert wurde, handelt es sich dabei hauptsächlich um sogenanntes endogenes Zink, das mit abgestoßenen Enterozyten, dem Pankreassekret und der Galle in den Darm gelangt. Bislang existieren nur wenige Angaben, wie viel endogenes Zink über diesen Weg abgegeben wird. Die Menge variiert in Abhängigkeit von der Zusammensetzung der Nahrung und der Bildung von Komplexen, die aufgrund ihrer geringen Absorption vermehrt ausgeschieden werden [25]. Im Vergleich zur Ausscheidung mit den Fäzes sind die Verluste über Urin, Schweiß, Haut und Haare deutlich geringer und weniger abhängig von der Zinkzufuhr [10]. Nur bei einem ausgeprägten Zinkmangel sinkt die Ausscheidung über den Urin, was die renalen Zinkverluste vermindert [22].

## 4. Funktionen

Es gibt mehrere tausend Zinkproteine im menschlichen Stoffwechsel. Zink ist Bestandteil von zahlreichen Enzymen und hat dabei katalytische oder strukturstabilisierende Funktionen. Zinkabhängige Enzyme sind z. B. Alkoholdehydrogenasen und Superoxiddismutasen (Oxidoreduktasen), RNA-Polymerasen (Transferasen), Carboxypeptidasen (Hydrolasen), Carboanhydrasen (Lyasen), DNA-Topoisomerasen (Isomerasen) sowie *t*RNA-Synthetasen (Ligasen) [26]. Darüber hinaus stabilisiert Zink in vielen hundert Transkriptionsfaktoren die Sekundärstrukturen, die eine Interaktion mit Nukleinsäuren vermitteln, beispielsweise in Zinkfingerproteinen, wodurch Zink eine erhebliche Rolle in der Regulation der Genexpression zukommt [27]. Außerdem ist Zink Bestandteil der Speicherform des Insulins, das in den β-Zellen des Pankreas als Hexamer mit zwei daran gebundenen Zinkionen vorliegt [28]. *In-silico*-Analysen haben ergeben, dass in ca. 10 % des menschlichen Proteoms typische Zinkbindungsmotive vorkommen [29]. Dadurch sind die biologischen Funktionen von Zink vielfältig. Es beeinflusst Zellwachstum, Differenzierung sowie Apoptose (programmierter Zelltod) und Vorgänge wie Metabolismus, Immunität, Kognition und Fortpflanzung [3].

Neben proteingebundenem Zink liegt ein kleiner Anteil in lose gebundener Form vor, der als „freies Zink" bezeichnet wird. Die Konzentrationen an freiem Zink liegen üblicherweise im pico- bis nanomolaren Bereich, wobei Veränderungen in der Konzentration des freien Zinks Signale vermitteln können [30]. Im zentralen Nervensystem wird freies Zink im Rahmen neuronaler Aktivität in den synaptischen Spalt glutamaterger Neuronen freigesetzt, wo es die Empfindlichkeit verschiedener postsynaptischer Rezeptoren moduliert [31]. Freies Zink ist von besonderer Bedeutung als intrazellulärer Botenstoff für das Immunsystem. Hier reguliert es unter anderem die Aktivität von Proteintyrosinphosphatasen und ist dadurch an der Modulation von Phosphorylierungssignalen in Zellen des angeborenen und adaptiven Immunsystems beteiligt [32].

## 5. Kriterien zur Beurteilung der Versorgung

Es gibt gegenwärtig keinen Parameter, der die Zinkversorgung eines Individuums zufriedenstellend abbildet. Diese Problematik wurde bereits im Rahmen eines Arbeitsgruppentreffens von *World Health Organization* (WHO), *United Nations Children's Fund* (UNICEF), *International Atomic Energy Agency* (IAEA) und *International Zinc Nutrition Consultative Group* (IZiNCG) thematisiert [33], ist aber bis heute nicht geklärt. Die wichtigsten Biomarker sind im Folgenden kurz aufgeführt, eine detaillierte Übersicht findet sich bei Lowe et al. [5].

**Biochemische Parameter**

*Die Zinkkonzentration im Serum oder Plasma* wird gegenwärtig als bester Biomarker für den Zinkstatus von Populationen angesehen, wobei dies aber nicht für den Einsatz als diagnostischer Marker für Individuen gilt [33]. Zink im Plasma repräsentiert mit 0,1 % nur einen sehr kleinen Teil des Gesamtbestands an Zink im menschlichen Körper [1]. Darüber hinaus unterliegt die Zinkkonzentration im Serum bzw. im Plasma Schwankungen, unter anderem in Abhängigkeit von Nahrungsaufnahme, Tageszeit, Infektionen, entzündlichen Prozessen, Alter, Geschlecht, Medikamenteneinnahme, Schwangerschaft und dem Versorgungsstatus mit anderen Nährstoffen. Niedrige Zinkkonzentrationen im Plasma aufgrund von Entzündungen oder Hypoalbuminämie können zudem einen Zinkmangel vortäuschen [4].

Die physiologische Zinkkonzentration im Serum oder Plasma liegt im Durchschnitt in der Größenordnung von 15,4 µmol/l (≙ 100 µg/dl)[1] [1]. Als untere Grenze des Referenzbereichs wurden, basierend auf dem 2,5. Perzentil der NHANES II-Studie, bei morgendlicher, nüchterner Blutentnahme 10,8 µmol/l (70 µg/dl) für Frauen und 11,4 µmol/l (74 µg/dl) für Männer abgeleitet [34], wobei in der Literatur auch davon abweichende Grenzwerte verwendet werden [35]. Jedoch kann auch bei einem Wert innerhalb des Referenzbereichs ein Zinkmangel nicht ausgeschlossen werden [36]. Bereits unter Bedingungen, bei denen keine Veränderung der Zinkkonzentration im Plasma nachweisbar ist, können auf zellulärer Ebene Auswirkungen eines Zinkmangels beobachtet werden [37, 38].

*Zelluläres Zink* ist ein vielversprechender Indikator für die Zinkversorgung, der im peripheren Blut bestimmt werden kann. In einer Studie mit experimentell-induziertem Zinkmangel (Zufuhr < 3,5 mg Zink/Tag für 20–24 Wochen) wurde noch keine statistisch signifikante Verminderung der Zinkkonzentration im Plasma beobachtet, wohingegen die Zinkkonzentrationen in Lymphozyten, Granulozyten und Thrombozyten bereits signifikant vermindert waren [39].

In der Vergangenheit wurden Erythrozyten, Thrombozyten und Leukozyten auf den Gehalt von Gesamtzink oder freiem Zink untersucht [5]. Aufgrund der geringen Verbreitung und der Verwendung unterschiedlicher Messmethoden und Zellpopulationen gibt es bislang aber noch keine allgemein anerkannten Referenzbereiche für zelluläres Zink.

**Zinkzufuhr**

Obgleich die Zinkversorgung vielfach anhand der Zufuhr eingeschätzt wird, berücksichtigt diese nicht die Verfügbarkeit. Daher ist die Zinkzufuhr nur bedingt geeignet. Weiterhin existieren unterschiedliche, teilweise stark voneinander abweichende Zufuhrempfehlungen [11]. Beispielsweise ergab eine Ernährungserhebung an Schulkindern in Benin bei 11 % bzw. 80 % eine unzureichende Zinkzufuhr, je nach Anwendung der Empfehlungen von IZiNCG oder WHO als Berechnungsgrundlage [40].

## 6. Mangelsymptomatik

Zinkmangel beim Menschen wurde erstmals zu Beginn der 1960er Jahre beschrieben [41]. Es handelte sich um Personen aus ländlichen Regionen des Iran sowie aus Ägypten, die deutlich verminderte Zinkwerte in Plasma, Erythrozyten, Haar und Urin aufwiesen. Sie zeigten ein beeinträchtigtes Längenwachstum und Hypogonadismus, was durch orale Zinkgabe behoben werden konnte [42]. Ähnliche Beobachtungen wurden auch bei *Acrodermatitis enteropathica* gemacht. Diese Erkrankung basiert auf autosomal-rezessiv vererbten Mutationen des intestinalen Zinktransporters Zip4 [43, 44]. Neben der Dermatitis, die insbesondere an den Extremitäten und den Übergängen zwischen Haut und Schleimhäuten auftritt, verursacht Zinkmangel weitere Symptome, darunter Alopezie (Haarausfall), vermindertes Längenwachstum, häufige Durchfälle und Infektionskrankheiten, bis hin zum Tod [45].

Keines der Symptome des Zinkmangels ist spezifisch und hinreichend für eine Diagnosestellung, da diese auch durch eine Reihe anderer Ursachen ausgelöst werden können [3]. Daher kann in der Regel ein Zinkmangel als Ursache derartiger Symptome nur durch deren Verminderung nach Zinkgabe nachgewiesen werden. Beispielsweise konnten durch Zinkgabe bei einem bestehenden subklinischen Zinkmangel neuropsychologische Probleme der Wahrnehmung und des Erinnerungsvermögens sowie psychomotorische Einschränkungen behoben werden [46].

Das Immunsystem wird besonders durch einen Zinkmangel beeinträchtigt; zahlreiche Beispiele für zelluläre und molekulare Funktionen von Zink sind bekannt [47]. Im *World Health Report* der WHO von 2002 wurde Zinkmangel in Entwicklungsländern als fünfthäufigste Ursache für den Verlust gesund verbrachter Lebensjahre eingestuft. Dies wird auf Infektionen und parasitäre Erkrankungen infolge eines unzureichenden Schutzes durch das Immunsystem zurückgeführt [48]. Ein Zusammenhang zwischen Zinkmangel und erhöhter Infektionsneigung gilt als gesichert, wobei mehrere zelluläre und molekulare Mechanismen identifiziert wurden [49, 50].

Die Angaben zur weltweiten Prävalenz eines Zinkmangels liegen weit auseinander. Konservative Schätzungen auf Basis von Zinkzufuhr und Längenwachstum gehen von 17 % aus [51], wohingegen andere Schätzungen, basierend auf landestypischen Zufuhrerhebungen unter Berücksichtigung der Bioverfügbarkeit, sogar bis hin zur Hälfte der Weltbevölkerung annehmen [52]. Schwere Formen des Zinkmangels treten vorwiegend in ärmeren Ländern auf, in denen die Grundnahrungsmittel nur geringe Mengen von gut bioverfügbarem Zink enthalten [52]. Allerdings kommt unzureichende Zinkzufuhr, wenn auch in geringerem Umfang, auch in Industrienationen vor [8, 51].

[1] Um die Zinkkonzentrationen von µmol/l in µg/dl umzurechnen, müssen die µmol/l-Werte mit 6,5 multipliziert werden.

## 7. Überversorgung

### Akute Überversorgung

Eine gesundheitliche Beeinträchtigung durch eine überhöhte akute Zufuhr von Zink wird im Rahmen der üblichen Ernährung nicht beobachtet [53]. Die in Tierversuchen bestimmte letale Dosis ($LD_{50}$-Werte) entspräche beim Menschen einer Einzeldosis von mehreren Gramm Zink [54]. In einer sechswöchigen Supplementationsstudie wurde allerdings bereits bei drei täglichen Einnahmen von jeweils 220 mg Zinksulfat (entsprechend einem Zinkgehalt von je 50 mg) gastrointestinale Beschwerden wie Krämpfe, Übelkeit, Erbrechen und Appetitverlust beobachtet [55].

### Chronische Überversorgung

Eine chronisch überhöhte Zinkzufuhr beeinträchtigt die Absorption von Kupfer [53]. Aus Tierversuchen gibt es Hinweise, dass hohe Zinkgaben die Bildung von Metallothionein in der Darmschleimhaut induzieren, wodurch Kupfer gebunden und in Folge der physiologischen Regeneration der Darmepithelzellen über den Stuhl verloren geht [56]. Aufgrund der Funktion von Kupfer als Cofaktor von Enzymen des Eisenstoffwechsels (siehe Kapitel „Kupfer") kommt es in der Folge zu Anämie und neurologischen Beeinträchtigungen [57].

Die in der Literatur genannten Mengen einer täglichen Zufuhr von Zink, die einen Kupfermangel auslösen, variieren. Dies liegt darin begründet, dass das Zn:Cu-Verhältnis bedeutsamer ist als die absolut aufgenommene Zinkmenge. Nicht nur eine hohe Zufuhr von Zink, sondern eine gleichzeitig geringe Zufuhr von Kupfer sind ausschlaggebend [36]. Bedenkliche Mengen werden mit einer üblichen Mischkost nicht erreicht; auch mit Zink angereicherte Lebensmittel haben sich als unbedenklich erwiesen [58, 59]. Problematisch hingegen ist die Verwendung von Zinkpräparaten zur Nahrungsergänzung. Bei einer einseitigen Zinksupplementation besteht die Möglichkeit eines Kupfermangels [60].

Hinsichtlich einer chronischen Toxizität muss die Gesamtzufuhr von Zink berücksichtigt werden, neben der Zufuhr über Lebensmittel müssen hier auch andere Zinkquellen wie Mundhygieneprodukte, insbesondere Zahnpasta, Mundwasser und Haftcremes berücksichtigt werden. Nach Angaben des Bundesinstituts für Risikobewertung (BfR) könnte bei Ausschöpfung der gegenwärtig erlaubten Tagesdosis allein durch Mundwasser bis zu 21,6 mg Zink/Tag zugeführt werden [61]. Weiterhin kann die exzessive Verwendung von Haftcremes bei schlecht sitzendem Zahnersatz aufgrund des hohen Zinkgehalts einiger Produkte (17–34 mg/g) zur chronischen Toxizität beitragen. Es kann zu Hypocuprämie sowie zu neurologischen und hämatologischen Erkrankungen kommen, die in Extremfällen lebensbedrohlich sind [62, 63].

### Tolerierbare Gesamtzufuhrmenge

Als Parameter zur Festlegung der tolerierbaren Gesamtzufuhrmengen (*Tolerable Upper Intake Level* [UL]) für Erwachsene wurde vom IOM und von der EFSA übereinstimmend die Beeinträchtigung der Kupferabsorption identifiziert [18, 64]. Das IOM wählte einen Bezugspunkt von 60 mg/Tag als *Lowest Observed Adverse Effect Level* (LOAEL) [18], basierend auf einer Studie, bei der eine verminderte Aktivität der erythrozytären kupfer- und zinkabhängigen Superoxiddismutase nach zehnwöchiger Einnahme von 50 mg Zink als Zinkgluconat (zuzüglich angenommene Zufuhr von 10 mg/Tag durch die Nahrung) festgestellt wurde [65]. Unter Berücksichtigung eines Unsicherheitsfaktors von 1,5 legte das IOM die tolerierbare Gesamtzufuhrmenge von Zink für Erwachsene auf 40 mg/Tag fest [18].

Die EFSA [19] gibt die zuvor vom *Scientific Committee on Food* (SCF) abgeleiteten Werte an [64]. Für Erwachsene wurde ein *No Observed Adverse Effect Level* (NOAEL) von 50 mg/Tag festgesetzt, basierend auf mehreren Studien, in denen Kupferbalance und -status, Metabolismus von Lipoproteinen und Blutbild untersucht wurden. Mit einem Unsicherheitsfaktor von 2 ergab sich eine tolerierbare Gesamtzufuhrmenge von 25 mg/Tag [64].

Aufgrund fehlender Daten über schädliche Wirkungen von Zink bei Kindern hat das SCF die täglichen Gesamtzufuhrmengen für Kinder aus den Daten für Erwachsene auf Basis des Körpergewichts extrapoliert. Daraus ergaben sich tägliche tolerierbare Gesamtzufuhrmengen von 7 mg (1–3 Jahre), 10 mg (4–6 Jahre), 13 mg (7–10 Jahre) 18 mg (11–14 Jahre) und 22 mg (15–17 Jahre) [64].

Das IOM definierte einen NOAEL für Säuglinge von 4,5 mg Zink/Tag, basierend auf einer Studie mit zinkangereicherter Säuglingsmilchnahrung [66]. Auf dieser Grundlage wurden die NOAEL für ältere Kinder unter Berücksichtigung des Körpergewichts abgeleitet. Somit ergaben sich für Kinder tolerierbare Gesamtzufuhrmengen von 4 mg (0–6 Monate), 5 mg (7–12 Monate), 7 mg (1–3 Jahre), 12 mg (4–8 Jahre), 23 mg (9–13 Jahre), und 34 mg (14–18 Jahre) [18].

Nach Auffassung der IZiNCG könnte der UL für Kinder bis zu 3 Jahren zu niedrig angesetzt sein. Auswertungen der Daten der NHANES III-Studie zeigten in den USA eine Zinkzufuhr oberhalb des vom IOM festgelegten UL, ohne Anzeichen toxischer Effekte [67, 68]. Die Daten von zwei weiteren Studien [69, 70] rechtfertigen höhere NOAEL von 6 mg (6–11 Monate), 8 mg (1–3 Jahre), 14 mg (4–8 Jahre), 26 mg (9–13 Jahre), sowie 39 mg (14–18 Jahre; weiblich) bzw. 44 mg (14–18 Jahre; männlich) [68].

## 8. Versorgungszustand der Bevölkerung

### Zufuhr von Zink[2]

*Säuglinge und Kleinkinder*

Nach der auf Basis von 3-Tage-Wiege-/Schätzprotokollen[3] erhobenen Daten der Verzehrsstudie zur Ermittlung der Lebensmittelaufnahme von Säuglingen und Kleinkindern in Deutschland (VELS, 2001–2002) betrug die Zufuhr bei Jungen im Alter von 6 Monaten bis unter 1 Jahr im Median 4,1 mg (10. Perzentil [P10] bis 90. Perzentil [P90] 3,1–5,6 mg) und bei gleichaltrigen Mädchen 3,5 mg (P10–P90 2,5–4,2 mg) Zink pro Tag. Die mediane Zufuhr von Zink lag bei 1- bis unter 4-jährigen Jungen bei 5,5 mg (P10–P90 4,0–7,4 mg) und bei gleichaltrigen Mädchen bei 5,1 mg (P10–P90 3,8–6,7 mg) pro Tag. Jungen im Alter von 4 bis unter 5 Jahren führten im Median 6,3 mg (P10–P90 4,9–9,0 mg) und gleichaltrige Mädchen 6,2 mg (P10–P90 4,6–7,9 mg) Zink pro Tag zu [71, 72].

*Kinder*

Laut der im Jahr 2006 in Deutschland durchgeführten EsKiMo-Studie (Ernährungsmodul des Kinder- und Jugendgesundheitssurveys, KIGGS-Studie)[4] betrug die mediane Zufuhr auf der Basis von Verzehrprotokollen bei 6- bis 11-jährigen Jungen 8,4 mg (P5–P95 5,6–12,8 mg) und bei gleichaltrigen Mädchen 7,8 mg (P5–P95 5,1–11,6 mg) Zink pro Tag [73].

In Österreich lag der im Zeitraum 2010 bis 2012 mittels 3-Tage-Schätzprotokoll[5] bestimmte Mittelwert der Zufuhr von Zink bei Jungen im Alter von 7 bis unter 10 Jahren bei 8,8 mg und im Alter von 10 bis unter 13 Jahren sowie im Alter von 13 bis unter 15 Jahren bei 9,4 mg pro Tag. Bei Mädchen lag der Mittelwert der Zufuhr in den gleichen Altersgruppen bei 8,5 mg, 8,0 mg und 8,5 mg pro Tag [74].

*Jugendliche und Erwachsene*

Nach Auswertung der Daten der Nationalen Verzehrsstudie (NVS) II (2005–2006)[6] lag die mediane Zufuhr von Zink in Deutschland bei Männern und Frauen im Alter von 15 bis 80 Jahren bei 11,1 mg (P5–P95 7,0–16,4 mg) bzw. 8,4 mg (P5–P95 5,4–12,1 mg) pro Tag [75, 76].

In Österreich lag der im Zeitraum 2014 bis 2016 mittels zwei 24-Stunden-Recalls[7] bestimmte Mittelwert der Zufuhr von Zink bei Männern im Alter von 19 bis unter 25 Jahren bei 13,8 mg, im Alter von 25 bis unter 51 Jahren bei 12,1 mg und im Alter von 51 bis unter 65 Jahren bei 11,2 mg pro Tag. Bei Frauen in den gleichen Altersgruppen lag er bei 9,3 mg, 9,1 mg und 8,7 mg pro Tag [77]. Die Zinkzufuhr von Erwachsenen im Alter von 65 bis 80 Jahren wurde im Zeitraum 2010 bis 2012 mittels 3-Tage-Schätzprotokoll[8] erhoben und lag bei Männern bei 9,2 mg pro Tag und bei Frauen bei 8,6 mg pro Tag [74].

Auswertungen der Studie *Healthy Lifestyle in Europe by Nutrition in Adolescence* (HELENA 2006/07; Daten aus acht europäischen Städten) ergaben für Mädchen im Alter von 10 bis unter 13 Jahren eine Zinkzufuhr von 10,2 mg pro Tag (P25–P75 9,1–11,4 mg), im Alter von 13 bis unter 15 Jahren 10,5 mg pro Tag (P25–P75 9,2–11,9 mg) und im Alter von 15 bis unter 19 Jahren 10,8 mg pro Tag (P25–P75 9,2–12,3 mg). Für Jungen in den gleichen Altersgruppen lag die Zufuhr bei 12,1 mg pro Tag (P25–P75 11,3–13,9 mg), 13,1 mg pro Tag (P25–P75 11,4–15,1 mg) und 13,9 mg pro Tag (P25–P75 12,0–15,7 mg) [78].

### Zinkkonzentrationen im Serum bzw. Plasma

In der KiGGS-Studie [79] sowie im Bundes-Gesundheitssurvey 1998 [80] wurden die Zinkkonzentrationen im Serum bzw. im Plasma nicht untersucht.

In Österreich lag die durchschnittliche Zinkkonzentration im Plasma bei Jungen im Alter von 7 bis unter 10 Jahren

[2] Die Zinkzufuhr ist nur bedingt geeignet um die Versorgung zu beurteilen, da die Verfügbarkeit nicht berücksichtigt wird (siehe „5. Kriterien zur Beurteilung der Versorgung").
[3] Auswertung der Daten mittels Bundeslebensmittelschlüssel (BLS) Version II.3, ergänzt durch zahlreiche weitere Lebensmittel
[4] Auswertung der Daten mittels BLS II.3
[5] Auswertung der Daten mittels BLS 3.01, ergänzt durch die Nährstoffgehalte landestypischer Rezepte und spezieller österreichischer Lebensmittel
[6] Auswertung der Verzehrdaten der beiden 24-Stunden-Recalls auf Basis einer aktualisierten Version des BLS 3.02. Daher unterscheiden sich diese von früher publizierten NVS II-Daten zur Zinkzufuhr, die mit dem Ernährungserhebungsinstrument DISHES (*Diet Interview Software for Health Examination Studies*) erfasst und mit einer älteren BLS-Version (BLS II.4) berechnet wurden.
[7] Auswertung der Daten mittels BLS 3.02
[8] Auswertung der Daten mittels BLS 3.01, ergänzt durch die Nährstoffgehalte landestypischer Rezepte und spezieller österreichischer Lebensmittel

bei 11,6 μmol/l, im Alter von 10 bis unter 13 Jahren bei 11,3 μmol/l und im Alter von 13 bis unter 15 Jahren bei 11,3 μmol/l. Bei Mädchen in den gleichen Altersgruppen betrug sie 12,9 μmol/l, 12,5 μmol/l und 11,4 μmol/l [74].

In Österreich lag der Mittelwert der Zinkkonzentration im Plasma bei Männern im Alter von 18 bis unter 25 Jahren bei 15,2 μmol/l, im Alter von 25 bis unter 51 Jahren bei 15,0 μmol/l und im Alter von 51 bis unter 65 Jahren bei 13,3 μmol/l. Bei Frauen in den gleichen Altersgruppen betrug er 13,7 μmol/l, 13,7 μmol/l und 12,3 μmol/l. Im Alter von 65 bis 80 Jahren lag der Mittelwert der Zinkkonzentration im Plasma bei Männern und Frauen bei 12,3 μmol/l bzw. 12,2 μmol/l [74].

## 9. Zink in Lebensmitteln

Einen besonders hohen Zinkgehalt weisen Austern (22,8 mg/100 g) und Keimlinge (z. B. von Roggen und Weizen je > 17,8 mg/100 g) auf. Auch Innereien (z. B. Leber von Schwein, Rind und Kalb gegart je > 4,8 mg/100 g), Rind- und Schweinefleisch (gegart, > 3,9 mg/100 g), Käse (z. B. Gouda ca. 4,3 mg/100 g) und bestimmte Nüsse wie Pekan- und Cashewnüsse (ca. 5,3 mg/100 g) gehören zu den Lebensmitteln mit einem hohen Zinkgehalt. Zinklieferanten sind zudem Eier (1,4 mg/100 g) und Milch (0,4 mg/100 g) [81].

Hauptlieferanten für Zink sind bei Frauen und Männern Fleisch, Fleischerzeugnisse und Wurstwaren, Brot sowie Milch und Milcherzeugnisse [75].

## 10. Ableitung der Referenzwerte für die Zinkzufuhr

Aufgrund des erheblichen Einflusses der Phytatzufuhr auf die Zinkabsorption (siehe „3. Physiologie") werden die Empfehlungen für die Zinkzufuhr für Erwachsene in Abhängigkeit von der Phytatzufuhr abgeleitet: niedrig (0,5 mmol/Tag, entsprechend 330 mg/Tag), mittel (1 mmol/Tag, entsprechend 660 mg/Tag) und hoch (1,5 mmol/Tag, entsprechend 990 mg/Tag), wobei es sich um Werte von typischen mitteleuropäischen Ernährungsformen handelt [19, 82]. Deutlich höhere Phytatgehalte, wie sie in Grundnahrungsmitteln einiger außereuropäischer Länder oder bestimmten vegetarischen Ernährungsformen vorkommen können, sind hier nicht berücksichtigt.

Bei Kindern bis zu einem Alter von 50 Monaten wurde, im Gegensatz zu Erwachsenen, kein nennenswerter Einfluss der Phytatzufuhr auf die Zinkabsorption festgestellt [83]. Da in der Literatur keine eindeutigen Angaben darüber existieren, bis zu welchem Alter dieser Zustand andauert, werden die Empfehlungen für Kinder und Jugendliche nicht in Abhängigkeit von Phytat abgeleitet, sondern aufgrund einer durchschnittlichen Absorptionsrate von 31 % (siehe „3. Physiologie").

### Säuglinge von 0 bis unter 4 Monaten

Die Ableitung der Referenzwerte für die Zinkzufuhr bei Säuglingen im Alter von 0 bis unter 4 Monaten orientiert sich am Zinkgehalt der Frauenmilch, die als optimal für die Ernährung von Säuglingen angesehen wird [84, 85]. Dies wurde für Zink in mehreren Studien bestätigt [86, 87].

Der Zinkgehalt in der Frauenmilch ist praktisch unabhängig von der Zinkzufuhr der Mutter [88, 89]. Dabei ist kein Effekt einer Zinksupplementation zu beobachten [90–92]. Der Zinkgehalt in der Frauenmilch nimmt während der Stillzeit ab. Eine Berechnung aus dem Jahr 2009 basierend auf 33 Studien ergab, dass in den ersten Tagen nach der Entbindung der Zinkgehalt von Frauenmilch im Durchschnitt bei 4,11 mg/l liegt und nach ein bis zwei Monaten auf 1,91 mg/l sinkt [93]. Bei einer durchschnittlichen Trinkmenge von 750 ml pro Tag [94] und einem durchschnittlichen Zinkgehalt in reifer Frauenmilch von 1,91 mg/l [93] ergibt sich eine Zinkzufuhr von 1,43 mg/Tag. Daher wird der Schätzwert für eine angemessene Zinkzufuhr für gestillte Säuglinge im Alter von **0 bis unter 4 Monaten** mit 1,5 mg/Tag angegeben (siehe Tab. A1).

### Säuglinge von 4 bis unter 12 Monaten, Kinder und Jugendliche

Der Zinkgehalt der Frauenmilch sinkt 3 bis 5 Monate nach der Entbindung auf 0,98 mg/l und nach 6 bis 11 Monaten auf 0,77 mg/l [93]. Spätestens ab dem 6. Monat ist die Zinkzufuhr durch Frauenmilch allein nicht mehr ausreichend. Zinkmangelsymptome können auftreten, wenn nicht durch Beikost zusätzliches Zink zugeführt wird [89, 95]. Eine Absorptionsstudie an Säuglingen im Alter zwischen 5 und 10 Monaten legt nahe, dass eine ausreichende Zinkversorgung nur durch eine Kombination von Frauenmilch mit fleischhaltiger oder mit Zink angereicherter Beikost erreicht werden kann [96]. Für eine abschließende Beurteilung dieser Fragestellung ist eine breitere Datengrundlage notwendig. Die Berücksichtigung allein der durch Frauenmilch zugeführten Zinkmenge ist für die Ableitung eines Referenzwertes für Säuglinge im Alter von 4 bis unter 12 Monaten unzureichend.

Für Säuglinge im Alter von 4 bis unter 12 Monaten sowie für Kinder und Jugendliche liegen keine Daten zum durchschnittlichen Zinkbedarf vor. Daher werden die Zinkverluste unter Verwendung des jeweiligen Referenzkörpergewichtes (siehe Kapitel „Energie") aus den Zinkverlusten für Erwachsene berechnet (siehe Tab. A4 bzw. „Erwachsene bis unter 65 Jahren"). Für Jungen bis unter 10 Jahren wird der Zinkverlust über die Samenflüssigkeit nicht berücksichtigt. Für den zusätzlichen Zinkbedarf zum Aufbau von Körpermasse wird der von Widdowson und Spray im Jahr 1951 ermittelte durchschnittliche Gehalt von 2 mg Zink/100 g Körpergewicht verwendet [97]. Die tägliche Gewichtszunahme wird für Säuglinge im Alter von 4 bis unter 12 Monaten mittels Daten der WHO-Wachstumsstandards [98] und für Kinder und Jugendliche mittels des medianen Gewichts in jeder Altersgruppe aus der KiGGS-Studie [99] ermittelt. Pro Gramm Gewichtszunahme wird ein zusätzlicher Zinkbedarf von 0,02 mg veranschlagt.

Unter Berücksichtigung einer durchschnittlichen Absorptionsrate von 31 % (siehe „3. Physiologie") sowie eines Variationskoeffizienten von 10 % (Zuschlag 20 %) ergibt sich eine empfohlene Zufuhr für Zink von 2,5 mg Zink/Tag für **Säuglinge im Alter von 4 bis unter 12 Monaten** (siehe Tab. A2), von 3 mg/Tag für **1- bis unter 4-Jährige**, 4 mg/Tag für **4- bis unter 7-Jährige**, 6 mg/Tag für **7- bis unter 10-Jährige**, 9 mg/Tag für **10- bis unter 13-Jährige** Jungen und 8 mg/Tag für Mädchen im selben Alter, 12 mg/Tag für **13- bis unter 15-Jährige** Jungen und 10 mg für Mädchen im selben Alter sowie 14 mg/Tag für **15- bis unter 19-Jährige** männliche Jugendliche und 11 mg für weibliche Jugendliche im selben Alter (siehe Tab. A3).

### Erwachsene bis unter 65 Jahren

Die Ableitungen der Zufuhrempfehlungen für Zink für Erwachsene verschiedener internationaler Fachgesellschaften basieren auf vergleichbaren Ansätzen [18, 19, 68, 100–103]. Aufgrund des Fehlens eines zufriedenstellenden Markers für den Zinkstatus (siehe „5. Kriterien zur Beurteilung der Versorgung") wurden sämtliche, derzeit gültige Referenzwerte für die Zinkzufuhr auf der Basis faktorieller Berechnungen ermittelt [104]. Analog dazu wird die empfohlene Zufuhr für Zink für Erwachsene abgeleitet.

Zusätzlich zur Ausscheidung des nicht absorbierten Zinks geht endogenes Zink, beispielsweise durch die Abschilferung von Enterozyten, mit den Fäzes verloren, was bei der Bilanzierung der Zinkhomöostase berücksichtigt werden muss (intestinale Verluste). Auf Grundlage der Berechnungen von Hambidge et al. [11] werden für die Ableitung der Referenzwerte für die Zinkzufuhr intestinale Verluste von 2,29 mg/Tag für Männer und 1,87 mg/Tag für Frauen zugrunde gelegt (siehe Tab. A4).

Die nicht intestinalen Zinkverluste sind im Rahmen der üblichen Zufuhrmengen unabhängig vom Versorgungsstatus [104]. Basierend auf der ersten Bilanzstudie von Milne et al. (in 1983) [105] und einer Reihe späterer Studien (zusammengefasst in verschiedenen Übersichtsarbeiten, z. B. [5, 10]) können diese Zinkverluste quantifiziert werden. Zur Ableitung der Referenzwerte für Zink wird daher unter Bezug auf die Berechnungen der IZiNCG ein Verlust über den Urin von 0,63 mg/Tag (Männer) bzw. 0,44 mg/Tag (Frauen), sowie ein Verlust über Haut und Schweiß von 0,42 mg/Tag (Männer) bzw. 0,36 mg/Tag (Frauen) angesetzt (siehe Tab. A4) [11, 68].

Der durchschnittliche tägliche Verlust von Zink mit der Samenflüssigkeit betrug in verschiedenen Untersuchungen zwischen 114 µg und 301 µg [106–109]. Für die Ableitung der Referenzwerte für die Zinkzufuhr wird ein durchschnittlicher täglicher Verlust von Zink mit der Samenflüssigkeit von 0,2 mg angenommen. Somit ergibt sich für Männer eine nicht intestinale Zinkabgabe von insgesamt 1,25 mg/Tag. Unter Berücksichtigung der intestinalen Abgabe ergibt dies einen physiologischen Bedarf von 3,54 mg/Tag (siehe Tab. A4).

Der Zinkverlust während der Menstruation wurde bislang nur in einer Studie untersucht. Dabei wurden durchschnittliche tägliche Zinkverluste von 5 µg gemessen [110]. In Relation zu den übrigen Verlusten ist diese Menge marginal und wird daher nicht in die Berechnung der endogenen Zinkverluste einbezogen. Aus den Zinkverlusten über Urin, Haut bzw. Schweiß zuzüglich der intestinalen Verluste ergibt sich bei Frauen ein Bedarf von 2,67 mg/Tag (siehe Tab. A4).

Unter Berücksichtigung einer berechneten fraktionellen Zinkabsorption für drei verschiedene Phytatgehalte (siehe Formel Tab. A5) [111, 112] sowie eines Variationskoeffizienten von 10 % (Zuschlag von 20 %) ergibt sich eine empfohlene Zufuhr für Erwachsene **bis unter 65 Jahren** für Männer bei einer niedrigen Phytatzufuhr von 11 mg, bei einer mittleren Phytatzufuhr von 14 mg und bei einer hohen Phytatzufuhr von 16 mg Zink pro Tag, und entsprechend für Frauen von 7 mg, 8 mg und 10 mg Zink pro Tag (siehe Tab. A5).

### Erwachsene ab 65 Jahren

Gegenwärtig gibt es keine hinreichenden Daten zur Berechnung eines gesonderten Zinkbedarfs für Erwachsene ab 65 Jahren, sodass für diese Altersgruppe dieselben Empfehlungen wie für jüngere Erwachsene zugrunde gelegt werden (siehe Tab. A5).

### Schwangere

Für das Wachstum des Fetus, die Bildung der Plazenta und des Fruchtwassers sowie für die Größenzunahme von Uterus, Brustgewebe und Blutvolumen besteht für die gesamte Schwangerschaft ein Mehrbedarf an Zink von insgesamt 100 mg, wovon ungefähr 60 % auf den Fetus und 40 % auf mütterliches Gewebe entfallen [113]. Es gibt Hinweise, dass der Mehrbedarf zumindest teilweise durch eine veränderte Homöostase, unter anderem eine erhöhte Absorptionsrate, kompensiert wird. Eine marginale Unterversorgung kann allerdings nicht ausgeschlossen werden [114]. Zur Sicherstellung einer ausreichenden Zinkversorgung für den Fetus [115, 116] wird daher ein zusätzlicher Bedarf von 100 mg für die gesamte Schwangerschaft zugrunde gelegt. Unter Berücksichtigung der täglichen Gewichtszunahme in den drei Trimestern und einer Gesamtgewichtszunahme von 12 kg (s. Kapitel „Energie") entspricht dies einem Mehrbedarf in der Schwangerschaft von 8 µg Zink pro g Gewichtszunahme. Unter Berücksichtigung einer phytatabhängigen Zinkabsorption (Formel siehe Tab. A5) und eines Variationskoeffizienten von 10 % (Zuschlag von 20 %) ergibt sich eine empfohlene Zinkzufuhr für Schwangere von 7 mg, 9 mg und 11 mg Zink/Tag bei einer niedrigen, mittleren und hohen Phytatzufuhr im ersten Trimester, sowie von entsprechend 9 mg, 11 mg und 13 mg Zink/Tag im zweiten und dritten Trimester (siehe Tab. A6).

### Stillende

Durch die Abgabe von Zink mit der Frauenmilch ist der Zinkbedarf für Stillende erhöht, was aber durch eine erhöhte Absorption zumindest anteilig wieder ausgeglichen wird [114]. Der Zinkgehalt der Frauenmilch vermindert sich mit der Dauer der Stillzeit [93]. Dabei ist der Zinkgehalt in der Frauenmilch in den ersten Wochen der Stillzeit deutlich höher als im weiteren Verlauf (siehe „Säuglinge von 0 bis unter 4 Monaten"). Da während der Rückbildung des Uterus Zink freigesetzt wird [114], wird für diesen Zeitraum jedoch keine über die Zufuhrempfehlung für Stillende hinaus gehende Empfehlung ausgesprochen. Basierend auf den Daten von Brown et al. [93] wurde für die Abgabe von Zink mit der Frauenmilch, die gleichzeitig dem physiologischen Mehrbedarf aufgrund des Stillens entspricht, 1,43 mg/Tag berechnet (siehe „Säuglinge von 0 bis unter 4 Monaten"). Unter Berücksichtigung einer durchschnittlichen Absorptionsrate von 39 %, berechnet als gewichtetes Mittel von fünf Studien [117–121] und eines Variationskoeffizienten von 10 % (Zuschlag von 20 %; siehe „Erwachsene bis unter 65 Jahren"), ergibt sich eine zusätzliche Zufuhr von 4,3 mg Zink/Tag. Somit liegt die empfohlene Zinkzufuhr für Stillende bei insgesamt 11 mg, 13 mg oder 14 mg Zink/Tag bei einer niedrigen, mittleren und hohen Phytatzufuhr (siehe Tab. A7).

## 11. Sicherstellung einer angemessenen Zinkversorgung

Eine angemessene Versorgung mit Zink ist in Deutschland mit einer ausgewogenen Mischkost möglich, eine generelle Zinksupplementation ist daher nicht erforderlich. Die empfohlene Zufuhr wird aber laut aktueller Zufuhrdaten nur von einem Teil der Bevölkerung erreicht (siehe „8. Versorgungszustand der Bevölkerung"). Als Personengruppen, bei denen eine höhere Inzidenz eines Zinkmangels beobachtet wurde, gelten beispielsweise Senioren und Patienten mit chronisch entzündlichen Erkrankungen [122].

Die Zinkabsorption kann sich bei sehr hohen Phytatgehalten in der Kost um bis zu 45 % vermindern [10]. Vollkorngetreide und Hülsenfrüchte enthalten sowohl Zink als auch Phytate. Durch Zubereitungsmethoden wie Einweichen, Keimung, Fermentation oder Sauerteiggärung kann Phytat abgebaut und die Bioverfügbarkeit von Zink erhöht werden [123].

**Vegetarische Kostformen** enthalten höhere Mengen an Phytat und anderen, die Zinkabsorption hemmenden Stoffen [10]. Auch wenn die Beeinträchtigung der Zinkabsorption angesichts der Vielzahl an vegetarischen Kostformen nicht generell quantifiziert werden kann, ist sowohl die Zinkzufuhr mit der Nahrung als auch die Zinkkonzentration im Serum bei Vegetariern geringer als bei Mischköstlern [124]. Laut IOM benötigen Vegetarier, die sich hauptsächlich von Getreide und Hülsenfrüchten ernähren und daher Phytat zu Zink in einem molaren Verhältnis von > 15:1 aufnehmen, Schätzungen zufolge eine um bis zu 50 % höhere Zinkzufuhr [18]. Dennoch wurden bei Vegetariern bislang keine negativen gesundheitlichen Auswirkungen des geringeren Zinkstatus beobachtet [124]. Aufgrund des erhöhten Zinkbedarfs während des Wachstums sollte vor allem bei vegetarisch ernährten Kindern auf eine ausreichende Zinkzufuhr geachtet werden [124, 125]. Allerdings wurde der hemmende Effekt von

Phytat auf die Zinkabsorption bei Kindern in einer Auswertung von 8 Studien zur Zinkabsorption im Zusammenhang mit der Phytatzufuhr nicht beobachtet [83], sodass hier möglicherweise Unterschiede in der Absorption die Anwesenheit von Phytat kompensieren können (siehe „10. Ableitung der Referenzwerte für die Zinkzufuhr").

Die Bioverfügbarkeit von Zink aus Kuhmilch und **Säuglingsmilchnahrung** ist deutlich geringer als bei Frauenmilch [13, 126]. Dies liegt möglicherweise am höheren Citratgehalt sowie dem höheren Verhältnis von Molkenprotein zu Casein in der Frauenmilch [86, 127]. Der Zinkgehalt industriell hergestellter Säuglingsmilchnahrung ist höher als der von Frauenmilch. Er darf in der Europäischen Union bei einem Energiegehalt von mindestens 60 kcal/100 ml und maximal 70 kcal/100 ml sowohl bei Säuglingsanfangsnahrung auf Basis von Kuhmilchprotein als auch bei Folgenahrung zwischen 0,5 mg Zink/100 kcal und 1,0 mg Zink/100 kcal liegen. Das entspricht einer Spanne von 0,3 mg Zink/100 ml bis 0,7 mg Zink/100 ml bei einem mittleren Energiegehalt von 65 kcal/100 ml [128, 129].

## 12. Präventive Aspekte

Im Folgenden wird ein kurzer Überblick über die aktuelle Studienlage zu präventiven Aspekten der Zinkzufuhr gegeben, ohne dass eine Evidenzbewertung erfolgt. Aufgrund der Vielzahl an biochemischen Funktionen von Zink wird nur auf die wichtigsten Aspekte eingegangen.

Eine ausreichende Versorgung mit Zink ist essentiell für das Immunsystem. Es existieren zahlreiche Supplementationsstudien, die einen positiven Einfluss einer Zinkgabe auf die Abwehr verschiedener Infektionserkrankungen, aber auch auf Autoimmunerkrankungen und die Wirksamkeit von Impfungen nahelegen [50]. In diesem Zusammenhang ist auch die Beziehung zwischen Nährstoffversorgung und Immunoseneszenz, der langsamen Verschlechterung der Immunfunktion im höheren Lebensalter, zu erwähnen. Gemäß NVS II haben Senioren im Vergleich zu jüngeren Menschen in Deutschland eine geringere Zinkzufuhr [130]. Es gibt mehrere Zusammenhänge zwischen Zinkmangel und Immunoseneszenz, und einige Symptome der Immunoseneszenz sind durch Zinkgabe teilweise reversibel [131]. Zinkgabe führte zu einer Steigerung der Aktivität des zinkabhängigen Peptidhormons Thymulin im Serum [132], erhöhte die Bildung von Antikörpern nach einer Tetanusimpfung [133] und verbesserte in mehreren Studien die Reaktion auf in die Haut applizierter Antigene [134]. In ähnlicher Weise führte eine Zinksupplementation (10 mg elementares Zink in Form von Zinkaspartat für 6 Wochen) zu einer deutlichen Verminderung der altersbedingt erhöhten Produktion des entzündungsfördernd wirksamen Zytokins Interleukin-6 [135] und verminderte (als Zinkgluconat, 45 mg elementares Zink pro Tag, 12 Monate) das Auftreten von Infektionen in einer Gruppe von Senioren [136].

Zusätzlich zur Immunabwehr sind weitere präventive Aspekte relevant. Ein schlechter Zinkstatus wird mit der Entstehung von Depressionen und Psychosen in Verbindung gebracht und eine Zinksupplementation als mögliche Ergänzung zur medikamentösen Therapie dieser Erkrankungen diskutiert [137]. Weiterhin fördern unterschiedliche Zinkverbindungen die Insulinwirkung, und eine Rolle von Zink in der Prävention von Diabetes mellitus Typ 2 wird diskutiert, auch wenn dies durch weitere Studien abzusichern ist [138].

## Literatur


[1] Jackson MJ: Physiology of zinc: general aspects. In: Mills CF (Hrsg.): Zinc in human biology. Springer, Berlin (1989) 1–14

[2] Krezel A, Maret W: The biological inorganic chemistry of zinc ions. Arch Biochem Biophys 611 (2016) 3–19

[3] Maret W, Sandstead HH: Zinkbedarf und Risiko und Nutzen einer Zinksupplementierung. Perspectives in Medicine 2 (2014) 3–18

[4] Gibson RS, Hess SY, Hotz C et al.: Indicators of zinc status at the population level: a review of the evidence. Br J Nutr 99, Suppl 3 (2008) S14–S23

[5] Lowe NM, Fekete K, Decsi T: Methods of assessment of zinc status in humans: a systematic review. Am J Clin Nutr 89, Suppl (2009) 2040S–2051S

[6] Lee HH, Prasad AS, Brewer GJ et al.: Zinc absorption in human small intestine. Am J Physiol 256 (1989) G87-G91

[7] Andrews GK: Regulation and function of Zip4, the acrodermatitis enteropathica gene. Biochem Soc Trans 36 (2008) 1242–1246

[8] Lönnerdal B: Dietary factors influencing zinc absorption. J Nutr 130, Suppl (2000) 1378S–1383S

[9] Cousins RJ: Gastrointestinal factors influencing zinc absorption and homeostasis. Int J Vitam Nutr Res 80 (2010) 243–248

[10] Bel-Serrat S, Stammers A-L, Warthon-Medina M et al.: Factors that affect zinc bioavailability and losses in adult and elderly populations. Nutr Rev 72 (2014) 334–352

[11] Hambidge KM, Miller LV, Krebs NF: Zinc requirements: assessment and population needs. Nestle Nutr Inst Workshop Ser 70 (2012) 27–35

[12] Miller LV, Krebs NF, Hambidge KM: Mathematical model of zinc absorption: effects of dietary calcium, protein and iron on zinc absorption. Br J Nutr 109 (2013) 695–700

[13] Sandström B, Cederblad A, Lönnerdal B: Zinc absorption from human milk, cow's milk, and infant formulas. Am J Dis Child 137 (1983) 726–729

[14] Cossack ZT, Prasad AS: Effect of protein source on the bioavailability of zinc in human subjects. Nutr Res 3 (1983) 23–31

[15] Davidsson L, Almgren A, Sandström B et al.: Zinc absorption in adult humans. Br J Nutr 75 (1996) 607–613

[16] Solomons NW, Jacob RA: Studies on the bioavailability of zinc in humans: effects of heme and nonheme iron on the absorption of zinc. Am J Clin Nutr 34 (1981) 475–482
[17] Sandström B, Davidsson L, Cederblad A et al.: Oral iron, dietary ligands and zinc absorption. J Nutr 115 (1985) 411–414
[18] IOM (Institute of Medicine) (Hrsg.): Dietary Reference Intakes for vitamin A, vitamin K, arsenic, boron, chromium, copper, iodine, iron, manganese, molybdenum, nickel, silicon, vanadium, and zinc. National Academies Press, Washington, DC (2001)
[19] EFSA (European Food Safety Authority): Scientific opinion on dietary reference values for zinc. EFSA Journal 12 (2014) 3844
[20] Scott BJ, Bradwell AR: Identification of the serum binding proteins for iron, zinc, cadmium, nickel, and calcium. Clin Chem 29 (1983) 629–633
[21] Haase H, Rink L: Multiple impacts of zinc on immune function. Metallomics 6 (2014) 1175–1180
[22] King JC, Shames DM, Woodhouse LR: Zinc homeostasis in humans. J Nutr 130, Suppl (2000) 1360S–1366S
[23] Jackson MJ, Jones DA, Edwards RH: Tissue zinc levels as an index of body zinc status. Clin Physiol 2 (1982) 333–343
[24] Lichten LA, Cousins RJ: Mammalian zinc transporters: nutritional and physiologic regulation. Annu Rev Nutr 29 (2009) 153–176
[25] Krebs NF: Overview of zinc absorption and excretion in the human gastrointestinal tract. J Nutr 130, Suppl (2000) 1374S–1377S
[26] Vallee BL, Falchuk KH: The biochemical basis of zinc physiology. Physiol Rev 73 (1993) 79–118
[27] Maret W, Li Y: Coordination dynamics of zinc in proteins. Chem Rev 109 (2009) 4682–4707
[28] Dunn MF: Zinc-ligand interactions modulate assembly and stability of the insulin hexamer - a review. Biometals 18 (2005) 295–303
[29] Andreini C, Bertini I, Rosato A: Metalloproteomes: a bioinformatic approach. Acc Chem Res 42 (2009) 1471–1479
[30] Maret W: Metals on the move: zinc ions in cellular regulation and in the coordination dynamics of zinc proteins. Biometals 24 (2011) 411–418
[31] Sensi SL, Paoletti P, Koh J-Y et al.: The neurophysiology and pathology of brain zinc. J Neurosci 31 (2011) 16076–16085
[32] Haase H, Rink L: Functional significance of zinc-related signaling pathways in immune cells. Annu Rev Nutr 29 (2009) 133–152
[33] de Benoist B, Darnton-Hill I, Davidsson L et al.: Conclusions of the joint WHO/UNICEF/IAEA/IZiNCG Interagency meeting on zinc status indicators. Food Nutr Bull 28 (2007) S480-S484
[34] Hotz C, Peerson JM, Brown KH: Suggested lower cutoffs of serum zinc concentrations for assessing zinc status: reanalysis of the second National Health and Nutrition Examination Survey data (1976-1980). Am J Clin Nutr 78 (2003) 756–764
[35] Hess SY, Peerson JM, King JC et al.: Use of serum zinc concentration as an indicator of population zinc status. Food Nutr Bull 28, Suppl (2007) S403–S429
[36] Maret W, Sandstead HH: Zinc requirements and the risks and benefits of zinc supplementation. J Trace Elem Med Biol 20 (2006) 3–18
[37] Chung CS, Stookey J, Dare D et al.: Current dietary zinc intake has a greater effect on fractional zinc absorption than does longer term zinc consumption in healthy adult men. Am J Clin Nutr 87 (2008) 1224–1229
[38] Song Y, Chung CS, Bruno RS et al.: Dietary zinc restriction and repletion affects DNA integrity in healthy men. Am J Clin Nutr 90 (2009) 321–328
[39] Beck FW, Prasad AS, Kaplan J et al.: Changes in cytokine production and T cell subpopulations in experimentally induced zinc-deficient humans. Am J Physiol 272 (1997) E1002–E1007
[40] Galetti V, Mitchikpe CES, Kujinga P et al.: Rural Beninese children are at risk of zinc deficiency according to stunting prevalence and plasma zinc concentration but not dietary zinc intakes. J Nutr 146 (2016) 114–123
[41] Prasad AS, Halsted JA, Nadimi M: Syndrome of iron deficiency anemia, hepatosplenomegaly, hypogonadism, dwarfism and geophagia. Am J Med 31 (1961) 532–546
[42] Prasad AS: Discovery of human zinc deficiency: 50 years later. J Trace Elem Med Biol 26 (2012) 66–69
[43] Küry S, Dreno B, Bezieau S et al.: Identification of SLC39A4, a gene involved in acrodermatitis enteropathica. Nat Genet 31 (2002) 239–240
[44] Wang K, Zhou B, Kuo Y-M et al.: A novel member of a zinc transporter family is defective in acrodermatitis enteropathica. Am J Hum Genet 71 (2002) 66–73
[45] van Wouwe JP: Clinical and laboratory diagnosis of acrodermatitis enteropathica. Eur J Pediatr 149 (1989) 2–8
[46] Sandstead HH: Subclinical zinc deficiency impairs human brain function. J Trace Elem Med Biol 26 (2012) 70–73
[47] Maares M, Haase H: Zinc and immunity: an essential interrelation. Arch Biochem Biophys 611 (2016) 58–65
[48] WHO (World Health Organization) (Hrsg.): World Health Report. Reducing risks, promoting healthy life. Genf (2002)
[49] Shankar AH, Prasad AS: Zinc and immune function: the biological basis of altered resistance to infection. Am J Clin Nutr 68 (1998) 447S–463S
[50] Haase H, Overbeck S, Rink L: Zinc supplementation for the treatment or prevention of disease: current status and future perspectives. Exp Gerontol 43 (2008) 394–408
[51] Wessells KR, Brown KH: Estimating the global prevalence of zinc deficiency: results based on zinc availability in national food supplies and the prevalence of stunting. PLoS One 7 (2012) e50568
[52] Brown KH, Wuehler SE, Peerson JM: The importance of zinc in human nutrition and estimation of the global prevalence of zinc deficiency. Food Nutr Bull 22 (2001) 113–125
[53] Plum LM, Rink L, Haase H: The essential toxin: impact of zinc on human health. Int J Environ Res Public Health 7 (2010) 1342–1365
[54] ATSDR (Agency for Toxic Substances and Disease Registry) (Hrsg.): Toxicological profile for zinc. Atlanta (2005)
[55] Samman S, Roberts DC: The effect of zinc supplements on plasma zinc and copper levels and the reported symptoms in healthy volunteers. Med J Aust 146 (1987) 246–249
[56] Fischer PW, Giroux A, L'Abbe MR: The effect of dietary zinc on intestinal copper absorption. Am J Clin Nutr 34 (1981) 1670–1675
[57] Halfdanarson TR, Kumar N, Li C-Y et al.: Hematological manifestations of copper deficiency: a retrospective review. Eur J Haematol 80 (2008) 523–531
[58] Das JK, Kumar R, Salam RA et al.: Systematic review of zinc fortification trials. Ann Nutr Metab 62, Suppl 1 (2013) 44–56
[59] Shah D, Sachdev HS, Gera T et al.: Fortification of staple foods with zinc for improving zinc status and other health outcomes in the general population. Cochrane Database Syst Rev (2016) CD010697
[60] Duncan A, Yacoubian C, Watson N et al.: The risk of copper deficiency in patients prescribed zinc supplements. J Clin Pathol 68 (2015) 723–725
[61] BfR (Bundesinstitut für Risikobewertung): Zinksalze in Mundwasser und Zahnpasta. 2015 http://www.bfr.bund.de/cm/343/zinksalze-in-mundwasser-und-zahnpasta.pdf (eingesehen am 24.05.2017)
[62] Afrin LB: Fatal copper deficiency from excessive use of zinc-based denture adhesive. Am J Med Sci 340 (2010) 164–168

[63] Hedera P, Peltier A, Fink JK et al.: Myelopolyneuropathy and pancytopenia due to copper deficiency and high zinc levels of unknown origin II. The denture cream is a primary source of excessive zinc. Neurotoxicology 30 (2009) 996–999
[64] SCF (Scientific Committee on Food): Opinion of the Scientific Committee on Food on the tolerable upper intake level of zinc. Brüssel (2003)
[65] Yadrick MK, Kenney MA, Winterfeldt EA: Iron, copper, and zinc status: response to supplementation with zinc or zinc and iron in adult females. Am J Clin Nutr 49 (1989) 145–150
[66] Walravens PA, Hambidge KM: Growth of infants fed a zinc supplemented formula. Am J Clin Nutr 29 (1976) 1114–1121
[67] Briefel RR, Bialostosky K, Kennedy-Stephenson J et al.: Zinc intake of the U.S. population: findings from the third National Health and Nutrition Examination Survey, 1988-1994. J Nutr 130, Suppl (2000) 1367S–1373S
[68] IZiNCG Steering Committee: Assessment of the risk of zinc deficiency in populations. Food and Nutrition Bulletin 25, Suppl 2 (2004) S130–S162
[69] Bhandari N, Bahl R, Taneja S et al.: Substantial reduction in severe diarrheal morbidity by daily zinc supplementation in young north Indian children. Pediatrics 109 (2002) e86
[70] Lind T, Lonnerdal B, Stenlund H et al.: A community-based randomized controlled trial of iron and zinc supplementation in Indonesian infants: interactions between iron and zinc. Am J Clin Nutr 77 (2003) 883–890
[71] Heseker H, Mensink GBM: Lebensmittelverzehr und Nährstoffzufuhr im Kindes- und Jugendalter. Ergebnisse aus den beiden bundesweit durchgeführten Ernährungsstudien VELS und EsKiMo. In: Deutsche Gesellschaft für Ernährung (Hrsg.): Ernährungsbericht 2008. Bonn (2008) 49–93
[72] Heseker H: Tägliche Energie- und Nährstoffzufuhr bei Säuglingen in VELS (28.01.2013). Persönliche Mitteilung vom 28.01.2013. Paderborn
[73] Mensink GBM, Richter A, Stahl A: Bestandsaufnahme: Nährstoffversorgung und Lebensmittelverzehr von Kindern und Jugendlichen in Deutschland. In: Kersting M (Hrsg.): Kinderernährung aktuell. Schwerpunkte für Gesundheitsförderung und Prävention. Umschau Verlag, Sulzbach/Ts (2009) 40–46
[74] Elmadfa I (Hrsg.): Österreichischer Ernährungsbericht 2012. Wien (2012)
[75] Krems C, Walter C, Heuer T et al.: Lebensmittelverzehr und Nährstoffzufuhr - Ergebnisse der Nationalen Verzehrsstudie II. In: Deutsche Gesellschaft für Ernährung (Hrsg.): 12. Ernährungsbericht 2012. Bonn (2012) 40–85
[76] MRI (Max Rubner-Institut, Bundesforschungsinstitut für Ernährung und Lebensmittel): Energie- und Nährstoffzufuhr bei Jugendlichen und Erwachsenen in der NVS II (22.08.2014). Persönliche Mitteilung vom 22.08.2014. Karlsruhe (2014)
[77] Department für Ernährungswissenschaften der Universität Wien (Hrsg.): Österreichischer Ernährungsbericht 2017. Wien (2017)
[78] Diethelm K, Huybrechts I, Moreno L et al.: Nutrient intake of European adolescents: results of the HELENA (Healthy Lifestyle in Europe by Nutrition in Adolescence) Study. Public Health Nutr 17 (2014) 486–497
[79] RKI (Robert Koch-Institut) (Hrsg.): Beiträge zur Gesundheitsberichterstattung des Bundes. Bevölkerungsbezogene Verteilungswerte ausgewählter Laborparameter aus der Studie zur Gesundheit von Kindern und Jugendlichen in Deutschland (KiGGS). Berlin (2009)
[80] RKI (Robert Koch-Institut) (Hrsg.): Beiträge zur Gesundheitsberichterstattung des Bundes. Der Bundes-Gesundheitssurvey – Baustein der Gesundheitssurveillance in Deutschland. Berlin (2002)
[81] Deutsche Gesellschaft für Ernährung (Hrsg.): DGExpert, Version 1.8.10 (BLS 3.02). Bonn (2017)
[82] Amirabdollahian F, Ash R: An estimate of phytate intake and molar ratio of phytate to zinc in the diet of the people in the United Kingdom. Public Health Nutr 13 (2010) 1380–1388
[83] Miller LV, Hambidge KM, Krebs NF: Zinc absorption is not related to dietary phytate intake in infants and young children based on modeling combined data from multiple studies. J Nutr 145 (2015) 1763–1769
[84] Butte NF, Lopez-Alarcon MG, Garza C: Nutrient adequacy of exclusive breastfeeding for the term infant during the first six months of life. 2002 https://apps.who.int/iris/bitstream/handle/10665/42519/9241562110.pdf?sequence=1 (eingesehen am 04.02.2019)
[85] Bührer C, Genzel-Boroviczény O, Jochum F et al.: Ernährung gesunder Säuglinge. Monatsschr Kinderheilkd 162 (2014) 527–538
[86] Ackland ML, Michalczyk AA: Zinc and infant nutrition. Arch Biochem Biophys 611 (2016) 51–57
[87] Krebs NF, Westcott JL: Zinc and breastfed infants: if and when is there a risk of deficiency? In: Davis MK, Isaacs CE, Hanson LAet al. (Hrsg.): Integrating population outcomes, biological mechanisms and research methods in the study of human milk and lactation. Springer, Boston (2002) 69–75
[88] Domellöf M, Lonnerdal B, Dewey KG et al.: Iron, zinc, and copper concentrations in breast milk are independent of maternal mineral status. Am J Clin Nutr 79 (2004) 111–115
[89] Krebs NF: Food choices to meet nutritional needs of breast-fed infants and toddlers on mixed diets. J Nutr 137 (2007) 511S–517S
[90] O'Brien CE, Krebs NF, Westcott JL et al.: Relationships among plasma zinc, plasma prolactin, milk transfer, and milk zinc in lactating women. J Hum Lact 23 (2007) 179–183
[91] Sazawal S, Black RE, Dhingra P et al.: Zinc supplementation does not affect the breast milk zinc concentration of lactating women belonging to low socioeconomic population. J Hum Nutr Food Sci 1 (2013) 1014
[92] Heinig MJ, Brown KH, Lonnerdal B et al.: Zinc supplementation does not affect growth, morbidity, or motor development of US term breastfed infants at 4-10 mo of age. Am J Clin Nutr 84 (2006) 594–601
[93] Brown KH, Engle-Stone R, Krebs NF et al.: Dietary intervention strategies to enhance zinc nutrition: promotion and support of breastfeeding for infants and young children. Food Nutr Bull 30, Suppl 1 (2009) S14–S171
[94] Neville MC, Keller R, Seacat J et al.: Studies in human lactation: milk volumes in lactating women during the onset of lactation and full lactation. Am J Clin Nutr 48 (1988) 1375–1386
[95] Young BE, Krebs NF: Complementary feeding: critical considerations to optimize growth, nutrition, and feeding behavior. Curr Pediatr Rep 1 (2013) 247–256
[96] Krebs NF, Westcott JE, Culbertson DL et al.: Comparison of complementary feeding strategies to meet zinc requirements of older breastfed infants. Am J Clin Nutr 96 (2012) 30–35
[97] Widdowson EM, Spray CM: Chemical development in utero. Arch Dis Child 26 (1951) 205–214
[98] WHO (World Health Organization): WHO child growth standards based on length/height, weight and age. Acta Paediatr Suppl 450 (2006) 76–85
[99] RKI (Robert Koch-Institut): Referenzperzentile für anthropometrische Maßzahlen und Blutdruck aus der Studie zur Gesundheit von Kindern und Jugendlichen in Deutschland (KiGGS) 2003-2006. Berlin (2011)
[100] WHO (World Health Organization), FAO (Food and Agriculture Organization) (Hrsg.): Vitamin and mineral requirements in human nutrition. Bangkok, 2. Auflage (2004)

[101] WHO (World Health Organization) (Hrsg.): Trace elements in human nutrition and health. Genf (1996)
[102] Zinc. In: Nordic Council of Ministers (Hrsg.): Nordic Nutrition Recommendations 2012. Integrating nutrition and physical activity. Kopenhagen, 5. Auflage (2014) 573–581
[103] NHMRC (National Health and Medical Research Council) (Hrsg.): Nutrient reference values for Australia and New Zealand. Canberra (2006)
[104] Gibson RS, King JC, Lowe N: A review of dietary zinc recommendations. Food Nutr Bull 37 (2016) 443–460
[105] Milne DB, Canfield WK, Mahalko JR et al.: Effect of dietary zinc on whole body surface loss of zinc: impact on estimation of zinc retention by balance method. Am J Clin Nutr 38 (1983) 181–186
[106] Hunt CD, Johnson PE, Herbel J et al.: Effects of dietary zinc depletion on seminal volume and zinc loss, serum testosterone concentrations, and sperm morphology in young men. Am J Clin Nutr 56 (1992) 148–157
[107] Johnson PE, Hunt CD, Milne DB et al.: Homeostatic control of zinc metabolism in men: zinc excretion and balance in men fed diets low in zinc. Am J Clin Nutr 57 (1993) 557–565
[108] Baer MT, King JC: Tissue zinc levels and zinc excretion during experimental zinc depletion in young men. Am J Clin Nutr 39 (1984) 556–570
[109] Chia SE, Ong CN, Chua LH et al.: Comparison of zinc concentrations in blood and seminal plasma and the various sperm parameters between fertile and infertile men. J Androl 21 (2000) 53–57
[110] Hess FM, King JC, Margen S: Zinc excretion in young women on low zinc intakes and oral contraceptive agents. J Nutr 107 (1977) 1610–1620
[111] Miller LV, Krebs NF, Hambidge KM: A mathematical model of zinc absorption in humans as a function of dietary zinc and phytate. J Nutr 137 (2007) 135–141
[112] Hambidge KM, Miller LV, Westcott JE et al.: Zinc bioavailability and homeostasis. Am J Clin Nutr 91, Suppl (2010) 1478S–1483S
[113] Swanson CA, King JC: Zinc and pregnancy outcome. Am J Clin Nutr 46 (1987) 763–771
[114] Donangelo CM, King JC: Maternal zinc intakes and homeostatic adjustments during pregnancy and lactation. Nutrients 4 (2012) 782–798
[115] Terrin G, Berni Canani R, Di Chiara M et al.: Zinc in early life: a key element in the fetus and preterm neonate. Nutrients 7 (2015) 10427–10446
[116] Wilson RL, Grieger JA, Bianco-Miotto T et al.: Association between maternal zinc status, dietary zinc intake and pregnancy complications: a systematic review. Nutrients 8 (2016)
[117] Hambidge KM, Miller LV, Mazariegos M et al.: Upregulation of zinc absorption matches increases in physiologic requirements for zinc in women consuming high- or moderate-phytate diets during late pregnancy and early lactation. J Nutr 147 (2017) 1079–1085
[118] Sian L, Krebs NF, Westcott JE et al.: Zinc homeostasis during lactation in a population with a low zinc intake. Am J Clin Nutr 75 (2002) 99–103
[119] Chung CS, Nagey DA, Veillon C et al.: A single 60-mg iron dose decreases zinc absorption in lactating women. J Nutr 132 (2002) 1903–1905
[120] Donangelo CM, Zapata CLV, Woodhouse LR et al.: Zinc absorption and kinetics during pregnancy and lactation in Brazilian women. Am J Clin Nutr 82 (2005) 118–124
[121] Fung EB, Ritchie LD, Woodhouse LR et al.: Zinc absorption in women during pregnancy and lactation: a longitudinal study. Am J Clin Nutr 66 (1997) 80–88
[122] Lowe NM: In search of a reliable marker of zinc status-are we nearly there yet? Nutrition 21 (2005) 883–884
[123] King JC, Cousins RJ: Zinc. In: Ross AC, Caballero B, Cousins RJ et al. (Hrsg.): Modern nutrition in health and disease. Lippincott Williams & Wilkins, Philadelphia, 11. Auflage (2014) 189–205
[124] Foster M, Samman S: Vegetarian diets across the lifecycle: impact on zinc intake and status. Adv Food Nutr Res 74 (2015) 93–131
[125] Gibson RS: Content and bioavailability of trace elements in vegetarian diets. Am J Clin Nutr 59, Suppl (1994) 1223S-1232S
[126] Casey CE, Walravens PA, Hambidge KM: Availability of zinc: loading tests with human milk, cow's milk, and infant formulas. Pediatrics 68 (1981) 394–396
[127] Lönnerdal B, Stanislowski AG, Hurley LS: Isolation of a low molecular weight zinc binding ligand from human milk. J Inorg Biochem 12 (1980) 71–78
[128] Verordnung (EU) Nr. 609/2013 des Europäischen Parlaments und des Rates vom 12. Juni 2013 über Lebensmittel für Säuglinge und Kleinkinder, Lebensmittel für besondere medizinische Zwecke und Tagesrationen für gewichtskontrollierende Ernährung und zur Aufhebung der Richtlinie 92/52/EWG des Rates, der Richtlinien 96/8/EG, 1999/21/EG, 2006/125/EG und 2006/141/EG der Kommission, der Richtlinie 2009/39/EG des Europäischen Parlaments und des Rates sowie der Verordnungen (EG) Nr. 41/2009 und (EG) Nr. 953/2009 des Rates und der Kommission. Amtsblatt der Europäischen Union (2013) 35–56
[129] Delegierte Verordnung (EU) 2016/127 der Kommission vom 25. September 2015 zur Ergänzung der Verordnung (EU) Nr. 609/2013 des Europäischen Parlaments und des Rates im Hinblick auf die besonderen Zusammensetzungs- und Informationsanforderungen für Säuglingsanfangsnahrung und Folgenahrung und hinsichtlich der Informationen, die bezüglich der Ernährung von Säuglingen und Kleinkindern bereitzustellen sind. Amtsblatt der Europäischen Union (2016) 1–29
[130] MRI (Max Rubner-Institut, Bundesforschungsinstitut für Ernährung und Lebensmittel) (Hrsg.): Nationale Verzehrsstudie II. Ergebnisbericht, Teil 2. Die bundesweite Befragung zur Ernährung von Jugendlichen und Erwachsenen. Karlsruhe (2008)
[131] Haase H, Mocchegiani E, Rink L: Correlation between zinc status and immune function in the elderly. Biogerontology 7 (2006) 421–428
[132] Prasad AS, Meftah S, Abdallah J et al.: Serum thymulin in human zinc deficiency. J Clin Invest 82 (1988) 1202–1210
[133] Duchateau J, Delepesse G, Vrijens R et al.: Beneficial effects of oral zinc supplementation on the immune response of old people. Am J Med 70 (1981) 1001–1004
[134] Haase H, Rink L: The immune system and the impact of zinc during aging. Immun Ageing 6 (2009) 9
[135] Kahmann L, Uciechowski P, Warmuth S et al.: Zinc supplementation in the elderly reduces spontaneous inflammatory cytokine release and restores T cell functions. Rejuvenation Res 11 (2008) 227–237
[136] Prasad AS, Beck FW, Bao B et al.: Zinc supplementation decreases incidence of infections in the elderly: effect of zinc on generation of cytokines and oxidative stress. Am J Clin Nutr 85 (2007) 837–844
[137] Petrilli MA, Kranz TM, Kleinhaus K et al.: The emerging role for zinc in depression and psychosis. Front Pharmacol 8 (2017) 414
[138] Maret W: Zinc in pancreatic islet biology, insulin sensitivity, and diabetes. Prev Nutr Food Sci 22 (2017) 1–8

## Anhang

### Tabelle A1: Berechnung des Schätzwerts für die Zinkzufuhr für gestillte Säuglinge von 0 bis unter 4 Monaten

| Alter [Monate] | Zinkgehalt von Frauenmilch[a] [mg/l] | Trinkmenge[b] [ml/Tag] | Zinkzufuhr bei einer Trinkmenge von 750 ml/Tag [mg/Tag] | **Schätzwert** für die Zinkzufuhr (gerundet) [mg/Tag] |
|---|---|---|---|---|
| 0 bis unter 4 | 1,91 | 750 | 1,43 | **1,5** |

[a] Basierend auf Mittelwerten aus [93]
[b] [94]

### Tabelle A2: Berechnung der empfohlenen Zufuhr von Zink für Säuglinge von 4 bis unter 12 Monaten

| Alter [Monate] | | Referenzkörpergewicht[a] [kg] | endogene Zinkverluste[b] [mg/Tag] | Gewichtszunahme[c] [g/Tag] | Zinkeinbau in neues Gewebe[d] [mg/Tag] | Summe aus Zinkverlusten und dem Bedarf für die Bildung neuen Gewebes [mg/Tag] | durchschnittlicher Zinkbedarf (Berücksichtigung einer Absorptionsrate von 31 %)[e] [mg/Tag] | + Zuschlag 20 % (2 x Variationskoeffizient 10 %) [mg/Tag] | **empfohlene Zufuhr** von Zink (gerundet) [mg/Tag] |
|---|---|---|---|---|---|---|---|---|---|
| 4 bis unter 12 | m | 8,6 | 0,41 | 10,1 | 0,20 | 0,61 | 1,96 | 2,35 | **2,5** |
| | w | 7,9 | 0,35 | 9,7 | 0,20 | 0,55 | 1,76 | 2,11 | |

[a] Referenzkörpergewicht $_{Säuglinge}$: siehe Kapitel „Energie"
[b] Berechnet aus den Werten für den Zinkverlust für Erwachsene (siehe Tab. A4) unter Bezug auf das Referenzkörpergewicht; das Referenzkörpergewicht für Erwachsene beträgt 70,7 kg (Männer) und 60,0 kg (Frauen) (siehe Kapitel „Energie"). Für Jungen bis unter 10 Jahren wird der Zinkverlust über die Samenflüssigkeit nicht berücksichtigt.
[c] Berechnet aus der Differenz zwischen den Medianen des Gewichts der einzelnen Altersgruppen [98] und der Anzahl der Tage.
[d] 0,02 mg Zink/g zusätzliches Körpergewicht [97]
[e] [10]

## Tabelle A3: Berechnung der empfohlenen Zufuhr von Zink für Kinder und Jugendliche

| Alter [Jahre] | | Referenzkörpergewicht[a] [kg] | endogene Zinkverluste[b] [mg/Tag] | Gewichtszunahme[c] [g/Tag] | Zinkeinbau in neues Gewebe[d] [mg/Tag] | Summe aus Zinkverlusten und dem Bedarf für die Bildung neuen Gewebes [mg/Tag] | durchschnittlicher Zinkbedarf (Berücksichtigung einer Absorptionsrate von 31 %)[e] [mg/Tag] | + Zuschlag 20 % (2 x Variationskoeffizient 10 %) [mg/Tag] | **empfohlene Zufuhr** von Zink (gerundet) [mg/Tag] |
|---|---|---|---|---|---|---|---|---|---|
| 1 bis unter 4 | m | 13,9 | 0,66 | 6,5 | 0,13 | 0,79 | 2,54 | 3,05 | **3** |
| | w | 13,2 | 0,59 | 6,6 | 0,13 | 0,72 | 2,32 | 2,79 | |
| 4 bis unter 7 | m | 20,2 | 0,95 | 6,8 | 0,14 | 1,09 | 3,52 | 4,22 | **4** |
| | w | 20,1 | 0,89 | 6,8 | 0,14 | 1,03 | 3,32 | 3,99 | |
| 7 bis unter 10 | m | 29,3 | 1,38 | 9,3 | 0,19 | 1,57 | 5,07 | 6,08 | **6** |
| | w | 28,7 | 1,28 | 9,7 | 0,19 | 1,47 | 4,75 | 5,69 | |
| 10 bis unter 13 | m | 41,0 | 2,05 | 12,8 | 0,26 | 2,31 | 7,45 | 8,94 | **9** |
| | w | 42,1 | 1,87 | 14,0 | 0,28 | 2,15 | 6,95 | 8,34 | **8** |
| 13 bis unter 15 | m | 55,5 | 2,78 | 17,6 | 0,35 | 3,13 | 10,1 | 12,12 | **12** |
| | w | 54,0 | 2,40 | 9,3 | 0,19 | 2,59 | 8,35 | 10,02 | **10** |
| 15 bis unter 19 | m | 69,2 | 3,46 | 8,9 | 0,18 | 3,64 | 11,75 | 14,10 | **14** |
| | w | 59,5 | 2,65 | 3,0 | 0,06 | 2,71 | 8,73 | 10,48 | **11** |

[a] Referenzkörpergewicht $_{\text{Kinder/Jugendliche}}$: siehe Kapitel „Energie"
[b] Berechnet aus den Werten für den Zinkverlust für Erwachsene (siehe Tab. A4) unter Bezug auf das Körpergewicht; das Referenzkörpergewicht für Erwachsene beträgt 70,7 kg (Männer) und 60,0 kg (Frauen) (siehe Kapitel „Energie"). Für Jungen bis unter 10 Jahren wird der Zinkverlust über die Samenflüssigkeit nicht berücksichtigt.
[c] Berechnet aus der Differenz zwischen den Medianen des Gewichts der einzelnen Altersgruppen [99] und der Anzahl der Tage in den Altersgruppen.
[d] 0,02 mg Zink/g zusätzliches Körpergewicht [97]
[e] [10]

## Tabelle A4: Berechnung der endogenen Zinkverluste von Erwachsenen

| | Männer [mg/Tag] | Frauen [mg/Tag] |
|---|---|---|
| Intestinale Verluste[a] | 2,29 | 1,87 |
| Verluste über den Urin[b] | 0,63 | 0,44 |
| Verluste über Haut und Schweiß[b] | 0,42 | 0,36 |
| Verluste über Samenflüssigkeit[c] | 0,2 | - |
| Gesamt | **3,54** | **2,67** |

[a] [11]
[b] [11, 68]
[c] [106–109]

## Tabelle A5: Berechnung der empfohlenen Zufuhr von Zink für Erwachsene ≥ 19 Jahre

| | Phytatzufuhr [mg/Tag] | endogene Zinkverluste[a] [mg/Tag] | durchschnittlicher Zinkbedarf[b] [mg/Tag] | + Zuschlag 20 % (2 x Variationskoeffizient 10 %) [mg/Tag] | **empfohlene Zufuhr** von Zink (gerundet) [mg/Tag] |
|---|---|---|---|---|---|
| Männer | 330 | 3,54 | 9,0 | 10,8 | **11** |
| | 660 | 3,54 | 11,4 | 13,7 | **14** |
| | 990 | 3,54 | 13,7 | 16,4 | **16** |
| Frauen | 330 | 2,67 | 5,7 | 6,8 | **7** |
| | 660 | 2,67 | 7,0 | 8,4 | **8** |
| | 990 | 2,67 | 9,3 | 10,0 | **10** |

[a] siehe Tabelle A4
[b] Fraktionelle Zinkabsorption berechnet nach Formel 12 in Miller et al. [111] unter Verwendung der aktualisierten Zahlenwerte für die Konstanten in Hambidge et al. [112].

$$FZA = \frac{0,5}{TZ} \times \left( A_{max} + TZ + K_T \times \left(1 + \frac{TP}{K_P}\right) - \sqrt{\left(A_{max} + TZ + K_T \times \left(1 + \frac{TP}{K_P}\right)\right)^2 - 4 \times A_{max} \times TZ} \right)$$

**Variablen:**

FZA: Fraktionelle Zinkabsorption
TZ: Täglicher Zinkbedarf
TP: Tägliche Phytatzufuhr

**Konstanten:**

$A_{max}$: Maximale Zinkabsorption
$K_T$: Gleichgewichtskonstante Zink/Transportrezeptor
$K_P$: Gleichgewichtskonstante Zink/Phytat

Unter Verwendung der Variablen für TZ und TP kann eine Matrix berechnet werden, aus der die Ergebnisse abgelesen werden können.

## Tabelle A6: Berechnung der empfohlenen Zufuhr von Zink für Schwangere

| Trimester | Phytatzufuhr [mg/Tag] | Körpergewichts-zunahme[a] [g/Tag] | zusätzlicher Zinkbedarf[b] [mg/Tag] | Summe der gesamten endogenen Zinkverluste für erwachsene Frauen[c] und des zusätzlichen Zinkbedarfs [mg/Tag] | durchschnittlicher Zinkbedarf[d] [mg/Tag] | + Zuschlag 20 % (2 x Variationskoeffizient 10 %) [mg/Tag] | **empfohlene Zufuhr** von Zink (gerundet) [mg/Tag] |
|---|---|---|---|---|---|---|---|
| 1. | 330 | 16,7 | 0,14 | 2,81 | 6,2 | 7,4 | **7** |
| | 660 | 16,7 | 0,14 | 2,81 | 7,2 | 9,1 | **9** |
| | 990 | 16,7 | 0,14 | 2,81 | 9,0 | 10,8 | **11** |
| 2. | 330 | 60,6 | 0,51 | 3,18 | 7,5 | 9,0 | **9** |
| | 660 | 60,6 | 0,51 | 3,18 | 9,3 | 11,2 | **11** |
| | 990 | 60,6 | 0,51 | 3,18 | 11,1 | 13,3 | **13** |
| 3. | 330 | 54,2 | 0,45 | 3,12 | 7,2 | 8,6 | **9** |
| | 660 | 54,2 | 0,45 | 3,12 | 9,0 | 10,8 | **11** |
| | 990 | 54,2 | 0,45 | 3,12 | 10,7 | 12,8 | **13** |

[a] siehe Tabelle A5 im Kapitel „Energie"

[b] Basiert auf einem zusätzlichen Bedarf von insgesamt 100 mg [113], was bei einer Gewichtszunahme von insgesamt 12 kg (siehe Tabelle A5 im Kapitel „Energie") 8 µg Zink/g zusätzlichem Körpergewicht entspricht.

[c] 2,67 mg/Tag; siehe Tabelle A4

[d] [111, 112]; zur Berechnung der Zinkabsorption siehe Tabelle A5, Fußnote b

## Tabelle A7: Berechnung der empfohlenen Zufuhr von Zink für Stillende

| | Zinkgehalt von Frauenmilch[a] [mg/l] | sezernierte Milchmenge[b] [ml/d] | Zinkabgabe mit der Frauenmilch [mg/Tag] | zusätzlicher Zinkbedarf (Berücksichtigung einer Absorptionsrate von 39 %)[c] [mg/Tag] | + Zuschlag 20 % (2 x Variationskoeffizient 10 %) [mg/Tag] | Phytatzufuhr [mg/Tag] | empfohlene Zufuhr von Zink[d] zuzüglich zusätzlicher Zufuhr für Stillen [mg/Tag] | **empfohlene Zufuhr** von Zink (gerundet) [mg/Tag] |
|---|---|---|---|---|---|---|---|---|
| Stillende | 1,91 | 750 | 1,4 | 3,6 | 4,3 | 330 | 11,1 | **11** |
| | | | | | | 660 | 12,7 | **13** |
| | | | | | | 990 | 14,3 | **14** |

[a] [93]
[b] [94]
[c] berechnet als gewichtetes Mittel von fünf Studien [117–121]
[d] empfohlene Zufuhr für Frauen aus Tabelle A5

# Selen

## 1. Schätzwerte für eine angemessene Zufuhr

| Alter | Selen µg/Tag | |
|---|---|---|
| | m | w |
| **Säuglinge** | | |
| 0 bis unter 4 Monate | 10 | |
| 4 bis unter 12 Monate | 15 | |
| **Kinder und Jugendliche** | | |
| 1 bis unter 4 Jahre | 15 | |
| 4 bis unter 7 Jahre | 20 | |
| 7 bis unter 10 Jahre | 30 | |
| 10 bis unter 13 Jahre | 45 | |
| 13 bis unter 15 Jahre | 60 | |
| 15 bis unter 19 Jahre | 70 | 60 |
| **Erwachsene** | | |
| 19 bis unter 25 Jahre | 70 | 60 |
| 25 bis unter 51 Jahre | 70 | 60 |
| 51 bis unter 65 Jahre | 70 | 60 |
| 65 Jahre und älter | 70 | 60 |
| **Schwangere** | | 60 |
| **Stillende** | | 75 |

## 2. Einleitung

Selen ist ein essenzielles Spurenelement, das in einer Vielzahl von Verbindungen vorliegt. Als Selenocystein wird es in Proteine eingebaut. Über diese Selenoproteine vermittelt Selen hauptsächlich seine Wirkung. Der Mensch besitzt 25 Gene für Selenoproteine [1]. Außer den spezifischen Selenoproteinen gibt es zwei weitere Formen von selenhaltigen Proteinen. Dies sind zum einen Proteine wie Albumin, in die die Aminosäure Selenomethionin anstelle des schwefelhaltigen Methionins unspezifisch eingebaut wurde [2]. Zum anderen ist Selen in selenbindenden Proteinen enthalten [3]. Die genaue Funktion letzterer ist bislang unbekannt.

Über die Nahrung wird Selen vorrangig als eine der beiden Selenoaminosäuren Selenocystein oder Selenomethionin bzw. als deren Derivate zugeführt. Weitere ernährungsrelevante Selenverbindungen sind die anorganischen Formen Selenit und Selenat, die vorrangig über Präparate aufgenommen werden, sowie eine Reihe methylierter Verbindungen.

## 3. Physiologie

### Absorption

Im Gegensatz zu anderen Spurenelementen erfolgt die intestinale Aufnahme von Selen unabhängig von der Selenversorgung. Die Aminosäuretransporter im Darmepithel können nicht zwischen schwefel- und selenhaltigen Aminosäuren unterscheiden. Selenoaminosäuren werden nahezu vollständig im oberen Dünndarm absorbiert [4]. Selenat wird ebenso wie Sulfat über einen natriumabhängigen Co-Transporter oder $H^+$-Austauschtransporter aufgenommen. Selenit wird parazellulär, mittels passiver Diffusion bzw. ebenfalls über einen natriumabhängigen Co-Transporter absorbiert [5]. Die Absorptionsrate für Selen variiert je nach Selenverbindung von nahezu 100 % bei Selenoaminosäuren bis zu 50 % bei anorganischen Selenverbindungen [6]. In Übereinstimmung mit der Europäischen Behörde für Lebensmittelsicherheit (EFSA) [7] wird eine durchschnittliche Absorptionsrate von 70 % für Selen aus der Nahrung angegeben.

### Stoffwechsel

Der wichtigste Zwischenmetabolit im Selenstoffwechsel ist Selenid, da es die Vorstufe für Selenophosphat und damit für die Selenoproteinsynthese darstellt. Selenophosphat wird für die Synthese von Selenocystein benötigt. Die meisten über die Nahrung zugeführten Selenverbindungen können in der Leber in Selenid umgewandelt werden. Die anorganischen Verbindungen Selenat und Selenit werden zu Selenid reduziert. Selenocystein wird durch die Selenocystein-β-Lyase in Alanin und Selenid gespalten. Selenomethionin wird über zwei verschiedene Wege zu Selenid umgebaut [8].

Die Synthese von Selenoproteinen erfolgt durch Einbau von neu synthetisiertem Selenocystein in die Polypeptidkette. Die Zelle besitzt eine Reihe von regulatorischen Proteinen, die dafür sorgen, dass die Bildung von Selenoproteinen an die aktuelle Versorgungslage mit Selen angepasst wird [9]. In der Leber ist die Biosynthese zweier Selenoproteine besonders gut charakterisiert, und zwar von Selenoprotein P (SePP) und Glutathionperoxidase 1 (GPx1) [10]. SePP wird ins Blut abgegeben und zu peripheren Organen transportiert. Bestimmte endokrine Organe sowie das zentrale Nervensystem und der Knochen werden bevorzugt mit Selen versorgt. Die Aufnahme von Selen in Gehirn, Hoden [11] und Knochen [12] wird über die Bindung von SePP durch einen Membranrezeptor (APOER2) gewährleistet. Ein weiteres extrazelluläres Selenoprotein ist GPx3, das vornehmlich in der Niere gebildet wird [13]. Inwieweit GPx3 für Verteilung und Transport von Selen beim Menschen notwendig ist, ist bislang ungeklärt.

Selenomethionin kann aufgrund seines unspezifischen Einbaus in Proteine einen indirekten Selenspeicher darstellen. Im Gehirn wird SePP als Speicherform synthetisiert [14].

### Ausscheidung

Die Selenhomöostase wird maßgeblich über die Ausscheidung reguliert, wobei Selenid auch hierfür das wichtigste Stoffwechselprodukt ist. Bei Zufuhr größerer Selenmengen wird Selenid mehrfach methyliert und als Trimethylselenonium über den Urin bzw. als Dimethylselenid über Atemluft und Fäzes ausgeschieden [15]. Diese methylierten Verbindungen sind für den charakteristischen, knoblauchartigen Geruch der Atemluft bei Selenintoxikation verantwortlich. Bei adäquater Versorgungslage erscheint Selen hauptsächlich in Form von Selenozucker im Urin [16].

## 4. Funktionen

Bei enzymatisch aktiven Selenoproteinen ist Selenocystein zentraler Bestandteil des aktiven Zentrums und direkt an Redoxreaktionen beteiligt. Zu den gut charakterisierten Selenoproteinen gehören die Familien der Glutathionperoxidasen, Thioredoxinreduktasen und Dejodasen. Die fünf humanen, selenhaltigen Glutathionperoxidasen katalysieren die Reduktion von organischen Hydroperoxiden [5]. In den Hoden ist GPx4 zudem als Strukturbestandteil von Spermien essenziell für die männliche Fertilität [17]. Drei Thioredoxinreduktasen regenerieren oxidiertes Thioredoxin, können aber auch noch weitere Substrate reduzieren wie z. B. Dehydroascorbinsäure [18]. Über die Regeneration des Thioredoxins sind Thioredoxinreduktasen an einer Vielzahl von zellulären Prozessen beteiligt. Reduziertes Thioredoxin liefert z. B. Reduktionsäquivalente für die Ribonukleotidreduktase und ist damit essenziell für die DNA-Synthese. Drei Dejodasen katalysieren die Dejodierung von Schilddrüsenhormonen, was zu deren Aktivierung (5'-Dejodierung) bzw. Inaktivierung (5-Dejodierung) führt. Durch Abspaltung von Jodid aus dem inaktiven Prohormon Thyroxin ($T_4$) entsteht so entweder das aktive Hormon Trijodthyronin ($T_3$) oder inaktives reverses $T_3$ ($rT_3$). Die Dejodasen regulieren also maßgeblich die Schilddrüsenhormonhomöostase [19]. SePP ist essenziell für die Verteilung und den Transport von Selen insbesondere zum Gehirn und zu den Hoden [20].

Bei begrenzter Verfügbarkeit von Selen werden Selenoproteine entlang einer Hierarchie gebildet. Das bedeutet, dass einige Selenoproteine wie z. B. GPx1 bei einer defizitären Versorgung herunter reguliert werden, während andere Selenoproteine wie GPx4 oder die Dejodasen weiter gebildet werden. Die Zelle sorgt also dafür, dass die physiologisch wichtigsten Selenoproteine zuerst mit Selen versorgt und weniger wichtige erst bei ausreichendem Selenangebot synthetisiert werden.

## 5. Kriterien zur Beurteilung der Versorgung

Als Biomarker für die Selenversorgung werden folgende Parameter herangezogen: die Plasmaselenkonzentration[1], die GPx-Aktivität im Plasma (GPx3), in Erythrozyten (GPx1), in Thrombozyten (GPx1) oder im Vollblut (GPx3 und GPx1) und die Konzentration von SePP im Plasma. Grundsätzlich spiegelt die Messung von Selenoproteinen den funktionellen, an Selenoproteine gebundenen Selenpool wider, während der Gesamtselengehalt auch unspezifisch in Proteine eingebautes Selenomethionin erfasst. Bei maximaler Selenoproteinsynthese machen SePP und GPx3 zusammen etwa eine Konzentration von 80 µg bis 90 µg Selen/l Plasma aus [21].

Die meisten Referenzwerte basieren auf der Messung der GPx-Aktivität im Plasma. Mittlerweile gilt jedoch die SePP-Konzentration im Plasma als aussagekräftigster Marker für die Bestimmung der optimalen Selenversorgung [7, 22–24]. Die SePP-Konzentration zeigt erst ab einer Plasmaselenkonzentration von 100 µg/l bis 120 µg/l[2] ein Maximum, während die GPx-Aktivität im Plasma schon bei etwa 90 µg/l ihr Optimum erreicht [25, 26]. Zudem gibt es inzwischen verbesserte Analyseverfahren, die die Bestimmung von SePP ermöglichen. Es wird angenommen, dass eine weitere Steigerung der Selenversorgung über eine Plasmaselenkonzentration von 120 µg/l hinaus zu keiner weiteren Steigerung der Selenoproteinexpression führt [27]. Allerdings beschränken sich die Daten beim Menschen auf die im Blut erfassbaren Selenoproteine. Über intrazelluläre Selenoproteine und deren Reaktion auf eine höhere Selenversorgung sind keine belastbaren Messungen bekannt. Als Kriterium zur Ableitung der Referenzwerte für die Selenzufuhr wird die Sättigung der SePP-Konzentration im Plasma herangezogen.

## 6. Mangelsymptomatik

In bestimmten Regionen Chinas kam es bei einer Selenzufuhr von ca. 10 µg/Tag zu endemischen Selenmangelkrankheiten wie der Keshan- oder der Kashin-Beck-Krankheit [28, 29]. Bei der Keshan-Krankheit handelt es sich um eine Erkrankung des Herzmuskels (Kardiomyopathie), die mit Herzvergrößerung, Arrhythmie und Herzinsuffizienz assoziiert ist und die vor allem bei Kindern und jungen Frauen auftrat. Die Symptome der Keshan-Krankheit können durch Einnahme von Selenpräparaten gelindert bzw. präventiv vermieden werden [30]. Für die Manifestation der Keshan-Krankheit scheint die Infektion mit Coxsackie-Viren ursächlich zu sein [31]. Die Kashin-Beck-Krankheit geht mit degenerativen Gelenkveränderungen und verringertem Knochenwachstum einher. Auch hier ist ein Selenmangel nicht ausreichend, um die Krankheit auszulösen, aber als prädisponierende Kondition von grundlegender Bedeutung. Faktoren wie Vitamin-E- oder Jodmangel und Mykotoxinbelastung werden für die Ausbildung der Krankheit als entscheidend angesehen [32].

Bei langfristiger parenteraler Ernährung ohne Selenzugabe wurde eine gestörte Muskelfunktion beschrieben [30]. Ähnliche Symptome haben auch Patienten mit einem genetischen Defekt in einem wichtigen Selenoprotein (SePN) des Muskels [33]. Bei Mutationen in Genen, die den Selenstoffwechsel und damit die Selenoproteinsynthese beeinträchtigen, kommt es ebenfalls zu Muskeldystrophie sowie einer eingeschränkten Immunfunktion und gestörten Spermatogenese [34, 35]. Auch eine nutritive Unterversorgung mit Selen wird mit männlicher Infertilität assoziiert [8]. Selenmangel in der Schwangerschaft ist mit einem erhöhten Risiko für ein verringertes Geburtsgewicht, Präeklampsie oder Fehlgeburt assoziiert [36].

Ein alimentärer Selenmangel ist selten und kommt nur in bestimmten ländlichen Gegenden mit einem niedrigen Selengehalt des Bodens und überwiegendem Verzehr regionaler Produkte vor. Das betrifft ausgedehnte Bereiche Zentralafrikas und Asiens, dort besonders in Höhenlagen. In Europa sind chronisch entzündliche Darmkrankheiten, Mukoviszidose oder Kurzdarmsyndrom mit herabgesetzter intestinaler Selenabsorption oder Niereninsuffizienz und chronische Dialyse mit vermehrtem renalen Selenverlust Risikofaktoren für die Entwicklung einer Selenunterversorgung [37]. Da in Europa tierische Lebensmittel die zuverlässigste Selenquelle darstellen, sind Vegetarier, aber vor allem Veganer, durchschnittlich schlechter mit Selen versorgt als Omnivoren [38].

[1] Im Folgenden wird die Selenkonzentration im Plasma mit der im Serum gleichgesetzt und in der Regel erstere genannt.
[2] Umrechnen der Einheiten: 1 µmol Selen pro Liter Plasma entsprechen 79 µg pro Liter

Genetische Polymorphismen in Genen für Selenoproteine sind mit unterschiedlich starker Expression dieser Proteine assoziiert und können einen erhöhten Selenbedarf zur Folge haben. Dies konnte z. B. für GPx1 [39] und SePP [40] gezeigt werden.

## 7. Überversorgung

Eine chronische Überversorgung mit Selen (Selenose) geht mit Symptomen wie dem Verlust von Haaren und der Störung der Nagelbildung einher. Außerdem kann es zu neurologischen Störungen, Müdigkeit, Gelenkschmerzen, Übelkeit und Durchfall kommen. Ein weiteres Charakteristikum ist der knoblauchartige Geruch der Atemluft, der durch methylierte Selenmetabolite zustande kommt (siehe auch 3.). Personen, mit einer chronisch hohen Selenzufuhr von 700 µg bis 800 µg pro Tag, wie diese beispielsweise in South Dakota (USA) oder China zu beobachten war, entwickelten keine Krankheitssymptome [41]. Höhere tägliche Zufuhrmengen im Milligramm-Bereich traten z. B. durch Einnahme eines falsch zusammengesetzten Nährstoffpräparats auf. Die in allen Fällen reversiblen Symptome einer Selenose konnten bei 200 Personen diagnostiziert werden, nachdem sie im Median 29 Tage lang 40 mg Selen/Tag zusätzlich zur üblichen Ernährung zugeführt hatten [42, 43]. Eine akute Selenvergiftung durch Zufuhr von mehreren Gramm Selen kann zu Herzversagen sowie Kammerflimmern und damit zum Tod führen [44].

### Tolerierbare Gesamtzufuhrmenge

Die tolerierbare Gesamtzufuhrmenge für Selen liegt laut dem *Institute of Medicine* (IOM) für Erwachsene bei 400 µg/Tag bzw. 7 µg/kg Körpergewicht/Tag [45] und laut der EFSA bei 300 µg/Tag [46]. Basierend auf dem geringeren Körpergewicht wurden von der EFSA für Kinder und Jugendliche im Alter von 1 bis 17 Jahre tolerierbare Gesamtzufuhrmengen von 60 µg bis 250 µg Selen pro Tag berechnet [46]. Das IOM berechnete für Kinder im Alter von 1 bis 13 Jahre tolerierbare Gesamtzufuhrmengen von 90 µg bis 280 µg pro Tag. Für Jugendliche im Alter von 14 bis 18 Jahre gibt das IOM eine tolerierbare Gesamtzufuhrmenge von 400 µg/Tag an [45].

Auch bei der tolerierbaren Gesamtzufuhrmenge muss zwischen den verschiedenen zugeführten Selenformen unterschieden werden. Eine Interventionsstudie mit gut versorgten Probanden (SePP-Konzentration und GPx-Aktivität im Plasma gesättigt) zeigt, dass eine zusätzliche Supplementation von 200 µg oder 600 µg Selen pro Tag in Form von Selenit keinen Einfluss auf die Plasmaselenkonzentration hatte. Selenomethionin oder Selenhefe steigerten den Plasmaselengehalt hingegen abhängig von der Zufuhrmenge, wobei die Expression der messbaren Selenoproteine nicht erhöht wurde [41]. Das zusätzlich eingelagerte Selen wurde also in Form von Selenomethionin unspezifisch in Proteine eingebaut. Es wird vermutet, dass einige der Symptome einer Selenose darauf zurückzuführen sind, dass ein übermäßiger Einbau von Selenomethionin z. B. in Keratin zu Funktionsstörungen führt. Dies könnte z. B. die Brüchigkeit von Nägeln und Haaren erklären. Bis 2009 war deshalb nur der Einsatz von anorganischen Selenverbindungen in Nahrungsergänzungsmitteln erlaubt [47]. Nach Überarbeitung der europäischen Richtlinie darf nun auch Selenomethionin bzw. Selenhefe, die hauptsächlich Selenomethionin enthält, Nahrungsergänzungsmitteln zugesetzt werden [48].

## 8. Versorgungszustand der Bevölkerung

### Zufuhr von Selen

Für die Selenzufuhr in Deutschland liegen keine aktuellen Daten vor. Die tägliche Selenzufuhr lag 1989 in Deutschland bei 38 µg für Frauen und 47 µg für Männer [49]. Hierzu wurde der Selengehalt von Lebensmitteln bestimmt und anhand des durchschnittlichen Lebensmittelverzehrs die Selenzufuhr geschätzt. Anhand von Duplikatstudien wurde in Deutschland eine mittlere tägliche Selenzufuhr von 30 µg für Frauen und 41 µg für Männer ermittelt [50].

Die EFSA hat anhand von Verzehrdaten aus Finnland, Deutschland, Irland, Italien, Lettland, Niederlande und Großbritannien sowie einer eigenen Datenbank zum Selengehalt in Lebensmitteln die Selenzufuhr im Durchschnitt dieser Länder geschätzt [7]. Demnach beträgt die Selenzufuhr bei Kindern im Alter von 1 bis unter 3 Jahren zwischen 17,2 µg/Tag und 36,3 µg/Tag, bei Kindern im Alter von 3 bis unter 10 Jahren zwischen 20,6 µg/Tag und 45,9 µg/Tag, bei Jugendlichen im Alter von 10 bis unter 18 Jahren zwischen 33,9 µg/Tag und 60,3 µg/Tag. Bei Erwachsenen beträgt die Selenzufuhr zwischen 31,0 µg/Tag und 65,6 µg/Tag. Die tägliche Selenzufuhr ist aufgrund des größeren täglichen Lebensmittelverzehrs bei Männern etwas höher als bei Frauen.

### Selenkonzentration im Blut

Im Rahmen der VERA-Studie, die von 1987–1989 durchgeführt wurde [51], wurde ein Medianwert der Serumselenkonzentration von 82 µg/l für Männer und 83 µg/l für Frauen ermittelt. Bei Frauen mit einem mittleren Alter von 63 Jahren lag die durchschnittliche Plasmaselenkonzentration bei 92,4 µg/l [52].

In Österreich betrug der Mittelwert der Selenkonzentration im Plasma bei 25- bis 50-Jährigen 59,3 µg/l bei Männern und 55,3 µg/l bei Frauen. Im Alter von 65 bis 80 Jahren lag der Mittelwert bei 54,4 µg/l bei Männern und 52,9 µg/l bei Frauen [53].

## 9. Selen in Lebensmitteln

Der Selengehalt in pflanzlichen Lebensmitteln ist regional sehr unterschiedlich und abhängig vom Selengehalt der Böden. In Europa sind die Böden weniger reich an Selen als z. B. in den USA. Die Selenaufnahme der Pflanzen hängt aber auch von der Beschaffenheit des Bodens, insbesondere vom pH-Wert, ab. Es gibt Pflanzen, sogenannte Akkumulatoren, die Selen stark anreichern können [54, 55]. Dazu gehört der Paranussbaum. Paranüsse haben daher einen besonders hohen Selengehalt (durchschnittlich 2,54 µg/g), der allerdings je nach Anbauort stark variiert (0,03–512 µg/g) [56–58]. Kohl- (z. B. Brokkoli, Weißkohl) und Zwiebelgemüse (z. B. Knoblauch, Zwiebeln) gehören ebenfalls zu den Akkumulatoren und können deshalb einen hohen Selengehalt (bis zu 300 µg/g bei selenreichen Böden) aufweisen. Im Gegensatz dazu gehören Getreidepflanzen, wie z. B. Weizen, Hafer und Roggen, nicht zu den Akkumulatoren. Allerdings schwankt auch der Selengehalt von Getreide je nach Anbaugebiet. Im Gegensatz zu Europa sind Getreideprodukte in den USA eine gute Selenquelle [8, 59, 60]. Auch bei Pilzen, Spargel und Leguminosen wie Linsen wurden hohe Selengehalte gemessen [60–62].

Tierfutter darf in der Europäischen Union mit bis zu 500 µg Selen pro kg Futter (in Form von Selenit oder Selenat) angereichert werden [63]. Deshalb können tierische Lebensmittel relativ konstant zur Selenversorgung beitragen. Der Selengehalt von Fleisch liegt bei ca. 0,1 µg/g bis 0,3 µg/g, der von Fisch bei ca. 0,1 µg/g bis 5 µg/g, der pro Ei zwischen 3 µg und 25 µg [8, 57, 60].

## 10. Ableitung der Referenzwerte für die Selenzufuhr

### Säuglinge

Die Ableitung der Referenzwerte für die Selenzufuhr bei Säuglingen im Alter von 0 bis unter 4 Monaten orientiert sich am Selengehalt der Frauenmilch, die als optimal für die Ernährung von Säuglingen angesehen wird [64, 65]. Mangelkrankheiten traten in China bei einem Selengehalt von unter 0,3 µg/100 ml Frauenmilch auf [66]. In Deutschland liegt der Selengehalt in Frauenmilch bei etwa 1,5 µg/100 ml [67–69]. Im Kolostrum werden doppelt so hohe Selengehalte gemessen wie in reifer Frauenmilch [69, 70]. Bei einer durchschnittlichen Trinkmenge von 750 ml/Tag [71] ergibt sich eine Selenzufuhr von etwa 11 µg/Tag. Der Schätzwert für eine angemessene tägliche Selenzufuhr für gestillte Säuglinge wird im Alter von **0 bis unter 4 Monaten** mit 10 µg angegeben (siehe Tab. A1).

Ab der Einführung der Beikost sinkt der Verzehr von Frauenmilch. Da keine Daten zur Selenzufuhr durch Beikost aus Deutschland vorliegen, wird zur Ableitung des Referenzwerts für Säuglinge ab 4 Monaten unter Berücksichtigung der Unterschiede im Körpergewicht der Schätzwert für Säuglinge im Alter von 0 bis unter 4 Monaten herangezogen. Das ergibt einen Schätzwert von 15 µg/Tag für die Selenzufuhr für Säuglinge im Alter von **4 bis unter 12 Monaten** (siehe Tab. A2).

### Kinder und Jugendliche

Für Kinder und Jugendliche liegen keine Daten zum Selenbedarf vor. Deshalb basieren die Referenzwerte für Kinder und Jugendliche auf Werten, die bei Erwachsenen erhoben wurden unter Berücksichtigung der Unterschiede im Körpergewicht sowie unterschiedlicher Wachstumsfaktoren (siehe Tab. IV). Bei Anwendung der in den D-A-CH-Referenzwerten zugrunde gelegten Altersgruppen und Referenzkörpergewichte ergeben sich als Schätzwert für die Selenzufuhr bei **1- bis unter 4-Jährigen** 15 µg/Tag, bei **4- bis unter 7-Jährigen** 20 µg/Tag, bei **7- bis unter 10-Jährigen** 30 µg/Tag, bei **10- bis unter 13-Jährigen** 45 µg/Tag und bei **13- bis unter 15-Jährigen** 60 µg/Tag. Für Jungen im Alter von **15 bis unter 19 Jahren** ergibt sich ein Schätzwert für die Selenzufuhr von 70 µg/Tag, für gleichaltrige Mädchen von 60 µg/Tag (siehe Tab. A3).

### Erwachsene bis unter 65 Jahren

Als Kriterium zur Ableitung des Referenzwerts für die Selenzufuhr bei Erwachsenen wird die Sättigung von SePP im Plasma herangezogen (siehe 5.). Hierfür wird eine aktuelle Studie zugrunde gelegt, in der eine adäquate Selenzufuhr anhand der Sättigung von SePP im Plasma ermittelt wurde [26]. Bei Personen aus einem Mangelgebiet (China) mit einem Körpergewicht von durchschnittlich 58 kg wurde bei einer täglichen Zufuhr von 49 µg Selen eine SePP-Sättigung erreicht [26]. Dies entspricht einer täglichen Zufuhr von etwa 1 µg Selen pro kg Körpergewicht. Übertragen auf die den Referenzwerten zugrunde gelegten Referenzkörpergewichte von 70,7 kg für Männer und 60,0 kg für Frauen (siehe Kapitel Energie) ergibt sich ein Schätzwert für die Selenzufuhr von 70 µg/Tag für Männer und von 60 µg/Tag für Frauen im Alter von **19 bis unter 65 Jahren** (siehe Tab. A4).

**Erwachsene ab 65 Jahren**

Da es keine Hinweise für einen veränderten Bedarf dieser Altersgruppe gibt, wird der Schätzwert für die Selenzufuhr der jüngeren Erwachsenen für Erwachsene im Alter von **über 65 Jahren** übernommen. Er beträgt 70 µg/Tag für Männer und 60 µg/Tag für Frauen.

**Schwangere**

Während der Schwangerschaft besteht ein geringfügig erhöhter Bedarf der Schwangeren zur Deckung des Selenbedarfs des Fetus. Durchschnittlich liegt dieser bei 2 µg/Tag [72–74]. Da der zusätzliche Bedarf jedoch gering ist, wird für Schwangere ebenfalls ein Schätzwert für die Selenzufuhr von 60 µg/Tag angegeben.

**Stillende**

Der Selenbedarf stillender Frauen ist durch die Selenabgabe mit der Frauenmilch erhöht. Über die Frauenmilch werden etwa 11 µg Selen/Tag abgegeben (siehe Ableitung für Säuglinge). Unter Berücksichtigung der Bioverfügbarkeit von 70 % benötigt die Stillende zusätzlich 16 µg/Tag. Der Schätzwert für die Selenzufuhr beträgt 75 µg/Tag während der Stillzeit (siehe Tab. A5).

## 11. Sicherstellung einer angemessenen Selenversorgung

Die Sicherstellung einer angemessenen Selenversorgung ist über eine vollwertige Ernährung möglich. Allerdings besteht die Einschränkung, dass insbesondere in Deutschland produzierte pflanzliche Lebensmittel relativ geringe Selengehalte aufweisen, da der Selengehalt der Böden niedrig ist. Deshalb sind in Deutschland tierische Lebensmittel wie Fleisch und Eier sowie Fisch die zuverlässigeren Selenquellen. Bei vegetarischer Ernährung sollte besonders darauf geachtet werden, selenreiche Nüsse (z. B. Paranüsse) und Pilze zu verzehren.

## 12. Präventive Aspekte

Im Folgenden wird ein kurzer Überblick über die Studienlage zu Selen im Zusammenhang mit gesundheitsrelevanten Aspekten gegeben, ohne dass eine Evidenzbewertung erfolgt.

Zwischen der Serumselenkonzentration und dem Mortalitätsrisiko konnte in epidemiologischen Studien eine inverse Assoziation beobachtet werden [75, 76]. In einer Auswertung der NHANES-Studie lag diese inverse Assoziation nur bei Serumselenkonzentrationen bis 130 µg/l vor, ab einer Serumselenkonzentration von über 150 µg/l war eine leichte Steigerung des Mortalitätsrisikos zu beobachten [77].

Es wird diskutiert, dass Selen das Risiko für Krebs, insbesondere Darm-, Lungen- und Prostatakrebs senken kann. Hinweise dafür liefert eine Interventionsstudie mit 1 312 Teilnehmenden aus den USA [78]. Diese ergab, dass eine Supplementation von 200 µg selenangereicherter Hefe die Gesamtkrebsmortalität senkte. Die deutlichsten Effekte zeigten sich bei den Teilnehmenden, die basal die niedrigste Plasmaselenkonzentration aufwiesen. Diese lag bei < 106 µg/l [79]. Eine weitere groß angelegte Interventionsstudie (SELECT-Studie) ergab, dass eine Supplementation (200 µg/Tag) von Personen mit einer basalen Plasmaselenkonzentration von > 120 µg/l keine krebspräventiven Effekte hatte [80]. Ein Cochrane-Review prospektiver Kohortenstudien und randomisierter kontrollierter Interventionsstudien ergab für die prospektiven Kohortenstudien eine signifikante inverse Assoziation zwischen Selenversorgung und Krebsrisiko [81]. Dieser signifikante Zusammenhang konnte bei Analyse der kontrollierten Interventionsstudien nicht konsistent beobachtet werden [81]. Dies ist nicht verwunderlich, da in dieser Analyse die Selenversorgung der Probanden zu Beginn der Studien nicht berücksichtigt wurde. In einer nach dem Cochrane-Review veröffentlichten Kohortenstudie wurde ein inverser Zusammenhang zwischen der Selenversorgung und dem Risiko für Darmkrebs beobachtet [82].

Ein inverser Zusammenhang zwischen Selenversorgung und dem Risiko für Herz-Kreislauf-Krankheiten wird seit den 1970er Jahren vermutet und basiert vor allem auf Beobachtungsstudien. In Interventionsstudien konnte dies nicht konsistent bestätigt werden [27]. Aktuelle systematische Übersichtsarbeiten legen ebenfalls dar, dass, basierend auf der aktuellen Studienlage, kein Zusammenhang zwischen einer Selensupplementation und der Prävention von Herz-Kreislauf-Krankheiten besteht [83, 84].

Zum Zusammenhang zwischen der Selenversorgung und dem Risiko für Diabetes mellitus Typ 2 gibt es widersprüchliche Ergebnisse [27]. In einer groß angelegten Interventionsstudie (SELECT-Studie) hatte eine Supplementation mit 200 µg Selen/Tag keinen signifikanten Effekt auf das Risiko [80]. In der bereits erwähnten Interventionsstudie mit 1 312 Probanden und vergleichbarer

Selensupplementation [78] war das Risiko durch die Selengabe bei den Probanden, die zu Beginn der Studie bereits Plasmaselenkonzentrationen von > 120 µg/l aufwiesen, signifikant erhöht [85]. In beiden Studien war das Risiko für Diabetes mellitus Typ 2 nicht das primäre Untersuchungsziel.

Des Weiteren werden entzündungshemmende, antirheumatische und antivirale Effekte des Selens diskutiert [27]. Darüber hinaus konnte in einer Kohortenstudie eine positive Assoziationen zwischen der Selenversorgung und der Knochendichte festgestellt werden [86].

## Literatur


[1] Kryukov GV, Castellano S, Novoselov SV et al.: Characterization of mammalian selenoproteomes. Science 300 (2003) 1439–1443

[2] Deagen JT, Beilstein MA, Whanger PD: Chemical forms of selenium in selenium containing proteins from human plasma. J Inorg Biochem 41 (1991) 261–268

[3] Bansal MP, Oborn CJ, Danielson KG et al.: Evidence for two selenium-binding proteins distinct from glutathione peroxidase in mouse liver. Carcinogenesis 10 (1989) 541–546

[4] Nickel A, Kottra G, Schmidt G et al.: Characteristics of transport of selenoamino acids by epithelial amino acid transporters. Chem Biol Interact 177 (2009) 234–241

[5] Brigelius-Flohé R, Maiorino M, Ursino F et al.: Selenium: an antioxidant? In: Cadenas E, Packer L (Hrsg.): Handbook of antioxidants. Marcel Dekker, New York, 2., revidierte und erweiterte Auflage (2001) 633–664

[6] Burk RF, Orville LA: Selenium. In: Shils ME, Shike M, Ross AC et al. (Hrsg.): Modern nutrition in health and disease. Lippincott Williams & Wilkins, Baltimore, 10. Auflage (2006) 265–276

[7] EFSA (European Food Safety Authority): Scientific opinion on dietary reference values for selenium. EFSA Journal 12 (2014) 3846

[8] Fairweather-Tait SJ, Bao Y, Broadley MR et al.: Selenium in human health and disease. Antioxid Redox Signal 14 (2011) 1337–1383

[9] Allmang C, Wurth L, Krol A: The selenium to selenoprotein pathway in eukaryotes: more molecular partners than anticipated. Biochim Biophys Acta 1790 (2009) 1415–1423

[10] Hill KE, Wu S, Motley AK et al.: Production of selenoprotein P (Sepp1) by hepatocytes is central to selenium homeostasis. J Biol Chem 287 (2012) 40414–40424

[11] Burk RF, Hill KE, Olson GE et al.: Deletion of apolipoprotein E receptor-2 in mice lowers brain selenium and causes severe neurological dysfunction and death when a low-selenium diet is fed. J Neurosci 27 (2007) 6207–6211

[12] Pietschmann N, Rijntjes E, Hoeg A et al.: Selenoprotein P is the essential selenium transporter for bones. Metallomics 6 (2014) 1043–1049

[13] Avissar N, Ornt DB, Yagil Y et al.: Human kidney proximal tubules are the main source of plasma glutathione peroxidase. Am J Physiol 266 (1994) C367–C375

[14] Schweizer U, Streckfuss F, Pelt P et al.: Hepatically derived selenoprotein P is a key factor for kidney but not for brain selenium supply. Biochem J 386 (2005) 221–226

[15] Nahapetian AT, Janghorbani M, Young VR: Urinary trimethylselenonium excretion by the rat: effect of level and source of selenium-75. J Nutr 113 (1983) 401–411

[16] Suzuki Y, Hashiura Y, Matsumura K et al.: Dynamic pathways of selenium metabolism and excretion in mice under different selenium nutritional statuses. Metallomics 2 (2010) 126–132

[17] Ursini F, Heim S, Kiess M et al.: Dual function of the selenoprotein PHGPx during sperm maturation. Science 285 (1999) 1393–1396

[18] Arnér ES: Focus on mammalian thioredoxin reductases – important selenoproteins with versatile functions. Biochim Biophys Acta 1790 (2009) 495–526

[19] Köhrle J: The deiodinase family: selenoenzymes regulating thyroid hormone availability and action. Cell Mol Life Sci 57 (2000) 1853–1863

[20] Hill KE, Zhou J, McMahan WJ et al.: Deletion of selenoprotein P alters distribution of selenium in the mouse. J Biol Chem 278 (2003) 13640–13646

[21] Burk RF, Hill KE, Motley AK: Plasma selenium in specific and non-specific forms. Biofactors 14 (2001) 107–114

[22] Hurst R, Collings R, Harvey LJ et al.: EURRECA-estimating selenium requirements for deriving dietary reference values. Crit Rev Food Sci Nutr 53 (2013) 1077–1096

[23] Ashton K, Hooper L, Harvey LJ et al.: Methods of assessment of selenium status in humans: a systematic review. Am J Clin Nutr 89, Suppl (2009) 2025S–2039S

[24] Nordic Council of Ministers: Nordic nutrition recommendations 2012. Kopenhagen, 5. Auflage (2014)

[25] Xia Y, Hill KE, Byrne DW et al.: Effectiveness of selenium supplements in a low-selenium area of China. Am J Clin Nutr 81 (2005) 829–834

[26] Xia Y, Hill KE, Li P et al.: Optimization of selenoprotein P and other plasma selenium biomarkers for the assessment of the selenium nutritional requirement: a placebo-controlled, double-blind study of selenomethionine supplementation in selenium-deficient Chinese subjects. Am J Clin Nutr 92 (2010) 525–531

[27] Rayman MP: Selenium and human health. Lancet 379 (2012) 1256–1268

[28] Combs GF Jr: Selenium in global food systems. Br J Nutr 85 (2001) 517–547

[29] Combs GF Jr, Combs SB: The nutritional biochemistry of selenium. Annu Rev Nutr 4 (1984) 257–280

[30] Levander OA: The importance of selenium in total parenteral nutrition. Bull N Y Acad Med 60 (1984) 144–155

[31] Beck MA, Shi Q, Morris VC et al.: Rapid genomic evolution of a non-virulent coxsackievirus B3 in selenium-deficient mice results in selection of identical virulent isolates. Nat Med 1 (1995) 433–436

[32] Levander OA: A global view of human selenium nutrition. Annu Rev Nutr 7 (1987) 227–250

[33] Moghadaszadeh B, Petit N, Jaillard C et al.: Mutations in SEPN1 cause congenital muscular dystrophy with spinal rigidity and restrictive respiratory syndrome. Nat Genet 29 (2001) 17–18

[34] Dumitrescu AM, Di Cosmo C, Liao X et al.: The syndrome of inherited partial SBP2 deficiency in humans. Antioxid Redox Signal 12 (2010) 905–920

[35] Schoenmakers E, Agostini M, Mitchell C et al.: Mutations in the selenocysteine insertion sequence-binding protein 2 gene lead to a multisystem selenoprotein deficiency disorder in humans. J Clin Invest 120 (2010) 4220–4235

[36] Rayman MP, Wijnen H, Vader H et al.: Maternal selenium status during early gestation and risk for preterm birth. CMAJ 183 (2011) 549–555

[37] Köhrle J, Schomburg L: Selen – Selenoproteine – Selenmangel – Selenvergiftung. In: Schauder P, Ollenschläger G (Hrsg.): Ernährungsmedizin. Prävention und Therapie. Urban & Fischer, München, 3., völlig überarbeitete und erweiterte Auflage (2006) 149–159

[38] Hoeflich J, Hollenbach B, Behrends T et al.: The choice of biomarkers determines the selenium status in young German vegans and vegetarians. Br J Nutr 104 (2010) 1601–1604
[39] Miller JC, Thomson CD, Williams SM et al.: Influence of the glutathione peroxidase 1 *Pro200Leu* polymorphism on the response of glutathione peroxidase activity to selenium supplementation: a randomized controlled trial. Am J Clin Nutr 96 (2012) 923–931
[40] Méplan C, Crosley LK, Nicol F et al.: Genetic polymorphisms in the human selenoprotein P gene determine the response of selenoprotein markers to selenium supplementation in a gender-specific manner (the SELGEN study). FASEB J 21 (2007) 3063–3074
[41] Burk RF, Norsworthy BK, Hill KE et al.: Effects of chemical form of selenium on plasma biomarkers in a high-dose human supplementation trial. Cancer Epidemiol Biomarkers Prev 15 (2006) 804–810
[42] MacFarquhar JK, Broussard DL, Melstrom P et al.: Acute selenium toxicity associated with a dietary supplement. Arch Intern Med 170 (2010) 256–261
[43] Morris JS, Crane SB: Selenium toxicity from a misformulated dietary supplement, adverse health effects, and the temporal response in the nail biologic monitor. Nutrients 5 (2013) 1024–1057
[44] Nuttall KL: Evaluating selenium poisoning. Ann Clin Lab Sci 36 (2006) 409–420
[45] IOM (Institute of Medicine) (Hrsg.): Dietary reference intakes for vitamin C, vitamin E, selenium, and carotenoids. National Academies Press, Washington, DC (2000)
[46] EFSA (European Food Safety Authority): Tolerable upper intake levels for vitamins and minerals. (2006) www.efsa.europa.eu/de/ndatopics/docs/ndatolerableuil.pdf (eingesehen am 30.10.2014)
[47] Richtlinie 2002/46/EG des Europäischen Parlaments und des Rates vom 10. Juni 2002 zur Angleichung der Rechtsvorschriften der Mitgliedstaaten über Nahrungsergänzungsmittel. Amtsblatt der Europäischen Gemeinschaften (2002) 51–57
[48] Verordnung (EG) Nr. 1170/2009 der Kommission vom 30. November 2009 zur Änderung der Richtlinie 2002/46/EG des Europäischen Parlaments und des Rates und der Verordnung (EG) Nr. 1925/2006 des Europäischen Parlaments und des Rates hinsichtlich der Listen von Vitaminen und Mineralstoffen sowie ihrer Aufbereitungsformen, die Lebensmitteln zugesetzt bzw. bei der Herstellung von Nahrungsergänzungsmitteln verwendet werden dürfen. Amtsblatt der Europäischen Union (2009) 36–42
[49] Oster O, Prellwitz W: The daily dietary selenium intake of West German adults. Biol Trace Elem Res 20 (1989) 1–14
[50] Drobner C, Anke M, Thomas G: Selenversorgung und Selenbilanz Erwachsener in Deutschland. In: Anke M, Arnold W, Bergmann H (Hrsg.): Mengen- und Spurenelemente. Schubert, Leipzig (1996) 627–634
[51] Kübler W, Anders HJ, Heeschen W (Hrsg.): Versorgung Erwachsener mit Mineralstoffen und Spurenelementen in der Bundesrepublik Deutschland. Wissenschaftlicher Fachverlag Dr. Fleck, Niederkleen (1995)
[52] Wolters M, Hermann S, Golf S et al.: Selenium and antioxidant vitamin status of elderly German women. Eur J Clin Nutr 60 (2006) 85–91
[53] Elmadfa I (Hrsg.): Österreichischer Ernährungsbericht 2012. Wien (2012)
[54] Fairweather-Tait SJ, Collings R, Hurst R: Selenium bioavailability: current knowledge and future research requirements. Am J Clin Nutr 91, Suppl (2010) 1484S–1491S
[55] Mehdi Y, Hornick J, Istasse L et al.: Selenium in the environment, metabolism and involvement in body functions. Molecules 18 (2013) 3292–3311
[56] Chang JC, Gutenmann WH, Reid CM et al.: Selenium content of Brazil nuts from two geographic locations in Brazil. Chemosphere 30 (1995) 801–802
[57] Rayman MP, Infante HG, Sargent M: Food-chain selenium and human health: spotlight on speciation. Br J Nutr 100 (2008) 238–253
[58] Thomson CD, Chisholm A, McLachlan SK et al.: Brazil nuts: an effective way to improve selenium status. Am J Clin Nutr 87 (2008) 379–384
[59] Rayman MP: Food-chain selenium and human health: emphasis on intake. Br J Nutr 100 (2008) 254–268
[60] Anke M, Drobner C, Röhrig B et al.: Der Selenbestand der Flora und der Selengehalt pflanzlicher und tierischer Lebensmittel Deutschlands. Ernährungsforschung 47 (2002) 67–79
[61] Nunes RG, da Luz JM, Freitas R et al.: Selenium bioaccumulation in shiitake mushrooms: a nutritional alternative source of this element. J Food Sci 77 (2012) C983–C986
[62] Falandysz J: Selenium in edible mushrooms. J Environ Sci Health C Environ Carcinog Ecotoxicol Rev 26 (2008) 256–299
[63] European Union: List of the authorised additives in feedingstuffs published in application of Article 9t (b) of Council Directive 70/524/EEC concerning additives in feedingstuffs. Official J EU (2004) 1–144
[64] Bührer C, Genzel-Boroviczény O, Jochum F et al.: Ernährung gesunder Säuglinge. Monatsschr Kinderheilkd 162 (2014) 527–538
[65] Butte NF, Lopez-Alarcon MG, Garza C: Nutrient adequacy of exclusive breastfeeding for the term infant during the first six months of life. (2002) www.who.int/nutrition/publications/infantfeeding/nut_adequacy_of_exc_bfeeding_eng.pdf (eingesehen am 25.06.2013)
[66] Robert Koch-Institut (RKI): Selen in der Umweltmedizin. Bundesgesundheitsbl Gesundheitsforsch Gesundheitsschutz 49 (2006) 88–101
[67] Loui A, Raab A, Braetter P et al.: Selenium status in term and preterm infants during the first months of life. Eur J Clin Nutr 62 (2008) 349–355
[68] Jochum F, Fuchs A, Menzel H et al.: Selenium in German infants fed breast milk or different formulas. Acta Paediatr 84 (1995) 859–862
[69] Höflich J: Die Bedeutung von Selen in der vegetarischen Ernährung und in der Muttermilch. Dissertation zur Erlangung des akademischen Grades Doctor medicinae. Medizinische Fakultät Charité, Berlin (2010)
[70] Wasowicz W, Gromadzinska J, Szram K et al.: Selenium, zinc, and copper concentrations in the blood and milk of lactating women. Biol Trace Elem Res 79 (2001) 221–233
[71] Neville MC, Keller R, Seacat J et al.: Studies in human lactation: milk volumes in lactating women during the onset of lactation and full lactation. Am J Clin Nutr 48 (1988) 1375–1386
[72] Casey CE, Guthrie BE, Friend GM et al.: Selenium in human tissues from New Zealand. Arch Environ Health 37 (1982) 133–135
[73] Oster O, Schmiedel G, Prellwitz W: The organ distribution of selenium in German adults. Biol Trace Elem Res 15 (1988) 23–45
[74] Zachara BA, Pawluk H, Bloch-Boguslawska E et al.: Tissue level, distribution, and total body selenium content in healthy and diseased humans in Poland. Arch Environ Health 56 (2001) 461–466
[75] Akbaraly NT, Arnaud J, Hininger-Favier I et al.: Selenium and mortality in the elderly: results from the EVA study. Clin Chem 51 (2005) 2117–2123
[76] Ray AL, Semba RD, Walston J et al.: Low serum selenium and total carotenoids predict mortality among older women living in the community: the women's health and aging studies. J Nutr 136 (2006) 172–176

[77] Bleys J, Navas-Acien A, Guallar E: Serum selenium levels and all-cause, cancer, and cardiovascular mortality among US adults. Arch Intern Med 168 (2008) 404–410

[78] Clark LC, Combs GF, Turnbull BW et al.: Effects of selenium supplementation for cancer prevention in patients with carcinoma of the skin. A randomized controlled trial. Nutritional Prevention of Cancer Study Group. JAMA 276 (1996) 1957–1963

[79] Duffield-Lillico AJ, Dalkin BL, Reid ME et al.: Selenium supplementation, baseline plasma selenium status and incidence of prostate cancer: an analysis of the complete treatment period of the nutritional prevention of cancer trial. BJU Int 91 (2003) 608–612

[80] Lippman SM, Klein EA, Goodman PJ et al.: Effect of selenium and vitamin E on risk of prostate cancer and other cancers: the selenium and vitamin E cancer prevention trial (SELECT). JAMA 301 (2009) 39–51

[81] Vinceti M, Dennert G, Crespi CM et al.: Selenium for preventing cancer. Cochrane Database Syst Rev 3 (2014) CD005195

[82] Hughes DJ, Fedirko V, Jenab M et al.: Selenium status is associated with colorectal cancer risk in the European prospective investigation of cancer and nutrition cohort. Int J Cancer (2014) doi: 10.1002/ijc.29071

[83] Rees K, Hartley L, Day C et al.: Selenium supplementation for the primary prevention of cardiovascular disease. Cochrane Database Syst Rev 1 (2013) CD009671

[84] SACN (Scientific Advisory Committee on Nutrition): SACN position statement on selenium and health. London (2013)

[85] Stranges S, Marshall JR, Natarajan R et al.: Effects of long-term selenium supplementation on the incidence of type 2 diabetes: a randomized trial. Ann Intern Med 147 (2007) 217–223

[86] Hoeg A, Gogakos A, Murphy E et al.: Bone turnover and bone mineral density are independently related to selenium status in healthy euthyroid postmenopausal women. J Clin Endocrinol Metab 97 (2012) 4061–4070

## Anhang

### Tabelle A1: Berechnung des Schätzwerts für die Selenzufuhr für gestillte Säuglinge von 0 bis unter 4 Monaten

| Alter [Monate] | Selengehalt von Frauenmilch [µg/100 ml] | Trinkmenge [ml/Tag] | Selenzufuhr bei einer Trinkmenge von 750 ml/Tag [µg/Tag] | **Schätzwert** für die Selenzufuhr (gerundet) [µg/Tag] |
|---|---|---|---|---|
| 0 bis unter 4 | 1,5[a] | 750[b] | 11,25 | **10** |

[a] [67–69]
[b] [71]

### Tabelle A2: Berechnung des Schätzwerts für die Selenzufuhr für Säuglinge von 4 bis unter 12 Monaten

| Alter [Monate] | | Referenzgewicht [kg][a] | Selenzufuhr unter Berücksichtigung der Referenzgewichte[b] [µg/Tag] | **Schätzwert** für die Selenzufuhr (gerundet) [µg/Tag] |
|---|---|---|---|---|
| 4 bis unter 12 | m | 8,6 | 15,4 | **15** |
| | w | 7,9 | 15,5 | |

[a] Referenzgewichte: siehe Kapitel „Energie"
[b] berechnet aus: $\text{Schätzwert}_{0-4\ \text{Monate}}$ x ($\text{Referenzgewicht}_{4-12\ \text{Monate}}$ / $\text{Referenzgewicht}_{0-4\ \text{Monate}}$)
$\text{Schätzwert}_{0-4\ \text{Monate}}$: 10 µg (siehe Tab. A1)
$\text{Referenzgewicht}_{0-4\ \text{Monate}}$: siehe Kapitel „Energie", männlich 5,6 kg; weiblich 5,1 kg

## Tabelle A3: Berechnung des Schätzwerts für die Selenzufuhr für Kinder und Jugendliche unter Berücksichtigung der Unterschiede im Körpergewicht sowie der Wachstumsfaktoren

| Alter [Jahre] | | Referenzgewicht [kg][a] | Wachstumsfaktor[b] | Selenzufuhr unter Berücksichtigung der Referenzgewichte [µg/Tag][c] | **Schätzwert** für die Selenzufuhr (gerundet) [µg/Tag] |
|---|---|---|---|---|---|
| 1 bis unter 4 | m | 13,9 | 0,25 | 17,2 | **15** |
| | w | 13,2 | 0,25 | 16,5 | |
| 4 bis unter 7 | m | 20,2 | 0,06 | 21,2 | **20** |
| | w | 20,1 | 0,06 | 21,3 | |
| 7 bis unter 10 | m | 29,3 | 0,13 | 32,8 | **30** |
| | w | 28,7 | 0,13 | 32,5 | |
| 10 bis unter 13 | m | 41,0 | 0,13 | 45,9 | **45** |
| | w | 42,1 | 0,11 | 46,8 | |
| 13 bis unter 15 | m | 55,5 | 0,10 | 60,4 | **60** |
| | w | 54,0 | 0,07 | 57,7 | |
| 15 bis unter 19 | m | 69,2 | 0,07 | 73,2 | **70** |
| | w | 59,5 | 0,02 | 60,9 | **60** |

[a] $\text{Referenzgewichte}_{\text{Kinder/Jugendliche}}$: siehe Kapitel „Energie"

[b] Wachstumsfaktoren siehe Tab. IV

[c] berechnet aus: $\text{Schätzwert}_{\text{Erwachsene}}$ x ($\text{Referenzgewicht}_{\text{Kinder/Jugendliche}}$ / $\text{Referenzgewicht}_{\text{Erwachsene}}$) x (1 + Wachstumsfaktor)
$\text{Schätzwert}_{\text{Erwachsene}}$: Männer 70 µg, Frauen 60 µg (siehe Tab. A4)
$\text{Referenzgewicht}_{\text{Erwachsene}}$: siehe Kapitel „Energie", Altersgruppe 25 bis unter 51 Jahre: Männer 70,7 kg, Frauen 60,0 kg

### Tabelle A4: Berechnung des Schätzwerts für die Selenzufuhr für Erwachsene bis unter 65 Jahren

| Alter [Jahre] | | Referenzgewicht[a] [kg] | Selenzufuhr bei SePP-Sättigung[b] [µg/kg Körpergewicht pro Tag] | Selenzufuhr bei SePP-Sättigung (gerundet) [µg/kg Körpergewicht pro Tag] | Selenzufuhr bei SePP-Sättigung unter Berücksichtigung der Referenzgewichte[a] [µg/Tag] | **Schätzwert** für die Selenzufuhr (gerundet) [µg/Tag] |
|---|---|---|---|---|---|---|
| 19 bis unter 65 | m | 70,7 | 0,85 | 1 | 70,7 | **70** |
| | w | 60,0 | | | 60,0 | **60** |

[a] Referenzgewichte: siehe Kapitel „Energie", Altersgruppe 25 bis unter 51 Jahre
[b] [26]

### Tabelle A5: Berechnung des Schätzwerts für die Selenzufuhr für Stillende

| | Selengehalt von Frauenmilch [µg/100 ml][a] | durchschnittlich produzierte Milchmenge [ml/Tag][b] | Selenabgabe mit der Frauenmilch bei 750 ml/Tag | Berücksichtigung der Absorptionsrate von 70 % [µg] | Schätzwert für die Selenzufuhr einer nicht stillenden Frau [µg/Tag] | **Schätzwert** für die Selenzufuhr (gerundet) [µg/Tag] |
|---|---|---|---|---|---|---|
| Stillende | 1,5 | 750 | 11,25 | 16 | 60 | **75** |

[a] [67–69]
[b] [71]

# Kupfer, Mangan, Chrom, Molybdän

## A. Schätzwerte für eine angemessene Zufuhr

| Alter | Kupfer mg/Tag | Mangan mg/Tag | Chrom µg/Tag | Molybdän µg/Tag |
|---|---|---|---|---|
| **Säuglinge** | | | | |
| 0 bis unter 4 Monate | 0,2–0,6 | –[a] | 1–10 | 7 |
| 4 bis unter 12 Monate | 0,6–0,7 | 0,6–1,0 | 20–40 | 20–40 |
| **Kinder** | | | | |
| 1 bis unter 4 Jahre | 0,5–1,0 | 1,0–1,5 | 20–60 | 25–50 |
| 4 bis unter 7 Jahre | 0,5–1,0 | 1,5–2,0 | 20–80 | 30–75 |
| 7 bis unter 10 Jahre | 1,0–1,5 | 2,0–3,0 | 20–100 | 40–80 |
| 10 bis unter 15 Jahre | 1,0–1,5 | 2,0–5,0 | 20–100 | 50–100 |
| **Jugendliche und Erwachsene** | 1,0–1,5 | 2,0–5,0 | 30–100 | 50–100 |

[a] – keine Angabe

## B. Erläuterungen

### Kupfer

Der durchschnittliche Kupfergehalt des menschlichen Körpers beträgt 80 mg bis 100 mg. Kupfer ist Bestandteil einer Reihe von Metalloenzymen, die zumeist dem endogenen antioxidativen System angehören. Eine wesentliche Funktion übt Kupfer als Bestandteil des Coeruloplasmins aus. Dies ist das wichtigste Transportprotein für Kupfer und katalysiert für die Bindung an Transferrin die Oxidation von zweiwertigem Eisen, der Form des gespeicherten Eisens, zu dreiwertigem. Es greift auf diese Weise in den Eisenstoffwechsel ein.

Eine zu geringe Zufuhr von Kupfer kann deshalb eine hypochrome mikrozytäre Anämie bei gleichzeitig hohen Eisenkonzentrationen in der Leber hervorrufen. Weitere Mangelsymptome sind: Leukozytopenie, Granulozytopenie, Auftreten von Knochenfrakturen infolge einer Osteoporose, spontane Gefäßrupturen und Aneurysmen wegen einer gestörten Synthese von Kollagen und Elastin, herabgesetzte Pigmentation der Haare und der Haut und im fortgeschrittenen Stadium neurologische Störungen. Blutverluste gehen immer auch mit Kupferverlusten einher. Die Symptome eines Kupfermangels kennzeichnen ferner das Menkes-Syndrom, eine seltene angeborenen Störung des Kupferstoffwechsels, die durch Kupfergabe nicht ausgeglichen werden kann und bereits im Kindesalter zum Tode führt [23].

Bei Erwachsenen ersetzen etwa 1,25 mg Kupfer/Tag die Verluste mit dem Stuhl und dem Urin [19]. Von der WHO wird der Durchschnittsbedarf auf 11 µg/kg Körpergewicht beziffert [29]. Das Scientific Committee for Food (SCF) nennt als Population Reference Intake 1,1 mg Kupfer/Tag [9]. Die Schätzwerte für eine angemessene Zufuhr sind nach den zur Verfügung stehenden Untersuchungsbefunden im Bereich von 1,0 mg bis 1,5 mg Kupfer/Tag anzusetzen. In Deutschland beträgt die mediane tägliche Zufuhr von Kupfer 1,5 mg bei den Frauen und 1,8 mg bei den Männern [21].

Der Kupfergehalt von Frauenmilch fällt in den ersten 6 Monaten von 0,6 mg/l auf 0,2 mg/l ab. Das voll gestillte Kind erhält täglich im Durchschnitt etwa 60 µg Kupfer/kg Körpergewicht. Nur wegen der bei der Geburt vorhandenen Kupferspeicher in der Leber [28] und der hohen Absorptionsrate kann der Kupferbedarf in den ersten Lebensmonaten allein durch Frauenmilch gedeckt werden [10].

Gute Kupferlieferanten sind Getreideprodukte, Innereien (Leber), Fische, Schalentiere, Nüsse, Kakao, Schokolade, Kaffee, Tee und einige grüne Gemüse. Die Bioverfügbarkeit des Kupfers darin schwankt zwischen 35 % und 70 % [9, 12].

Ein stark erhöhter Kupfergehalt von Trinkwasser (> 10 mg/l) wird bei Säuglingen mit Leberschäden, sog. frühkindlichen

Leberzirrhosen, in Verbindung gebracht [15]. Aus gesundheitlichen Gründen dürfen Kupferrohre nicht für Wasser aus Hausbrunnen mit einem pH-Wert unter 7,3 verwendet werden. Bei einem höheren Gehalt als 2 mg Kupfer pro Liter Wasser ist der Sicherheitsabstand zu möglicherweise gesundheitsschädlichen Konzentrationen nicht ausreichend.

Als tolerierbare Gesamtzufuhrmenge für Kupfer gibt die EFSA 5 mg/Tag an [30].

## Mangan

Der Manganbestand des menschlichen Körpers beträgt ca. 10 mg bis 40 mg. Die Knochen weisen eine relativ hohe Mangankonzentration auf. Zu den Mangan-Metalloenzymen gehören die Pyruvat-Carboxylase, die Mangan-Superoxiddismutase und die Glykosyltransferase; diese katalysiert die Proteoglykansynthese im Knorpel und in der Wachstumsfuge der Knochen. Darüber hinaus aktiviert Mangan meist unspezifisch zahlreiche andere Enzyme.

Manganmangelerscheinungen wurden beim Menschen bislang nur in einigen Fällen bei totaler parenteraler Ernährung beschrieben. Bei anderen Spezies treten als Mangelerscheinungen Wachstumsverzögerungen, Schäden des Skeletts, Beeinträchtigungen der Reproduktionsfunktionen, schwere neurologische Störungen nach der Geburt und Defekte im Fett- und Kohlenhydratstoffwechsel auf.

Es wird angenommen, dass bei einer Zufuhr von 2 mg bis 5 mg Mangan/Tag bei Erwachsenen weder ein Mangel noch eine Überdosierung [27] auftritt. Aus Bilanzstudien wurde allerdings auch ein Bedarf von 0,74 mg/Tag abgeleitet [13], der alle physiologischen Funktionen, jedoch keine Körperreserven absichert. Die zum Bedarf an Mangan vorliegenden Untersuchungsbefunde sind noch lückenhaft, sodass hier nur Schätzwerte für eine angemessene Zufuhr angegeben werden.

In Deutschland liegt die mediane tägliche Manganzufuhr bei Frauen bei 3,8 mg und bei Männern bei 4,3 mg [5, 21].

Frauenmilch enthält mit etwa 7 µg bis 14 µg Mangan/l [25] nur geringe Mangankonzentrationen. Bei gestillten Säuglingen wurden dennoch überwiegend positive Manganbilanzen festgestellt [11]. Mit der Einführung von Beikost steigt die Manganzufuhr stark an. Bei 6 bzw. 12 Monate alten Säuglingen wurde pro Tag eine durchschnittliche Manganzufuhr von 71 µg/kg bzw. 80 µg/kg Körpergewicht ermittelt [14]. Auf dieser Basis wurden die in der Tabelle angegebenen Bereiche für eine angemessene Zufuhr von Mangan vom 4. bis 12. Lebensmonat geschätzt. Die Tabellenwerte für Kinder und Jugendliche wurden durch Extrapolation auf der Basis von Körpergewicht und angenommener Nahrungszufuhr abgeleitet.

Lebensmittel pflanzlicher Herkunft sind manganreicher als solche tierischer Herkunft. Besonders Tee, Lauch, Kopfsalat, Spinat, Erdbeeren und Haferflocken sind gute Lieferanten von Mangan.

Mangan ist in großen Mengen toxisch. Ein toxischer Schwellenwert kann jedoch nicht angegeben werden. Vergiftungen durch manganhaltige Lebensmittel sind nicht bekannt. Bei langfristiger künstlicher Ernährung von Kindern wurden nach intravenöser Gabe von Mangan in Kombination mit Zink und Kupfer neurologische Störungen beobachtet.

## Chrom

Chrom übt eine Funktion im Kohlenhydratstoffwechsel aus, ohne dass die Struktur eines postulierten Glucosetoleranzfaktors bisher aufgeklärt werden konnte. Klinische Zeichen eines Chrommangels in Form von insulinresistenter Hyperglykämie, Hyperlipidämie, Gewichtsverlust, peripherer Neuropathie und Ataxie wurden nur nach langfristiger parenteraler Ernährung beobachtet [6]. In diesen Fällen führte eine intravenöse Zufuhr von dreiwertigem Chrom zur Besserung der Symptome. Bei Patienten mit gestörter Glucosetoleranz und einer Chromzufuhr unter 20 µg/Tag konnte durch Chromzulagen eine Verbesserung des Kohlenhydratstoffwechsels erzielt werden [4].

Die Absorptionsquote des in der Nahrung enthaltenen Chroms liegt gewöhnlich bei etwa 0,5 % und beträgt maximal 3 %. Die Bevölkerung der USA verzehrt im Durchschnitt weniger als 50 µg Chrom/Tag [3, 18, 20], ohne dass Mangelerscheinungen bekannt geworden sind. In Deutschland wurde in Duplikatstudien eine Chromzufuhr mit der Nahrung von 61 ± 31 µg/Tag (Frauen) und 84 ± 55 µg/Tag (Männer) gemessen [5]. Stillende hatten allerdings eine mäßig negative Bilanz; diese wurde nach der Stillzeit durch das reichliche Chromangebot mit der Nahrung wieder ausgeglichen.

Die WHO beziffert für Erwachsene einen Bedarf, der alle physiologischen Funktionen, jedoch keine Körperreserven absichert, mit 20 µg Chrom/Tag [29]. Da noch ein gewisser

Speicherbedarf hinzugerechnet werden muss, wird in Anbetracht der lückenhaften Datensituation für Erwachsene als Schätzwert für eine angemessene Zufuhr ein Bereich von 30 µg bis 100 µg Chrom/Tag angegeben.

Der Gehalt von Chrom in der Frauenmilch kann mit 0,18 µg/l niedrig sein [2]. Dennoch sind voll gestillte Säuglinge ausreichend versorgt. Wegen der geringen Absorptionsquote von Chrom wurde für den Schätzwert einer angemessenen Zufuhr generell eine relativ große Spannbreite gewählt. Die Chromzufuhrwerte für Säuglinge und Kinder wurden unter der Annahme der gleichen relativen Spannbreite und der jeweils altersgemäßen Energiezufuhr extrapoliert.

Nennenswerte Mengen an Chrom sind in Fleisch, Leber, Ei, aber auch in Haferflocken, Tomaten, Kopfsalat, Kakao und Pilzen enthalten.

Selbst bei einem gewohnheitsmäßigen Verzehr von 200 µg Chrom/Tag wurden beim Menschen keinerlei Auffälligkeiten beobachtet. Die Toxizität des in der Nahrung enthaltenen dreiwertigen Chroms ist sehr niedrig, im Gegensatz zur Toxizität des wegen seiner kanzerogenen Wirkung als Arbeitsplatzchemikalie gefürchteten sechswertigen Chroms (chromhaltige Stäube).

### Molybdän

Molybdän ist Bestandteil der Xanthinoxidase, der Sulfitoxidase und der Aldehydoxidase. Für die letztere ist eine Verbindung von Molybdän mit einem Pterin ein Cofaktor. Diskutiert wird auch ein kariostatischer Effekt von Molybdän.

Molybdänmangelsymptome wurden bisher nur bei parenteraler Ernährung beobachtet [1, 22]. Eine seltene, angeborene Stoffwechselstörung betrifft den Molybdän-Pterin-Cofaktor [22]. In allen Fällen eines Molybdänmangels war der Stoffwechsel von schwefelhaltigen Aminosäuren und von Nukleotiden gestört, und es traten Funktionsstörungen an Nerven und Gehirn auf.

Die Absorptionsrate von Molybdän ist mit etwa 80 % hoch. In gut kontrollierten Bilanzuntersuchungen an 4 jungen gesunden Männern sind nach 102 Tagen bei einer Zufuhr von 22 µg Molybdän/Tag zwar keine klinischen Zeichen eines Mangels beobachtet worden [26], Funktionseinbußen von molybdänabhängigen Enzymen sind aber nicht auszuschließen [8]. In Deutschland stieg in den vergangenen Jahren die Zufuhr von Molybdän mit einer Mischkost bei Frauen auf 89 µg/Tag und bei Männern auf 100 µg/Tag an [16]. Die Molybdänkonzentration im Kolostrum beträgt 15 µg/l, sinkt jedoch schnell auf 1 µg/l bis 2 µg/l in reifer Frauenmilch ab [7]. Die Molybdänzufuhr liegt bei nicht gestillten Säuglingen unter 3 Monaten mit Säuglingsmilchnahrungen meist über 6 µg Molybdän/Tag [17].

Wegen der noch unzureichenden Datenlage wird als Schätzwert für eine angemessene Zufuhr bei Erwachsenen ein Bereich von 50 µg bis 100 µg Molybdän/Tag angegeben. Die Schätzwerte für Säuglinge [24] und Kinder wurden wie bei Chrom extrapoliert.

Reich an Molybdän sind Hülsenfrüchte (Erbsen, Linsen, Bohnen) und Getreide.

Eine umweltbedingte langfristige Exposition gegenüber einer extrem hohen Zufuhr von Molybdän (10–15 mg/Tag) wurde als Ursache gichtähnlicher Symptome diskutiert. Außerdem wurde eine erhöhte renale Kupferausscheidung registriert. Die Gefahr einer Kupferdepletion durch eine erhöhte Molybdänzufuhr ist jedenfalls nicht auszuschließen.

Die EFSA leitet auf der Basis der tolerierbaren Gesamtzufuhrmenge von ca. 0,01 mg/kg Körpergewicht und Tag eine tolerierbare Gesamtzufuhrmenge von 0,6 mg Molybdän/Tag ab [30].

### Literatur


[1] Abumrad NN, Schneider AJ, Steel D et al.: Amino acid intolerance during prolonged total parenteral nutrition reversed by molybdate therapy. Am J Clin Nutr 34 (1981) 2551–2559

[2] Anderson RA, Bryden NA, Patterson KY et al.: Breast milk chromium and its association with chromium intake, chromium excretion and serum chromium. Am J Clin Nutr 57 (1993) 519–523

[3] Anderson RA, Bryden NA, Polansky MM: Dietary intake of calcium, chromium, copper, iron, magnesium, manganese, and zinc: duplicate plate values corrected using derived nutrient intake. J Am Diet Assoc 93 (1993) 462–464

[4] Anderson RA: Chromium, glucose intolerance and diabetes. J Am Coll Nutr 17 (1998) 548–555

[5] Anke M, Glei M, Groppel B et al.: Mengen-, Spuren- und Ultraspurenelemente in der Nahrungskette. Nova Acta Leopoldina 79 (1998) 157–190

[6] Brown RO, Forloines-Lynn S, Cross RE et al.: Chromium deficiency after longterm total parenteral nutrition. Dig Dis Sci 31 (1986) 661–664

[7] Casey CE, Neville MC: Studies in human lactation 3: molybdenum and nickel in human milk during the first month of lactation. Am J Clin Nutr 45 (1987) 921–926

[8] Chiang G, Swendseid ME, Turnlund JR: Studies of biochemical markers indicating molybdenum status in humans. FASEB J 3 (1989) A1073

[9] SCF (Scientific Committee for Food): Nutrient and energy intakes for the European community. Zinc, copper. Commission of the European Communities, Luxemburg (1993)
[10] Dörner K, Dziadzka S, Hohn A et al.: Longitudinal manganese and copper balances in young infants and preterm infants fed on breast-milk and adapted cow's milk formulas. Br J Nutr 61 (1989) 559–572
[11] Dörner K, Dziadzka S, Sievers E: Manganbilanzen beim Menschen. In: Wolfram G, Kirchgeßner M (Hrsg.): Spurenelemente und Ernährung. Wissenschaftliche Verlagsgesellschaft, Stuttgart (1990) 123–134
[12] Fairweather-Tait SJ: Bioavailability of copper. Eur J Clin Nutr 51, Suppl 1 (1997) S24–S26
[13] Freeland-Graves JH, Behmardi F, Bales CW et al.: Metabolic balance of manganese in young men consuming diets containing five levels of dietary manganese. J Nutr 118 (1988) 764–773
[14] Gibson RS, De Wolfe MS: The dietary trace metal intake of some Canadian full-term and low birthweight infants during the first twelve months of infancy. J Can Diet Assoc 41 (1980) 206–215
[15] Hädrich J: Auffallend hohe Kupferkonzentrationen in Lebern von Mastkälbern. Deutsche Lebensmittel-Rundschau 92 (1996) 103–113
[16] Holzinger S, Anke M, Röhrig B et al.: Molybdenum intake of adults in Germany and Mexico. Analyst 123 (1998) 447–450
[17] Holzinger S, Anke M, Seeber O et al.: Die Molybdänversorgung von Säuglingen und Erwachsenen. 18. Arbeitstagung Mengen- und Spurenelemente, Friedrich-Schiller-Universität Jena (1998) 916–923
[18] Hunt CD, Stoecker BJ: Deliberations and evaluations of the approaches, endpoints, and paradigms for boron, chromium and fluoride dietary recommendations. J Nutr 126, Suppl 9 (1996) S2441–S2451
[19] Klevay LM, Reck SJ, Jacob RA et al.: The human requirement for copper. I. Healthy men fed conventional American diets. Am J Clin Nutr 33 (1980) 45–50
[20] Offenbacher EG: Chromium in the elderly. Biol Trace Elem Res 32 (1992) 123–131
[21] Deutsche Gesellschaft für Ernährung (Hrsg.): 12. Ernährungsbericht 2012. Bonn (2012)
[22] Rajagopalan KV: Molybdenum: an essential trace element in human nutrition. Annu Rev Nutr 8 (1988) 401–427
[23] Schümann K, Classen HG, Dieter HH et al.: Hohenheimer Konsensusgespräch Kupfer. Aktuel Ernaehr Med 24 (1999) 283–296
[24] Sievers E et al.: Der Molybdänbedarf im Säuglingsalter. In: Lombeck I: Spurenelemente – Bedarf, Vergiftungen, Wechselwirkungen und neuere Messmethoden. Wissenschaftliche Verlagsgesellschaft mbH, Stuttgart (1997)
[25] Souci SW, Fachmann W, Kraut H: Die Zusammensetzung der Lebensmittel. Nährwert-Tabellen. Medpharm Scientific Publishers, Stuttgart, 7. Auflage (2008)
[26] Turnlund JR, Keyes WR, Peiffer GL et al.: Molybdenum absorption, excretion, and retention studied with stable isotopes in young men during depletion and repletion. Am J Clin Nutr 61 (1995) 1102–o1109
[27] Velazques SF, Du JT: Derivation of the reference dose for manganese. In: Mertz C, Abernathy C, Olin SS (Hrsg.): Risk assessment of essential elements. International Life Science Institute Press, Washington, DC (1994) 253–266
[28] Widdowson EM: Trace elements in foetal and early postnatal development. Proc Nutr Soc 33 (1974) 275–284
[29] WHO (World Health Organization): Trace elements in human nutrition and health. WHO, Genf (1996)
[30] EFSA (European Food Safety Authority): Tolerable upper intake levels for vitamins and minerals (2006) www.efsa.europa.eu/en/ndatopics/docs/ndatolerableuil.pdf (eingesehen am 26.11.2012)

# Weitere Spurenelemente

Nach dem gegenwärtigen Kenntnisstand sind mit großer Wahrscheinlichkeit noch weitere Spurenelemente wie Kobalt und Nickel Bestandteile oder Aktivatoren lebensnotwendiger Verbindungen (Proteine, Hormone, Enzyme oder andere funktionell wichtige Substanzen).

**Kobalt** ist Bestandteil von Vitamin $B_{12}$ und kann eine Reihe von Enzymen unspezifisch aktivieren. Nur als Vitamin-$B_{12}$-Komponente ist es essenziell. Ein Mangel an Vitamin $B_{12}$ lässt sich nicht durch eine Zufuhr von Kobalt beheben. Einen Schätzwert für eine angemessene Zufuhr anzugeben ist deshalb nicht möglich. Nach stark erhöhter Zufuhr von anorganischem Kobalt wurden beim Menschen Herzmuskelschäden beobachtet.

Die Definition Spurenelement trifft auch für **Nickel** zu. Ebenso wie für Mangan und Molybdän sind für Nickel beim Menschen wegen des bedarfsdeckenden Vorkommens in der Nahrung bisher Mangelerscheinungen nicht beschrieben worden, es sei denn bei einer parenteralen Ernährung ohne diese Spurenelemente oder bei Gendefekten. Der Nickelbestand des Menschen beträgt 0,5 mg, der Schätzwert für eine angemessene Zufuhr liegt bei 25 µg/Tag bis 30 µg/Tag [1].

## Literatur

[1] WHO (World Health Organization): Trace elements in human nutrition and health. WHO, Genf (1996)

# Ultraspurenelemente

Als Ultraspurenelemente werden alle Elemente bezeichnet, deren Essenzialität mithilfe semisynthetischer Rationen über mehrere Generationen tierexperimentell geprüft und für die unter diesen extremen Bedingungen Mangelerscheinungen gefunden wurden, ohne dass ihre speziellen Funktionen bekannt sind. Die Zufuhr dieser Elemente mit der Nahrung deckt nach dem gegenwärtigen Kenntnisstand offenbar den Bedarf von Tier (und Mensch); denn einschlägige Mangelerscheinungen sind bisher nicht aufgetreten. Der Nachweis von biochemischen Funktionen in lebensnotwendigen Geweben und Organen würde zur Zuordnung zu den Spurenelementen führen.

Alle anorganischen Substanzen können, wenn sie in großem Umfang aufgenommen werden, Intoxikationen auslösen, indem sie die Wirkung essenzieller Substanzen blockieren, Wechselwirkungen mit anderen Elementen eingehen oder eine Umverteilung essenzieller Stoffe im Körper einleiten und damit Krankheiten auslösen.

**Zu den Ultraspurenelementen werden gerechnet:**

| | | |
|---|---|---|
| Aluminium (Al) | Cadmium (Cd) | Silicium (Si) |
| Antimon (Sb) | Caesium (Cs) | Strontium (Sr) |
| Arsen (As) | Germanium (Ge) | Thallium (Tl) |
| Barium (Ba) | Lithium (Li) | Titan (Ti) |
| Blei (Pb) | Quecksilber (Hg) | Vanadium (V) |
| Bor (B) | Rubidium (Rb) | Wismut (Bi) |
| Brom (Br) | Samarium (Sm) | Wolfram (W) |

## Tabelle I: Übersicht – empfohlene Zufuhr, Schätzwerte, Richtwerte

| Empfohlene Zufuhr[a] | Schätzwerte | Richtwerte |
|---|---|---|
| Protein[b] | α-Linolensäure | Energie |
| Linolsäure | DHA + EPA[c] | Fett |
| Vitamin A | β-Carotin | Cholesterol |
| Thiamin | Vitamin D | Kohlenhydrate |
| Riboflavin | Vitamin E | Ballaststoffe (Nahrungsfasern) |
| Niacin | Vitamin K | Alkohol |
| Vitamin $B_6$ | Pantothensäure | Wasser |
| Folat | Biotin | Fluorid |
| Vitamin C | Vitamin $B_{12}$ | |
| Calcium | Natrium | |
| Phosphor | Chlorid | |
| Magnesium | Kalium | |
| Eisen | Selen | |
| Jod | Kupfer | |
| Zink | Mangan | |
| | Chrom | |
| | Molybdän | |

[a] Bei den Referenzwerten für Säuglinge handelt es sich jeweils um Schätzwerte (siehe Tab. 2).

[b] Bei den Referenzwerten für die Proteinzufuhr für Erwachsene ab 65 Jahren handelt es sich um Schätzwerte.

[c] Summe Docosahexaensäure und Eicosapentaensäure

# Tabelle II: Empfohlene Zufuhr pro Tag[a]

| Alter | Protein<br>g/kg KG[c]<br>m w | Protein<br>g[d]<br>m w | Essenzielle Fettsäuren<br>% der Energie<br>LA ALA[h] | Vitamin A<br>mg RÄ[e]<br>m w | Thiamin<br>mg<br>m w | Riboflavin<br>mg<br>m w | Niacin<br>mg NÄ[f]<br>m w | Vitamin $B_6$<br>mg<br>m w | Folat<br>µg FÄ[g] | Vitamin C<br>mg<br>m w | Calcium<br>mg | Phosphor<br>mg | Magnesium<br>mg<br>m w | Eisen<br>mg<br>m w[i] | Jod<br>µg<br>D, A WHO, CH | Zink[b]<br>mg<br>m w |
|---|---|---|---|---|---|---|---|---|---|---|---|---|---|---|---|---|
| **Säuglinge** | | | | | | | | | | | | | | | | |
| 0 bis unter 4 Monate | 2,5/1,8/1,4[h,j] | 8/8/8[j] | 4,0 0,5 | 0,5[h] | 0,2[h] | 0,3[h] | 2[k] | 0,1[h] | 60[h] | 20[h] | 220[h] | 120[h] | 24[h] | 0,5[h,l,m] | 40[h] 50[h] | 1,5[h] |
| 4 bis unter 12 Monate | 1,3 | 11 | 3,5 0,5 | 0,6 | 0,4[n] | 0,4[n] | 5[n] | 0,3[h] | 80[h] | 20[h] | 330[h] | 300 | 60 | 8[l] | 80 50 | 2,5 |
| **Kinder** | | | | | | | | | | | | | | | | |
| 1 bis unter 4 Jahre | 1,0 | 14 | 3,0 0,5 | 0,6 | 0,6[n] | 0,7[n] | 8[n] | 0,6 | 120 | 20 | 600 | 500 | 80 | 8 | 100 90 | 3 |
| 4 bis unter 7 Jahre | 0,9 | 18 | 2,5 0,5 | 0,7 | 0,7[n] | 0,8[n] | 9[n] | 0,7 | 140 | 30 | 750 | 600 | 120 | 8 | 120 90 | 4 |
| 7 bis unter 10 Jahre | 0,9 | 26 | 2,5 0,5 | 0,8 | 0,9[n] 0,8[n] | 1,0[n] 0,9[n] | 11[n] 10[n] | 1,0 | 180 | 45 | 900 | 800 | 170 | 10 | 140 120 | 6 |
| 10 bis unter 13 Jahre | 0,9 | 37 38 | 2,5 0,5 | 0,9 | 1,0[n] 0,9[n] | 1,1[n] 1,0[n] | 13[n] 11[n] | 1,2 | 240 | 65 | 1 100 | 1 250 | 230 250 | 12 15 | 180 120 | 9 8 |
| 13 bis unter 15 Jahre | 0,9 | 50 49 | 2,5 0,5 | 1,1 1,0 | 1,2[n] 1,0[n] | 1,4[n] 1,1[n] | 15[n] 13[n] | 1,5 1,4 | 300 | 85 | 1 200 | 1 250 | 310 310 | 12 15 | 200 150 | 12 10 |
| **Jugendliche und Erwachsene** | | | | | | | | | | | | | | | | |
| 15 bis unter 19 Jahre | 0,9 0,8 | 62 48 | 2,5 0,5 | 1,1 0,9 | 1,4[n] 1,1[n] | 1,6[n] 1,2[n] | 17[n] 13[n] | 1,6 1,4 | 300[o] | 105 90 | 1 200 | 1 250 | 400 350 | 12 15 | 200 150 | 14 11 |
| 19 bis unter 25 Jahre | 0,8 | 57 48 | 2,5 0,5 | 1,0 0,8 | 1,3[n] 1,0[n] | 1,4[n] 1,1[n] | 16[n] 13[n] | 1,6 1,4 | 300[o] | 110[p] 95[p] | 1 000 | 700 | 400 310 | 10 15 | 200 150 | 14 8 |
| 25 bis unter 51 Jahre | 0,8 | 57 48 | 2,5 0,5 | 1,0 0,8 | 1,2[n] 1,0[n] | 1,4[n] 1,1[n] | 15[n] 12[n] | 1,6 1,4 | 300[o] | 110[p] 95[p] | 1 000 | 700 | 350 300 | 10 15 | 200 150 | 14 8 |
| 51 bis unter 65 Jahre | 0,8 | 55 47 | 2,5 0,5 | 1,0 0,8 | 1,2[n] 1,0[n] | 1,3[n] 1,0[n] | 15[n] 11[n] | 1,6 1,4 | 300 | 110[p] 95[p] | 1 000 | 700 | 350 300 | 10 10 | 180 150 | 14 8 |
| 65 Jahre und älter | 1,0[h] | 67 57 | 2,5 0,5 | 1,0 0,8 | 1,1[n] 1,0[n] | 1,3[n] 1,0[n] | 14[n] 11[n] | 1,6 1,4 | 300 | 110[p] 95[p] | 1 000 | 700 | 350 300 | 10 10 | 180 150 | 14 8 |
| **Schwangere** | 2. Trimester 0,9<br>3. Trimester 1,0 | 2. Trimester +7<br>3. Trimester +21 | 2,5 0,5[q] | 1,1[r] | 2. Trimester 1,2[s]<br>3. Trimester 1,3[s] | 2. Trimester 1,3[s]<br>3. Trimester 1,4[s] | 2. Trimester 14[s]<br>3. Trimester 16[s] | 1. Trimester 1,5<br>2. und<br>3. Trimester 1,8 | 550[o] | 105[r] | 1 000[t] | 800[u] | 310[v] | 30 | 230 200 | 1. Trimester 9<br>2. und<br>3. Trimester 11 |
| **Stillende** | 1,2 | +23 | 2,5 0,5[q] | 1,5[w] | 1,3[x] | 1,4[x] | 16[x] | 1,6 | 450 | 125 | 1 000[t] | 900[u] | 390 | 20[y] | 260 200 | 13 |

a Richtwerte für die Zufuhr von Energie, Fett, Cholesterol, Kohlenhydraten, Ballaststoffen (Nahrungsfasern), Alkohol, Wasser und Fluorid sowie Angaben zu β-Carotin befinden sich in den entsprechenden Kapiteln.

b Die Absorption von Zink wird bei Erwachsenen durch den Phytatgehalt der Nahrung beeinflusst. Die hier angegebenen Werte beziehen sich auf eine mittlere Phytatzufuhr (entspricht 660 mg/Tag [1,0 mmol/Tag]).

c Die Angaben beziehen sich auf Normalgewicht; bei Übergewicht (BMI > 25 $kg/m^2$ bei Erwachsenen) sollte das Normalgewicht für die Berechnung zugrunde gelegt werden.

d Diese Angaben basieren auf dem Referenzgewicht (siehe Kapitel „Energie").

e 1 mg Retinol-Äquivalent = 1 mg Retinol = 6 mg all-trans-β-Carotin = 12 mg andere Provitamin A-Carotinoide = 1,15 mg all-trans-Retinylacetat = 1,83 mg all-trans-Retinylpalmitat; 1 IE (Internationale Einheiten werden nur noch im pharmazeutischen Bereich angegeben) = 0,3 µg Retinol

f 1 mg Niacin-Äquivalent = 1 mg Niacin = 60 mg Tryptophan

g Berechnet nach der Summe folatwirksamer Verbindungen in der üblichen Nahrung (Folat-Äquivalente): 1µg Folat-Äquivalent = 1µg Nahrungsfolat = 0,5 µg synthetische Folsäure

h Hierbei handelt es sich um einen Schätzwert.

i nichtmenstruierende Frauen, die nicht schwanger sind oder nicht stillen: 10 mg/Tag

j 0–1/1–2/2–4 Monate (siehe auch Text im Kapitel „Protein")

k Hierbei handelt es sich um einen Schätzwert, der sich auf vorgebildetes Niacin bezieht.

l ausgenommen Unreifgeborene

m Ein Eisenbedarf besteht infolge der dem Neugeborenen von der Plazenta als Hb-Eisen mitgegebenen Eisenmenge erst ab dem 4. Monat.

n Zugrunde gelegt wurden die alters- und geschlechtsspezifischen Richtwerte für die Energiezufuhr (siehe Kapitel „Energie"; PAL-Wert 1,4).

o Frauen, die schwanger werden wollen oder könnten, sollten zusätzlich zu einer folatreichen Ernährung 400 µg synthetische Folsäure/Tag oder äquivalente Dosen anderer Folate in Form eines Präparats einnehmen, um Neuralrohrdefekten vorzubeugen. Diese zusätzliche Einnahme eines Folsäure- oder Folatpräparats sollte mindestens 4 Wochen vor Beginn der Schwangerschaft anfangen und während des 1. Drittels der Schwangerschaft beibehalten werden.

p Raucher 155 mg/Tag (Männer) bzw. 135 mg/Tag (Frauen)

q Schwangere und Stillende sollten im Durchschnitt mindestens 200 mg Docosahexaensäure/Tag zuführen.

r ab 4. Monat der Schwangerschaft

s Unter Berücksichtigung des Richtwerts für Frauen von 19 bis unter 25 Jahren (PAL-Wert 1,4) und Zulage von 250 kcal/Tag während des 2. Trimesters und von 500 kcal/Tag während des 3. Trimesters der Schwangerschaft (siehe Kapitel „Energie").

t Schwangere und Stillende < 19 Jahre 1 200 mg

u Schwangere und Stillende < 19 Jahre 1 250 mg

v Schwangere < 19 Jahre 350 mg

w ca. 70 µg Retinol-Äquivalente-Zulage pro 100 g sezernierte Milch

x Unter Berücksichtigung des Richtwerts für Frauen von 19 bis unter 25 Jahren (PAL-Wert 1,4) und Zulage von 500 kcal/Tag für ausschließliches Stillen während der ersten 4 bis 6 Monate (siehe Kapitel „Energie").

y Diese Angabe gilt für stillende und nicht stillende Frauen nach der Geburt zum Ausgleich der Verluste während der Schwangerschaft.

## Tabelle III: Schätzwerte für eine angemessene Zufuhr pro Tag[a]

| Alter | Vitamin D[b] | Vitamin E | | Vitamin K | | Pantothensäure | Biotin | Vitamin $B_{12}$ | Natrium | Chlorid | Kalium | Selen | | Kupfer | Mangan | Chrom | Molybdän |
|---|---|---|---|---|---|---|---|---|---|---|---|---|---|---|---|---|---|
| | µg[c] | mg TÄ[f,g] | | µg | | mg | µg | µg | mg[i] | mg[j] | mg[k] | µg | | mg | mg | µg | µg |
| | | m | w | m | w | | | | | | | m | w | | | | |
| **Säuglinge** | | | | | | | | | | | | | | | | | |
| 0 bis unter 4 Monate | 10[d] | 3 | | 4 | | 2 | 5 | 0,5 | 130 | 300 | 400 | 10 | | 0,2–0,6 | –[l] | 1–10 | 7 |
| 4 bis unter 12 Monate | 10[d] | 4 | | 10 | | 3 | 5–10 | 1,4 | 200 | 450 | 600 | 15 | | 0,6–0,7 | 0,6–1,0 | 20–40 | 20–40 |
| **Kinder** | | | | | | | | | | | | | | | | | |
| 1 bis unter 4 Jahre | 20[e] | 6 | 5 | 15 | | 4 | 10–15 | 1,5 | 400 | 600 | 1 100 | 15 | | 0,5–1,0 | 1,0–1,5 | 20–60 | 25–50 |
| 4 bis unter 7 Jahre | 20[e] | 8 | 8 | 20 | | 4 | 10–15 | 2,0 | 500 | 750 | 1 300 | 20 | | 0,5–1,0 | 1,5–2,0 | 20–80 | 30–75 |
| 7 bis unter 10 Jahre | 20[e] | 10 | 9 | 30 | | 5 | 15–20 | 2,5 | 750 | 1 150 | 2 000 | 30 | | 1,0–1,5 | 2,0–3,0 | 20–100 | 40–80 |
| 10 bis unter 13 Jahre | 20[e] | 13 | 11 | 40 | | 5 | 20–30 | 3,5 | 1 100 | 1 700 | 2 900 | 45 | | 1,0–1,5 | 2,0–5,0 | 20–100 | 50–100 |
| 13 bis unter 15 Jahre | 20[e] | 14 | 12 | 50 | | 6 | 25–35 | 4,0 | 1 400 | 2 150 | 3 600 | 60 | | 1,0–1,5 | 2,0–5,0 | 20–100 | 50–100 |
| **Jugendliche und Erwachsene** | | | | | | | | | | | | | | | | | |
| 15 bis unter 19 Jahre | 20[e] | 15 | 12 | 70 | 60 | 6 | 30–60 | 4,0 | 1 500 | 2 300 | 4 000 | 70 | 60 | 1,0–1,5 | 2,0–5,0 | 30–100 | 50–100 |
| 19 bis unter 25 Jahre | 20[e] | 15 | 12 | 70 | 60 | 6 | 30–60 | 4,0 | 1 500 | 2 300 | 4 000 | 70 | 60 | 1,0–1,5 | 2,0–5,0 | 30–100 | 50–100 |
| 25 bis unter 51 Jahre | 20[e] | 14 | 12 | 70 | 60 | 6 | 30–60 | 4,0 | 1 500 | 2 300 | 4 000 | 70 | 60 | 1,0–1,5 | 2,0–5,0 | 30–100 | 50–100 |
| 51 bis unter 65 Jahre | 20[e] | 13 | 12 | 80 | 65 | 6 | 30–60 | 4,0 | 1 500 | 2 300 | 4 000 | 70 | 60 | 1,0–1,5 | 2,0–5,0 | 30–100 | 50–100 |
| 65 Jahre und älter | 20[e] | 12 | 11 | 80 | 65 | 6 | 30–60 | 4,0 | 1 500 | 2 300 | 4 000 | 70 | 60 | 1,0–1,5 | 2,0–5,0 | 30–100 | 50–100 |
| **Schwangere** | 20[e] | | 13 | | 60 | 6 | 30–60 | 4,5 | 1 500 | 2 300 | 4 000 | | 60 | 1,0–1,5 | 2,0–5,0 | 30–100 | 50–100 |
| **Stillende** | 20[e] | | 17[h] | | 60 | 6 | 30–60 | 5,5 | 1 500 | 2 300 | 4 400 | | 75 | 1,0–1,5 | 2,0–5,0 | 30–100 | 50–100 |

[a] Angaben zu Docosahexaensäure und Eicosapentaensäure sowie zu β-Carotin befinden sich im Text.
[b] bei fehlender endogener Synthese
[c] 1 µg = 40 IE; 1 IE = 0,025 µg
[d] Der Schätzwert wird durch Gabe einer Vitamin-D-Tablette zur Rachitisprophylaxe ab der 1. Lebenswoche bis zum Ende des 1. Lebensjahres bei gestillten und nicht gestillten Säuglingen erreicht. Die Gabe erfolgt unabhängig von der endogenen Vitamin-D-Synthese und der Vitamin-D-Zufuhr durch Frauenmilch bzw. Säuglingsmilchnahrungen. Die Prophylaxe sollte im 2. Lebensjahr in den Wintermonaten weiter durchgeführt werden.
[e] Vitamin D nimmt unter den Vitaminen eine Sonderstellung ein, da es sowohl über die Ernährung zugeführt als auch vom Menschen selbst durch Sonnenbestrahlung gebildet werden kann, vgl. Referenzwerte für die Vitamin-D-Zufuhr.
[f] 1 mg RRR-α-Tocopherol-Äquivalent = 1 mg RRR-α-Tocopherol = 1,49 IE; 1 IE = 0,67 mg RRR-α-Tocopherol = 1 mg all-rac-α-Tocopherylacetat
[g] 1 mg RRR-α-Tocopherol (D-α-Tocopherol)-Äquivalent = 1,1 mg RRR-α-Tocopherylacetat (D-α-Tocopherylacetat) = 2 mg RRR-β-Tocopherol (D-β-Tocopherol) = 4 mg RRR-γ-Tocopherol (D-γ-Tocopherol) = 100 mg RRR-δ-Tocopherol (D-δ-Tocopherol) = 3,3 mg RRR-α-Tocotrienol (D-α-Tocotrienol) = 1,49 mg all-rac-α-Tocopherylacetat (D, L-α-Tocopherylacetat)
[h] ca. 260 µg RRR-α-Tocopherol-Äquivalente-Zulage pro 100 g sezernierte Milch
[i] 23,0 mg Natrium entsprechen 1 mmol Natrium
[j] 35,5 mg Chlorid entsprechen 1 mmol Chlorid
[k] 39,1 mg Kalium entsprechen 1 mmol Kalium
[l] – = keine Angabe

**Tabelle IVa: Berechnung der Wachstumsfaktoren für Jungen im Alter von 0,5 bis unter 19 Jahren anhand des Erhaltungs- und Wachstumsbedarfs für Protein der WHO [1]**

| Alter [Jahre] | Erhaltungsbedarf [g Protein/kg Körpergewicht/Tag][a] | Wachstumsbedarf [g Protein/kg Körpergewicht/Tag][a] | berechneter Wachstumsfaktor[b] | Wachstumsfaktor für die entsprechende Altersgruppe[c] |
|---|---|---|---|---|
| Jungen | | | | |
| 0,5 | 0,66 | 0,46 | 0,70 | 4 bis unter 12 Monate: 0,7 |
| 1 | 0,66 | 0,29 | 0,44 | 1 bis unter 4 Jahre: 0,25 |
| 2 | 0,66 | 0,13 | 0,20 | |
| 3 | 0,66 | 0,07 | 0,11 | |
| 4 | 0,66 | 0,03 | 0,05 | 4 bis unter 7 Jahre: 0,06 |
| 5 | 0,66 | 0,03 | 0,05 | |
| 6 | 0,66 | 0,06 | 0,09 | |
| 7 | 0,66 | 0,08 | 0,12 | 7 bis unter 10 Jahre: 0,13 |
| 8 | 0,66 | 0,09 | 0,14 | |
| 9 | 0,66 | 0,09 | 0,14 | |
| 10 | 0,66 | 0,09 | 0,14 | 10 bis unter 13 Jahre: 0,13 |
| 11 | 0,66 | 0,09 | 0,14 | |
| 12 | 0,66 | 0,08 | 0,12 | |
| 13 | 0,66 | 0,07 | 0,11 | 13 bis unter 15 Jahre: 0,10 |
| 14 | 0,66 | 0,06 | 0,09 | |
| 15 | 0,66 | 0,06 | 0,09 | 15 bis unter 19 Jahre: 0,07 |
| 16 | 0,66 | 0,05 | 0,08 | |
| 17 | 0,66 | 0,04 | 0,06 | |
| 18 | 0,66 | 0,03 | 0,05 | |

[a] [1]
[b] Berechnung des Wachstumsfaktors: Wachstumsbedarf [g Protein/kg Körpergewicht/Tag] / Erhaltungsbedarf [g Protein/kg Körpergewicht/Tag]
[c] Der Wachstumsfaktor für die jeweilige Altersgruppe entspricht dem Mittelwert der für die Altersgruppe berücksichtigten Werte.

## Tabelle IVb: Berechnung der Wachstumsfaktoren für Mädchen im Alter von 0,5 bis unter 19 Jahren anhand des Erhaltungs- und Wachstumsbedarfs für Protein der WHO [1]

| Alter [Jahre] | Erhaltungsbedarf [g Protein/kg Körpergewicht/Tag][a] | Wachstumsbedarf [g Protein/kg Körpergewicht/Tag][a] | berechneter Wachstumsfaktor[b] | Wachstumsfaktor für die entsprechende Altersgruppe[c] |
|---|---|---|---|---|
| Mädchen | | | | |
| 0,5 | 0,66 | 0,46 | 0,70 | 4 bis unter 12 Monate: 0,7 |
| 1 | 0,66 | 0,29 | 0,44 | 1 bis unter 4 Jahre: 0,25 |
| 2 | 0,66 | 0,13 | 0,20 | |
| 3 | 0,66 | 0,07 | 0,11 | |
| 4 | 0,66 | 0,03 | 0,05 | 4 bis unter 7 Jahre: 0,06 |
| 5 | 0,66 | 0,03 | 0,05 | |
| 6 | 0,66 | 0,06 | 0,09 | |
| 7 | 0,66 | 0,08 | 0,12 | 7 bis unter 10 Jahre: 0,13 |
| 8 | 0,66 | 0,09 | 0,14 | |
| 9 | 0,66 | 0,09 | 0,14 | |
| 10 | 0,66 | 0,09 | 0,14 | 10 bis unter 13 Jahre: 0,11 |
| 11 | 0,66 | 0,07 | 0,11 | |
| 12 | 0,66 | 0,06 | 0,09 | |
| 13 | 0,66 | 0,05 | 0,08 | 13 bis unter 15 Jahre: 0,07 |
| 14 | 0,66 | 0,04 | 0,06 | |
| 15 | 0,66 | 0,03 | 0,05 | 15 bis unter 19 Jahre: 0,02 |
| 16 | 0,66 | 0,02 | 0,03 | |
| 17 | 0,66 | 0,01 | 0,02 | |
| 18 | 0,66 | 0,00 | 0,00 | |

[a] [1]
[b] Berechnung des Wachstumsfaktors: Wachstumsbedarf [g Protein/kg Körpergewicht/Tag] / Erhaltungsbedarf [g Protein/kg Körpergewicht/Tag]
[c] Der Wachstumsfaktor für die jeweilige Altersgruppe entspricht dem Mittelwert der für die Altersgruppe berücksichtigten Werte.

## Literatur

[1] WHO (World Health Organization): Protein and amino acid requirements in human nutrition. World Health Organization, Genf (2007)

## Verzeichnis der Mitarbeiterinnen und Mitarbeiter


| | |
|---|---|
| Alexy, Ute; Dr. | Forschungsinstitut für Kinderernährung e. V.<br>Dortmund |
| Amado, Renato; Prof. Dr. | Institut für Lebensmittel- und Ernährungswissenschaften<br>ETH Zürich |
| Anke, Manfred; Prof. Dr. (†) | Institut für Ernährung und Umwelt<br>Friedrich-Schiller-Universität Jena |
| Baerlocher, Kurt; Prof. Dr. | Ostschweizer Kinderspital<br>St. Gallen |
| Barth, Christian A.; Prof. Dr. | Deutsches Institut für Ernährungsforschung Potsdam-Rehbrücke<br>Nuthetal |
| Bauer, Jürgen; Prof. Dr. | Agaplesion Bethanien Krankenhaus<br>Heidelberg |
| Baumgartner, Regula; Dr. | Universitäts-Kinderspital<br>Basel |
| Bechthold, Angela; Dr. | Deutsche Gesellschaft für Ernährung e. V.<br>Bonn |
| Bergmann, Karl E.; Prof. Dr. | Klinik für Geburtsmedizin<br>Charité – Universitätsmedizin<br>Berlin |
| Bergmann, Renate L.; Prof. Dr. | Kinderklinik im Virchow-Klinikum<br>Alexander von Humboldt-Universität<br>Berlin |
| Biesalski, Hans K.; Prof. Dr. | Institut für Biologische Chemie und Ernährungswissenschaft<br>Universität Hohenheim<br>Stuttgart |
| Bitsch, Roland; Prof. Dr. | Institut für Ernährung und Umwelt<br>Friedrich-Schiller-Universität Jena |
| Boeing, Heiner; Prof. Dr. | Deutsches Institut für Ernährungsforschung Potsdam-Rehbrücke<br>Nuthetal |
| Brigelius-Flohé, Regina; Prof. Dr. | Deutsches Institut für Ernährungsforschung Potsdam-Rehbrücke<br>Nuthetal |
| Egert, Sarah | Deutsche Gesellschaft für Ernährung e. V.<br>Bonn |

| | |
|---|---|
| Eichholzer, Monika; Prof. Dr. | Institut für Epidemiologie, Biostatistik und Prävention<br>Universität Zürich |
| Ellinger, Sabine; Prof. Dr. | Fachbereich Oecotrophologie<br>Hochschule Niederrhein |
| Elmadfa, Ibrahim; Univ.-Prof. Dr. | Department für Ernährungswissenschaften<br>Universität Wien |
| Erbersdobler, Helmut F.; Prof. Dr. | Institut für Humanernährung und Lebensmittelkunde<br>Christian-Albrechts-Universität zu Kiel |
| Gaßmann, Berthold; Prof. Dr. (†) | Deutsches Institut für Ernährungsforschung Potsdam-Rehbrücke<br>Nuthetal |
| Gonzáles-Gross, Marcela; Prof. Dr. | Departament of Health and Human Performance<br>Universidad Politécnica de Madrid |
| Großklaus, Rolf; Prof. Dr. | Bundesinstitut für Risikobewertung<br>Berlin |
| Haase, Hajo; Prof. Dr. | Institut für Lebensmitteltechnologie und Lebensmittelchemie<br>Technische Universität Berlin |
| Hauner, Hans; Prof. Dr. | Else Kröner-Fresenius-Zentrum für Ernährungsmedizin<br>Technische Universität München<br>Freising-Weihenstephan |
| Heseker, Helmut; Prof. Dr. | Institut für Ernährung, Konsum und Gesundheit<br>Universität Paderborn |
| Hurrell, Richard; Prof. Dr. | Institut für Lebensmittel- und Ernährungswissenschaften<br>ETH Zürich |
| Isik, Neslihan | Deutsche Gesellschaft für Ernährung e. V.<br>Bonn |
| Jahreis, Gerhard; Prof. Dr. | Institut für Ernährungswissenschaften<br>Friedrich-Schiller-Universität Jena |
| Jungert, Alexandra; Dr. | Institut für Ernährungswissenschaft<br>Justus-Liebig-Universität Gießen |
| Jungvogel, Antje | Deutsche Gesellschaft für Ernährung e. V.<br>Bonn |
| Kasper, Heinrich; Prof. Dr. | Medizinische Klinik der Universität<br>Würzburg |
| Keller, Ulrich; Prof. Dr. | Department Innere Medizin – Abteilung für Endokrinologie und Diabetologie und klinische Ernährung<br>Kantonsspital Basel |

| | |
|---|---|
| Kersting, Mathilde; Prof. Dr. | Forschungsinstitut für Kinderernährung e. V.<br>Dortmund |
| Kipp, Anna; Dr. | Deutsches Institut für Ernährungsforschung Potsdam-Rehbrücke<br>Nuthetal |
| Köhrle, Josef; Prof. Dr. | Institut für Experimentelle Endokrinologie<br>Charité – Universitätsmedizin<br>Berlin |
| König, Jürgen S.; Prof. Dr. | Department für Ernährungswissenschaften<br>Universität Wien |
| Koletzko, Berthold; Prof. Dr. | Dr. v. Haunersches Kinderspital<br>Klinikum der Universität München |
| Krawinkel, Michael B.; Prof. Dr. | Institut für Ernährungswissenschaft<br>Justus-Liebig-Universität Gießen |
| Kries, Rüdiger von; Prof. Dr. | Institut für Soziale Pädiatrie und Jugendmedizin<br>Ludwig-Maximilians-Universität München |
| Leschik-Bonnet, Eva; Dr. | Deutsche Gesellschaft für Ernährung e. V.<br>Bonn |
| Linseisen, Jakob; Prof. Dr. | Institut für Epidemiologie II<br>Helmholtz Zentrum München<br>Neuherberg |
| Lombeck, Ingrid; Prof. Dr. | Zentrum für Kinderheilkunde<br>Heinrich-Heine-Universität Düsseldorf |
| Manz, Friedrich; Prof. Dr. | Forschungsinstitut für Kinderernährung e. V.<br>Dortmund |
| Metges, Cornelia; PD Dr. | Institut für Ernährungsphysiologie<br>Leibniz-Institut für Nutztierbiologie<br>Dummerstorf |
| Moser, Ulrich; Dr. | Schweizerische Gesellschaft für Ernährung<br>Bern |
| Neuhäuser-Berthold, Monika; Prof. Dr. | Institut für Ernährungswissenschaft<br>Justus-Liebig-Universität Gießen |
| Noack, Rudolf; Prof. Dr. | Deutsches Institut für Ernährungsforschung Potsdam-Rehbrücke<br>Nuthetal |
| Peterson-Sperlich, Birte A. | Deutsche Gesellschaft für Ernährung e. V.<br>Bonn |

| | |
|---|---|
| Pfannhauser, Werner; Univ.-Prof. Dr. | Institut für Lebensmittelchemie und -technologie<br>Technische Universität Graz |
| Pickardt, Caroline-Renate; Prof. Dr. | Medizinische Klinik – Klinikum Innenstadt<br>Ludwig-Maximilians-Universität München |
| Przyrembel, Hildegard; Prof. Dr. | Bundesinstitut für Risikobewertung<br>Berlin |
| Rechkemmer, Gerhard; Prof. Dr. | Max Rubner-Institut<br>Karlsruhe |
| Richter, Margrit; Dr. | Deutsche Gesellschaft für Ernährung e.V.<br>Bonn |
| Rohrmann, Sabine; Prof. Dr. | Institut für Epidemiologie, Biostatistik und Prävention<br>Universität Zürich |
| Schlierf, Günter; Prof. Dr. | Geriatrisches Zentrum<br>Bethanien Krankenhaus Heidelberg |
| Schomburg, Lutz; Prof. Dr. | Institut für Experimentelle Endokrinologie<br>Charité – Universitätsmedizin<br>Berlin |
| Schümann, Klaus; Prof. Dr. | Technische Universität<br>München |
| Schutz, Yves; Prof. Dr. | Institute de Physiologie<br>Université de Lausanne |
| Schweigert, Florian J.; Prof. Dr. | Institut für Ernährungswissenschaft<br>Universität Potsdam<br>Nuthetal |
| Scriba, Peter C.; Prof. Dr. | Medizinische Klinik – Klinikum Innenstadt<br>Ludwig-Maximilians-Universität München |
| Sievers, Erika; PD Dr. | Klinik für Allgemeine Pädiatrie<br>Christian-Albrechts-Universität zu Kiel |
| Stahl, Wilhelm; Prof. Dr. | Institut für Biochemie und Molekularbiologie I<br>Heinrich-Heine-Universität Düsseldorf |
| Stangl, Gabriele; Prof. Dr. | Institut für Agrar- und Ernährungswissenschaften<br>Marin-Luther-Universität Halle-Wittenberg |
| Stehle, Peter; Prof. Dr. | Institut für Ernährungs- und Lebensmittelwissenschaften<br>Rheinische Friedrich-Wilhelms-Universität<br>Bonn |

| | |
|---|---|
| Ströhle, Alexander, Dr. | Abteilung Ernährungsphysiologie und Humanernährung<br>Institut für Lebensmittelwissenschaft und Humanernährung<br>Leibniz Universität Hannover |
| Strohm, Daniela; Dr. | Deutsche Gesellschaft für Ernährung e. V.<br>Bonn |
| Volkert, Dorothee; Prof. Dr. | Institut für Biomedizin des Alterns<br>Friedrich-Alexander-Universität Erlangen-Nürnberg<br>Nürnberg |
| Wagner, Karl-Heinz; Prof. Dr. | Department für Ernährungswissenschaften<br>Universität Wien |
| Walter, Paul; Prof. Dr. | Biochemisches Institut<br>Universität Basel |
| Watzl, Bernhard; Prof. Dr. | Max Rubner-Institut<br>Karlsruhe |
| Weißenborn, Anke; Dr. | Bundesinstitut für Risikobewertung<br>Berlin |
| Wenk, Caspar; Prof. Dr. | Institut für Nutztierwissenschaft / Gruppe Ernährung<br>ETH Zürich |
| Wolfram, Günther; Prof. Dr. | Department für Lebensmittel und Ernährung<br>Technische Universität München<br>Freising-Weihenstephan |
| Zittermann, Armin; Prof. Dr. | Klinik für Thorax- und Kardiovaskularchirurgie<br>Herz- und Diabeteszentrum NRW<br>Bad Oeynhausen |

## Abkürzungsverzeichnis

| | |
|---|---|
| **α-EALT** | Alanin-Aminotransferase |
| **α-EAST** | Aspartat-Aminotransferase |
| **A** | Österreich |
| **ALA** | *alpha-linolenic acid* (α-Linolensäure) |
| **$A_{max}$** | maximale Zinkarbsorption |
| **BEE** | *basal energy expenditure* (Grundumsatz) |
| **BfR** | Bundesinstitut für Risikobewertung |
| **BLS** | Bundeslebensmittelschlüssel |
| **BMI** | *Body Mass Index* = Körpergewicht [kg] / Quadrat der Körperlänge [$m^2$] |
| **BMR** | *basal metabolic rate* (Grundumsatz) |
| **CH** | Schweiz |
| **CI** | Konfidenzintervall |
| **CLA** | *conjugated linoleic acid* (konjugierte Linolsäure) |
| **D** | Deutschland |
| **DEGS** | Studie zur Gesundheit Erwachsener in Deutschland |
| **DGE** | Deutsche Gesellschaft für Ernährung e. V. |
| **DHA** | *docosahexaenoic acid* (Docosahexaensäure) |
| **DISHES** | *Diet Interview Software for Health Examination Studies* (Software für Ernährungsinterviews) |
| **DLW** | *doubly labelled water* (doppelt stabil markiertes Wasser) |
| **DRI** | *Dietary Reference Intakes* (Referenzwerte für die Nährstoffzufuhr) |
| **EFSA** | *European Food Safety Authority* (Europäische Behörde für Lebensmittelsicherheit) |
| **EPA** | *eicosapentaenoic acid* (Eicosapentaensäure) |
| **EsKiMo** | Ernährungsstudie als Modul des Kinder- und Jugendgesundheitssurveys |
| **EU** | Europäische Union |
| **FÄ** | Folat-Äquivalente |
| **FAD** | Flavinadenindinukleotid |
| **FAO** | *Food and Agriculture Organization of the United Nations* (Ernährungs- und Landwirtschaftsorganisation der Vereinten Nationen) |
| **FMN** | Flavinmononukleotid |
| **FZA** | Fraktionelle Zinkabsorption |
| **g** | Gramm |
| **GI** | glykämischer Index |
| **GL** | glykämische Last |
| **GPx** | Glutathionperoxidase |
| **HDL** | *high density lipoprotein* (Lipoprotein mit hoher Dichte) |
| **HELENA-Study** | *Healthy Lifestyle in Europe by Nutrition in Adolescence Study* |
| **HWZ** | Halbwertszeit |
| **IAAO** | Indikator-Aminosäure-Oxidation |
| **IAEA** | *International Atomic Energy Agency* (Internationale Atomenergie-Organisation) |
| **IE** | Internationale Einheiten |
| **IF** | Intrinsic-Faktor |
| **IOM** | *Institut of Medicine* |
| **IZiNCG** | *International Zinc Nutrition Consultative Group* |

| | |
|---|---|
| **kcal** | Kilokalorien |
| **KiGGS** | Kinder- und Jugendgesundheitssurvey (Studie zur Gesundheit von Kindern und Jugendlichen in Deutschland) |
| **kg** | Kilogramm |
| **KG** | Körpergewicht |
| **KHK** | koronare Herzkrankheit |
| **kJ** | Kilojoule |
| **KORA - *Age Study*** | Kooperative Gesundheitsforschung in der Region Augsburg |
| **$K_P$** | Gleichgewichtskonstante Zink/Phytat |
| **$K_T$** | Gleichgewichtskonstante Zink/Transportrezeptor |
| | |
| **l** | Liter |
| **LA** | *linoleic acid* (Linolsäure) |
| **LDL** | *low density lipoprotein* (Lipoprotein mit niedriger Dichte) |
| **LOAEL** | *Lowest Observed Adverse Effect Level* |
| | |
| **µg** | Mikrogramm |
| **µmol** | Mikromol |
| **m** | männlich |
| **MED** | minimale Erythemdosis |
| **mg** | Milligramm |
| **MJ** | Megajoule |
| **ml** | Milliliter |
| **MMA** | Methylmalonsäure |
| **mm Hg** | Millimeter-Quecksilbersäule |
| **mmol** | Millimol |
| **mosm** | Milliosmol |
| **MTHF** | Methyltetrahydrofolat |
| **MTHFR** | Methylentetrahydrofolatreduktase |
| | |
| **n** | Probandenzahl |
| **N** | Stickstoff |
| **NÄ** | Niacin-Äquivalente |
| **NaCl** | Natriumchlorid (Speisesalz) |
| **NAD** | Nicotinamid-Adenindinukleotid |
| **NADP** | Nicotinamid-Adenindinukleotidphosphat |
| **NaF** | Natriumfluorid |
| **NOAEL** | *No Observed Adverse Effect Level* |
| **NPN** | Nicht-Proteinstickstoff |
| **NVS** | Nationale Verzehrsstudie |
| | |
| **P5** | 5. Perzentil |
| **PAL** | *physical activity level* |
| **PEM** | Protein-Energie-Mangelernährung |
| **PL** | Pyridoxal |
| **PLP** | Pyridoxal-5'-Phosphat |
| **PM** | Pyridoxamin |
| **PMP** | Pyridoxamin-5'-Phosphat |
| **PN** | Pyridoxin |
| **PNG** | Pyridoxin-5'-β-D-Glucosid |
| **PNP** | Pyridoxin-5'-Phosphat |
| **PUFA** | *polyunsaturated fatty acids* (mehrfach ungesättigte Fettsäuren) |
| | |
| **RÄ** | Retinol-Äquivalente |
| **RDA** | *Recommended Dietary Allowance* (empfohlene Zufuhr) |
| **REE** | *resting energy expenditure* (Ruheenergieverbrauch) |

| | |
|---|---|
| **SCF** | *Scientific Committee on Food* (Wissenschaftlicher Lebensmittelausschuss der EU von 1974 bis 1997) |
| **SePP** | Selenoprotein P |
| **TÄ** | Tocopherol-Äquivalente |
| **TC** | Transcobalamin |
| **TC I** | Haptocorrin |
| **TDP** | Thiamindiphosphat |
| **TEE** | *total energy expenditure* (Gesamtenergieverbrauch) |
| **THF** | Tetrahydrofolat |
| **TMP** | Thiaminmonophosphat |
| **TP** | Tägliche Phytatzufuhr |
| **TPP** | Thiaminpyrophosphat |
| **TTP** | Thiamintriphosphat |
| **TZ** | Täglicher Zinkbedarf |
| **UL** | *Tolerable Upper Intake Level* (tolerierbare Gesamtzufuhrmenge) |
| **UNICEF** | *United Children's Fund* (Kinderhilfswerk der Vereinten Nationen) |
| **VELS** | Verzehrsstudie zur Ermittlung der Lebensmittelaufnahme von Säuglingen und Kleinkindern für die Abschätzung eines akuten Toxizitätsrisikos durch Rückstände von Pflanzenschutzmitteln |
| **VERA** | Verbundstudie Ernährungserhebung und Risikofaktorenanalytik |
| **VLDL** | *very low density lipoprotein* (Lipoprotein mit sehr niedriger Dichte) |
| **w** | weiblich |
| **WCRF** | *World Cancer Research Fund* |
| **WHO** | *World Health Organization* (Weltgesundheitsorganisation) |
| **ZIP** | *Zrt/Irt-like Protein (zinc-regulated transporter (zrt)/ iron-regulated transporter (irt))* |
| **ZnT** | Zinktransporter |
| **4-PA** | 4-Pyridoxinsäure |
| **25(OH)D** | 25-Hydroxyvitamin D |